新課程

チャート式®

体系数学2

幾何編

岡部恒治／チャート研究所 共編著

数研出版

「わからない」「なぜ？」は、悪くない。

たとえば、分数と小数を勉強したとき、
こんな疑問にぶつかった人はいませんか。
「1÷3」の答を、分数で表すと「1/3」、
小数で表すと「0.333・・・(3 が永遠につづく)」です。
1/3 に 3 をかけると「1」になりますが、0.333・・・に 3 をかけると「0.999・・・(9 が永遠につづく)」になります。
これはいったいどういうことなのでしょう？

「数学は難しい、わからない」と悩んでいるみなさんに
伝えておきたいことがあります。
数学は、「わらかない」「なぜ？」を大歓迎する学問です。
なぜなら、数学は、いや数学に限らず多く学問は、
「わからない」「なぜ？」から生まれ、発展してきたからです。
たとえば、古代エジプトでは、たびたび氾濫するナイル川の
不思議を解明するために、現代の代数学、幾何学の起源となる
エジプト数学が生まれたといわれています。
ニュートンが万有引力を発見したのも、リンゴが木から落ちる
現象に対する「なぜ？」がきっかけといわれています。

チャート式は、学ぶ人の「わからない」「なぜ?」を大切にし、
そこに寄りそう参考書でありたいと思っています。
だから、問題の正解を得ることをゴールとするのではなく、
そこにたどり着くまでのプロセスにおける「考察」を大切に
する内容になっています。

チャートとは、海図のこと。
大海原を航海すれば、必ずさまざまな問題にぶつかり、
その問題を乗り越えるための道しるべが、チャートです。
数学は、航海に似ています。
「なぜそうなるのか?」「どちらに向かえばよいのか?」
といったことがたくさん起きる、いわば「冒険のような学問」
といえます。

さぁ、数学という、ワクワクドキドキの冒険に出かけましょう。
チャート式といっしょに。

はしがき

本書は，中学，高校で学ぶ数学の内容を体系的に編成した，数研出版発行のテキスト『新課程 体系数学 2 幾何編』に準拠した参考書で，通常，中学 2，3 年で学ぶ「図形」の内容を中心に構成されています。
これからみなさんが学ぶテキスト『新課程 体系数学 2 幾何編』において，わからないことや疑問に思うことをやさしくていねいに解説しています。

数学において「**自分自身で考えること**」は大切です。なぜなら，数学は単に問題を解くだけではなく，何が重要なのか，なぜそうなるのかを考える学問だからです。考える際には試行錯誤がつきものですが，本書ではその時々に道しるべとなる解説があり，それが問題解決にむけてみなさんをサポートします。
また，テキストで身につけた数学の知識や考え方をさらに深め，もっと先を知りたいと思うみなさんの知的好奇心も刺激します。テキストで扱った内容をさらに発展させた内容や，高校数学にもつながる，より深まりのある問題にチャレンジすることで，思考力の育成を後押しします。
なお，問題解法を「自分自身で考える」際のポイントは次の通りです。

1. **どうやって問題解法の糸口を見つけるか**
2. **ポイント，急所はどこにあるか**
3. **おちいりやすい落とし穴はどこか**
4. **その事項に関する，もとになる知識はどれだけ必要か**

本書はこれらに重点をおいてできるだけ詳しく，わかりやすく解説しました。
テキストと本書を一緒に使用することで，中学 2，3 年で学ぶ「図形」の全体像を見渡せることが本書の目標です。それによって多くの人が数学を好きになってほしいと願い，本書をみなさんに届けます。

C.O.D.（*The Concise Oxford Dictionary*）には，CHART ——Navigator's sea map, with coast outlines, rocks, shoals, *etc.* と説明してある。
海図——浪風荒き問題の海に船出する若き船人に捧げられた海図——問題海の全面をことごとく一眸の中に収め，もっとも安らかな航路を示し，あわせて乗り上げやすい暗礁や浅瀬を一目瞭然たらしめる CHART！

——昭和初年チャート式代数学巻頭言

目次

中3は，中学校学習指導要領に示された，その項目を学習する学年を表しています。また，数Aは，高等学校の数学Aの内容です。

1 章トビラ

各章のはじめに，その章で扱う例題一覧と学習のポイントを掲載しています。
例題一覧は，その章の例題の全体像をつかむのに役立ちます。

2 節はじめのまとめ

0 節の名称

Mathematics

基本事項

その節で扱う内容の基本事項をわかりやすくまとめてあります。
ここでの内容はしっかりと理解し，必要ならば記憶しなければなりません。
テストの前などには，ここを見直しておきましょう。

2 例題とその解答

のマークが 1，2 個 …… 教科書の例，例題レベル
3，4 個 …… 教科書の節末・章末問題レベル
5 個 …… やや難レベル を表します。

例題 0

基礎力をつける問題，応用力を定着させる問題を中心にとり上げました。
中にはやや程度の高い問題もあります。

問題の解き方をどうやって思いつくか，それをどのように発展させて解決へ導けばよいか，注意すべき点はどこかなどをわかりやすく示してあります。また，本書の特色である CHART（右ページの説明 7 を参照）も，必要に応じてとり上げています。
問題の解き方のポイントをおさえながら，自分で考え出していく力を養えるように工夫してあり，ここがチャート式参考書の特色が最も現れているところです。

解答 例題に対する模範解答を示しました。特に，応用問題や説明（証明）問題では，無理や無駄がなく結論に到達できるように注意しました。この解答にならって，答案の表現力を養いましょう。

4 解　説

解説

例題に関連した補足的な説明や，注意すべき事柄，更に程度の高い内容についてふれました。「考え方」と同じく，本書の重要な部分です。

5 練　習

練習 0

例題の反復問題や，例題に関連する問題をとり上げました。
例題が理解できたかチェックしましょう。

6 節末問題

演習問題

その節の復習および仕上げとしての問題をとり上げました。よくわからないときは，➔で示した例題番号にしたがって，例題をもういちど見直しましょう。なお，必要に応じて，ヒントをページの下に入れています。

7 チャート

CHART

航海における海図(英語ではCHART)のように，難問が数多く待ち受けている問題の海の全体を見渡して，最も安全な航路を示し，乗り上げやすい暗礁や浅瀬を発見し，注意を与えるのがチャートです。
もとになる基本事項・重要事項(公式や定理)・注意事項を知っているだけではなかなか問題は解けません。これらの事項と問題との間に距離があるからです。この距離を埋めようというのがチャートです。

8 ステップアップ

本文で解説した内容やテキストに関連した内容を深く掘り下げて解説したり，発展させた内容を紹介したりしています。
数学の本質や先々学ぶ発展的な内容にもふれることができ，数学的な知的好奇心を刺激するものになっています。　(ステップアップ一覧は $p.8$ 参照)

9 総合問題

総合問題 0　思考力・判断力・表現力を身につけよう！

これからの大学入試で求められる力である「思考力・判断力・表現力」を身につけるのに役立つ問題をとり上げました。自分で考え，導いた答えが妥当か判断し，それを自分の言葉で表すことを意識して取り組みましょう。

また，「日常生活に関連した題材」も扱っています。総合問題に取り組みながら，日常生活に関連する問題が，数学を用いてどのように解決されるのか，ということも考えてみましょう。

10 QR コード

理解を助けるため，必要な箇所に閲覧サイトにアクセスできる QR コードをもうけました。

11 答と解説

巻末の「答と略解」で，「練習」と「演習問題」の最終の答を示しました。

詳しい答と解説は，別冊解答編に示してあります。

□ ステップアップ一覧

第1章 図形と相似

この章の学習のポイント

❶ 同じ形で同じ大きさの図形を合同であるといいますが，同じ形の図形は相似であるといいます。本章では相似な図形の性質や証明を学び，さらに平行線と線分の比，相似な図形の面積比・体積比についても学習します。
❷ 身近な事柄でも相似な図形は多いです。学んだ知識を実生活に役立てるようにしましょう。

例題一覧		レベル
1 1	相似な図形	①
2	相似比	①
3	相似の位置にある図形の作図	②
2 4	三角形の相似と相似条件	②
5	相似な三角形と線分の長さ	②
6	相似な三角形と証明 (1)	②
7	相似な三角形と証明 (2)	②
8	相似を利用した相似の証明	④
9	相似を利用した証明	④
10	折った図形と相似	③
3 11	三角形と線分の比 (1)	①
12	三角形と線分の比 (2)	②
13	平行線と線分の比	①
14	平行線と比の計算	②
15	平行線と線分の長さ	③
16	補助線の利用	④
17	角の二等分線と線分の比	①

例題一覧		レベル
4 18	中点連結定理	②
19	中点連結定理と証明	②
20	台形の中点連結定理	④
5 21	相似な図形の面積比	②
22	連比	②
23	図形の面積比	③
24	線分の２乗の比	④
25	相似な立体の表面積比，体積比	②
6 26	縮図の利用	②
27	相似な図形と比の利用	②
28	立体の切断と体積	④

1 相似な図形

基本事項

1 相似な図形

(1)　2つの図形の一方を拡大または縮小した図形が他方と合同になるとき，この2つの図形は **相似** であるという。

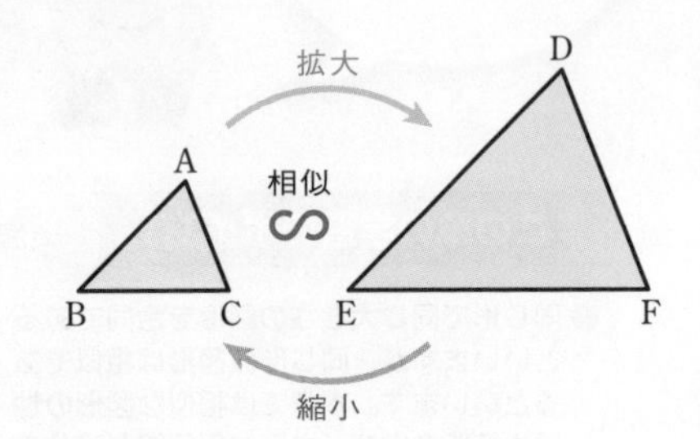

(2)　2つの相似な図形において，一方の図形を拡大または縮小して，他方にぴったりと重なる点，辺，角を，それぞれ対応する点，対応する辺，対応する角という。

(3)　2つの図形 P，Q が相似であるとき，記号 ∽ を使って，$\boldsymbol{P \backsim Q}$ と表す。
記号 ∽ を用いるときは，対応する頂点を周にそって順に並べて書く。← 合同のときと同じ。

例　右上の図において，△ABC∽△DEF である。

参考　∽ はラテン語の similis (「似ている」の意味) の頭文字 s を横にした記号だといわれている。

2 相似な図形の性質

> [1]　**相似な図形では，対応する線分の長さの比は，すべて等しい。**
> [2]　**相似な図形では，対応する角の大きさは，それぞれ等しい。**

相似な図形で，対応する線分の長さの比を **相似比** という。
1 の図で，BC：EF＝1：2 なら，△ABC と △DEF の相似比は 1：2 である。

3 相似の位置

2つの相似な図形で，対応する2点を通る直線がすべて1点Oで交わり，Oから対応する点までの距離の比がすべて等しいとき，それらの図形は **相似の位置** にあるといい，点Oを **相似の中心** という。

F と F' の相似比は　1：k

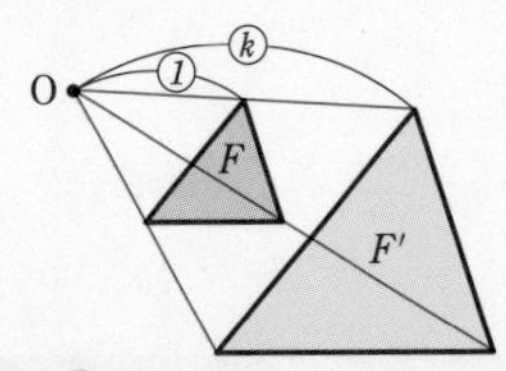

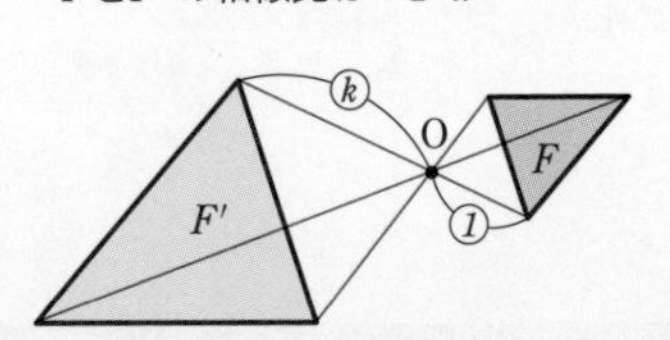

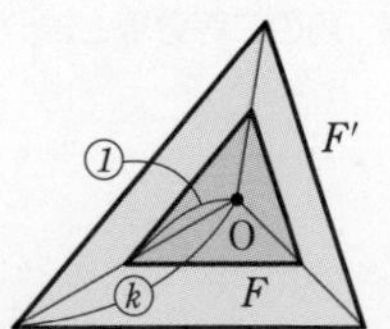

例題 1 相似な図形

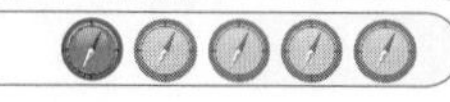

次の図において，相似な三角形を見つけ出し，記号 ∽ を使って表しなさい。

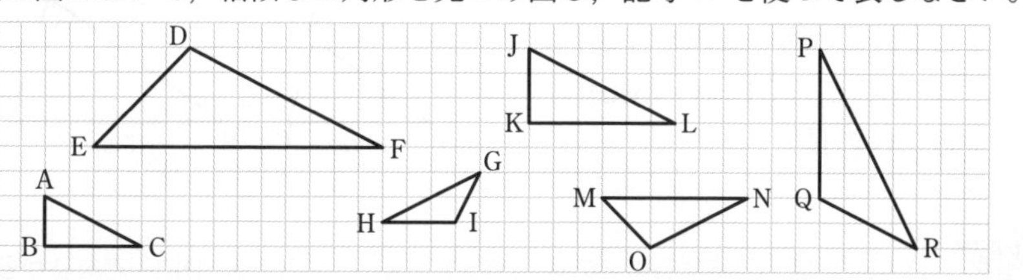

相似な図形は，形が同じ。すなわち，次のものが等しい。

[1] **対応する線分の長さの比**　　[2] **対応する角の大きさ**

そこで，まず等しい角をさがし，相似になりそうな図形の見当をつけて，次に辺の長さの比が等しいかどうかを調べる。

また，記号 ∽ を使うときは，**対応する頂点を周にそって順に並べて書く。**

解答

△ABC∽△JKL，△DEF∽△OMN，△GHI∽△RPQ 答

解説

2つの相似な図形を見つけ出すには，対応する頂点の順を考え，対称移動や回転移動させて図形の向きをそろえるとわかりやすい。たとえば，例題の △DEF∽△OMN は右のように，△OMN を裏返した図をかくとよい。

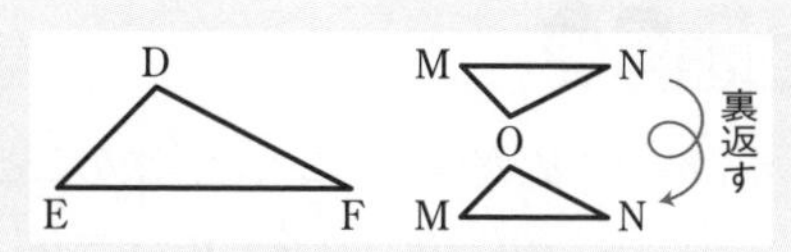

練習 1A 次の図において，相似な四角形を見つけ出し，記号 ∽ を使って表しなさい。

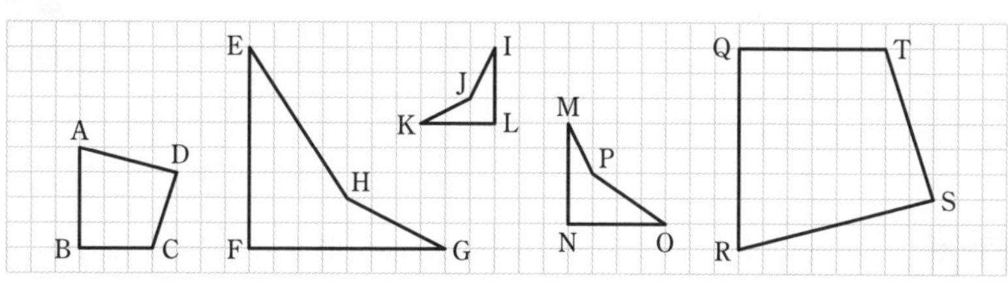

練習 1B 右の図において，五角形 ABCDE と相似である五角形 A′B′C′D′E′ をかきなさい。

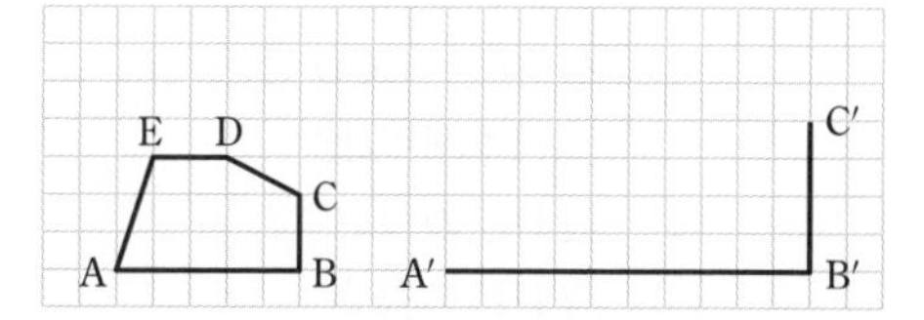

例題 2 相似比

右の図において，△ABC∽△DEF であるとき，次のものを求めなさい。

(1) △ABC と △DEF の相似比

(2) 辺 AC の長さ

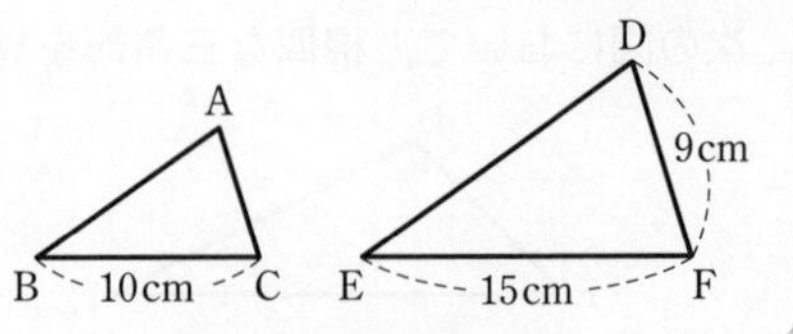

(1) 相似比は，対応する線分の長さの比である。△ABC∽△DEF であるから，対応する辺は AB と DE，BC と EF，AC と DF の 3 組。このうち，長さがともにわかっている BC と EF を利用して相似比を求める。

(2) 相似な図形では，対応する線分の長さの比が等しい (相似比に等しい)。このことを利用。

解答

(1) 対応する辺の長さの比は　BC : EF＝10 : 15＝2 : 3　◀10，15 をともに 5 でわった。

よって，相似比は　**2 : 3**　答

(2) 相似比は 2 : 3 であるから　AC : DF＝2 : 3

AC : 9＝2 : 3　◀AC : 9＝2 : 3 から 3AC＝9×2

これを解くと　AC＝**6 (cm)**　答

$a : b = c : d$ が成り立つとき，次のことが成り立つ。

① $\boldsymbol{ad = bc}$　② $\boldsymbol{a : c = b : d}$

証明　$a : b = c : d$ は

$\dfrac{a}{b} = \dfrac{c}{d}$ ……(＊)　と同じことである。

(＊) の両辺に bd をかけると　$ad = bc$

(＊) の両辺に $\dfrac{b}{c}$ をかけると　$\dfrac{a}{c} = \dfrac{b}{d}$

したがって　$a : c = b : d$　終

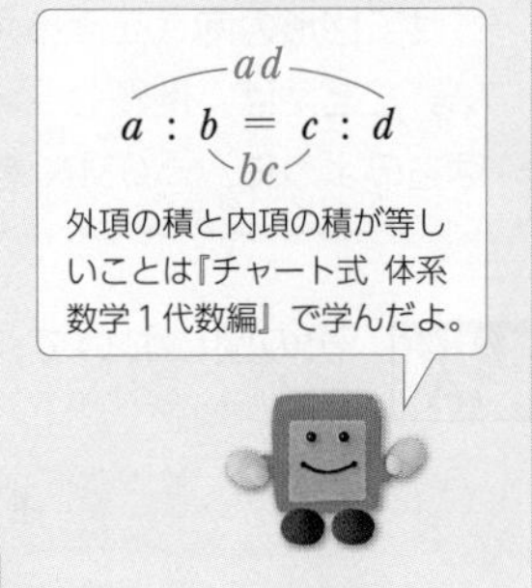

右の図において，四角形 ABCD∽四角形 EFGH であるとき，次のものを求めなさい。

(1) 四角形 ABCD と四角形 EFGH の相似比

(2) 辺 DC の長さ

(3) 辺 HE の長さ

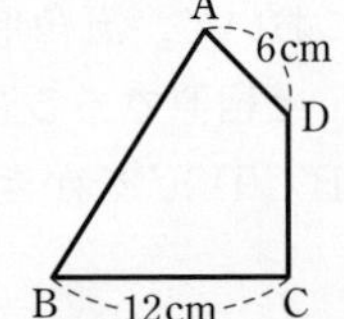

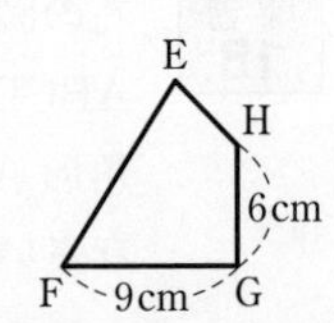

例題 3 相似の位置にある図形の作図

右の図の四角形 ABCD と点Oについて，Oを相似の中心として，四角形 ABCD を $\frac{2}{3}$ 倍に縮小した四角形 A′B′C′D′ をすべてかきなさい。

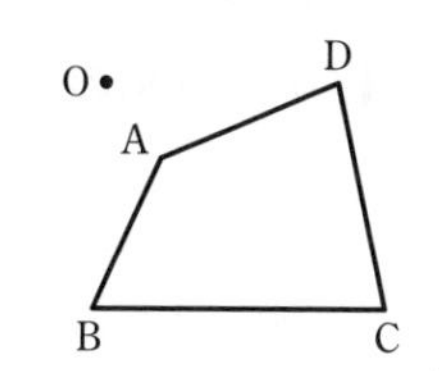

考え方 点Aに対応する点を A′ とすると，A′ の位置は，直線 OA 上で，Oについて Aと同じ側と反対側の 2 通りある。
k 倍に拡大・縮小するには，
OA：OA′=1：k となるようにする。

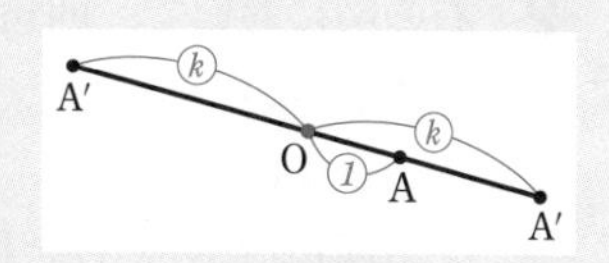

解答

対応する点 A，A′ について

$$\mathrm{OA} : \mathrm{OA'} = 1 : \frac{2}{3} = 3 : 2$$

となるように点 A′ の位置を決める。
B′，C′，D′ についても同じように位置を決め，線分で結ぶ。

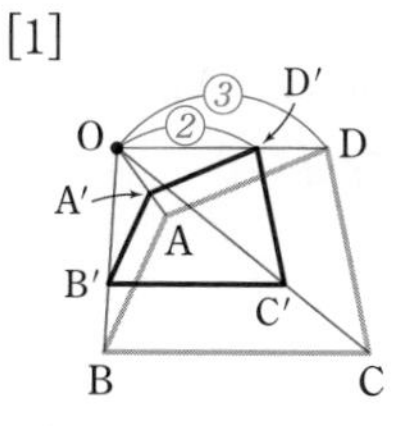

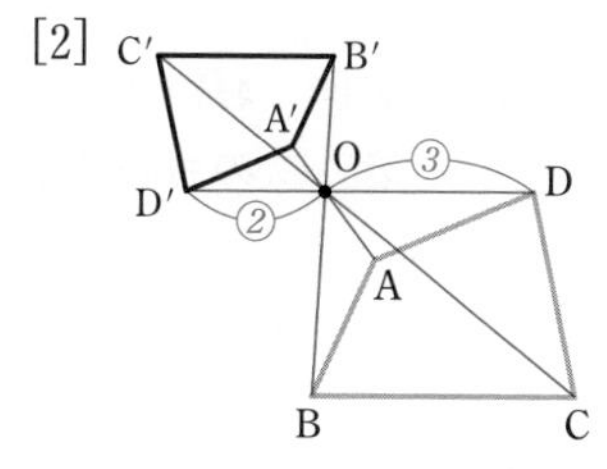

求める四角形 A′B′C′D′ は，右上の **図** [1]，[2] 答

解説

相似の位置にある 2 つの図形と相似の中心Oについて，次のことが成り立つ。

① **対応する辺はすべて平行である。**

② **Oから対応する点までの距離の比は，2 つの図形の相似比に等しい。**

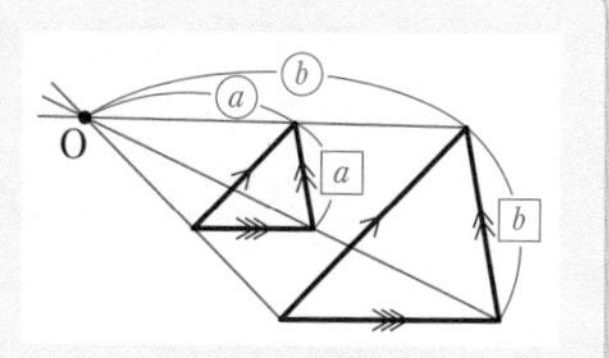

①，② が成り立つことの証明は，$p.34$ 演習問題 15 で取り上げる。

練習 3 右の図の △ABC について

(1) 点Oを相似の中心として，$\frac{1}{2}$ 倍に縮小した三角形をすべてかきなさい。

(2) 点Bを相似の中心として，$\frac{3}{2}$ 倍に拡大した三角形をすべてかきなさい。

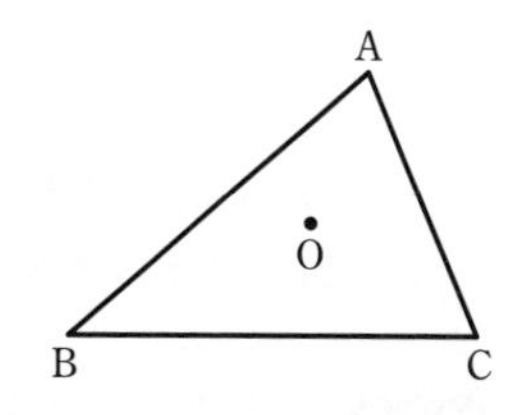

演習問題

□**1**　次の図形のうち，つねに相似であるものをすべて選びなさい。

①　２つの正三角形　　②　２つの長方形
③　２つの直角二等辺三角形　　④　２つのひし形
⑤　２つの二等辺三角形　　⑥　２つの円

□**2**　右の図において，四角形 ABCD∽四角形 EFGH であるとき，次のものを求めなさい。

(1)　∠G の大きさ
(2)　四角形 ABCD と四角形 EFGH の相似比
(3)　辺 GF の長さ　➔ 2

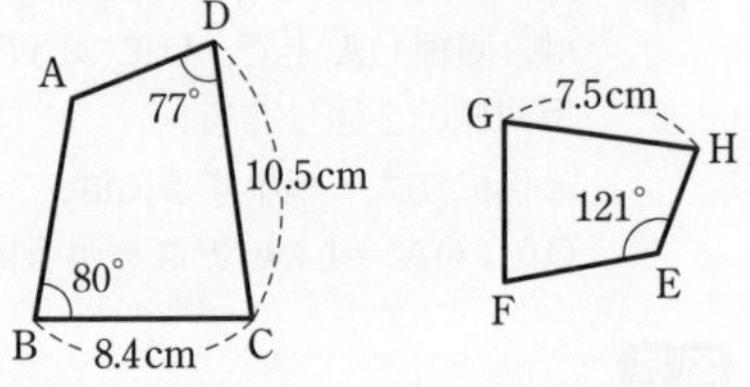

□**3**　右の図において，△ABC∽△AED であるとき，次のものを求めなさい。

(1)　線分 BD の長さ
(2)　∠BAC の大きさ　➔ 2

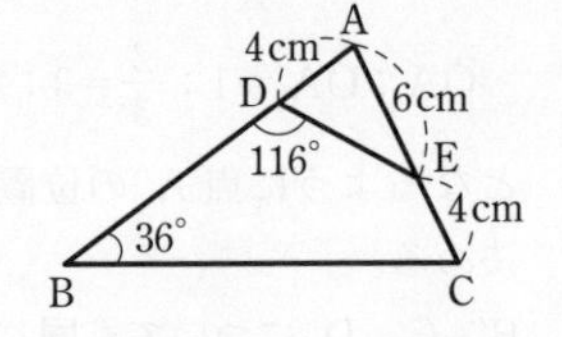

□**4**　右の図は，点Oを相似の中心として，四角形 ABCD と相似な四角形 A′B′C′D′ の１つをかく途中の図である。
OA＝2 cm，AA′＝1 cm とする。

(1)　この図を完成させなさい。
(2)　完成した図において，四角形 ABCD と 四角形 A′B′C′D′ の相似比を求めなさい。　➔ 3

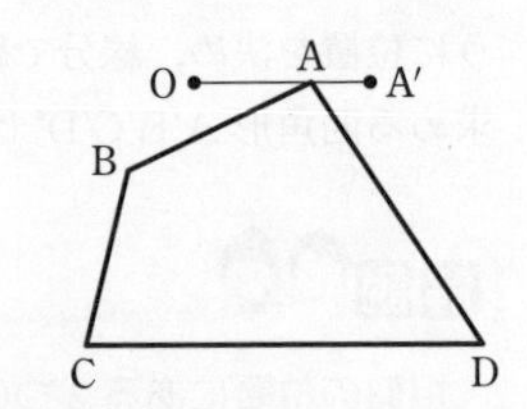

□**5**　右の図において，△ABC∽△DCE であり，２つの三角形は，点Oを相似の中心として相似の位置にある。このとき，次のものを求めなさい。

(1)　辺 CE の長さ
(2)　線分 OA の長さ

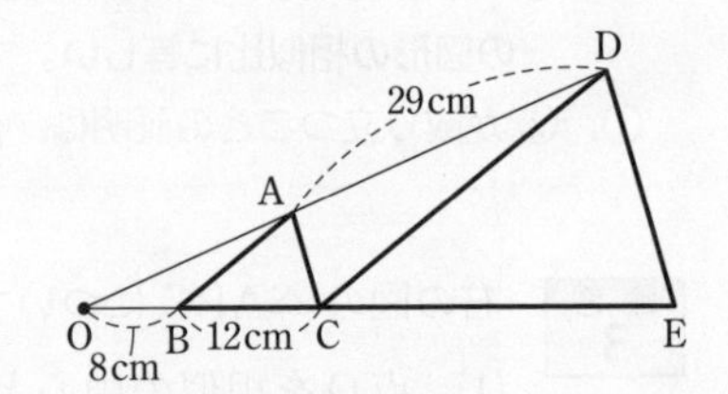

5 まず，相似比を求める。

2 三角形の相似条件

基本事項

1 三角形の相似条件

2つの三角形は，次のどれかが成り立つとき相似である。

[1]　**3組の辺の比**
　がすべて等しい。
　　$a:a'=b:b'=c:c'$

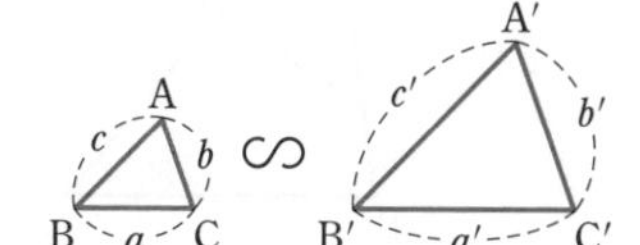

[2]　**2組の辺の比とその間の角**
　がそれぞれ等しい。
　　$a:a'=c:c'$，$\angle \mathrm{B}=\angle \mathrm{B}'$

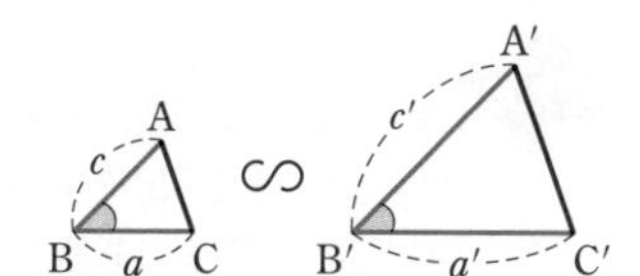

[3]　**2組の角**
　がそれぞれ等しい。
　　$\angle \mathrm{B}=\angle \mathrm{B}'$，$\angle \mathrm{C}=\angle \mathrm{C}'$

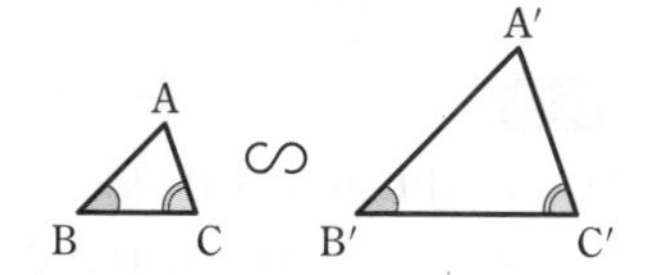

注意　$a:a'=b:b'=c:c'$ は，比 $a:a'$，$b:b'$，$c:c'$ がすべて等しいことを表している。

● ふりかえり ●

三角形の相似条件と合同条件を比べてみよう。

三角形の合同条件　◀『チャート式 体系数学1幾何編』で学んだ。

2つの三角形は，次のどれかが成り立つとき合同である。

[1]　**3組の辺**
　がそれぞれ等しい。

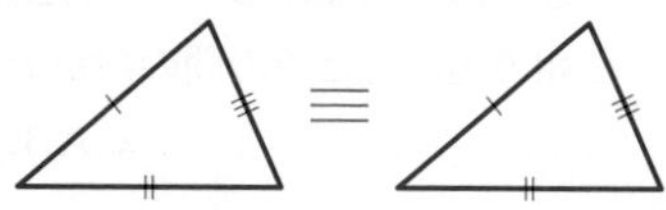

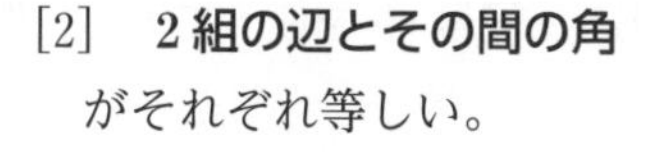
[2]　**2組の辺とその間の角**
　がそれぞれ等しい。

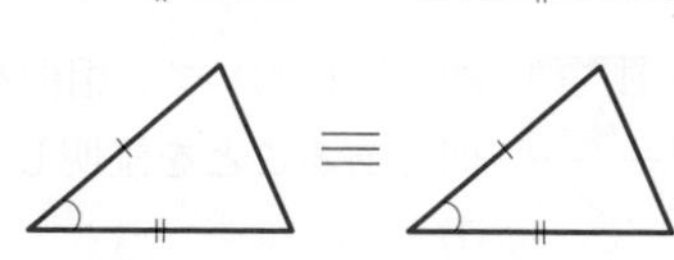

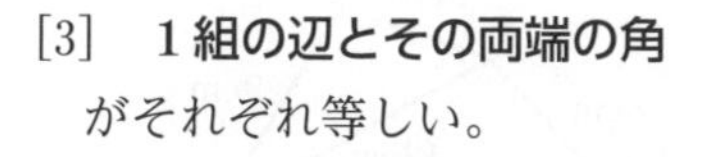
[3]　**1組の辺とその両端の角**
　がそれぞれ等しい。

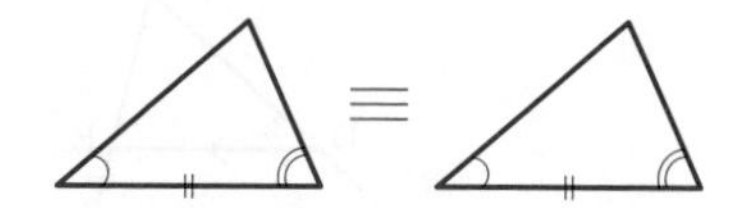

例題 4　三角形の相似と相似条件

次の図において，相似な三角形を見つけ出し，記号 ∽ を使って表し，相似であることを証明しなさい。

(1)

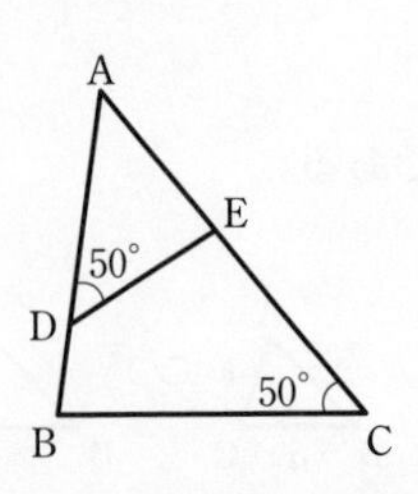

(2)

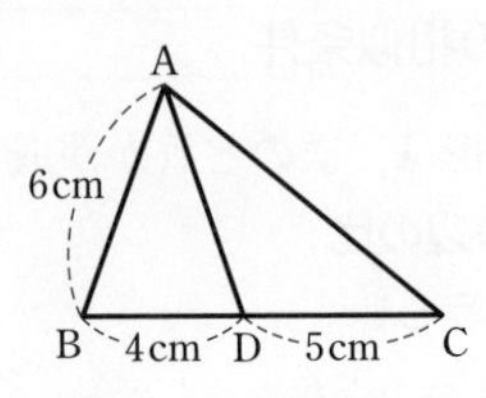

考え方　等しい角に着目して，相似な三角形を見つける。また，記号 ∽ を使って表すときは，対応する頂点を周にそって順に並べて書く。

(1)　50° のほかにも等しい角がある (∠BAC＝∠EAD)。

(2)　等しい角を見つけ出し，その角をはさむ辺の比が等しいことを確かめる。

解答

(1)　**△ABC∽△AED**　答

△ABC と △AED において

仮定から　　　　　　∠ACB＝∠ADE＝50°

共通な角であるから　∠BAC＝∠EAD

2 組の角がそれぞれ等しいから　　◀三角形の相似条件を満たす。

△ABC∽△AED　終

(2)　**△ABC∽△DBA**　答

△ABC と △DBA において

BC＝4＋5＝9 (cm) であるから

AB : DB＝BC : BA＝3 : 2

共通な角であるから　∠ABC＝∠DBA

2 組の辺の比とその間の角がそれぞれ等しいから　　◀三角形の相似条件を満たす。

△ABC∽△DBA　終

練習 4　次の図において，相似な三角形を見つけ出し，記号 ∽ を使って表し，相似であることを証明しなさい。

(1)

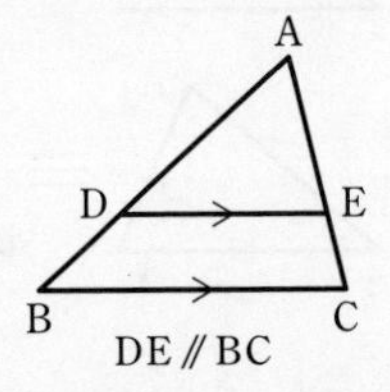

(2)

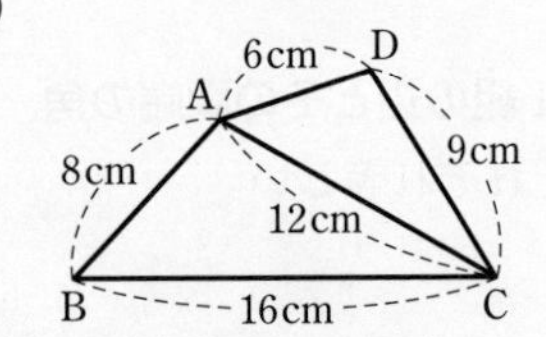

例題 5 相似な三角形と線分の長さ

△ABC において，AB＝12 cm，BC＝18 cm，CA＝8 cm である。辺 BC 上に点Dを ∠B＝∠CAD となるようにとるとき，線分 AD の長さを求めなさい。

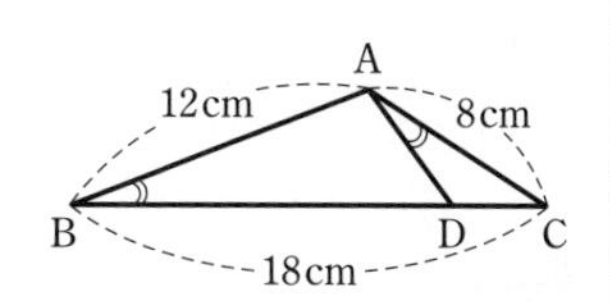

∠CBA＝∠CAD，∠BCA＝∠ACD であるから

△ABC∽△DAC

⟶ 対応する辺の長さの比が等しいことを利用して，AD の長さを求める。

解答

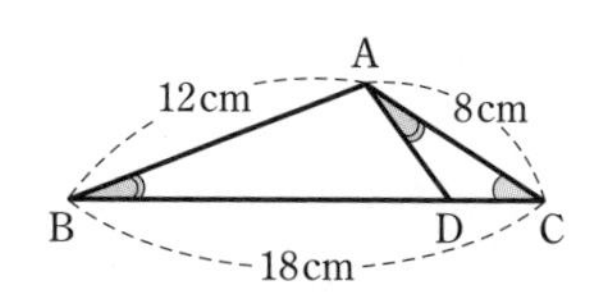

△ABC と △DAC において

仮定から　　∠CBA＝∠CAD

共通な角であるから　　∠BCA＝∠ACD

2 組の角がそれぞれ等しいから

△ABC∽△DAC

よって　　BC：AC＝BA：AD　　◀対応する辺の長さの比が等しい。

18：8＝12：AD　　◀18AD＝8×12

これを解くと　　AD＝$\frac{16}{3}$ (cm)　答

△ABC において，AB＝21 cm，BC＝49 cm，CA＝35 cm である。辺 BC 上に点Dを BD＝29 cm となるようにとり，辺 AC 上に点E を AE＝7 cm となるようにとる。

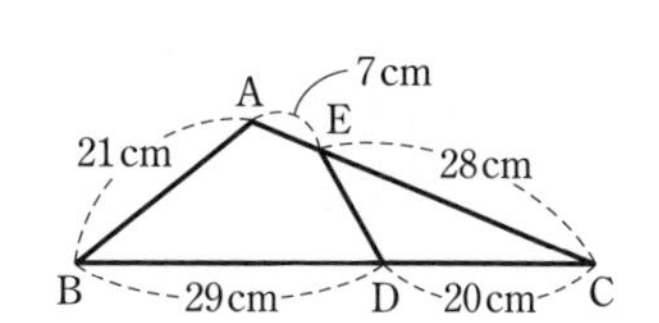

(1) 線分 DE の長さを求めなさい。

(2) ∠BAC＝120° のとき，∠EDB の大きさを求めなさい。

練習 5B

△ABC において，AB＝6 cm，AC＝8 cm である。∠B の二等分線と辺 AC の交点をDとすると，∠DBC＝∠C となった。
このとき，辺 BC の長さを求めなさい。

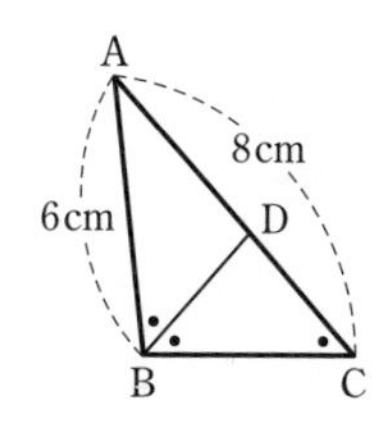

例題 6　相似な三角形と証明 (1)

∠BAC＝90° の △ABC において，頂点Aから辺 BC に垂線 AD を引く。このとき，△ABC∽△DAC であることを証明しなさい。

考え方　三角形の相似の証明では，3 つの相似条件

[1]　**3 組の辺の比**　[2]　**2 組の辺の比とその間の角**　[3]　**2 組の角**

の相等のうち，いちばん示しやすい [3] が使えないかをまず考えてみる。
本問では，∠ACB＝∠DCA＝90° がすぐわかる。

解答

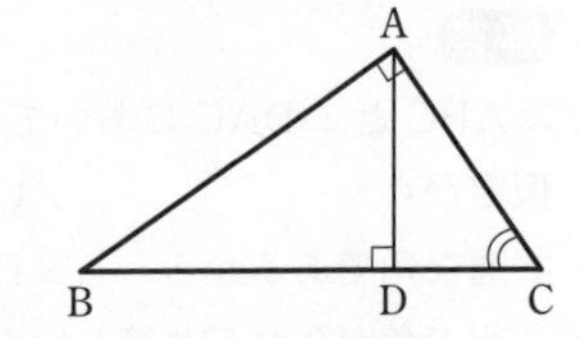

△ABC と △DAC において
共通な角であるから
　∠ACB＝∠DCA
仮定から　∠BAC＝∠ADC＝90°
2 組の角がそれぞれ等しいから
　△ABC∽△DAC　終

解説

図形問題の証明の手順について復習しておこう。

① 問題文から，仮定と結論をつかむ。
② 仮定に合う図をかく。必要なら頂点や角などを文字で表す。
③ 記号を使って，仮定と結論を書き表す。　◀上の例題では省略した。
④ 仮定からは何が導き出されるのかを考え，結論を導くためには何を示せばよいかを考えて，証明の方針を立てる。
⑤ 立てた方針にしたがって，根拠を示しながら，仮定から結論を導く。

練習 6A　AB＝AC である二等辺三角形 ABC の頂点Aから辺 BC へ垂線 AD を引き，点Dから辺 AB へ垂線 DE を引く。このとき，△ADC∽△DEB であることを証明しなさい。

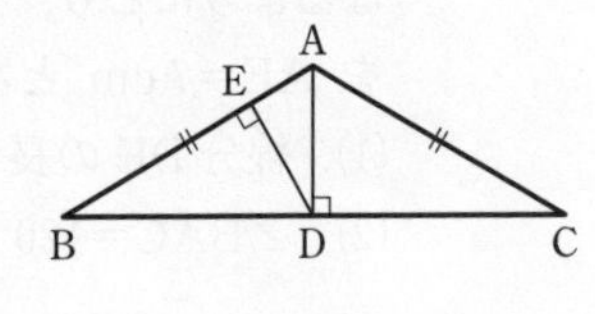

練習 6B　右の図において，△ABC と △DBE は相似であることを証明しなさい。

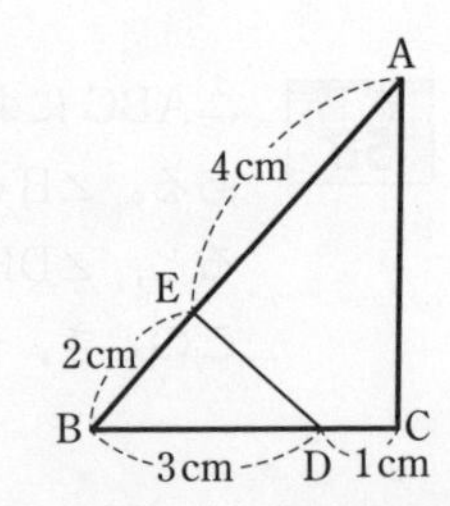

例題 7 相似な三角形と証明 (2)

右の図において，3 点 B, C, E は一直線上にあり，∠ABC＝∠DEC＝∠ACD である。このとき，△ABC∽△CED であることを証明しなさい。

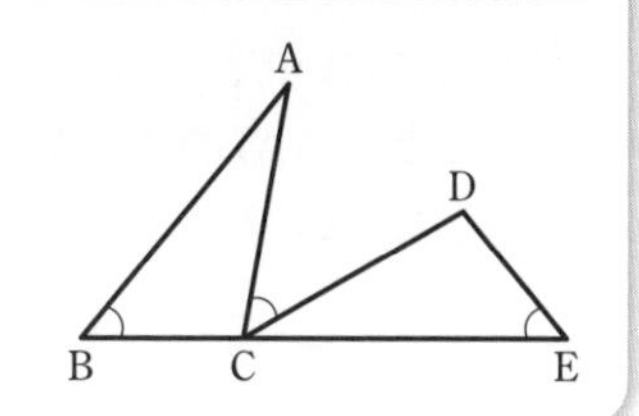

仮定から ∠ABC＝∠CED はわかっている。辺の比については何もわからない。
そこで，相似条件のうち，**2 組の角の相等** を示す。
もう 1 組の角が等しいことは，△ABC の内角と外角の性質を利用して示す。

解答

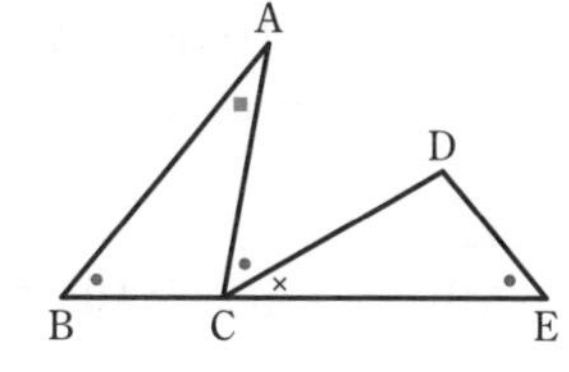

△ABC と △CED において
仮定から　∠ABC＝∠CED　…… ①
△ABC において，内角と外角の性質から
∠ABC＋∠CAB＝∠ACE
よって　∠ABC＋∠CAB＝∠ACD＋∠DCE

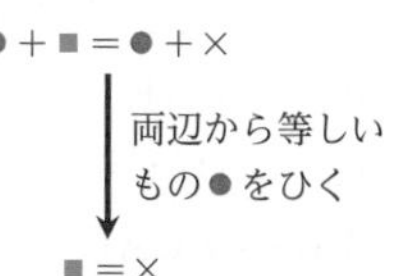

仮定より，∠ABC＝∠ACD であるから
∠CAB＝∠DCE　…… ②
①，② より，2 組の角がそれぞれ等しいから
△ABC∽△CED 終

練習 7A AB＝AC である直角二等辺三角形 ABC の辺 BC 上に点Dをとり，AD＝AE である直角二等辺三角形 ADE を，直線 AD に関して点Bと反対側につくる。AC と DE の交点を F とするとき，△ABD∽△AEF であることを証明しなさい。

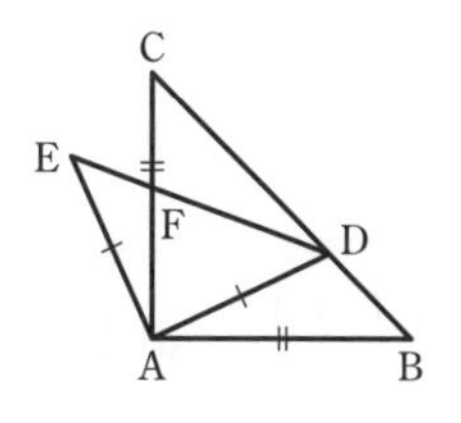

練習 7B △ABC の辺 AC の垂直二等分線と辺 AB が交わるとき，その交点をDとする。∠BDC の二等分線と辺 BC の交点をEとするとき，△ABC と △DBE は相似であることを証明しなさい。

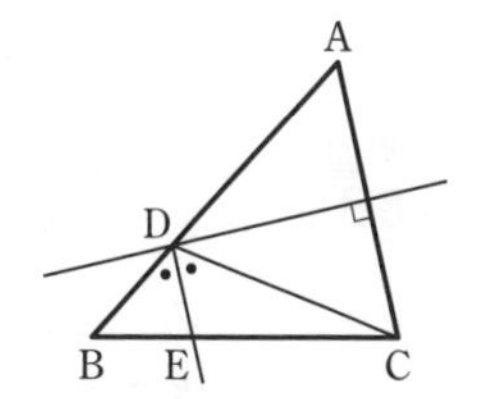

例題 8　相似を利用した相似の証明

右の図において，△ABC∽△ADE である。このとき，△ABD∽△ACE であることを証明しなさい。

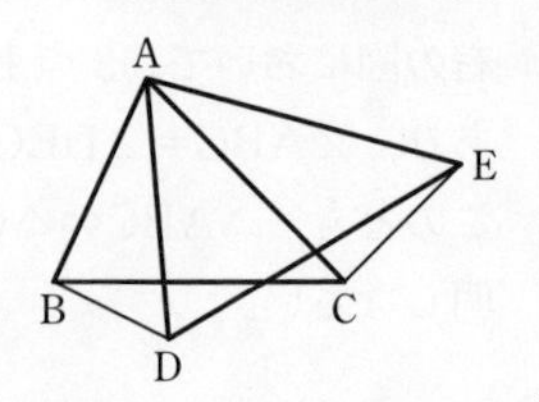

仮定から，△ABC と △ADE において

［1］ 対応する辺の長さの比が等しく，　［2］ 対応する角の大きさが等しい。

［2］ 対応する角の大きさが等しいことから　∠BAD＝∠CAE　…… ① は示せるが，それ以外には等しい角が見当たらない。

そこで ① の角をつくる 2 組の辺の比の相等 (AB：AC＝AD：AE) がいえないか？　[1] から，AB：AD＝AC：AE は成り立っている。

⟶ $a:b=c:d$ のとき $a:c=b:d$ であることが利用できる。

解答

△ABD と △ACE において

仮定より，△ABC∽△ADE であるから

　　∠BAC＝∠DAE　　◀対応する角。

よって　∠BAC－∠DAC＝∠DAE－∠DAC

したがって　∠BAD＝∠CAE　…… ①

(●＋■)－■＝(●＋■)－■

また，△ABC∽△ADE であるから

　　AB：AD＝AC：AE　　◀対応する辺の比。

よって　AB：AC＝AD：AE　…… ②

①，② より，2 組の辺の比とその間の角がそれぞれ等しいから

　　△ABD∽△ACE　終

右の図において，四角形 ABCD，AEFG は正方形である。

(1)　△AEF∽△ABC であることを証明しなさい。

(2)　△AFC∽△AEB であることを証明しなさい。

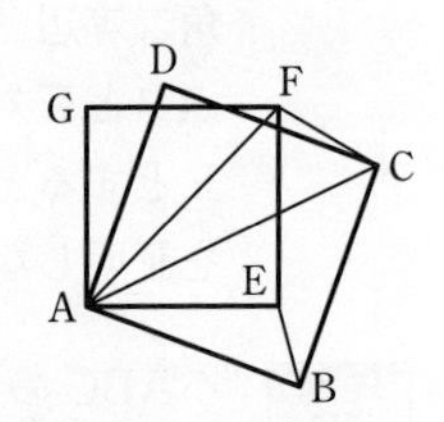

線分 AB，AC 上に，それぞれ点 D，E を ∠AEB＝∠ADC となるようにとる。このとき，△ABC∽△AED であることを証明しなさい。

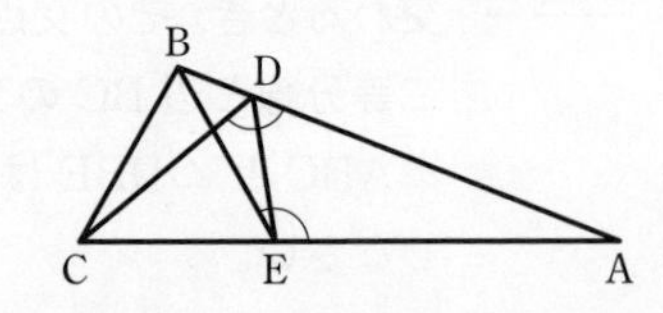

例題 9 相似を利用した証明

右の図において，$\triangle ABC \backsim \triangle ADE$ であり，$\angle BAC=70^\circ$ である。AD は $\angle BAC$ の二等分線であり，AC と DE の交点をFとするとき，$DC^2=AC\times FC$ であることを証明しなさい。

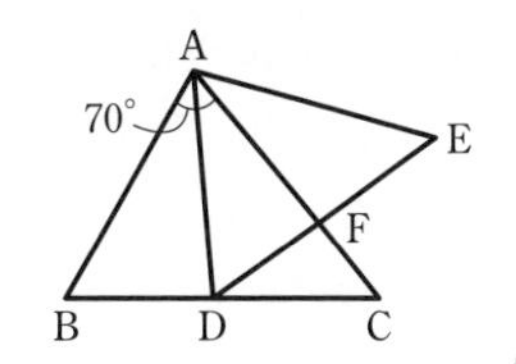

「$DC^2=AC\times FC$」を証明するには，何が示されるとよいか を考える。

⟶ $DC^2=AC\times FC$ が成り立つなら，$DC:AC=FC:DC$ であるはず。

⟶ $DC:AC=FC:DC$ なら，$\triangle DFC \backsim \triangle ADC$ ……(＊) となるはず。

仮定より $\triangle ABC \backsim \triangle ADE$ であるから，対応する角が等しいことを利用し，2組の角の相等を用いて(＊)を証明する。

解答

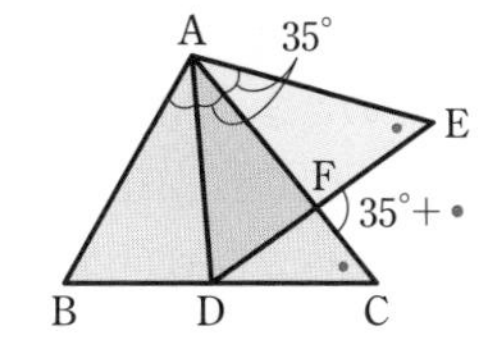

仮定から　$\angle DAC=70^\circ\div2=35^\circ$　……①

$\triangle ABC \backsim \triangle ADE$ であるから

$\angle BAC=\angle DAE=70^\circ$　……②

①，② から　$\angle FAE=70^\circ-35^\circ=35^\circ$

$\triangle AFE$ と $\triangle DFC$ において，内角と外角の性質から

$35^\circ+\angle AEF=\angle FDC+\angle FCD$　◀ $\angle CFE$ が共通の外角。

$\triangle ABC \backsim \triangle ADE$ であるから　$\angle AEF=\angle FCD$

したがって　$\angle FDC=35^\circ$　……③

①，③ から　$\angle FDC=\angle DAC$

共通な角であるから　$\angle FCD=\angle DCA$

よって，$\triangle DFC$ と $\triangle ADC$ において，2組の角がそれぞれ等しいから

$\triangle DFC \backsim \triangle ADC$

したがって　$DC:AC=FC:DC$　すなわち　$DC^2=AC\times FC$　終

解説

上の考え方のように，証明の問題では，何が示されるとよいかを **結論からたどっていく** と，証明の方針を立てやすいことがある。

CHART
証明の問題
結論からおむかえにいく

練習 9　$BC=2AB$ である四角形 ABCD がある。対角線の交点Eが対角線 BD の中点であり，$\angle ABD=\angle DBC$ であるとき，$CD=CE$ であることを証明しなさい。

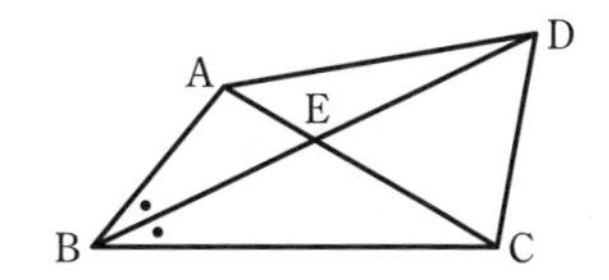

例題 10 折った図形と相似

右の図のように，長方形 ABCD を，頂点 B が対角線 BD 上の点 E と重なるように線分 AF を折り目として折った。AB=3 cm，AD=5 cm のとき，次の問いに答えなさい。

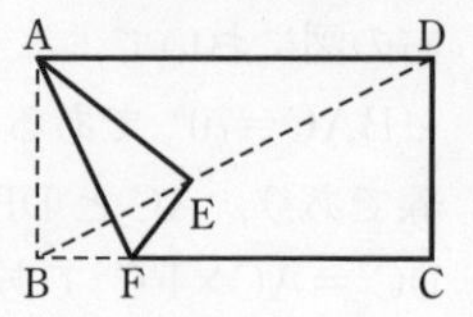

(1) △ABD∽△BFA であることを証明しなさい。

(2) △ABF の面積を求めなさい。

考え方 折った図形は折る前の図形と合同で，対応する点は折り目に関して対称であるから，AF⊥BE が成り立つ。直角三角形の直角以外の残りの 2 つの角のように，合わせて 90° になる角に着目する。

解答

(1) 線分 AF と BE の交点を G とする。

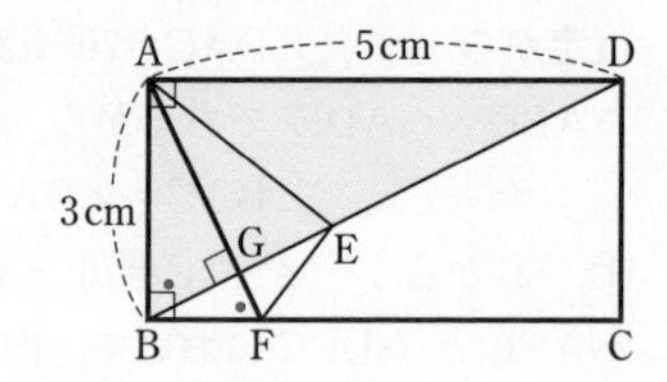

このとき，AF⊥BE である。

△ABD と △BFA において

∠BAD=∠FBA=90° ……①

△ABG において，∠AGB=90° であるから

∠ABG+∠GAB=90° ……②

△ABF において，∠ABF=90° であるから

∠FAB+∠BFA=90° ……③

②，③ より ∠ABD=∠BFA ……④ ◀∠GAB=∠FAB，∠ABG=∠ABD

①，④ より，2 組の角がそれぞれ等しいから

△ABD∽△BFA 終

(2) (1)の結果より AB：BF=AD：BA ◀線分 BF の長さがわかればよい。

3：BF=5：3 ◀5BF=3×3

これを解くと BF=$\frac{9}{5}$ cm

よって △ABF=$\frac{1}{2}\times\frac{9}{5}\times3=\mathbf{\frac{27}{10}}$ **(cm²)** 答

練習 10 右の図のように，長方形 ABCD を，頂点 D が辺 BC 上の点 F と重なるように線分 AE を折り目として折った。AD=10 cm，DE=5 cm のとき，次の問いに答えなさい。

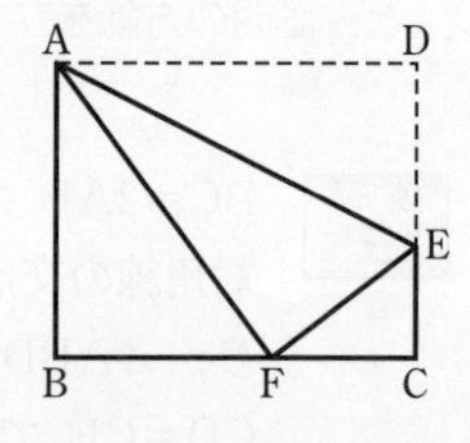

(1) △ABF∽△FCE であることを証明しなさい。

(2) △ABF の面積を求めなさい。

演習問題

□**6**　$\angle \mathrm{ABC}=90^\circ$ である右の図のような $\triangle \mathrm{ABC}$ において，頂点Bから辺ACに引いた垂線の足をDとする。このとき，線分ADの長さを求めなさい。 →5

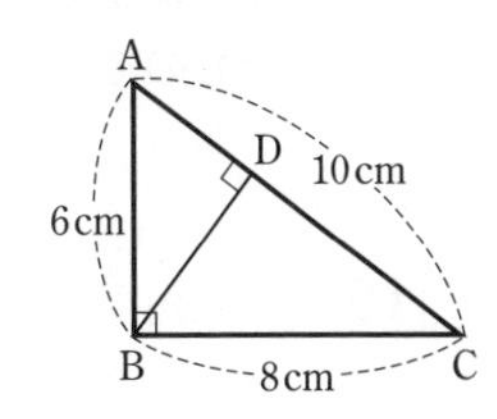

□**7**　長方形ABCDがあり，辺ABより辺ADの方が長いとする。辺BC上に点Eを，$\mathrm{AB}^2=\mathrm{BE}\times\mathrm{BC}$ が成り立つようにとる。AEとBDの交点をFとする。

(1)　$\angle \mathrm{BFE}=90^\circ$ を証明しなさい。

(2)　点Eから辺ADに垂線EGを引くとき，$\triangle \mathrm{AGF}\backsim\triangle \mathrm{DCF}$ を証明しなさい。

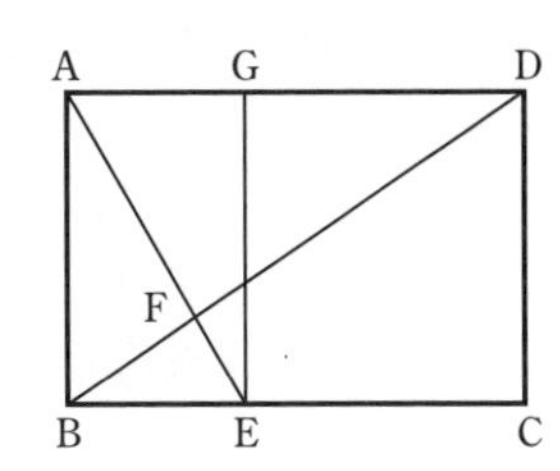

→8

□**8**　正三角形ABCの辺ABと辺CAの延長上に，BD＝AE となるように点D，Eをとり，直線EBと線分DCの交点をPとする。

(1)　$\triangle \mathrm{ABE}\equiv\triangle \mathrm{BCD}$ を証明しなさい。

(2)　$\triangle \mathrm{ABE}\backsim\triangle \mathrm{PBD}$ を証明しなさい。 →8

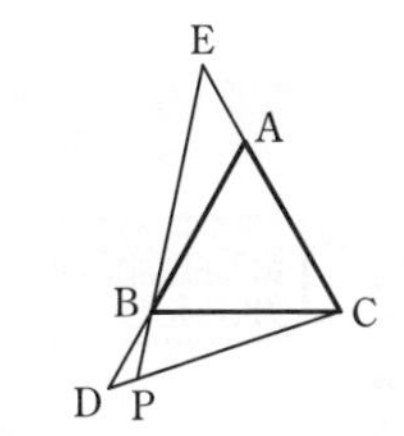

□**9**　AB＝4 cm，BC＝5 cm，CA＝3 cm である $\triangle \mathrm{ABC}$ の $\angle \mathrm{B}$ の二等分線と辺ACの交点をDとし，二等分線BD上に，AE＝AD となるような点Eをとる。このとき，線分CDの長さを求めなさい。

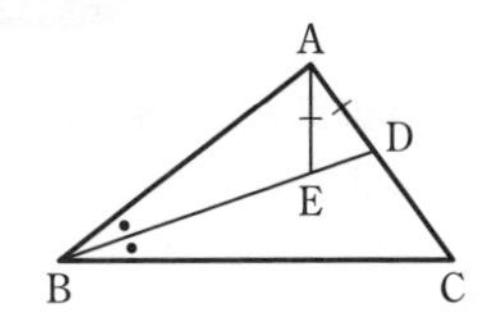

□**10**　図のように，直角三角形ABCの斜辺BC上に点Dをとり，Dにおいて，BCに垂直な直線と，辺ABとの交点をE，辺ACの延長との交点をFとする。

(1)　$\triangle \mathrm{ABC}\backsim\triangle \mathrm{DBE}$ を証明しなさい。

(2)　$\triangle \mathrm{ABC}\backsim\triangle \mathrm{DFC}$ を証明しなさい。

(3)　BD×DC＝FD×DE を証明しなさい。

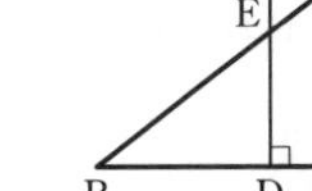

→9

ヒント

9　相似な三角形に着目する。

10 (3)　3つの図形 S，T，U について，$S\backsim T$，$S\backsim U$ ならば，$T\backsim U$ である。

□**11**　右の図は，正三角形 ABC を，頂点Aが辺 BC 上の点Fに重なるように，線分 DE を折り目として折ったものである。BF=3 cm，FD=7 cm，DB=8 cm であるとき，線分 AE の長さを求めなさい。➔ **10**

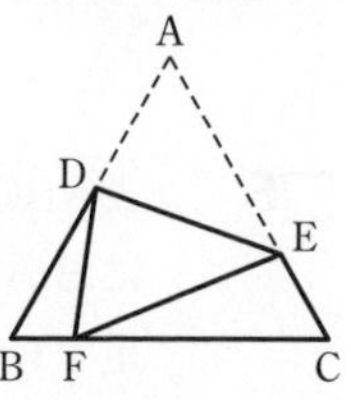

□**12**　正五角形 ABCDE の対角線 AC，BE の交点を M とすると，AM=1 cm であった。

(1)　∠ABC，∠BAC の大きさを求めなさい。

(2)　△BAC∽△MAB を証明しなさい。

(3)　△CBM は二等辺三角形であることを証明しなさい。

(4)　正五角形 ABCDE の 1 辺の長さを求めなさい。

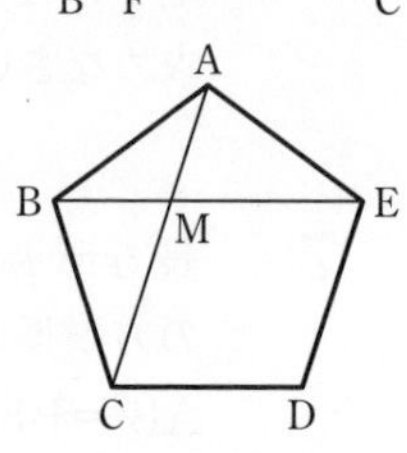

12 (4)　(2)，(3) で証明したことを利用する。2 次方程式は，解の公式を用いて解く。解の公式は，『チャート式 体系数学 2 代数編』第 3 章で学ぶ。

相似な三角形が出てくる代表例

次のタイプの相似はよく出てくるので，等しい 2 角がすぐに見つけられるようにしましょう。

①

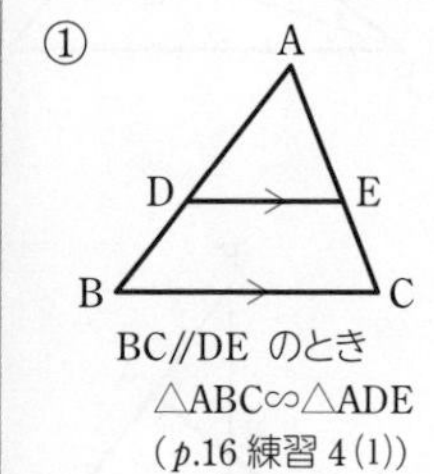

BC//DE のとき
△ABC∽△ADE
(*p*.16 練習 4 (1))

②

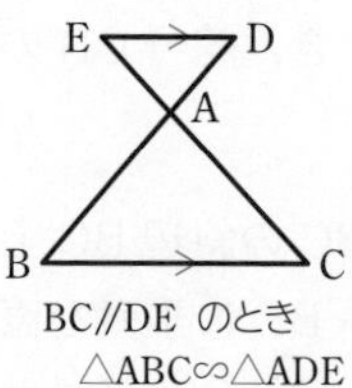

BC//DE のとき
△ABC∽△ADE

③

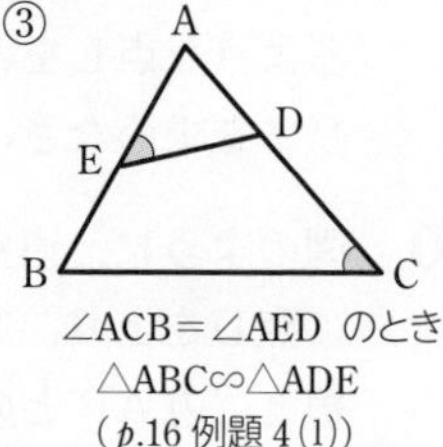

∠ACB=∠AED のとき
△ABC∽△ADE
(*p*.16 例題 4 (1))

④

A　D　B　C

∠ACB=∠AED のとき
△ABC∽△ADB
(*p*.17 例題 5)

⑤

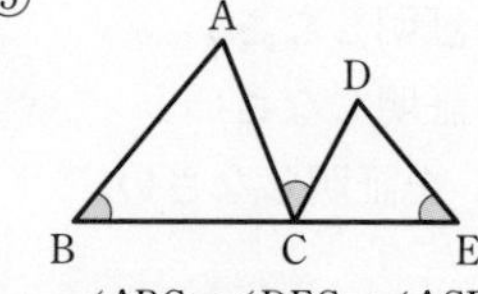

∠ABC=∠DEC=∠ACD のとき
△ABC∽△CED
(*p*.19 例題 7)

⑥

A　B　H　C

∠BAC=∠AHB=90° のとき
△ABC∽△HBA∽△HAC
(*p*.18 例題 6)

3 平行線と線分の比

基本事項

1 三角形と線分の比 (1)

定理　**△ABC の辺 AB，AC 上に，それぞれ点 D，E をとるとき，次のことが成り立つ。**

[1]　DE∥BC　ならば
AD：AB＝AE：AC＝DE：BC

[2]　DE∥BC　ならば
AD：DB＝AE：EC

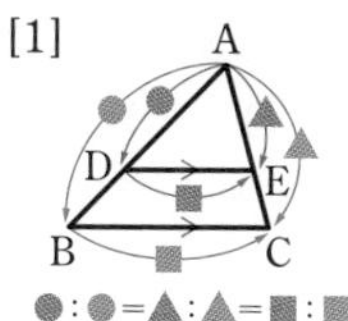

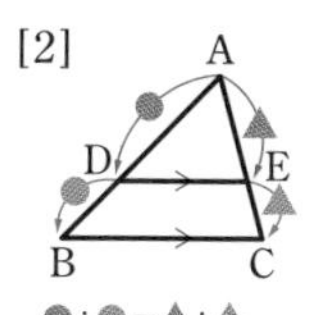

証明　[1]　△ADE∽△ABC　であることから証明できる。

[2]　DF∥EC　となる点Fを直線 BC 上にとると，四角形 DFCE は平行四辺形であるから　　DF＝EC　……①

△ADE∽△DBF　であるから　　AD：DB＝AE：DF

① から　　AD：DB＝AE：EC　終

上の定理は，2点 D，E が辺 AB，AC の延長上にあるときも成り立つ。
すなわち，右の図において，
DE∥BC　ならば
[1]　AD：AB＝AE：AC＝DE：BC
[2]　AD：DB＝AE：EC

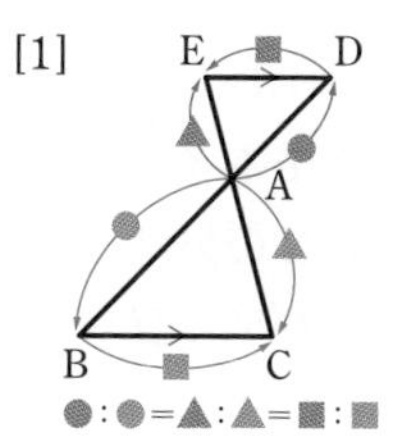

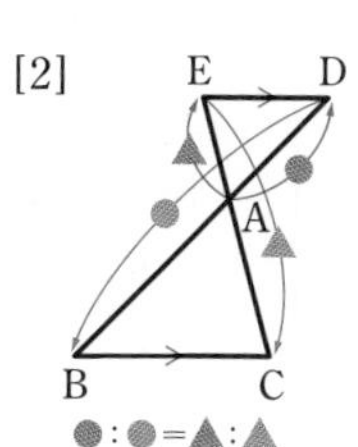

2 三角形と線分の比 (2)

定理　**△ABC の辺 AB，AC 上に，それぞれ点 D，E をとるとき，次のことが成り立つ。**

[1]　AD：AB＝AE：AC　ならば
DE∥BC

[2]　AD：DB＝AE：EC ならば
DE∥BC

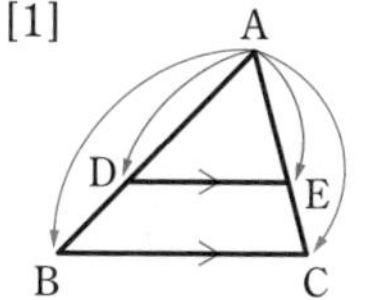

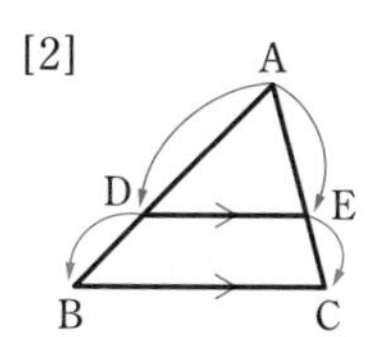

この定理は，2点 D，E が辺 AB，AC の延長上にあるときも成り立つ。また，この定理は 1 の定理の逆である。

右の図のような場合があるから，
「AD：AB＝DE：BC　ならば　DE∥BC」
は，いつも正しいとは限らない。

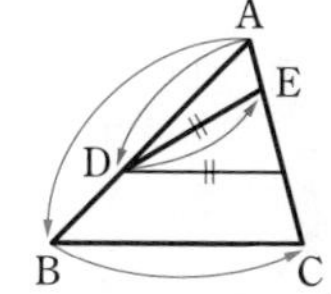

③ 平行線と線分の比

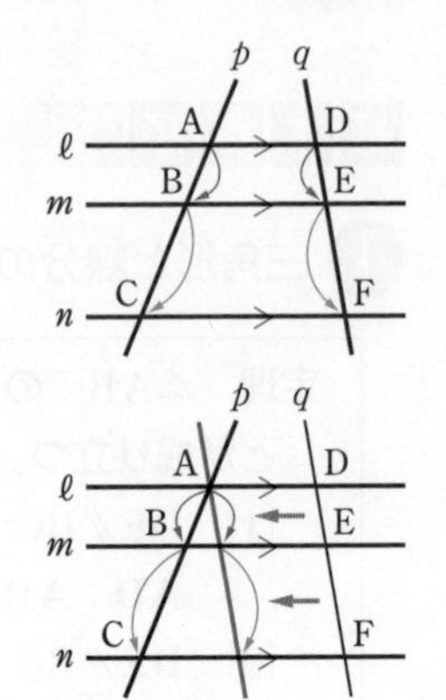

> **定理** 平行な3直線 ℓ, m, n に直線 p がそれぞれ点A, B, Cで交わり，直線 q がそれぞれ点D, E, Fで交わるとき，次のことが成り立つ。
>
> AB：BC＝DE：EF

証明 直線DEFを，点Dが点Aに重なるように平行移動すると，❶ の定理 [2] の場合になる。

よって　　AB：BC＝DE：EF　終

④ 角の二等分線と線分の比

> **定理**
>
> [1] △ABCにおいて，∠Aの二等分線と辺BCの交点をDとすると，次のことが成り立つ。
>
> AB：AC＝BD：DC
>
> 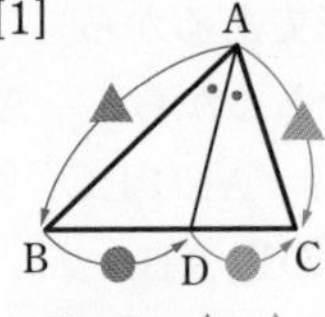
>
>
> 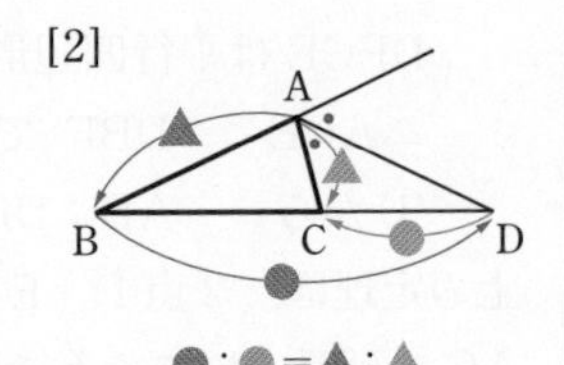
>
>
> [2] AB≠AC である△ABCにおいて，∠Aの外角の二等分線と辺BCの延長との交点をDとすると，次のことが成り立つ。
>
> AB：AC＝BD：DC

[1], [2] ともに，点Cを通り直線ADに平行な直線 ℓ を引いて証明できる。

証明 直線 ℓ と直線BAとの交点をEとする。

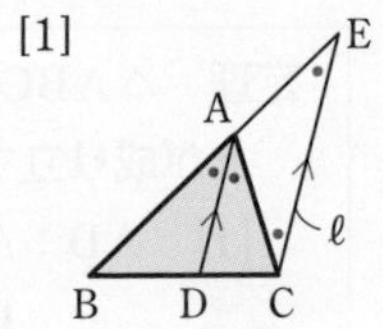

AD∥EC と仮定から

∠AEC＝∠ACE

よって，△ACEは二等辺三角形であり

AE＝AC

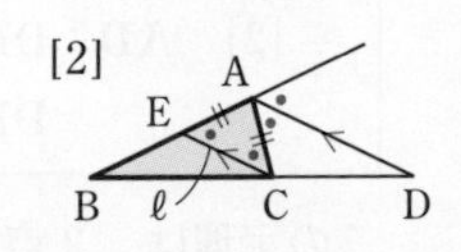

AD∥EC であるから，❶ の定理より

BD：DC＝BA：AE

したがって　　AB：AC＝BD：DC　終

上の [2] の定理で，AB＝AC とすると，∠Aの外角の二等分線は辺BCと平行になり，交点をもたない。このことから，AB≠AC という条件がついている。

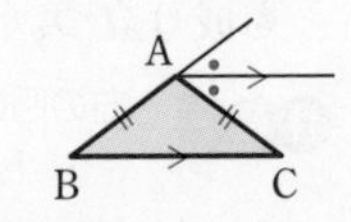

例題 11　三角形と線分の比 (1)

次の図において，DE∥BC のとき，x の値を求めなさい。

(1)
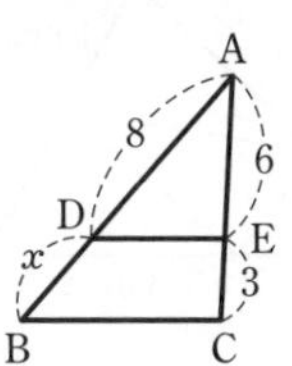

(2)
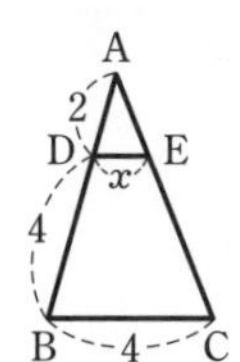

(3)
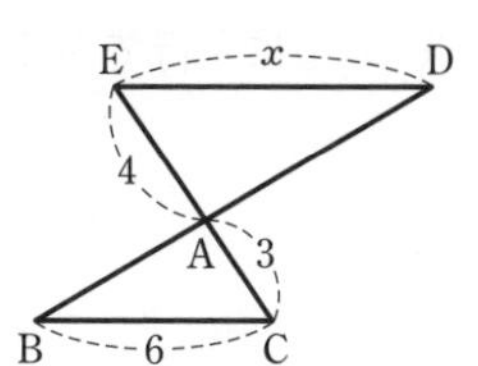

考え方　DE∥BC であるから，右の図の $a:b$ と $c:d$ が等しい。これを利用して求める。

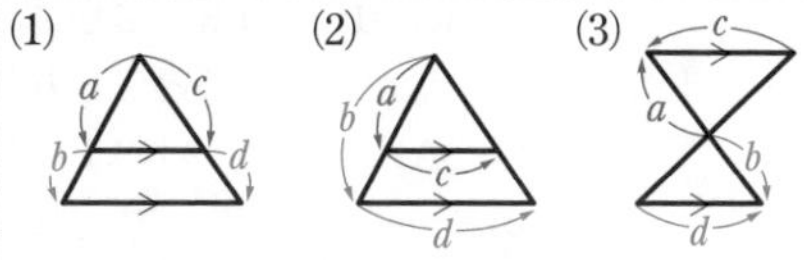

(1)

(2)
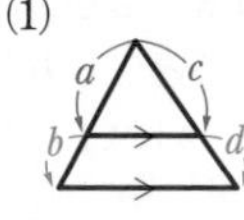

(3)
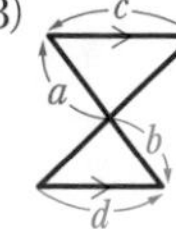

解答

(1)　DE∥BC であるから　　AD：DB＝AE：EC

よって　　$8:x=6:3$　　これを解くと　　$x=4$　答

(2)　DE∥BC であるから　　AD：AB＝DE：BC

よって　　$2:(2+4)=x:4$　　これを解くと　　$x=\dfrac{4}{3}$　答

(3)　DE∥BC であるから　　AE：AC＝DE：BC

よって　　$4:3=x:6$　　これを解くと　　$x=8$　答

解説

平行線に交わる線分の長さや比を求めるときは，下の 2 つの図形を見つけることが基本となる。この章では，この 2 つの図形を **基本図形** ①，② とよぶことにする。

CHART

平行線と線分の比
基本図形を見つけ出す

基本図形 ①
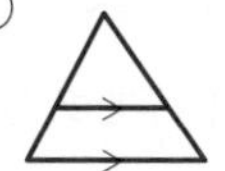

基本図形 ②
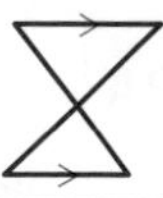

練習 11　次の図において，DE∥BC のとき，x，y の値を求めなさい。

(1)
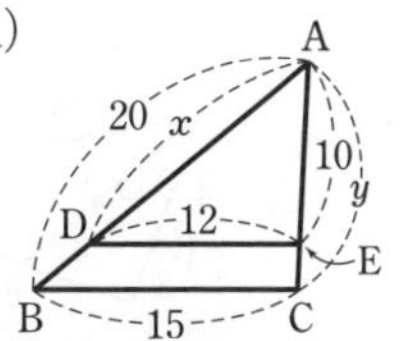

(2)
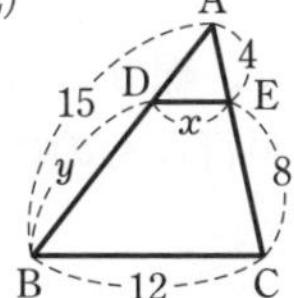

(3)
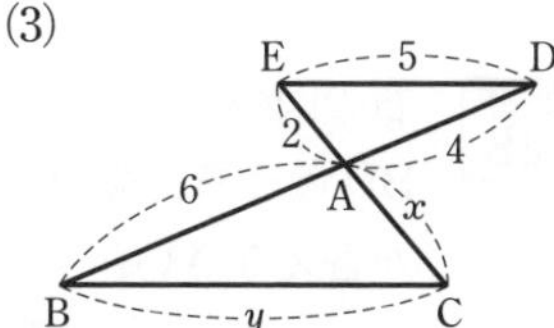

例題 12 三角形と線分の比 (2)

右の図の線分 DE，EF，FD の中から，△ABC の辺に平行である線分を選びなさい。

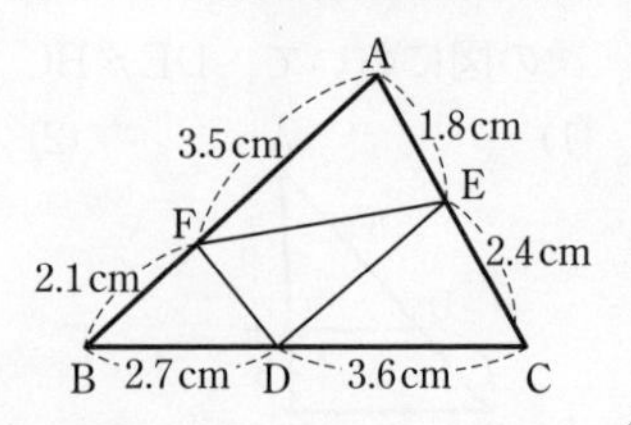

考え方 右の図において

PS：SQ＝PT：TR　ならば　ST∥QR

したがって，たとえば BC と EF が平行であるかどうかを調べるには，AF：FB と AE：EC が等しいかどうかを調べればよい。

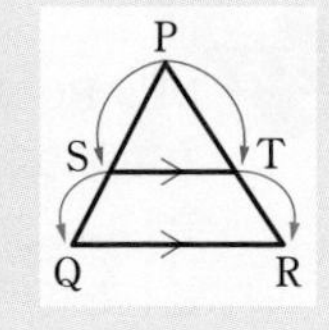

解答

[1]　AF：FB＝3.5：2.1＝5：3
　　AE：EC＝1.8：2.4＝3：4
　よって，線分 FE と BC は平行でない。　◀AF：FB≠AE：EC

[2]　BD：DC＝2.7：3.6＝3：4
　　BF：FA＝2.1：3.5＝3：5
　よって，線分 DF と CA は平行でない。　◀BD：DC≠BF：FA

[3]　CE：EA＝2.4：1.8＝4：3
　　CD：DB＝3.6：2.7＝4：3
　よって，線分 ED と AB は平行である。　◀CE：EA＝CD：DB

[1]～[3] から，△ABC の辺に平行である線分は

線分 DE　答

右の図の線分 DE，EF，FD の中から，△ABC の辺に平行である線分を選びなさい。

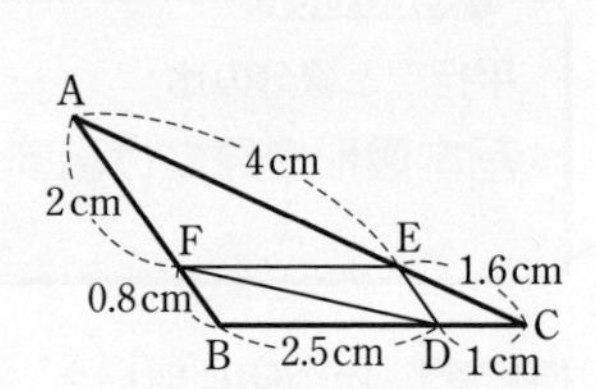

練習 12B　右の図の △AEG において，線分 BC，CD，BD のうち，線分 EG と平行なものはどれか答えなさい。

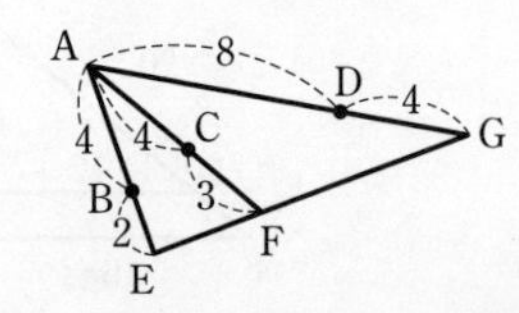

例題 13 平行線と線分の比

右の図において，3つの直線 ℓ，m，n が平行であるとき，x，y の値を求めなさい。

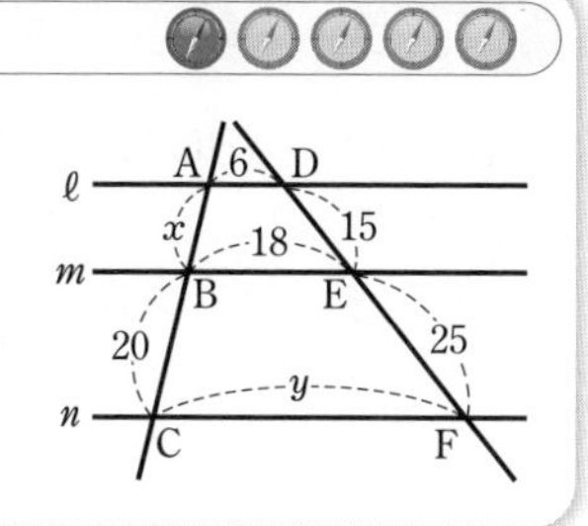

考え方　右の図のように直線を平行移動すると，p.27 の **基本図形 ①** になり，辺の長さの比が等しくなる。

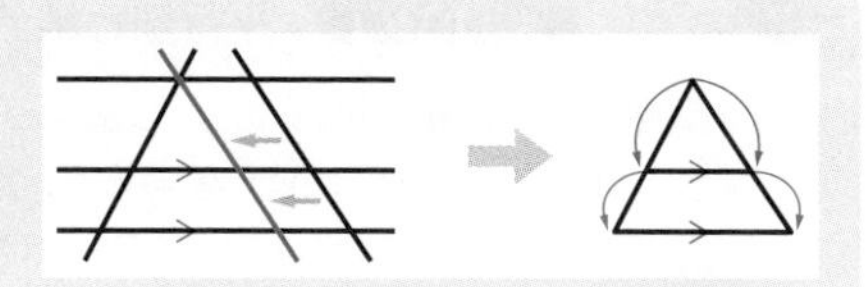

解答

$\ell /\!/ m /\!/ n$ であるから

$$AB:BC=DE:EF$$
$$x:20=15:25$$
$$x:20=3:5$$
$$5x=60$$

よって　　$\boldsymbol{x=12}$ 答

◀ℓ，m，n がすべて平行であることを，$\ell /\!/ m /\!/ n$ と表す。

また，右の図のように直線 DF を平行移動して考えると，$m /\!/ n$ であるから

$$AB:AC=12:(y-6)$$
$$12:(12+20)=12:(y-6)$$
$$12:32=12:(y-6)$$
$$3:8=12:(y-6)$$
$$3(y-6)=96$$
$$y-6=32$$

よって　　$\boldsymbol{y=38}$ 答

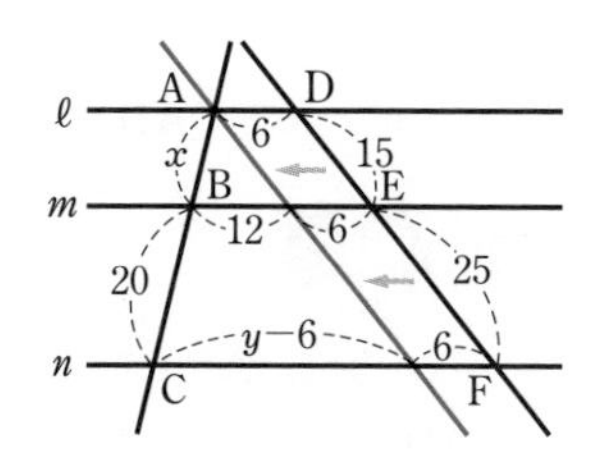

練習 13　次の図において，$\ell /\!/ m /\!/ n$ であるとき，x，y の値を求めなさい。

(1)

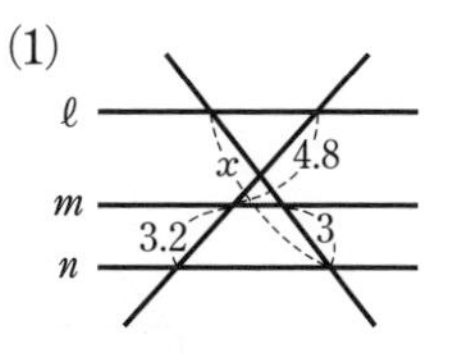

(2)

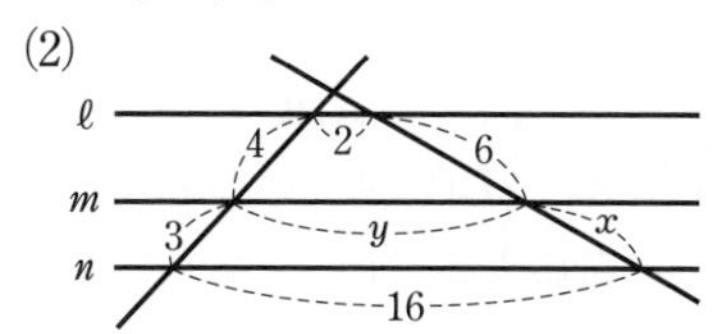

例題 14 平行線と比の計算

右の図の △ABC において，BC∥EF∥GH，
EF：BD＝2：3，GH：DC＝1：2 である。
このとき，GF：AD を求めなさい。

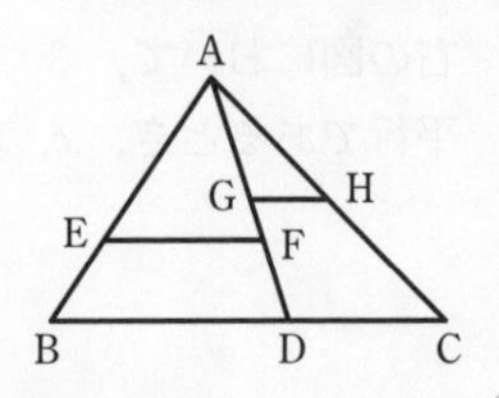

CHART 平行線と線分の比　基本図形を見つけ出す

問題の図は，**基本図形** ① が 2 個くっついたものである。
比 AF：AD，AG：AD を求めて，線分 AF，AG の長さが線分 AD の長さの何倍かを考える。また，GF＝AF－AG である。

解答

BC∥EF∥GH から

AF：AD＝EF：BD＝2：3，　AG：AD＝GH：DC＝1：2

すなわち　$AF=\frac{2}{3}AD$，　$AG=\frac{1}{2}AD$

よって　$GF=AF-AG$

$=\frac{2}{3}AD-\frac{1}{2}AD=\frac{1}{6}AD$

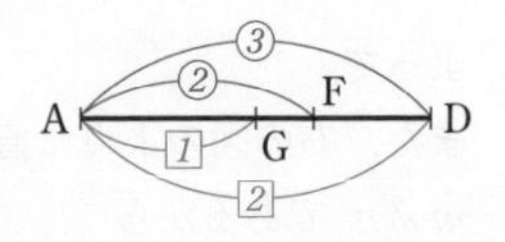

したがって　**GF：AD**＝$\frac{1}{6}$AD：AD＝**1：6**　答

上のように，AF，AG を AD で表しても解けるが，次のようにしてもよい。

AD＝6 と考えると，AF＝4，
AG＝3 となる。
よって　GF＝AF－AG＝1
ゆえに　**GF：AD＝1：6**　答

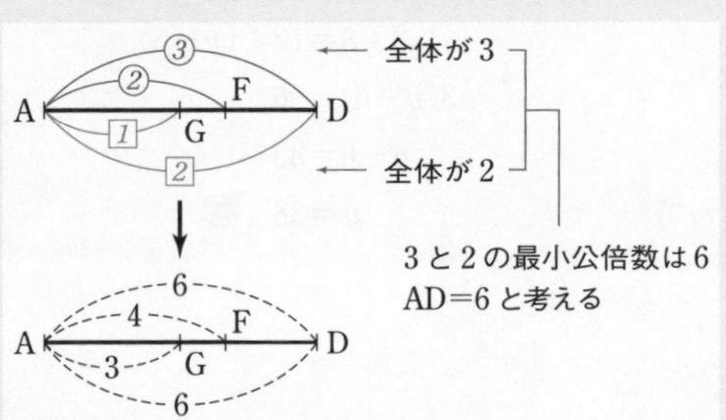

AF：FD＝2：1，AG：GD＝1：1
という形で比が与えられた場合も，
全体が 2＋1＝3，1＋1＝2 となる
から，AD＝6 と考えるとよい。

右の図の △ABC において，BC∥EF∥GH，
AE：EB＝4：3，AH：HC＝2：1 である。
このとき，FG：AD を求めなさい。

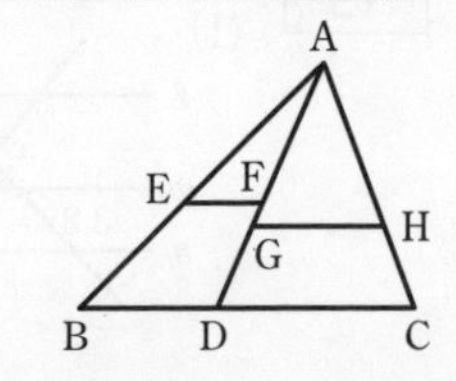

例題 15 平行線と線分の長さ

右の図において，AD∥BE∥CF である。
このとき，x の値を求めなさい。

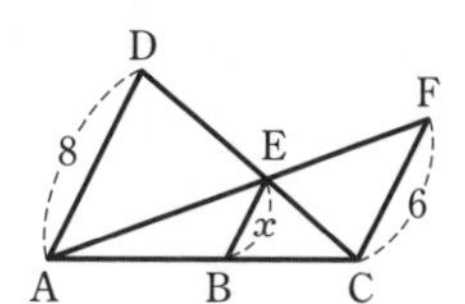

CHART **平行線と線分の比**　基本図形を見つけ出す

BE$=x$，CF$=6$ に注目すると，△ACF と線分 BE が **基本図形 ①** の形。
したがって，AB：AC または AE：AF がわかればよい。そこで，視点をかえて，AD$=8$，CF$=6$ に注目すると，△EDA と △ECF が **基本図形 ②** の形。
AE：AF がわかって解決。

解答

BE∥CF であるから

$$\mathrm{BE}:\mathrm{CF}=\mathrm{AE}:\mathrm{AF}$$

よって　　$x:6=\mathrm{AE}:\mathrm{AF}$　　……①

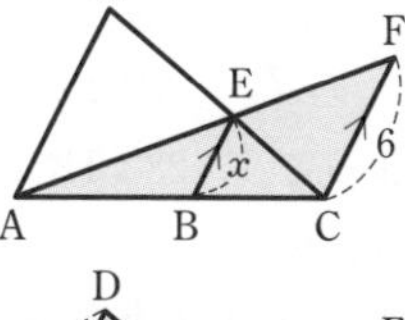

AD∥CF であるから

$$\mathrm{AE}:\mathrm{EF}=\mathrm{AD}:\mathrm{FC}$$

よって　　$\mathrm{AE}:\mathrm{EF}=8:6=4:3$　　……②

①，② から　　$x:6=4:(4+3)$

これを解くと　　$x=\dfrac{24}{7}$　答

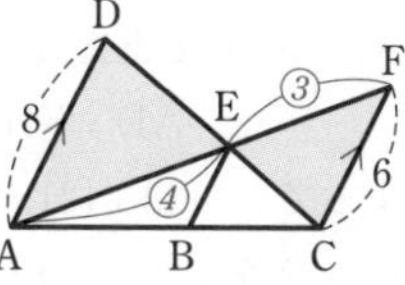

解説

右の図において，AD∥BE∥CF であるとき，上と同じように考えると，次の等式が成り立つことがわかる。

$$\frac{1}{a}+\frac{1}{b}=\frac{1}{c}$$

◀ $c:b=\mathrm{AE}:\mathrm{AF}$，$a:b=\mathrm{AE}:\mathrm{EF}$ から
$c:b=a:(a+b)$　　よって $c(a+b)=ab$
この両辺を abc でわる。

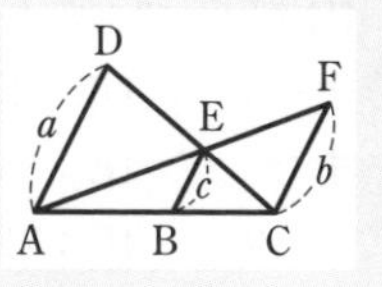

練習 15 次の図において，(1) は AD∥BE∥CF，(2) は DE∥BC，(3) は AC∥ED，AD∥EF である。このとき，x の値を求めなさい。

(1)

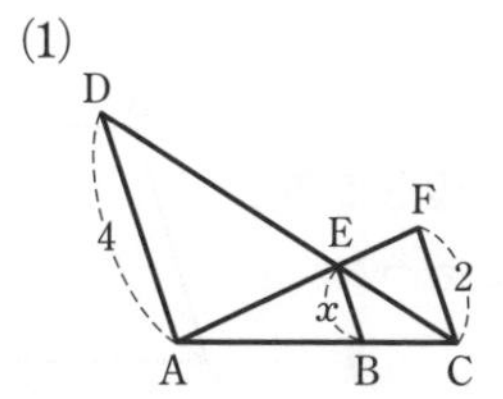

(2)

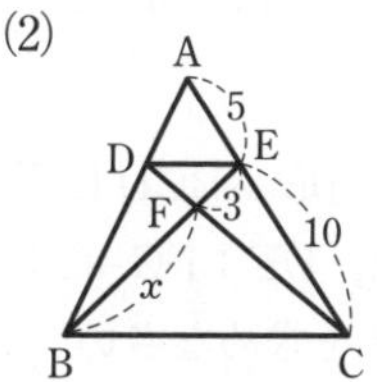

(3)

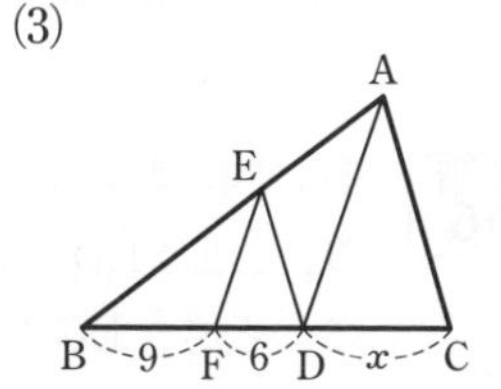

例題 16　補助線の利用

右の図において，四角形 ABCD は平行四辺形である。線分 FG の長さを求めなさい。

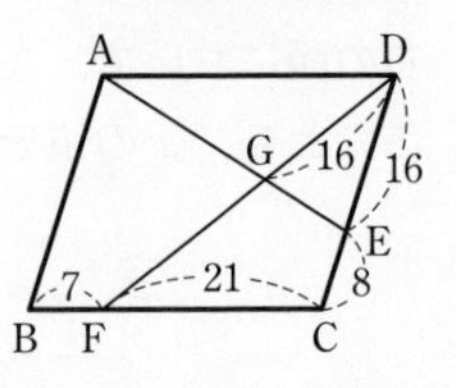

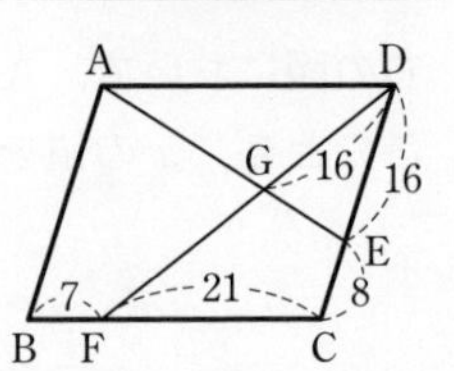

基本図形を利用したいが，見当たらない。
そこで，補助線を引いて基本図形を **作り出す** ことを考える。
　　⟶ 線分 AE，BC を延長して，**基本図形**② を作り出す。
また，平行四辺形の対辺は，平行でその長さが等しいことを利用する。

解答

線分 AE，BC を延長して，その交点をHとする。

AD∥CH であるから

　　AD：HC＝DE：CE

よって　28：HC＝16：8　　◀AD＝BC

ゆえに　　HC＝14

AD∥FH であるから　　◀△GDA と △GFH が基本図形②。

　　AD：FH＝DG：FG

よって　28：(21＋14)＝16：FG

これを解くと　　**FG＝20**　答

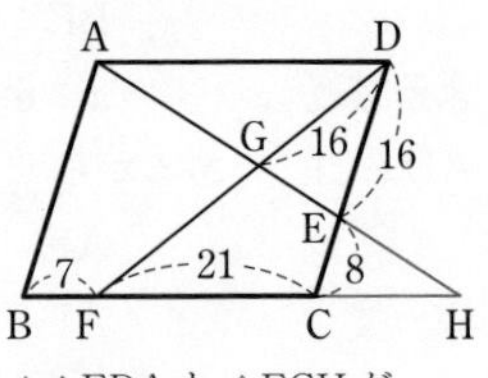

▲△EDA と △ECH が基本図形②。

別解　点Eを通り，AD，BC に平行な線分を引き，線分 DF との交点を I とする。

IE∥FC であるから　　DI：IF＝DE：EC

よって　　DI：IF＝16：8＝2：1　……①

また　　IE：FC＝DE：DC

よって　　IE：21＝16：(16＋8)

これを解くと　　IE＝14

また，AD∥IE であるから　　DG：GI＝DA：IE

よって　　16：GI＝28：14　　　これを解くと　　GI＝8

① から　　(16＋8)：IF＝2：1　　これを解くと　　IF＝12

したがって　　**FG**＝GI＋IF＝8＋12＝**20**　答

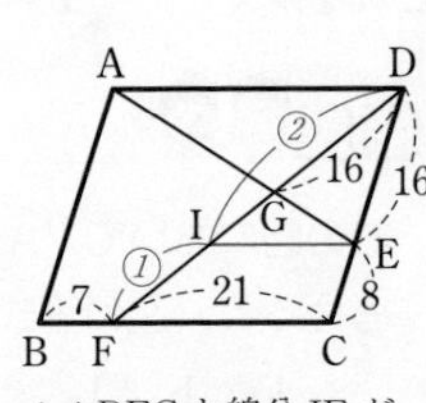

▲△DFC と線分 IE が基本図形①。

右の図において，四角形 ABCD は平行四辺形であり，AE：ED＝3：2，DF：FC＝2：1 である。このとき，DG：GB を求めなさい。

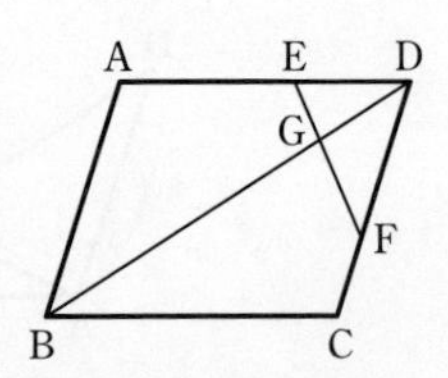

例題 17 角の二等分線と線分の比

右の図において，線分 AD は，(1) では ∠A の二等分線であり，(2) では ∠A の外角の二等分線である。このとき，x の値を求めなさい。

(1)

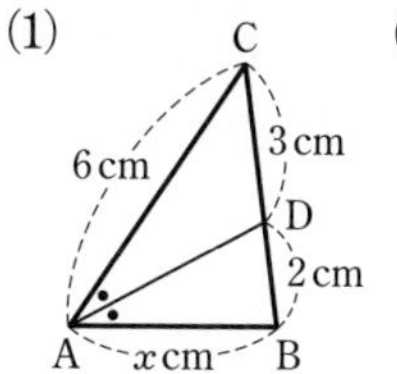

(2)

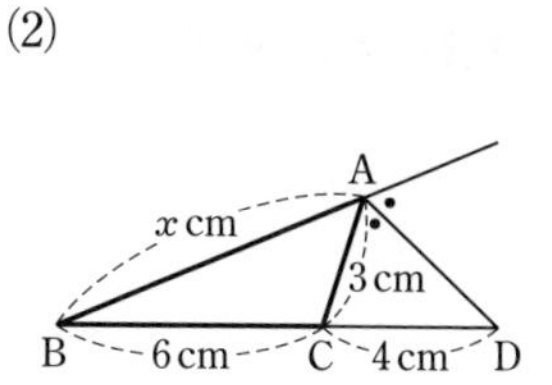

考え方 AD が三角形の内角または外角の二等分線。
⟶ 右の図で辺の長さの比が等しいことを利用する。

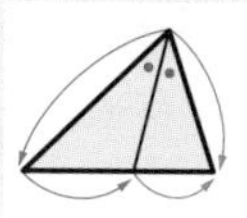

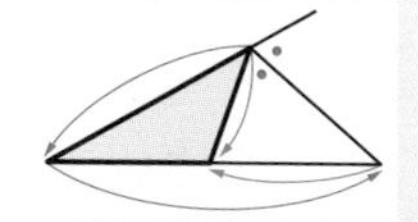

解答

(1) AD は ∠BAC の二等分線であるから

BD：DC＝AB：AC

よって　2：3＝x：6　　したがって　$x=4$ 答

(2) AD は ∠BAC の外角の二等分線であるから

BD：DC＝AB：AC

よって　(6＋4)：4＝x：3　　したがって　$x=\dfrac{15}{2}$ 答

角の二等分線の性質は重要だよ。

練習 17A 右の図において，x の値を求めなさい。ただし，(1) では ∠BAD＝∠CAD であり，(2) では ∠ECD＝∠ACD である。

(1)

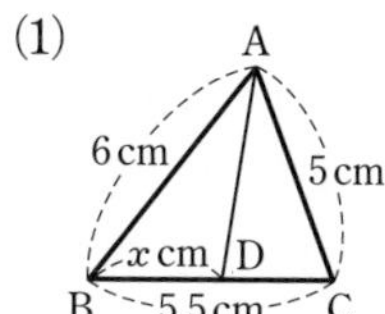

(2)

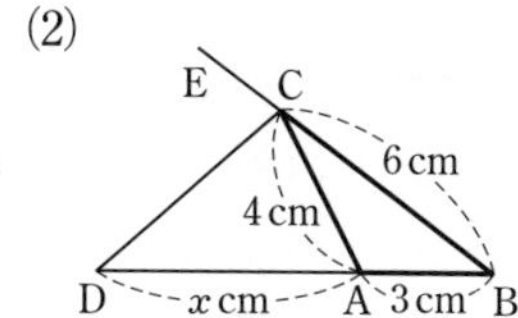

練習 17B (1) 図 [1] において，AD が ∠A の二等分線，BI が ∠B の二等分線であるとき，AI：ID を求めなさい。

(2) 図 [2] において，AD が ∠A の二等分線，AE が ∠A の外角の二等分線であるとき，BD：DE を求めなさい。

[1]

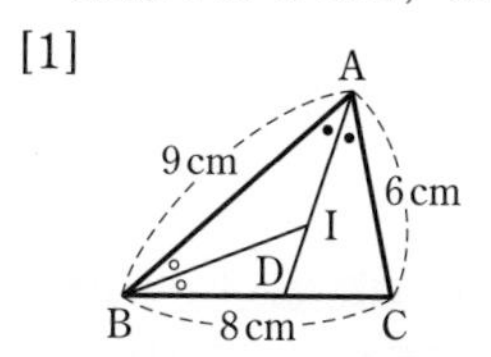

[2]

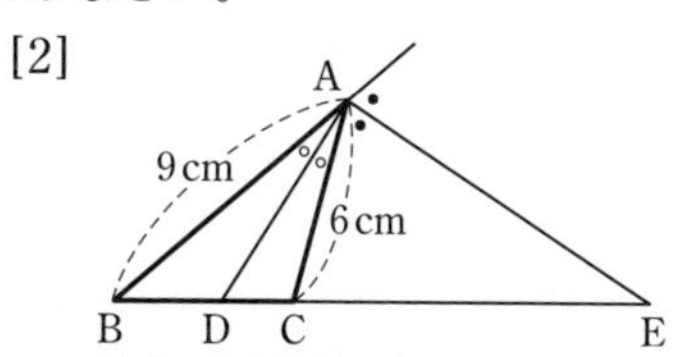

演習問題

□**13** 右の図において，AB∥EF∥CD である。
このとき，x，y の値を求めなさい。 ➔ 15

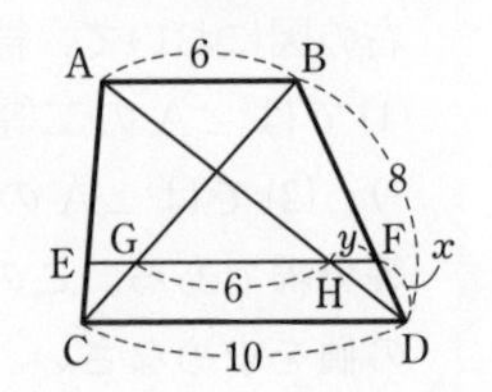

□**14** (1) 図(1)において，
AP：PB＝1：4，BC：CR＝3：2
であるとき，AQ：QC を求めなさい。
(2) 図(2)において，AB＝2BC とし，辺 AB の中点Mを通り直線 CM に垂直な直線が辺 AC と交わる点をNとするとき，AN：NC を求めなさい。 ➔ 16

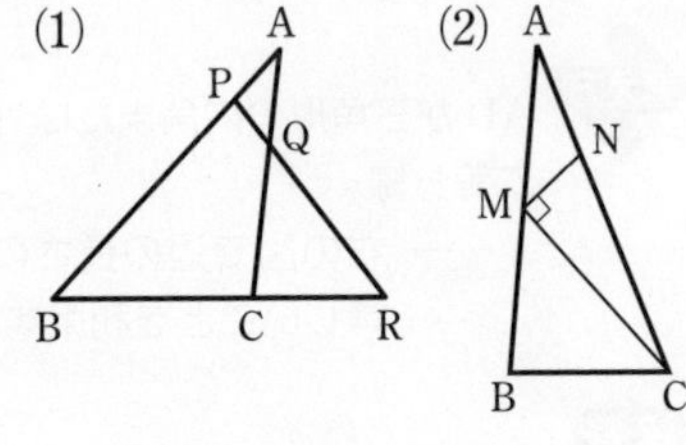

□**15** 右の図において，△ABC∽△A′B′C′ であり，2つの三角形は，点Oを相似の中心として，相似の位置にある。OA：OA′＝a：b であるとき，次のことを証明しなさい。
(1) AB∥A′B′，BC∥B′C′，CA∥C′A′
(2) △ABC と △A′B′C′ の相似比は a：b である。 ➔ 12

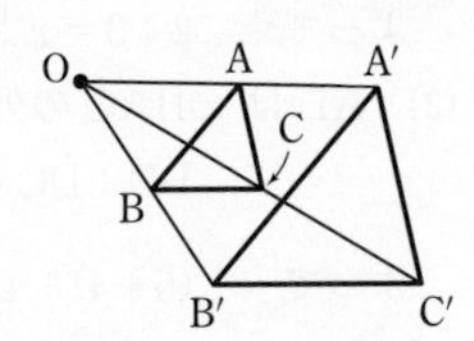

□**16** 右の図のように，▱ABCD の対角線の交点をOとし，∠AOB の二等分線と辺 AB の交点をE，∠BOC の二等分線と辺 BC の交点をFとする。このとき，EF∥AC であることを証明しなさい。 ➔ 12, 17

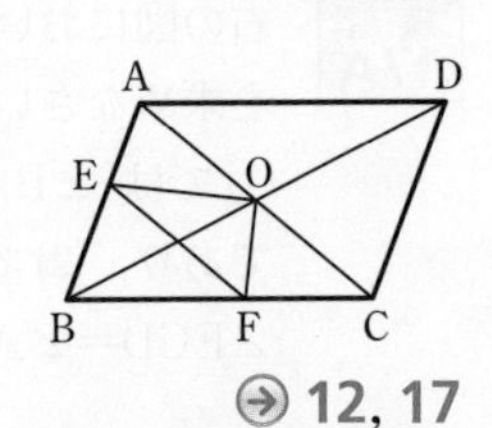

□**17** 右の図のような直方体の箱 ABCDEFGH があり，AB＝8 cm，AD＝3 cm，AE＝7 cm である。図のように，2点 C，E を辺 AB 上の点Pを通るように糸で結ぶ。糸の長さが最も短くなるとき，BP の長さを求めなさい。

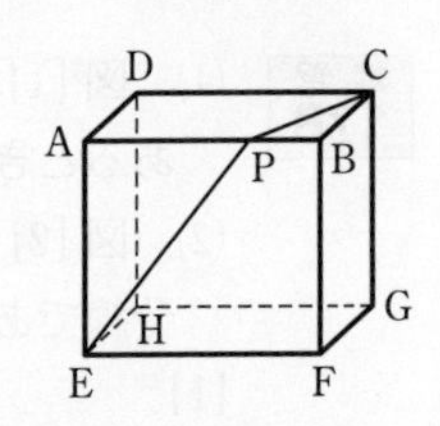

17 展開図で考える。糸の長さが最短になるとき，展開図の上でも最短になる。

CHART **立体の問題** 平面の上で考える 展開図も活用

4 中点連結定理

基本事項

1 中点連結定理

定理　(中点連結定理)
△ABC の辺 AB，AC の中点をそれぞれ M，N とすると，次のことが成り立つ。

$$MN /\!/ BC, \qquad MN=\frac{1}{2}BC$$

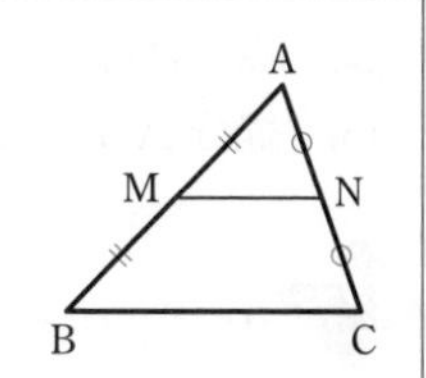

証明　AM：MB＝AN：NC＝1：1 であるから，
三角形と線分の比(2)により　　MN∥BC　　◀p.25 基本事項 2 を参照。
MN∥BC であるから
　　MN：BC＝AM：AB
よって　　MN：BC＝1：(1＋1)＝1：2
したがって　　$MN=\frac{1}{2}BC$　終

中点連結定理は非常に重要で，よく使う。次のチャートのように覚えておこう。

CHART
中点連結定理　　中点 2 つ　平行で半分

2 中点連結定理の逆

定理　(中点連結定理の逆)
△ABC の辺 AB の中点を M とし，MN∥BC となるように辺 AC 上に点 N をとるとき，点 N は辺 AC の中点である。

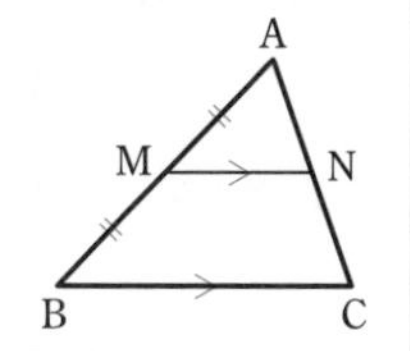

証明　MN∥BC であるから
　　AM：MB＝AN：NC
よって　　AN：NC＝1：1
したがって，点Nは，辺 AC の中点である。　終

参考　この項目は，前の項目「平行線と線分の比」との関係が深い。たとえば，中点連結定理の逆は，三角形と線分の比(1)(p.25 基本事項 1 [2] の定理)において，比を 1：1 としたものである。

例題 18 中点連結定理

右の図において，点Dは辺 AC の中点であり，点 E, F は辺 BC を 3 等分した点である。AE=8 cm であり，線分 AE, BD の交点をGとする。

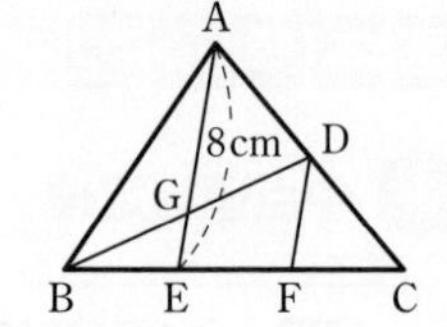

(1) 線分 DF の長さを求めなさい。

(2) 点Gは線分 BD の中点であることを証明しなさい。

(3) 線分 AG の長さを求めなさい。

(1) D, F は，それぞれ線分 CA, CE の中点。**中点が 2 つ** あるから，△CAE で中点連結定理を利用する。

CHART 中点連結定理　　中点 2 つ　平行で半分

(2) (1)から DF∥GE であり，点Eは線分 BF の中点である。よって，△BFD において，中点連結定理の逆が利用できる。

(3) AG=AE−GE である。(2)を利用して GE の長さを求める。

解答

(1) △CAE において，点 D, F はそれぞれ辺 CA, CE の中点であるから，中点連結定理により

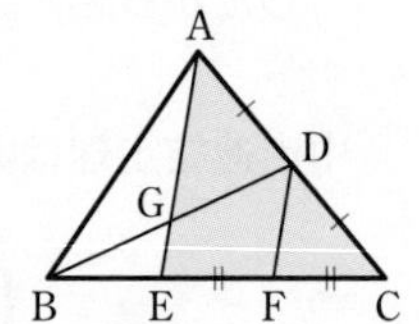

DF∥AE ……①, $\quad$ $DF=\frac{1}{2}AE=\frac{1}{2}\times 8=\mathbf{4\,(cm)}$ 答

(2) △BFD と線分 GE について，① から DF∥GE

また，点Eは線分 BF の中点である。

よって，中点連結定理の逆により，点Gは線分 BD の中点である。 終

(3) △BFD において，点 E, G はそれぞれ辺 BF, BD の中点であるから，中点連結定理により

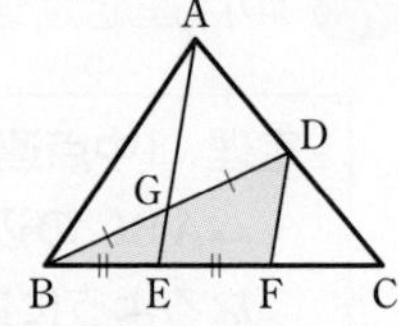

$$GE=\frac{1}{2}DF=\frac{1}{2}\times 4=2\,(cm)$$

したがって $\quad AG=AE-GE=8-2=\mathbf{6\,(cm)}$ 答

練習 18 右の図において，点 D, E は辺 AB を 3 等分した点であり，点 F, G は辺 AC を 3 等分した点である。線分 DC, EG の交点をHとすると，HG=1 cm である。

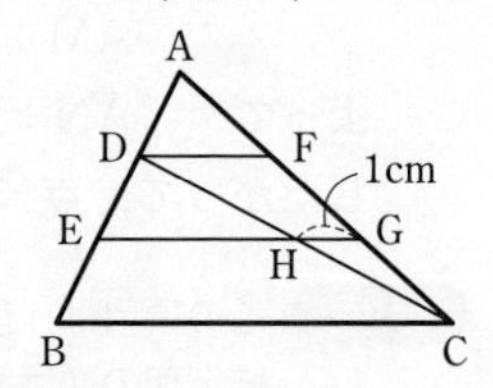

(1) 点Hは線分 DC の中点であることを証明しなさい。

(2) 線分 DF, EH, BC の長さをそれぞれ求めなさい。

例題 19 中点連結定理と証明

△ABC の辺 AB, BC, CA の中点をそれぞれ D, E, F とする。このとき，四角形 ADEF は平行四辺形であることを証明しなさい。

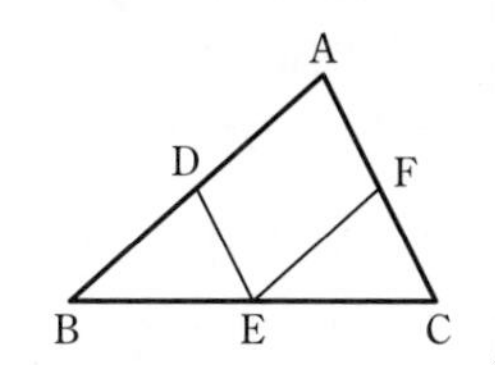

辺の **中点が 3 つ** 与えられている。そこで，中点連結定理の利用を考える。

CHART **中点連結定理　　中点 2 つ　平行で半分**

平行四辺形であることを証明するためには，次の 5 つの条件

[1] 辺々が平行　　[2] 2 組の等辺　　[3] 2 組の等角

[4] 対角線が中点で交わる　　[5] 平行で等長

のどれかを示せばよい。

解答

△ABC において，点 D, E はそれぞれ辺 BA, BC の中点であるから，中点連結定理により

$$DE /\!/ AC \quad \cdots\cdots ①, \qquad DE=\frac{1}{2}AC$$

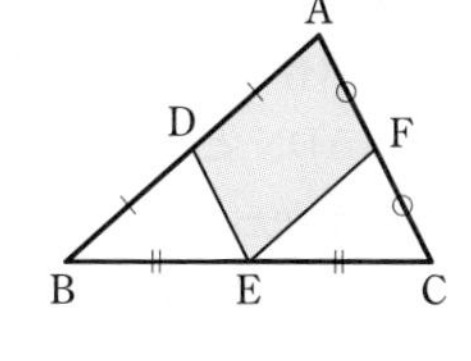

点 F は辺 AC の中点であるから　　$AF=\frac{1}{2}AC$

よって　　DE＝AF　　　① から　　DE∥AF

1 組の対辺が平行でその長さが等しいから，四角形 ADEF は平行四辺形である。 終

別証　△ABC において，点 D, E はそれぞれ辺 BA, BC の中点であるから，中点連結定理により　　DE∥AC

点 E, F はそれぞれ辺 CB, CA の中点であるから，中点連結定理により　　EF∥BA

2 組の対辺が平行であるから，四角形 ADEF は平行四辺形である。 終

練習 19A　△ABC の辺 AB, BC, CA の中点をそれぞれ D, E, F とする。このとき，△ADF, △DBE, △FEC, △EFD はすべて合同であることを証明しなさい。

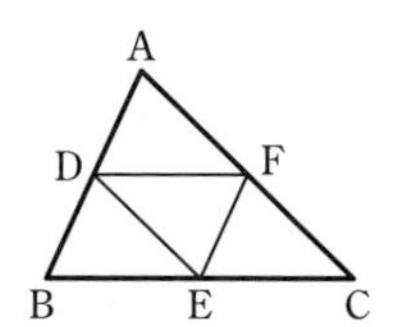

練習 19B　ひし形 ABCD の辺 AB, BC, CD, DA の中点をそれぞれ E, F, G, H とする。このとき，四角形 EFGH は長方形であることを証明しなさい。

例題 20 台形の中点連結定理

AD∥BC である台形 ABCD の辺 AB，DC の中点をそれぞれ M，N とする。

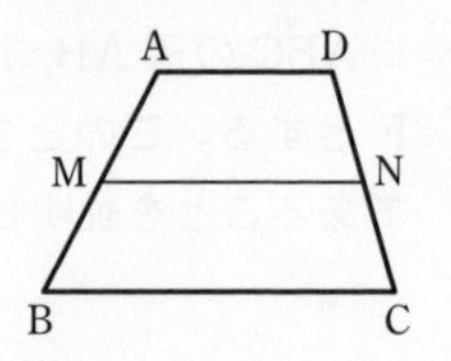

(1) MN∥BC，$\mathrm{MN}=\dfrac{1}{2}(\mathrm{AD}+\mathrm{BC})$ であることを証明しなさい。

(2) AD=4 cm，BC=8 cm のとき，線分 MN の長さを求めなさい。

(1) AD+BC が出てくるから，**図の中に AD+BC を作る** 方針で考える。直線 AN と BC の交点をEとし，まず AD=EC を証明する（BE=AD+BC となる)。次に，△ABE に中点連結定理を使う。

別証　対角線 AC の中点Eをとり，△ABC と △CAD において，中点連結定理を利用して示す方法もある。

(2) (1)で証明したことを利用する。

解答

(1) 直線 AN と BC の交点をEとする。

△ADN と △ECN において

仮定から　　DN=CN

対頂角は等しいから　　∠AND=∠ENC

AD∥BE より，錯角は等しいから　　∠ADN=∠ECN

1組の辺とその両端の角がそれぞれ等しいから　　△ADN≡△ECN

したがって　　AN=EN ……①，　AD=EC ……②

△ABE において，① から，M，N はそれぞれ辺 AB，AE の中点である。

よって，中点連結定理により　　MN∥BE ……③，　$\mathrm{MN}=\dfrac{1}{2}\mathrm{BE}$ ……④

③ から　　MN∥BC

②，④ から　　$\mathrm{MN}=\dfrac{1}{2}(\mathrm{BC}+\mathrm{EC})=\dfrac{1}{2}(\mathrm{AD}+\mathrm{BC})$ 終

(2) (1) から　　$\mathrm{MN}=\dfrac{1}{2}(\mathrm{AD}+\mathrm{BC})=\dfrac{1}{2}(4+8)=\mathbf{6}$ **(cm)** 答

解説

上の例題 20 (1) のように，線分の和や差を考えるときは，**和や差と等しい線分を実際に作る** とよい。線分を作るには，平行移動，対称移動，回転移動を利用して，線分の長さを一直線上に移すとよい。

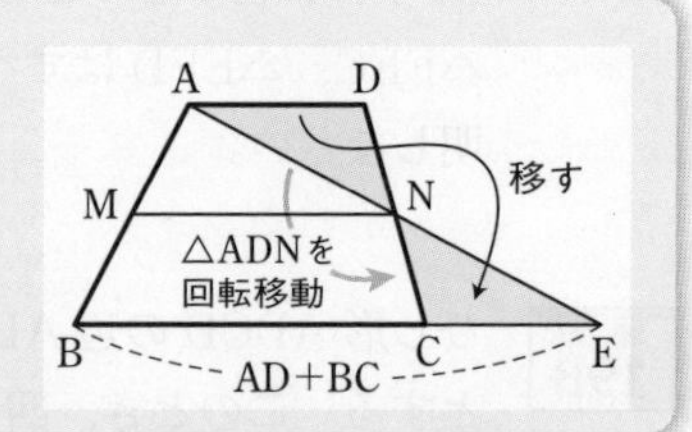

別証 (1) 対角線 AC の中点をEとする。

◀実際は，Eは線分 MN 上にある。しかし，それはまだ証明されていないので，このような図をかいた。

△ABC において，M，E はそれぞれ辺 AB，AC の中点であるから，中点連結定理により

$$ME /\!/ BC \quad \cdots\cdots ①$$

$$ME=\frac{1}{2}BC \quad \cdots\cdots ②$$

△CDA において，N，E はそれぞれ辺 CD，CA の中点であるから，中点連結定理により　$EN /\!/ AD$ ……③，　$EN=\frac{1}{2}AD$ ……④

$BC /\!/ AD$ であるから，①，③ より　$ME /\!/ EN$

すなわち，3点 M，E，N は一直線上にあり，点Eは線分 MN 上にある。

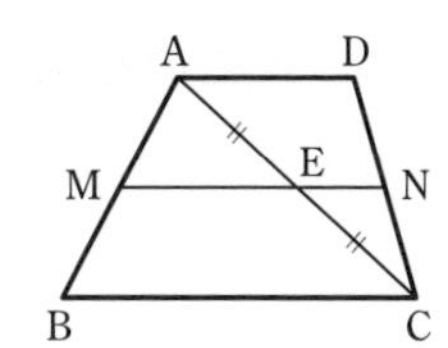

よって，① から　$MN /\!/ BC$

また　$MN=ME+EN$

②，④ から　$MN=\frac{1}{2}BC+\frac{1}{2}AD$

$$=\frac{1}{2}(AD+BC)$$ 終

● (1) で証明した定理の逆 ●

この例題の (1) で証明した定理の逆である，次の定理も成り立つ。

> **AD∥BC である台形 ABCD において，辺 AB の中点をMとし，MN∥BC となるように辺 DC 上に点Nをとるとき，点Nは辺 DC の中点である。**

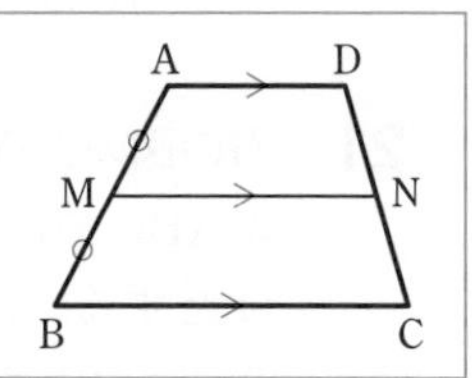

練習 20 例題 20 (1) の事柄を次の手順で証明しなさい。
例題 20 の台形 ABCD に合同な台形 A′B′C′D′ を下の図のような位置に作る。

(1) 3点 B，C，A′ と M，N，M′ はそれぞれ一直線上にあることを証明しなさい。

(2) 四角形 MBA′M′ は平行四辺形であることを証明しなさい。

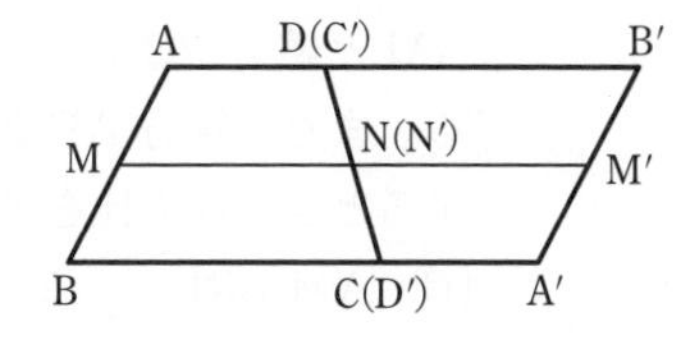

(3) $MN /\!/ BC$，$MN=\frac{1}{2}(AD+BC)$ であることを証明しなさい。

演習問題

□**18**　右の図のように，四角形 ABCD の辺 AB，辺 CD，対角線 AC，対角線 BD の中点をそれぞれ E，F，G，H とする。
AD＋BC＝10 (cm) であるとき，四角形 EGFH の周の長さを求めなさい。　➔ 18

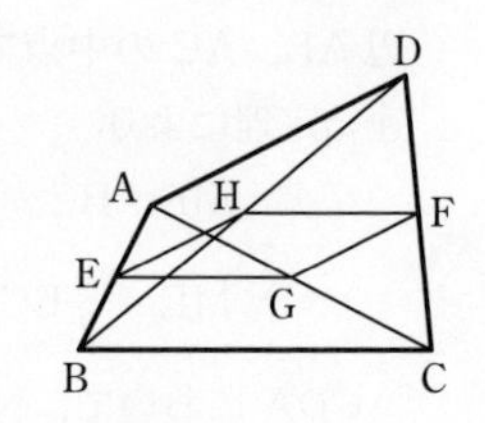

□**19**　右の図において，点 D，E，F はそれぞれ △ABC の辺 AB，BC，CA の中点である。
このとき，∠x の大きさを求めなさい。

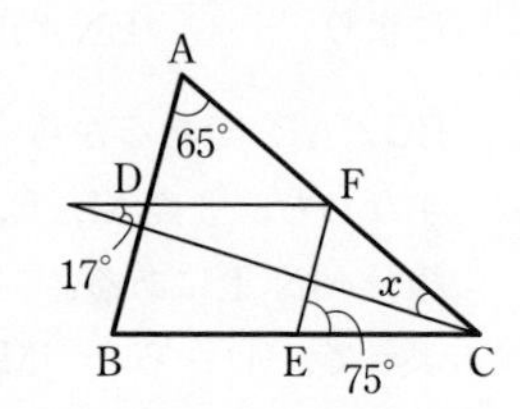

□**20**　AB＝CD である四角形 ABCD の対角線 AC の中点を P，辺 AD，BC の中点をそれぞれ Q，R とする。
(1)　右の図のように △PQR ができるとき，∠PQR＝∠PRQ であることを証明しなさい。
(2)　3 点 P，Q，R が一直線上に並ぶのは，四角形 ABCD がどのような四角形であるときか答えなさい。

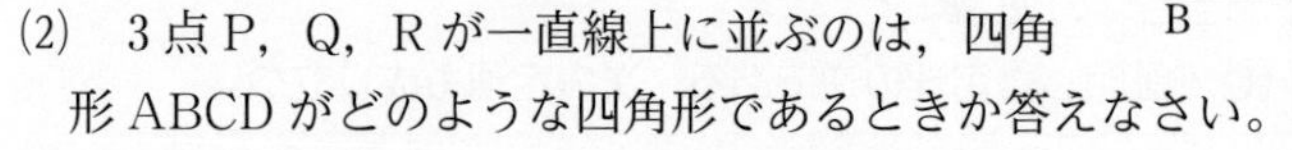

□**21**　右の図のように，AC＝2AB である △ABC の辺 AC，BC の中点をそれぞれ P，Q とする。∠A の二等分線と直線 PQ の交点を R とするとき，△PQC≡△RQB であることを証明しなさい。　➔ 19

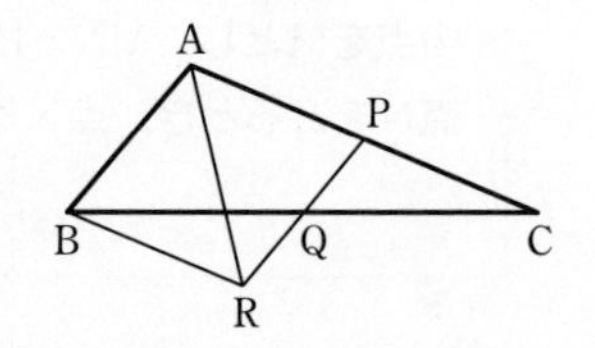

□**22**　右の図の三角錐 ABCD において，
AP：PB＝2：1，AQ：QC＝1：1，
AR：RD＝1：2，M は辺 BC の中点，E は線分 AM と線分 PQ の交点，DF：FM＝2：1 とする。また，線分 AF と平面 PQR の交点を G とするとき，次の比を求めなさい。

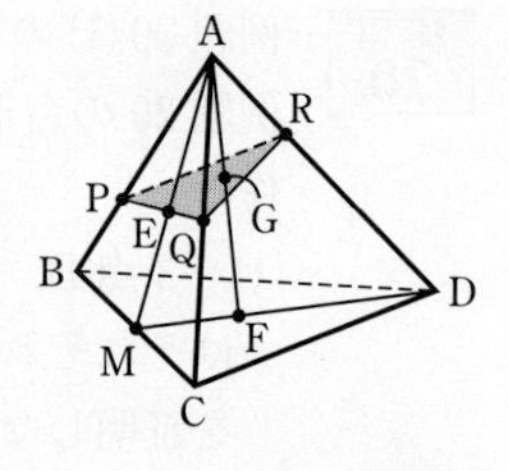

(1)　AM：RF　　(2)　AE：EM　　(3)　AG：GF　➔ 18

22 (1)　△DAM　(2)　△ABC　(3)　△AMD で考える。

5 相似な図形の面積比，体積比

1 相似な立体

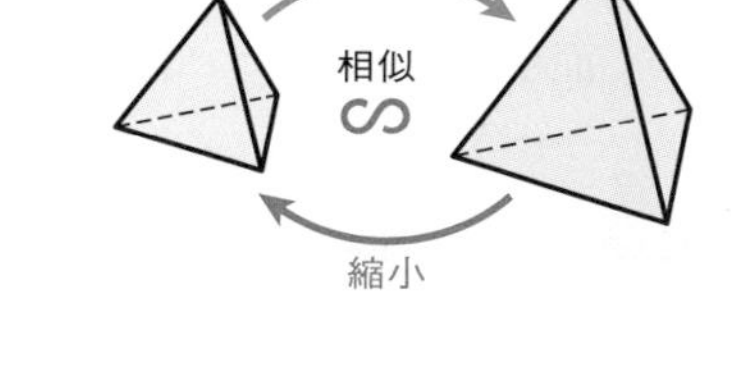

立体においても，相似な図形を考えることができる。

(1) 1つの立体を一定の割合で拡大または縮小した立体は，もとの立体と **相似** であるという。

(2) 2つの立体 P，Q が相似であるとき，記号 ∽ を使って $P \backsim Q$ と表す。

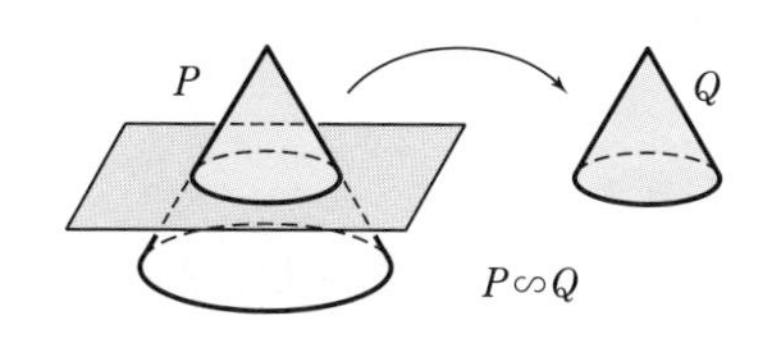

例 円錐や角錐を，底面に平行な平面で切断したとき，頂点を含む方の立体は，もとの立体と相似である。

(3) [1] 相似な立体では，対応する線分の長さの比は，すべて等しい。

[2] 相似な立体では，対応する角の大きさは，それぞれ等しい。

[3] 相似な立体では，対応する面は，それぞれ相似である。 ◀[1]，[2] から導かれる。

相似な立体で，対応する線分の長さの比を **相似比** という。

2 相似な図形の面積比，体積比

> **2つの相似な図形の相似比が $m:n$ であるとき**
> **それらの周の長さの比は $m:n$ 　面積比は $m^2:n^2$**
> **2つの相似な立体の相似比が $m:n$ であるとき**
> **それらの表面積比は $m^2:n^2$ 　体積比は $m^3:n^3$**

相似比が $k:1$ ならば，(表)面積比は $k^2:1$，体積比は $k^3:1$ となる。

3 連 比

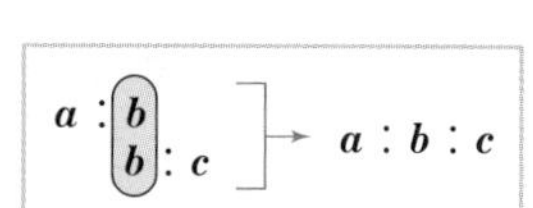

(1) 2つの比 $a:b$ と $b:c$ を，まとめて $a:b:c$ と表すことがある。

比 $a:b:c$ を，a，b，c の **連比** という。

$a:b$ と $a:c$，$a:c$ と $b:c$ も $a:b:c$ の形に表せる。

(2) 連比 $a:b:c$ について，次のことが成り立つ。

$$\boldsymbol{a:b:c=ma:mb:mc} \qquad \text{ただし，} m \neq 0$$

例題 21 相似な図形の面積比

(1) 相似な 2 つの三角形 A, B があり，その相似比は 2：3 である。A の周の長さが 24 cm のとき，B の周の長さを求めなさい。また，B の面積が 54 cm^2 のとき，A の面積を求めなさい。

(2) 右の図において，DE∥BC である。このとき，面積比 △ABC：△ADE を求めなさい。

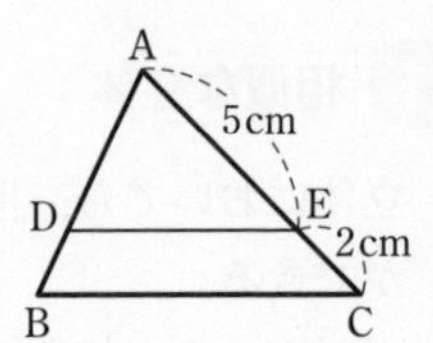

考え方

相似な 2 つの平面図形において，相似比が $m:n$ のとき

周の長さの比は　$m:n$,　面積比は　$m^2:n^2$

(2) DE∥BC から △ABC∽△ADE はすぐわかる。
対応する辺の長さの比から相似比を求めて，面積比を求める。

解答

(1) $A∽B$ で，相似比は 2：3 である。

よって

(A の周の長さ)：(B の周の長さ)＝2：3

(A の面積)：(B の面積)＝$2^2:3^2$＝4：9

> **CHART**
> 相似形
> 面積比は　2 乗の比

A の周の長さが 24 cm のとき

(B の周の長さ)$=\dfrac{3}{2}\times$(A の周の長さ)$=\dfrac{3}{2}\times24=$**36 (cm)** 答

B の面積が 54 cm^2 のとき

(A の面積)$=\dfrac{4}{9}\times$(B の面積)$=\dfrac{4}{9}\times54=$**24 (cm^2)** 答

(2) DE∥BC であるから　△ABC∽△ADE

◀∠ABC＝∠ADE
∠BAC＝∠DAE

相似比は　AC：AE＝(5＋2)：5＝7：5

よって　**△ABC：△ADE**＝$7^2:5^2$

＝**49：25** 答

練習 21

(1) 相似な 2 つの五角形 A, B があり，その相似比は 7：4 である。B の周の長さが 16 cm のとき，A の周の長さを求めなさい。また，A の面積が 42 cm^2 のとき，B の面積を求めなさい。

(2) 右の図において，DE∥BC である。このとき，面積比 △ABC：△AED を求めなさい。

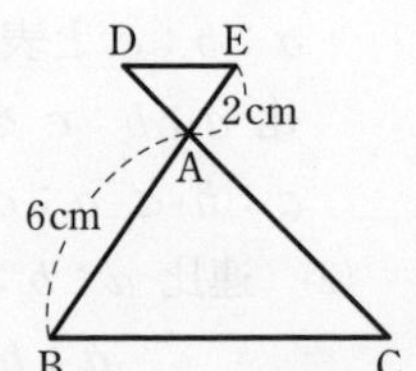

例題 22 連比

$a:b=4:3$, $b:c=2:5$ のとき，$a:b:c$ を最も簡単な整数の比で表しなさい。

2つの比 $4:\underline{3}(=a:\underline{b})$, $\underline{2}:5(=\underline{b}:c)$ を連比 $a:b:c$ の形にまとめるには，b の値を一致させる。

⟶ $p:q=mp:mq\,(m\neq0)$ を利用して，b の値をそろえる。

$a:b=4:3$ → $a:b$ = ○：△
$b:c=2:5$ → $b:c$ = △：□

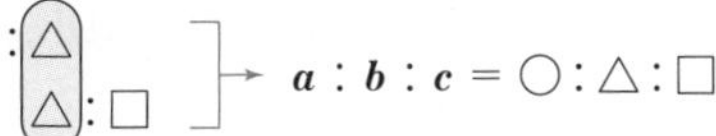

解答

$a:b=4:3$ から　$a:b=\dfrac{4}{3}:1$

$b:c=2:5$ から　$b:c=1:\dfrac{5}{2}$　◀ b の値を1にそろえる。

したがって　$a:b:c=\dfrac{4}{3}:1:\dfrac{5}{2}$　◀ $\dfrac{4}{3}$, 1, $\dfrac{5}{2}$ に6をかける。

$=\mathbf{8:6:15}$ 答

別解　$a:b=4:3$ から　$a:b=8:6$　◀ b の値を6にそろえる。6は3と2の最小公倍数。

$b:c=2:5$ から　$b:c=6:15$

したがって　$a:b:c=\mathbf{8:6:15}$ 答

解説

連比について，次のことが成り立つ。

$a:b:c=p:q:r$ のとき

$a:p=b:q=c:r$　すなわち　$\dfrac{a}{p}=\dfrac{b}{q}=\dfrac{c}{r}$

$a:b:c=p:q:r$
↕
$a:p=b:q=c:r$

証明　$a:b:c=p:q:r$ のとき

$a:b=p:q$,　$a:c=p:r$　◀ 2つずつの比を取り出す。

よって　$a:p=b:q$,　$a:p=c:r$　◀ 内項を入れかえる。

したがって　$a:p=b:q=c:r$ 終

練習 22A　次の場合について，$a:b:c$ を最も簡単な整数の比で表しなさい。

(1)　$a:b=5:6$,　$b:c=8:3$　　(2)　$a:b=2:5$,　$a:c=6:7$

練習 22B　次の式を満たす x, y の値を求めなさい。

(1)　$3:2:7=4:x:y$　　(2)　$x:4:1=3:6:y$

例題 23 図形の面積比

右の図において，DE∥BC である。
AF：FD：DB＝1：2：2 のとき，
四角形 DBCE の面積は △AFE の面積の何倍か
答えなさい。

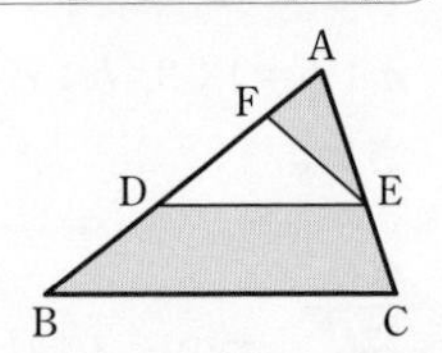

考え方 **いくつかの比** を扱う問題 ⟶ △ABC の面積を S として，S で表す。
(四角形 DBCE)＝△ABC－△ADE，△AFE：△ADE＝AF：AD である。
そこで，まず，△ADE の面積を S で表す。
また，DE∥BC であるから，△ABC と △ADE は相似である。

CHART **相似形**　面積比は　2 乗の比

解答

△ABC の面積を S とする。
DE∥BC であるから　△ABC∽△ADE
相似比は　AB：AD＝(1+2+2)：(1+2)＝5：3
面積比は　△ABC：△ADE＝5^2：3^2＝25：9
したがって　△ADE＝$\frac{9}{25}S$

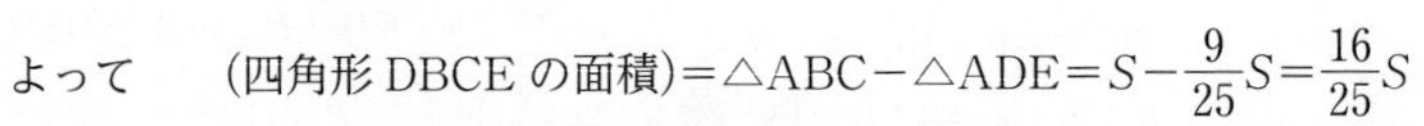

よって　(四角形 DBCE の面積)＝△ABC－△ADE＝$S-\frac{9}{25}S=\frac{16}{25}S$
また　△AFE：△ADE＝AF：AD＝1：3　◀等高なら底辺の比。
よって　△AFE＝$\frac{1}{3}$△ADE＝$\frac{1}{3}\times\frac{9}{25}S=\frac{3}{25}S$
したがって　$\frac{16}{25}S\div\frac{3}{25}S=\frac{16}{25}\times\frac{25}{3}=\frac{16}{3}$　答 **$\frac{16}{3}$ 倍**

練習 23A 右の図において，∠ACB＝∠ADE であり，F は線分 AD の中点である。BC：DE＝3：2 のとき，△AFE の面積は四角形 DBCE の面積の何倍か答えなさい。

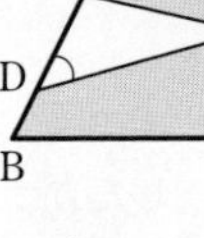

練習 23B 右の図において，△ABC∽△DEF であり，相似比は 2：1 である。また，HG∥BF であり，BE＝4 cm，CF＝1 cm である。
(1) 線分 CE の長さを求めなさい。
(2) △AHG：△GBE：(四角形 DGCF の面積) を求めなさい。

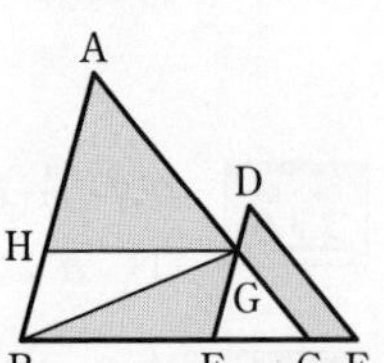

例題 24 線分の 2 乗の比

$\triangle$ABC の辺 BC 上に点Dを $\angle BAD=\angle ACB$ となるようにとる。
このとき，$AC^2:AD^2=BC:BD$ であることを証明しなさい。

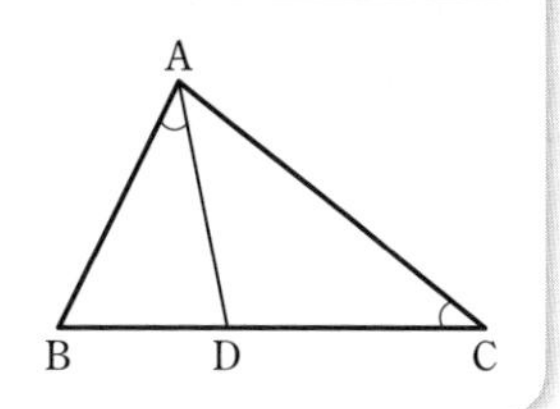

証明する式に線分の 2 乗の比 $AC^2:AD^2$ がある。そこで

CHART 相似形　面積比は　2 乗の比

を思い出す。$AC^2:AD^2$ を相似な図形の面積比におきかえられないか。
↑相似比は AC : AD

$\triangle$ABC と $\triangle$DBA は 2 組の角が等しいから相似で，AC と AD は，その対応する辺。よって　$AC^2:AD^2=\triangle ABC:\triangle DBA$ ……①
ここで，辺 BC，BD を底辺とみると，$\triangle$ABC と $\triangle$DBA は高さが等しい。
よって　$\triangle ABC:\triangle DBA=BC:BD$ ……②　◀等高なら底辺の比。
①，② を合わせて，証明が完成。

解答

$\triangle$ABC と $\triangle$DBA において
$\angle ACB=\angle DAB$，$\angle ABC=\angle DBA$ であるから
　$\triangle ABC \backsim \triangle DBA$　◀ 2 組の角がそれぞれ等しい。
相似比は AC : AD に等しいから
　$\triangle ABC:\triangle DBA=AC^2:AD^2$ ……①
$\triangle$ABC と $\triangle$DBA は高さが等しいから
　$\triangle ABC:\triangle DBA=BC:BD$ ……②
①，② から　$AC^2:AD^2=BC:BD$ 終

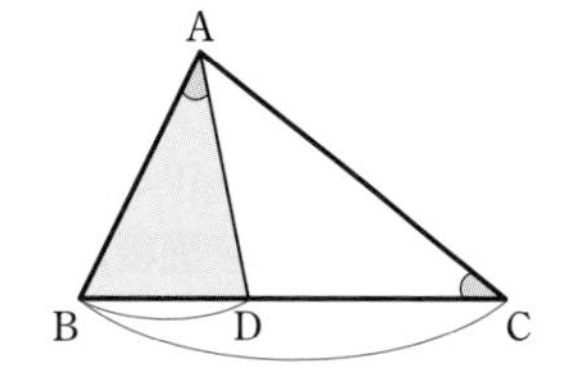

$\angle A=90^\circ$ の直角三角形 ABC の頂点Aから辺 BC に垂線 AH を引く。このとき
$$AB^2:AC^2:BC^2=BH:CH:BC$$
であることを証明しなさい。

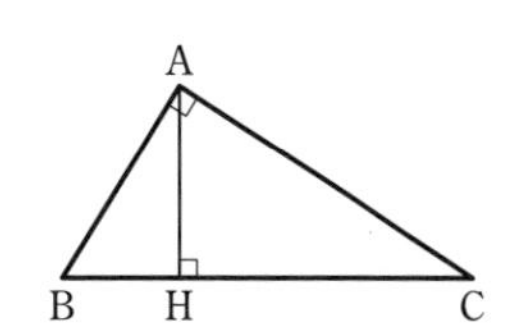

右の図の四角形 ABCD は平行四辺形である。次のことを証明しなさい。
(1) $\triangle FAB \backsim \triangle FDG$
(2) $BF^2:FD^2=FG:FE$

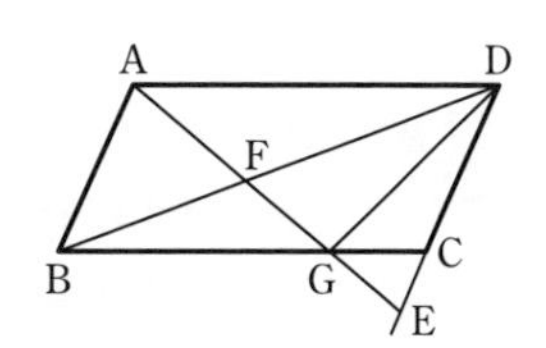

例題 25 相似な立体の表面積比，体積比

(1) 相似な 2 つの直方体 A, B があり，その相似比は $1:3$ である。A の表面積が 10 cm^2 のとき，B の表面積を求めなさい。また，B の体積が 54 cm^3 のとき，A の体積を求めなさい。

(2) 右の図は，三角錐 ABCD を底面 BCD に平行な平面で切断したものである。点Eが辺 AB の中点であるとき，三角錐 ABCD と三角錐 AEFG の体積比を求めなさい。

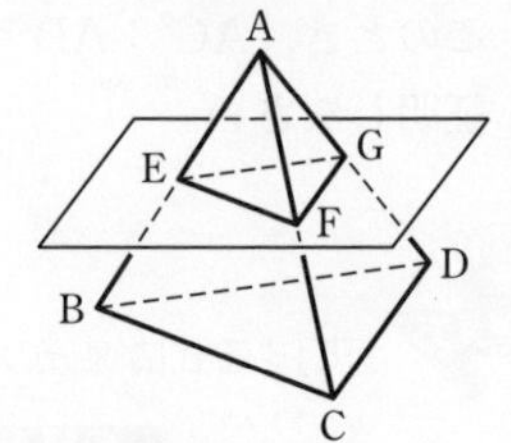

相似比が $m:n$ である相似な立体において

表面積比は　$m^2:n^2$,　　体積比は　$m^3:n^3$

(2) 底面に平行な平面で切断しているから，三角錐 ABCD と三角錐 AEFG は相似である。対応する辺の長さの比から相似比を求め，体積比を求める。

解答

(1) $A \backsim B$ で，相似比は $1:3$ であるから

(A の表面積)$:$(B の表面積)$=1^2:3^2=1:9$

(A の体積)$:$(B の体積)$=1^3:3^3=1:27$

A の表面積が 10 cm^2 のとき

(B の表面積)$=9\times$(A の表面積)

$=9\times10=\mathbf{90\ (cm^2)}$ 答

B の体積が 54 cm^3 のとき

(A の体積)$=\dfrac{1}{27}\times$(B の体積)$=\dfrac{1}{27}\times54=\mathbf{2\ (cm^3)}$ 答

CHART

相似形
面積比は　2 乗の比
体積比は　3 乗の比

(2) 三角錐 ABCD と三角錐 AEFG は相似である。

相似比は　　AB : AE$=(1+1):1=2:1$

よって　　**(三角錐 ABCD の体積) : (三角錐 AEFG の体積)**$=2^3:1^3=\mathbf{8:1}$ 答

練習 25A 相似な 2 つの円錐 A, B があり，その相似比は $2:3$ である。B の表面積が $54\pi\text{ cm}^2$ のとき，A の表面積を求めなさい。また，A の体積が $12\pi\text{ cm}^3$ のとき，B の体積を求めなさい。

練習 25B 体積が $54\pi\text{ cm}^3$ の円錐を，底面に平行な平面で，高さが 3 等分されるように 3 つの立体に分けた。このとき，真ん中の立体の体積を求めなさい。

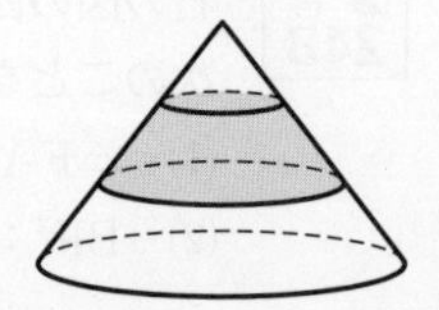

演習問題

□**23**　AD∥BC である台形 ABCD の対角線の交点をOとし，△OAD，△OCB の面積がそれぞれ 27 cm²，48 cm² であるとする。

(1)　AD：BC　を求めなさい。

(2)　台形 ABCD の面積を求めなさい。

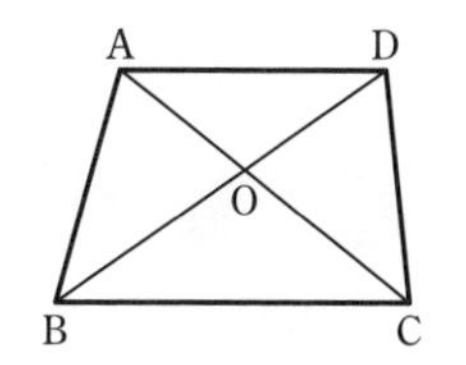

□**24**　右の図の正方形 ABCD において，２点 E，F は辺 AD を３等分する点であり，２点 G，H は辺 CD を３等分する点である。また，線分 BF と線分 GE の交点を I とする。△IFE と四角形 IBCG の面積の比を求めなさい。　➔ 23

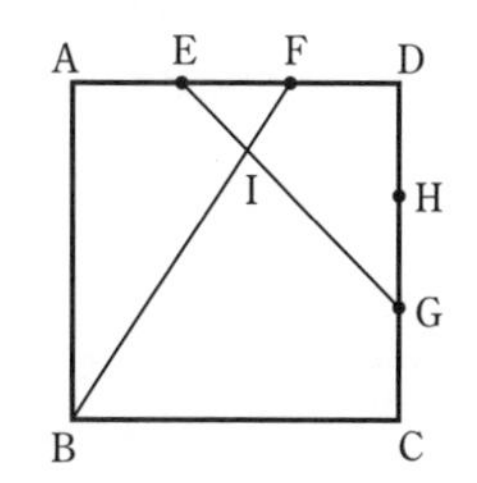

□**25**　△ABC の辺 BC を　2：1　に内分する点を D，線分 AD を　3：2　に内分する点を P とする。点 P を通り，△ABC の各辺に平行な直線を引く。△ABC の面積が 100 cm² であるとき，右の図の斜線部分の面積の和を求めなさい。

➔ 23

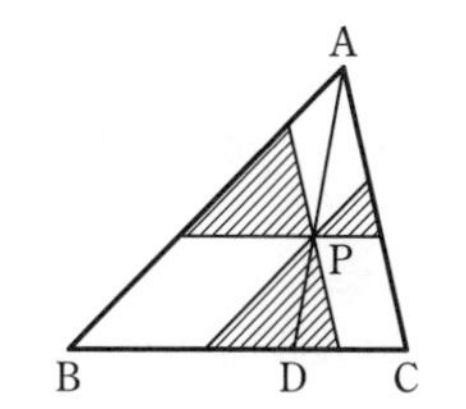

□**26**　三角錐 ABCD の辺 AC を　1：3　に内分する点を E とし，三角錐 EBCD を，辺 CD の中点 F を通り面 EBC に平行な平面で２つに分ける。このとき，頂点 C を含む方の立体の体積は，もとの三角錐 ABCD の体積の何倍か答えなさい。　➔ 25

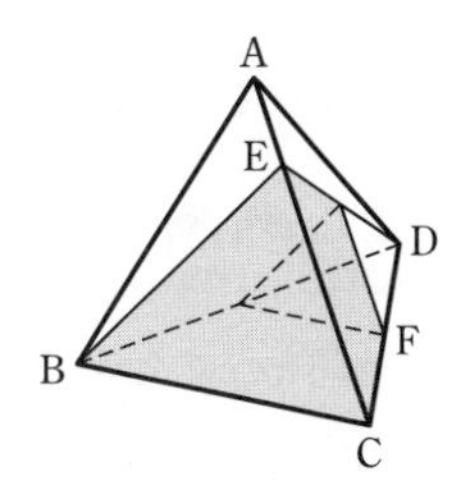

25　3つの三角形はすべて △ABC と相似である。

26　三角錐 EBCD を橋渡しにして求める。**高さが等しいなら体積は底面積の比。**

6 相似の利用

例題 26 縮図の利用

右の図のように，3 つの地点 A，B，C があり，2 地点 A，B の間に池がある。2 地点 A，C および，B，C 間の距離と ∠ACB の大きさを測ったところ，AC＝40 m，BC＝50 m，∠ACB＝110° であった。縮図をかいて，距離 AB を求めなさい。
ただし，単位は m で整数値で答えなさい。

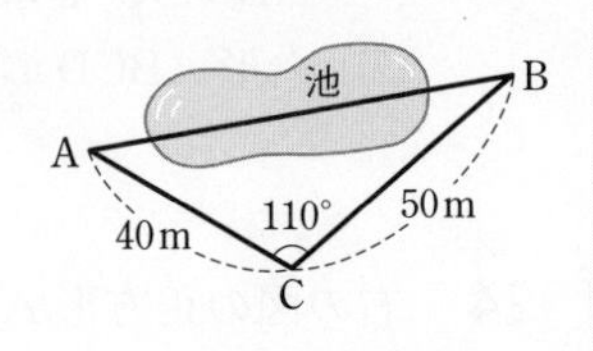

縮小した △A′B′C′ をかいて，長さを測る。
仮に A′C′＝4 cm として，B′C′＝5 cm，∠A′C′B′＝110° の △A′B′C′ をかくと，△ABC と △A′B′C′ は，2 組の辺の比とその間の角がそれぞれ等しいから，△ABC∽△A′B′C′ であり，相似比は

AC：A′C′＝4000 (cm)：4 (cm)＝1000：1　である。

△A′B′C′ を △ABC の 1000 分の 1 の縮図という。この辺 A′B′ の長さを測り，1000 倍すればよい。

解答

右の図のように，△ABC の 1000 分の 1 の縮図 △A′B′C′ をかいて，辺 A′B′ の長さを測ると約 7.4 cm である。

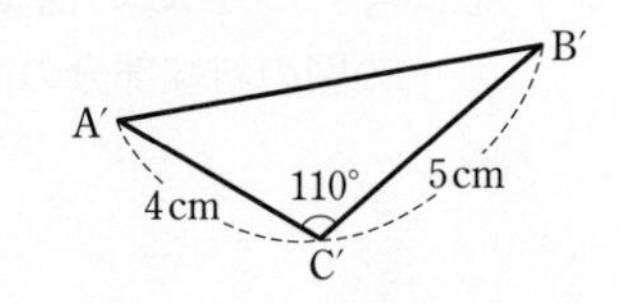

よって　　AB＝7.4×1000
　　　　　　＝7400 (cm)

したがって　　**約 74 m**　答

解説

縮図をかくときは，できるだけ正確にかき，縮図から長さや角の大きさを測るときには，できるだけ正確に測る。縮図の上では小さな違いでも，実際の図形では大きな違いになる。

練習 26　公園のケヤキの高さを測るため，根元から 15 m 離れた場所に立ち，ケヤキの先端を見上げると，水平面から 58° の角度になった。目の高さを 1.5 m として，ケヤキの高さを求めなさい。

例題 27 相似な図形と比の利用

高さが 12 cm である右の図のような円錐の容器があり，水面の高さ 9 cm まで水が入っている。
この容器の中に，さらに 148 cm^3 の水を入れたところ，ちょうどいっぱいになった。
この容器の体積を求めなさい。

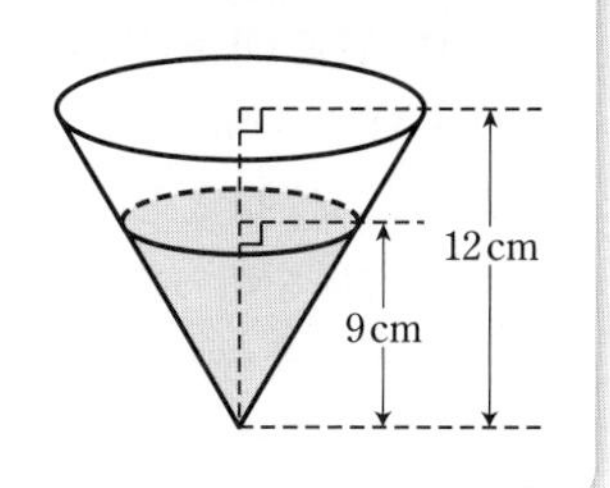

容器の部分の円錐と，水の入っている部分の円錐は相似であることを利用して，まずこれらの体積比を求める。
相似比が $m:n$ である相似な立体において

体積比は　$m^3:n^3$

この体積比を $a:b$ とすると，容器の部分の円錐と，あとから水を入れた部分の体積比は $a:(a-b)$ である。

解答

高さ 12 cm の容器の部分の円錐を A，水面の高さが 9 cm のときに水が入っている部分の円錐を B とする。
このとき，A と B は相似であり，この相似比は

$$12:9=4:3$$

よって，体積比は　$4^3:3^3=64:27$
したがって，円錐 A の体積と，あとから加えた水の体積の比は

$$64:(64-27)=64:37$$

円錐 A の体積を V cm^3 とすると

$$V:148=64:37$$

これを解くと　$V=\dfrac{148\times64}{37}=\mathbf{256\ (cm^3)}$　答

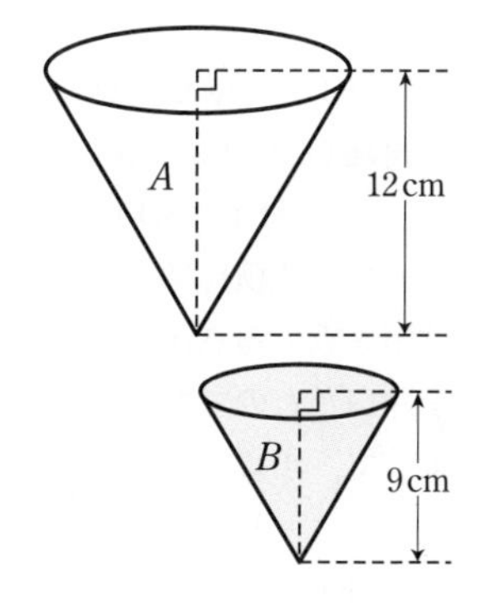

練習 27　あるピザ店のメニューには，S サイズと M サイズと L サイズの円形のピザがあり，S サイズのピザの直径は 16 cm，M サイズのピザの直径は 24 cm，L サイズのピザの直径は 36 cm である。
また，ピザの値段は円の面積に比例して決められている。
M サイズのピザの値段が 1080 円であるとき，S サイズ，L サイズのピザの値段をそれぞれ求めなさい。

例題 28 立体の切断と体積

直方体 ABCDEFGH について，AB=12 cm，AD=AE=6 cm である。辺 AB，AD の中点をそれぞれ P，Q とし，4 点 P，Q，H，F を通る平面で直方体を切って 2 つの立体に分ける。このとき，点Aを含む方の立体の体積を求めなさい。

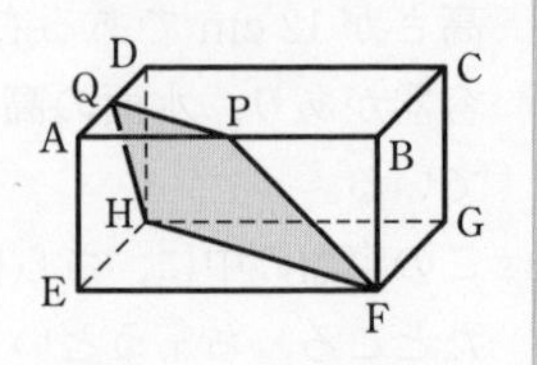

考え方

EA，FP，HQ を延長すると，1 点Oで交わるから，三角錐 OEFH を底面に平行な平面で切った立体が見えてくる。

⟶ 三角錐 OEFH と三角錐 OAPQ は相似　◀相似比は EF：AP

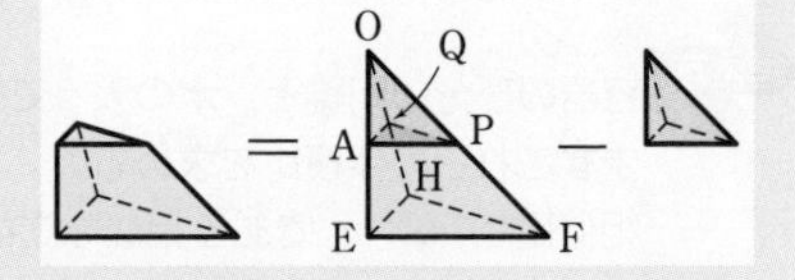

体積を求める立体は，三角錐 OEFH から三角錐 OAPQ を除いたもの。
よって，三角錐 OAPQ の体積を求め，体積比を利用する。

CHART 大きく作って　余分をけずる

解答

EA，FP，HQ を延長し，その交点をOとする。
三角錐 OEFH と三角錐 OAPQ は相似で，相似比は

$$EF : AP = 12 : 6 = 2 : 1$$

よって，体積比は　$2^3 : 1^3 = 8 : 1$

体積を求める立体は，三角錐 OEFH から三角錐 OAPQ を除いたものである。

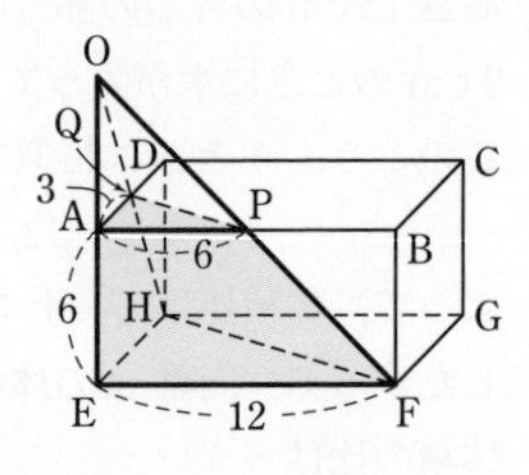

よって，求める体積を V，三角錐 OAPQ の体積を V' とすると

$$V : V' = (8-1) : 1 = 7 : 1 \quad \cdots\cdots ①$$

AP // EF であるから　OA：OE=AP：EF　◀△OEF を取り出す。

よって　OA：(OA+6)=6：12　したがって　OA=6 (cm)

三角錐 OAPQ の体積は　$V' = \frac{1}{3} \times \left(\frac{1}{2} \times 6 \times 3\right) \times 6 = 18$ (cm^3)　← $\frac{1}{3}$×(底面積)×(高さ)

① から，求める体積 V は　$V = 7 \times 18 = \mathbf{126}$ **(cm^3)**　答

練習 28 立方体 ABCDEFGH の辺 AD を 1：2 に内分する点をPとし，3 点 P，H，F を通る平面で立方体を切って 2 つの立体に分ける。頂点Aを含む方の立体の体積は，もとの立方体の体積の何倍か答えなさい。

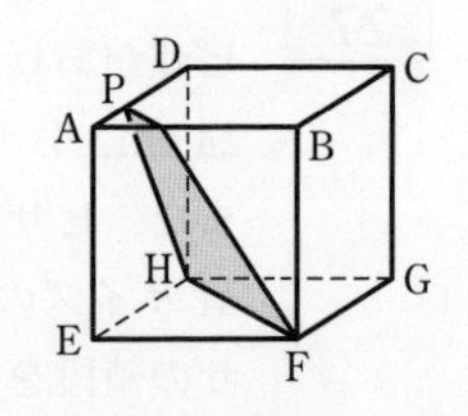

演習問題

□**27** 右の図のように，3つの地点A，B，Pがあり，2地点A，Bの間に川がある。2地点A，P間の距離と∠BAP，∠BPAの大きさを測ったところ，AP＝60 m，∠BAP＝70°，∠BPA＝60° であった。縮図をかいて，距離ABを求めなさい。ただし，単位はmで整数値で答えなさい。 ➔ 26

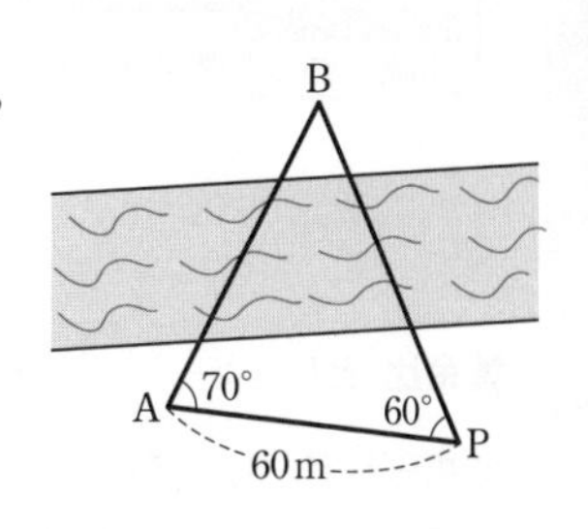

□**28** 厚さの均一な金属の円板があり，その半径を4等分した点を通る中心が等しい円でこの円板を右のように4つの部分に分ける。
このうち，一番大きい部分の重さが175 gであるとき，もとの金属の円板の重さを求めなさい。 ➔ 27

□**29** 高さが15 cmである図のような正四角錐の容器の中にコップ16杯の水を入れたところ，水面の正方形の面積は容器の底面の正方形の面積の $\frac{4}{9}$ 倍になった。このとき，次の問いに答えなさい。

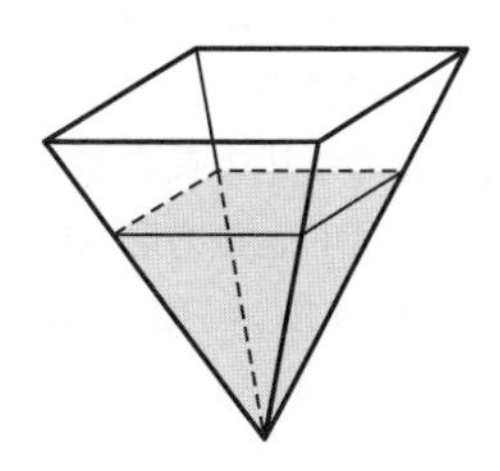

(1) 水面の高さを求めなさい。
(2) この容器を水でいっぱいにするには，あとコップ何杯の水を入れたらよいか答えなさい。 ➔ 27

□**30** 右の図は，1辺が12 cmの立方体ABCDEFGHの容器に水がいっぱいに入っていたものを，傾けて水面が五角形CILKJになるところまで水を流し出したものである。HI＝FJ＝3 cm であるとき，容器に残っている水の体積を求めなさい。 ➔ 28

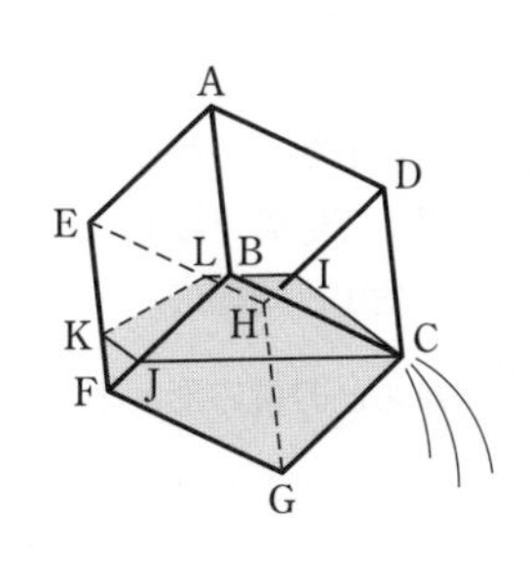

30 線分CJ，GF，CI，GH，KLを延長して考える。

黄金比と白銀比

黄金比 とは $1:\dfrac{1+\sqrt{5}}{2}$（約 1：1.6）の比を表し，人間が最も美しいと感じる比率として知られており，その歴史は古く，紀元前の古代ギリシャの時代までさかのぼります。発見したのは数学者のエウドクソス（408?−355?B.C）で，その後，古代ギリシャの彫刻家であるペイディアスがパルテノン神殿建設時に初めて使ったといわれてます。ミロのヴィーナス，ピラミッド，レオナルド・ダ・ヴィンチのモナリザ，凱旋門やサグラダ・ファミリア大聖堂など，さまざまな歴史的建造物や美術品に用いられ，人々を魅了してきました。また自然界では，ひまわりの種のらせん模様や台風の雲の渦などに黄金比がみられます。名刺やクレジットカード，企業のロゴのデザインなどにも用いられます。

この，黄金比の値 $\dfrac{1+\sqrt{5}}{2}$ を計算で求めてみましょう。

黄金比は，長方形からその短い方の辺（短辺）を 1 辺とする正方形を取り除いた長方形が，もとの長方形と相似になるような長方形の 2 辺の比で表されます。

右の図のような，$AB=1$，$BC=x$ $(x>1)$ の長方形 ABCD から 1 辺の長さが 1 の正方形 ABEF を取り除いた長方形 ECDF と長方形 ABCD が相似となるときを考えます。

$AB:EC=BC:CD$ から　$1:(x-1)=x:1$

$x(x-1)=1$ から　$x^2-x-1=0$

$x>0$ であるから，$x=\dfrac{1+\sqrt{5}}{2}$ と求められます。

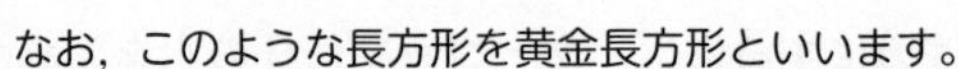
なお，このような長方形を黄金長方形といいます。

次に，正式な数学用語ではありませんが，**白銀比** とよばれる比を紹介しましょう。

白銀比は $1:\sqrt{2}$（約 1：1.4）で，長方形の長い方の辺（長辺）を半分に折ってできる長方形が，もとの長方形と相似になるような長方形の 2 辺の比で表され，法隆寺の金堂や五重塔などの寺社建築，日本絵画にも用いられています。『体系数学 2 幾何編』$p.42$ で扱っている「紙の大きさの規格」にも白銀比が使われています。

黄金比と同様に，$AB=1$，$BC=x$ $(x>1)$ の長方形 ABCD を長辺を半分にした長方形がもとの長方形と相似になるとき，$1:\dfrac{x}{2}=x:1$ から　$x^2=2$

$x>0$ であるから，$x=\sqrt{2}$ と求められます。

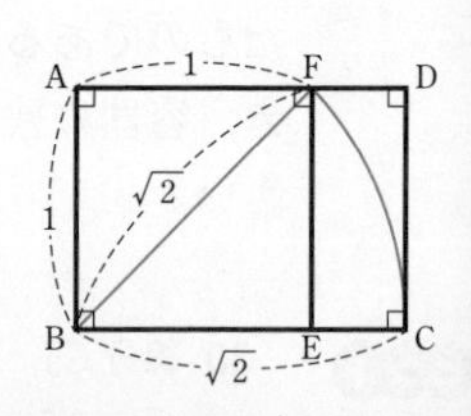

2 辺の比が白銀比の長方形（白銀長方形とよばれています）においては，右の図のように，正方形 ABEF の対角線 BF と長方形 ABCD の長い方の辺 BC の長さが等しくなります。

第2章 線分の比と計量

この章の学習のポイント

❶ 本章では，三角形の重心とその性質や線分の比から三角形の面積比などを求める手順を学びます。
❷ 線分の比を簡単に求めることができる定理（チェバの定理・メネラウスの定理）が登場します。使う場面や使い方をしっかり習得しましょう。

例題一覧		レベル
1 29	内分点，外分点	①
30	三角形の重心	②
31	重心を利用した線分の比	③
32	空間図形と線分の比	⑤
2 33	高さが等しい三角形の面積比	②
34	三角形の面積比	③
35	底辺を共有する三角形の面積比	②
36	図形全体に対する面積	③
37	複雑な図形の面積比 (1)	③
38	複雑な図形の面積比 (2)	④
39	面積比から線分の比	③
3 40	チェバの定理	①
41	チェバの定理の逆	③
4 42	メネラウスの定理	②
43	チェバの定理とメネラウスの定理	③
44	メネラウスの定理と三角形の面積	③
45	メネラウスの定理の逆	③

1 三角形の重心

基本事項

1 線分の内分点，外分点

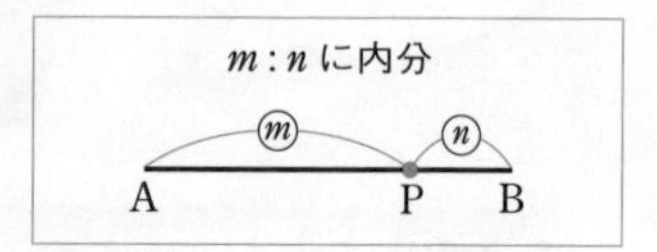

(1) **内分点**　m，n を正の数とする。
点Pが線分 AB 上にあって，

$$AP:PB=m:n$$

が成り立つとき，P は線分 AB を $m:n$ に **内分** するといい，P を **内分点** という。

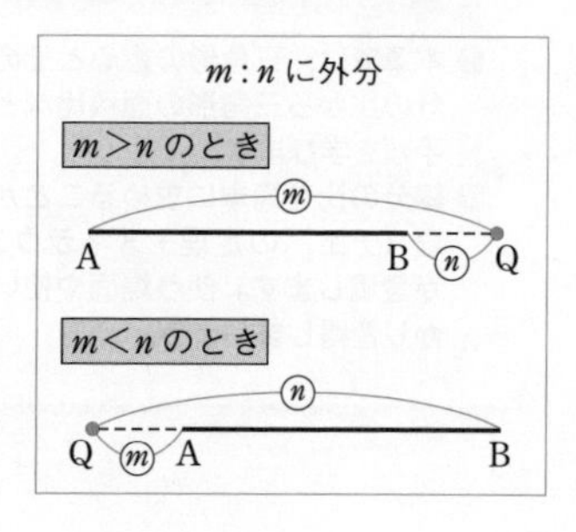

(2) **外分点**　m，n を異なる正の数とする。
点Qが線分 AB の延長上にあって，

$$AQ:QB=m:n$$

が成り立つとき，Q は線分 AB を $m:n$ に **外分** するといい，Q を **外分点** という。

2 重　心

定理

三角形の 3 つの中線は 1 点で交わり，
その点は各中線を 2：1 に内分する。

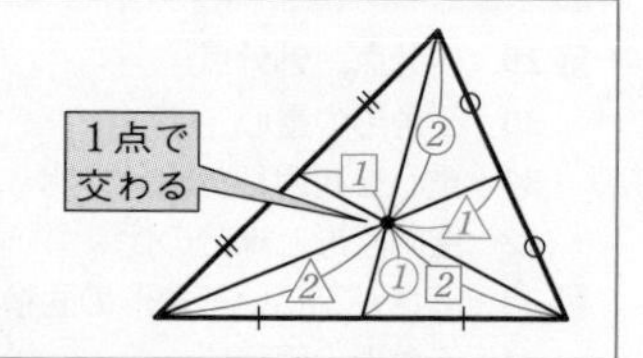

三角形の 3 つの中線が交わる点を，三角形の **重心** という。
定理の前半は，次のような方針で証明できる。

3 つの中線のうち 2 つずつの交点を 2 種類考え，G，G′ とする。
G と G′ が一致することを示せば，3 つの中線はすべてその点を通る，すなわち，その点で交わることが証明できる。

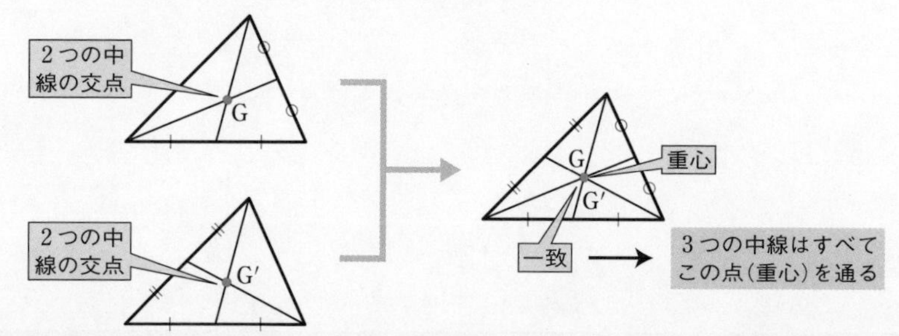

例題 29 内分点，外分点

下の図の線分 AB について，1：5 に内分する点C，1：4 に外分する点D，3：1 に外分する点Eを，それぞれ図にかき入れなさい。

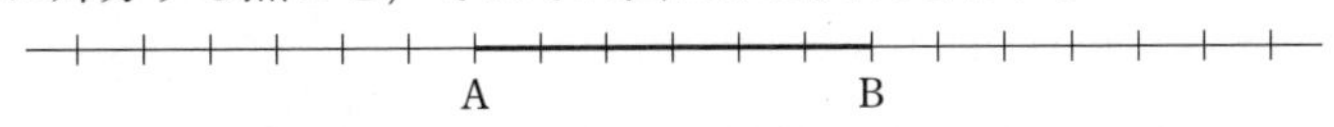

内分点Cは線分 AB 上，外分点D，E は線分 AB の延長上にある。まず，与えられた比を，点Aから出発して，点Bで終わるようにかき入れてみる。

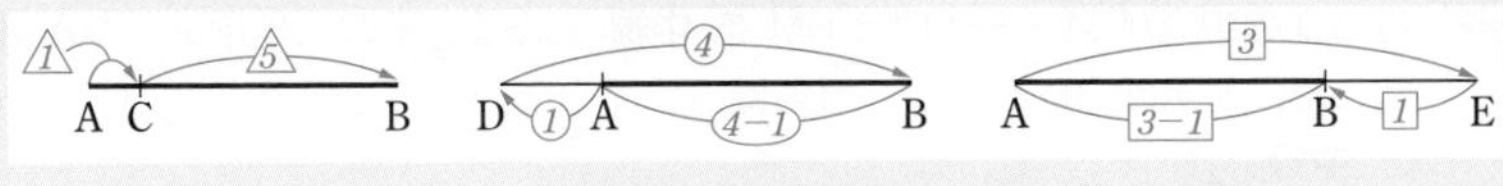

$AC=\frac{1}{1+5}AB$, $AD=\frac{1}{4-1}AB$, $AE=\frac{3}{3-1}AB$ である。

解答

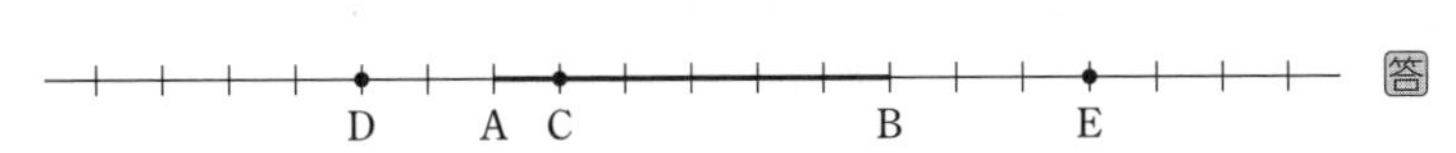

答

練習 29 例題 29 の図の線分 AB について，2：1 に内分する点F，2：5 に外分する点G，7：1 に外分する点Hを，それぞれ図にかき入れなさい。

例題 30 三角形の重心

右の図において，点Gは △ABC の重心であり，EF∥AC である。このとき，線分 GF の長さを求めなさい。

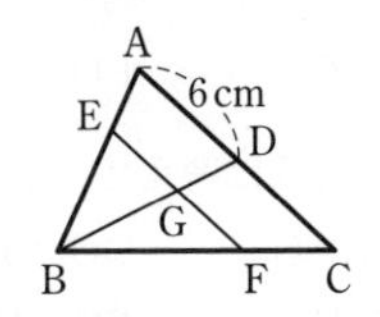

三角形の重心の性質を活用する。

Gが △ABC の重心 ⟶ **BG：GD=2：1** ……①，　**DC=AD**=6 (cm)

EF∥AC であるから　<u>BG：BD</u>=GF：DC　　下線部は ① からわかる。

解答

Gは △ABC の重心であるから　　BG：GD=2：1，　DC=AD=6(cm)

EF∥AC であるから　　GF：DC=BG：BD=2：(2+1)=2：3

DC=6 cm であるから　　GF：6=2：3

したがって　　**GF=4 cm**　答

線分 BD は △ABC の中線。

練習 30 右の図において，点Gは △ABC の重心であり，EF∥BC である。このとき，線分 GD，BC の長さをそれぞれ求めなさい。

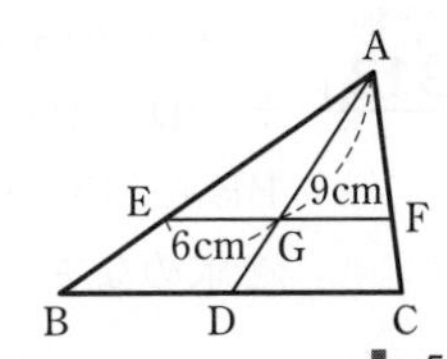

例題 31 重心を利用した線分の比

▱ABCD において，辺 AD の中点を M，辺 CD の中点を N とし，線分 BM，BN と対角線 AC との交点をそれぞれ P，Q とする。
AC＝30 cm のとき，線分 PQ の長さを求めなさい。

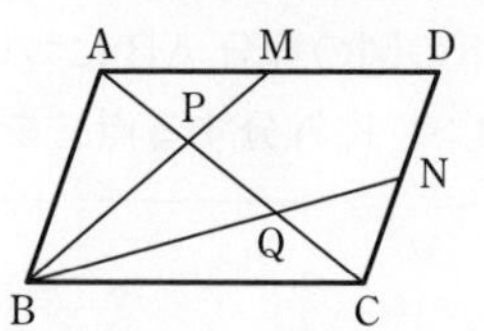

辺 AD の中点が M ⟶ 線分 BM を **中線** とみる。その三角形は △ABD
そこで，対角線 BD を引き，対角線 AC との交点を O とすると，AO は △ABD の **中線**。
中線 2 本の交点であるから，点 P は △ABD の重心。
同じように考えて，点 Q は △CBD の重心。
⟶ 三角形の重心は中線を 2：1 に内分することを利用する。

対角線 BD を引き，AC との交点を O とすると，O は線分 BD の中点である。
よって，BM，AO は △ABD の中線であるから，その交点 P は △ABD の重心である。

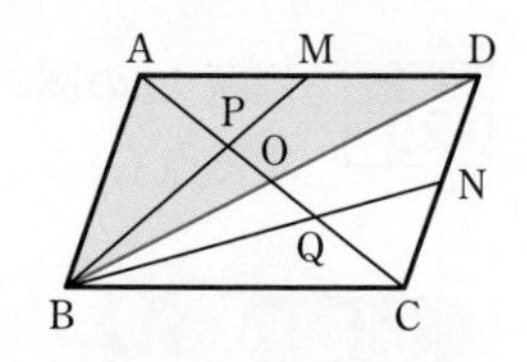

したがって　AP：PO＝2：1

よって　$PO=\frac{1}{2+1}AO=\frac{1}{3}\times\left(\frac{1}{2}\times30\right)=5$

同じように考えて，点 Q は △CBD の重心であるから　QO＝5

したがって　**PQ**＝PO＋QO
＝5＋5＝**10 (cm)**　答

中線
中線 2 本　まず重心

△ABC の辺 BC を 3 等分する点を B に近い方から D，E とし，辺 AB の中点を F とする。AD と EF の交点を P とするとき，AP：PD を求めなさい。

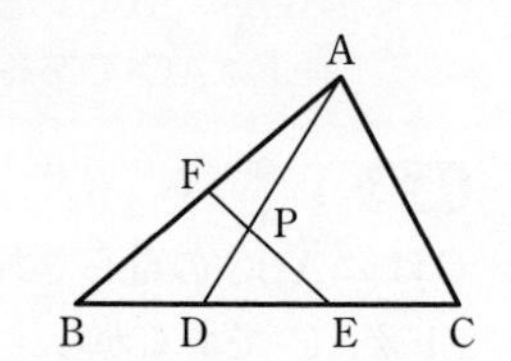

練習 31B

△ABC の中線 AD，BE の交点を G とし，線分 BD，AG の中点をそれぞれ F，H とする。BE と HF の交点を I とするとき，HI：IF を求めなさい。

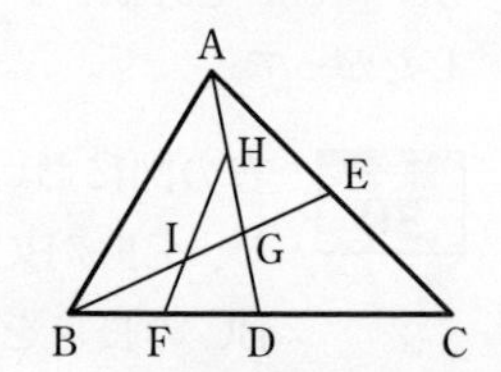

例題 32 空間図形と線分の比

三角錐 ABCD の辺 AD を 1：2 に内分する点をE，△BCD の重心をGとする。△EBC と線分 AG の交点をHとするとき，AH：HG を求めなさい。

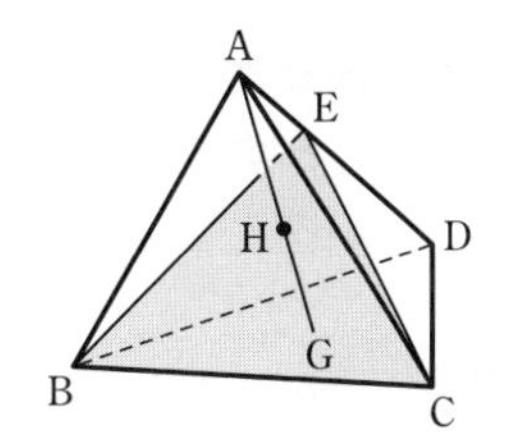

CHART **立体の問題**　平面の上で考える

AE：ED がわかっていて，AH：HG を求めたい。そこで，線分 AD，AG を含む平面の上で考える。⟶ 平面上の線分の比の問題になる。
点Gは △BCD の重心。
よって，直線 DG と辺 BC の交点をFとすると　DG：GF＝2：1
DG：GF，DE：EA がわかっていて，AH：HG を求めたい。
⟶ FE∥GI となる **平行線** GI を引き，**比を移して** 求める。

解答

線分 AD，AG を含む平面の上で考える。
直線 DG と辺 BC との交点を F とすると，点Hは線分 AG，EF の交点となる。
点Gは △BCD の重心であるから

DG：GF＝2：1　◀線分 DF は △BCD の中線。

ここで，FE∥GI となるように，辺 AD 上に点 I をとる。
FE∥GI であるから

DI：IE＝DG：GF＝2：1　◀AD 上に比を移す。

よって　$EI=\frac{1}{3}DE=\frac{1}{3}\times\frac{2}{3}AD=\frac{2}{9}AD$

HE∥GI であるから

AH：HG＝AE：EI　◀AG 上に比を移す。

$=\frac{1}{3}AD:\frac{2}{9}AD=$**3：2**　答

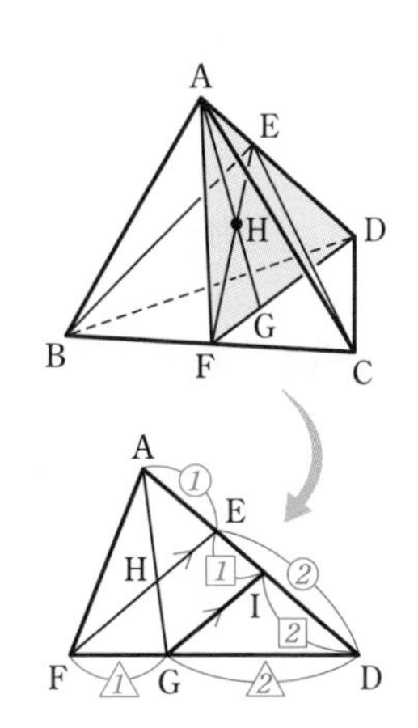

正四面体 ABCD について，△BCD の重心をGとする。辺 AC，AD の中点をそれぞれ P，Q とし，△BPQ と線分 AG の交点をHとするとき，AH：HG を求めなさい。

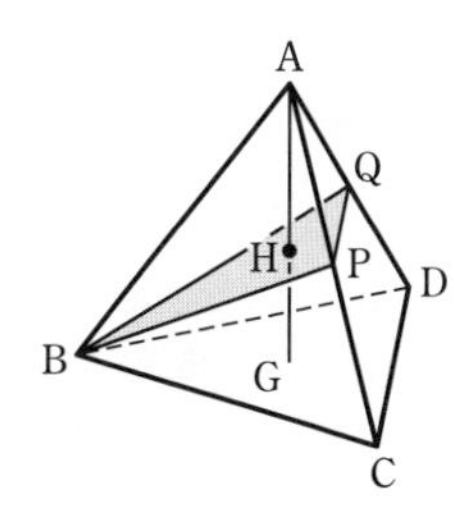

演習問題

□**31**　線分 AB を 3：2 に内分する点を C，線分 AB を 5：3 に外分する点を D とする。このとき，点 C は線分 BD の内分点，外分点のどちらであるか答えなさい。また，BC：CD を求めなさい。→ 29

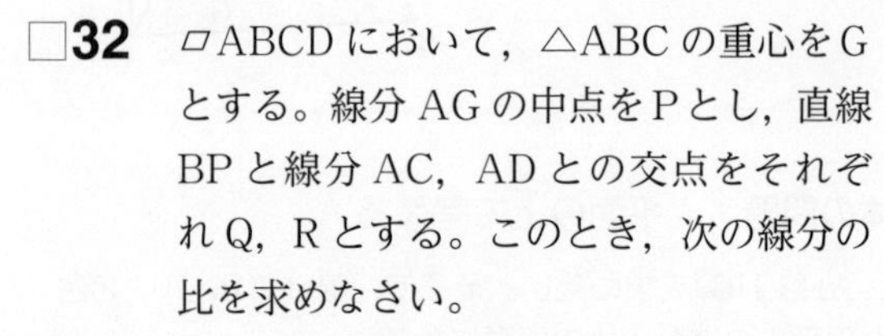

□**32**　▱ABCD において，△ABC の重心を G とする。線分 AG の中点を P とし，直線 BP と線分 AC，AD との交点をそれぞれ Q，R とする。このとき，次の線分の比を求めなさい。

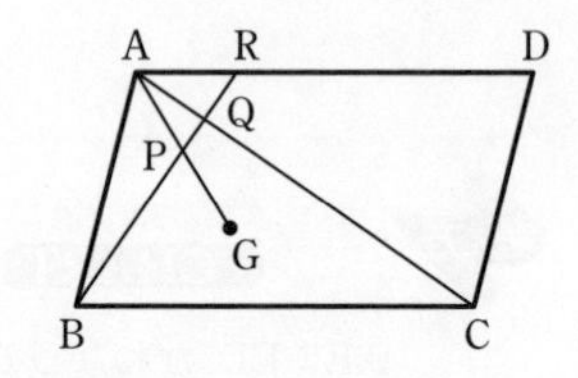

(1)　AR：RD　　(2)　PQ：QR　→ 30

□**33**　▱ABCD の対角線の交点を O とし，辺 BC を 3 等分する点を B に近い方から E，F とする。線分 AF，OE の交点を P とし，直線 CP と辺 AB の交点を Q とする。CP∥ER となる点 R を辺 AB 上にとるとき，次の線分の比を求めなさい。

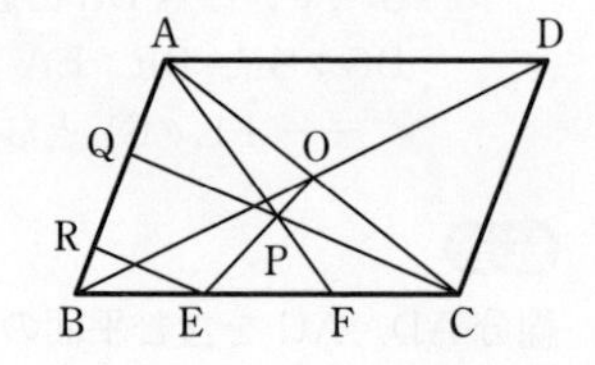

(1)　BR：RQ　　(2)　AQ：QB　→ 31

□**34**　直方体 ABCDEFGH において，線分 AG と △BDE の交点を P とする。このとき，P は △BDE の重心であることを証明しなさい。

→ 32

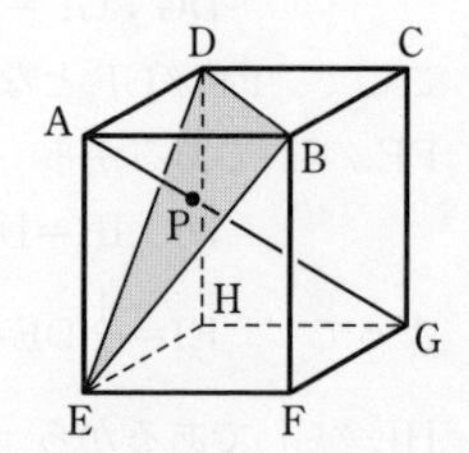

□**35**　△ABC の辺 AB，BC，CA の中点をそれぞれ L，M，N とする。このとき，△ABC の重心と △LMN の重心は一致することを証明しなさい。

33 (2)　線分 AF，EO を三角形の中線と考える。

　　CHART　中線 2 本　まず重心

34　点 P が △BDE の 1 つの中線を 2：1 に内分することを示す。
　線分 AG，EP を含む平面の上で考える。

35　△ABC の重心を考え，それが △LMN の重心でもあることを示す。
　⟶ 重心は中線の交点であるから，△ABC の中線が △LMN の中線にもなっていることを示せばよい。

重心の性質

三角形の重心は，文字通り，三角形の重さの中心です。すなわち，均一な厚紙で作った三角形の重心に糸をつけてぶら下げると三角形は水平につり合います。
三角形をつり合わせる点をPとすると，Pが重心であることは，次のように説明できます。

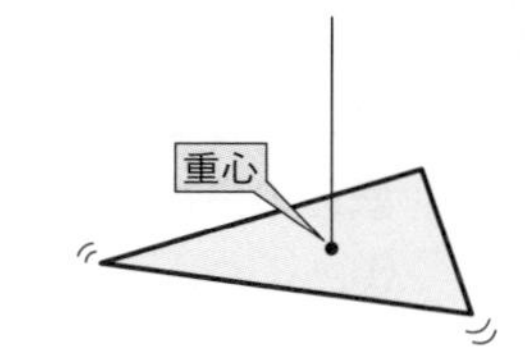

△ABC を辺 BC に平行な線分で細かく分けると，それぞれの細長い四角形は，長方形とみなすことができます。その長方形は，長さを半分に分ける点でつり合うので，つり合う点をすべて結ぶと中線 AL となります。よって，三角形をつり合わせる点Pは中線 AL 上にあります。
また，辺 AC に平行な線分で細かく分けて，同じように考えると，点Pは中線 BM 上にあることがわかります。
したがって，三角形をつり合わせる点Pは，AL，BM の交点，すなわち重心に等しいことがいえます。

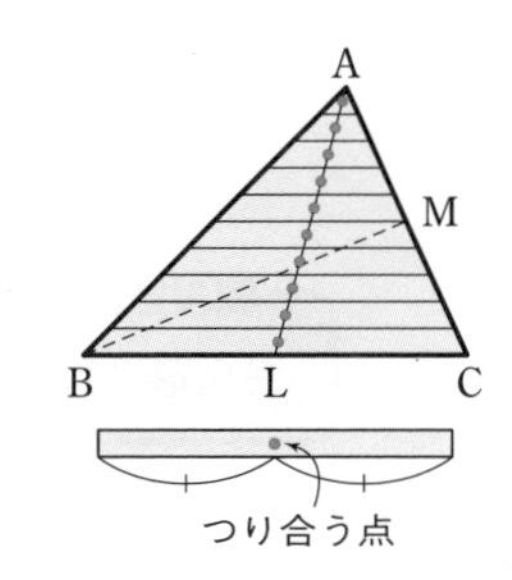

また，重心には次の性質もあります。

> △ABC の重心をGとすると，△GAB，△GBC，△GCA の 3 つの三角形は面積が等しい。

証明　右の図のように，△ABC の重心を G，AG の延長と辺 BC の交点を P，BG の延長と辺 CA の交点を Q，CG の延長と辺 AB の交点をRとする。

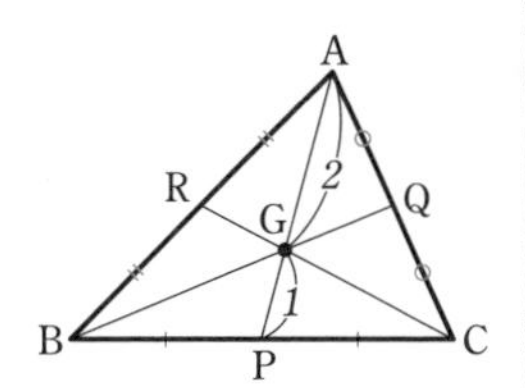

$\triangle GAQ=S$ とすると，$AQ=QC$ から

$$\triangle GAQ=\triangle GCQ=S$$

よって　　$\triangle GCA=2S$

また，△GCA と △GPC において，$AG:GP=2:1$
であるから　　$\triangle GPC=S$

$BP=PC$ から　　$\triangle GBC=2S$

△GAB も同様にして，$2S$ となるから　　$\triangle GAB=\triangle GBC=\triangle GCA$　終

2 線分の比と面積比

基本事項

1 三角形の面積比

三角形の面積について，次のことが成り立つ。

(1) **高さが等しい三角形の面積比は，その底辺の長さの比に等しい。**

(2) **底辺の長さが等しい三角形の面積比は，その高さの比に等しい。**

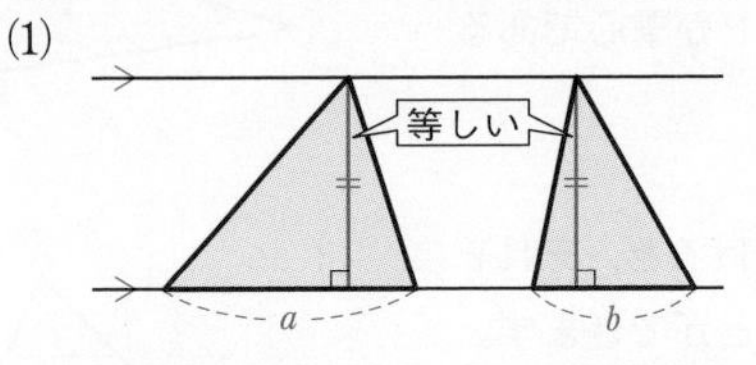

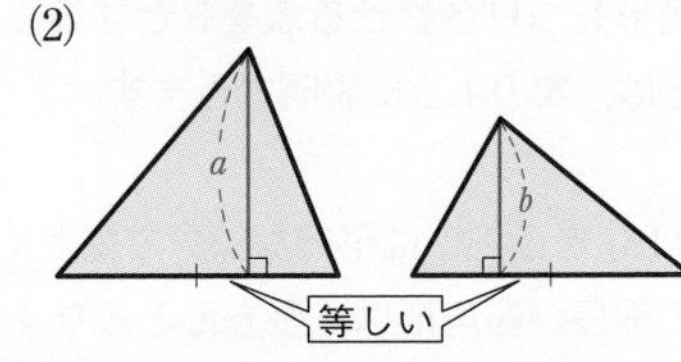

2つの三角形の面積比は　$a:b$

CHART

三角形の面積比　　等高なら底辺の比　等底なら高さの比

2 三角形の面積と線分の比

1 の (2) を利用すると，次の定理が証明できる。

定理　底辺 OA を共有する △OAB，△OAC において，2 直線 OA，BC が点 P で交わるとすると　　△OAB：△OAC＝PB：PC

証明　2 点 B，C から直線 OA に，それぞれ垂線 BH，CK を引く。
右の図で，[1]，[2]，[3] のどの場合でも，△BPH と △CPK において，2 組の角がそれぞれ等しいから

△BPH∽△CPK

よって　　BH：CK＝PB：PC　……①

△OAB と △OAC は底辺 OA を共有するから，その面積比は

△OAB：△OAC＝BH：CK ← 等底なら高さの比

したがって，① より

△OAB：△OAC＝PB：PC　終

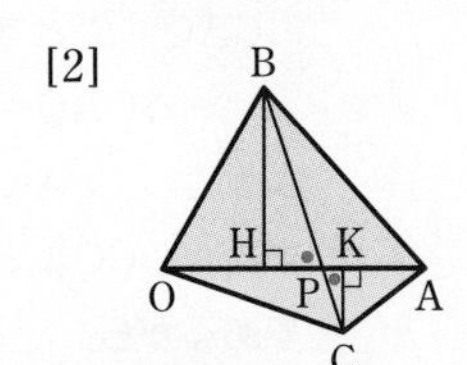

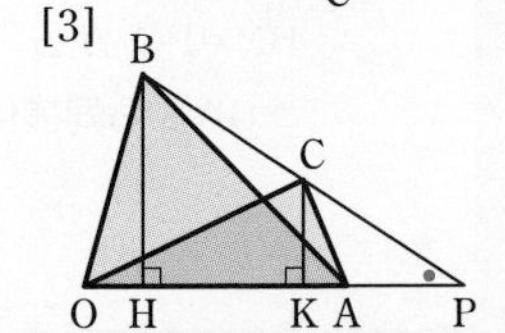

例題 33　高さが等しい三角形の面積比

△ABC の辺 BC を 3：2 に内分する点を D，線分 AD を 2：1 に内分する点を E とする。このとき，次の面積比を求めなさい。

(1)　△ABC：△ADC　　(2)　△ABC：△EDC

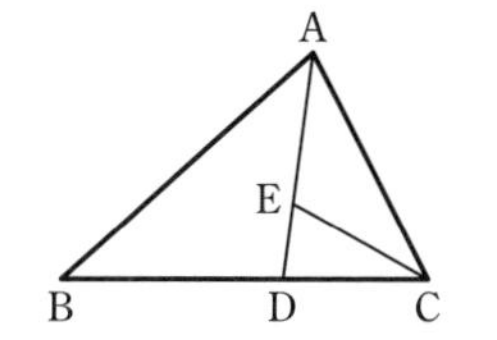

考え方

CHART　三角形の面積比　等高なら底辺の比　等底なら高さの比

(1)　2 つの三角形は高さが等しい。よって，面積比は底辺の長さの比となる。

(2)　(1) の結果から，△ABC：△ADC …… ① がわかっている。
また，△ADC と △EDC は高さが等しいから，△ADC：△EDC …… ② がわかる。①，② に共通して出てくる △ADC を橋渡しにして比を求める。

解答

(1)　**△ABC：△ADC**＝BC：DC＝(3＋2)：2＝**5：2**　答　　◀BC，DC が底辺。

(2)　(1) から　　$\triangle ABC=\frac{5}{2}\triangle ADC$

また　　△ADC：△EDC＝AD：ED＝(2＋1)：1＝3：1　◀AD，ED が底辺。

よって　　$\triangle EDC=\frac{1}{3}\triangle ADC$

したがって　　**△ABC：△EDC**＝$\frac{5}{2}\triangle ADC:\frac{1}{3}\triangle ADC$＝**15：2**　答

解説

図形の面積比を考えるときは，上の例題のように高さの共通な三角形の組を見つけることが基本となる。問題によっては，補助線を引いて，右の図形を自分で作ることも必要になる。

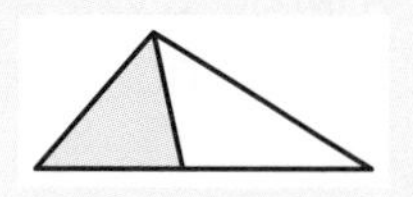

練習 33A　△ABC の辺 BC の中点を D，辺 AB を 2：3 に内分する点を E，線分 AD を 5：3 に内分する点を F とする。このとき，次の面積比を求めなさい。

(1)　△ABC：△ABD　　(2)　△ABC：△ABF

(3)　△ABC：△AEF

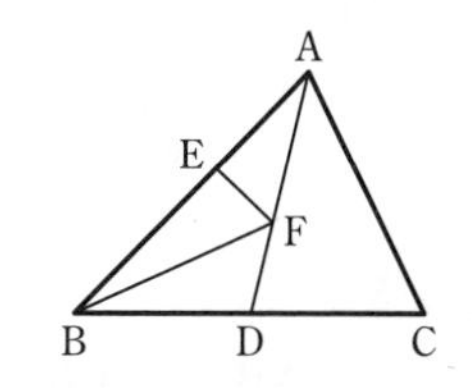

練習 33B　△ABC の辺 AB を 1：2 に内分する点を D，辺 AC を 2：1 に内分する点を E とする。△ABC の面積が 36 cm^2 であるとき，△ADE の面積を求めなさい。

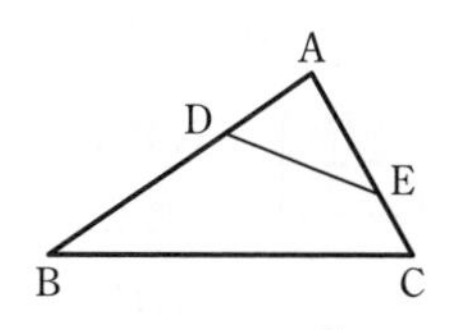

例題 34 三角形の面積比

右の図において，AE：EB＝1：3，DE＝EF である。このとき，面積比 △EAD：△EFB を求めなさい。

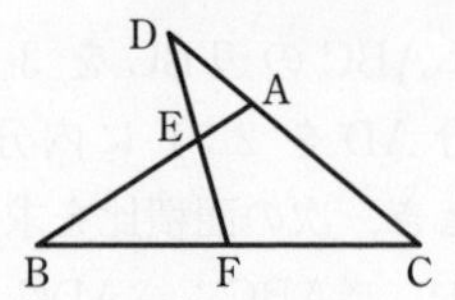

CHART 三角形の面積比　等高なら底辺の比

△EAD との面積比がわかる三角形は　△EAF，△DAF，△EDB，△ADB
△EFB との面積比がわかる三角形は　△EAF，△BAF，△EDB，△FDB
これらに共通する △EAF を橋渡しにして考える。　◀△EDB でもよい。

解答

△EAD：△EAF＝DE：EF＝1：1
△EFB：△EAF＝BE：EA＝3：1
すなわち　△EAD＝△EAF，　△EFB＝3△EAF
よって　**△EAD：△EFB**＝△EAF：3△EAF＝**1：3**　答

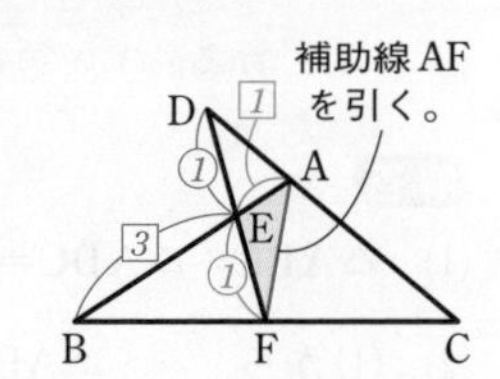

練習 34　右の図において，AE：EC＝1：2，DE：EF＝3：2 である。このとき，面積比 △EAD：△EFC を求めなさい。

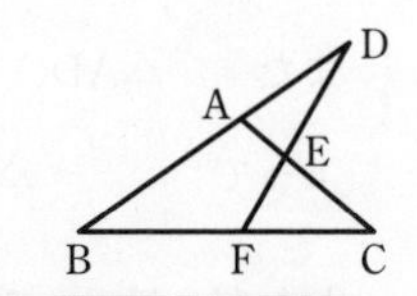

例題 35 底辺を共有する三角形の面積比

右の図において，BD：DC＝3：4，AE：ED＝3：1 である。このとき，次の面積比を求めなさい。
(1)　△ABC：△EBC　　　(2)　△ABE：△ACE

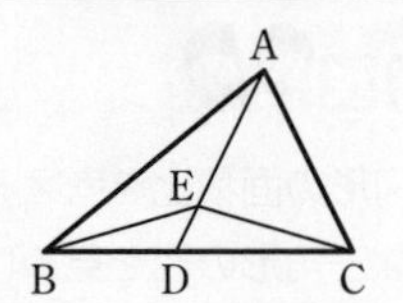

(1)，(2) とも，2 つの三角形は底辺を共有している。その面積比は，右の図の ⌒ をつけた線分の比に等しいことを使う。

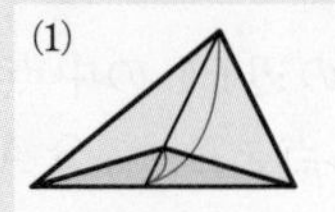

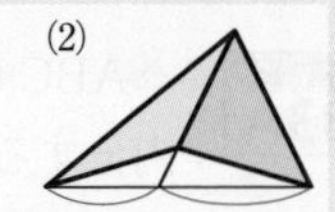

解答

(1)　**△ABC：△EBC**＝DA：DE＝(3＋1)：1＝**4：1**　答　◀底辺 BC を共有。
(2)　**△ABE：△ACE**＝DB：DC＝**3：4**　答　◀底辺 AE を共有。

練習 35　右の図において，AE＝3 cm，EC＝9 cm である。このとき，面積比 △ABD：△CBD を求めなさい。

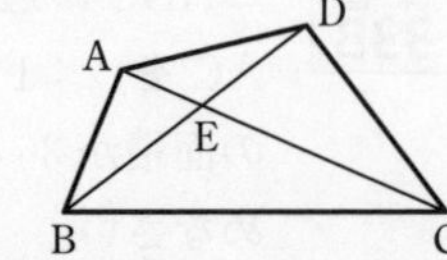

例題 36 図形全体に対する面積

△ABC の辺 AB の中点を D，辺 BC を 1：2 に内分する点を E，辺 CA を 2：3 に内分する点を F とする。△ABC の面積を S とするとき，次の三角形の面積を S を用いて表しなさい。

(1) △ADF　　(2) △DEF

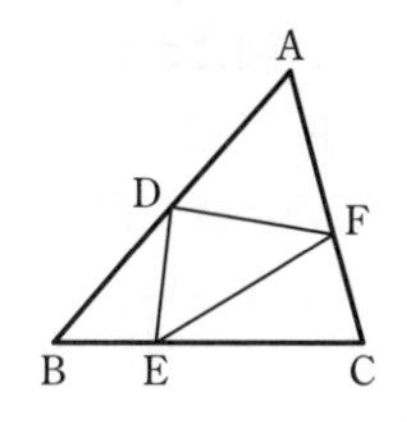

考え方

(1) CHART 等高なら底辺の比 を活用する。△ADF と △ABC は，直接は比べにくいので，△ABC と △ADF のそれぞれと等高である △ADC を橋渡しにして比を求める。　◀△AFB でもよい。

(2) △DEF＝△ABC－△ADF－△BED－△CFE である。
　　（△BED，△CFE）それぞれを S で表す。

解答

(1) △ABC：△ADC＝AB：AD＝2：1
　△ADC：△ADF＝AC：AF＝5：3　　◀△ADC が橋渡し。

よって　$\triangle\mathbf{ADF}=\dfrac{3}{5}\triangle\mathrm{ADC}=\dfrac{3}{5}\times\left(\dfrac{1}{2}\triangle\mathrm{ABC}\right)=\dfrac{\mathbf{3}}{\mathbf{10}}\boldsymbol{S}$　答

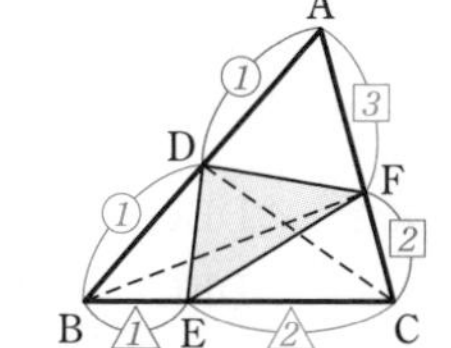

(2) △ABC：△BDC＝BA：BD＝2：1
　△BDC：△BED＝BC：BE＝3：1　　◀△BDC が橋渡し。

よって　$\triangle\mathrm{BED}=\dfrac{1}{3}\triangle\mathrm{BDC}=\dfrac{1}{3}\times\left(\dfrac{1}{2}\triangle\mathrm{ABC}\right)=\dfrac{1}{6}S$

△ABC：△CFB＝CA：CF＝5：2，△CFB：△CFE＝CB：CE＝3：2　←△CFB が橋渡し。

よって　$\triangle\mathrm{CFE}=\dfrac{2}{3}\triangle\mathrm{CFB}=\dfrac{2}{3}\times\left(\dfrac{2}{5}\triangle\mathrm{ABC}\right)=\dfrac{4}{15}S$

以上から　$\triangle\mathbf{DEF}=\triangle\mathrm{ABC}-\triangle\mathrm{ADF}-\triangle\mathrm{BED}-\triangle\mathrm{CFE}$

$$=S-\frac{3}{10}S-\frac{1}{6}S-\frac{4}{15}S=\frac{\mathbf{4}}{\mathbf{15}}\boldsymbol{S}$$　答

参考　右の図において，上の (1) と同じように考えると

$$\triangle\mathrm{ADE}=\frac{\mathrm{AD}}{\mathrm{AB}}\times\frac{\mathrm{AE}}{\mathrm{AC}}\times\triangle\mathrm{ABC}$$

すなわち　$$\frac{\triangle\mathbf{ADE}}{\triangle\mathbf{ABC}}=\frac{\mathbf{AD}\times\mathbf{AE}}{\mathbf{AB}\times\mathbf{AC}}$$

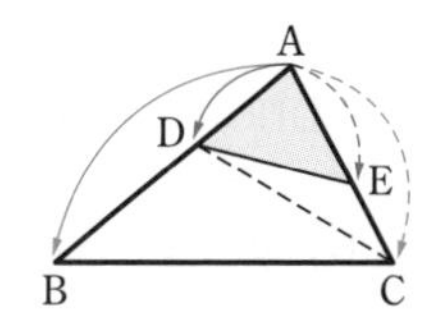

練習 36　△ABC の辺 AB を 3：2 に内分する点を D，辺 BC を 3：2 に内分する点を E，辺 CA を 2：1 に内分する点を F とする。△ABC の面積が 75 cm² のとき，△DEF の面積を求めなさい。

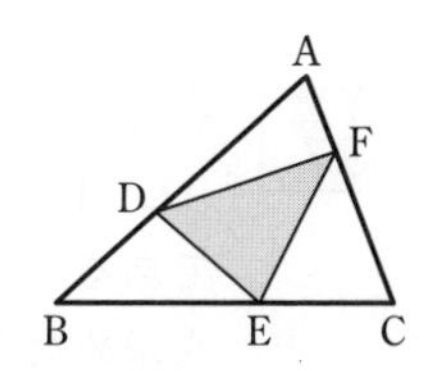

例題 37　複雑な図形の面積比 (1)

右の図において，AD：DB＝3：2，
AE：EC＝1：3，BF＝FC である。
このとき，面積比 △ADE：△DFC を
求めなさい。

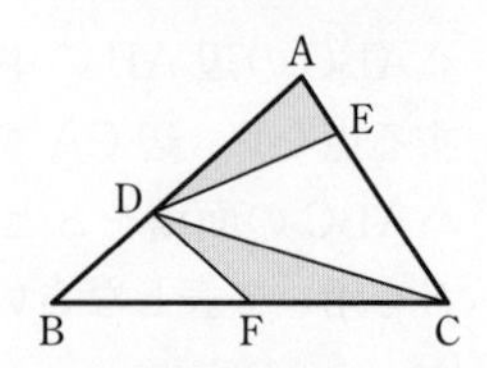

考え方 **いくつかの比** を扱うときは，**基準となる量** を決めて，それぞれの量が基準の何倍になるかを表すと考えやすい。
どれを基準としてもよいが，まずは，**全体を表す量** を基準にして考えてみよう。
⟶ △ABC の面積を S とおき，△ADE，△DFC を S で表す。　◀ S が基準。

解答

△ABC の面積を S とする。

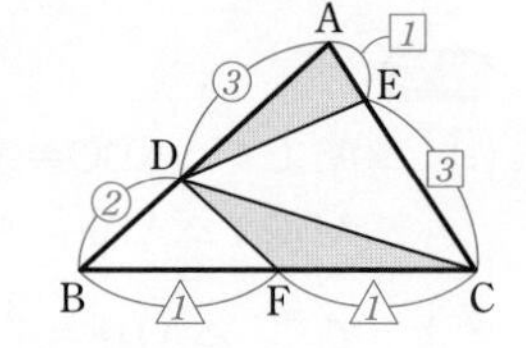

$\triangle\mathrm{ADE}=\dfrac{\mathrm{AD}}{\mathrm{AB}}\times\dfrac{\mathrm{AE}}{\mathrm{AC}}\times\triangle\mathrm{ABC}$　◀前ページの **参考** を参照。

$=\dfrac{3}{3+2}\times\dfrac{1}{1+3}\times S=\dfrac{3}{20}S$

また　△DBC：△ABC＝DB：AB＝2：5

　　　△DFC：△DBC＝FC：BC＝1：2

よって　$\triangle\mathrm{DFC}=\dfrac{1}{2}\triangle\mathrm{DBC}=\dfrac{1}{2}\times\dfrac{2}{5}S=\dfrac{1}{5}S$　◀△DBC が橋渡し。

したがって　**△ADE：△DFC**$=\dfrac{3}{20}S:\dfrac{1}{5}S=$**3：4**　答

参考 基準となる量はどれでもよい。△ADE を基準にすると，次のような解答になる。

別解　△ADE の面積を T とする。

△ADE：△ADC＝AE：AC＝1：4　よって　$\triangle\mathrm{ADC}=4T$

△ADC：△DBC＝AD：DB＝3：2　よって　$\triangle\mathrm{DBC}=\dfrac{2}{3}\times 4T=\dfrac{8}{3}T$

△DBC：△DFC＝BC：FC＝2：1　よって　$\triangle\mathrm{DFC}=\dfrac{1}{2}\times\dfrac{8}{3}T=\dfrac{4}{3}T$

したがって　**△ADE：△DFC**$=T:\dfrac{4}{3}T=$**3：4**　答

練習 37 右の図において，AD：DB＝2：1，
AE：EC＝3：2，BF：FC＝3：1，CG＝GD
である。このとき，面積比 △DBF：△EGC
を求めなさい。

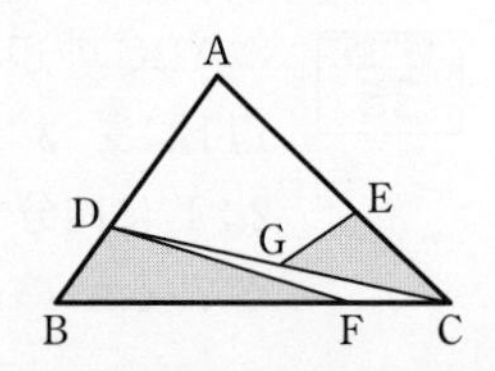

例題 38 複雑な図形の面積比 (2)

右の図において，四角形 ABCD は平行四辺形で，BE：EC=2：1 である。
このとき，△FBE と四角形 AFGD の面積比を求めなさい。

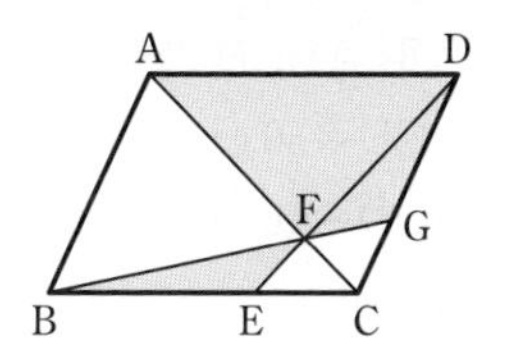

▱ABCD の面積を基準にして考える。

① △FBE の面積は，△ABC と △FBC を橋渡しにして求める。
⟶ AF：FC が必要。四角形 ABCD が平行四辺形であるから，三角形と線分の比の定理を利用する。⟶ AF：FC=AD：CE である。

② 四角形 AFGD の面積は，△CDA−△CGF と考える。
⟶ CG：CD が必要。四角形 ABCD が平行四辺形であるから，CG：CD=CG：AB である。

▱ABCD の面積を S とする。

△ABC≡△CDA であるから　　△ABC$=\frac{1}{2}S$

AD∥EC であるから

AF：FC=AD：CE=(2+1)：1=3：1

よって　△ABC：△FBC=AC：FC=4：1

また　△FBC：△FBE=BC：BE=3：2

したがって　△FBE$=\frac{2}{3}$△FBC$=\frac{2}{3}\times\left(\frac{1}{4}\right.$△ABC$\left.\right)=\frac{1}{6}\times\frac{1}{2}S=\frac{1}{12}S$

AB∥GC であるから　CG：AB=CF：AF=1：3

よって　CG：CD=1：3　◀AB=CD

ゆえに　△CGF$=\frac{\text{CG}}{\text{CD}}\times\frac{\text{CF}}{\text{CA}}\times$△CDA$=\frac{1}{3}\times\frac{1}{4}\times\frac{1}{2}S=\frac{1}{24}S$

よって　(四角形 AFGD の面積)=△CDA−△CGF$=\frac{1}{2}S-\frac{1}{24}S=\frac{11}{24}S$

したがって　**(△FBE の面積)：(四角形 AFGD の面積)**$=\frac{1}{12}S:\frac{11}{24}S=$**2：11**　答

右の図において，四角形 ABCD は平行四辺形で，AE：EB=2：3 である。
このとき，△AEF と四角形 DFGC の面積比を求めなさい。

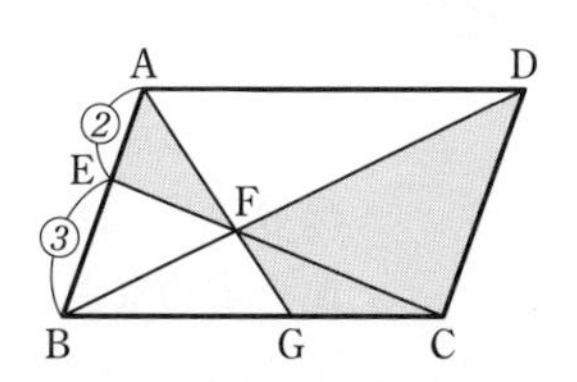

例題 39 面積比から線分の比

四角形 ABCD の対角線の交点をOとする。
$\triangle ACD=30\text{ cm}^2$, $\triangle BCD=35\text{ cm}^2$,
$\triangle AOD=10\text{ cm}^2$ であるとき，次のものを求めなさい。

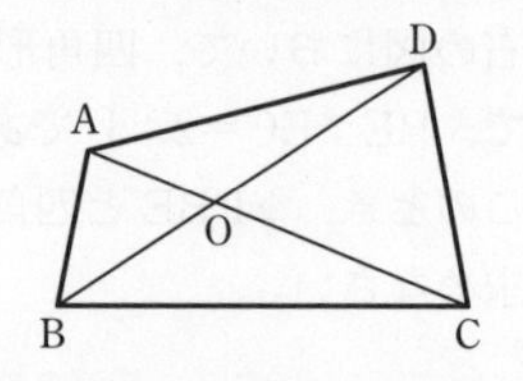

(1) BO：OD　　　(2) $\triangle AOB$ の面積

(1) 三角形の面積が与えられていて，求めるのは線分の比 BO：OD
⟶ BO：OD と等しい三角形の面積比を考える。

CHART 三角形の面積比　等高なら底辺の比

BO, OD を底辺にもち，高さが等しい三角形 $\triangle CBO$, $\triangle COD$ に着目。

(2) (1)の結果を利用する。

解答

(1) $\triangle COD=\triangle ACD-\triangle AOD$
$=30-10=20\ (\text{cm}^2)$
$\triangle CBO=\triangle BCD-\triangle COD$
$=35-20=15\ (\text{cm}^2)$

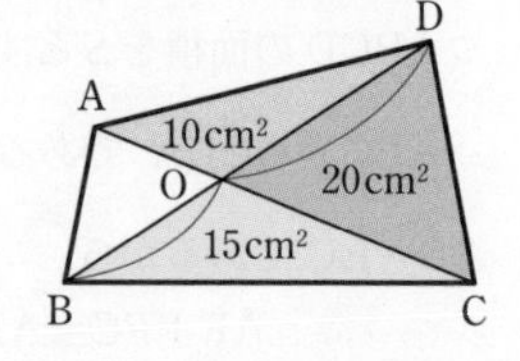

よって　**BO：OD**$=\triangle CBO:\triangle COD$
$=15:20=$**3：4**　答

(2) $\triangle AOB:\triangle AOD=BO:OD$
(1)の結果から　$\triangle AOB:10=3:4$
よって　$\boldsymbol{\triangle AOB=\frac{15}{2}\text{ cm}^2}$　答

練習 39A　四角形 ABCD の対角線の交点をOとする。
$\triangle ACD=30\text{ cm}^2$, $\triangle BCD=36\text{ cm}^2$,
$\triangle ABD=24\text{ cm}^2$ であるとき，次の線分の比を求めなさい。
(1) AO：OC　　(2) BO：OD

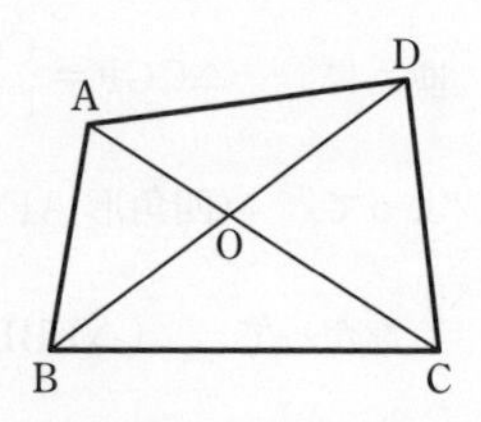

練習 39B　$\triangle ABC$ において，辺 AB の中点をD，辺 BC を 2：3 に内分する点をE，辺 CA を 1：2 に内分する点をFとする。
線分 AE, DF の交点をPとするとき，次の比を求めなさい。
(1) $\triangle ADE:\triangle ABC$　　(2) DP：PF

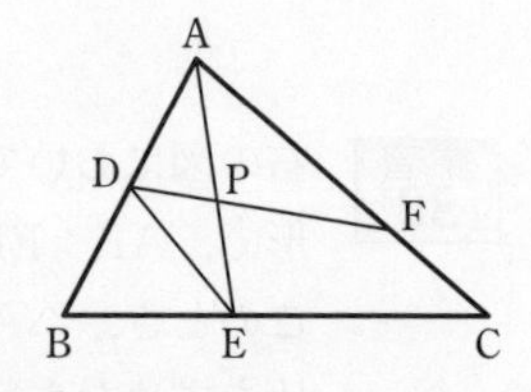

演習問題

□36 右の図の四角形 ABCD において，AE：ED＝CF：FB＝2：3 である。四角形 ABCD の面積が 100 cm² であるとき，△ABE と△CDF の面積の和を求めなさい。 ➔ 33

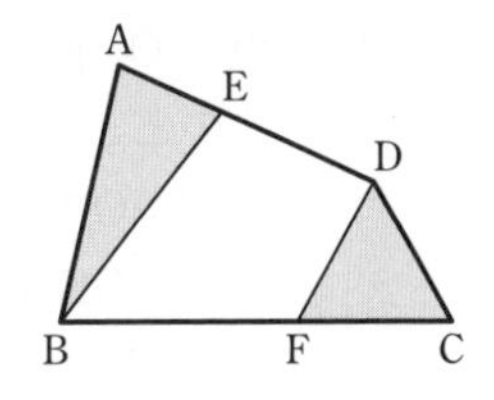

□37 右の図のような AD∥BC の台形 ABCD がある。辺 AB 上の点Eから BC と平行な直線を引き，BD, CD との交点をそれぞれ F，G とする。また，AB＝12 cm，BC＝10 cm，AD＝5 cm とする。AE＝x cm とするとき，次の問いに答えなさい。

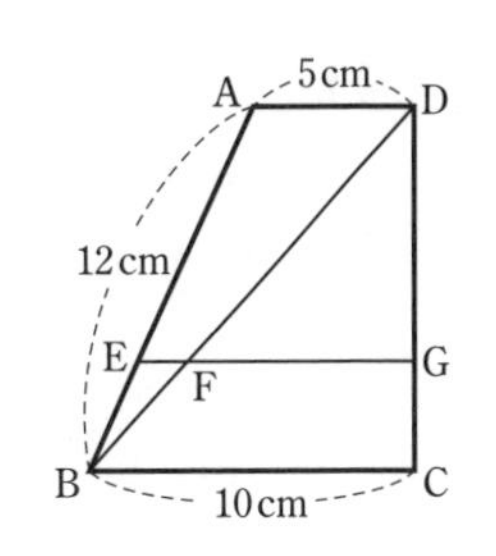

(1) FG の長さを x の式で表しなさい。

(2) EF：FG＝1：4 のとき，x の値を求めなさい。

(3) (2)のとき，台形 ABCD の面積は △DFG の面積の何倍か答えなさい。 ➔ 33, 35

□38 ▱ABCD の辺 AD，BC の中点をそれぞれ E，F とする。線分 AC, DF の交点をGとし，GH∥AD となるように辺 DC 上に点Hをとる。このとき，四角形 EGFH の面積は，▱ABCD の面積の何倍か答えなさい。 ➔ 38

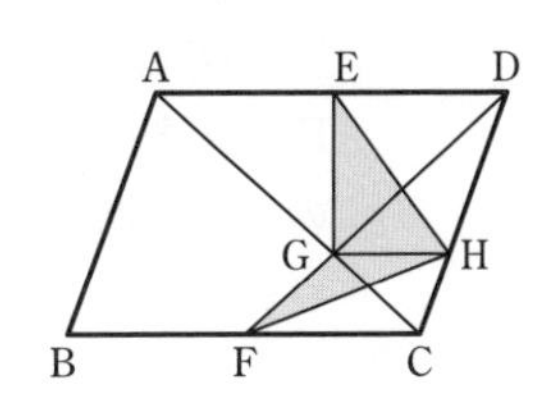

□39 右の図の正方形 ABCD について，AD＝6 cm，BE＝2 cm，BF＝3 cm である。このとき，四角形 AEGD の面積を求めなさい。 ➔ 38

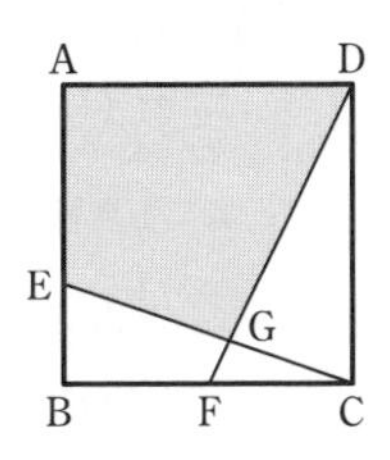

36 補助線を引いて，橋渡しにする三角形を見つける。

37 (3) △DFG と△DBC，△DBC と△ABD に着目して考える。

38 △GEH と△GFH に分けて考えてもよいが，かなり面倒。等積変形して，簡単に面積を求められる図形にする。

CHART **平行線と面積**　平行線で形を変える

39 (四角形 AEGD)＝(正方形 ABCD)－△EBC－△DGC

□**40**　右の図において，AD：DB＝3：2，AE：EC＝4：3 である。線分 BE，CD の交点を O，直線 AO と辺 BC の交点を F とする。このとき，次の比を求めなさい。

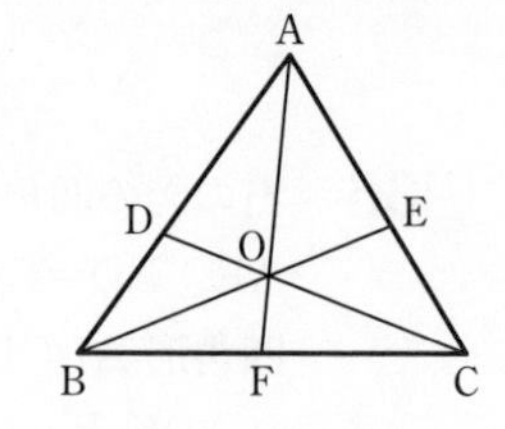

(1)　△OAC：△OBC
(2)　△OBA：△OBC
(3)　BF：FC　➔ 39

□**41**　△ABC の辺 AB を 1：3 に内分する点を D，辺 AC を 2：1 に内分する点を E とする。線分 DE 上に，$\triangle \mathrm{PBC}=\frac{1}{2}\triangle \mathrm{ABC}$ となるように点 P をとる。△APD の面積を x cm²，△EPC の面積を y cm² とするとき，次の問いに答えなさい。

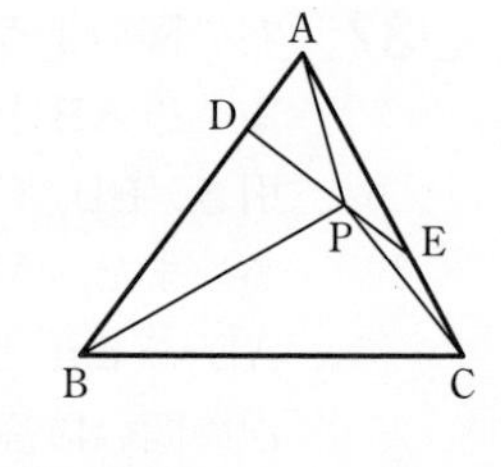

(1)　△ADE，△PBC の面積を，x，y を用いて表しなさい。
(2)　△ABC の面積が 30 cm² であるとき，x，y の値を求めなさい。

□**42**　△ABC の内部に点 P をとり，直線 AP と辺 BC の交点を D，直線 BP と辺 CA の交点を E，直線 CP と辺 AB の交点を F とする。このとき，次の等式が成り立つことを証明しなさい。

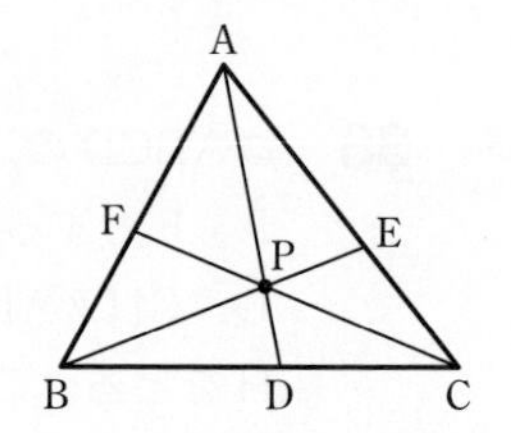

$$\frac{\mathrm{PD}}{\mathrm{AD}}+\frac{\mathrm{PE}}{\mathrm{BE}}+\frac{\mathrm{PF}}{\mathrm{CF}}=1$$

➔ 39

□**43**　右の図において，点 A，B，C の座標はそれぞれ $(-2,\ 4)$，$(6,\ 0)$，$(8,\ 5)$ である。△ABC の辺 AB 上に $\triangle \mathrm{CDB}=\frac{1}{4}\triangle \mathrm{ABC}$ となるように点 D をとる。このとき，直線 CD の式を求めなさい。

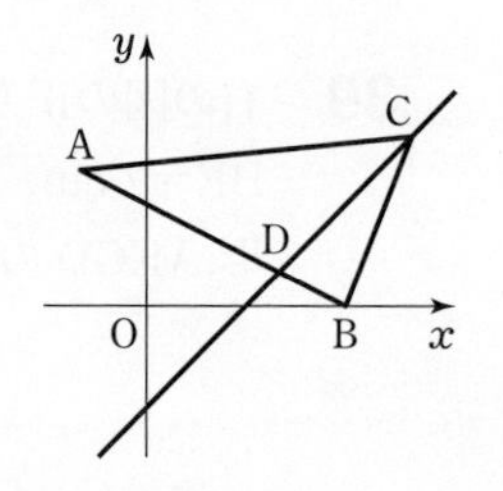

40 (3)　BF：FC と等しくなる三角形の面積比を考える。

42 線分の比を面積比におきかえる。$\frac{\mathrm{PD}}{\mathrm{AD}}=\frac{\triangle \mathrm{PBC}}{\triangle \mathrm{ABC}}$ である。

43 まず，点 D の座標を求める。

立体の体積比

円柱，角柱の体積は（底面積）×（高さ）で求められ，

円錐，角錐の体積は $\dfrac{1}{3}$×（底面積）×（高さ）で求められます。

したがって，円柱，角柱，円錐，角錐について，次のことが成り立ちます。

1 **高さが等しいとき，体積比は，底面の面積比に等しい。**

2 **底面積が等しいとき，体積比は，高さの比に等しい。**

このことを利用して，右の図の三角錐 BADC の体積 V と三角錐 EAGF の体積 V' の比を求めてみましょう。

AE：EB＝2：1，AG＝GD
AF：FC＝2：1

三角錐 BAGF を橋渡しにして求めます。

$$\triangle\mathrm{AGF}=\frac{\mathrm{AG}}{\mathrm{AD}}\times\frac{\mathrm{AF}}{\mathrm{AC}}\times\triangle\mathrm{ADC}=\frac{1}{3}\triangle\mathrm{ADC}$$

よって，V と三角錐 BAGF の体積 V'' の比は

$$V:V''=\triangle\mathrm{ADC}:\triangle\mathrm{AGF}=3:1$$

◀等高なら底面の面積比。

したがって　$V''=\dfrac{1}{3}V$

次に，2点 A，B を通り底面 ADC に垂直な平面の上で考えます。　三角錐の高さを含む平面

2点 B，E から底面 ADC に，垂線 BH，EH′ を引くと　$\mathrm{BH}:\mathrm{EH'}=\mathrm{AB}:\mathrm{AE}=3:2$

よって　$V'':V'=3:2$ ← 底面積が等しいなら高さの比

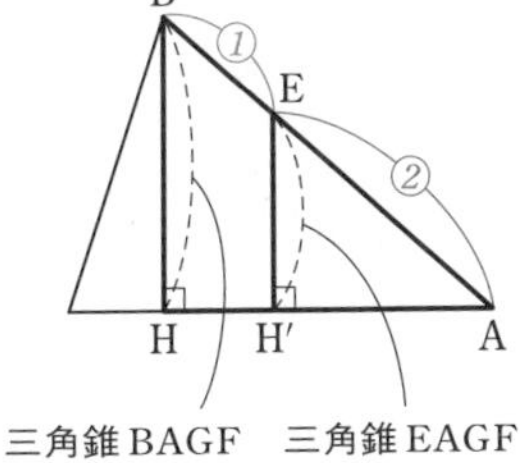

三角錐 BAGF の高さ　三角錐 EAGF の高さ

ゆえに　$V'=\dfrac{2}{3}V''=\dfrac{2}{3}\times\dfrac{1}{3}V=\dfrac{2}{9}V$

したがって　$V:V'=V:\dfrac{2}{9}V=9:2$

一般には，右の図の三角錐 ABCD の体積を V，三角錐 AEFG の体積を V' とすると

$$V'=\frac{\mathrm{AE}}{\mathrm{AB}}\times\frac{\mathrm{AF}}{\mathrm{AC}}\times\frac{\mathrm{AG}}{\mathrm{AD}}\times V$$

すなわち　$$\boldsymbol{\frac{V'}{V}=\frac{\mathrm{AE}\times\mathrm{AF}\times\mathrm{AG}}{\mathrm{AB}\times\mathrm{AC}\times\mathrm{AD}}}$$

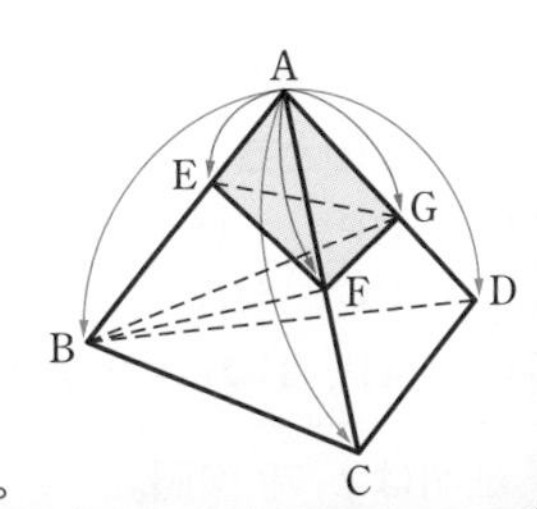

$p.63$ の 参考 の式と似ている。

3 チェバの定理

基本事項

1 チェバの定理

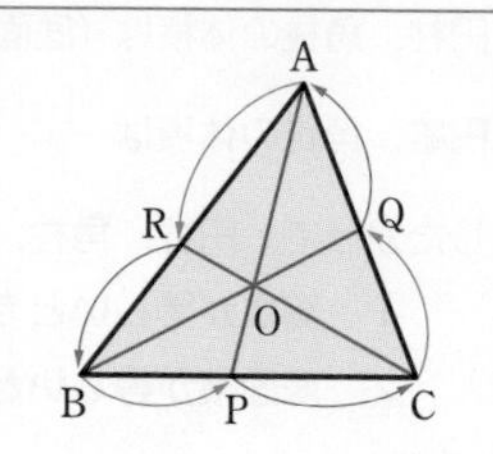

定理 △ABC の辺上にもその延長上にもない点Oがある。頂点 A，B，C とOを結ぶ直線 AO，BO，CO が，向かい合う辺 BC，CA，AB またはその延長と，それぞれ P，Q，R で交わるとき，次の等式が成り立つ。

$$\frac{BP}{PC}\times\frac{CQ}{QA}\times\frac{AR}{RB}=1$$

証明　三角形の面積と線分の比の定理により

BP：PC＝△OAB：△OCA

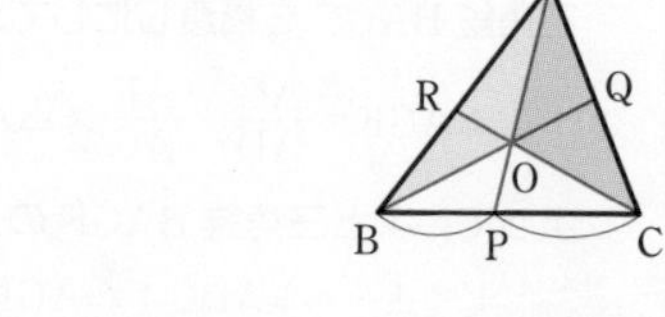

すなわち　$\dfrac{BP}{PC}=\dfrac{\triangle OAB}{\triangle OCA}$　…… ①

同様にして　$\dfrac{CQ}{QA}=\dfrac{\triangle OBC}{\triangle OAB}$　…… ②

$\dfrac{AR}{RB}=\dfrac{\triangle OCA}{\triangle OBC}$　…… ③

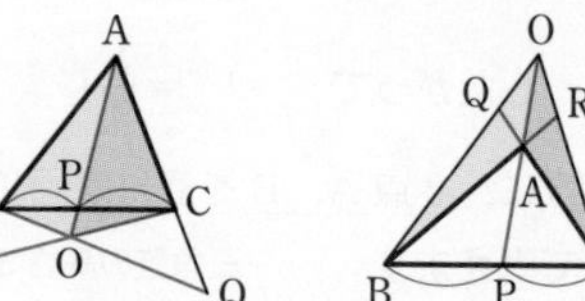

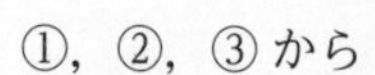

①，②，③ から

$\dfrac{BP}{PC}\times\dfrac{CQ}{QA}\times\dfrac{AR}{RB}$

$=\dfrac{\triangle OAB}{\triangle OCA}\times\dfrac{\triangle OBC}{\triangle OAB}\times\dfrac{\triangle OCA}{\triangle OBC}=1$ 終

点Oが △ABC の外部にある場合も，同じようにして証明できる。

2 発展 チェバの定理の逆

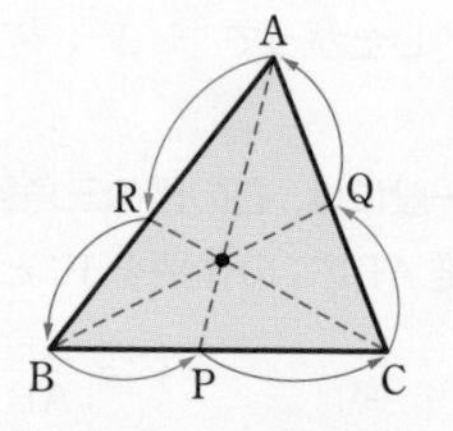

3個とも辺上にある場合

定理 △ABC の辺 BC，CA，AB またはその延長上に，それぞれ点 P，Q，R があり，この3点のうち，1個または3個が辺上にあるとする。このとき，BQ と CR が交わり，かつ $\dfrac{BP}{PC}\times\dfrac{CQ}{QA}\times\dfrac{AR}{RB}=1$ が成り立てば，3直線 AP，BQ，CR は1点で交わる。

証明は p.79 参照。

例題 40　チェバの定理

右の図において，

　　BP：PC＝4：3，CQ：QA＝1：2

である。このとき，AR：RB を求めなさい。

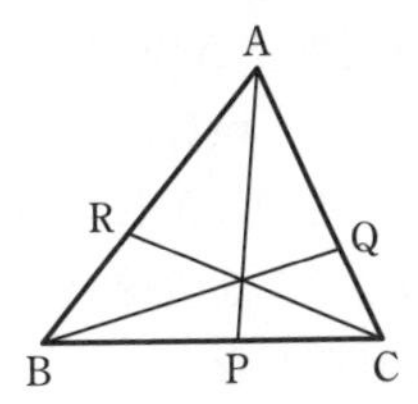

CHART　三角形と 1 点なら チェバ

三角形の 3 つの頂点を通る直線が 1 点で交わっている。このような場合は，チェバの定理を使って比を求める。

解答

△ABC にチェバの定理を用いると

$$\frac{BP}{PC}\times\frac{CQ}{QA}\times\frac{AR}{RB}=1$$

BP：PC＝4：3，CQ：QA＝1：2 であるから

$$\frac{4}{3}\times\frac{1}{2}\times\frac{AR}{RB}=1 \qquad よって \qquad \frac{AR}{RB}=\frac{3}{2}$$

したがって　　**AR：RB＝3：2**　答

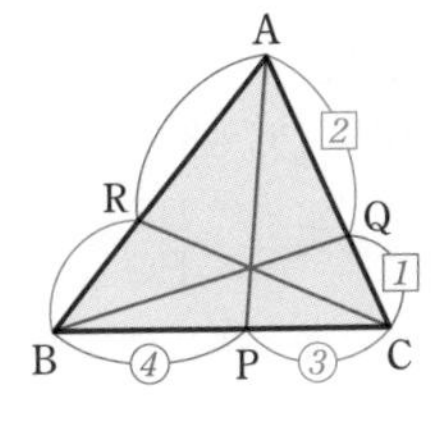

解説

チェバの定理は，**頂点からスタートして，**

　　頂点→分点→頂点→分点→ …… →頂点

と交互にたどって三角形を 1 周する と考える

と覚えやすい。

$$\frac{BP^{①}}{PC^{②}}\times\frac{CQ^{③}}{QA^{④}}\times\frac{AR^{⑤}}{RB^{⑥}}=1$$

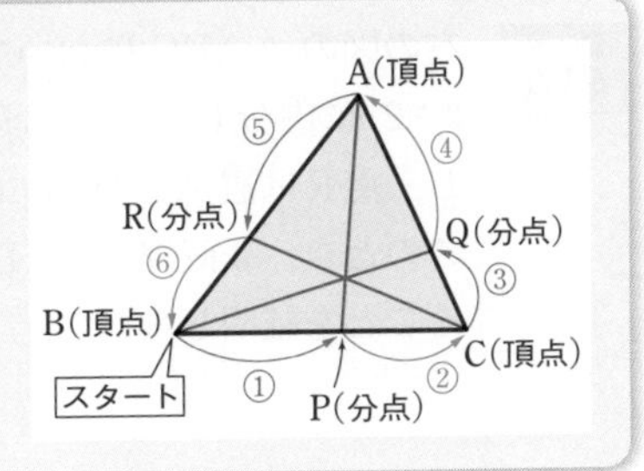

練習 40　下の図において，次の比を求めなさい。

(1)　AQ：QC　　　(2)　BD：DC　　　(3)　AQ：QC

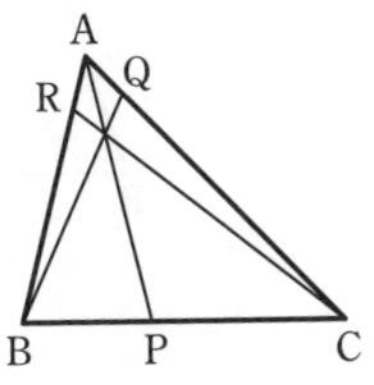

AR：RB＝1：4
BP：PC＝2：3

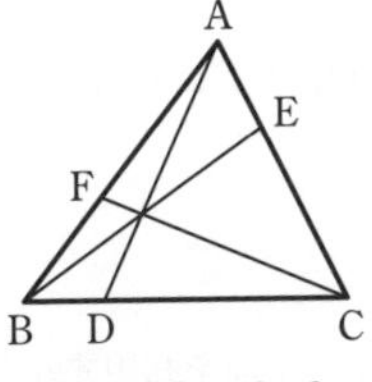

AF：FB＝3：2
AE：EC＝1：2

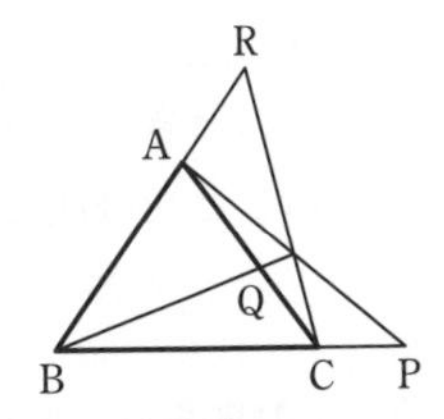

BC：CP＝3：1
BA：AR＝2：1

例題 41 チェバの定理の逆

右の図の △ABC において，点 P は辺 BC を 3：2 に内分し，点 Q は辺 CA を 2：1 に内分し，点 R は辺 AB を 1：3 に内分している。
このとき，3 直線 AP，BQ，CR は 1 点で交わることを証明しなさい。

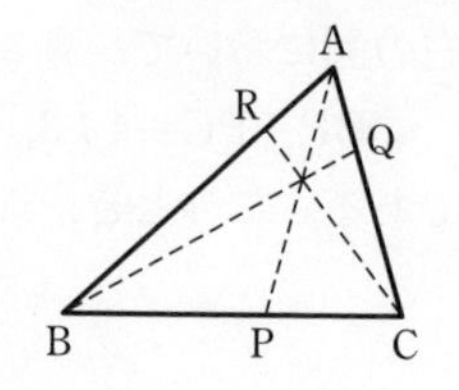

3 点 P，Q，R は三角形の辺上にあり，辺を分ける比がわかっている。
そこで，3 直線 AP，BQ，CR が 1 点で交わることを示すには，**チェバの定理の逆** を使う。
⟶ $\dfrac{BP}{PC}\times\dfrac{CQ}{QA}\times\dfrac{AR}{RB}$ の値が 1 になることを示せばよい。

解答

BP：PC＝3：2，CQ：QA＝2：1，AR：RB＝1：3

よって　$\dfrac{BP}{PC}\times\dfrac{CQ}{QA}\times\dfrac{AR}{RB}=\dfrac{3}{2}\times\dfrac{2}{1}\times\dfrac{1}{3}=1$

したがって，チェバの定理の逆により，3 直線 AP，BQ，CR は 1 点で交わる。 終

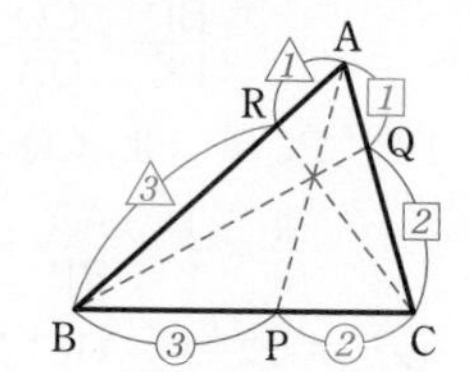

練習 41A 右の図の △ABC において，点 P は辺 BC を 3：2 に内分し，点 Q は辺 CA を 4：5 に内分し，点 R は辺 AB を 5：6 に内分している。
このとき，3 直線 AP，BQ，CR は 1 点で交わることを証明しなさい。

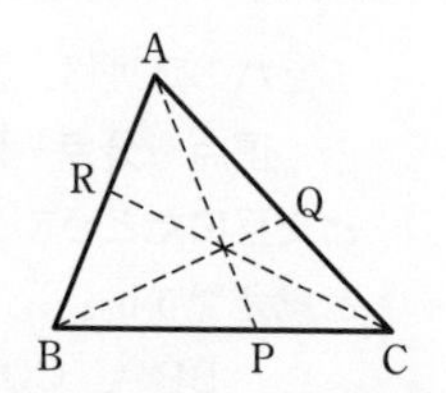

練習 41B △ABC の辺 BC 上に点 D をとり，∠ADB の二等分線と辺 AB の交点を E，∠ADC の二等分線と辺 AC の交点を F とする。
このとき，3 直線 AD，BF，CE は 1 点で交わることを証明しなさい。

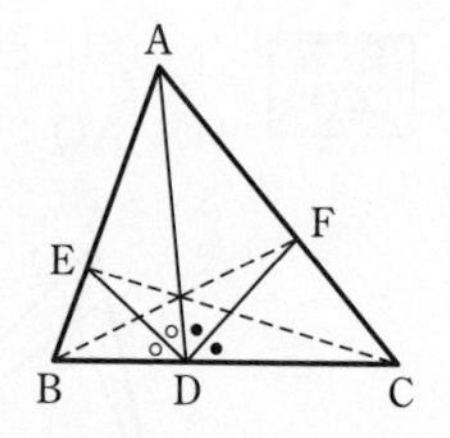

ヒント **41B** 角の二等分線と比の定理を利用すると
AE：EB＝DA：DB，CF：FA＝DC：DA

4 メネラウスの定理

1 メネラウスの定理

定理　△ABC の辺 BC，CA，AB またはその延長が，三角形の頂点を通らない直線 ℓ とそれぞれ点 P，Q，R で交わるとき，次の等式が成り立つ。

$$\frac{BP}{PC}\times\frac{CQ}{QA}\times\frac{AR}{RB}=1$$

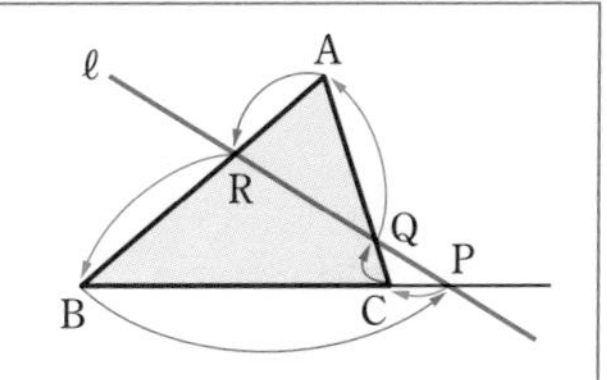

証明　△ABC の頂点 C を通り，直線 ℓ に平行な直線を引き，直線 AB との交点を D とする。
平行線と比の定理により

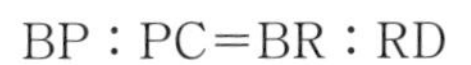

$$BP:PC=BR:RD$$

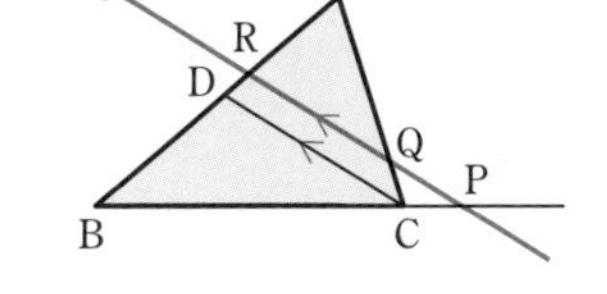

すなわち　$\dfrac{BP}{PC}=\dfrac{BR}{RD}$　…… ①

同様に，AQ：QC＝AR：RD から

$\dfrac{CQ}{QA}=\dfrac{DR}{AR}$　…… ②

線分 AB 上に比を移す。

①，② から　$\dfrac{BP}{PC}\times\dfrac{CQ}{QA}\times\dfrac{AR}{RB}$

$=\dfrac{BR}{RD}\times\dfrac{DR}{AR}\times\dfrac{AR}{RB}=1$　終

直線 ℓ が △ABC と共有点をもたない場合も同じようにして証明できる。

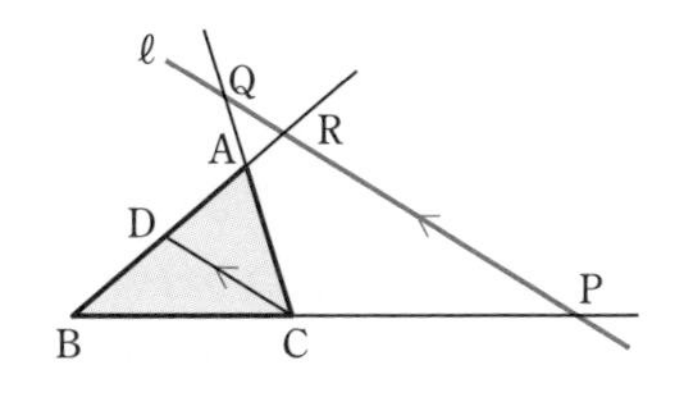

2 発展 メネラウスの定理の逆

定理　△ABC の辺 BC，CA，AB またはその延長上に，それぞれ点 P，Q，R があり，この 3 点のうち，1 個または 3 個が辺の延長上にあるとする。このとき

$$\frac{BP}{PC}\times\frac{CQ}{QA}\times\frac{AR}{RB}=1$$

が成り立てば，3 点 P，Q，R は一直線上にある。

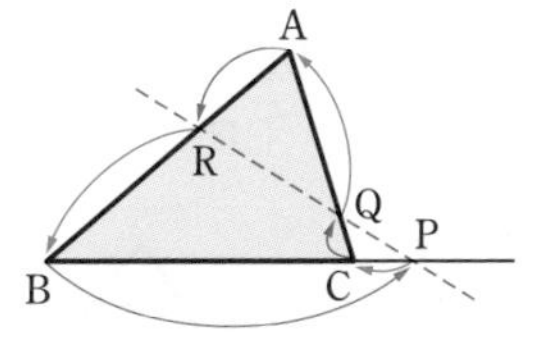

1 個が延長線上にある場合

証明は $p.80$ 参照。

例題 42 メネラウスの定理

右の図において，点Pは線分 BC を 5：1 に外分し，点Rは線分 AB の中点である。
このとき，AQ：QC を求めなさい。

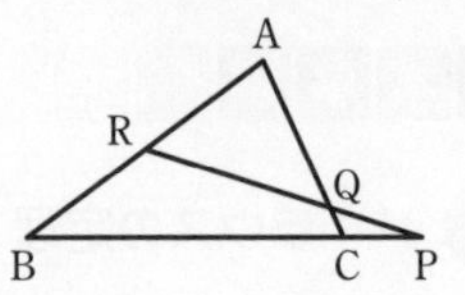

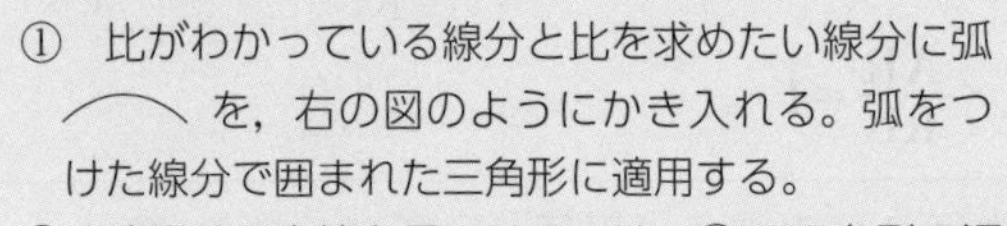

問題の図は，メネラウスの定理を使う形。適用する三角形と直線は，次のようにして見つける。

① 比がわかっている線分と比を求めたい線分に弧 ⌒ を，右の図のようにかき入れる。弧をつけた線分で囲まれた三角形に適用する。

② 適用する直線を見つけるには，① の三角形の辺の分点に注目する。3 点は一直線上に並んでいる。　◀分点は，1 個または 3 個が辺の延長上。

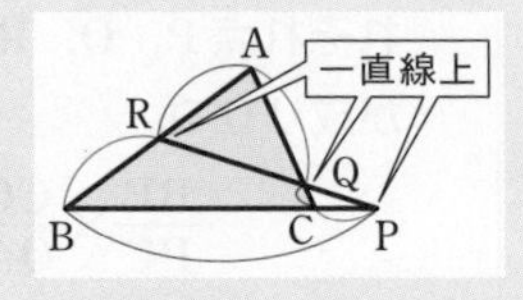

解答

△ABC と直線 PR にメネラウスの定理を用いると

$$\frac{BP}{PC}\times\frac{CQ}{QA}\times\frac{AR}{RB}=1$$

BP：PC＝5：1，AR：RB＝1：1 であるから

$$\frac{5}{1}\times\frac{CQ}{QA}\times\frac{1}{1}=1 \qquad \text{よって} \qquad \frac{CQ}{QA}=\frac{1}{5}$$

したがって　**AQ：QC＝5：1**　答

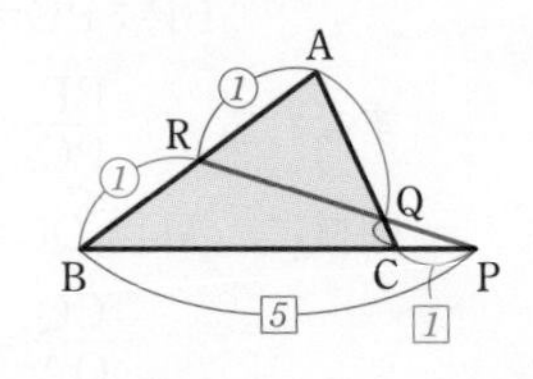

解説

メネラウスの定理は，**頂点からスタートして，頂点→分点→頂点→分点→ …… →頂点 と交互にたどって三角形を 1 周する** と考えると覚えやすい。

$$\frac{BP^{①}}{PC^{②}}\times\frac{CQ^{③}}{QA^{④}}\times\frac{AR^{⑤}}{RB^{⑥}}=1$$

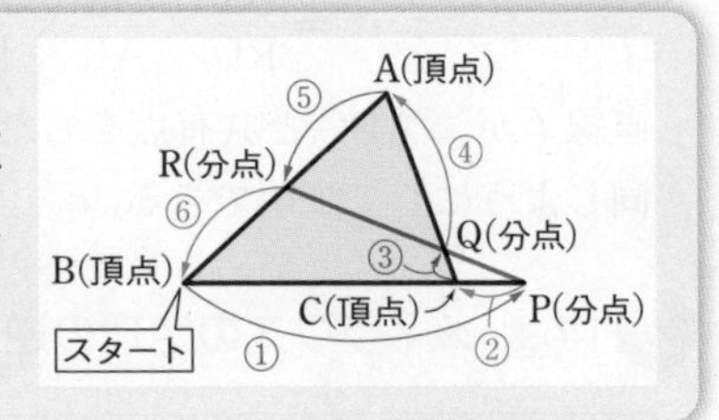

練習 42　下の図において，次の比を求めなさい。

(1) BP：PC　　(2) RA：AB　　(3) EF：FB

(1) AB：BR＝2：1　AQ：QC＝3：2

(2) BC：CP＝1：1　QA：AC＝2：3

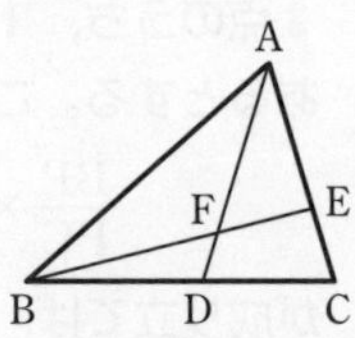

(3) BD：DC＝4：3　AE：EC＝2：1

例題 43 チェバの定理とメネラウスの定理

右の図において,

AF：FB＝3：2, AG：GD＝5：2

である。このとき, AE：EC を求めなさい。

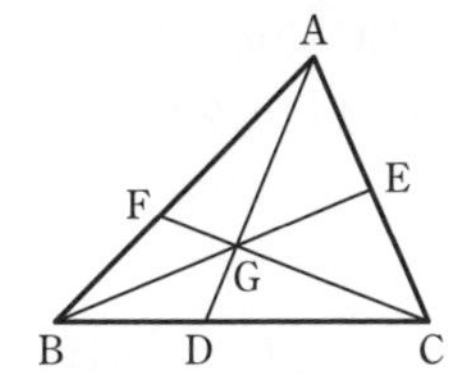

3 直線 AD, BE, CF が 1 点で交わっているから, **チェバの定理** を使いたい。
AE：EC を求めるには, AF：FB のほかに BD：DC が必要。そこで,
△ABD と直線 FC に **メネラウスの定理** を使って, BC：CD を求める。

解答

△ABD と直線 FC にメネラウスの定理を用いると

$$\frac{BC}{CD}\times\frac{DG}{GA}\times\frac{AF}{FB}=1$$

DG：GA＝2：5, AF：FB＝3：2 であるから

$$\frac{BC}{CD}\times\frac{2}{5}\times\frac{3}{2}=1 \qquad よって \qquad \frac{BC}{CD}=\frac{5}{3}$$

したがって　BC：CD＝5：3

よって　BD：DC＝(5−3)：3＝2：3

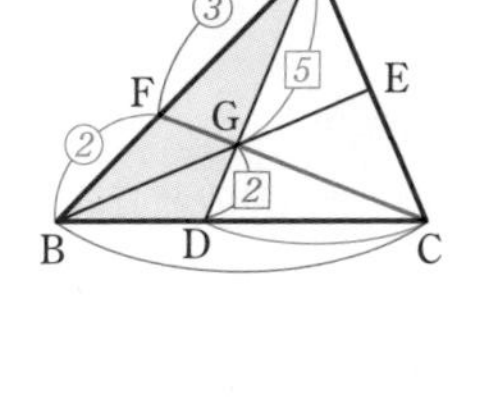

△ABC にチェバの定理を用いると

$$\frac{BD}{DC}\times\frac{CE}{EA}\times\frac{AF}{FB}=1$$

BD：DC＝2：3, AF：FB＝3：2 であるから

$$\frac{2}{3}\times\frac{CE}{EA}\times\frac{3}{2}=1 \qquad よって \qquad \frac{CE}{EA}=1$$

したがって　**AE：EC＝1：1**　答

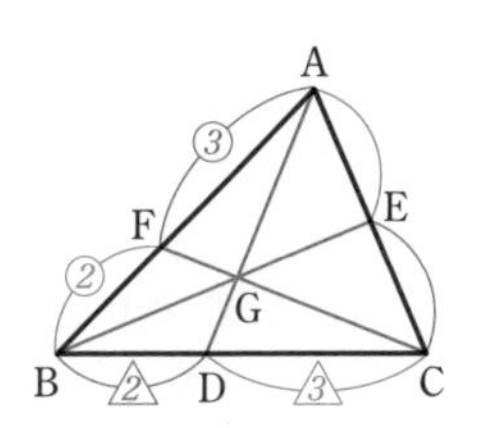

下の図において, 次の比を求めなさい。

(1) AE：EC　　(2) AE：EC　　(3) BG：GE

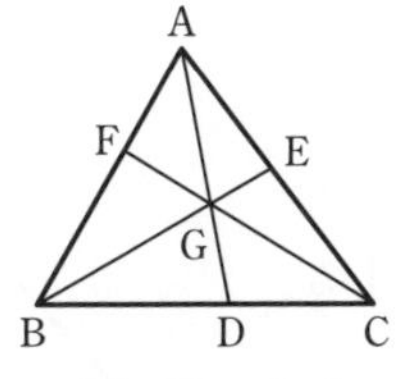

AF : FB = 2 : 3
AG : GD = 14 : 9

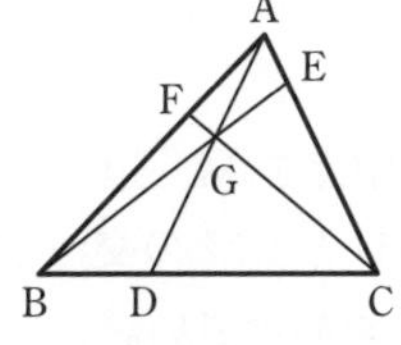

BD : DC = 1 : 2
FG : GC = 1 : 6

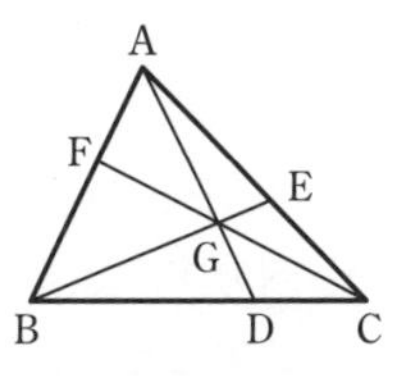

AF : FB = 2 : 3
BD : DC = 2 : 1

例題 44　メネラウスの定理と三角形の面積

△ABC の辺 AB を 2：3 に内分する点を D，辺 BC を 3：4 に内分する点を E，AE と CD の交点を F とする。このとき，次の比を求めなさい。

(1)　AF：FE

(2)　△FEC：△ABC

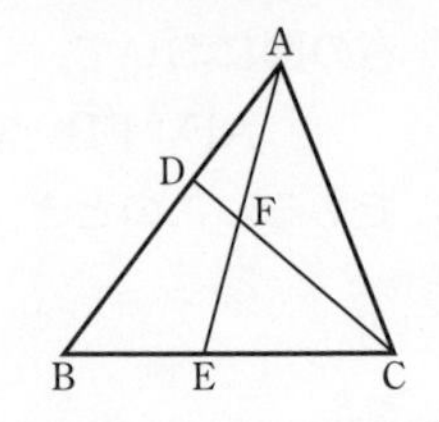

(1)　△ABE の 3 辺またはその延長と直線 CD が交わっている。よって，△ABE と直線 CD についてメネラウスの定理を使う。

(2)　(1) の結果と，**三角形の面積比**

等高なら底辺の比　等底なら高さの比

を利用する。△FEC，△AEC は底辺をそれぞれ線分 FE，線分 AE とみると，高さが等しいから，面積比は底辺の比になる。

解答

(1)　△ABE と直線 CD にメネラウスの定理を用いると

$$\frac{BC}{CE}\times\frac{EF}{FA}\times\frac{AD}{DB}=1$$

よって　$\frac{7}{4}\times\frac{EF}{FA}\times\frac{2}{3}=1$

ゆえに　$\frac{EF}{FA}=\frac{6}{7}$

よって　AF：FE＝**7：6**　答

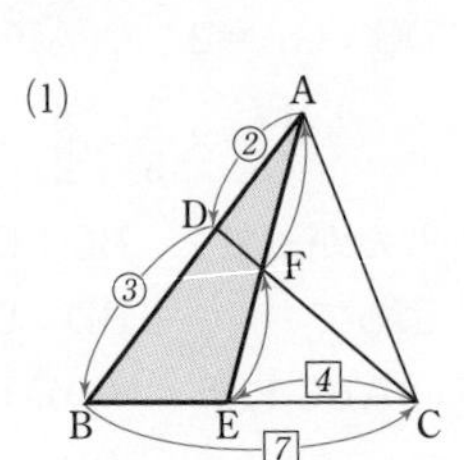

(2)　(1) より，AF：FE＝7：6 であるから

$$\triangle FEC=\frac{6}{13}\triangle AEC \quad \cdots\cdots ①$$

また，BE：EC＝3：4 であるから

$$\triangle AEC=\frac{4}{7}\triangle ABC \quad \cdots\cdots ②$$

② を ① に代入して

$$\triangle FEC=\frac{6}{13}\times\frac{4}{7}\triangle ABC=\frac{24}{91}\triangle ABC$$

よって　△FEC：△ABC＝**24：91**　答

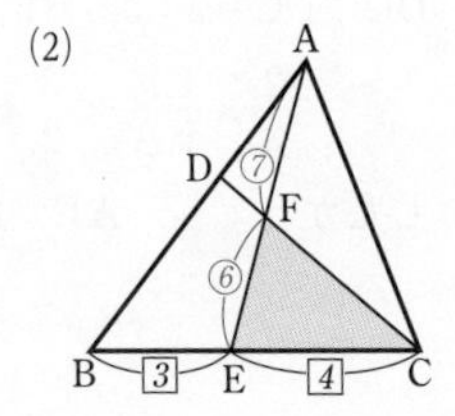

練習 44　△ABC の辺 AC の中点を M，辺 BC を 2：3 に内分する点を D，AD と BM の交点を E とする。このとき，次の比を求めなさい。

(1)　BE：EM　　　　(2)　△AEM：△ABC

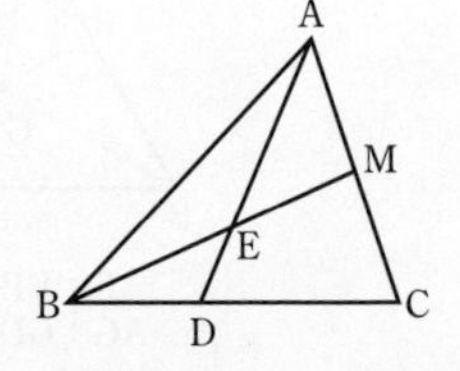

例題 45 メネラウスの定理の逆

右の図の △ABC において，点Pは辺 BC を 5：2 に外分，点Qは辺 CA を 1：2 に内分，点Rは辺 AB を 4：5 に内分している。
このとき，3点 P，Q，R は一直線上にあることを証明しなさい。

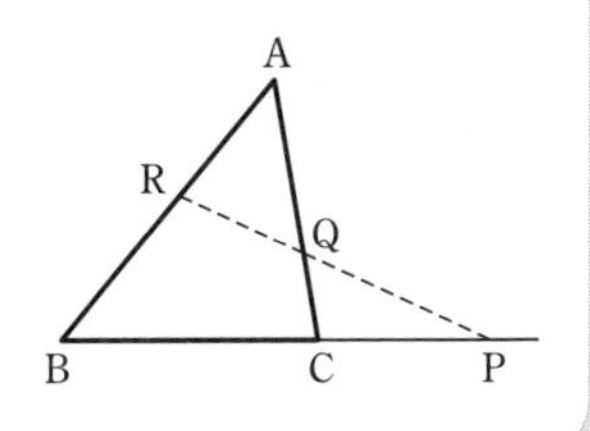

3点 P，Q，R は三角形の辺上または延長上にあり，線分の比がわかっている。
この3点が一直線上にあることを示すには，**メネラウスの定理の逆** を使う。
⟶ $\dfrac{BP}{PC}\times\dfrac{CQ}{QA}\times\dfrac{AR}{RB}$ の値が1になることを示せばよい。

解答

BP：PC＝5：2，CQ：QA＝1：2，AR：RB＝4：5

よって　$\dfrac{BP}{PC}\times\dfrac{CQ}{QA}\times\dfrac{AR}{RB}=\dfrac{5}{2}\times\dfrac{1}{2}\times\dfrac{4}{5}=1$

したがって，メネラウスの定理の逆により，3点 P，Q，R は一直線上にある。 終

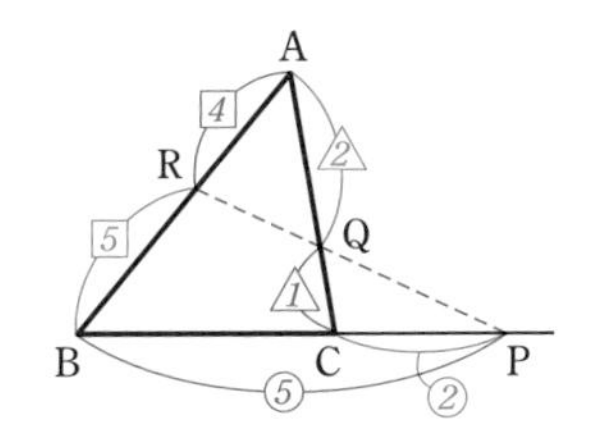

解説

チェバの定理とメネラウスの定理(およびそれらの逆)では，出てくる式が同じである。では，2つの定理にはどのような違いがあるのだろうか。
分点に注目すると，チェバの定理では，**分点と頂点を通る3直線が1点で交わる**，メネラウスの定理では，**3つの分点が一直線上** にある という違いがある。

チェバ

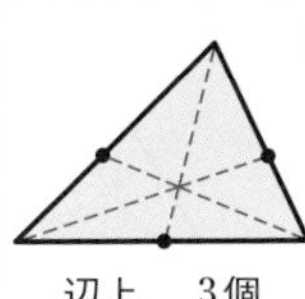

辺上　3個
延長上 0個

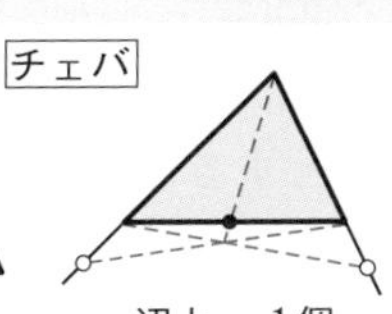

辺上　1個
延長上 2個

メネラウス

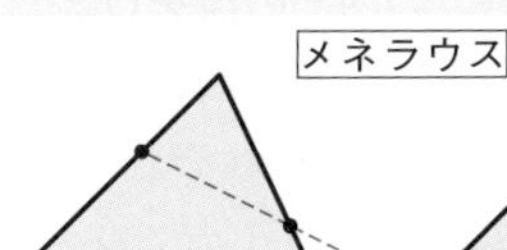

辺上　2個
延長上 1個

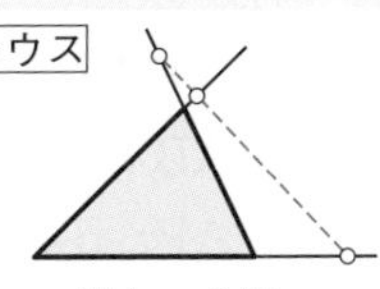

辺上　0個
延長上 3個

この分点の位置の違いが，それぞれの定理の逆における仮定「1個または3個が **辺上**」，「1個または3個が **辺の延長上**」の違いなのである。 ◀ *p*.70，73 で確認しよう。

練習 45　右の図の △ABC において，点Pは辺 BC を 6：5 に内分，点Qは辺 AC を 4：1 に外分，点Rは辺 AB を 10：3 に内分している。
このとき，3点 P，Q，R は一直線上にあることを証明しなさい。

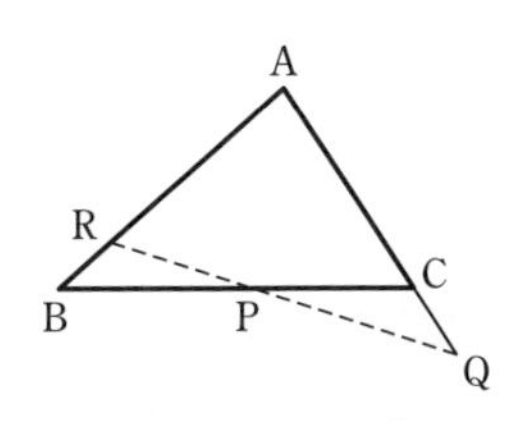

演習問題

□**44**　$\triangle$ABC の辺 BC の中点を M とする。線分 AM 上に A，M と異なる点 P をとり，直線 BP と辺 AC，直線 CP と辺 AB の交点をそれぞれ D，E とすると，ED // BC であることを証明しなさい。

➔ **40**

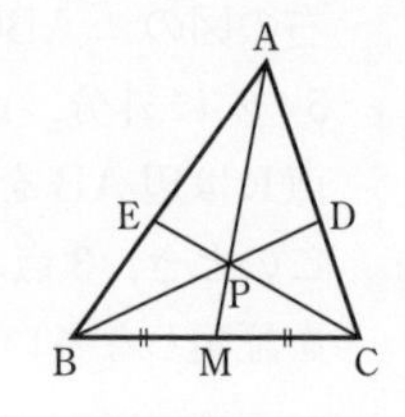

□**45**　$\triangle$ABC の辺 BC を 3：2 に内分する点を D，辺 AB を 4：1 に内分する点を E とする。線分 AD と CE の交点を P，直線 BP と辺 CA との交点を F とする。このとき，次の比を求めなさい。

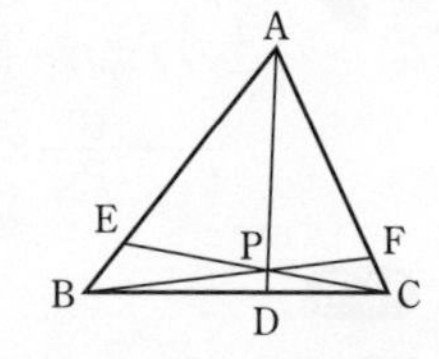

(1)　AF：FC　　　(2)　AP：PD

(3)　$\triangle$APF：$\triangle$ABC

➔ **40, 42, 44**

□**46**　$\triangle$ABC の辺 BC を 1：2 に内分する点を D，辺 CA を 1：2 に内分する点を E，辺 AB を 1：2 に内分する点を F とし，BE と CF の交点を P，CF と AD の交点を Q，AD と BE の交点を R とする。このとき，$\triangle$PQR の面積は $\triangle$ABC の面積の何倍であるか答えなさい。

➔ **44**

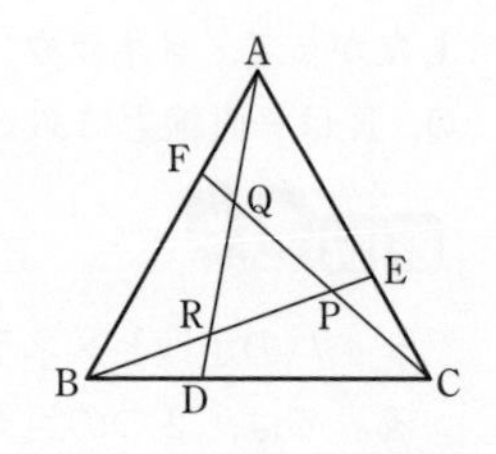

□**47**　(1)　$\triangle$ABC の内部の点を O とし，$\angle$BOC，$\angle$COA，$\angle$AOB の二等分線と辺 BC，CA，AB との交点をそれぞれ P，Q，R とすると，AP，BQ，CR は 1 点で交わることを証明しなさい。

(2)　$\triangle$ABC の $\angle$A の外角の二等分線が線分 BC の延長と交わるとき，その交点を D とする。$\angle$B，$\angle$C の二等分線と辺 AC，AB の交点をそれぞれ E，F とすると，3 点 D，E，F は 1 つの直線上にあることを示しなさい。

➔ **41, 45**

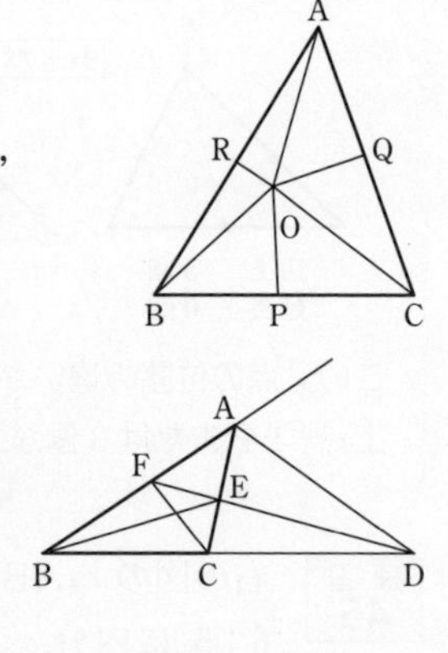

44　AE：EB＝AD：DC であることを示す。

47　(1)　チェバの定理の逆を利用する。　　(2)　メネラウスの定理の逆を利用する。

チェバの定理の逆の証明

$p.70$ で学んだチェバの定理の逆を証明してみましょう。

定理　チェバの定理の逆

△ABC の辺 BC，CA，AB またはその延長上に，それぞれ点 P，Q，R があり，この 3 点のうち，1 個または 3 個が辺上にあるとする。
このとき，BQ と CR が交わり，かつ

$$\frac{BP}{PC}\times\frac{CQ}{QA}\times\frac{AR}{RB}=1$$

が成り立てば，3 直線 AP，BQ，CR は 1 点で交わる。

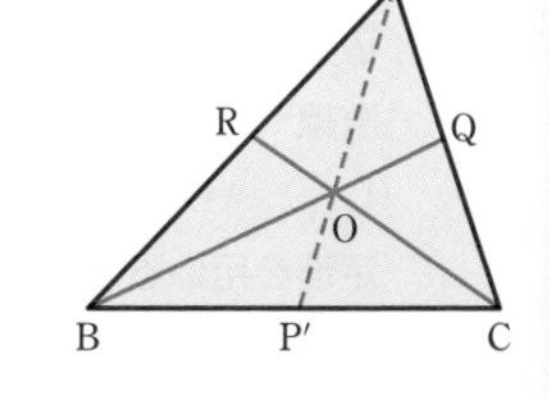

証明　点 Q，R はともに辺上にあるか，ともに辺上にないとすると，点 P は辺 BC 上の点である。
ここで，2 直線 BQ，CR の交点を O とする。
このとき，直線 AO は辺 BC と交わる。
その交点を P′ とし，△ABC にチェバの定理を用いると

$$\frac{BP'}{P'C}\times\frac{CQ}{QA}\times\frac{AR}{RB}=1$$

仮定から　$\frac{BP}{PC}\times\frac{CQ}{QA}\times\frac{AR}{RB}=1$

よって　$\frac{BP'}{P'C}=\frac{BP}{PC}$

P，P′ はともに辺 BC 上にあるから，P′ は P に一致する。
したがって，3 直線 AP，BQ，CR は 1 点で交わる。　終

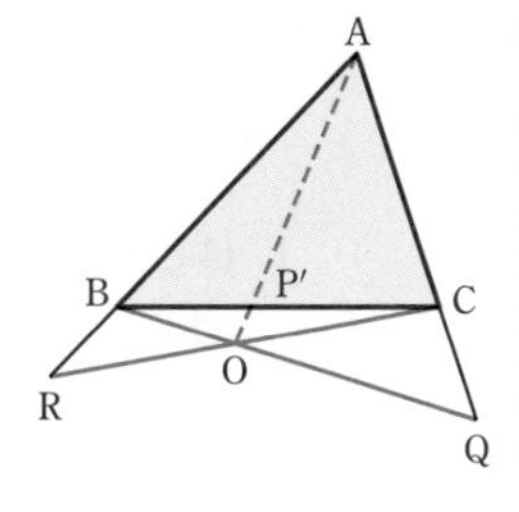

参考　チェバ (Ceva 1647－1734) は，イタリアの数学者である。

メネラウスの定理の逆の証明

$p.73$ で学んだメネラウスの定理の逆を証明してみましょう。

定理　メネラウスの定理の逆

△ABC の辺 BC，CA，AB またはその延長上に，それぞれ点 P，Q，R があり，この 3 点のうち，1 個または 3 個が辺の延長上にあるとする。
このとき，

$$\frac{\mathrm{BP}}{\mathrm{PC}}\times\frac{\mathrm{CQ}}{\mathrm{QA}}\times\frac{\mathrm{AR}}{\mathrm{RB}}=1$$

が成り立てば，3 点 P，Q，R は一直線上にある。

証明　図 [1] のように，2 点 Q，R は，それぞれ辺 CA，AB 上にあるとする。
直線 QR と辺 BC の延長との交点を P′ とし，△ABC と直線 P′R にメネラウスの定理を用いると

$$\frac{\mathrm{BP'}}{\mathrm{P'C}}\times\frac{\mathrm{CQ}}{\mathrm{QA}}\times\frac{\mathrm{AR}}{\mathrm{RB}}=1$$

仮定から　$\frac{\mathrm{BP}}{\mathrm{PC}}\times\frac{\mathrm{CQ}}{\mathrm{QA}}\times\frac{\mathrm{AR}}{\mathrm{RB}}=1$

よって　$\frac{\mathrm{BP'}}{\mathrm{P'C}}=\frac{\mathrm{BP}}{\mathrm{PC}}$

P，P′ はともに辺 BC の延長上にあるから，P′ は P に一致する。
したがって，3 点 P，Q，R は一直線上にある。
図 [2] のように，2 点 Q，R がそれぞれ辺 CA，BA の延長上にあるときも，同様にして証明される。 終

[1]

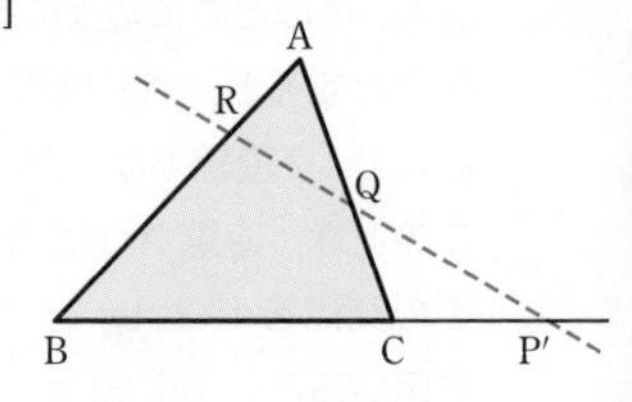

[2]

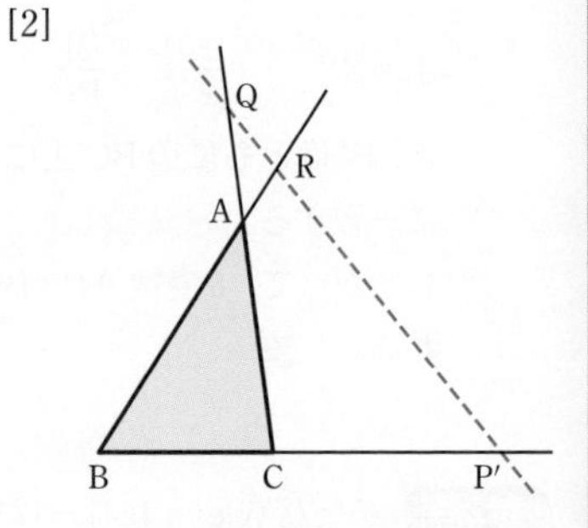

参考　メネラウス (Menelaus 紀元 100 年頃) は，ギリシャの数学者，天文学者である。

第3章
円

この章の学習のポイント

❶ 三角形には，重心，垂心，外心，内心，傍心などの特別な点があり，それらは互いに密接に関係しています。

❷ 本章では，円に関するいくつかの重要な定理を導き，これらの知識を生かして円や三角形に関するさまざまな図形問題を考察します。

1 外心と垂心

基本事項

1 円と弦

円Oとその弦 AB について，OA＝OB であるから，
△OAB は二等辺三角形である。（OA＝OB：円の半径）

よって，次の 4 つの直線は一致する。

① 中心Oから弦 AB に引いた垂線
② 弦 AB の中点と中心Oを通る直線 ◀△OAB の中線
③ 弦 AB の垂直二等分線　④ ∠AOB の二等分線

[1] **円の中心から弦に引いた垂線は，その弦を 2 等分する。** ◀① ⟶ ②
[2] **円の中心は，弦の垂直二等分線上にある。** ◀③ ⟶ ①，②

2 三角形と円

定理　三角形の 3 辺の垂直二等分線は 1 点で交わる。

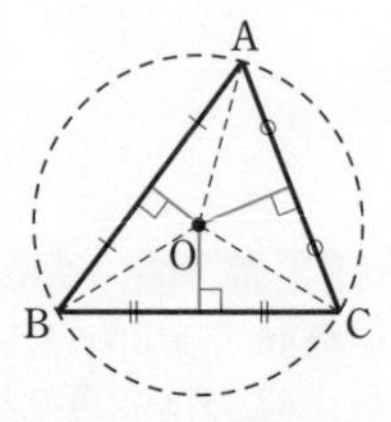

△ABC の 3 辺の垂直二等分線の交点をOとすると，OA＝OB＝OC であるから，点Oを中心とし，線分 OA を半径とする円は，三角形の 3 つの頂点を通る。この円を三角形の **外接円** といい，外接円の中心Oを三角形の **外心** という。また，このとき，円は三角形に **外接する** といい，三角形は円に **内接する** という。

三角形には必ず外接円がただ1つ存在するよ。

鋭角三角形，直角三角形，鈍角三角形の外心Oの位置

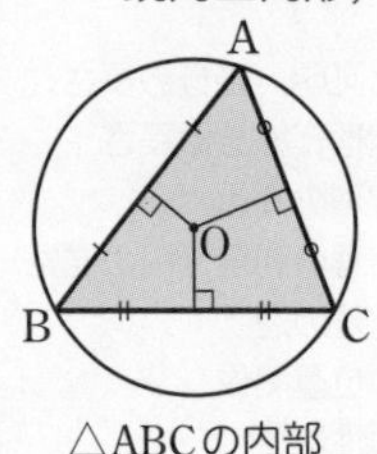

△ABCの内部

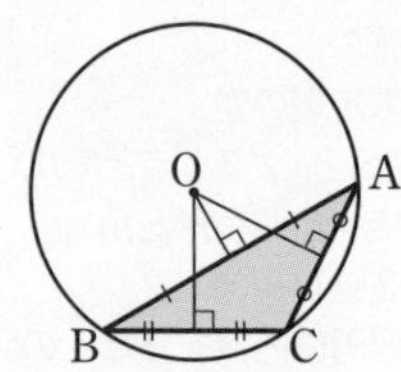

斜辺の中点

△ABCの外部

3 垂　心

定理　三角形の 3 つの頂点から，対辺またはその延長に引いた垂線は 1 点で交わる。

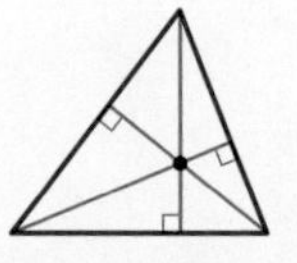

この交点を，三角形の **垂心** という。

例題 46 円の中心と弦の距離 

(1) 円Oの中心から弦 AB，CD へそれぞれ垂線 OM，ON を引く。
このとき，OM=ON ならば，AB=CD であることを証明しなさい。

(2) 円Oの弦 AB，CD が1点Pで交わっている。∠BPO=∠DPO であるとき，AB=CD であることを証明しなさい。

(1) 円の弦 AB，CD へ引いた垂線 OM，ON は，前ページの基本事項 1 の4つの条件を満たす。この問題では，② **弦の中点を通る** に着目。直角三角形の合同を使って証明する。

(2) (1)で証明したことが利用できないか？
⟶ 弦 AB，CD へ垂線 OM，ON を引き，OM=ON がいえればよい。

解答

(1) △OMA と △ONC において

仮定から　∠OMA=∠ONC=90°，　OM=ON

OA，OC は円の半径であるから

OA=OC

よって，直角三角形の斜辺と他の1辺がそれぞれ等しいから

△OMA≡△ONC

したがって　AM=CN　……①

M，N はそれぞれ弦 AB，CD の中点であるから

AB=2AM，CD=2CN　……②

①，② から　AB=CD　終

(2) 中心Oから弦 AB，CD へそれぞれ垂線 OM，ON を引く。

△OPM と △OPN において

∠OMP=∠ONP=90°，　OP=OP，　∠OPM=∠OPN

よって，直角三角形の斜辺と1つの鋭角がそれぞれ等しいから

△OPM≡△OPN

したがって　OM=ON　　よって，(1)により　AB=CD　終

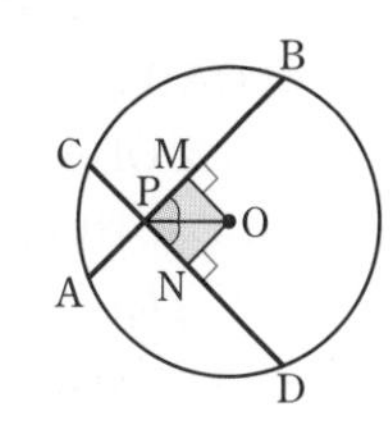

CHART
円の中心と弦　弦には　中心から垂線を引く

線分 AB を直径とする円Oの弦で，AB と交わらないものを CD とする。点 A，B から直線 CD にそれぞれ垂線 AP，BQ を引くとき，CP=DQ であることを証明しなさい。

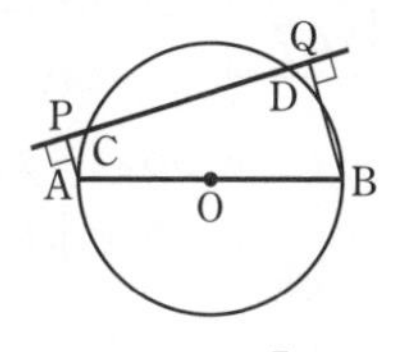

例題 47 外心と角の大きさ

右の図において，点Oは△ABC の外心である。
$\angle x$ の大きさを求めなさい。

(1)

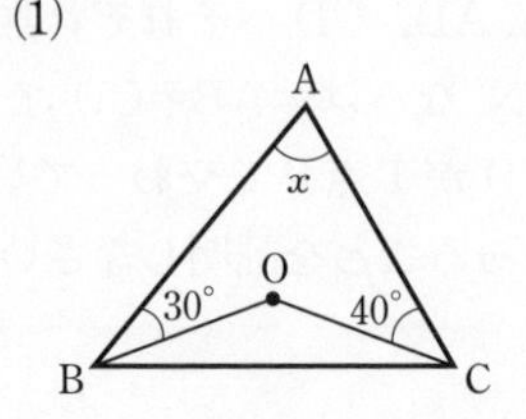

(2)

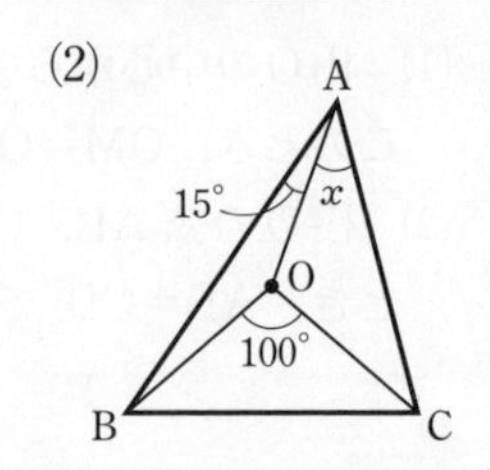

外心は **外接円の中心**。よって，OA＝OB＝OC である。 ◀外接円の半径
⟶ △OAB，△OBC，△OCA は二等辺三角形。

CHART 二等辺三角形　等辺 ⟷ 等角

(1) 補助線 OA を引く。 (2) 三角形の内角の和が 180° であることを使う。

解答

(1) 2点O，Aを結ぶ。
△OAB において，OA＝OB であるから
$\angle \mathrm{OAB}=\angle \mathrm{OBA}=30^\circ$
△OAC において，OA＝OC であるから
$\angle \mathrm{OAC}=\angle \mathrm{OCA}=40^\circ$
よって　$\angle \boldsymbol{x}=\angle \mathrm{OAB}+\angle \mathrm{OAC}$
$=30^\circ+40^\circ=\mathbf{70^\circ}$ 答

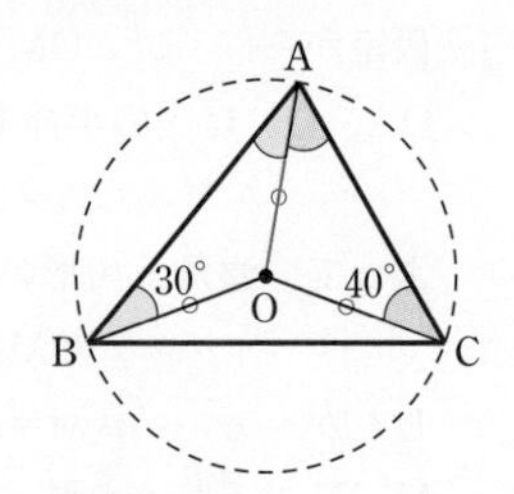

(2) △OAB において，OB＝OA であるから
$\angle \mathrm{OBA}=\angle \mathrm{OAB}=15^\circ$
△OBC において
$\angle \mathrm{OBC}+\angle \mathrm{OCB}=180^\circ-100^\circ=80^\circ$
$\angle \mathrm{OBC}=\angle \mathrm{OCB}$ であるから ◀OB＝OC
$\angle \mathrm{OBC}=\angle \mathrm{OCB}=40^\circ$
また，△ABC において
$2\angle x=180^\circ-(\angle \mathrm{OAB}+\underline{\angle \mathrm{ABC}}+\angle \mathrm{OCB})$ ◀OA＝OC から，$\angle \mathrm{OCA}=\angle \mathrm{OAC}=\angle x$
$=180^\circ-(15^\circ+\underline{15^\circ+40^\circ}+40^\circ)=70^\circ$
↑ $\angle \mathrm{OBA}+\angle \mathrm{OBC}$
よって　$\angle \boldsymbol{x}=\mathbf{35^\circ}$ 答

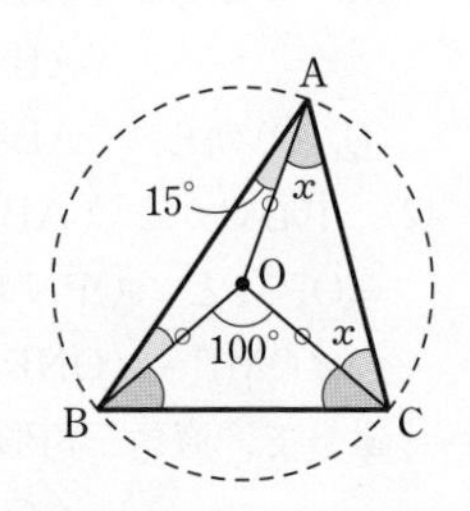

右の図において，点Oは△ABC の外心である。$\angle x$，$\angle y$ の大きさを求めなさい。

(1)

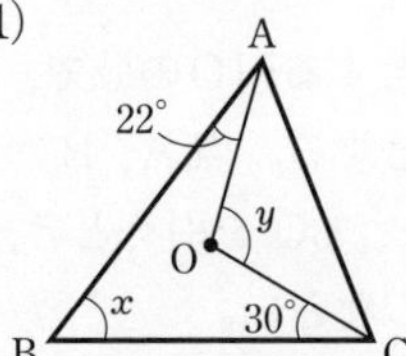

(2)

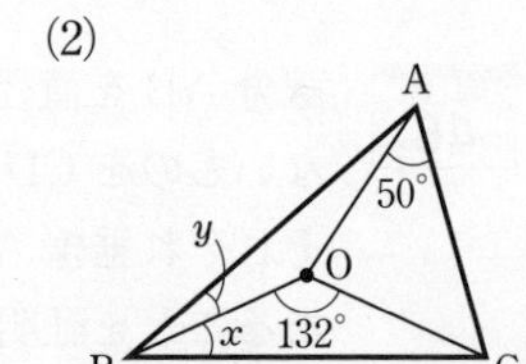

例題 48 垂心と角の大きさ

右の図において，点Hは△ABC の垂心である。
$\angle x$ の大きさを求めなさい。

(1)

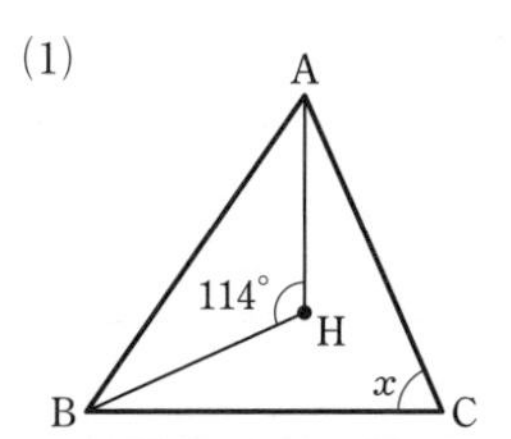

(2)

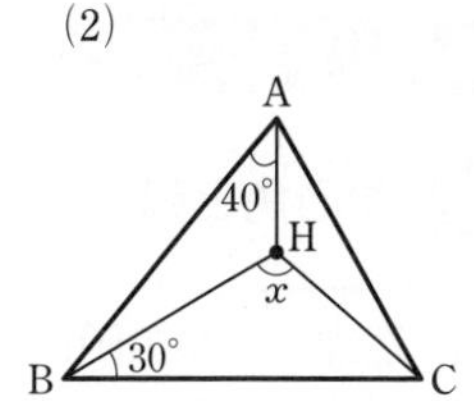

垂心は **三角形の頂点を通る 3 本の垂線の交点**。
⟶ AH⊥BC，BH⊥CA，CH⊥AB などを利用する。
たとえば，直線 AH と辺 BC の交点をDとすると，$\angle \mathrm{ADB}=90°$ である。

解答

(1) 直線 AH と辺 BC の交点を D，直線 BHと辺 AC の交点をEとすると，H は △ABC の垂心であるから

$\angle \mathrm{HDC}=90°$，$\angle \mathrm{HEC}=90°$

対頂角は等しいから

$\angle \mathrm{EHD}=\angle \mathrm{AHB}=114°$

よって，四角形 CEHD において

$\angle \boldsymbol{x}=360°-(\angle \mathrm{EHD}+\angle \mathrm{HDC}+\angle \mathrm{HEC})$
$=360°-(114°+90°+90°)=\mathbf{66°}$ 答

(2) 直線 AH と辺 BC の交点を D，直線 CH と辺 AB の交点をEとすると，H は △ABC の垂心であるから

$\angle \mathrm{ADB}=90°$，$\angle \mathrm{CEB}=90°$

△ABD において　$\angle \mathrm{DAB}+\angle \mathrm{ABD}=180°-90°=90°$

よって　$\angle \mathrm{HBA}=90°-(40°+30°)=20°$

△BHE において，内角と外角の性質から

$\angle \boldsymbol{x}=\angle \mathrm{HEB}+\angle \mathrm{HBE}=90°+20°=\mathbf{110°}$ 答

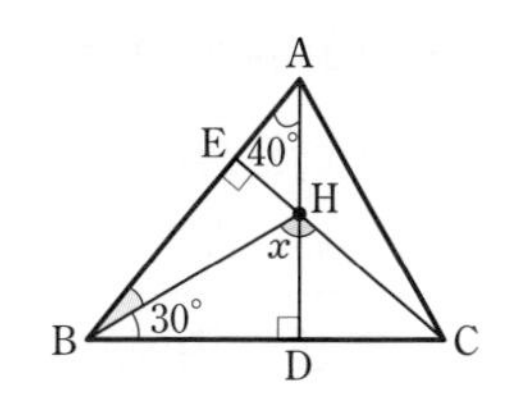

参考 垂心の位置は，鋭角三角形の場合は三角形の内部に，鈍角三角形の場合は三角形の外部にある。直角三角形の垂心は直角の頂点と一致する。

練習 48 右の図において，点Hは△ABC の垂心である。
$\angle x$ の大きさを求めなさい。

(1) (2)

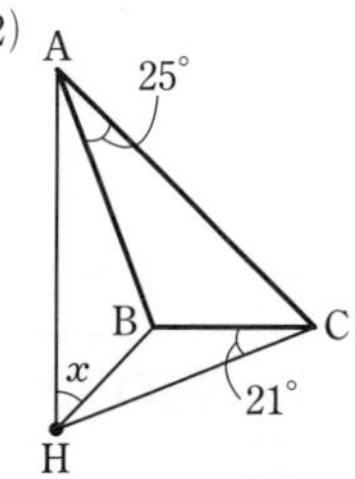

2 円周角

基本事項

1 中心角と弧

定理　1つの円において
1. **等しい中心角に対する弧の長さは等しい。**
2. **長さの等しい弧に対する中心角は等しい。**
3. **等しい中心角に対する弦の長さは等しい。**
4. **長さの等しい弧に対する弦の長さは等しい。**

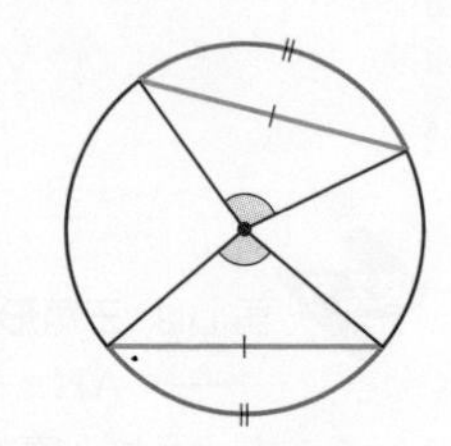

注意　③の逆「長さの等しい弦に対する中心角は等しい」，④の逆「長さの等しい弦に対する弧の長さは等しい」は，どちらも成り立たない。1つの弦に対して，中心角と弧はそれぞれ2通りあるからである。

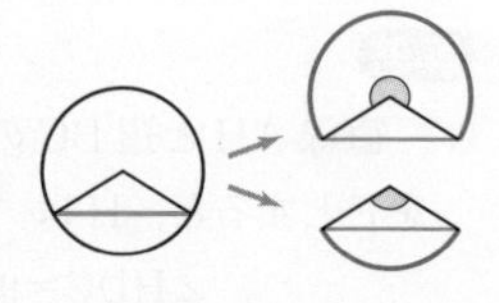

また，中心角と弧の長さについて，次のことが成り立つ。

1つの円の弧の長さは，中心角の大きさに比例する。

弦の長さは，弧の長さや中心角の大きさに比例しないんだね。

注意　弦の長さと弧の長さ，弦の長さと中心角の大きさは比例しない。

2 円周角の定理

右の図において，∠APB を $\overset{\frown}{AB}$ に対する **円周角** といい，$\overset{\frown}{AB}$ を円周角 ∠APB に対する弧という。

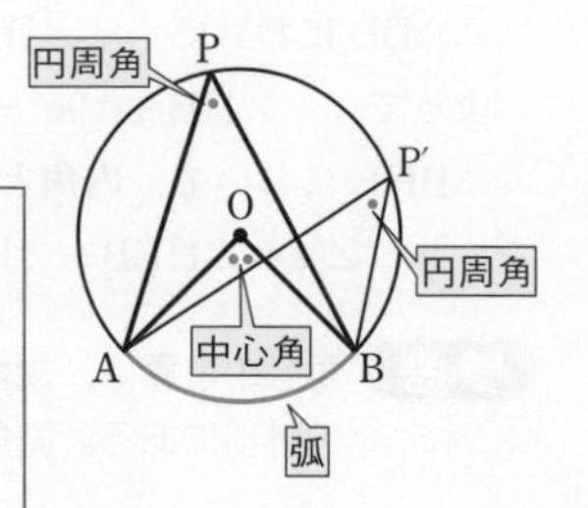

定理　（円周角の定理）

[1]　**1つの弧に対する円周角の大きさは，その弧に対する中心角の大きさの半分である。**

$$\angle \mathrm{APB}=\frac{1}{2}\angle \mathrm{AOB}$$

[2]　**同じ弧に対する円周角の大きさは等しい。**

$$\angle \mathrm{APB}=\angle \mathrm{AP'B}$$

円周角の定理の特別な場合として，次のことが成り立つ。

半円の弧に対する円周角は 90° である。

◀∠AOB=180° の場合。

❸ 円周角と弧

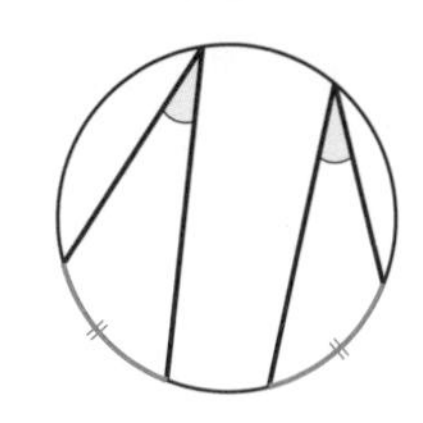

> **定理　1つの円において**
> 　[1]　**等しい円周角に対する弧の長さは等しい。**
> 　[2]　**長さの等しい弧に対する円周角は等しい。**

また，円周角と弧の長さについて，次のことが成り立つ。

> **1つの円の弧の長さは，円周角の大きさに比例する。**

❹ 円の内部と外部

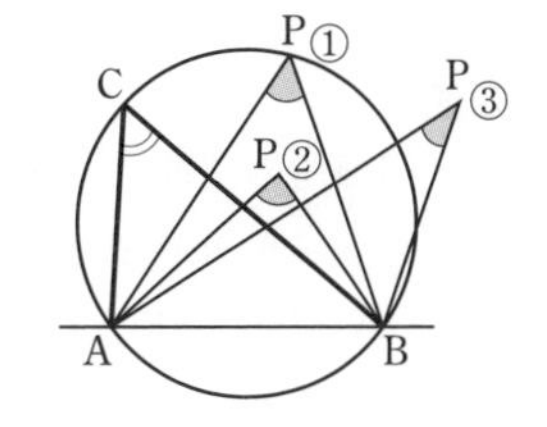

1つの円周上に3点A，B，Cがある。
直線ABについて，点Cと同じ側に点Pをとるとき，Pの位置によって，∠APBと∠ACBの大小は次のようになる。

①　Pが **円周上** にあるとき　　∠APB＝∠ACB
②　Pが円の **内部** にあるとき　∠APB＞∠ACB
③　Pが円の **外部** にあるとき　∠APB＜∠ACB

❺ 円周角の定理の逆

❹の①，②，③の逆は，すべて成り立つ。
次の定理は，①の逆である。

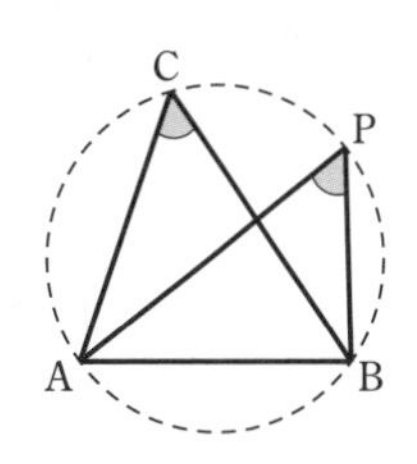

> **定理　(円周角の定理の逆)**
> 　**2点C，Pが直線ABについて同じ側にあるとき，**
> 　　　　**∠APB＝∠ACB**
> 　**ならば，4点A，B，C，Pは1つの円周上にある。**

円周角の定理の逆の特別な場合として，次のことが成り立つ。

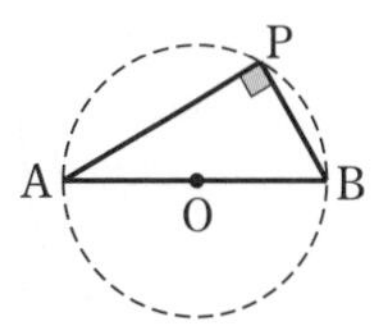

> **∠APB＝90° のとき，点Pは線分ABを直径とする円周上にある。**

すなわち，直角三角形の3つの頂点は，斜辺を直径とする円周上にある。　◀中心は斜辺の中点。

例題 49 円周角の定理 (1)

右の図において，$\angle x$ の大きさを求めなさい。
ただし，O は円の中心である。

(1)

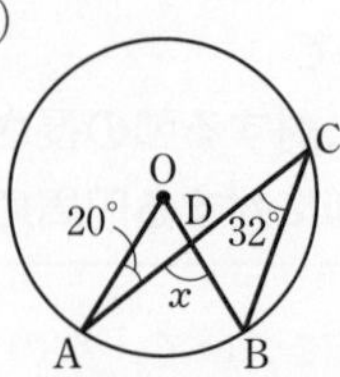

(2)

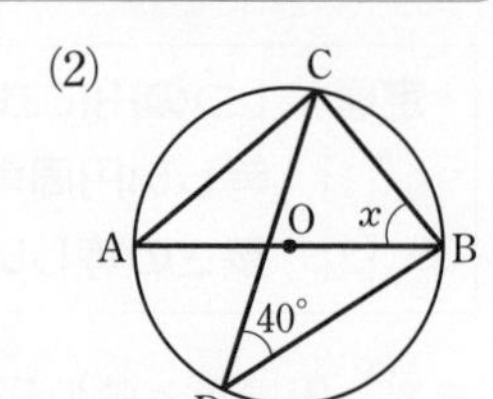

円周角の定理　[1]　**円周角は，中心角の半分。**
[2]　**同じ弧に対する円周角の大きさは等しい。**

(1)　△OAD の内角と外角の性質にもちこむ。
(2)　半円の弧に対する円周角は **90°** である。
直径 AB に着目して，$\angle ACB=90°$ を利用。

解答

(1)　円周角の定理により

$\angle AOB=2\angle ACB=2\times 32°=64°$

△OAD において，内角と外角の性質から

$\angle \boldsymbol{x}=\angle DOA+\angle DAO=64°+20°=\boldsymbol{84°}$ 答

同じ弧に対する円周角，中心角に着目しよう。

(2)　$\angle ACB$ は半円の弧に対する円周角であるから　$\angle ACB=90°$
円周角の定理により　$\angle CAB=\angle CDB=40°$
△ABC において

$\angle \boldsymbol{x}=180°-(\angle ACB+\angle CAB)$
$=180°-(90°+40°)=\boldsymbol{50°}$ 答

CHART
直径と円周角
直径は直角　直角は直径

「直径なら円周角は直角」になり，逆に「円周角が直角なら直径」になる。

練習 49　次の図において，$\angle x$ の大きさを求めなさい。ただし，O は円の中心である。

(1)

(2)

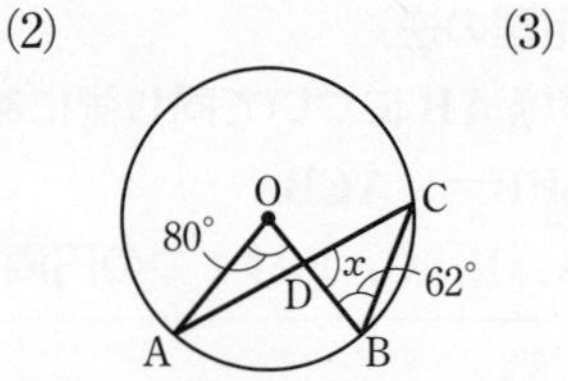

(3)

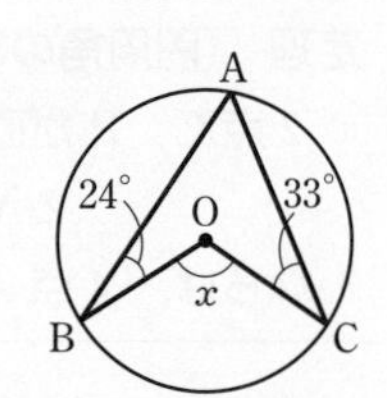

(4)

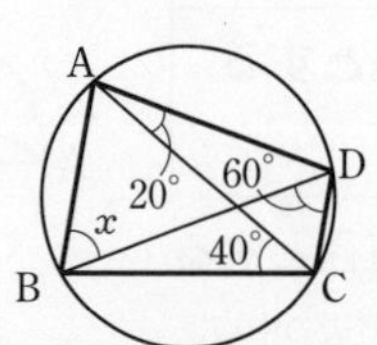

(5)

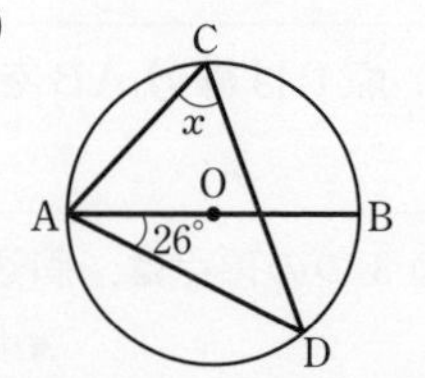

(6)

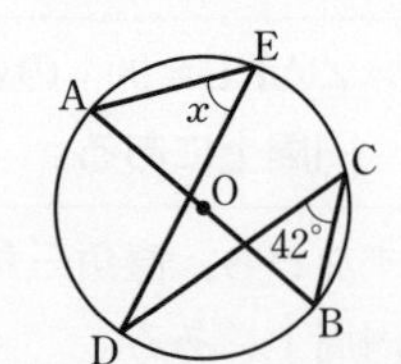

例題 50　円周角の定理 (2)

右の図において，$\angle x$ の大きさを求めなさい。
ただし，(2) において，O は半円の中心であり，$\overset{\frown}{AC}=\overset{\frown}{CD}$ である。

(1)

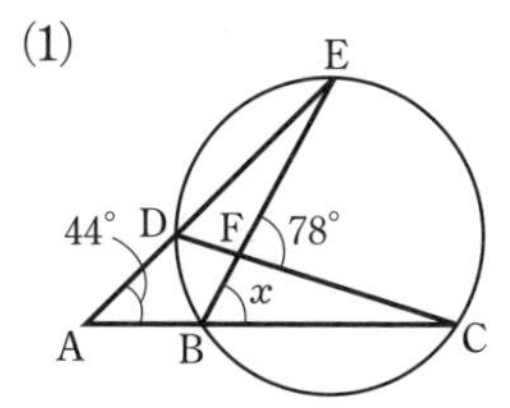

(2)

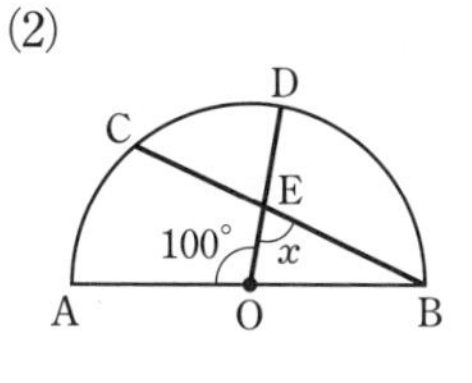

考え方

(1)　三角形の内角と外角の性質や円周角の定理から，角の大きさを図にかき入れていく。（x を含んでいてもよい。）

⟶ $\angle FCB=78°-\angle x$，$\angle EDC=\angle x$ である。よって，△DAC の内角と外角の性質を考えると，$\angle x$ についての方程式ができる。

(2)　**等しい弧 ⟶ 中心角，円周角が等しい。** よって　$\angle AOC=\angle COD=50°$
角の大きさを図にかき入れていくと，$\angle CBA=25°$，$\angle DOB=80°$ である。（$\angle CBA=25°$ は $\overset{\frown}{AC}$ に対する円周角。）
△EOB の内角の和にもちこむ。

解答

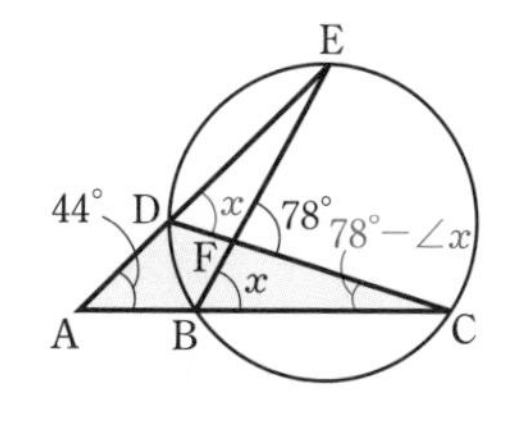

(1)　△FBC において，内角と外角の性質から

$$78°=\angle x+\angle FCB$$

よって　　$\angle FCB=78°-\angle x$

また　　$\angle EDC=\angle EBC=\angle x$　　◀ $\overset{\frown}{CE}$ に対する円周角。

△DAC において，内角と外角の性質から

$$\angle x=44°+(78°-\angle x)$$

よって　　$2\angle x=122°$　　　したがって　　$\angle \boldsymbol{x}=\mathbf{61°}$　答

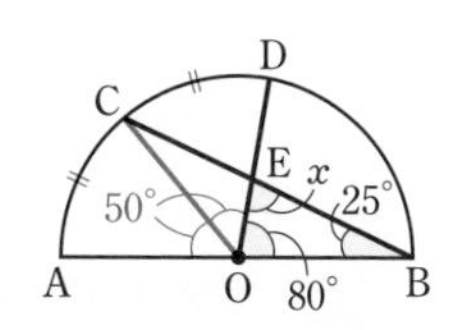

(2)　2 点 O，C を結ぶ。

$\overset{\frown}{AC}=\overset{\frown}{CD}$ であるから　　$\angle AOC=\angle COD=100°\div 2=50°$

円周角の定理により

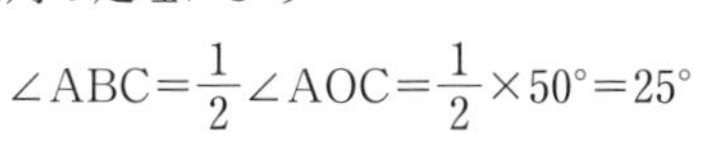

$$\angle ABC=\frac{1}{2}\angle AOC=\frac{1}{2}\times 50°=25°$$

また　　$\angle DOB=180°-100°=80°$

△EOB において

$$\angle \boldsymbol{x}=180°-(25°+80°)=\mathbf{75°}$$　答

CHART
弧と中心角，円周角
弧は　中心角，円周角をみる
中心角，円周角は　弧をみる
　等しい，比例する　の関係あり

練習 50　右の図において，$\angle x$ の大きさを求めなさい。
ただし，O は円の中心である。また，(2) において，$\overset{\frown}{AC}=\overset{\frown}{DE}$ である。

(1)

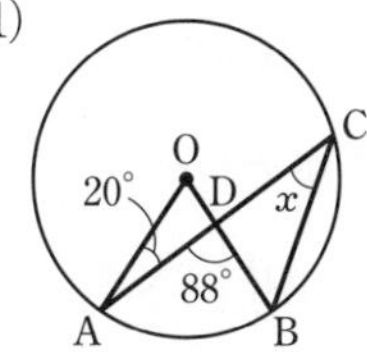

(2)

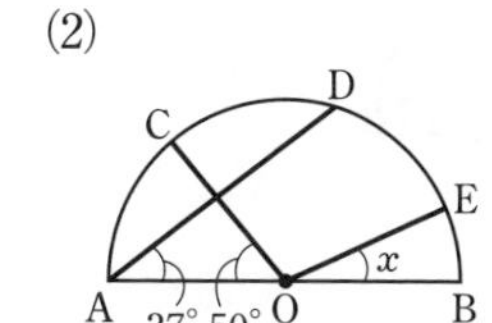

例題 51 円周を等分する点と角

右の図において，A，B，……，I は円周を 9 等分する点である。弦 AD，BF の交点を P とするとき，∠DPF の大きさを求めなさい。

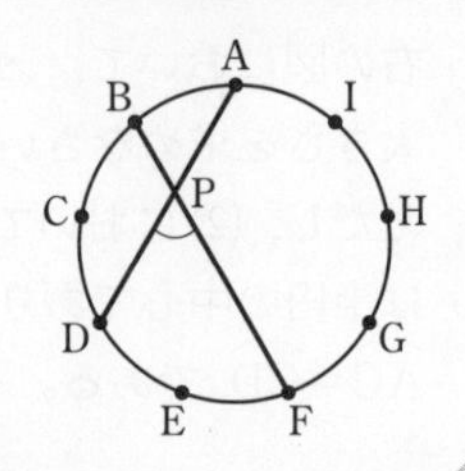

円周が 9 等分されてできた弧がある。

CHART 弧は　中心角，円周角をみる

この例題では，円周角が使えるように補助線 AF を引く。

（$\overset{\frown}{AB}$ に対する円周角は ∠AFB，$\overset{\frown}{DF}$ に対する円周角は ∠DAF）

それぞれの円周角の大きさは，**弧の長さに比例**。

⟶ 全円周に対する円周角を 180° と考える。（$\frac{1}{2}$×(全円周に対する中心角)）

$\overset{\frown}{AB}$ は全円周の $\frac{1}{9}$ であるから，円周角 ∠AFB も 180° の $\frac{1}{9}$ となる。

∠DAF は，$\overset{\frown}{DF}=2\overset{\frown}{AB}$ であるから，∠AFB の 2 倍。

解答

2 点 A，F を結ぶ。∠AFB は $\overset{\frown}{AB}$ に対する円周角であるから

$$\angle AFB=180^\circ\times\frac{1}{9}=20^\circ$$

◀$\overset{\frown}{AB}$ は全円周の $\frac{1}{9}$

∠DAF は $\overset{\frown}{DF}$ に対する円周角であるから

$$\angle DAF=180^\circ\times\frac{2}{9}=40^\circ$$

◀$\overset{\frown}{DF}$ は全円周の $\frac{2}{9}$

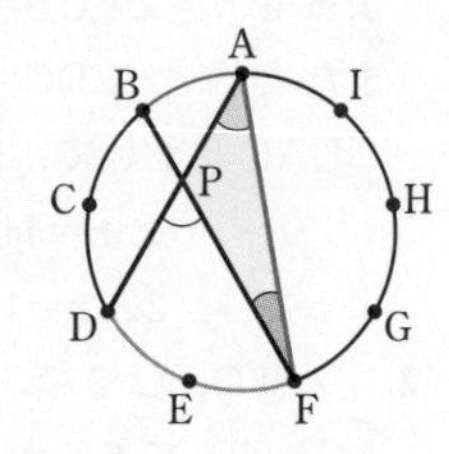

△PAF において，内角と外角の性質から

∠DPF＝20°＋40°＝**60°** 答

右の図において，A，B，……，J は円周を 10 等分する点である。弦 AG，BI の交点を P とするとき，∠GPI の大きさを求めなさい。

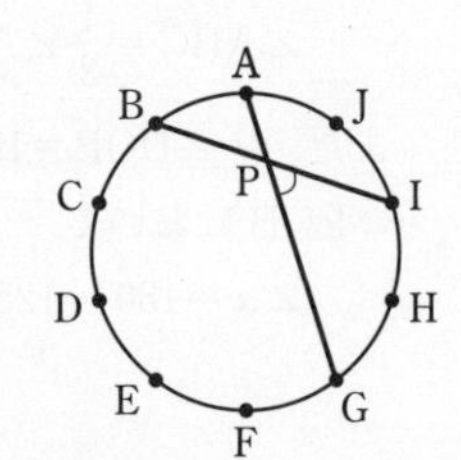

練習 51B 右の図において，円の半径は 15 cm である。$\overset{\frown}{AB}$，$\overset{\frown}{CD}$ の長さがそれぞれ $\frac{25}{3}\pi$ cm，3π cm であるとき，∠AEB の大きさを求めなさい。

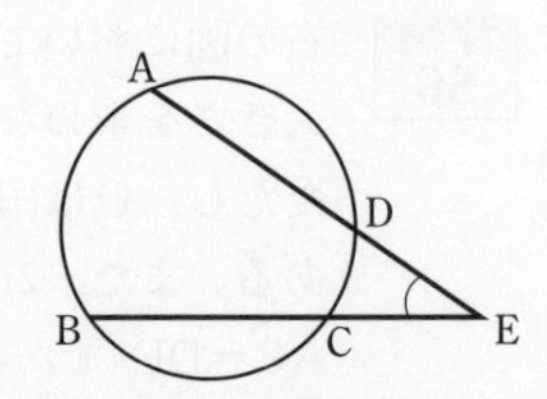

例題 52 円周角と相似

右の図において，△ABC は AB＝AC の二等辺三角形である。このとき，△ABE∽△ADB であることを証明しなさい。

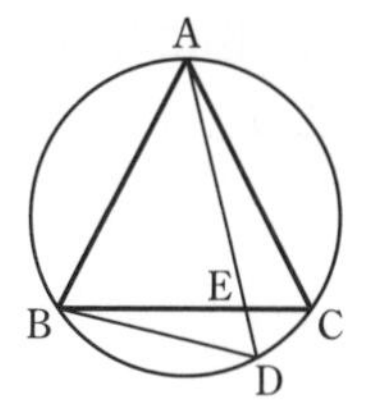

3 つの相似条件のうち，線分の比についての条件が見あたらないから，2 組の角の相等が示せないかと考えると，∠BAE＝∠DAB がすぐわかる。
二等辺三角形の性質や，円周角の定理を使って，もう 1 組の等しい角を示す。
↑ ∠ABE＝∠ACB　↑ ∠ACB＝∠ADB

解答

△ABE と △ADB において
共通な角であるから　∠BAE＝∠DAB　…… ①
△ABC は AB＝AC の二等辺三角形であるから
　∠ABE＝∠ACB
円周角の定理により　∠ADB＝∠ACB
よって　∠ABE＝∠ADB　…… ②
①，② より，2 組の角がそれぞれ等しいから
　△ABE∽△ADB 終

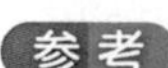

∠ABE＝∠ADB は次のように考えてもわかる。
AC＝AB であるから　$\overset{\frown}{AC}=\overset{\frown}{AB}$
よって　∠ABC＝∠ADB　すなわち　∠ABE＝∠ADB

右の図において，∠ABD＝∠CBD である。
(1) △ABE∽△DBC であることを証明しなさい。
(2) AB＝17 cm，BC＝16 cm，BD＝18 cm のとき，線分 BE の長さを求めなさい。

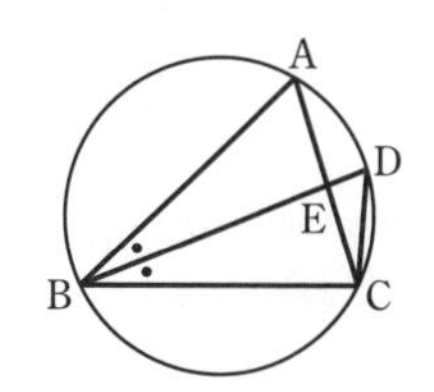

練習 52B

右の図において，AB＝32 cm，CD＝20 cm，CE＝15 cm である。
このとき，線分 BE の長さを求めなさい。

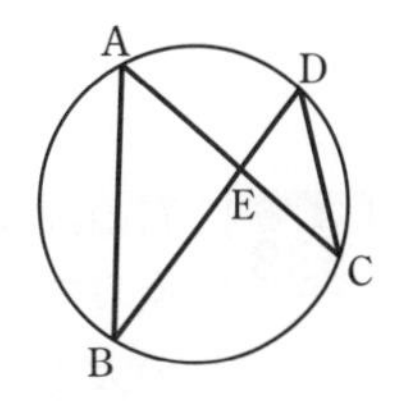

例題 53 平行な弦

右の図において，AB∥CD である。
このとき，AC=BD であることを証明しなさい。

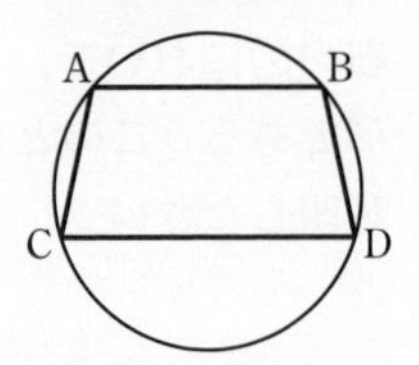

平行 ⟶ 錯角が等しい を利用するため，補助線 BC を引くと，
∠ABC=∠BCD である。　（AD でもよい。）

CHART 中心角，円周角は　弧をみる

等しい円周角 ⟶ 等しい弧 より　$\overset{\frown}{AC}=\overset{\frown}{BD}$
よって，**等しい弧　⟶ 等しい弦** から証明できる。

解答

2 点 B，C を結ぶ。
AB∥CD であるから　∠ABC=∠BCD
等しい円周角に対する弧の長さは等しいから　$\overset{\frown}{AC}=\overset{\frown}{BD}$
長さの等しい弧に対する弦の長さは等しいから
AC=BD 終

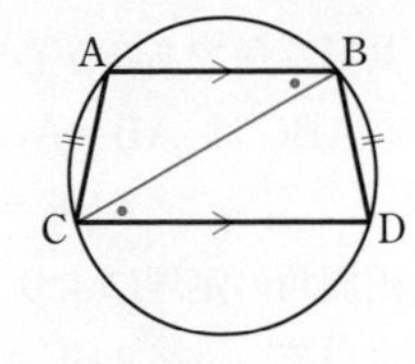

上の例題において，AB∥CD，AC=BD であるから，四角形 ACDB は等脚台形となる。この証明の流れをチャートにしておこう。平行な弦があれば，等脚台形が出てくることがすぐにピンとくるようにしておきたい。

CHART

平行な弦
平行な弦 ⟶ 等しい弧 ⟶等しい弦 ⟶ 等脚台形

練習 53A 右の図において，AB∥CD である。
このとき，∠APC=∠BPD であることを証明しなさい。

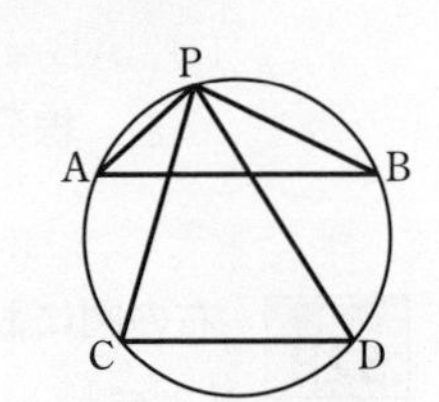

練習 53B 右の図の半円において，CD∥AB である。
点Dで $\overset{\frown}{BC}$ が 2 等分されるとき，∠ABC，∠BAC の大きさを求めなさい。

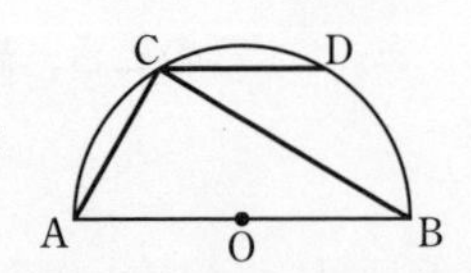

例題 54 円周角の定理の逆

右の図において，△ABC，△DCE は正三角形である。次のことを証明しなさい。

(1)　△ACE≡△BCD

(2)　4 点 A，B，C，F は 1 つの円周上にある。

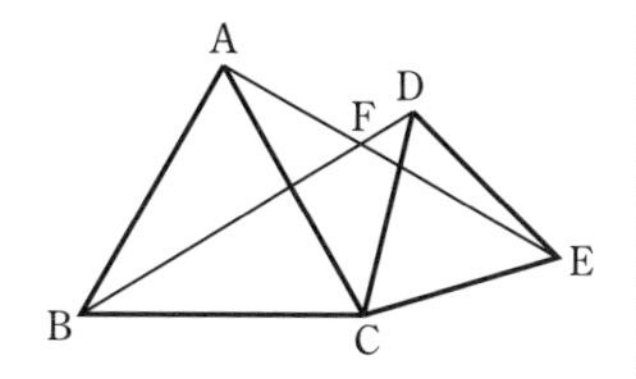

(1)　正三角形であることから，AC=BC，CE=CD はすぐわかる。
これらの辺の間の角 ∠ACE，∠BCD が等しいことを示す。

(2)　4 点が 1 つの円周上にあることを示すには，**円周角の定理の逆** を利用。
⟶ **等しい 2 角** を探す。(1) で三角形の合同が証明できているから，対応する角が等しいことを利用できないか。

解答

(1)　△ACE と △BCD において

△ABC，△DCE は正三角形であるから

AC=BC　…… ①，　CE=CD　…… ②

∠ACB=∠DCE=60°

また　∠ACE=∠DCE+∠ACD=60°+∠ACD

∠BCD=∠ACB+∠ACD=60°+∠ACD

よって　∠ACE=∠BCD　…… ③

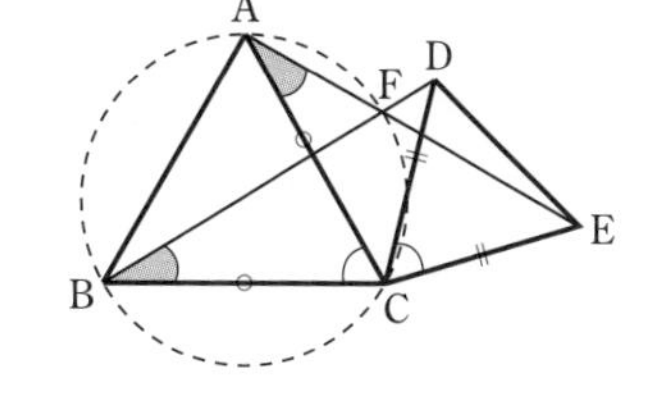

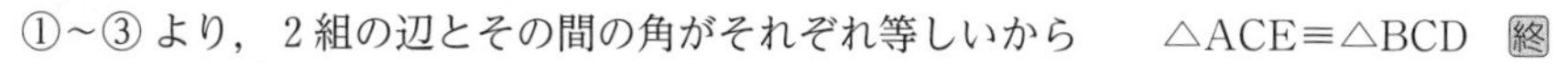

①〜③ より，2 組の辺とその間の角がそれぞれ等しいから　△ACE≡△BCD　終

(2)　△ACE≡△BCD であるから　∠EAC=∠DBC

したがって，2 点 A，B は直線 FC の同じ側にあり，　◀下の解説参照。

∠FAC=∠FBC である。

よって，円周角の定理の逆により，4 点 A，B，C，F は 1 つの円周上にある。　終

解説

円周角の定理の逆を利用するときは，**「2 点 A，B は直線 FC の同じ側にあり」** という断り書きを必ず書くこと。

右の図のように，2 点が直線の反対側にある場合は，角が等しくても，4 点が 1 つの円周上にはない。

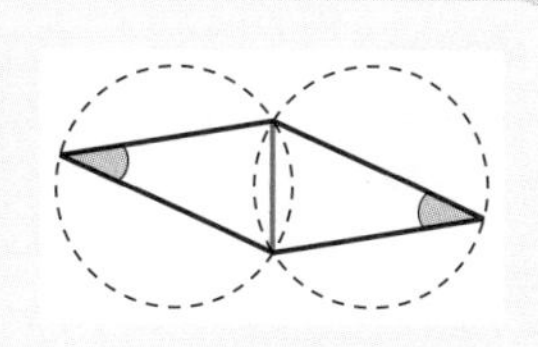

練習 54

右の図において，L，M，N はそれぞれ四角形 ABCD の辺 AB，BC，AD の中点であり，直線 AD，LM の交点を P，直線 BC，LN の交点を Q とする。このとき，4 点 M，N，P，Q は 1 つの円周上にあることを証明しなさい。

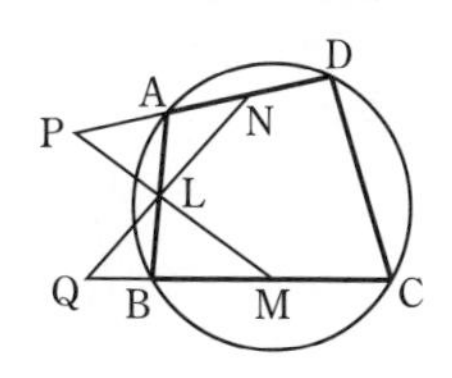

例題 55　1つの円周上にある4点と角の大きさ

右の図において，$\angle x$ の大きさを求めなさい。

(1)

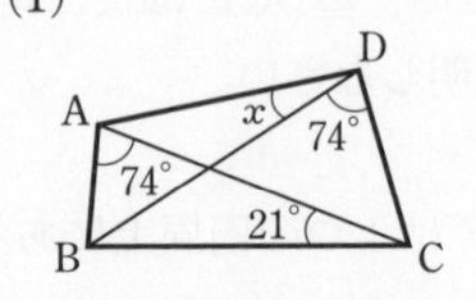

(2)

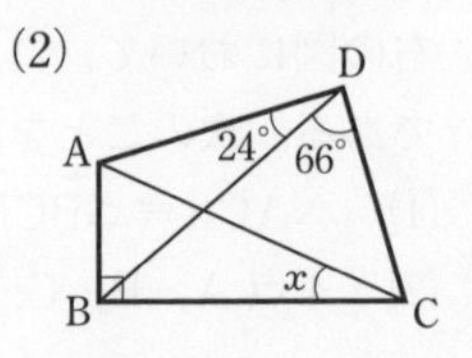

考え方 三角形の内角の和を考えても，(1) で $\angle ABC=85°$ がわかるだけ。

(1) $\angle BAC=\angle BDC$ に注目。
円周角の定理の逆により，4点A，B，C，Dは1つの円周上にある。

(2) $\angle ABC$ が直角である。　**CHART** **直角は直径**

よって，3点A，B，CはACを直径とする円周上にある。
$\angle ADC$ も直角であるから，同じように考える。

解答

(1) 2点A，Dは直線BCの同じ側にあり，$\angle BAC=\angle BDC$ であるから，円周角の定理の逆により，4点A，B，C，Dは1つの円周上にある。
その円において，円周角の定理により

$\angle \boldsymbol{x}=\angle ACB=\mathbf{21°}$ 答

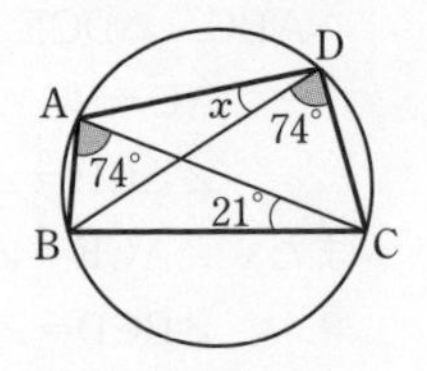

(2) $\angle ABC$ は直角であるから，3点A，B，CはACを直径とする円周上にある。
また，$\angle ADC=24°+66°=90°$ であるから，3点A，D，CはACを直径とする円周上にある。
よって，4点A，B，C，DはACを直径とする円周上にある。
その円において，円周角の定理により

$\angle \boldsymbol{x}=\angle ADB=\mathbf{24°}$ 答

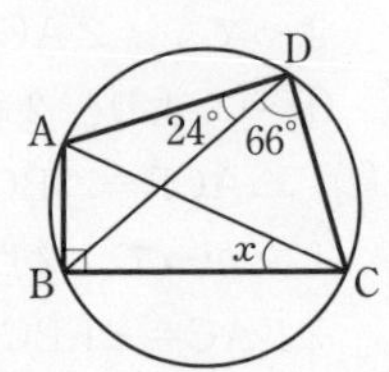

右のチャートは，円を発見するときに役立つよ。

CHART

直角と円
直角2つで円(まる)くなる

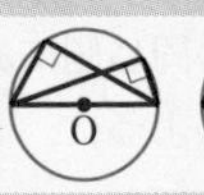

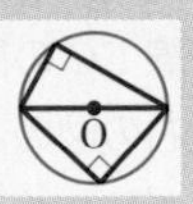

練習 55 次の図において，$\angle x$ の大きさを求めなさい。

(1)

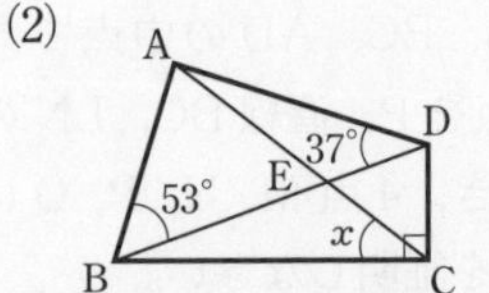

(2)

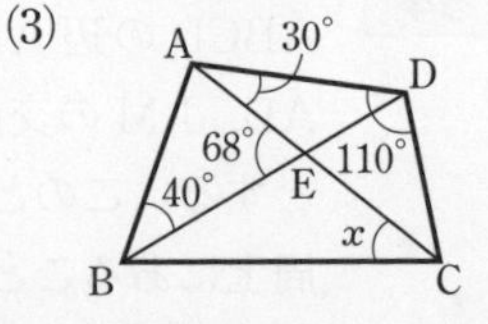

(3)

演習問題

□48 次の図において，$\angle x$ の大きさを求めなさい。ただし，Oは円の中心である。 → 49, 50, 51

(1)

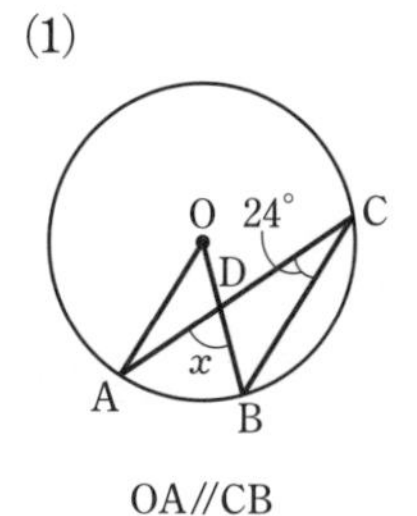

OA//CB

(2)

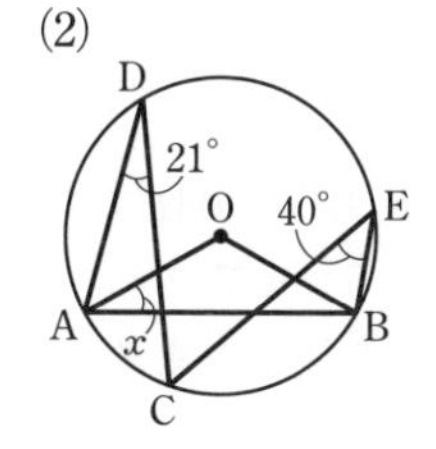

(3)

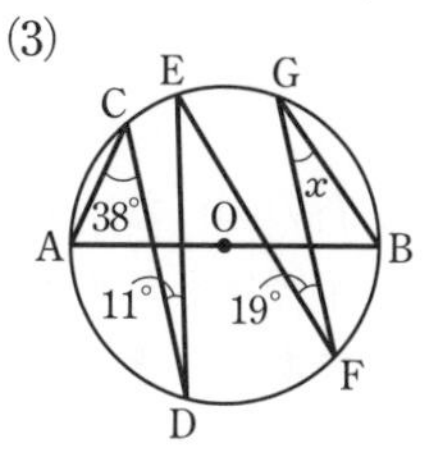

CD//GF

(4)

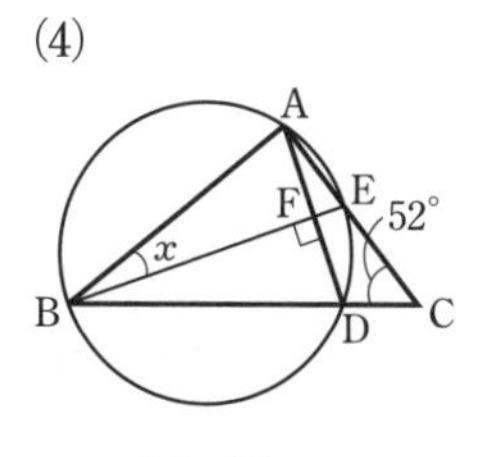

$\overset{\frown}{AE}=\overset{\frown}{ED}$

(5)

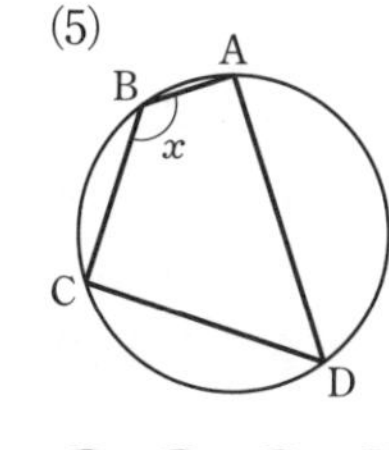

$\overset{\frown}{AB}:\overset{\frown}{BC}:\overset{\frown}{CD}:\overset{\frown}{DA}$
$=1:2:3:4$

(6)

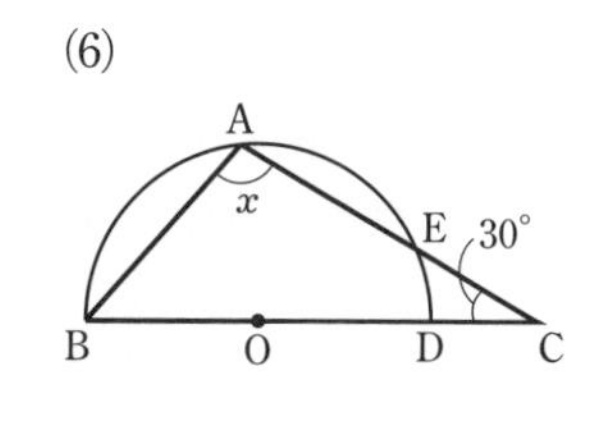

$\overset{\frown}{AE}:\overset{\frown}{ED}=3:1$

□49 右の図において，円の半径が 5 cm で，$\angle CED=72°$ のとき，弧の長さの和 $\overset{\frown}{AB}+\overset{\frown}{CD}$ を求めなさい。ただし，$\overset{\frown}{AB}$ は点Cを含まない方の弧とし，$\overset{\frown}{CD}$ は点Aを含まない方の弧とする。

→ 51

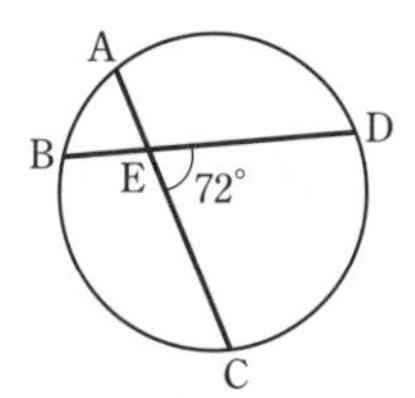

□50 右の図において，△ABC は正三角形である。$\overset{\frown}{AD}=\overset{\frown}{DB}$，$\overset{\frown}{AE}=\overset{\frown}{EC}$ であるとき，次のことを証明しなさい。

(1) AF＝AG

(2) DF＝FG＝GE → 51

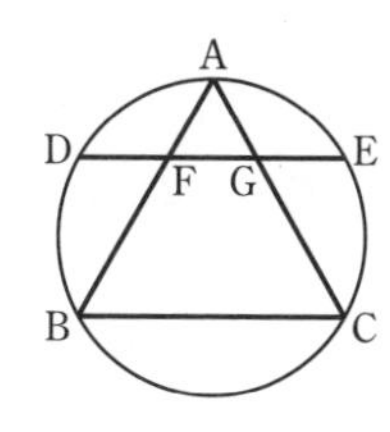

48 (5)，(6) CHART 弧は 中心角，円周角をみる
(6) では，$\overset{\frown}{ED}$ に対する円周角の大きさを a とおく。

49 $\angle ACB=a°$，$\angle CBD=b°$ とおくと $a+b=72$
$\overset{\frown}{AB}$，$\overset{\frown}{CD}$ を a，b を用いて表す。

50 (2) △ADF，△AFG，△AGE に着目する。

□**51**　△ABC の垂心を H とする。直線 AH と△ABC の外接円の交点を D とするとき，BH＝BD であることを証明しなさい。

➔ 52

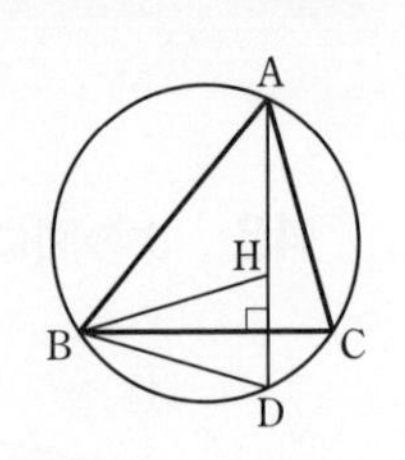

□**52**　右の図において，2 つの円の中心はともに O で，半径はそれぞれ 2 cm，5 cm である。OA∥DF であるとき，線分 EC の長さを求めなさい。

➔ 52

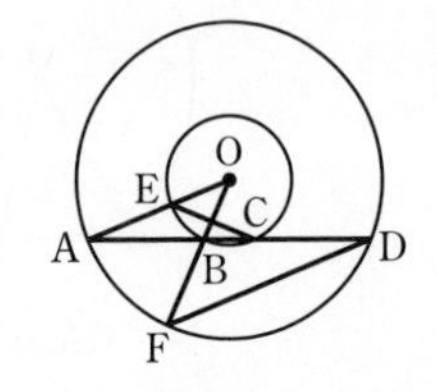

□**53**　右の図のように，円周上の 3 点 A，B，C を頂点とする正三角形 ABC がある。辺 BC 上に 2 点 B，C と異なる点 D をとり，辺 AC 上に BD＝CE となる点 E をとる。線分 BE と線分 AD との交点を F，線分 BE の延長と円との交点を G とするとき，BF＝CG となることを証明しなさい。

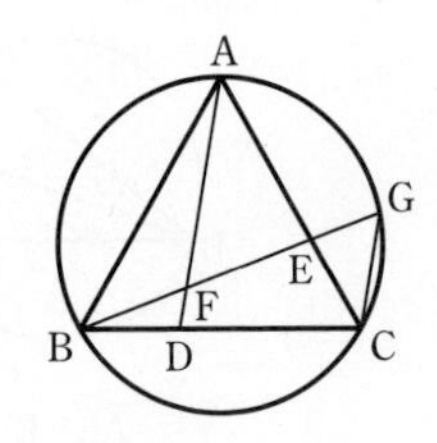

□**54**　△ABC の頂点 B，C から辺 AC，AB にそれぞれ垂線 BD，CE を引く。また，辺 BC の中点を M とする。∠A＝72° のとき，∠EMD の大きさを求めなさい。

➔ 55

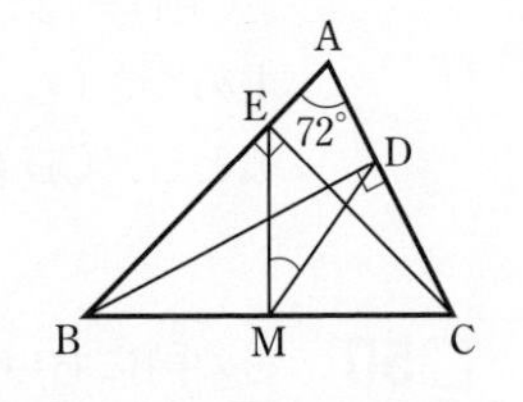

□**55**　右の図において，点 O は四角形 ABCD の対角線 AC 上にあり，3 点 B，C，D を通る円の中心である。また，対角線 AC と BD の交点を E とする。このとき，次の角の大きさを求めなさい。

(1)　∠BOC　　(2)　∠ABO　　(3)　∠AED
(4)　∠EAD

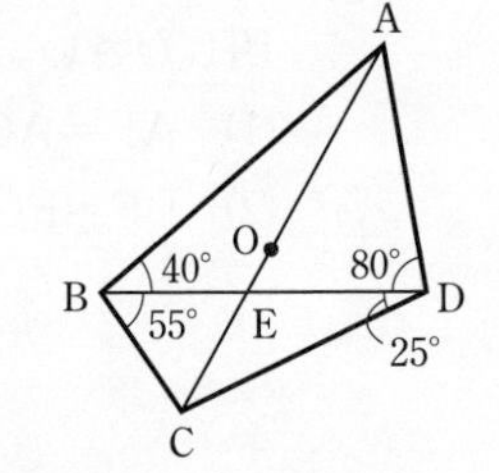

ヒント　**53**　まず，△ABD≡△BCE を示す。

□56 $\angle A=20°$，$AB=AC=a$ である二等辺三角形 ABC の辺 AC 上に点 D をとる。$\angle DBC+\angle DCE=90°$ となるように，線分 BD のDの側の延長上に点Eをとる。

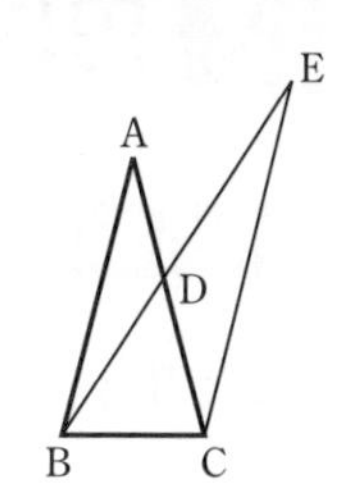

(1) $\angle BEC$ の大きさを求めなさい。

(2) 点Dが辺 AC 上をAからCまで動くとき，点Eが移動する距離を求めなさい。ただし，点Dが点Cにあるとき，点Eは点Cにあるものとする。

ラングレーの問題

幾何の問題では，補助線を引いて考える場面が多くあります。巧妙な補助線を発見するのは大変難しいですが，発見したときは，幾何の面白さ，奥深さを実感することができるでしょう。

次の問題にチャレンジしてみましょう。うまく補助線を引くことができるでしょうか。

右の図において，$\angle x$ の大きさを求めなさい。

(1)

A, B, C, D, x, 20°, 60°, 50°, 30°

(2)

A, B, C, D, x, 50°, 30°, 40°, 30°

(1) は，**ラングレーの問題** とよばれる有名な難問です。下にヒントを載せたので，最初はそれを見ずに，補助線を見つけ出してみましょう。なお，答えは解答編 (p.88，89) に載せてあります。

(1) 線分 CD 上に点Eを，BC＝BE となるようにとって考える。

(2) 線分 BD 上に点Oを，BO＝CO となるようにとり，点Oを中心，OB を半径とする円Oをかいて考える。

3 円に内接する四角形

基本事項

1 円に内接する四角形の性質

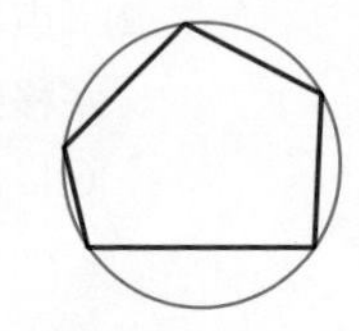

多角形において，すべての頂点が1つの円周上にあるとき，多角形は円に **内接する** といい，円は多角形に **外接する** という。この円を多角形の **外接円** という。
円に内接する四角形について，次の定理が成り立つ。

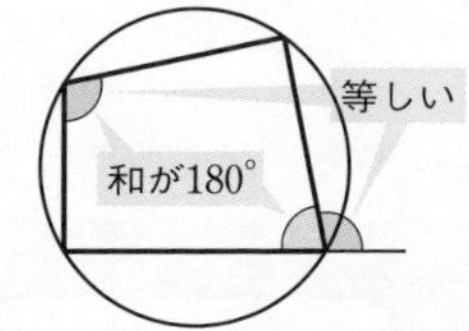

定理　四角形が円に内接するとき
[1]　四角形の対角の和は 180° である。
[2]　四角形の内角は，その対角の外角に等しい。

2 四角形が円に内接するための条件

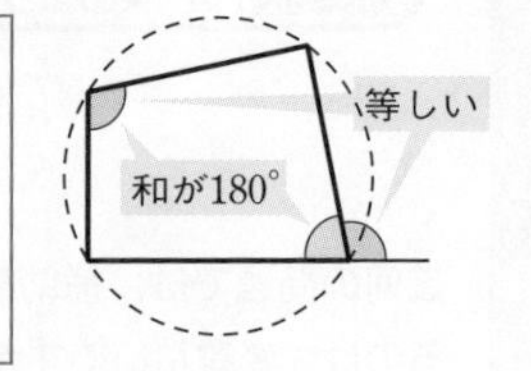

定理　次の [1]，[2] のどちらかが成り立つ四角形は，円に内接する。
[1]　1組の対角の和が 180° である。
[2]　1つの内角が，その対角の外角に等しい。

円周角の定理の逆と合わせて，4点が1つの円周上にある条件をチャートにしておこう。

CHART

4点が1つの円周上にある条件
4点が1つの円周上にある
⟷ 等角2つ か 和が180°

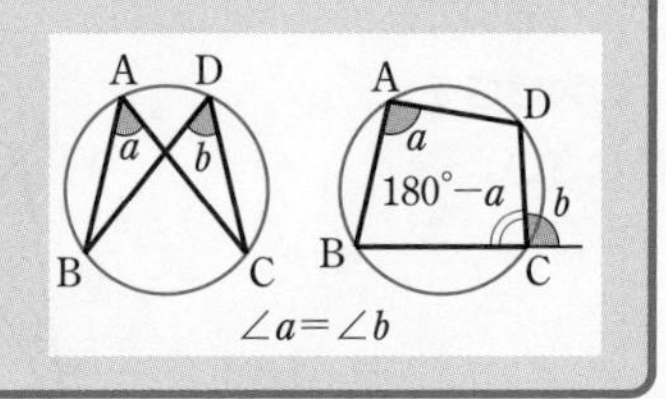

3 発展 トレミーの定理

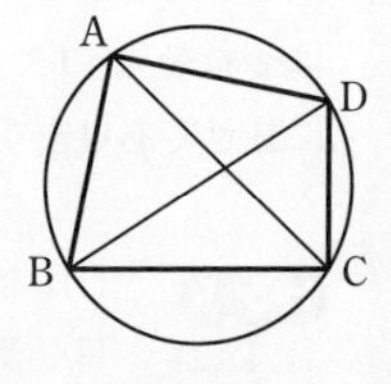

定理　円に内接する四角形 ABCD において，次の等式が成り立つ。

$$\mathrm{AB}\times\mathrm{CD}+\mathrm{AD}\times\mathrm{BC}=\mathrm{AC}\times\mathrm{BD}$$

この定理は，「対辺の長さどうしをかけたものの和は対角線の長さの積に等しい」ことを表している。

◀証明は $p.102$ 例題 59 参照。

例題 56　円に内接する四角形と角

右の図において，$\angle x$ の大きさを求めなさい。

(1)

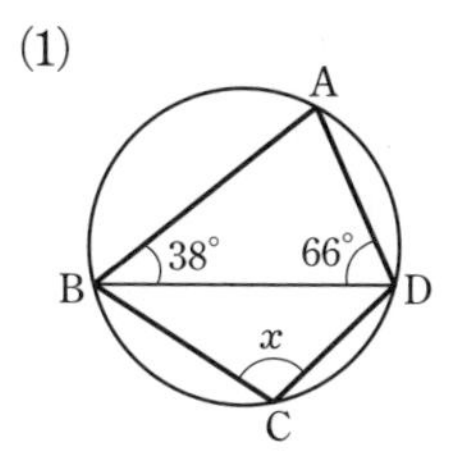

(2)

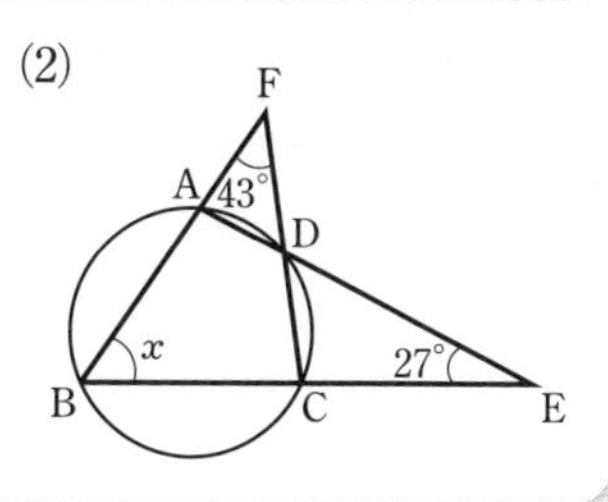

(1)，(2) とも四角形 ABCD が円に内接しているから，次の性質を利用する。

[1]　対角の和が 180°　　[2]　内角は対角の外角に等しい

(1)　[1] から　$\angle A+\angle C=180°$　　$\angle A$ は $\triangle ABD$ の内角の和から求める。

(2)　わかる角を図にかき入れていき，角を 1 つの三角形に集めることを考える。

[2] から　　$\angle CDE=\angle x$　　　$\triangle FBC$ に注目すると　$\angle FCE=\angle x+43°$

⟶ 角が $\triangle DCE$ に集まったから，内角の和にもちこむ。

解答

(1)　$\triangle ABD$ において　　$\angle BAD=180°-(38°+66°)=76°$

四角形 ABCD は円に内接しているから　　$\angle BAD+\angle x=180°$

よって　　$\angle \boldsymbol{x}=180°-76°=\mathbf{104°}$　答

(2)　四角形 ABCD は円に内接しているから　$\angle CDE=\angle x$

$\triangle FBC$ において，内角と外角の性質から

$\angle FCE=\angle x+43°$

$\triangle DCE$ において　　$\angle x+(\angle x+43°)+27°=180°$

よって　$2\angle x=110°$　　したがって　$\angle \boldsymbol{x}=\mathbf{55°}$　答

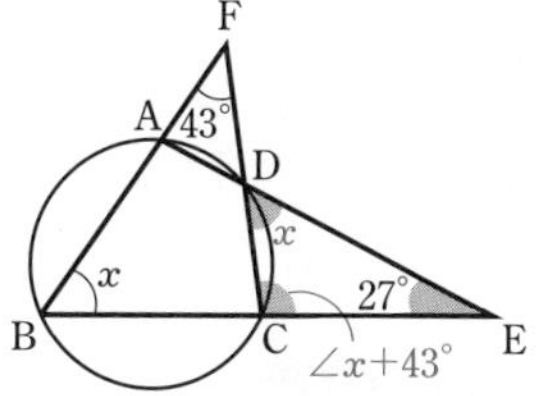

練習 56　次の図において，$\angle x$，$\angle y$ の大きさを求めなさい。

(1)

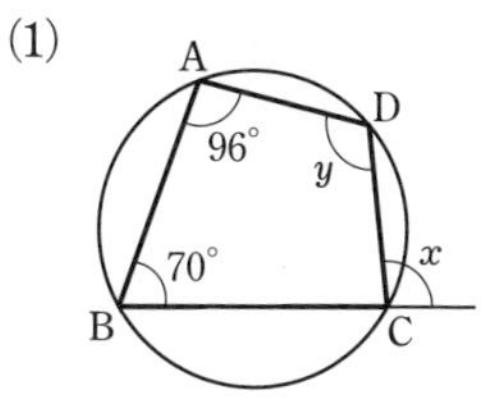

(2)

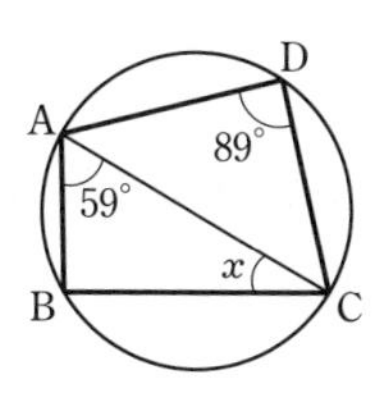

(3)

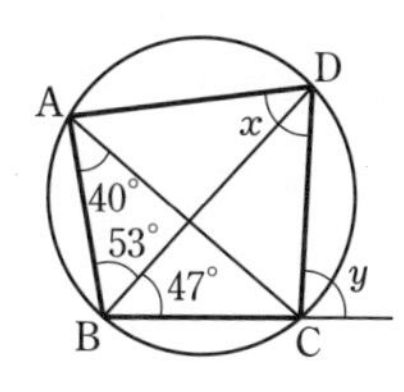

(4)

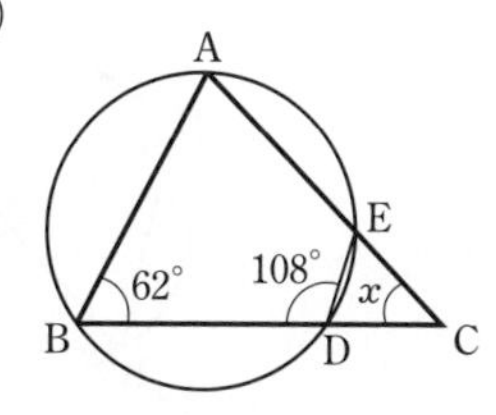

(5)

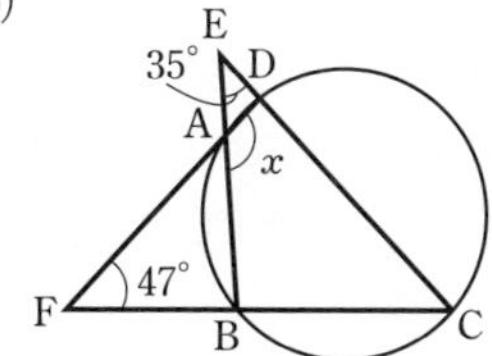

例題 57 交わる 2 弦と相似

右の図のように，円の 2 つの弦 AB，CD の延長が円の外部の点 E で交わっている。
BC＝3 cm，AD＝6 cm，ED＝10 cm のとき，線分 BE の長さを求めなさい。

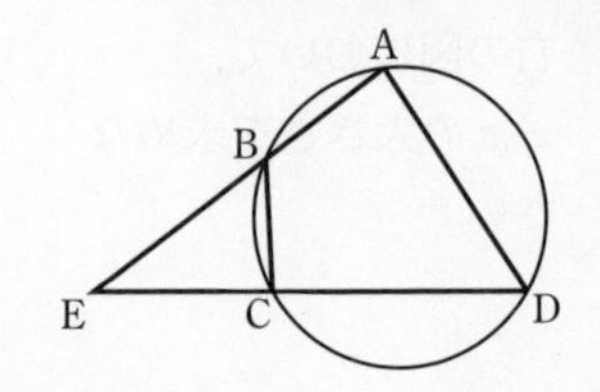

四角形 ABCD は円に内接するから
　　∠EBC＝∠CDA　（または ∠ECB＝∠BAD）
したがって，2 組の角がそれぞれ等しいから
△EBC∽△EDA に気づく。
　⟶ 与えられた長さを図にかき入れていき，求めたい
　　長さと見比べると，対応する辺の長さの比から求められることがわかる。

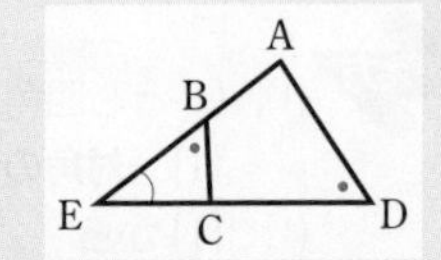

解答

△EBC と △EDA において
共通な角であるから　　∠BEC＝∠DEA
四角形 ABCD は円に内接しているから
　　∠EBC＝∠EDA
2 組の角がそれぞれ等しいから　　△EBC∽△EDA
よって　　BC：DA＝BE：DE
　　　　3：6＝BE：10　　　　したがって　　**BE＝5 cm**　答

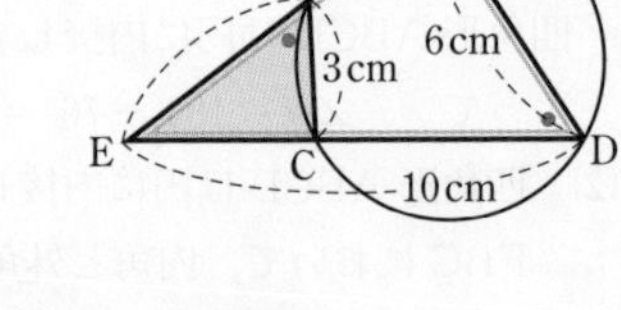

弦が円の内部で交わるときも，相似な三角形ができる。交わる 2 つの弦があれば，相似を利用することを考えよう。

CHART　交わる 2 弦
交わる 2 弦 は　三角形の相似 にもちこむ

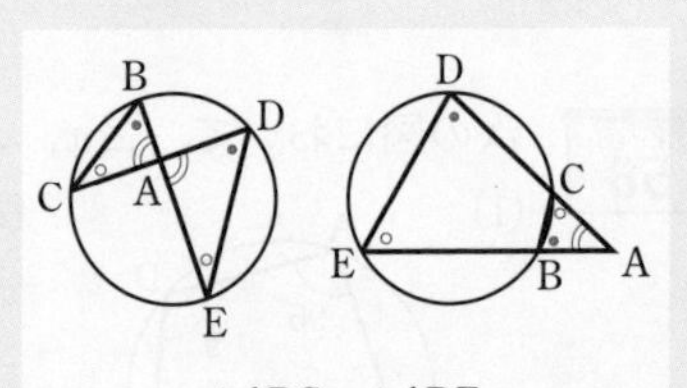

△ABC∽△ADE

右の図において，AB＝4 cm，BC＝8 cm，CF＝3 cm，FA＝3 cm，EF＝4 cm である。このとき，線分 FG の長さを求めなさい。

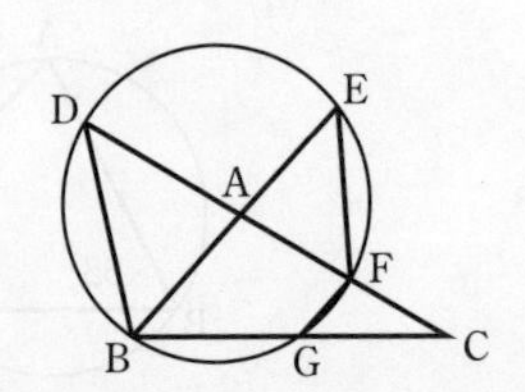

例題 58 四角形が円に内接することの証明

右の図において，四角形 ABCD は平行四辺形である。2 点 A，D を通る円と対角線 BD，AC との交点をそれぞれ E, F とするとき，四角形 EBCF は円に内接することを証明しなさい。

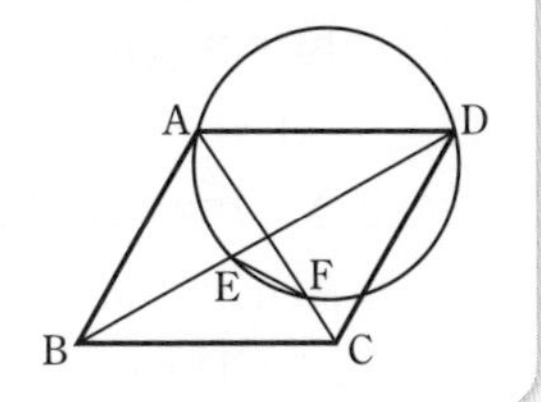

四角形 EBCF が円に内接する ⟶ 4 点 E，B，C，F が 1 つの円周上にある

CHART 4 点が 1 つの円周上 ⟷ 等角 2 つ か 和が 180°

∠EBC＝∠AFE を示すことを考える。

四角形 ABCD は平行四辺形 ⟶ 平行線の錯角が等しいから ∠EBC＝∠ADE

よって，∠AFE＝∠ADE がいえればよい。

⟶ $\overset{\frown}{\mathrm{AE}}$ に対する円周角が等しいことから解決。

AD∥BC であるから

∠EBC＝∠ADE ◀錯角

円周角の定理により

∠AFE＝∠ADE

よって ∠EBC＝∠AFE

したがって，四角形 EBCF は円に内接する。 終

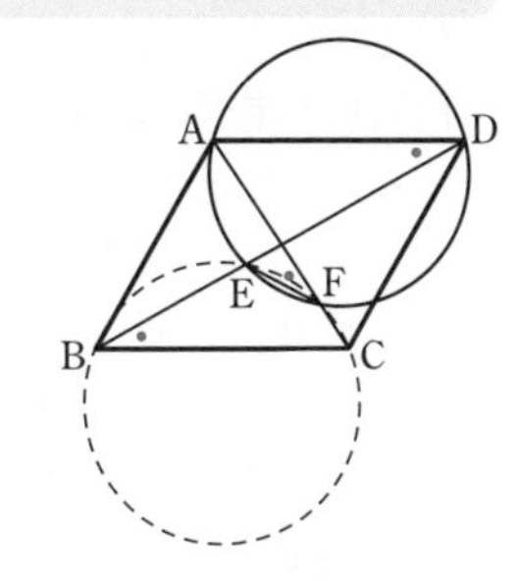

練習 58A △ABC の外接円の弧 AB，AC 上に，それぞれ 2 点 D，E を $\overset{\frown}{\mathrm{AD}}=\overset{\frown}{\mathrm{AE}}$ となるようにとる。弦 DE と △ABC の辺 AB，AC との交点をそれぞれ F，G とするとき，四角形 FBCG は円に内接することを証明しなさい。

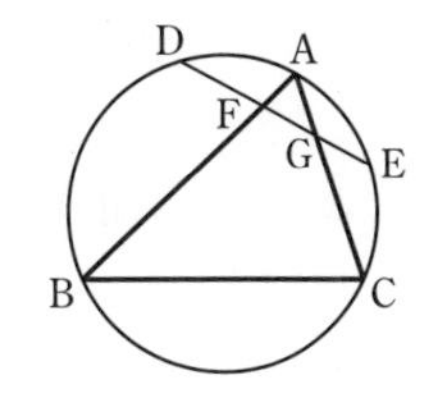

練習 58B 鋭角三角形 ABC の頂点 A から辺 BC へ垂線 AD を引き，点 D から辺 AB，AC へそれぞれ垂線 DE，DF を引く。このとき，次のことを証明しなさい。

(1) 4 点 A，E，D，F は 1 つの円周上にある。

(2) 4 点 B，C，F，E は 1 つの円周上にある。

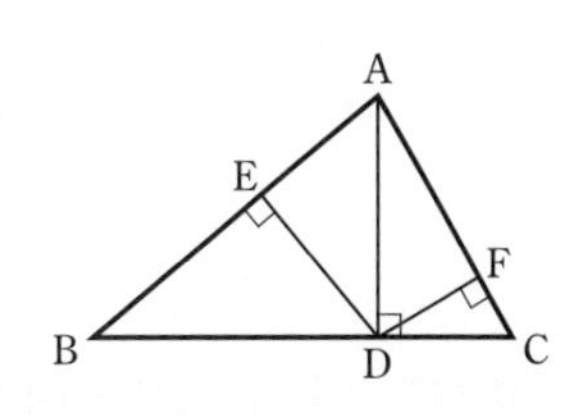

例題 59 円に内接する四角形の辺の性質

円に内接する四角形 ABCD において，対角線 BD 上に ∠BAE＝∠CAD となるように点Eをとる。
このとき，次のことを証明しなさい。

(1)　△ABE∽△ACD　　(2)　AB×CD＝AC×BE

(3)　AB×CD＋AD×BC＝AC×BD

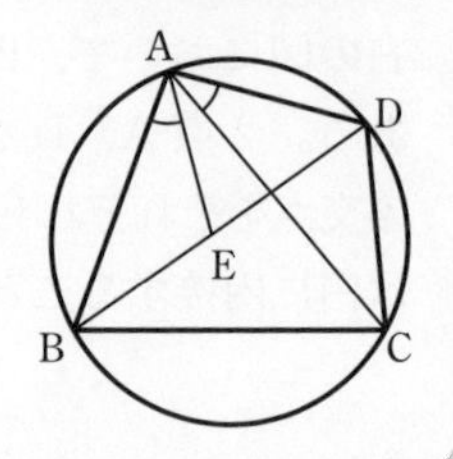

(1)　2組の角がそれぞれ等しいことを示す。　(2)　(1)の利用を考える。
(3)　(2)が利用できる。この等式を **トレミーの定理** という。
p.98 基本事項 ③ 参照。

解答

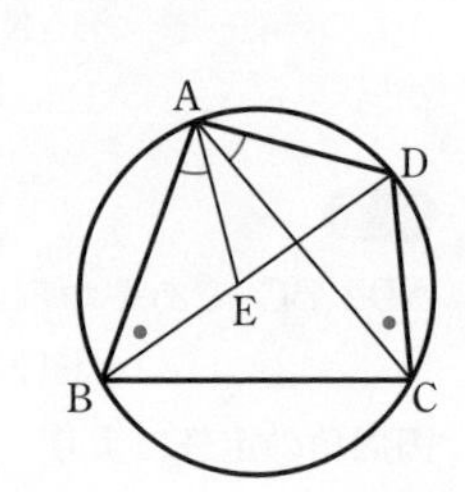

(1)　△ABE と △ACD において
仮定から　∠BAE＝∠CAD
円周角の定理により　∠ABE＝∠ACD
よって，2組の角がそれぞれ等しいから
△ABE∽△ACD　終

(2)　(1)より，△ABE∽△ACD であるから
AB：BE＝AC：CD　◀$a:b=c:d \rightleftarrows a:c=b:d$
したがって　AB×CD＝AC×BE　……①　終

(3)　△ABC と △AED において
円周角の定理により　∠ACB＝∠ADB
すなわち　∠ACB＝∠ADE
∠BAC＝∠BAE＋∠EAC
＝∠CAD＋∠EAC＝∠EAD　◀(1)から ∠BAE＝∠CAD
よって，2組の角がそれぞれ等しいから
△ABC∽△AED
ゆえに　BC：AC＝ED：AD　◀$a:b=c:d \rightleftarrows a:c=b:d$
したがって　AD×BC＝AC×ED　……②
① と ② の両辺をそれぞれ加えると
AB×CD＋AD×BC＝AC×BE＋AC×ED
＝AC×(BE＋ED)＝AC×BD　終

練習 59　円に内接する四角形 ABCD において，AB＝BC＝7，CD＝5，DA＝3，BD＝8 であるとき，トレミーの定理 AB×CD＋AD×BC＝AC×BD を用いて，対角線 AC の長さを求めなさい。

演習問題

□57 次の図において，$\angle x$ の大きさを求めなさい。O は円の中心とする。

(1)

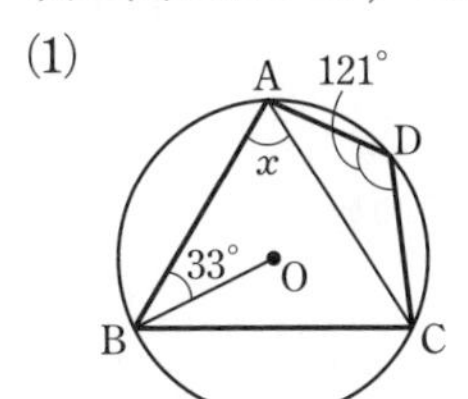

(2)

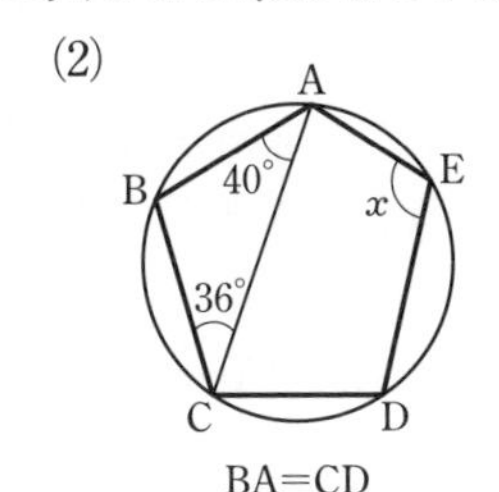

BA＝CD

(3)

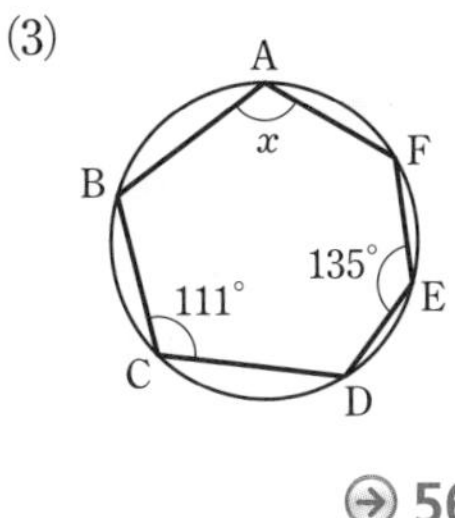

→ 56

□58 △ABC において，辺 AB 上に点 D を，辺 AC 上に点 E をとり，線分 BE と線分 CD の交点を F とする。点 A, D, E, F が 1 つの円周上にあり，$\angle \mathrm{AEB}=2\angle \mathrm{ABE}=4\angle \mathrm{ACD}$ であるとき，$\angle \mathrm{BAC}$ の大きさを求めなさい。

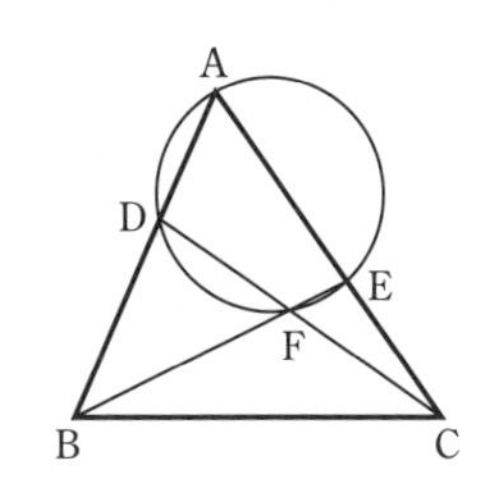

□59 四角形 ABCD の辺 AB，BC，CD，DA の中点をそれぞれ P，Q，R，S とする。このとき，次のことを証明しなさい。

(1) 四角形 PQRS は平行四辺形である。

(2) 四角形 PQRS が円に内接するならば，四角形 ABCD の対角線 AC と BD は直交する。

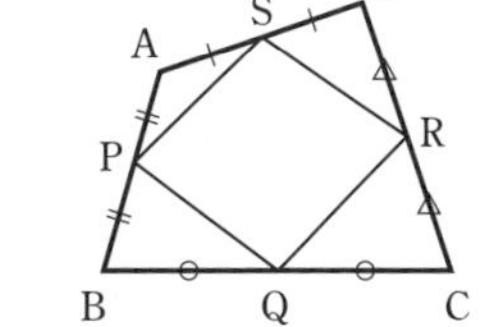

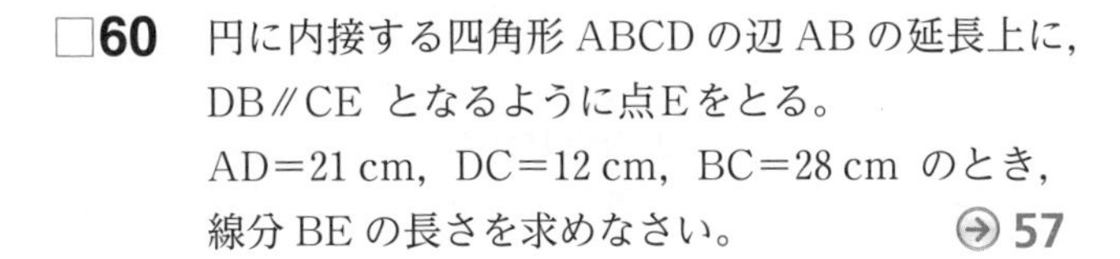

□60 円に内接する四角形 ABCD の辺 AB の延長上に，DB∥CE となるように点 E をとる。
AD＝21 cm，DC＝12 cm，BC＝28 cm のとき，線分 BE の長さを求めなさい。 → 57

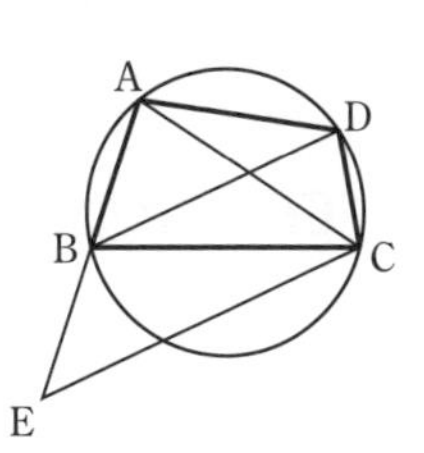

□61 右の図において，$\angle x$ の大きさを求めなさい。

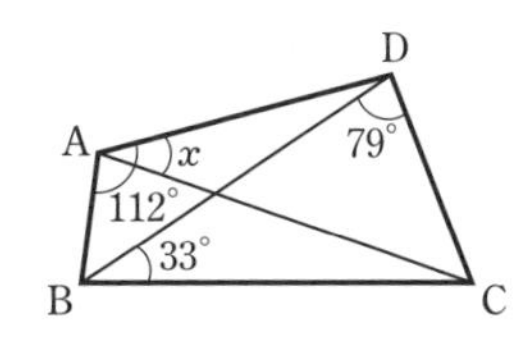

58 $\angle \mathrm{BAC}=x$，$\angle \mathrm{ACD}=y$ とおいて，x，y についての連立方程式を導く。

□62 正三角形 ABC の外接円において，点Aを含まない $\overset{\frown}{BC}$ 上に点Pをとる。

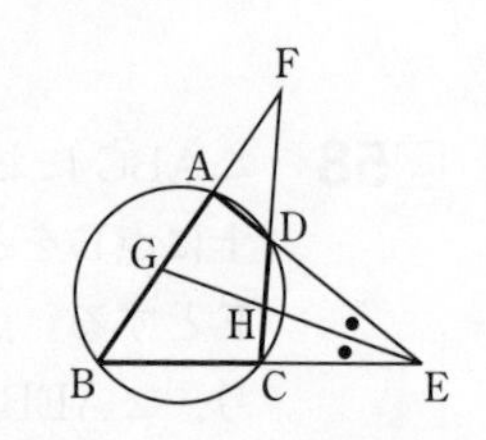

このとき，PA＝PB＋PC であることを次の3通りの方法で証明しなさい。

(1) PB＝PQ となる点Qを線分 AP 上にとる。

(2) BP＝CR となる点Rを線分 PC のC側の延長上にとる。

(3) トレミーの定理 AB×PC＋AC×BP＝AP×BC を利用する。

□63 円に内接する四角形 ABCD において，辺 AD, BC の延長が点Eで交わり，辺 BA, CD の延長が点Fで交わるとする。∠E の二等分線が辺 AB, CD とそれぞれ点 G, H で交わるとき，∠FGH＝∠FHG であることを証明しなさい。

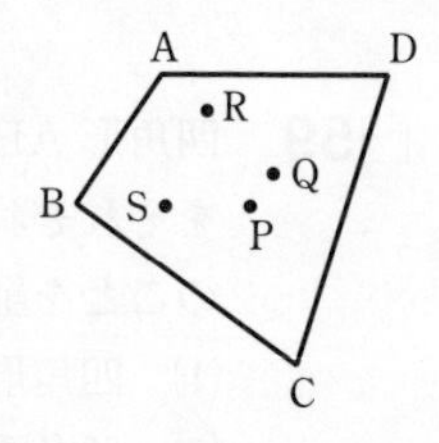

□64 右の図のような四角形 ABCD において，点 P, Q, R, S は，それぞれ △BCD, △CDA, △DAB, △ABC の重心である。ただし，点Pと点Rは対角線 AC 上になく，点Qと点Sは対角線 BD 上にないものとする。

(1) AB∥QP を証明しなさい。

(2) 四角形 ABCD が円に内接するとき，4点 P, Q, R, S は1つの円周上にあることを証明しなさい。

→ 58

□65 右の図のように，△ABC の外接円上の点Pから辺 BC, CA, AB またはその延長に，それぞれ垂線 PD, PE, PF を引く。このとき，次のことを証明しなさい。

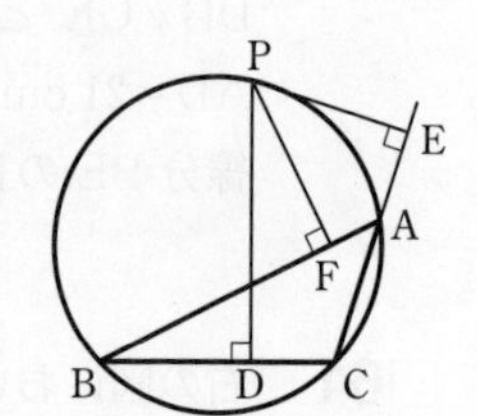

(1) △PBD∽△PAE

(2) 3点 D, E, F は一直線上にある。

ヒント

64 (1) 重心は中線を 2：1 に内分することを利用する。

65 (2) ∠AFE＝∠BFD (対角線) を示す。

この直線を **シムソン線** という。また，これを **シムソンの定理** という。

4 円の接線

1 円の接線と接線の長さ

円の接線には，次の性質がある。

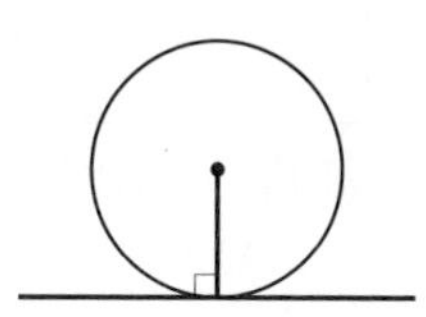

円の接線は，接点を通る半径に垂直である。

円の外部の点Pから円に接線を引いたとき，点Pと接点の間の距離を **接線の長さ** という。

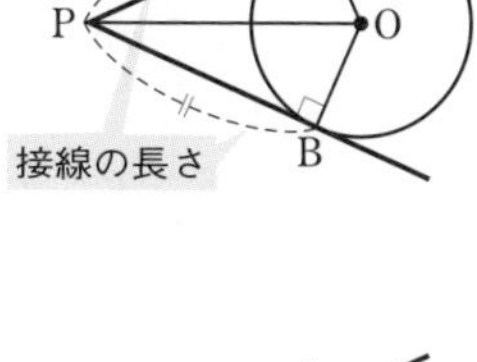

定理　円の外部の1点からその円に引いた2本の接線について，2つの接線の長さは等しい。

この定理は，右の図において，$\triangle APO \equiv \triangle BPO$ であることを用いて証明できる。

また，次のことも成り立つ。

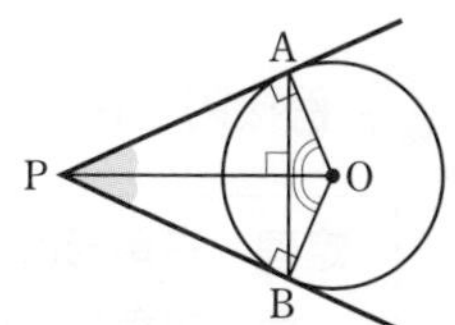

① $\angle APO = \angle BPO$
② $\angle AOP = \angle BOP$
} $\triangle APO \equiv \triangle BPO$ から

③ $PO \perp AB$

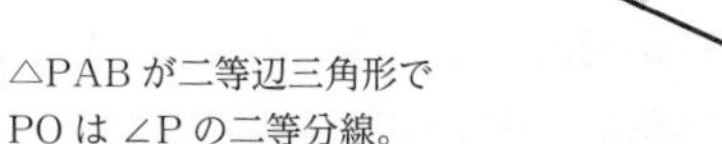

◀ $\triangle PAB$ が二等辺三角形で PO は $\angle P$ の二等分線。

2 内接円と内心

定理　三角形の3つの内角の二等分線は1点で交わる。

三角形の2つの内角の二等分線の交点が，もう1つの内角の二等分線上にあることを示すことで，この定理は証明できる。

証明　$\triangle ABC$ の $\angle B$，$\angle C$ の二等分線の交点を I とし，I から辺 BC，CA，AB にそれぞれ垂線 ID，IE，IF を引く。このとき　IF＝ID，IE＝ID

よって，IF＝IE となるから，I は $\angle A$ の二等分線上にもある。

したがって，三角形の3つの内角の二等分線は1点で交わる。 終

上の証明において，I から $\triangle ABC$ の3辺に引いた垂線の長さは等しいから，I を中心として，$\triangle ABC$ の3辺に接する円が存在する。

この円を三角形の **内接円** といい，内接円の中心 I を，三角形の **内心** という。

三角形には必ず内接円がただ1つ存在する。また，このとき，三角形は円に **外接する** といい，円は三角形に **内接する** という。

③ 内接円の半径と三角形の面積

> 3辺の長さが a, b, c である三角形の面積を S,
> 内接円の半径を r とすると，次の等式が成り立つ。
> $$S=\frac{1}{2}(a+b+c)r$$

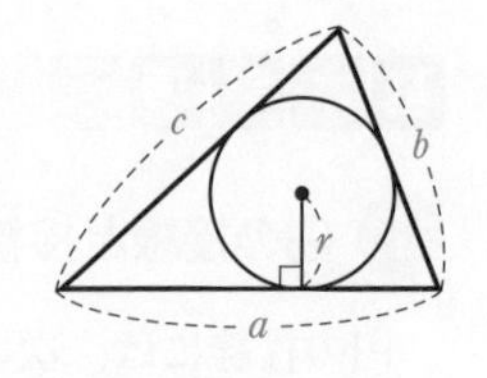

証明　△ABC の内接円の中心をＩとし，BC$=a$，CA$=b$，AB$=c$ とする。
△ABC を3つの三角形 △IBC，△ICA，△IAB に分けて考える。

$$\begin{aligned}S&=\triangle\mathrm{IBC}+\triangle\mathrm{ICA}+\triangle\mathrm{IAB}\\&=\frac{1}{2}\times\mathrm{BC}\times r+\frac{1}{2}\times\mathrm{CA}\times r+\frac{1}{2}\times\mathrm{AB}\times r\\&=\frac{1}{2}ar+\frac{1}{2}br+\frac{1}{2}cr\\&=\frac{1}{2}(a+b+c)r\end{aligned}$$
終

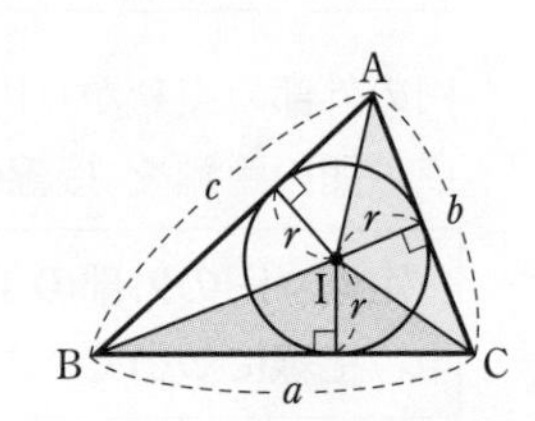

④ 傍接円と傍心

> **定理　三角形の1つの内角の二等分線と，他の2つの角の外角の二等分線は1点で交わる。**

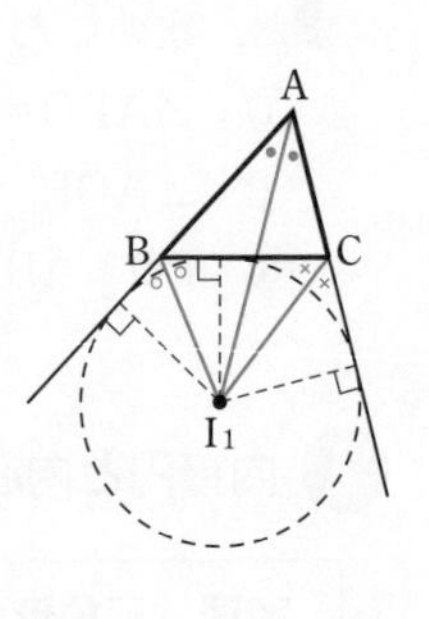

この定理は，前ページ ② の定理の証明と同じように

三角形の2つの外角の二等分線の交点が，残りの内角の二等分線上にあることを示す

ことにより証明できる。

△ABC の ∠A の二等分線と ∠B，∠C の外角の二等分線の交点を I_1 とすると，I_1 を中心として，辺 BC および辺 AB，AC の延長に接する円がかける。

(1)　この円を △ABC の ∠A 内の **傍接円** といい，傍接円の中心 I_1 を **傍心** という。

(2)　傍接円，傍心は，∠A，∠B，∠C の内部にそれぞれ1個ずつ，合計3個ある。

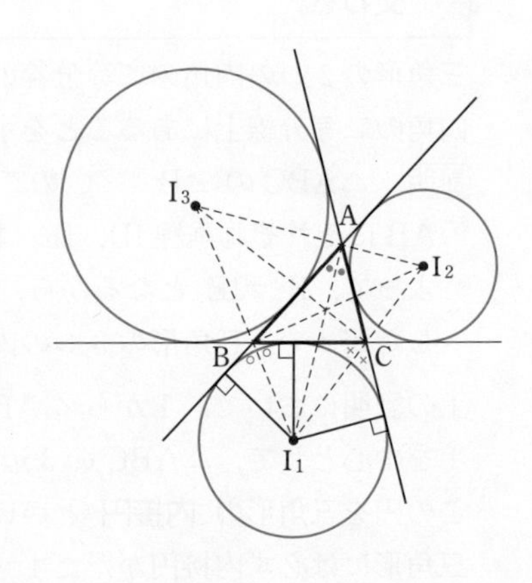

例題 60　接線と角の大きさ

右の図において，AB，AC は円の接線である。
$\angle x$ の大きさを求めなさい。

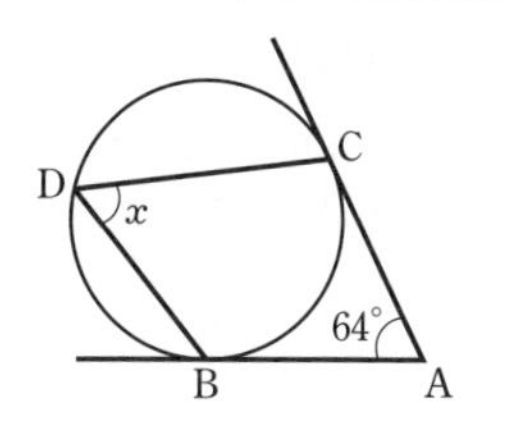

円の接線 は，接点を通る **半径に垂直** である。したがって，円の中心をOとして，
半径 OB，OC を引くと　$\angle OBA=\angle OCA=90°$
よって，四角形 OBAC の内角の和から $\angle BOC$ がわかる。
求める角は $\overset{\frown}{BC}$ に対する円周角である。　↑—— $\overset{\frown}{BC}$ に対する中心角

解答

円の中心をOとし，OB，OC を結ぶ。
AB，AC は円の接線であるから　　$\angle OBA=\angle OCA=90°$
四角形 OBAC において　　　四角形の内角の和は 360°

$$\angle BOC=360°-(90°+64°+90°)=116°$$

円周角の定理により

$$\angle x=\frac{1}{2}\angle BOC=\frac{1}{2}\times116°=\mathbf{58°}$$ 答

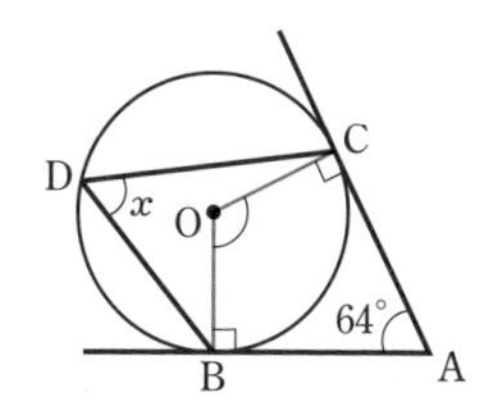

◀円周角は中心角の半分。

解説

円の接線があれば，中心から半径を引いて考えるとよい場合がある。これは

CHART　弦には　中心から垂線を引く

の特別な場合と考えることができる。

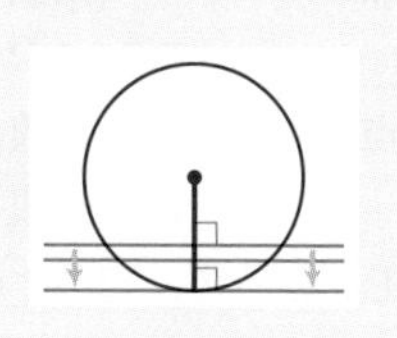

練習 60A　右の図において，$\angle x$ の大きさを求めなさい。(1) では，AB，AC は円の接線であり，(2) では，AB は円の接線で，O は円の中心である。

(1)

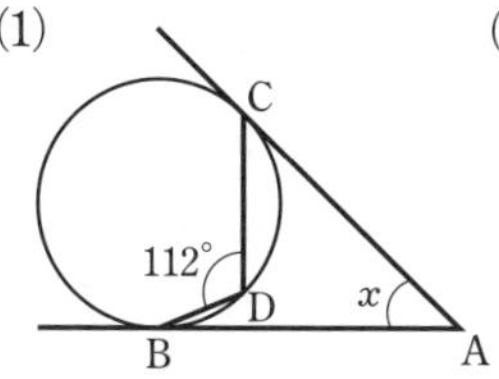

(2)

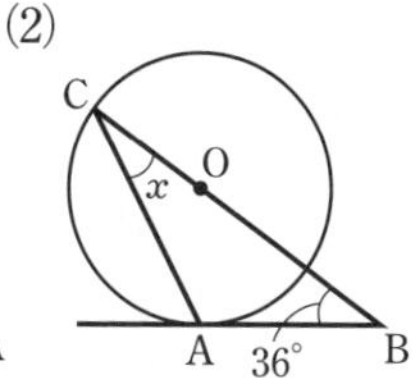

練習 60B　円Oの半径と同じ長さの弦 AB について，点Aにおける円の接線と直線 OB の交点をCとする。このとき，点Bは線分 OC の中点であることを証明しなさい。

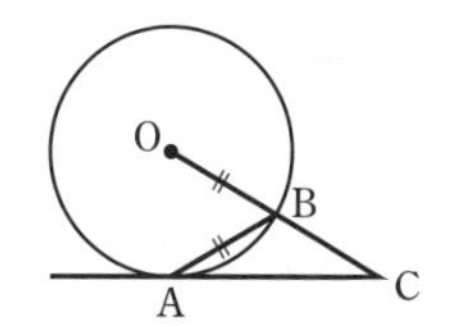

例題 61 内接円と接線の長さ

△ABC において，AB=9 cm，BC=10 cm，CA=7 cm である。△ABC の内接円が辺 AB，BC，CA と接する点をそれぞれ P，Q，R とするとき，線分 AP の長さを求めなさい。

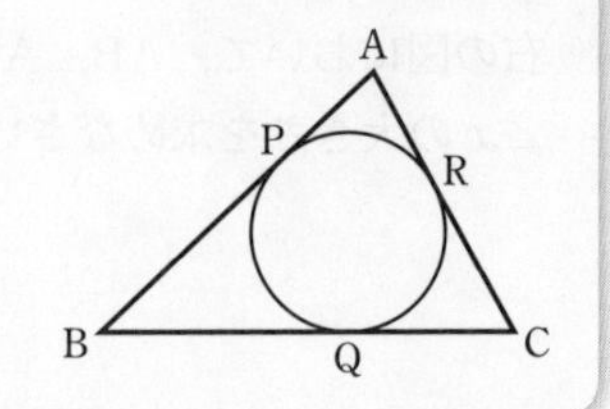

各辺は内接円の接線である。

円の外部の 1 点からその円に引いた
2 本の接線について，2 つの接線の長さは等しい ← 接線 2 本で 二等辺三角形 と覚える。

ことを利用。

⟶ AP=AR，BP=BQ，CR=CQ
AP=x cm とおいて，接線の長さを順に x で表していく。辺 BC の長さが x で表されるから，それが 10 cm になるとして方程式をつくる。

解答

AP=x cm とおく。

点Aから引いた接線の長さは等しいから

　　AR=AP=x

よって　　BP=$9-x$，　CR=$7-x$

点Bから引いた接線の長さは等しいから

　　BQ=BP=$9-x$

点Cから引いた接線の長さは等しいから

　　CQ=CR=$7-x$

したがって，辺 BC の長さについて　　$(9-x)+(7-x)=10$

これを解くと　　$x=3$　　　　よって　　**AP=3 cm**　答

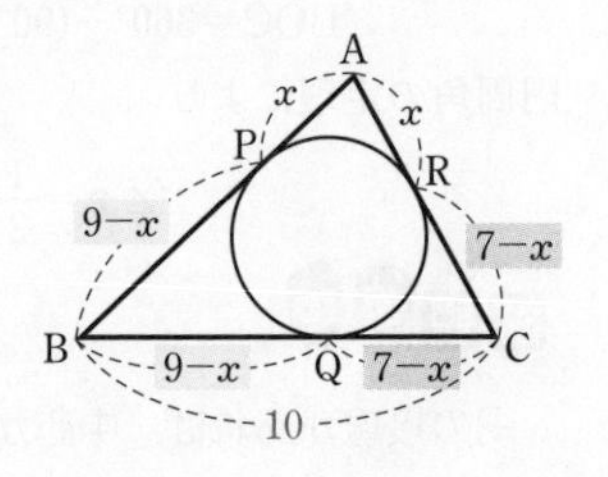

△ABC において，AB=12 cm，BC=14 cm，CA=10 cm である。△ABC の内接円が辺 AB，BC，CA と接する点をそれぞれ P，Q，R とするとき，線分 BQ の長さを求めなさい。

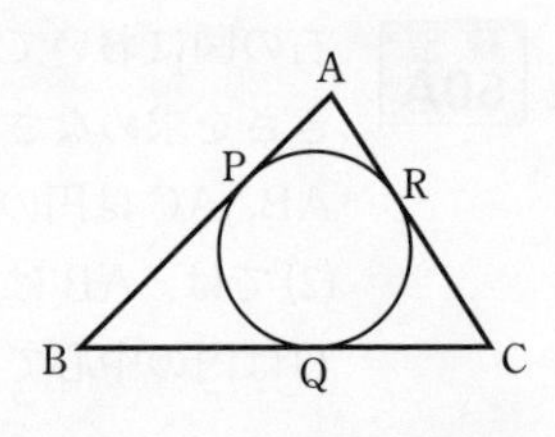

練習 61B　∠C=90° の直角三角形 ABC において，AB=17 cm，　BC=15 cm，　CA=8 cm である。
この三角形の内接円の半径を求めなさい。

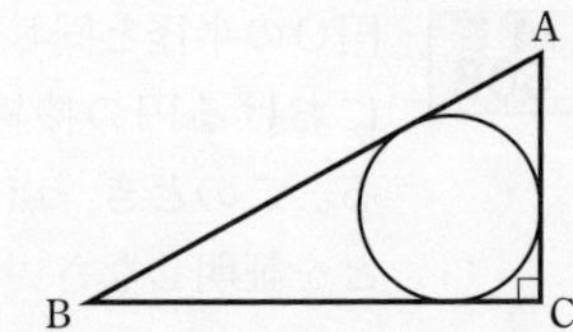

例題 62　内心と角の大きさ

右の図において，点 I は △ABC の内心である。

(1)　$\angle x$ の大きさを求めなさい。

(2)　直線 AI と辺 BC の交点を D とする。
AB=5，BC=9，CA=7 であるとき，AI：ID を求めなさい。

(1)

(2)

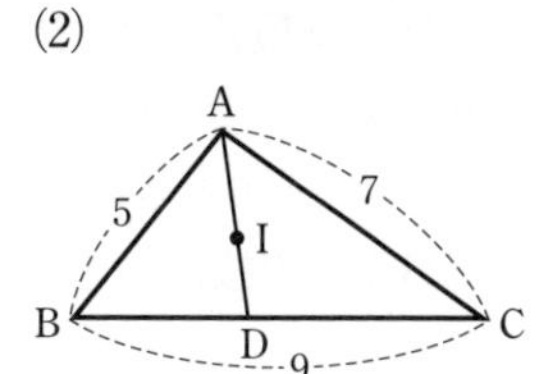

内心は **内角の二等分線の交点** である。

(1)　$\angle ABC=2\times\angle CBI$，$\angle ACB=2\times\angle ACI$
　⟶ △ABC の内角の和にもちこむ。

(1)　点 I は △ABC の内心であるから

$$\angle ABC=2\angle CBI=2\times18^\circ=36^\circ$$
$$\angle ACB=2\angle ACI=2\times31^\circ=62^\circ$$

△ABC において　　$\angle \boldsymbol{x}=180^\circ-(36^\circ+62^\circ)=\mathbf{82^\circ}$　答

(2)　△ABC において，直線 AD は ∠A の二等分線であるから

$$BD : DC=AB : AC=5 : 7$$

よって　　$BD=\dfrac{5}{5+7}BC=\dfrac{5}{12}\times9=\dfrac{15}{4}$

△ABD において，直線 BI は ∠B の二等分線であるから

$$AI : ID=BA : BD=5 : \frac{15}{4}=\mathbf{4 : 3}$$　答

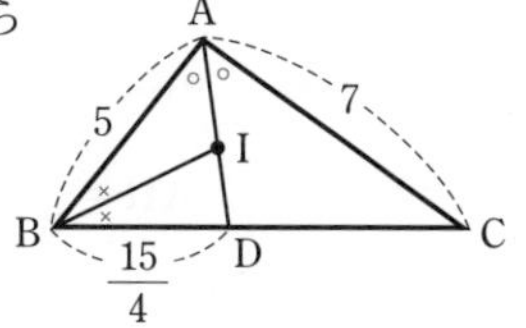

参考　(2) の後半は，直線 CI が ∠C の二等分線であることに着目し，
$AI : ID=CA : CD=7 : \left(9-\dfrac{15}{4}\right)=7 : \dfrac{21}{4}=4 : 3$ としてもよい。

練習 62A　右の図において，点 I は △ABC の内心である。$\angle x$ の大きさを求めなさい。

(1)

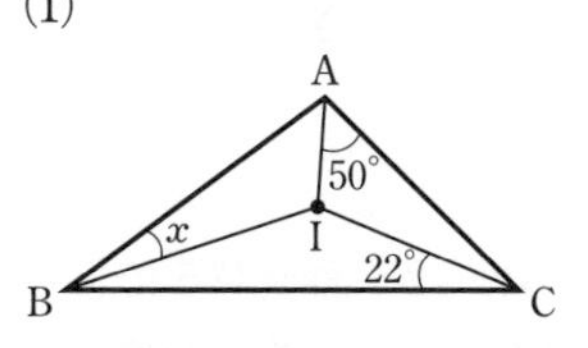

(2)

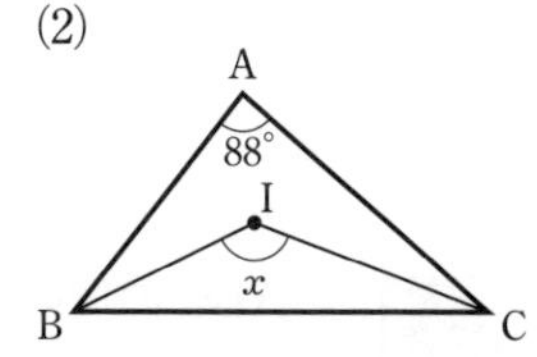

練習 62B　△ABC の内心を I とし，直線 BI と辺 AC の交点を D とする。AB=11，BC=14，CA=10 であるとき，BI：ID を求めよ。

例題 63 内接円の半径と三角形の面積

$\triangle$ABC の頂点 A から辺 BC へ垂線 AH を引く。BC=8 cm，CA=5 cm，AB=7 cm のとき，線分 AH の長さを，$\triangle$ABC の内接円の半径 r で表しなさい。

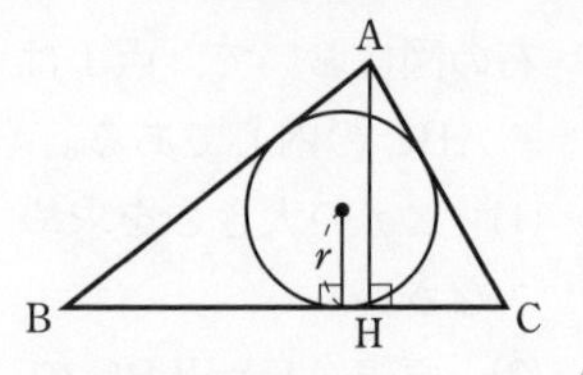

三角形の 3 辺の長さが与えられていて，内接円の半径 r が出ている。

⟶ $\triangle$ABC の面積が r で表される。 ◀$S=\frac{1}{2}(a+b+c)r$

一方，垂線 AH は $\triangle$ABC の高さ。

⟶ $\triangle$ABC の面積が AH で表される。

$\triangle$ABC の面積が 2 通りに表されたので，方程式をつくることができる。

解答

内接円の半径が r であるから，$\triangle$ABC の面積は

$$\frac{1}{2}(8+5+7)r=10r \quad \cdots\cdots ①$$

また，辺 BC を底辺とみると，$\triangle$ABC の面積は

$$\frac{1}{2}\times 8\times \mathrm{AH}=4\mathrm{AH} \quad \cdots\cdots ②$$

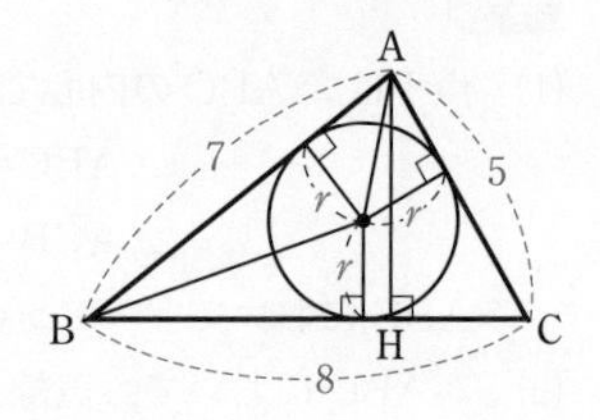

①，② から　$10r=4\mathrm{AH}$

したがって　$\mathbf{AH=\frac{5}{2}r}$ 答

練習 63A 右の図のような

AB=6，BC=7，CA=9

である $\triangle$ABC に，円 I が内接している。内接円の半径を r とするとき，$\triangle$ABC の面積 S を r を用いて表しなさい。

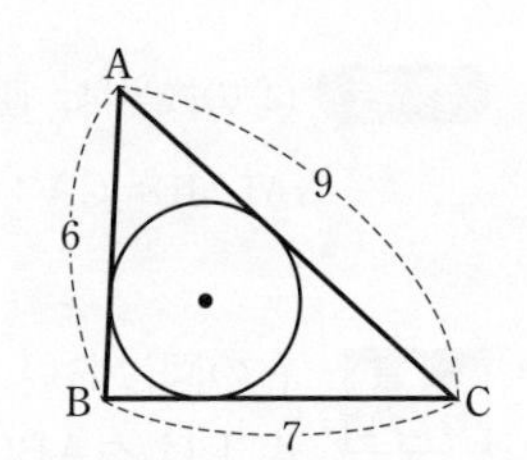

練習 63B $\triangle$ABC の周の長さが 12，面積が 5 であるとき，$\triangle$ABC の内接円の半径を求めなさい。

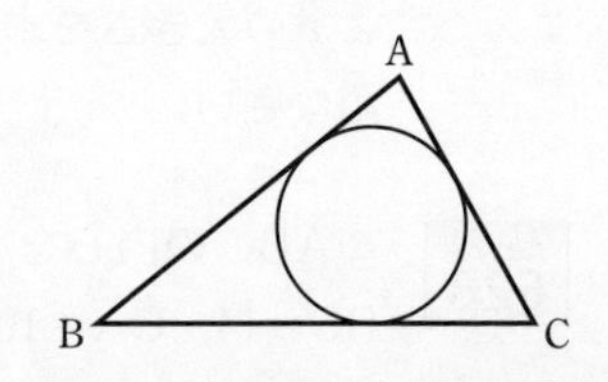

例題 64 傍心と角の大きさ

△ABC の ∠A 内の傍心を I_1 とする。

(1) $\angle AI_1B$ の大きさを，$\angle ACB$ を用いて表しなさい。

(2) $\angle BI_1C$ の大きさを，$\angle A$ を用いて表しなさい。

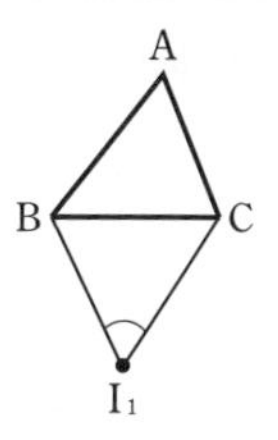

傍心は傍接円の中心。⟶ 傍接円をかいて考える。
辺 AB，AC の B，C を越える延長上に，それぞれ点 D，E をとると，AI_1 は ∠A の二等分線，BI_1 は ∠CBD の二等分線，CI_1 は ∠BCE の二等分線である。
(1) 三角形の外角が内対角の和に等しいことを利用する。 (2) (1) を利用する。

解答

右の図のように，∠A 内の傍接円をかき，辺 AB，AC の B，C を越える延長上に，それぞれ点 D，E をとる。

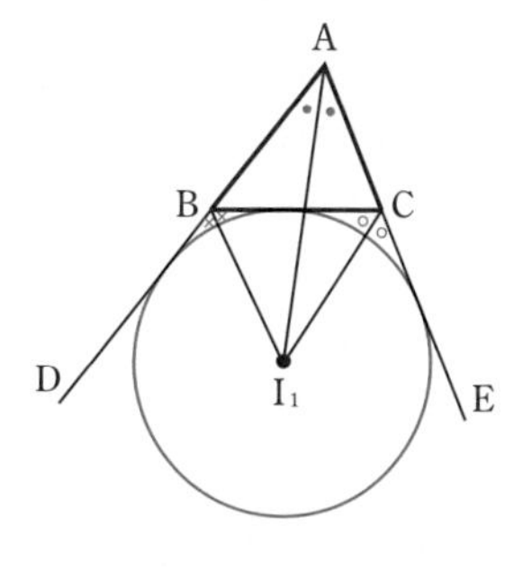

(1) $\angle AI_1B=\angle I_1BD-\angle I_1AB$ ◀ $\angle I_1BD$ は $\triangle AI_1B$ の外角。

$=\frac{1}{2}\angle CBD-\frac{1}{2}\angle A$

$=\frac{1}{2}(\angle CBD-\angle A)$ ◀ ∠CBD は △ABC の外角。

$=\mathbf{\frac{1}{2}\angle ACB}$

(2) $\angle AI_1C=\angle I_1CE-\angle I_1AC=\frac{1}{2}\angle BCE-\frac{1}{2}\angle A=\frac{1}{2}(\angle BCE-\angle A)=\frac{1}{2}\angle ABC$

よって $\angle BI_1C=\angle AI_1B+\angle AI_1C=\frac{1}{2}(\angle ACB+\angle ABC)$

$=\frac{1}{2}(180^\circ-\angle A)=\mathbf{90^\circ-\frac{1}{2}\angle A}$ 答

△ABC の内心 I について，同じように考えると

$\angle BIC=90^\circ+\frac{1}{2}\angle A$ であることがわかる。

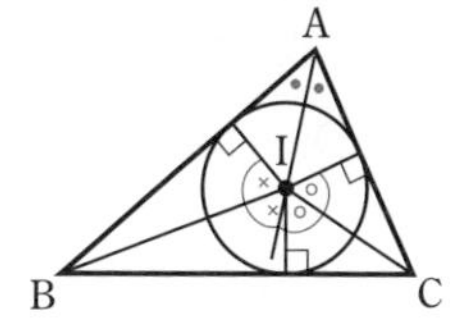

練習 64 右の図のように，円 O が，△ABC の辺またはその延長と接している。辺 AB，AC の延長と円 O との接点をそれぞれ P，Q とし，AB=c，BC=a，CA=b とするとき，線分 AP の長さを a，b，c を用いて表しなさい。

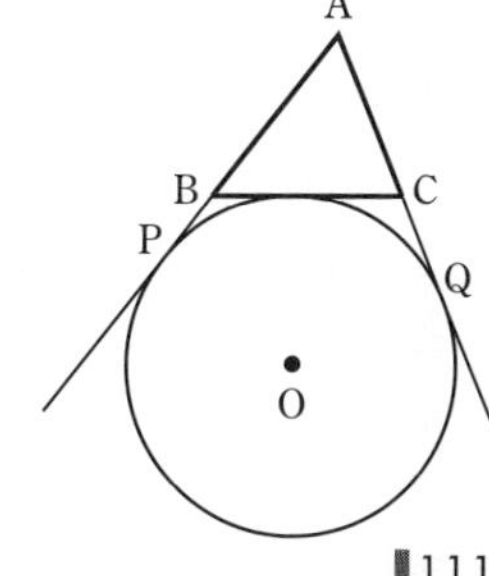

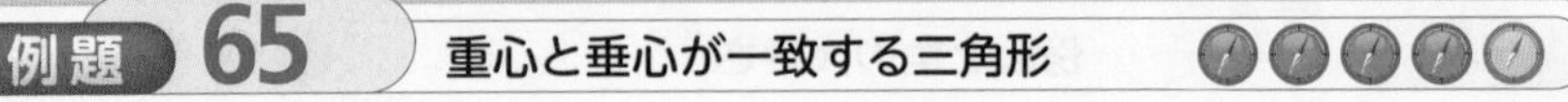

例題 65 重心と垂心が一致する三角形

重心と垂心が一致する △ABC は，どのような三角形であるか答えなさい。

考え方

「重心と垂心が一致する」とあるから，その点をGとおいてみる。そして，頂点とGを通る直線の性質を書き出してみる。右の図で，

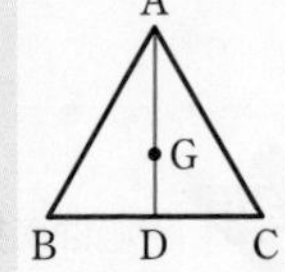

Gが **重心** ⟶ AD は **中線**
Gが **垂心** ⟶ AD は **垂線**
⟶ **AD は線分 BC の垂直二等分線**

垂直二等分線上の点から線分の 2 つの端点までの距離は等しいから，AB=AC である。
直線 BG についても同じように考えてみる。

解答

重心と垂心が一致する △ABC において，その一致する点をGとし，直線 AG と辺 BC の交点をDとする。

Gは △ABC の重心であるから

DB=DC　…… ①　◀重心は 3 つの中線の交点。

Gは △ABC の垂心であるから

AD⊥BC　…… ②　◀垂心は 3 つの垂線の交点。

①，② から，AD は辺 BC の垂直二等分線である。
垂直二等分線上の点から線分の 2 つの端点までの距離は等しいから

AB=AC　…… ③

直線 BG についても同じように考えると　◀直線 CG について考えてもよい。

BA=BC　…… ④

③，④ より，3 辺がすべて等しいから，△ABC は **正三角形** である。 

上の例題のように，与えられた条件から図形の形状を答える問題では，問題文の条件の一部を考えるだけではいけない。
たとえば，③ が導かれた時点で解答をやめて，

「AB=AC の二等辺三角形」……（∗）

を 答 とするのは誤りである。
誤りを防ぐためには，自分の出した 答 の図形をいろいろかいてみて，それらが **例外なく** 問題に合っているか確認するとよい。上の例題の場合，（∗）の 答 では，右の図のような場合があるから，誤りであるとわかる。

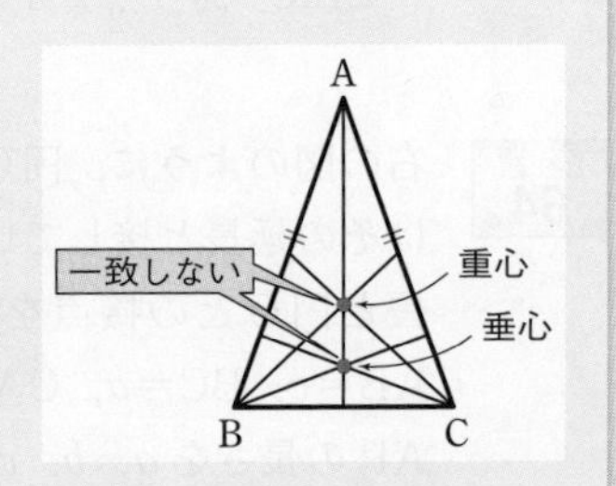

● 三角形の五心 ●

三角形の五心について
まとめておこう。

これまでに学習した，三角形の **重心**，**垂心**，**外心**，**内心**，**傍心** をまとめて **三角形の五心** という。

● 正三角形の五心 ●

正三角形について，**重心**，**垂心**，**外心**，**内心は一致する。**　◀傍心は一致しない。
重心，**垂心**，**外心**，**内心のうち 2 つが一致する三角形** は，正三角形である。

● 五心の相互関係 ●

三角形の五心の間にはいろいろな関係がある。代表例を次にあげる。

① **重心** は，3 辺の中点を結ぶ三角形の **重心**。(p.58 演習問題 35)

② **外心** は，3 辺の中点を結ぶ三角形の **垂心**。

③ 鋭角三角形の **垂心** は，各頂点から対辺に引いた垂線の足を結ぶ三角形の **内心**。
(p.114 演習問題 70)
　鈍角三角形の **垂心** は，各頂点から対辺またはその延長に引いた垂線の足を結ぶ三角形の **傍心**。

④ 正三角形でない鋭角三角形の **重心**，**外心**，**垂心** は一直線上にあって（この直線を **オイラー線** という），**重心** は **外心** と **垂心** を結ぶ線分を，**外心** の方から 1：2 に内分する。　←(証明は解答編 p.74)

証明　②　△ABC の外心をOとし，辺 BC，CA，AB の中点をそれぞれ D，E，F とする。
外心Oは，辺 BC の垂直二等分線上にある。
△ABC において，E，F はそれぞれ辺 AC，AB の中点であるから，中点連結定理により

$$\mathrm{FE} /\!/ \mathrm{BC} \quad \cdots\cdots (*)$$

$\mathrm{DO} \perp \mathrm{BC}$ であるから，(＊) により　$\mathrm{DO} \perp \mathrm{FE}$
直線 EO，FO についても同様にすると

$$\mathrm{EO} \perp \mathrm{FD}, \qquad \mathrm{FO} \perp \mathrm{DE}$$

よって，△DEF において，DO，EO，FO は各頂点から対辺に引いた垂線である。
したがって，それらの交点Oは △DEF の垂心である。　終

△ABC の辺 AB，BC，CA の中点をそれぞれ P，Q，R とする。
△ABC の重心と △PQR の垂心が一致するとき，△ABC はどのような三角形であるか答えなさい。

内心と外心が一致する三角形は正三角形であることを証明しなさい。

演習問題

□66 AB＝AC の二等辺三角形 ABC の辺 AB, AC に，点Oを中心とする半円が図のように接している。点 D, E をそれぞれ辺 AB, AC 上にとり，直線 DE が半円に接するようにする。このとき，△DBO と △OCE は相似であることを証明しなさい。 ➔ 60, 64

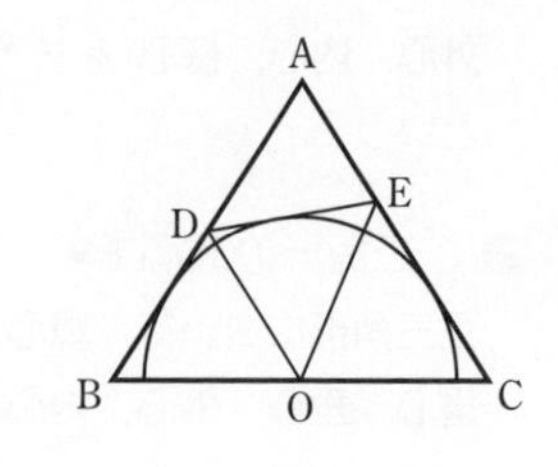

□67 △ABC において，AB＝6 cm，BC＝7 cm，CA＝3 cm である。△ABC の ∠B 内の傍接円が直線 AB，BC，CA と接する点をそれぞれ P，Q，R とする。

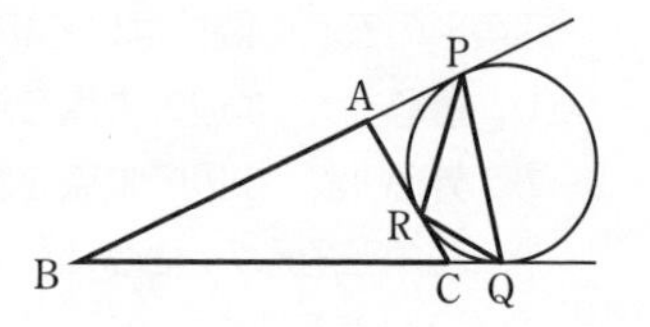

(1) 線分 AR の長さを求めなさい。

(2) △ABC と △PQR の面積比を求めなさい。 ➔ 61

□68 四角形 ABCD において，AB＝6 cm，CD＝8 cm，∠B＝90° であり，辺 AB，BC，CD，DA はともに円Oに接している。対角線 AC が円Oの中心を通るとき，辺 BC の長さと円Oの半径 r を求めなさい。 ➔ 61

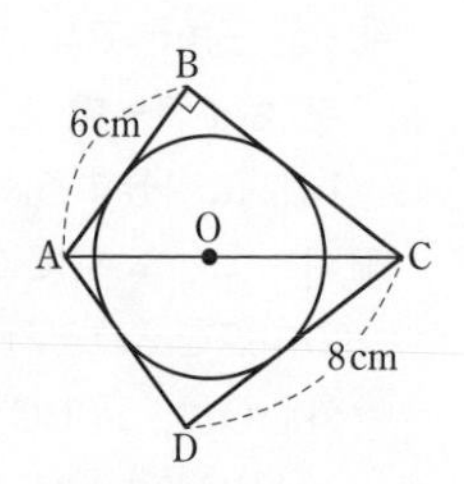

□69 △ABC の頂点A，内心 I から辺 BC へそれぞれ垂線 AH，ID を引く。
BC＝32 cm，CA＝24 cm，AB＝16 cm のとき，BH＝11 cm となる。

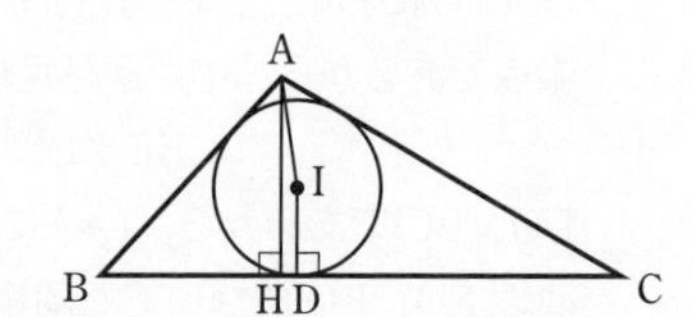

(1) AH：ID を求めなさい。

(2) 線分 HD の長さを求めなさい。 ➔ 63

□70 鋭角三角形 ABC の各頂点から対辺に垂線 AD, BE，CF を引く。△ABC の垂心Hは，△DEF の内心であることを証明しなさい。
(△DEF を △ABC の **垂足三角形** という) ➔ 65

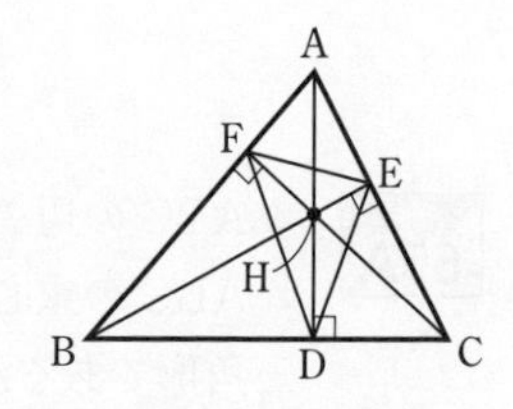

67 (2) △PBQ の面積を基準にして考える。
69 (2) 直線 AI と辺 BC の交点をEとすると，EH の長さがわかる。

5 接線と弦のつくる角

基本事項

1 接線と弦のつくる角

定理　(接弦定理)
円Oの弦 AB と，その端点 A における接線 AT がつくる角 ∠BAT は，その角の内部に含まれる $\overset{\frown}{\mathrm{AB}}$ に対する円周角 ∠ACB に等しい。

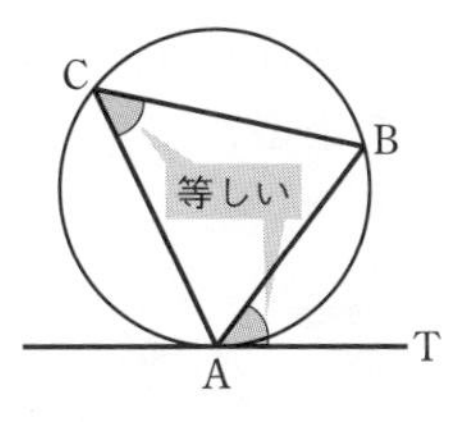

接弦定理は，∠BAT が [1] 鋭角の場合，[2] 直角の場合，[3] 鈍角の場合に分けて，以下のように証明できる。

[1]

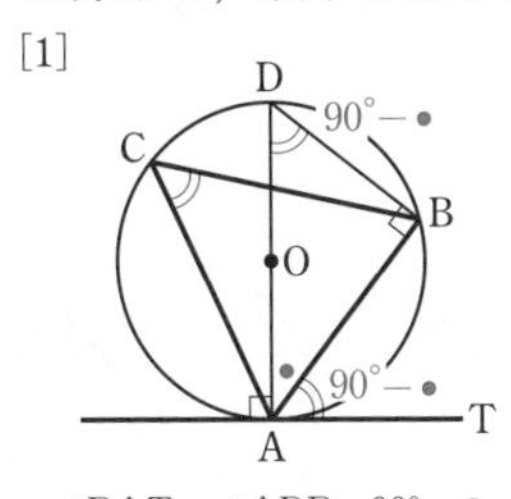

∠BAT=∠ADB=90°−●
∠ADB=∠ACB
よって　∠BAT=∠ACB

[2]

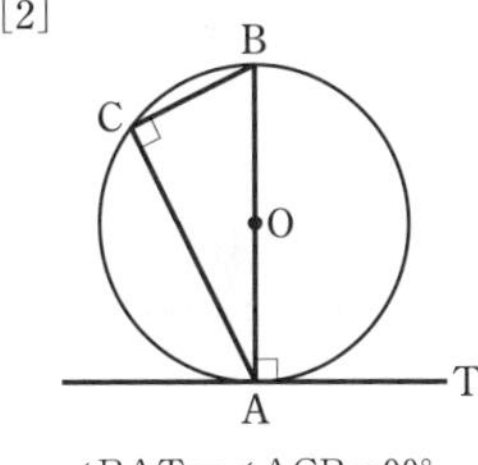

∠BAT=∠ACB=90°

[3]

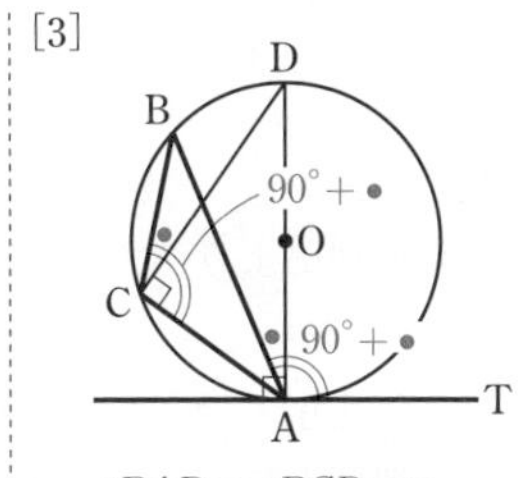

∠BAD=∠BCD=●
よって
∠BAT=∠ACB=90°＋●

注意　以降，本書では接線と弦のつくる角の定理を **接弦定理** ということにする。

2 発展 接弦定理の逆

定理　(接弦定理の逆)
円の $\overset{\frown}{\mathrm{AB}}$ と半直線 AT が直線 AB の同じ側にあって，$\overset{\frown}{\mathrm{AB}}$ に対する円周角 ∠ACB が ∠BAT に等しいとき，直線 AT は点Aにおける円の接線である。

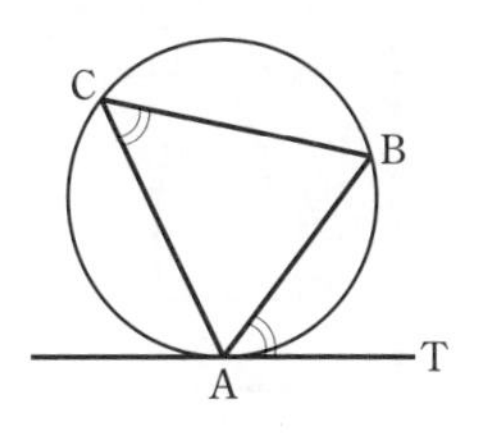

証明　点Aを通る円の接線 AT′ を，∠BAT′ の内部に $\overset{\frown}{\mathrm{AB}}$ を含むように引くと，接弦定理により

∠ACB=∠BAT′

仮定より，∠ACB=∠BAT であるから

∠BAT=∠BAT′

よって，2 直線 AT，AT′ は一致する。
したがって，直線 AT は点Aにおける円の接線である。 終

例題 66　接弦定理

右の図において，$\angle x$ の大きさを求めなさい。
ただし，ℓ は点Aにおける円の接線であり，Oは円の中心である。

(1)

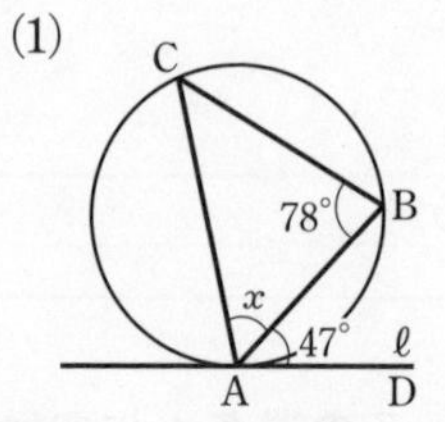

(2)

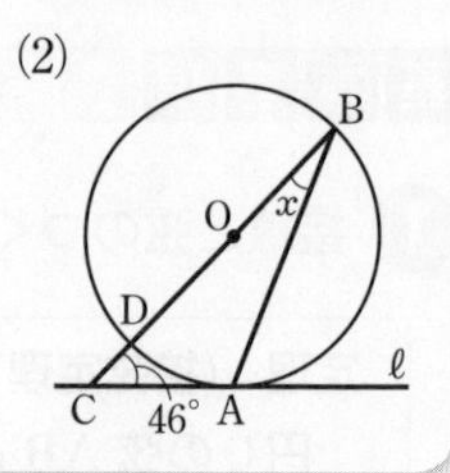

ℓ が円の接線で，角度を求める問題。⟶ **接弦定理** を利用。

(1)　$\angle$ACB の大きさがわかるから，$\triangle$ABC の内角の和にもちこむ。

(2)　接弦定理が使えるように，弦 AD を引く。

接弦定理や，　**CHART 直径は直角**　を利用して，わかる角を図にかき入れていく。⟶ $\triangle$BCA の内角の和にもちこめる。

解答

(1)　接弦定理により　$\angle ACB=\angle BAD=47°$

$\triangle$ABC において　$\angle \boldsymbol{x}=180°-(78°+47°)=\mathbf{55°}$　答

(2)　弦 AD を引くと　$\angle BAD=90°$

接弦定理により　$\angle DAC=\angle DBA=\angle x$

$\triangle$BCA において　$\angle x+46°+(90°+\angle x)=180°$

よって　$\angle \boldsymbol{x}=\mathbf{22°}$　答

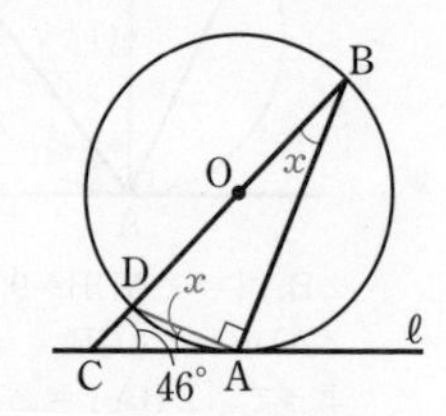

CHART

円の接線の性質

1　半径に垂直

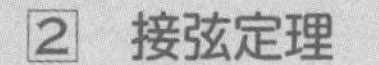

2　接弦定理　　3　接線 2 本で二等辺

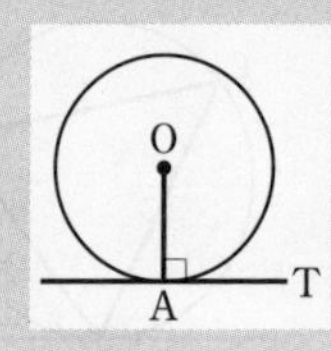

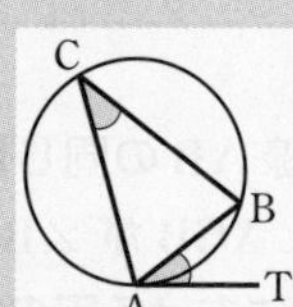

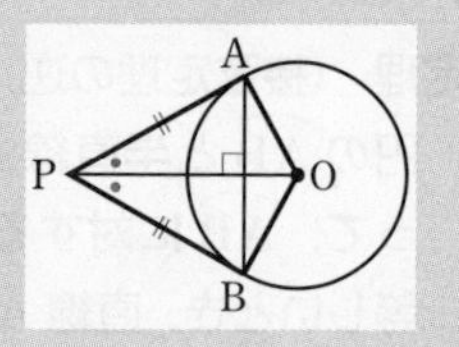

練習 66　次の図において，$\angle x$ の大きさを求めなさい。ただし，ℓ は点Aにおける円の接線であり，(3) において，BA＝BC である。

(1)

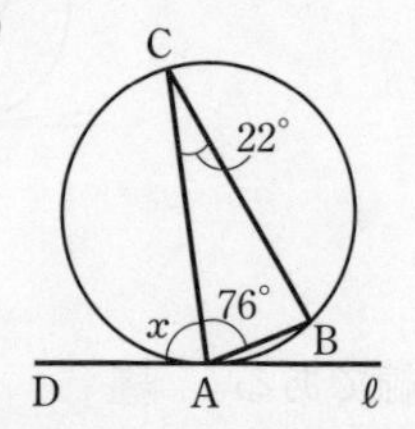

(2)

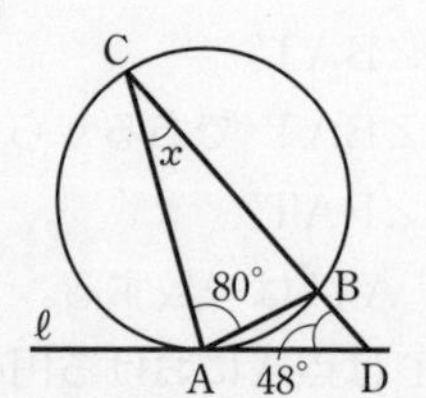

(3)

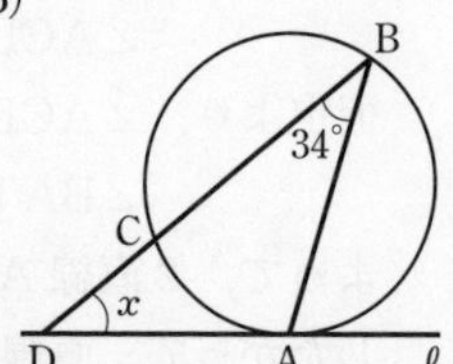

例題 67 接弦定理と証明，線分の長さ

右の図において，BD は点Bにおける円の接線であり，AB∥CE である。

(1) △ABD∽△BCD であることを証明しなさい。

(2) BE=5 cm，CD=6 cm であるとき，線分 ED の長さを求めなさい。

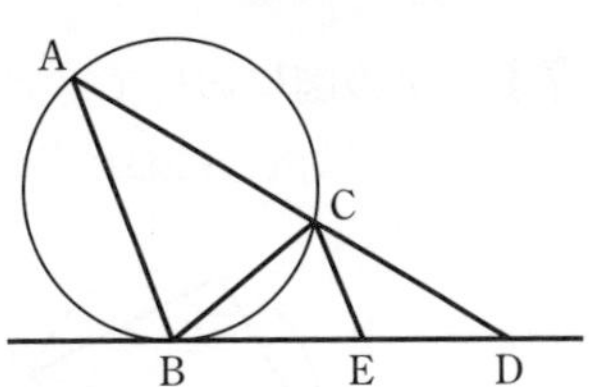

(1) ∠D は共通。また，BD が円の接線であるから ∠BAD=∠CBD

(2) 線分 ED を含む三角形に着目。⟶ △BCD∽△CED を示して利用する。

解答

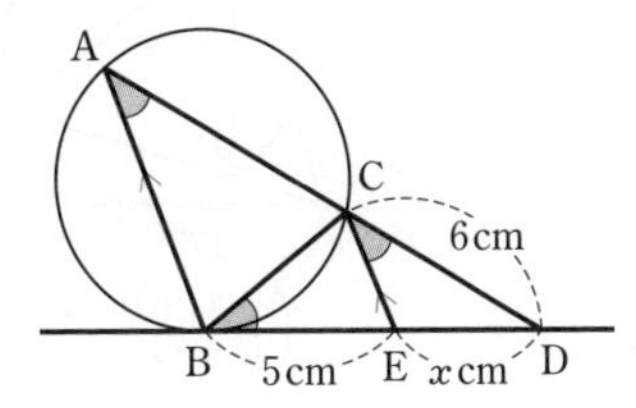

(1) △ABD と △BCD において

共通な角であるから　∠ADB=∠BDC ……①

接弦定理により　∠BAD=∠CBD ……②

①，②より，2 組の角がそれぞれ等しいから

△ABD∽△BCD 終

(2) △BCD と △CED において

AB∥CE であるから　∠BAD=∠ECD ……③

②，③ から　∠CBD=∠ECD ……④

①，④ より，2 組の角がそれぞれ等しいから　△BCD∽△CED

よって　BD : CD=CD : ED　　ED=x cm とおくと　$(5+x):6=6:x$

これを解いて　$x(5+x)=36$　　よって　$(x-4)(x+9)=0$

$x>0$ であるから　$x=4$　　答 **4 cm**

解説

右の図において，BD は点Bにおける円の接線である。

例題と同じようにして　△ABD∽△BCD

円と接線でこの形が出てきたら，相似を利用することを考えるとよい。

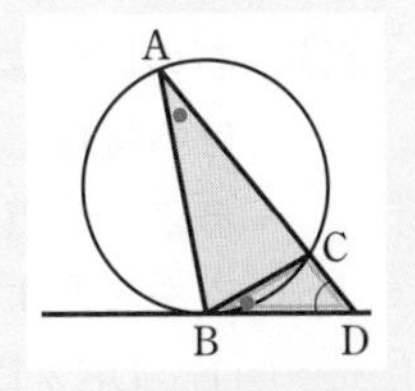

練習 67 右の図において，ST は点Aにおける円の接線であり，AC=AD，ED∥ST である。

このとき，BC=ED を証明しなさい。

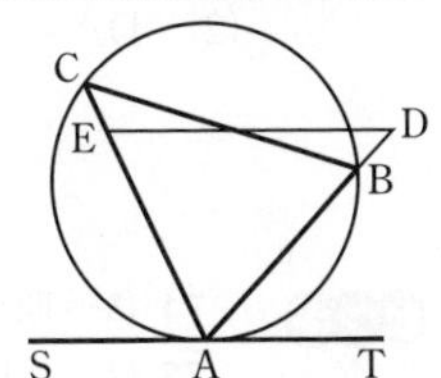

演習問題

□71 次の図において，$\angle x$ の大きさを求めなさい。(1)～(3) において，直線 ST は点Aにおける円の接線である。

(1)

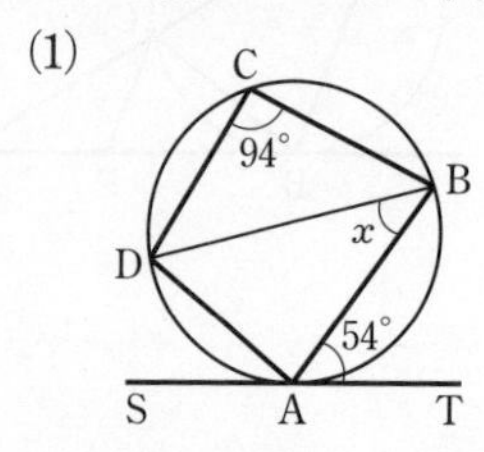

(2)

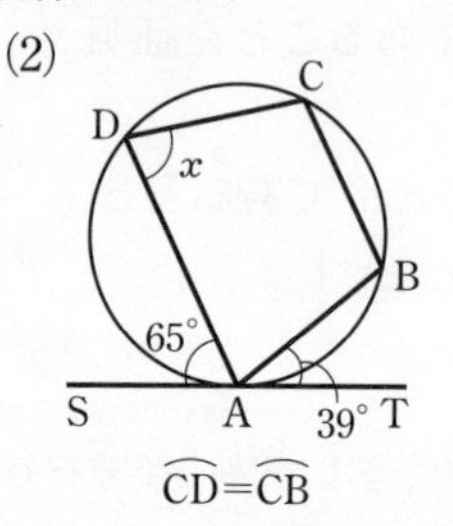

$\overset{\frown}{CD}=\overset{\frown}{CB}$

(3)

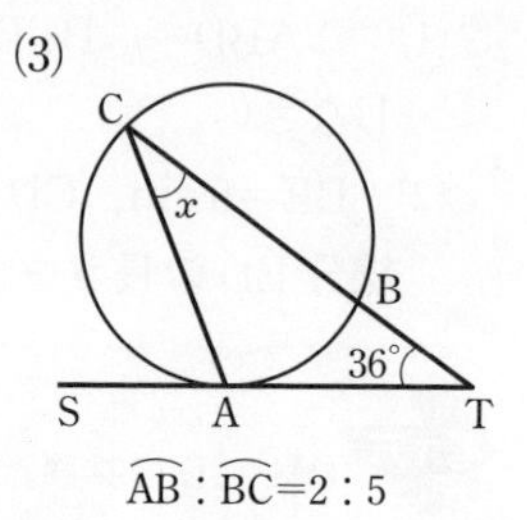

$\overset{\frown}{AB}:\overset{\frown}{BC}=2:5$

(4)

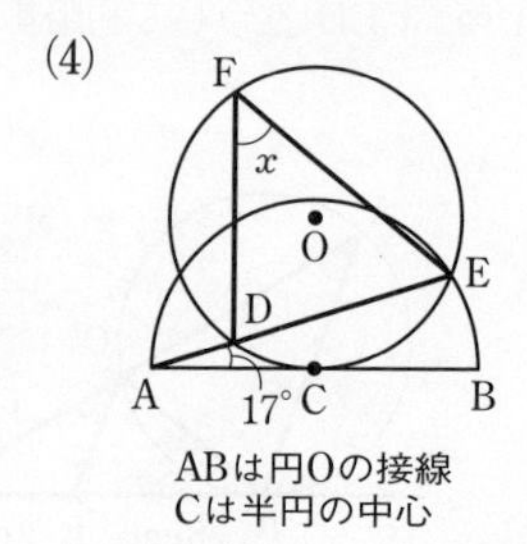

ABは円Oの接線
Cは半円の中心

(5)

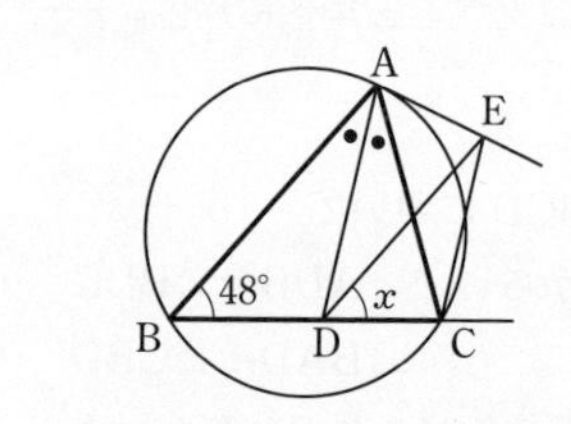

$\angle A=58°$，ADは$\angle A$の二等分線，
AEは円の接線，AD∥EC

➜ 66

□72 AB＝8 cm，BC＝6 cm，CA＝7 cm の△ABC の辺 BC に点Cで接し，Aを通る円と辺 AB の交点をDとする。また，円周上に点Eを $\angle BAC=\angle CAE$ となるようにとる。

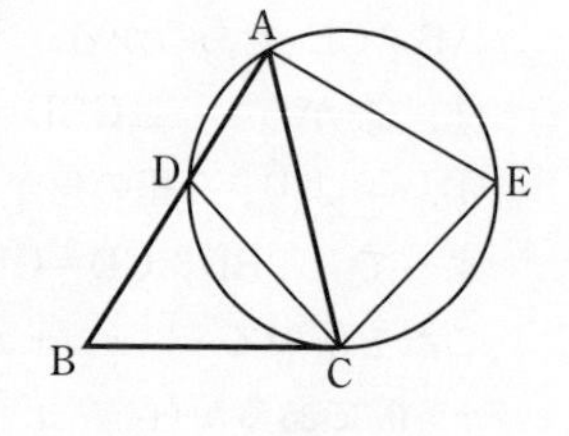

(1) 線分 DC の長さを求めなさい。

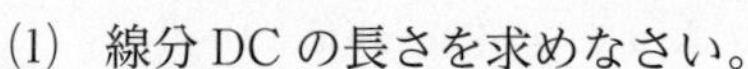

(2) △ACE∽△ABC を証明しなさい。

➜ 67

□73 右の図のように，△ABC の外接円の点Aにおける接線上に $\angle BDA=\angle BAC=\angle CEA$ となるような点D，Eをとり，線分 CE と円との交点をFとするとき，次のことを証明しなさい。

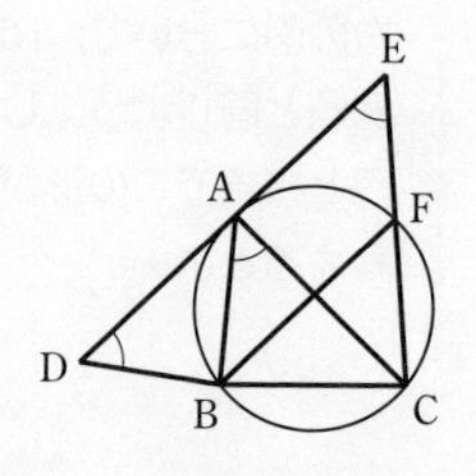

(1) DE∥BF

(2) DA＝AE

➜ 67

71 (5) 四角形 ADCE は円に内接することを利用する。
73 (2) △DAB≡△EAF を示す。そのために (1) の結果を利用する。

6 方べきの定理

基本事項

1 方べきの定理

定理 （方べきの定理）

[1] 円の2つの弦 AB，CD の交点，またはそれらの延長の交点をPとすると　　$PA\times PB=PC\times PD$

[2] 円の外部の点Pから円に引いた接線の接点を T とする。
P を通る直線がこの円と2点 A，B で交わるとき

$$PA\times PB=PT^2$$

[1] 点 P が円の内部にある場合

図 1

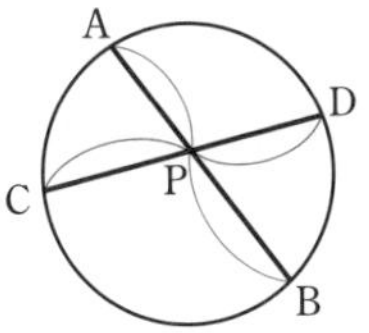

点 P が円の外部にある場合

図 2

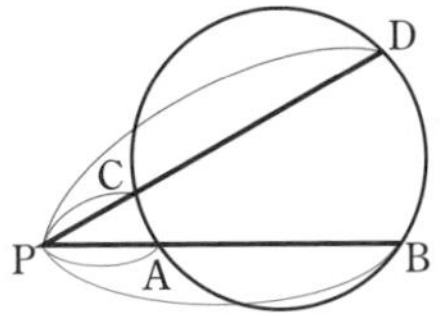

[2]

図 3

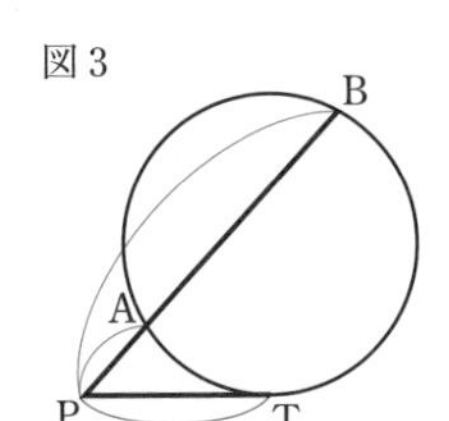

注意 上の定理における $PA\times PB$ の値を，点Pのこの円に関する **方べき** という。

(1) 方べきの定理 [1] は，点Pが円の内部，外部どちらにあっても

CHART 交わる2弦は　三角形の相似 にもちこむ

で，$\triangle PAC \backsim \triangle PDB$ を利用して証明できる。

(2) 方べきの定理 [2] は，方べきの定理 [1] の点Pが円の外部にある場合で，CとDが一致したものと考えることができる。

(3) 円と2点で交わる直線を **割線**（かっせん） という。方べきの定理は，

① **交わる2弦**（上の図1）　② **2本の割線**（上の図2）

③ **接線と割線**（上の図3）　に関する定理である。

2 方べきの定理の逆

定理 （方べきの定理の逆）

2つの線分 AB と CD，または AB の延長と CD の延長が点 P で交わるとき，$PA\times PB=PC\times PD$ が成り立つならば，4点 A，B，C，D は1つの円周上にある。

例題 68 方べきの定理と線分の長さ

右の図において，x の値を求めなさい。
ただし，(2) において，直線 PT は T における円の接線である。

(1)

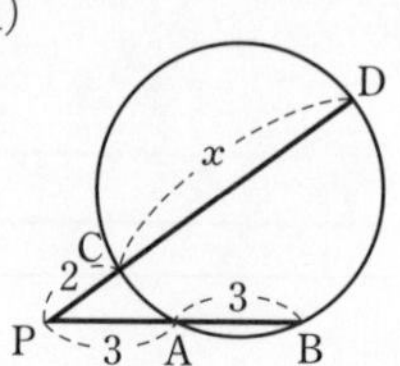

(2)

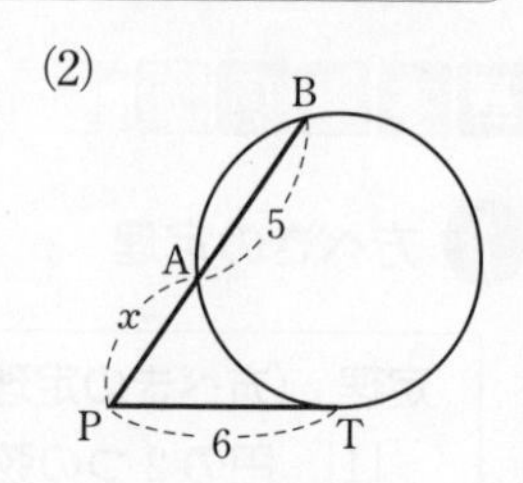

2 本の割線，接線と割線についての問題。⟶ **方べきの定理** を利用。
(2)　x の 2 次方程式が出てくる。線分の長さであるから，$x>0$ に注意。

解答

(1)　方べきの定理により　$PA\times PB=PC\times PD$　◀この等式を忘れないように。

すなわち　$3\times(3+3)=2\times(2+x)$　よって　$\boldsymbol{x=7}$　答

(2)　方べきの定理により　$PA\times PB=PT^2$

すなわち　$x\times(x+5)=6^2$　◀$PB=PA+AB=x+5$

$x^2+5x-36=0$　よって　$(x-4)(x+9)=0$

$x>0$ であるから　$\boldsymbol{x=4}$　答

解説

右の図で，円 O の半径を r とすると

$$PA\times PB=PC\times PD$$
$$=(PO-r)(PO+r)=PO^2-r^2$$

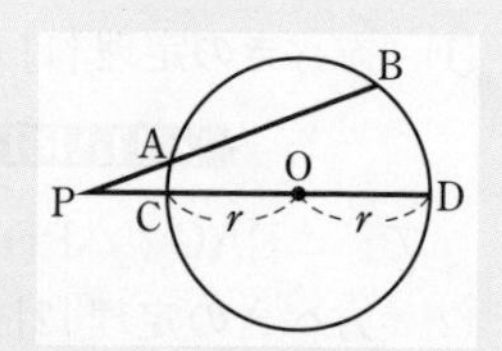

同じように考えると，点 P が円の内部にあるときは
$PA\times PB=r^2-PO^2$ となる。
したがって，$PA\times PB$ の値は，円の中心と点 P との距離および半径によって決まり，点 A, B の位置によらない。この値 PO^2-r^2（または r^2-PO^2）を，点 P の円 O に関する **方べき** という。（p.119  参照）

練習 68　次の図において，x の値を求めなさい。ただし，(3) において，直線 PT は T における円の接線である。

(1)

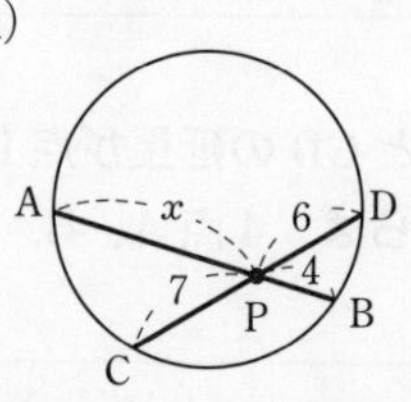

(2)

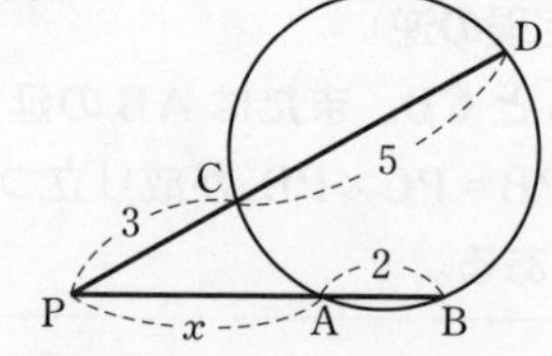

(3)

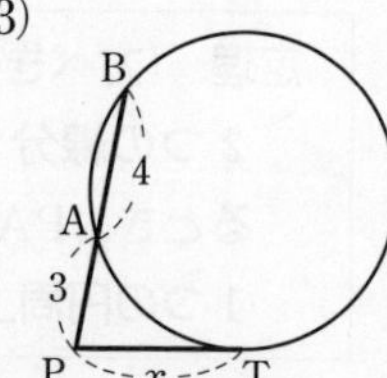

例題 69　方べきの定理の利用

右の図において，2点P，Qは2つの円の交点である。このとき，次のことを証明しなさい。

(1)　$CA\times CD=CB\times CE$

(2)　$AB\times CD=BC\times DE$

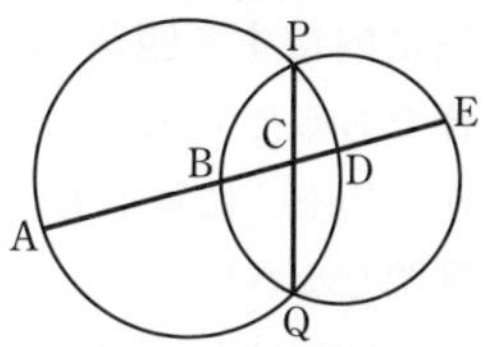

交わる2弦 の問題。⟶ **方べきの定理** の利用を考える。

(1)　左側の円の弦は AD と PQ，右側の円の弦は BE と PQ。　◀PQ が共通。

それぞれの **ペア** について，方べきの定理を利用。

⟶ $CA\times CD=CP\times CQ$，$CB\times CE=CP\times CQ$　◀$CP\times CQ$ が共通。

(2)　(1)で証明した式が利用できないか。

⟶ $AB=AC-BC$，$DE=CE-CD$ と考えると，(1)が利用できそう。

$AB\times CD$ を変形して $BC\times DE$ にすることを考える。

解答

(1)　左側の円について，方べきの定理により

$$CA\times CD=CP\times CQ \quad \cdots\cdots ①$$

右側の円について，方べきの定理により

$$CB\times CE=CP\times CQ \quad \cdots\cdots ②$$

①，② から　$CA\times CD=CB\times CE$　終

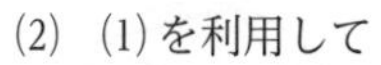

(2)　(1)を利用して

$$\begin{aligned}AB\times CD&=(AC-BC)\times CD\\&=AC\times CD-BC\times CD\\&=BC\times CE-BC\times CD\\&=BC\times(CE-CD)\\&=BC\times DE\end{aligned}$$
終

◀$AB=AC-BC$

◀(1)から $AC\times CD=BC\times CE$

◀$DE=CE-CD$

CHART

接線・割線　交わる2弦　2割線　接線と割線

ペアを見つけて　方べき

練習 69　右の図において，Oは右側の円の中心であり，直線ABは2円の交点Aにおける円Oの接線である。このとき，

$$AB^2=BC\times BO+CA\times CE$$

であることを証明しなさい。

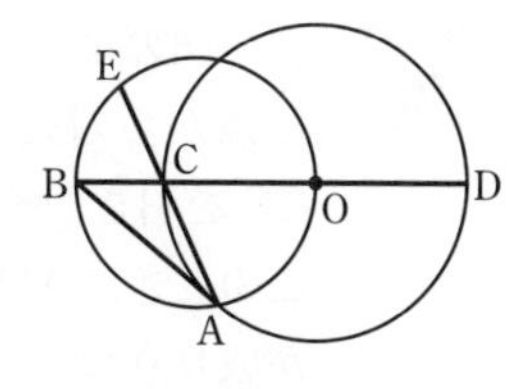

例題 70　方べきの定理の利用（円の発見）

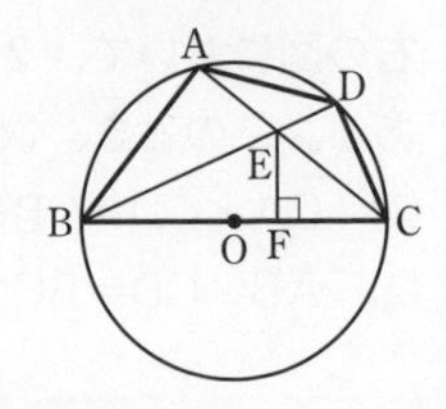

円に内接する四角形 ABCD において，BC が円の直径であるとする。対角線 AC，BD の交点を E とし，E から辺 BC に垂線 EF を引く。このとき，次のことを証明しなさい。

(1)　$BE\times BD=BF\times BC$

(2)　$BE\times BD+CE\times CA=BC^2$

(1)　証明する式は，方べきの定理の形。　◀DE，CF が弦。

しかし，肝心の円がない。

⟶ DE，CF が弦である円があればよい。

$\angle EDC=\angle EFC=90^\circ$ に着目すると　◀直径は直角

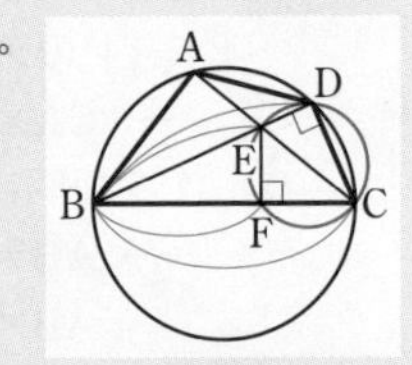

CHART　直角 2 つで　円くなる

で，円が発見できる。

(2)　証明する式の $BE\times BD$ の部分は (1) が利用できそう。$CE\times CA$ の部分についても，(1) と同じように円を発見して方べきの定理を使う。

CHART　2 割線　　ペアを見つけて　方べき

解答

(1)　BC は円の直径であるから　　$\angle BDC=90^\circ$

また，$\angle EFC=90^\circ$ から，四角形 EFCD は円に内接する。

よって，方べきの定理により

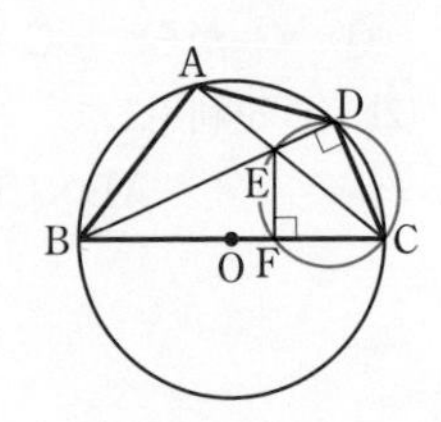

$BE\times BD=BF\times BC$　……①　終

(2)　(1) と同様に，$\angle EAB=\angle EFB=90^\circ$ であるから，四角形 EFBA は円に内接する。

よって，方べきの定理により

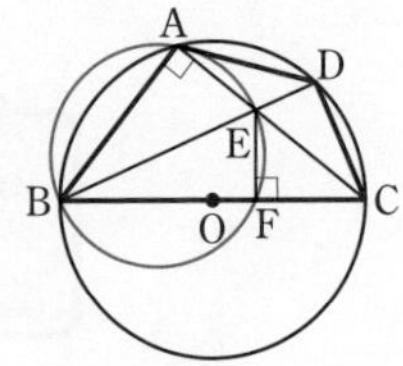

$CE\times CA=CF\times CB$　……②

①，② から　$BE\times BD+CE\times CA=BF\times BC+CF\times CB$

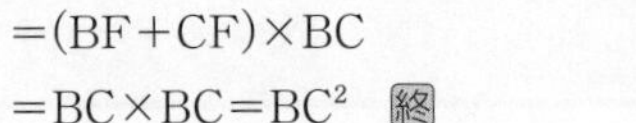

$=(BF+CF)\times BC$

$=BC\times BC=BC^2$　終

練習 70　右の図のように，鋭角三角形 ABC の 3 つの頂点から対辺に，それぞれ垂線 AD，BE，CF を引き，それらの交点（垂心）を H とする。このとき，$AH\times HD=BH\times HE=CH\times HF$ が成り立つことを証明しなさい。

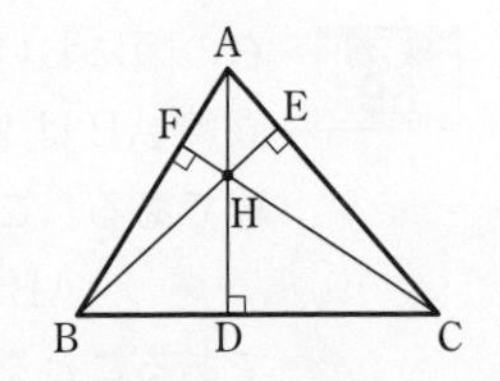

例題 71　方べきの定理の逆

2 点 A, B で交わる 2 つの円がある。線分 BA の延長上の点Pを通る 2 直線と円の交点を，右の図のように C, D, E, F とする。4 点 C, D, E, F が一直線上にないとき，この 4 点は 1 つの円周上にあることを証明しなさい。

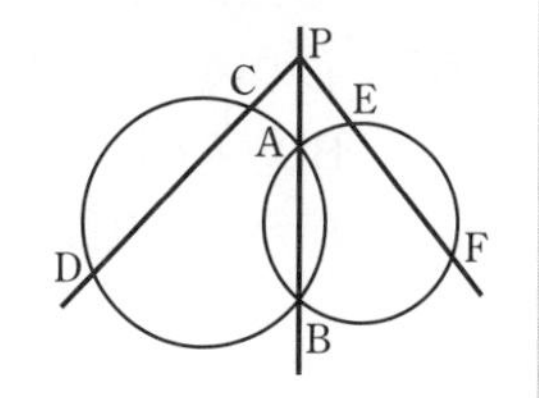

4 点 C, D, E, F が 1 つの円周上にあるとすると，CD, EF は 2 本の割線となる。　**CHART**　2 割線　　ペアを見つけて　方べき

⟶ **方べきの定理の逆** を用いる。PC×PD＝PE×PF を示せばよい。
与えられた 2 つの円について，割線のペアは CD と AB，EF と AB
AB が共通するから，方べきの定理で結びつける。

解答

左側の円について，方べきの定理により

$$PC\times PD=PA\times PB \quad \cdots\cdots ①$$

右側の円について，方べきの定理により

$$PE\times PF=PA\times PB \quad \cdots\cdots ②$$

①, ② から　　$PC\times PD=PE\times PF$

したがって，方べきの定理の逆により，4 点 C, D, E, F は 1 つの円周上にある。 終

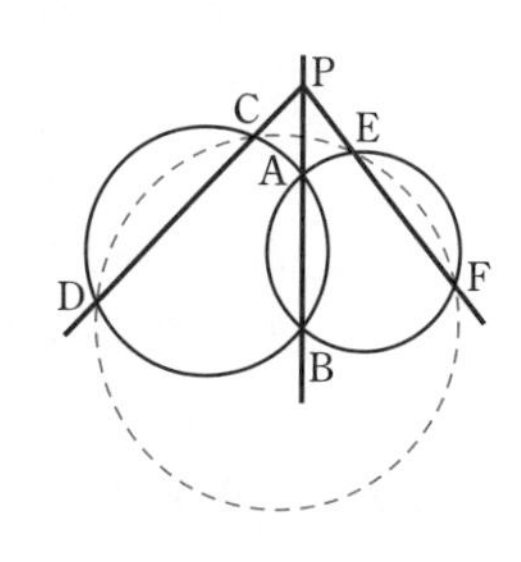

参考　4 点 A, B, C, D が 1 つの円周上にある条件をまとめておこう。

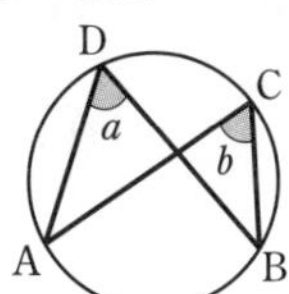

$\angle a=\angle b$

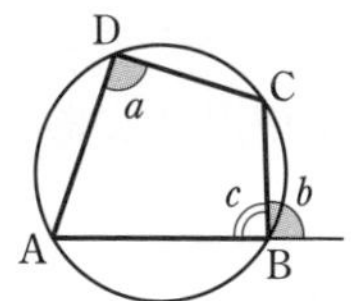

$\angle a=\angle b$, $\angle a+\angle c=180°$

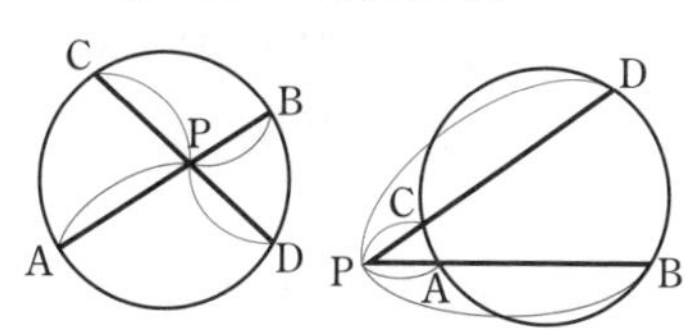

$PA\times PB=PC\times PD$

練習 71　右の図において，PA, PB は点Oを中心とする円の接線である。また，弦 AB と直線 PO の交点をCとし，Cを通る円の弦を DE とする。4 点 P, O, D, E が一直線上にないとき，この 4 点は 1 つの円周上にあることを証明しなさい。

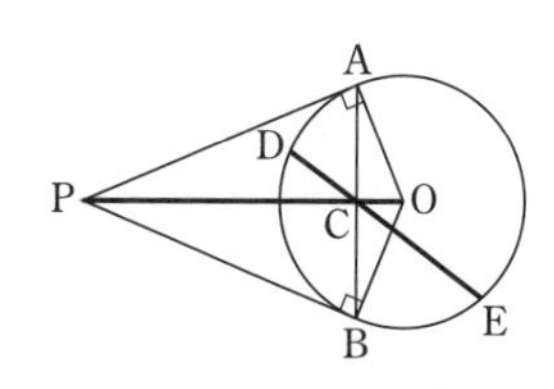

演習問題

□**74** 右の図において，AB∥FD である。
BD＝6 cm，AE＝3 cm，EC＝5 cm のとき，
線分 EF の長さを求めなさい。

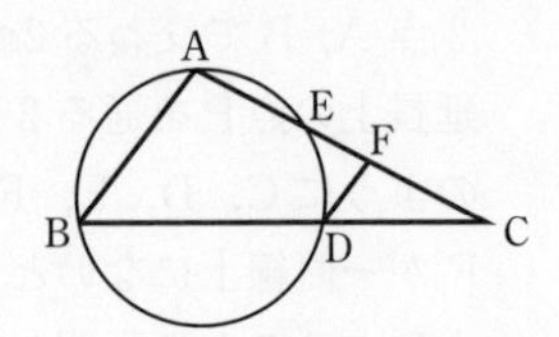

➔ 68

□**75** 点Oを中心とする半径 5 cm の円の内部に点Pがある。Pを通る円Oの弦 AB について，PA×PB＝21 であるとき，線分 OP の長さを求めなさい。

➔ 68

□**76** △ABC の外心をO，内心をＩとし，OとＩは一致しないとする。直線 AI と外接円の交点をDとし，直線 DO と外接円の交点をEとする。また，Ｉから辺 AC に垂線 IF を引く。△ABC の外接円の半径を R，内接円の半径を r とする。

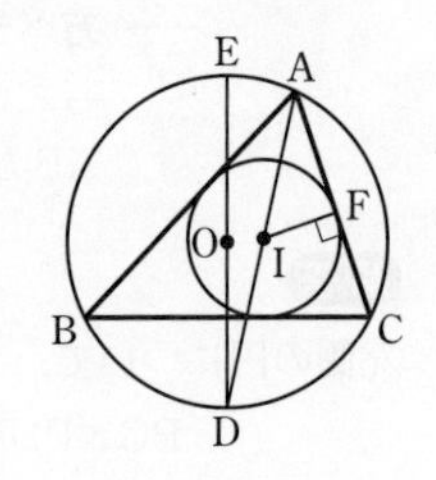

(1) IA×ID を OI と R で表しなさい。
(2) AI×BD＝ED×IF を証明しなさい。
(3) BD＝DI を証明しなさい。　(4) OI^2 を R と r で表しなさい。

□**77** △ABC の頂点Aから辺 BC に垂線 AH を引く。辺 BC に点Hで接し，Aを通る円と辺 AB，AC との交点をそれぞれ D，E とする。このとき，次のことを証明しなさい。

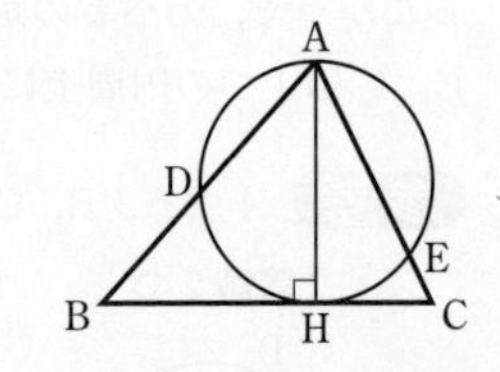

(1) AH^2＝AE×AC
(2) 4点 D，B，C，E は1つの円周上にある。

➔ 70, 71

□**78** 円Oに点Pから2本の接線を引き，その接点を S，T とし，OP と ST の交点をHとする。また，点Pを通る直線が円Oと2点 A，B で交わるとする。次のことを証明しなさい。

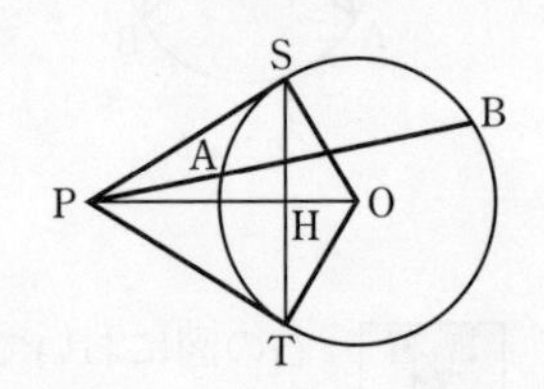

(1) △POS∽△PSH
(2) 4点 A，B，H，O は1つの円周上にある。

➔ 71

76 (2) △AIF∽△EDB を示す。　(3) ∠DIB＝∠DBI を示す。
78 (2) PH×PO＝PA×PB を示せばよい。(1)の結果を利用する。

7 2つの円

基本事項

1 2つの円の位置関係

半径が r, r' の2つの円O, O′の位置関係は，次の5つの場合がある。
ただし，$r>r'$ とし，中心間の距離OO′を d とする。

[1] 外部にある	[2] 外接する	[3] 2点で交わる	[4] 内接する	[5] 内部にある
	接点		接点	
$d>r+r'$	$d=r+r'$	$r-r'<d<r+r'$	$d=r-r'$	$d<r-r'$
2円の共有点は0個	1個	2個	1個	0個

2 中心線

2つの円の中心を通る直線を，2つの円の **中心線** という。

[1] 交わる2つの円の中心線は，2つの円に共通な弦（**共通弦** という）の垂直二等分線である。

[2] 外接する2つの円および，内接する2つの円の接点は，中心線上にある。

[1]

[2]

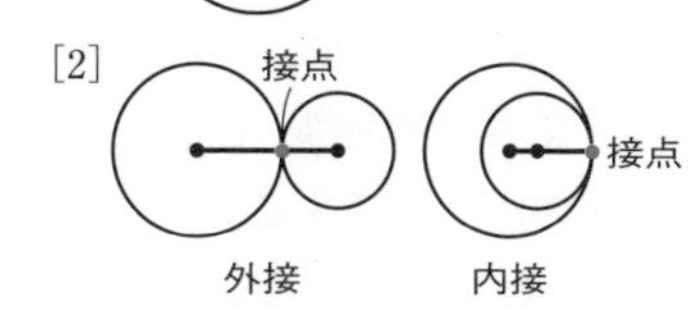

3 共通接線

(1) 2つの円の両方に接している直線を，2つの円の **共通接線** という。

(2) 2つの円が共通接線の同じ側にあるとき，その共通接線を **共通外接線** といい，反対側にあるとき，その共通接線を **共通内接線** という。

(3) 1 の5つの位置関係について，共通接線の本数は次のようになる。

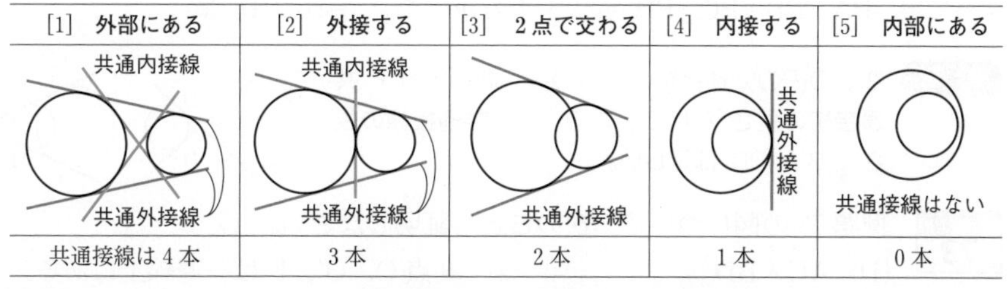

[1] 外部にある	[2] 外接する	[3] 2点で交わる	[4] 内接する	[5] 内部にある
共通接線は4本	3本	2本	1本	0本

重要 2つの円は ① **共通接線** ② **共通弦** ③ **中心線** で結びつける。

例題 72 2つの円の位置関係

半径が異なる2つの円があり，この2つの円は，中心間の距離が13 cmならば外接し，5 cmならば内接する。この2つの円の半径を求めなさい。

2つの円の半径を r, r' $(r>r')$ として，条件 **中心間の距離が13 cmのとき外接，5 cmのとき内接** を式に表す。
⟶ r と r' の連立方程式が出てくる。

◀中心線を引いた図をかくとわかりやすい。

解答

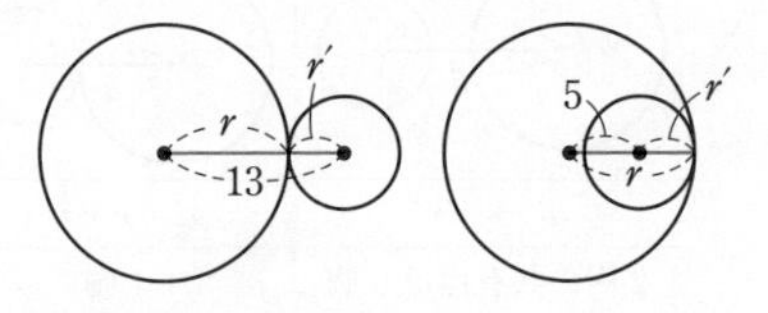

2つの円の半径を r cm, r' cm $(r>r')$ とすると

$r+r'=13$ (外接), $r-r'=5$ (内接)

これを解くと $r=9$, $r'=4$

よって，2つの円の半径は **9 cm と 4 cm** 答

練習 72 半径4 cmの円Oと半径 r cm $(r>4)$ の円O′があり，$OO'=9$ cm である。
(1) 円Oが円O′に内接するとき，r の値を求めなさい。
(2) 2つの円が異なる2点で交わるとき，r の値の範囲を求めなさい。

例題 73 共通接線の性質

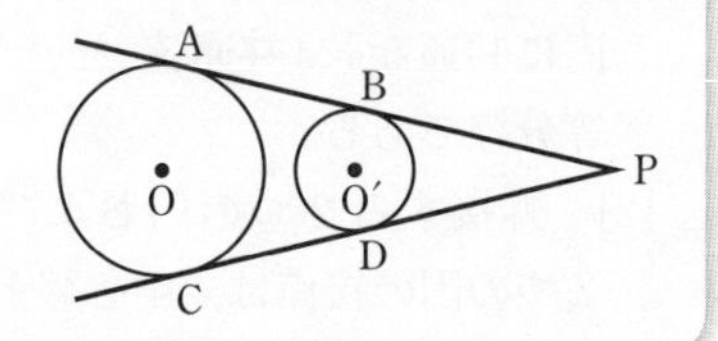

右の図のように，互いに離れた2つの円O, O′に共通外接線AB, CDを引き，その交点をPとする。このとき，AB=CDであることを証明しなさい。

●CHART 接線2本で 二等辺三角形

2つの円のそれぞれについて，このチャートを利用。

解答

円Oについて PA=PC　　円O′について PB=PD

よって PA−PB=PC−PD　　したがって AB=CD 終

参考 2つの円の共通接線の2つの接点間の距離を **共通接線の長さ** という。右の図で，**共通接線の長さ** AB と CD **は等しい。**

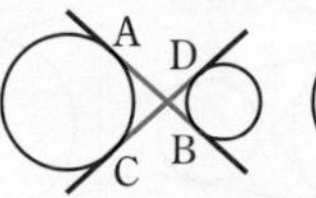

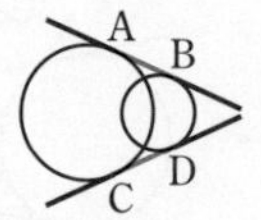

練習 73 例題73の図について，次のことを証明しなさい。
(1) AC∥BD　　(2) 3点O, O′, Pは一直線上にある。
(3) OA×O′P=O′B×OP

例題 74 共通接線の利用 (1)

右の図において，2 つの円は点Pで外接している。このとき，$\angle x$ の大きさを求めなさい。

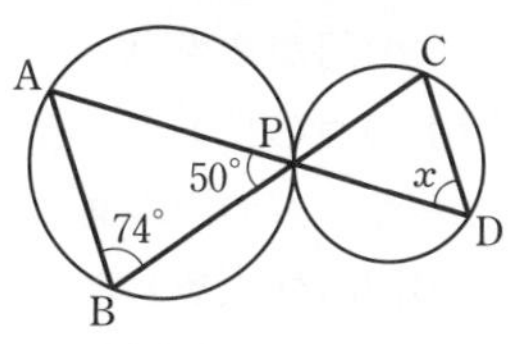

2 つの円は　① **共通接線**　② **共通弦**　③ **中心線**　で結びつける。
この問題の場合，**接する 2 つの円** がある。
⟶ **共通接線** を引いて，2 つの円を結びつける。
共通接線は両方の円の接線であるから，それぞれの円で接弦定理を利用して，角を移動する。

解答

点Pを通る共通接線 QR を引く。

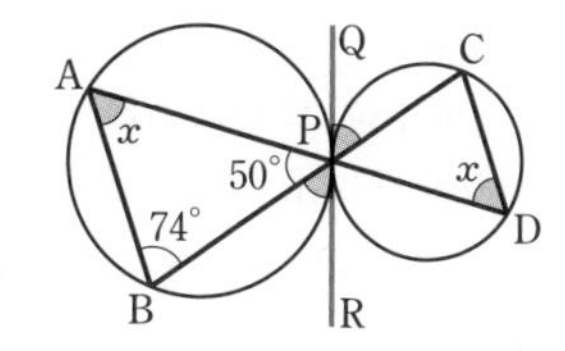

接弦定理により　$\angle \mathrm{CDP}=\angle \mathrm{CPQ}$
対頂角は等しいから　$\angle \mathrm{CPQ}=\angle \mathrm{BPR}$
接弦定理により　$\angle \mathrm{BPR}=\angle \mathrm{BAP}$
よって　$\angle \mathrm{BAP}=\angle \mathrm{CDP}=\angle x$
△ ABP において　$\angle \boldsymbol{x}=180^\circ-(74^\circ+50^\circ)=\mathbf{56^\circ}$　答

CHART
接する 2 円　共通接線を引く
1　各円に　接弦定理，方べき　　2　中心線上に接点あり

解説

上の例題のように，共通接線を引いて角を移動することにより，右の図のどちらの場合も AB∥CD であることがわかる。

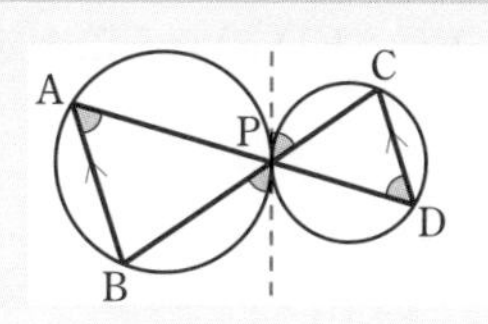

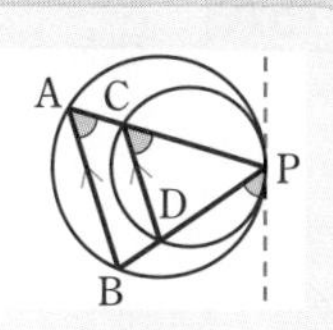

練習 74 右の図において，2 つの円は，(1) では点Pで外接し，(2) では点Pで内接している。
このとき，$\angle x$ の大きさを求めなさい。

(1)

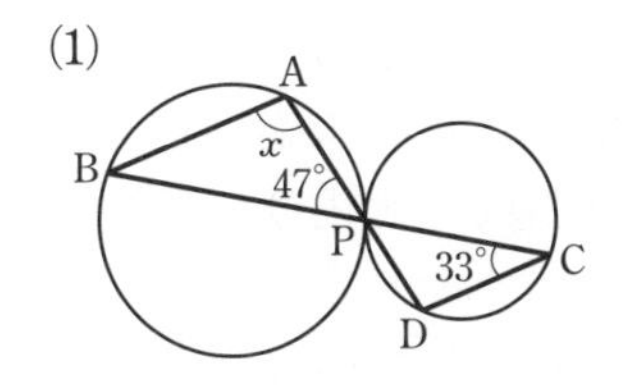

(2)

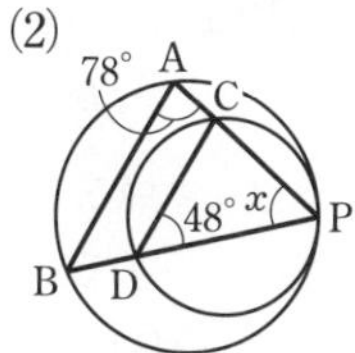

例題 75　交わる2つの円

2つの円が2点A，Bで交わっている。一方の円上の点Cにおける接線をSTとし，直線CAともう一方の円の交点をD，直線CBともう一方の円の交点をEとする。このとき，DE∥STであることを証明しなさい。

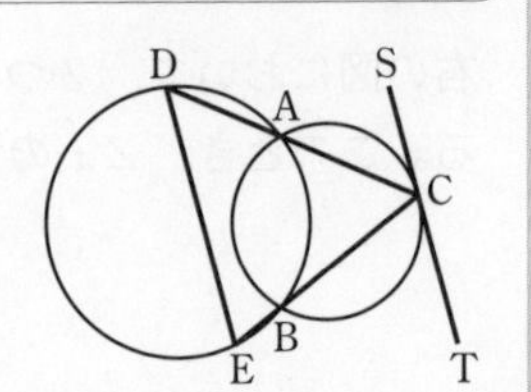

考え方　2つの円は　① **共通接線**　② **共通弦**　③ **中心線**　で結びつける。
この問題の場合，**交わる2つの円** がある。
⟶ **共通弦** を引いて，2つの円を結びつける。
右の円では接弦定理を利用，左の円では内接四角形の性質を利用。
角を移動して，**錯角が等しい** ことから平行を示す。

解答

2つの円の共通弦ABを引く。

接弦定理により　　$\angle ACS=\angle ABC$

四角形ADEBは円に内接するから　　$\angle ABC=\angle ADE$

よって　　$\angle ACS=\angle ADE$

錯角が等しいから　　DE∥ST　終

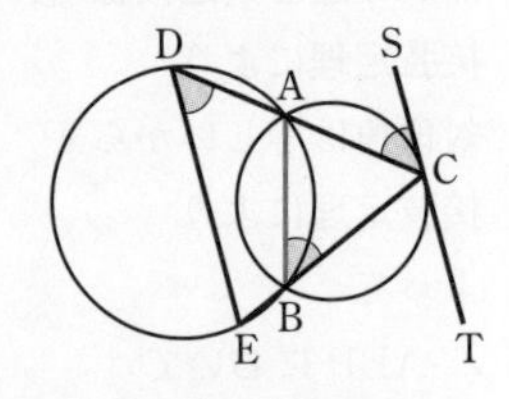

CHART

交わる2円　共通弦を引く

1　各円に 円周角，内接四角形，方べき　　2　中心線で垂直に二等分

練習 75A　右の図において，2点A，Bは2つの円の交点である。EC∥FDであることを証明しなさい。

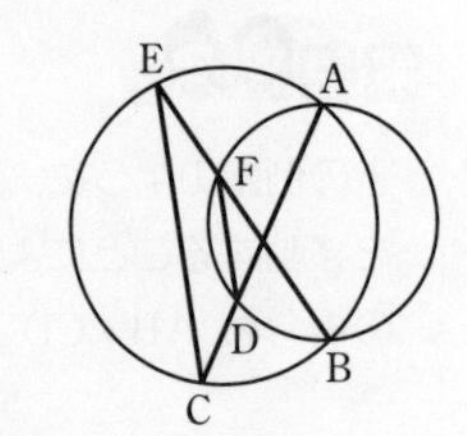

練習 75B　右の図のように，半径が等しい2つの円O，O′が，2点A，Bで交わっている。点Bにおける円Oの接線と円O′との交点をC，直線CAと円Oとの交点をDとする。

(1)　$\angle ACB=40°$ であるとき，$\angle BAC$ を求めなさい。

(2)　$AB=2$，$BC=3$ であるとき，線分ADの長さを求めなさい。

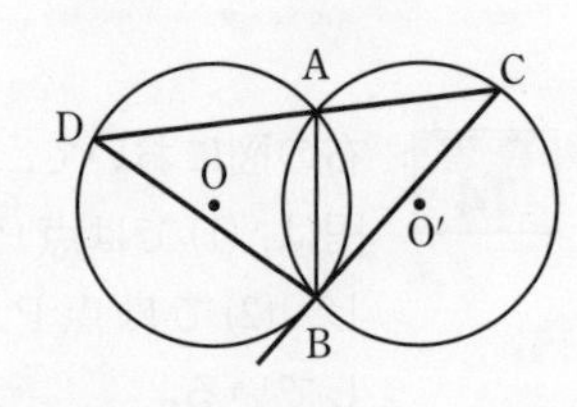

例題 76 共通接線の利用 (2)

点Aで外接する2つの円O，O′ の共通外接線の接点をそれぞれB，Cとする。
このとき，∠BAC=90° であることを証明しなさい。

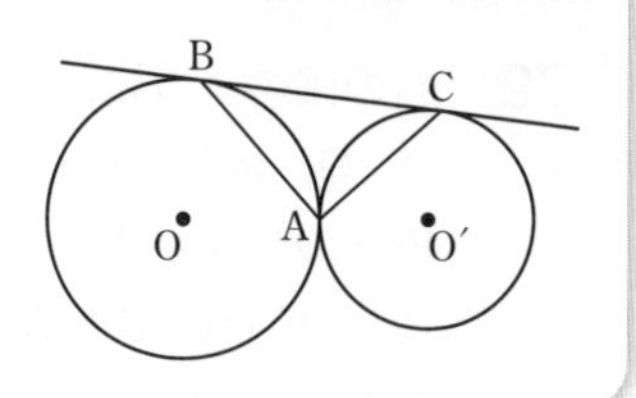

CHART 接する2円　共通接線を引く

共通接線を引き，直線BCとの交点をMとすると，Mから円O，O′ にそれぞれ接線が2本ずつ引かれたことになる。　◀MAとMB，MAとMC

CHART 接線2本で　二等辺三角形

よって　MA=MB=MC

⟶ Mを中心として，3点A，B，Cを通る円がかける。　◀BCが直径。

点Aを通る共通接線を引き，直線BCとの交点をMとする。
Mから円O，O′ に引いた接線の長さはそれぞれ等しいから　MA=MB，MA=MC
したがって　MA=MB=MC
よって，Mを中心として，3点A，B，Cを通る円がかける。
線分BCはその円の直径であるから　∠BAC=90°　終

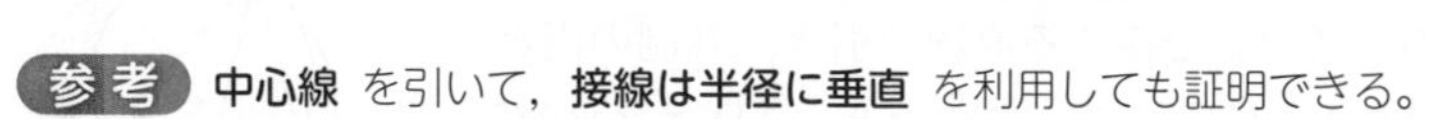

別証　中心線OO′と半径OB，O′Cを引く。
∠BAO=a，∠CAO′=b とおく。
二等辺三角形OAB，O′ACにおいて

∠BOA=180°−2a，　∠CO′A=180°−2b

よって，四角形OO′CBにおいて

(180°−2a)+(180°−2b)+90°+90°=360°

ゆえに　a+b=90°　したがって　∠BAC=180°−(a+b)=90°　終

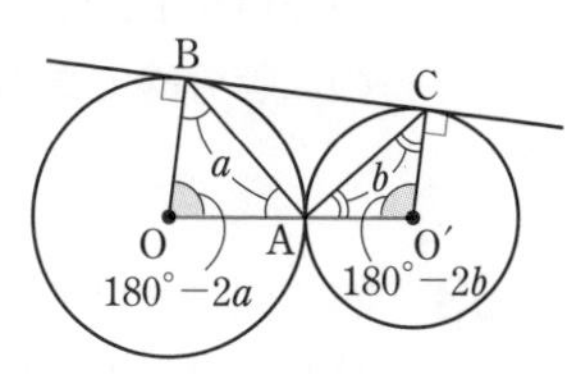

練習 76　右の図のように，半径2の円O_1と半径5の円O_2が外接し，2円の共通接線ℓ，mがある。このとき，ℓ，mと接し，かつ円O_1に外接する円Oの半径r (r<2) を求めなさい。

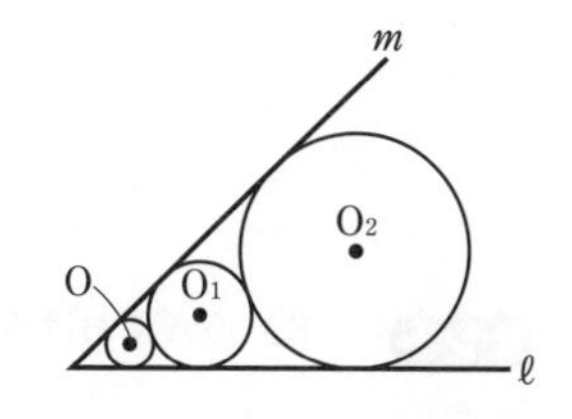

演習問題

□**79**　右の図のように，３つの円A，B，Cが３点P，Q，Rで互いに外接している。
円Aの半径が３cm，AC＝９cm，
BC＝10 cm であるとき，円Bの半径を求めなさい。

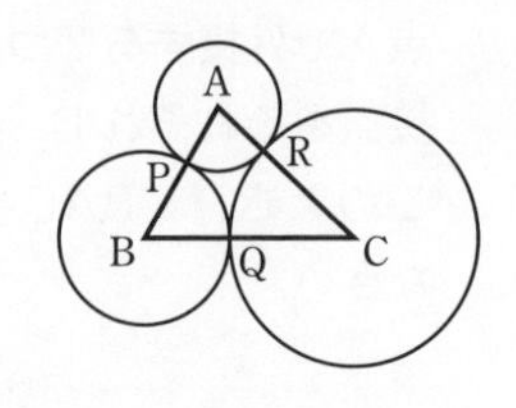

→ 72

□**80**　２点A，Bで交わる２つの円O，O′について，中心線OO′とABの交点をMとする。Mが線分OO′の中点であるとき，２つの円の半径は等しいことを証明しなさい。

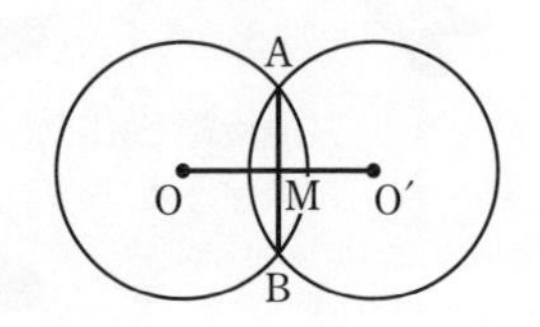

→ *p*.125 基本事項 ❷

□**81**　互いに外接する２つの円O，O′上の点A，Bにおける共通外接線と直線OO′の交点をPとする。
円Oの半径が５cm，円O′の半径が３cmであるとき，線分PO′の長さを求めなさい。

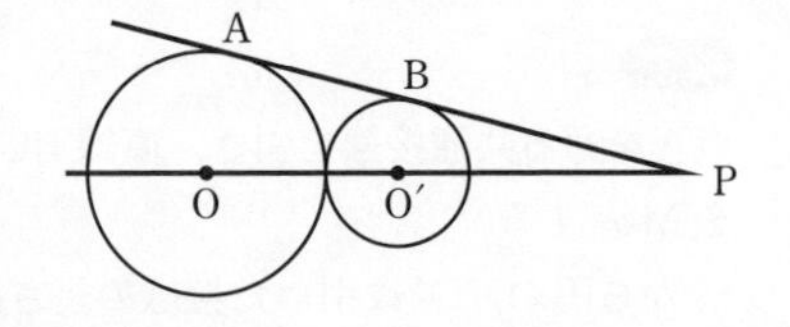

→ 73

□**82**　２つの円が右の図のように点Aで内接している。内側の円に点Dで接する直線を引き，外側の円との交点をB，Cとする。このとき，ADは∠BACの二等分線であることを証明しなさい。

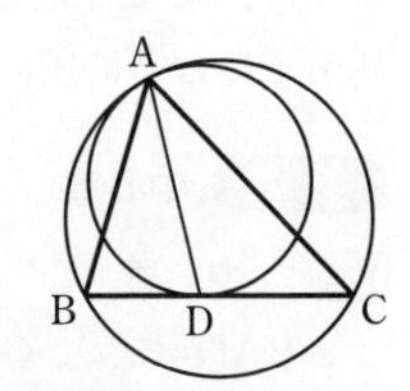

□**83**　右の図において，２つの円は点Aで外接し，直線BDは，右側の円の点Dにおける接線である。このとき，
△BCD∽△FEA を証明しなさい。

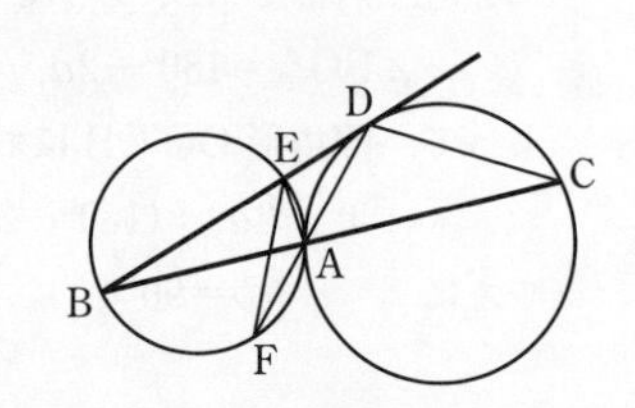

→ 76

83 点Aにおける２円の共通接線を引く。

9 点 円

9 点円の定理 (『体系数学 2 幾何編』 $p.107$ 参照) を次の問題にしたがって証明してみましょう。

△ABC の頂点 A, B, C からそれぞれの対辺に垂線 AP, BQ, CR を引き, △ABC の垂心をHとする。
3 辺 BC, CA, AB の中点をそれぞれ D, E, F とし, 3 つの線分 AH, BH, CH の中点をそれぞれ L, M, N とする。

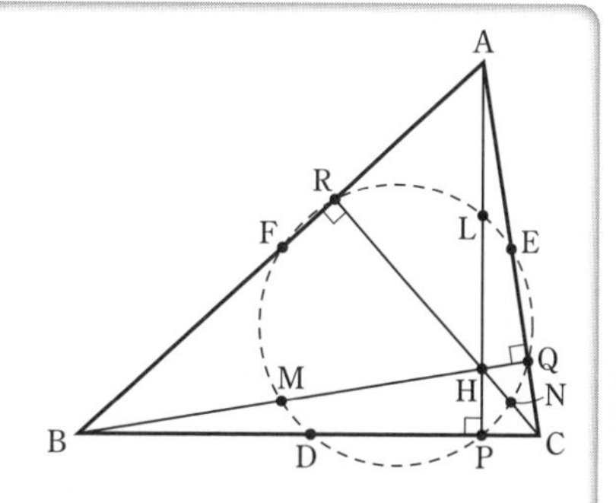

(1) FL⊥FD であることを証明しなさい。
(2) 5 つの点 L, F, D, P, E は 1 つの円周上にあることを証明しなさい。
(3) 9 つの点 P, Q, R, D, E, F, L, M, N は 1 つの円周上にあることを証明しなさい。(この円を **9 点円** という)

証明

(1) △ABH において, 点 F, L はそれぞれ辺 AB, AH の中点であるから,
中点連結定理により

FL∥BH

また, △ABC において, 点 F, D はそれぞれ辺 BA, BC の中点であるから,
中点連結定理により

FD∥AC

点Hは △ABC の垂心であるから

BH⊥AC

よって　FL⊥FD ……①　終

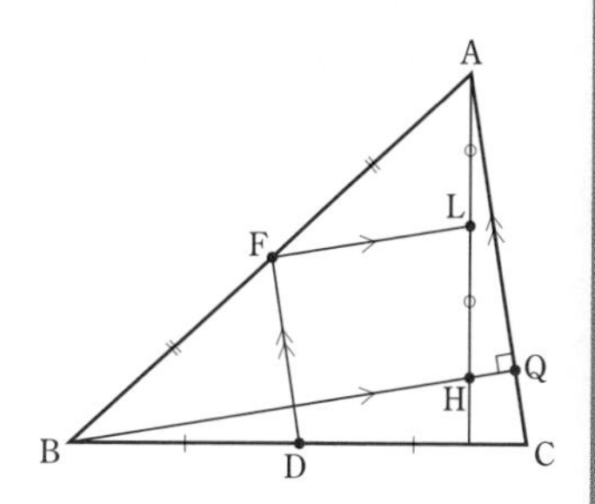

(次ページへ続く)

(2) $\triangle$ACH において，点 L，E はそれぞれ辺 AH，AC の中点であるから，
中点連結定理により

$$EL /\!/ CH$$

また，$\triangle$ABC において，点 E，D はそれぞれ辺 CA，CB の中点であるから，
中点連結定理により

$$ED /\!/ AB$$

点H は $\triangle$ABC の垂心であるから

$$CH \perp AB$$

よって　$EL \perp ED$　…… ②

また　$\angle DPL = 90°$　…… ③

①，②，③ から，点 F，E，P は，DL を直径とする円周上にある。
したがって，5 つの点 L，F，D，P，E は 1 つの円周上にある。 終

(3) (1)，(2) と同じように考えると

[1] $FM \perp FE$，$DM \perp DE$，$\angle EQM = 90°$
よって，点 F，D，Q は EM を直径とする円周上にある。
したがって，5 つの点 M，D，Q，E，F は 1 つの円周上にある。

◀$FM /\!/ AH$，$FE /\!/ BC$
$AH \perp BC$ から　$FM \perp FE$
他も同様。

[2] $DN \perp DF$，$EN \perp EF$，$\angle FRN = 90°$
よって，点 D，E，R は FN を直径とする円周上にある。
したがって，5 つの点 N，E，R，F，D は 1 つの円周上にある。

[1]

[2]

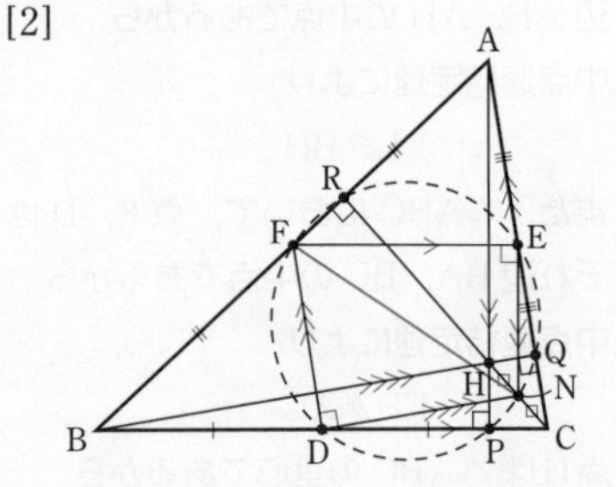

(2) の直径 DL の円，[1] の直径 EM の円，[2] の直径 FN の円はすべて 3 点 D，E，F を通る。
3 点 D，E，F を通る円は 1 つしかないから，3 つの円は一致する。

◀この円は $\triangle$DEF の外接円。

したがって，9 つの点 P，Q，R，D，E，F，L，M，N は 1 つの円周上にある。

終

第 4 章 三平方の定理

この章の学習のポイント

❶ 三平方の定理は，直角三角形の辺の長さを求めるときの強力な武器となります。特に，三角定規の形は，3 辺の長さの比が決まっていて用途が広いです。

❷ 図形の中に直角三角形や特別な形の三角形を探し出し，三平方の定理を幅広く使いこなせるようにしましょう。

例題一覧		レベル
1 77	直角三角形の辺の長さ	②
78	垂線の長さ	②
2 79	三平方の定理と図形の面積	②
80	特別な直角三角形の利用 (1)	②
81	特別な直角三角形の利用 (2)	③
82	座標平面上の三角形の形状	②
83	三平方の定理と円	②
84	直角三角形の内接円の半径	②
85	二等辺三角形の外接円の半径	②
86	共通接線の長さ	③
87	三平方の定理と相似	④
88	図形の折り返しと三平方の定理	④
89	三平方の定理を利用した式の証明	④
90	軌跡の長さ	③
91	図形の移動と面積	③

例題一覧		レベル
3 92	直方体の対角線の長さ	②
93	三角錐の体積	③
94	空間内の図形の面積	③
95	三角錐の体積と垂線の長さ	③
96	立体の表面上の最短距離	③
97	球の切断面	②
98	正四面体に内接する球	⑤
発展		
99	中線の長さ	①
100	中線定理を利用した式の証明	⑤
補足		
101	内分点，外分点の作図	②
102	いろいろな長さの線分の作図	③
103	長さ $\sqrt{a}$ の線分の作図	④

1 三平方の定理

Mathematics

基本事項

1 三平方の定理

定理　直角三角形の直角をはさむ 2 辺の長さを a, b, 斜辺の長さを c とすると，次の等式が成り立つ。

$$a^2+b^2=c^2$$

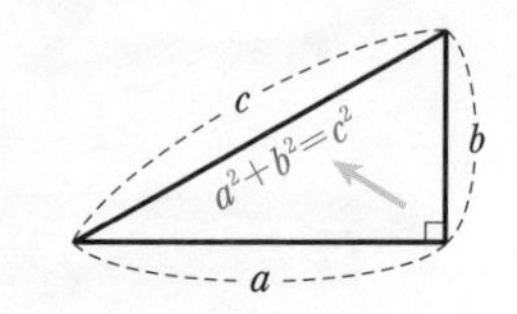

証明 1　右の図のように，合同な直角三角形 ABC, DAE を並べる。△ABC において

$$\angle\mathrm{BAC}+\angle\mathrm{ABC}=180^\circ-90^\circ=90^\circ$$

△ABC≡△DAE であるから

$$\angle\mathrm{BAC}+\angle\mathrm{DAE}=90^\circ$$

したがって　　$\angle\mathrm{BAD}=180^\circ-90^\circ=90^\circ$

台形 BCED の面積は，△ABC の面積の 2 倍と △ABD の面積の和であるから　　$(a+b)\times(b+a)\div 2=2\times\frac{1}{2}ab+\frac{1}{2}c^2$

よって　　$a^2+2ab+b^2=2ab+c^2$　　　したがって　　$a^2+b^2=c^2$　終

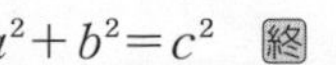

証明 2　$\angle\mathrm{C}=90^\circ$ の直角三角形 ABC の頂点 C から斜辺 AB に垂線 CH を引く。

△ABC∽△CBH，△ABC∽△ACH であるから

BC：BH＝BA：BC，　AC：AH＝AB：AC

すなわち　　$\mathrm{BC}^2=\mathrm{BH}\times\mathrm{AB}$,　　$\mathrm{AC}^2=\mathrm{AH}\times\mathrm{AB}$

よって　　$\mathrm{BC}^2+\mathrm{AC}^2=\mathrm{BH}\times\mathrm{AB}+\mathrm{AH}\times\mathrm{AB}=(\mathrm{BH}+\mathrm{AH})\times\mathrm{AB}=\mathrm{AB}^2$

したがって　　$a^2+b^2=c^2$　終

参考　三平方の定理は **ピタゴラスの定理** ともよばれる。
三平方の定理には 100 種類以上の証明があり，多くの人が証明方法を見つけている。上の 証明 1 は，アメリカ第 20 代大統領ガーフィールドによるものである。

2 三平方の定理の逆

定理　3 辺の長さが a, b, c である三角形で

$$a^2+b^2=c^2$$

が成り立つならば，その三角形は長さ c の辺を斜辺とする直角三角形である。

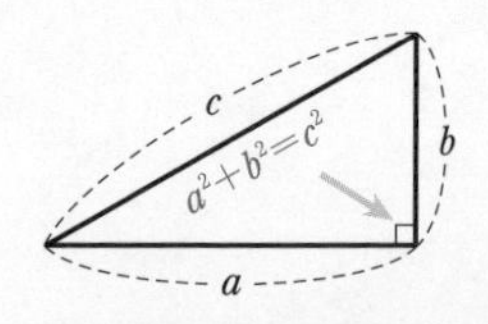

例題 77 直角三角形の辺の長さ

次の図において，x の値を求めなさい。

(1)

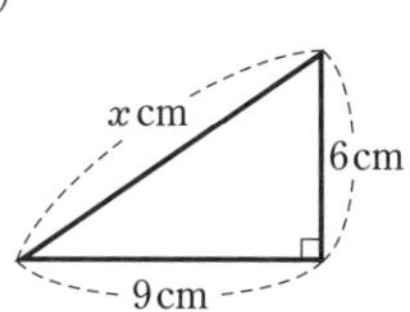

(2)

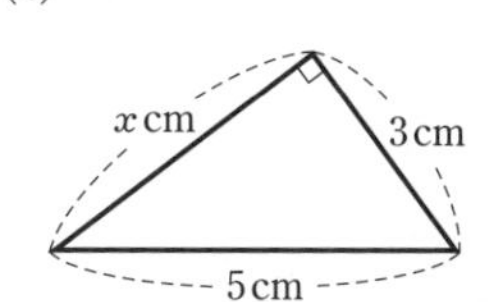

(3)

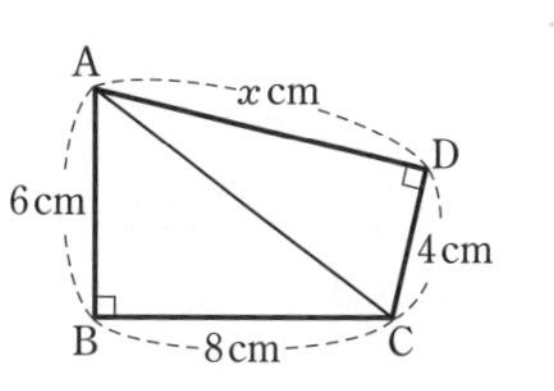

直角三角形の辺の長さ ⟶ **三平方の定理** を利用。

(3) 直角三角形 ADC に三平方の定理を適用するには，AC の長さが必要。

⟶ まず，直角三角形 ABC に適用して，AC の長さを求める。

解答

(1) 三平方の定理により　$9^2+6^2=x^2$　よって　$x^2=117$

$x>0$ であるから　$\boldsymbol{x=\sqrt{117}=3\sqrt{13}}$ 答

(2) 三平方の定理により　$3^2+x^2=5^2$　よって　$x^2=16$

$x>0$ であるから　$\boldsymbol{x=4}$ 答

(3) 直角三角形 ABC において，三平方の定理により

$6^2+8^2=\mathrm{AC}^2$　よって　$\mathrm{AC}^2=100$ ……①

◀AC＝10 と求めてもよいが，あとでまた AC^2 を考えるから，このままの方が計算がらく。

直角三角形 ADC において，三平方の定理により

$x^2+4^2=\mathrm{AC}^2$

これと ① から　$x^2+16=100$　よって　$x^2=84$

$x>0$ であるから　$\boldsymbol{x=\sqrt{84}=2\sqrt{21}}$ 答

右の図において，x の値を求めなさい。

(1)

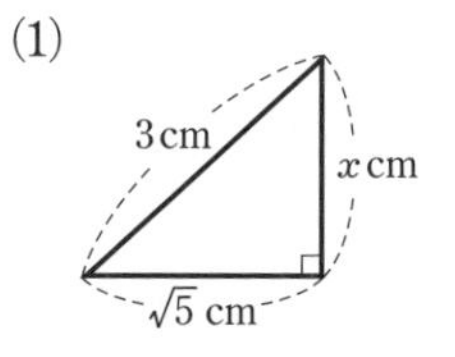

(2)

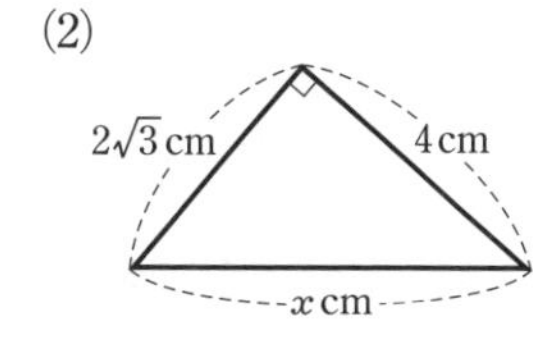

練習 77B 次の図において，x の値を求めなさい。

(1)

A, 5cm, x cm, B, D, C, 1cm, 4cm

(2)

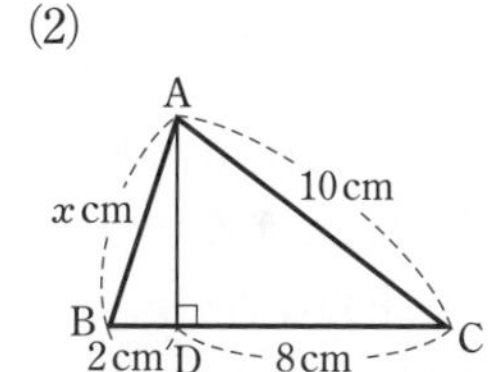

(3)

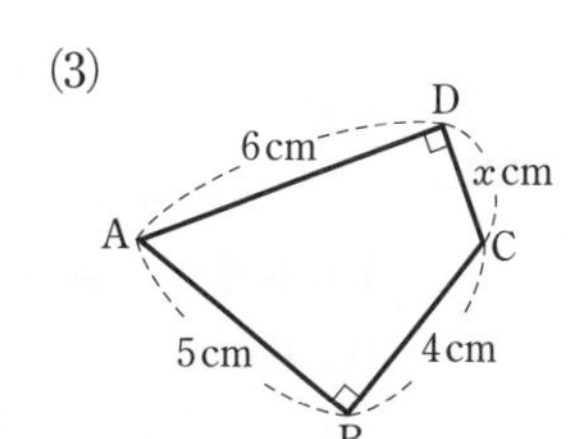

例題 78 垂線の長さ

AB=8 cm, BC=12 cm, CA=10 cm である △ABC において，点Aから辺 BC に引いた垂線の足をHとする。

(1) 線分 AH の長さを求めなさい。

(2) △ABC の面積を求めなさい。

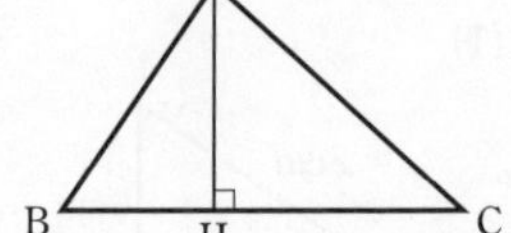
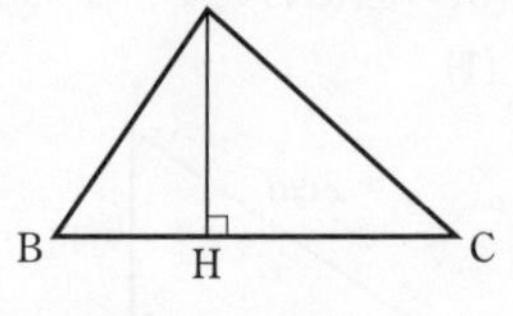

考え方

直角三角形があるから，**三平方の定理** を適用する方針で考える。

(1) 直角三角形 ABH，ACH とも，わかっているのは 1 辺の長さだけ。
そこで，BH=x cm とおいてみると，CH=$(12-x)$ cm と表される。
⟶ 2 つの直角三角形に三平方の定理を適用すると，AH^2 が x の式で **2 通り** に表される。これから方程式をつくることができて解決。

(2) (三角形の面積)$=\frac{1}{2}\times$(底辺)$\times$(高さ) を利用する。

3 辺の長さがわかっている三角形の面積は，(1)，(2) の手順で必ず求められる。

解答

(1) BH=x cm とすると，CH=$(12-x)$ cm である。
直角三角形 ABH において，三平方の定理により

$$x^2+AH^2=8^2$$

よって　$AH^2=64-x^2$　…… ①

直角三角形 ACH において，三平方の定理により

$$(12-x)^2+AH^2=10^2$$

よって　$AH^2=100-(12-x)^2$　…… ②

①，② から　$64-x^2=100-(12-x)^2$　　よって　$24x=108$

したがって　$x=\frac{9}{2}$　　① に代入して　$AH^2=64-\left(\frac{9}{2}\right)^2=\frac{175}{4}$

AH>0 であるから　$AH=\sqrt{\frac{175}{4}}=\mathbf{\frac{5\sqrt{7}}{2}}$ **(cm)** 答

(2) $\triangle ABC=\frac{1}{2}\times BC\times AH$

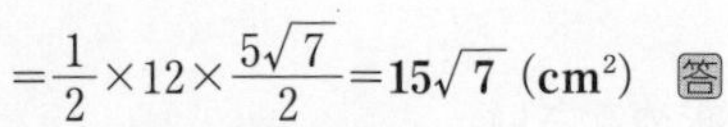

$$=\frac{1}{2}\times 12\times\frac{5\sqrt{7}}{2}=\mathbf{15\sqrt{7}}\ \mathbf{(cm^2)}$$ 答

練習 78

AB=10 cm, BC=7 cm, CA=$\sqrt{23}$ cm である △ABC において，点Aから直線 BC に引いた垂線の足をHとする。

(1) 線分 AH の長さを求めなさい。

(2) △ABC の面積を求めなさい。

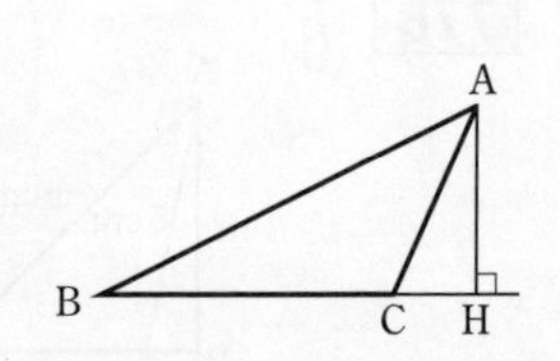

演習問題

□**84**　直角三角形の斜辺の長さが 10 cm，3 辺の長さの和が 24 cm である。このとき，3 辺の長さを求めなさい。

➔ 77

□**85**　$\angle C=90°$ である直角三角形 ABC の $\angle A$ の二等分線と辺 BC の交点を D とすると，BD=3 cm，CD=2 cm となった。このとき，線分 AD の長さを求めなさい。

➔ 78

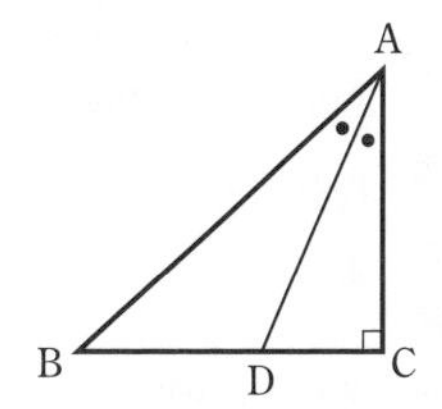

□**86**　3 辺の長さが次のような三角形がある。この中から，直角三角形をすべて選びなさい。

① 9 cm，12 cm，17 cm　　② 20 cm，21 cm，29 cm

③ 5 cm，6 cm，$2\sqrt{15}$ cm　　④ $2\sqrt{7}$ cm，$\sqrt{10}$ cm，$3\sqrt{2}$ cm

➔ p.134 基本事項 ❷

ピタゴラス数とその性質

三平方の定理 $a^2+b^2=c^2$ を満たす自然数の組 $(a,\ b,\ c)$ を **ピタゴラス数** といいます。
互いに素であるピタゴラス数 $(a,\ b,\ c)$ について，次のような性質が成り立ちます。
(『体系数学 2 幾何』 p.141 参照)

① a，b のうち少なくとも一方は 4 の倍数
② a，b のうち少なくとも一方は 3 の倍数
③ a，b，c のうち少なくとも 1 つは 5 の倍数

このことを，ピタゴラス数である (3，4，5)，(5，12，13)，(8，15，17) で確かめてみましょう。

[1] $(a,\ b,\ c)=(3,\ 4,\ 5)$ のとき
　$b=4$ であるから性質 ① を満たす。　$a=3$ であるから性質 ② を満たす。
　$c=5$ であるから性質 ③ を満たす。

(次ページへ続く)

[2]　$(a,\ b,\ c)=(5,\ 12,\ 13)$ のとき

　$b=4\times3$ であるから性質 ① を満たす。　$b=3\times4$ であるから性質 ② を満たす。

　$a=5$ であるから性質 ③ を満たす。

[3]　$(a,\ b,\ c)=(8,\ 15,\ 17)$ のとき

　$a=4\times2$ であるから性質 ① を満たす。　$b=3\times5$ であるから性質 ② を満たす。

　$b=5\times3$ であるから性質 ③ を満たす。

性質 ①～③ の証明は，大学入試でも出題されることがあるのでチャレンジしてみましょう。

また，互いに素であるピタゴラス数 $(a,\ b,\ c)$ は，自然数 $m,\ n$ を用いて，以下の式で表されます。（『体系数学 2 幾何』 $p.141$ 参照）

> 自然数 $m,\ n$ が
>
> 　$m>n$,　m と n は互いに素,　$m-n$ は奇数
>
> を満たすとき
>
> 　$(a,\ b,\ c)=(m^2-n^2,\ 2mn,\ m^2+n^2)$　または　$(2mn,\ m^2-n^2,\ m^2+n^2)$

自然数 $m,\ n$ は無数に存在するので，ピタゴラス数 $(a,\ b,\ c)$ も無数に存在します。

図を用いて考えると，ある特別な場合について，ピタゴラス数が無数に存在することがわかります。

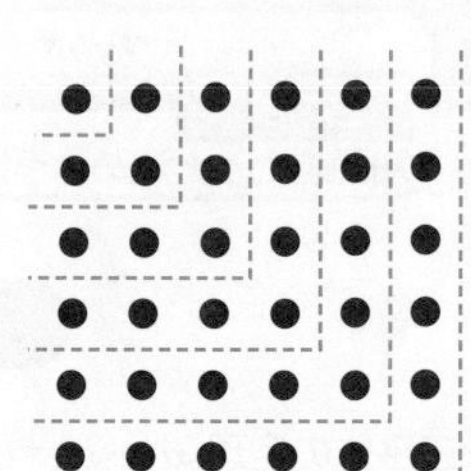

右の図から，

　$1+3=2^2,\ 1+3+5=3^2,\ 1+3+5+7=4^2,\ \cdots\cdots,$

　$\boxed{\boldsymbol{1+3+5+7+\cdots\cdots+(2n-1)=n^2}}$　$\cdots\cdots(*)$

となります。$(*)$ を利用すると

[1]　$n=4$ のとき　$4^2=1+3+5+7$

　　$n=5$ のとき　$5^2=(1+3+5+7)+9=4^2+3^2$

　⟶ ピタゴラス数 $(3,\ 4,\ 5)$ が求められる。

　　このとき　$c-b=5-4=1$

[2]　$n=12$ のとき　$12^2=1+3+5+\cdots\cdots+23$

　　$n=13$ のとき　$13^2=(1+3+5+\cdots\cdots+23)+25=12^2+5^2$

　⟶ ピタゴラス数 $(5,\ 12,\ 13)$ が求められる。

　　このとき　$c-b=13-12=1$

このように，最後に加える奇数が平方数の場合，その数と，その 1 つ前の奇数までの和からなる平方数を加えると，それもまた平方数となります。したがって，$c-b=1$ のとき，a^2 が存在する場合にピタゴラス数は必ず存在することがわかります。このような a^2 は無数に存在するので，ピタゴラス数は無数に存在します。

さまざまな性質をもつピタゴラス数の考察を進めてみましょう。

2 三平方の定理と平面図形

基本事項

1 平面図形への利用

線分の長さを求めるとき，**直角三角形を見つけたり，作り出したり** して，三平方の定理を利用することがある。
以下は，その代表例である。

(1) **正三角形の高さと面積**

1 辺の長さが a の正三角形の高さを h，面積を S とする。右の図で，三平方の定理により

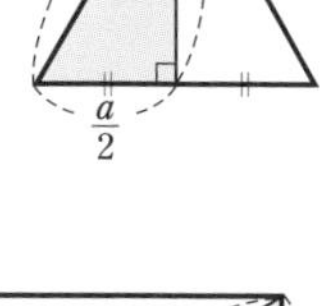

$$h^2+\left(\frac{a}{2}\right)^2=a^2 \qquad \text{よって} \qquad h=\boldsymbol{\frac{\sqrt{3}}{2}a}$$

したがって　$S=\dfrac{1}{2}ah=\boldsymbol{\dfrac{\sqrt{3}}{4}a^2}$

◀よく使うので，公式として覚えておこう。

(2) **長方形の対角線の長さ**

隣り合う 2 辺の長さが a，b である長方形の対角線の長さを ℓ とする。右の図で，三平方の定理により

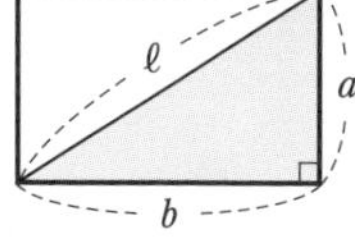

$$a^2+b^2=\ell^2 \qquad \text{よって} \qquad \ell=\boldsymbol{\sqrt{a^2+b^2}}$$

(3) **座標平面上の 2 点間の距離**

座標平面上の 2 点 A，B の座標を $\mathrm{A}(x_1,\ y_1)$，$\mathrm{B}(x_2,\ y_2)$ とする。右の図で，三平方の定理により

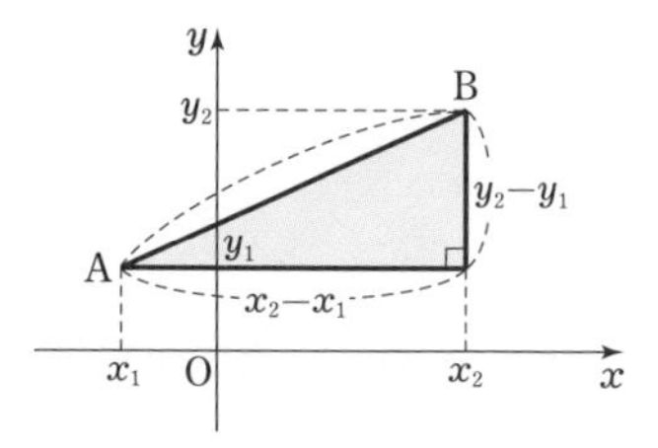

$$(x_2-x_1)^2+(y_2-y_1)^2=\mathrm{AB}^2$$

よって，2 点 A，B 間の距離は

$$\mathrm{AB}=\boldsymbol{\sqrt{(x_2-x_1)^2+(y_2-y_1)^2}} \quad \cdots\cdots ①$$

◀$\sqrt{(x\text{ 座標の差})^2+(y\text{ 座標の差})^2}$

特に，原点 O(0, 0) と点Aの距離は

$$\mathrm{OA}=\boldsymbol{\sqrt{x_1^2+y_1^2}}$$

公式 ① は，A，B の位置関係がどのような場合でも成り立つ。A，B が右の図のような位置にある場合，(x 座標の差)$=x_1-x_2$ であるが

$$(x\text{ 座標の差})^2=(x_1-x_2)^2$$
$$=\{-(x_2-x_1)\}^2=(x_2-x_1)^2$$

よって，① における (x 座標の差)^2 と等しくなる。

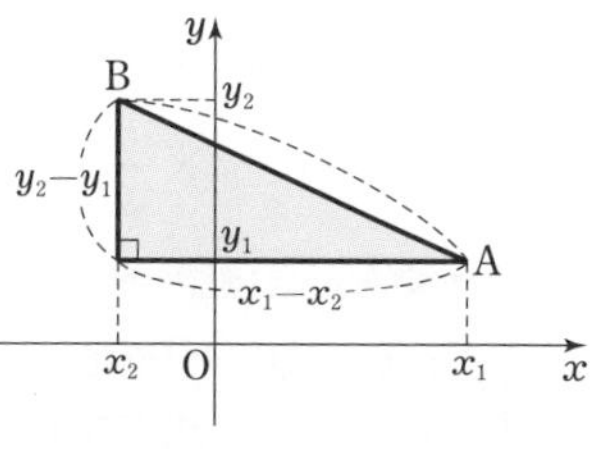

したがって，点 A，B の位置にかかわらず，公式 ① は成り立つ。

A，B の x 座標どうし，y 座標どうしが等しい場合も ① は成り立つ。

(4) **円の弦の長さ**

半径 r の円において，中心からの距離が d である弦の長さを ℓ とする。

右の図で，三平方の定理により

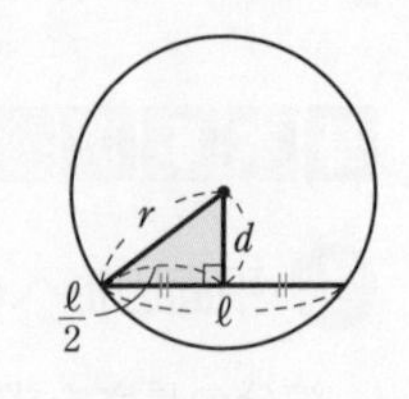

$$\left(\frac{\ell}{2}\right)^2+d^2=r^2 \qquad よって \qquad \boldsymbol{\ell=2\sqrt{r^2-d^2}}$$

(5) **円の接線の長さ**

半径 r の円において，中心からの距離が d である点Pから引いた円の接線の長さを ℓ とする。

ただし，$d>r$ とする。

右の図で，三平方の定理により

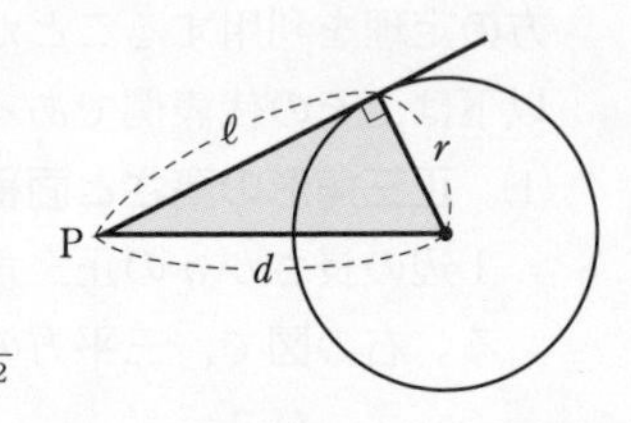

$$\ell^2+r^2=d^2 \qquad よって \qquad \boldsymbol{\ell=\sqrt{d^2-r^2}}$$

2 特別な直角三角形の 3 辺の長さの比

(1) 30°, 60°, 90° の角をもつ直角三角形 ◀正三角形の半分。

(2) 45°, 45°, 90° の角をもつ直角三角形 ◀正方形の半分。

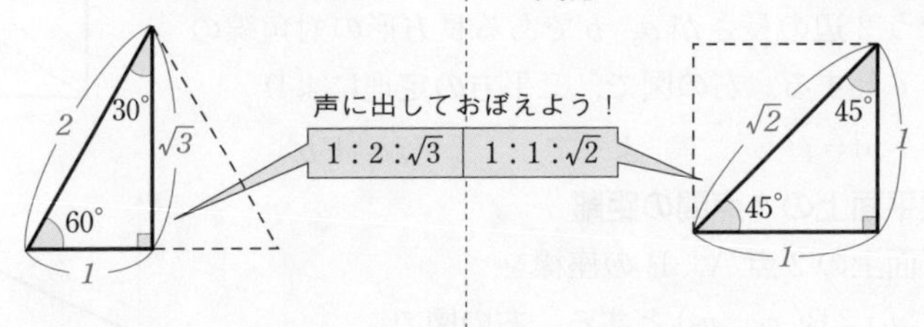

(1), (2) の 2 つの三角形は，**三角定規** の形である。

これらの形の直角三角形が出てきたときは，すぐに辺の比が頭にうかぶようにしておこう。

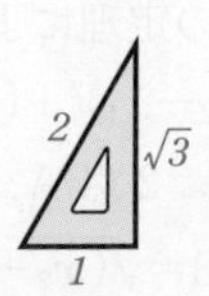

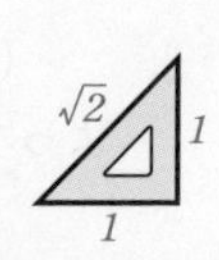

例 (1) の直角三角形において，斜辺の長さが 4 のとき，残りの 2 辺の長さは

$$4\times\frac{1}{2}=2, \quad 4\times\frac{\sqrt{3}}{2}=2\sqrt{3} \qquad よって \qquad 2,\ 2\sqrt{3}$$

(2) の直角三角形において，斜辺の長さが 4 のとき，残りの 2 辺の長さは

$$4\times\frac{1}{\sqrt{2}}=\frac{4}{\sqrt{2}}=2\sqrt{2} \qquad よって \qquad 2\sqrt{2},\ 2\sqrt{2}$$

CHART

三角定規の 3 辺の比

30°, 60°, 45° の出てくる直角三角形　　三角定規を思い出そう

1 30°, 60° の定規 ⟷ $1:2:\sqrt{3}$　　2 45° の定規 ⟷ $1:1:\sqrt{2}$

例題 79 三平方の定理と図形の面積

AD∥BC の台形 ABCD において，
AB=10 cm，BC=30 cm，
CD=17 cm，DA=9 cm であるとき，
この台形 ABCD の面積を求めなさい。

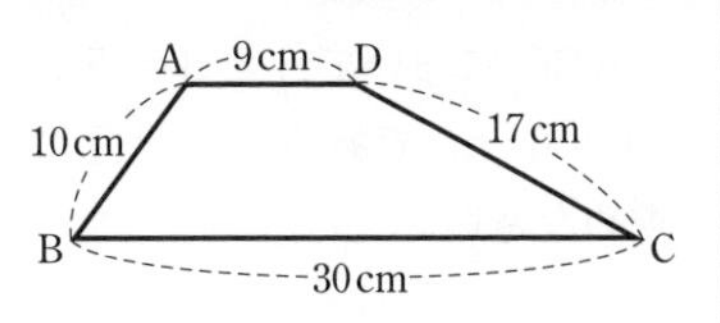

台形の面積は　**(上底+下底)×(高さ)÷2**　⟶　上底，下底はわかっているから，高さが必要。したがって，点Aから辺 BC に垂線 AH を引く。
ここで，例題 78 と同じ手法が使えないかと考えて，点Aから辺 DC と平行な直線を引くのがうまい手。
この直線と辺 BC との交点をEとすると，△ABE の 3 辺の長さがわかるから，例題 78 と同じ方法で垂線 AH の長さが求められる。

解答

点Aから辺 BC に垂線 AHを引く。
また，点Aを通り，辺 DC と平行な直線と辺 BC の交点をEとすると，四角形 AECD は平行四辺形であるから　　EC=AD=9 (cm)
よって　　BE=30−9=21 (cm)
BH=x cm とおくと　　HE=BE−BH=21−x (cm)
直角三角形 ABH において，三平方の定理により　　$x^2+\mathrm{AH}^2=10^2$
よって　　$\mathrm{AH}^2=100-x^2$　　…… ①
直角三角形 AEH において，三平方の定理により　　$(21-x)^2+\mathrm{AH}^2=17^2$
よって　　$\mathrm{AH}^2=289-(21-x)^2$　　…… ②
①，② から　　$100-x^2=289-(21-x)^2$
よって　　$42x=252$　　したがって　　$x=6$
① に代入して　　$\mathrm{AH}^2=100-6^2=64$　　AH>0 であるから　　AH=8 (cm)
よって，台形 ABCD の面積は

$$\frac{1}{2}\times(9+30)\times\mathrm{AH}=\frac{1}{2}\times39\times8=\mathbf{156\ (cm^2)}$$ 答

練習 79A　3 辺の長さが次のような三角形の面積を求めなさい。
(1)　4 cm，4 cm，6 cm　　(2)　6 cm，6 cm，6 cm

練習 79B　AD∥BC の台形 ABCD において，
AB=6 cm，BC=12 cm，CD=$\sqrt{29}$ cm，
DA=5 cm であるとき，この台形 ABCD の面積を求めなさい。

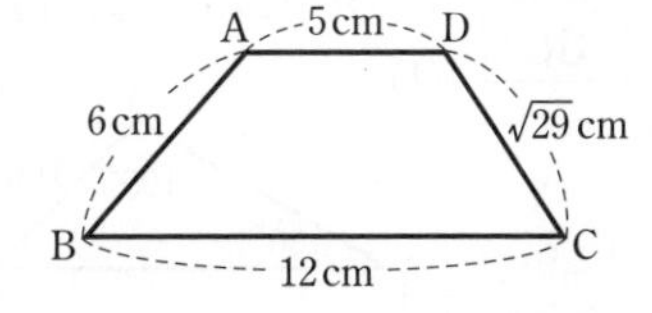

例題 80 特別な直角三角形の利用 (1)

△ABC において，∠B=45°，∠C=75° である。AC=6 cm であるとき，辺 BC，AB の長さを求めなさい。

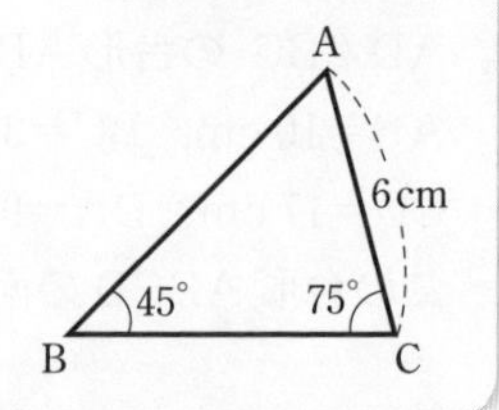

∠A の大きさを求めると 60° となるから，45°，60° が出てくる。

CHART 45°，60° の出てくる直角三角形　三角定規を思い出そう

頂点Cから辺 AB に垂線 CH を引くと　◀直角三角形を作り出す。

△CHA は 30°，60° の定規 ⟶ $1:2:\sqrt{3}$

△CHB は 45° の定規 ⟶ $1:1:\sqrt{2}$

解答

$\angle A=180°-(45°+75°)=60°$

点Cから辺 AB に垂線 CH を引くと

$\angle ACH=30°$，　$\angle BCH=45°$

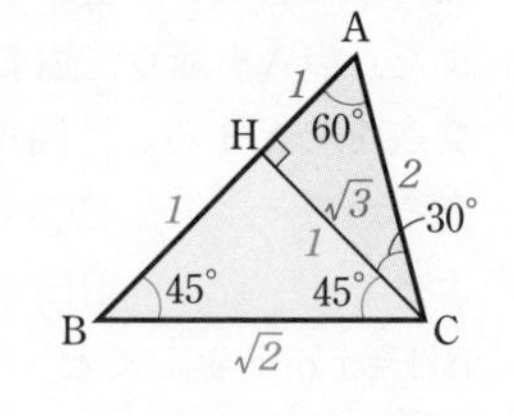

直角三角形 CHA において，$AH:AC:CH=1:2:\sqrt{3}$

であるから

$AH=6\times\frac{1}{2}=3$ (cm)，　$CH=6\times\frac{\sqrt{3}}{2}=3\sqrt{3}$ (cm)

直角三角形 CHB において，$CH:BH:BC=1:1:\sqrt{2}$ であるから

$BH=CH=3\sqrt{3}$ (cm)，　$\mathbf{BC}=CH\times\sqrt{2}=3\sqrt{3}\times\sqrt{2}=\mathbf{3\sqrt{6}}$ **(cm)** 答

また　$\mathbf{AB}=AH+BH=\mathbf{3+3\sqrt{3}}$ **(cm)** 答

解説

上の例題では，三角形を 2 つに分けて，三角定規の形を作り出した。これには，75°=45°+30° という式が関係している。　◀解答の図の ∠ACB を見てみよう。

このように 30°，60°，45° でつくられる角，たとえば，15°(=45°−30°=60°−45°)，105°(=60°+45°)，120°(=180°−60°) などが出てくる図形については，三角定規の形の利用を考えるとうまくいくことがある。

練習 80　次の図において，辺 BC，AB の長さと △ABC の面積を求めなさい。

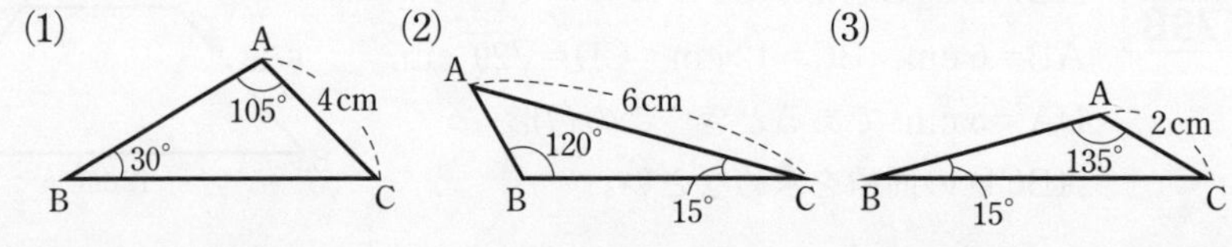

例題 81　特別な直角三角形の利用 (2)

右の図のように，直角三角形 ABC の点Bを通る辺 AB の垂線上に点Dをとり，Dから直線 AC に垂線 DE を引く。$AC=5\sqrt{3}$ cm，$BC=11$ cm，$AE=6\sqrt{3}$ cm，$DE=26$ cm であるとき，$\angle ADB$ の大きさを求めなさい。

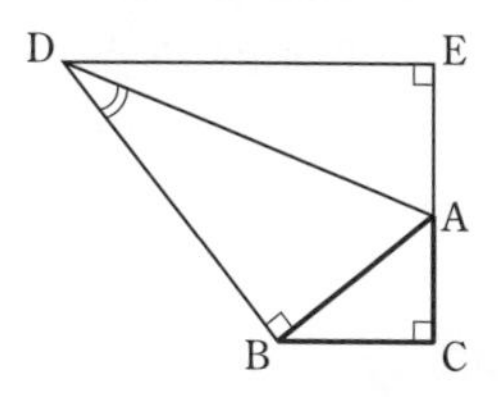

考え方　角の大きさを求めたいが，直角以外に与えられている角はない。そこで，わかるところから，直角三角形の辺の長さを求めてみる。
直角三角形 ABC，DAE に三平方の定理を使うと　$AB=14$，$AD=28$
△ADB は，$AB:AD=1:2$ の直角三角形。

◀BD も求めると
$AB:AD:BD=1:2:\sqrt{3}$

CHART　三角定規を思い出そう

⟶ 直角三角形 ADB が 30°，60° の定規の形と気づく。

解答

直角三角形 ABC において，三平方の定理により

$(5\sqrt{3})^2+11^2=AB^2$　　よって　　$AB^2=196$

$AB>0$ であるから　　$AB=14$ cm

直角三角形 DAE において，三平方の定理により

$(2\times3\sqrt{3})^2+(2\times13)^2=AD^2$

◀ $6\sqrt{3}$，26 がともに 2 でわり切れるから 2 だけ別に 2 乗すると計算がらく。

よって　　$AD^2=2^2\times196$

$AD>0$ であるから

$AD=2\times14=28$ (cm)

よって　　$AB:AD=1:2$　　また　　$\angle ABD=90°$

したがって，△ADB は $AB:AD:BD=1:2:\sqrt{3}$ の直角三角形となるから

$\angle ADB=30°$　答

参考　$AB=14$，$AD=28$ から DB の長さを求めると

$(14\times1)^2+DB^2=(14\times2)^2$　　ゆえに　　$DB^2=14^2\times3$

よって，$DB=14\sqrt{3}$ cm となり，$AB:AD:BD=1:2:\sqrt{3}$ となっている。

練習 81　$\angle B=90°$ である直角二等辺三角形 ABC において，$AC=8$ cm とする。辺 AC を $1:3$ に内分する点をD，辺 AB の中点をEとし，直線 DE と辺 BC の延長の交点をFとする。このとき，次のものを求めなさい。

(1)　$\angle ADE$ の大きさ　　(2)　線分 EF の長さ

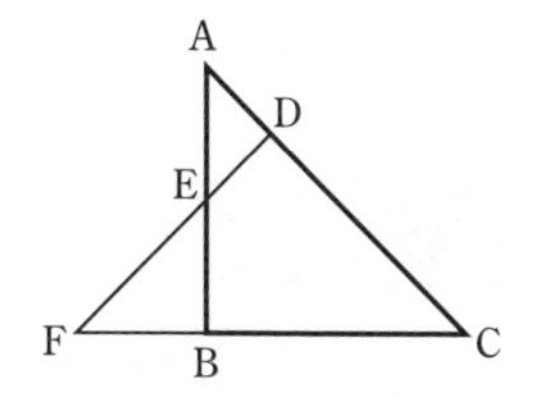

例題 82 座標平面上の三角形の形状

座標平面上に 3 点 A$(7,\ -3)$, B$(3,\ 4)$, C$(1,\ 1)$ がある。

(1) 線分 AB, BC, CA の長さをそれぞれ求めなさい。

(2) △ABC はどのような三角形であるか答えなさい。

(1) 次の公式にあてはめて計算する。

2 点 A$(x_1,\ y_1)$, B$(x_2,\ y_2)$ 間の距離は　$AB=\sqrt{(x_2-x_1)^2+(y_2-y_1)^2}$

(2) (1) で求めた辺の長さを，次のことに注意して調べる。

等しい長さはあるか？ ⟶ あるなら，二等辺三角形，正三角形。

3 辺の長さの 2 乗の関係はどうなっているか？

⟶ $BC^2+CA^2=AB^2$ が成り立つなら，$\angle C=90^\circ$ の直角三角形。

解答

(1) $\mathbf{AB}=\sqrt{(3-7)^2+\{4-(-3)\}^2}=\sqrt{16+49}=\boldsymbol{\sqrt{65}}$ 答

$\mathbf{BC}=\sqrt{(1-3)^2+(1-4)^2}=\sqrt{4+9}=\boldsymbol{\sqrt{13}}$ 答

$\mathbf{CA}=\sqrt{(7-1)^2+(-3-1)^2}$

$=\sqrt{36+16}=\sqrt{52}=\boldsymbol{2\sqrt{13}}$ 答

(2) (1) から　$AB^2=65$, $BC^2=13$, $CA^2=52$

$13+52=65$ であるから　$BC^2+CA^2=AB^2$

よって，△ABC は　**$\angle C=90^\circ$ の直角三角形** 答

▲三平方の定理の逆。

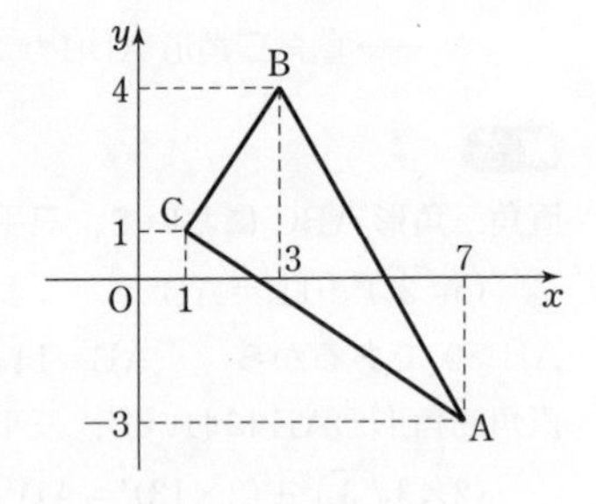

解説

上の例題 (2) のように，3 辺の長さから三角形の形状を調べる問題では，正三角形，二等辺三角形，直角三角形，直角二等辺三角形のいずれかになることが多い。それぞれについて，△ABC の各辺の条件をまとめておこう。

正三角形 ⟶ 3 辺の長さが等しい。　**二等辺三角形** ⟶ 2 辺の長さが等しい。

直角三角形 ⟶ $BC^2+CA^2=AB^2$ などが成り立つ。　← $\angle C=90^\circ$ の場合

直角二等辺三角形 ⟶ $BC^2+CA^2=AB^2$ かつ $BC=CA$ などが成り立つ。

また，最終の 答 では，結果が **二等辺三角形になる場合は等しい辺を，直角三角形になる場合は直角となる角** を示しておく。なお，上の例題の △ABC では，$\angle C=90^\circ$ は求められるが，$\angle A$, $\angle B$ の大きさは求められない。

練習 82 座標平面上で，次の 3 点 A, B, C を頂点とする △ABC はどのような三角形であるか答えなさい。

(1) A$(4,\ 3)$, B$(-3,\ 2)$, C$(-1,\ -2)$

(2) A$(1,\ -1)$, B$(4,\ 1)$, C$(-1,\ 2)$

例題 83　三平方の定理と円

右の図において，円Oの半径が 8 cm のとき，x の値を求めなさい。
ただし，(2) において，点Bは円Oの接点である。

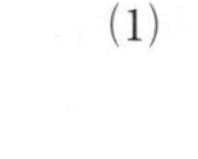

(1)

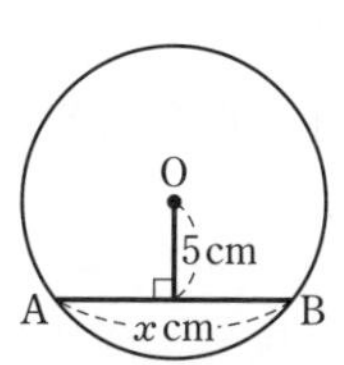

(2)

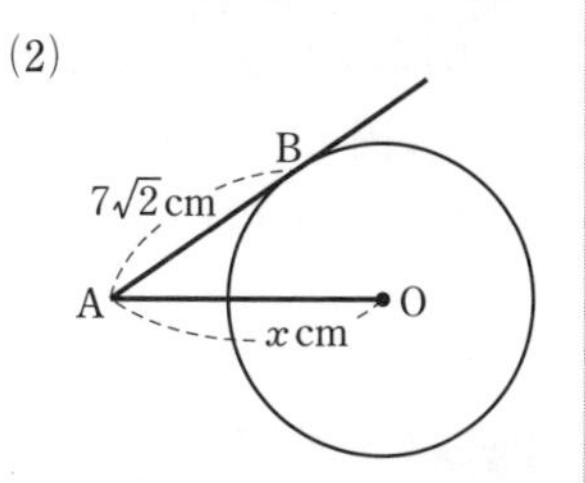

考え方　(1) 中心と弦の距離は，中心から弦に引いた垂線の長さ。⟶ 直角が出てくる。
⟶ 直角三角形をかいて，**三平方の定理** を利用。
中心から弦に引いた垂線は，弦の **中点** を通ることに注意。

CHART　弦には　中心から垂線を引く

(2) 円の中心と接点を結ぶと，その半径は接線に垂直である。
⟶ 直角三角形 OAB に三平方の定理を利用。

解答

(1) 円の中心Oから弦 AB に引いた垂線の足をHとする。
直角三角形 OAH において，三平方の定理により

$$AH^2+5^2=8^2 \qquad よって \qquad AH^2=39$$

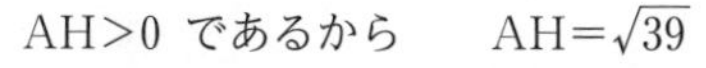

AH>0 であるから　　$AH=\sqrt{39}$

Hは弦 AB の中点であるから　　$\boldsymbol{x}=AB=2AH=\boldsymbol{2\sqrt{39}}$ 答

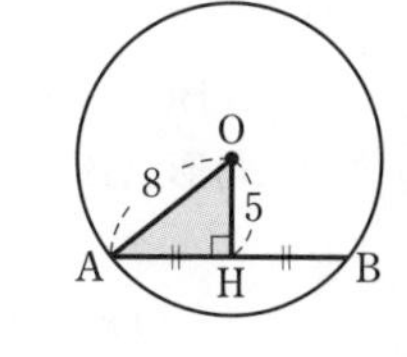

(2) 円の接線は，接点を通る半径に垂直であるから，
△OAB は ∠B=90° の直角三角形である。
よって，三平方の定理により

$$8^2+(7\sqrt{2})^2=x^2$$

ゆえに　　$x^2=162$

$x>0$ であるから　　$\boldsymbol{x}=\sqrt{162}=\boldsymbol{9\sqrt{2}}$ 答

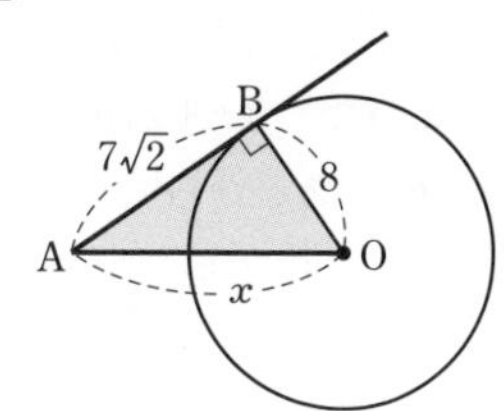

練習 83　次の図において，円Oの半径が 9 cm のとき，x の値を求めなさい。
ただし，(3) において，AB は円Oの直径である。

(1)

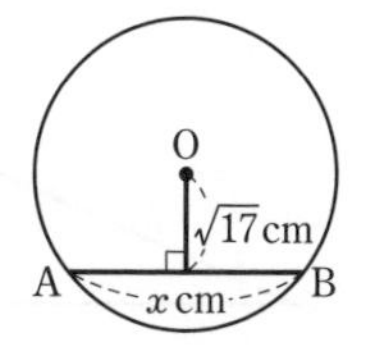

(2)

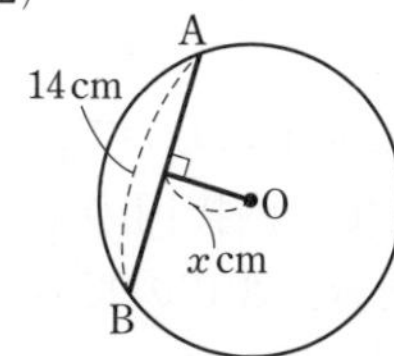

(3)

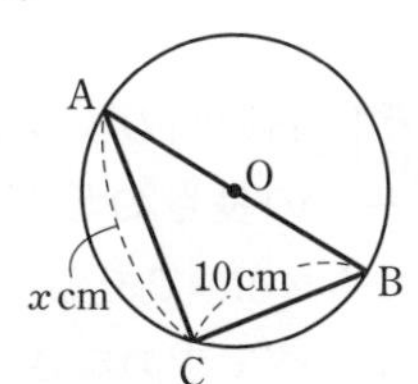

例題 84 直角三角形の内接円の半径

右の図のように，$\angle C=90^\circ$ の直角三角形 ABC の内接円と辺 AB との接点を P とする。AP$=5$ cm, BP$=12$ cm のとき，内接円の半径を求めなさい。

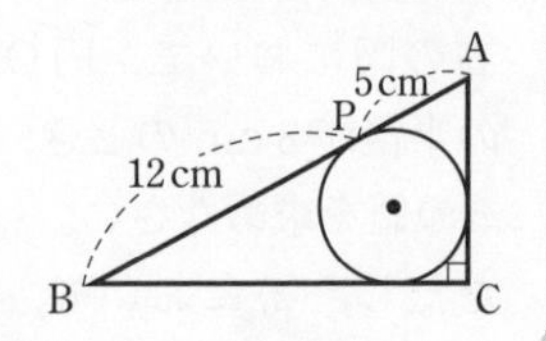

内接円の半径を r cm とする。
右の図で，斜線部分の四角形は正方形となる。
また，直角三角形 ABC の各辺は，内接円の接線となる。

CHART 接線 2 本で　二等辺三角形

これらから，各辺の長さを r で表し，三平方の定理を利用する。

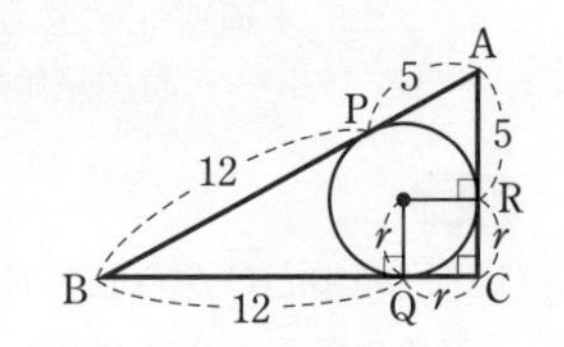

解答

内接円と辺 BC, CA との接点をそれぞれ Q, R とし，内接円の半径を r cm とすると

$$CQ=CR=r$$

また　BQ$=12$ cm,　AR$=5$ cm　◀接線の長さは等しい。

よって，BC$=r+12$, CA$=r+5$ であるから，直角三角形 ABC において，三平方の定理により

$$(r+12)^2+(r+5)^2=(12+5)^2$$

よって　$r^2+17r-60=0$

すなわち　$(r+20)(r-3)=0$

$r>0$ であるから　$r=3$　　答 **3 cm**

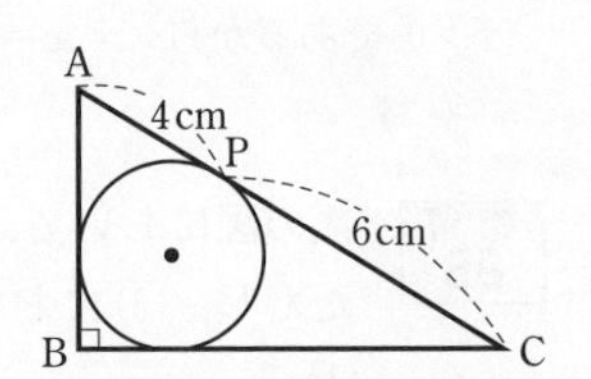

練習 84A 右の図のように，$\angle B=90^\circ$ の直角三角形 ABC の内接円と辺 AC との接点を P とする。AP$=4$ cm, CP$=6$ cm のとき，内接円の半径を求めなさい。

練習 84B 右の図のような直角三角形において，3 辺の長さの和が 30 cm で，内接円の半径が 2 cm である。このとき，3 辺の長さをすべて求めなさい。

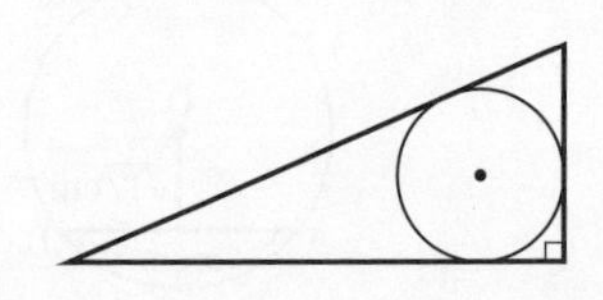

例題 85 二等辺三角形の外接円の半径

右の図のような二等辺三角形 ABC と，その外接円O がある。AB＝AC＝10 cm，BC＝12 cm のとき，円O の半径を求めなさい。

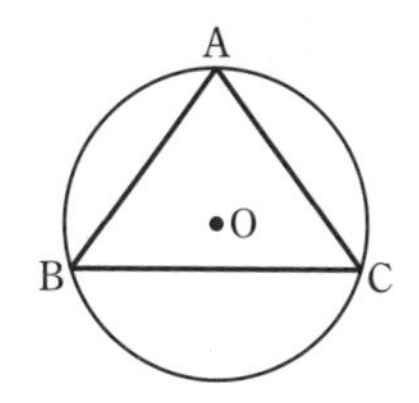

辺 BC は円Oの弦であるから，中心Oは，線分 BC の垂直二等分線上にある。
△ABC が二等辺三角形であるから，点Aも通る。
よって，辺 BC の中点をDとすると，直角三角形 OBD ができる。
三平方の定理 を利用するには，OD の長さが必要。 ◀OB＝r，BD＝6
⟶ 外接円Oの半径を r cm とすると
OD＝AD－OA＝AD－r ◀AD は，△ABD で三平方の定理を利用。

解答

外接円Oの半径を r cm とする。
辺 BC の垂直二等分線は，2点 O，A を通る。
辺 BC の中点をDとすると，直角三角形 ABD において，三平方の定理により　AD＝$\sqrt{10^2-6^2}=\sqrt{64}=8$ (cm) ◀$AD^2+6^2=10^2$
OA＝OB＝r であるから，直角三角形 OBD において，三平方の定理により　$6^2+(8-r)^2=r^2$　よって　$16r=100$
したがって　$r=\dfrac{25}{4}$　　答 $\dfrac{25}{4}$ **cm**

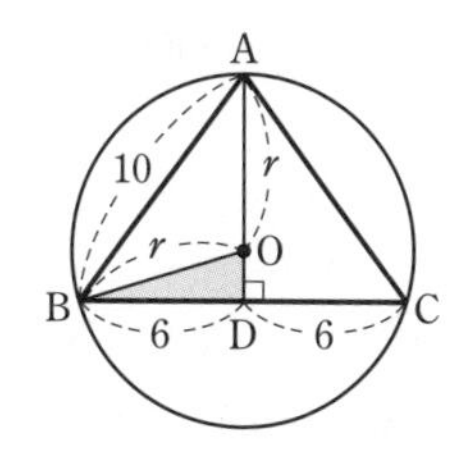

解説

上の例題では，外接円の中心が △ABC の **内部** にあり，△OBD で三平方の定理を用いた。◀$BD^2+(AD-r)^2=r^2$ ……①
外接円の中心が △ABC の **外部** にある場合も，直角三角形 OBD で三平方の定理により　$BD^2+(r-AD)^2=r^2$ ……②
$(AD-r)^2=(r-AD)^2$ であるから，①，② は同じ方程式になり，どちらの場合も同じ方程式で外接円の半径が求められる。

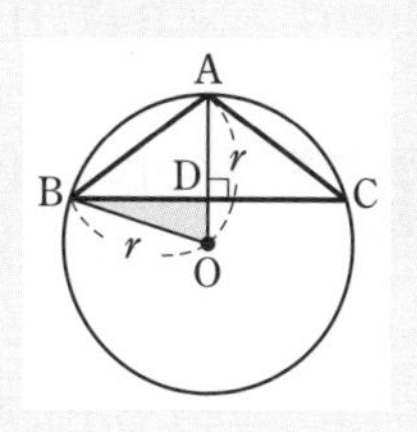

練習 85 右の図のような二等辺三角形 ABC について，外接円の半径を求めなさい。

(1)
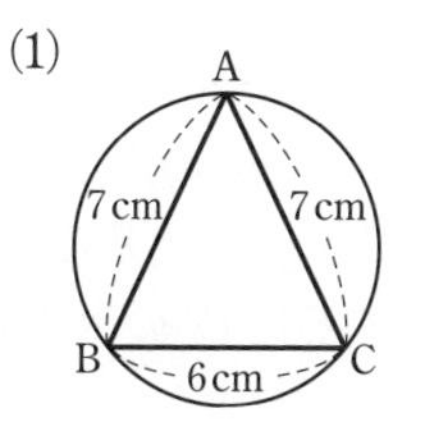

(2)
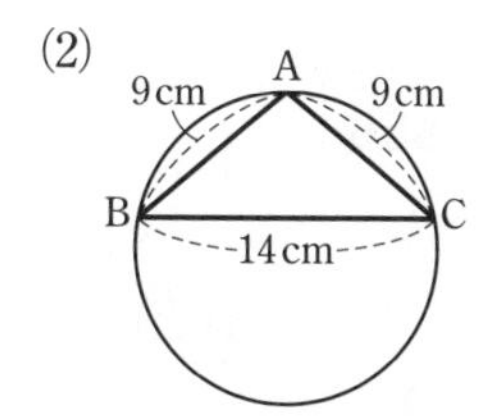

例題 86 共通接線の長さ

右の図において，A，B は，外接する 2 つの円 O, O′ の共通接線の接点である。円 O, O′ の半径がそれぞれ 7 cm，4 cm であるとき，線分 AB の長さを求めなさい。

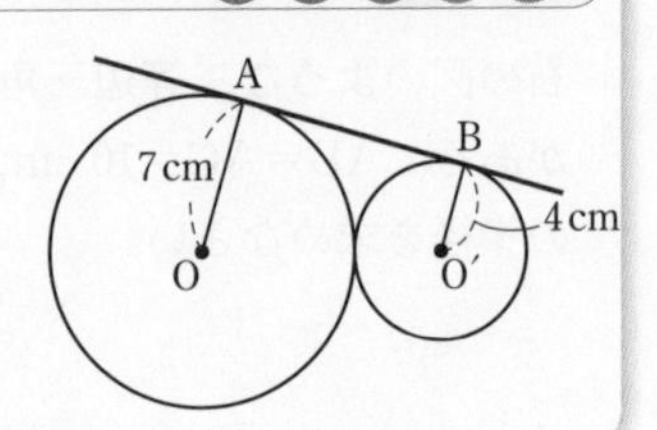

考え方 2 つの円の問題であるから，**中心線** で結びつける。⟶ OO′ を結ぶ。

↑ OO′=7+4

また　**CHART** **円の接線　半径に垂直**

に注目して，**直角三角形を作り出し，三平方の定理の利用** を考える。

⟶ O′ から線分 OA に垂線 O′H を引くと，直角三角形 OO′H ができる。

解答

2 円 O，O′ は外接しているから

$OO'=7+4=11$ (cm)

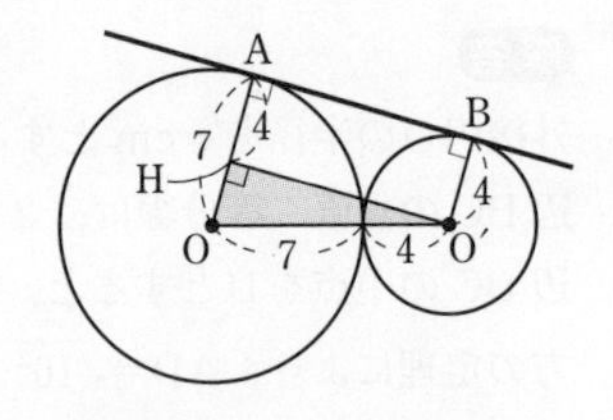

O′ から線分 OA に垂線 O′H を引くと，四角形 AHO′B は長方形であるから　◀ 4 つの角がすべて直角。

$AH=BO'$ …… ①，　$AB=HO'$ …… ②

① から　$OH=AO-AH=7-4=3$ (cm)

直角三角形 OO′H において，三平方の定理により

$O'H^2+3^2=11^2$

よって　$O'H^2=112$

$O'H>0$ であるから　$O'H=\sqrt{112}=4\sqrt{7}$ (cm)

② から　$AB=O'H=\mathbf{4\sqrt{7}}$ **(cm)** 答

練習 86A 右の図において，A，B，C，D は，2 つの円 O, O′ の共通接線の接点である。円 O, O′ の半径がそれぞれ 1 cm，4 cm，中心間の距離が 7 cm であるとき，線分 AB と CD の長さをそれぞれ求めなさい。

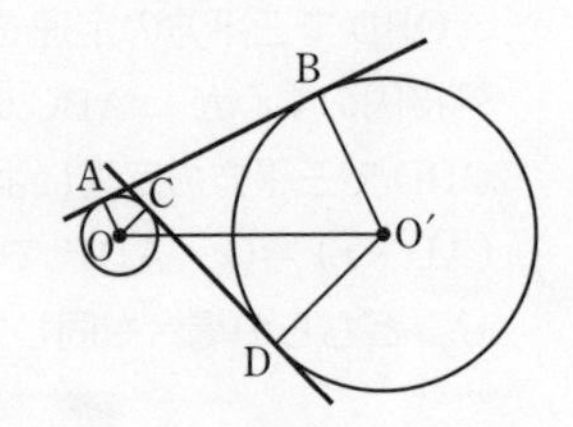

練習 86B 右の図のように，長方形 ABCD の 2 辺 AB，AD に接する半径 1 cm の円 O がある。AB=3 cm，AD=4 cm とする。2 辺 BC，CD と円 O に接する円 O′ の半径を求めなさい。

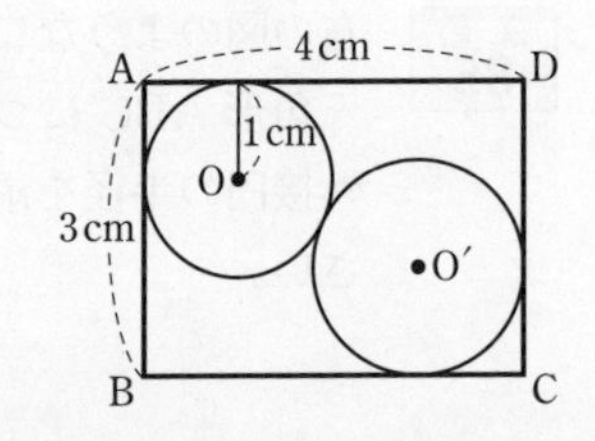

例題 87 三平方の定理と相似

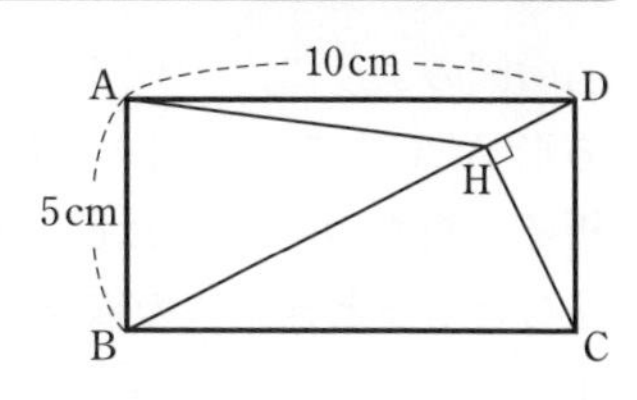

長方形 ABCD において，AB＝5 cm，AD＝10 cm である。点Cから対角線 BD に垂線 CH を引く。このとき，次の線分の長さを求めなさい。

(1) DH　　　　　(2) AH

(1) 直角三角形 BCD の斜辺 BD に垂線 CH を引いた形に注目すると
△DCB∽△DHC である。⟶ 対応する辺の比から DH の長さを求める。
BD の長さは，△ABD で三平方の定理により求める。

(2) 求める線分 AH を辺にもつ **直角三角形を作り出す。**
⟶ H から辺 AD に垂線 HE を引いて作る。　◀直角三角形 AEH ができる。
三平方の定理 で辺 AH の長さを求めるには，辺 EH，EA の長さが必要。
⟶ EH∥AB に注目し，平行線と線分の比を利用して求める。

解答

(1) 直角三角形 ABD において，三平方の定理により

$BD=\sqrt{5^2+10^2}=\sqrt{125}=5\sqrt{5}$ (cm)　◀$BD^2=5^2+10^2$

△DCB∽△DHC であるから　◀∠DCB＝∠DHC，∠CDB＝∠HDC

DC：DH＝DB：DC

すなわち　5：DH＝$5\sqrt{5}$：5　　よって　**DH＝$\sqrt{5}$ cm**　答

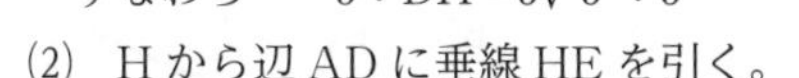

(2) H から辺 AD に垂線 HE を引く。

EH∥AB であるから　EH：AB＝DH：DB

すなわち　EH：5＝$\sqrt{5}$：$5\sqrt{5}$　　よって　EH＝1

また　DE：DA＝DH：DB

すなわち　DE：10＝$\sqrt{5}$：$5\sqrt{5}$　　よって　DE＝2

直角三角形 AEH において，三平方の定理により　◀$AH^2=(10-2)^2+1^2$

$AH=\sqrt{(10-2)^2+1^2}=\sqrt{65}$ **(cm)**　答

参考 右の図において，△ABC，△HBA，△HAC，△EBD はすべて相似である。直角三角形の斜辺に垂線を引く問題では，相似な三角形の利用を考えるとよい。

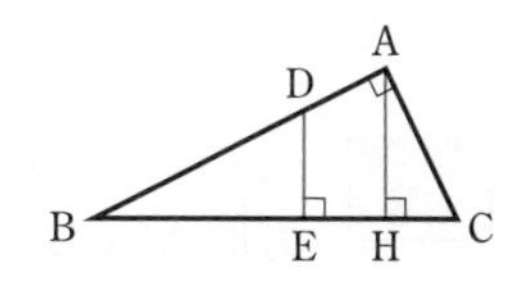

練習 87 右の図の直角三角形 ABC について，AB＝5 cm，BC＝6 cm である。Dが辺 BC を 1：2 に内分するとき，線分 EC の長さを求めなさい。

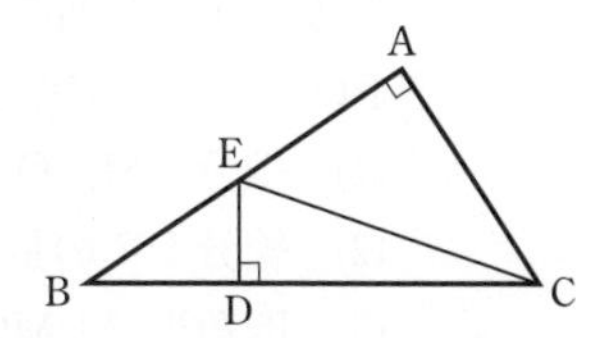

例題 88 図形の折り返しと三平方の定理

右の図のように，AB＝12 cm，AD＝18 cm の長方形 ABCD を，頂点Aが頂点Cに重なるように折る。折り目を EF とし，線分 EF，AC の交点をGとするとき，次の線分の長さを求めなさい。

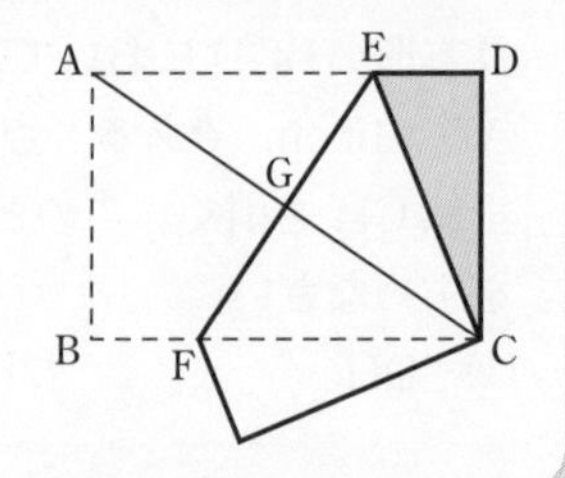

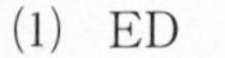

(1) ED　　(2) EG

折り返した図形は，折り目 EF について，もとの図形と **線対称** である。

特に　① 対応する図形は **合同**。　◀対応する線分の **長さは等しい**。

② 対応する点を結ぶ線分は，折り目で **垂直に 2 等分** される。

(1) 線分 ED を含む直角三角形 EDC で三平方の定理を使いたい。

⟶ ED＝x cm とおくと，① から　EC＝EA＝18－x

(2) ② から，EF は線分 AC の垂直二等分線。

⟶ △EGC は直角三角形となるから，三平方の定理を利用。

解 答

(1) ED＝x cm とおくと，EA＝(18－x) cm である。

EC＝EA であるから　EC＝18－x (cm)

直角三角形 EDC において，三平方の定理により

$$x^2+12^2=(18-x)^2$$

これを解くと　$x=5$　　答 **5 cm**

(2) 折り目 EF は線分 AC の垂直二等分線である。

よって　GA＝GC　……①

また，直角三角形 ABC において，三平方の定理により

$$AC=\sqrt{(6\times2)^2+(6\times3)^2}=6\sqrt{13}\ \text{(cm)}$$　◀$AC^2=12^2+18^2$

① から　$GC=AC\div2=3\sqrt{13}$ (cm)　また　EC＝18－5＝13 (cm)

∠EGC は直角であるから，直角三角形 EGC において，三平方の定理により

$$EG=\sqrt{13^2-(3\sqrt{13})^2}=\mathbf{2\sqrt{13}\ (cm)}$$　答　◀$EG^2+(3\sqrt{13})^2=13^2$

右の図のように，AB＝6 cm，AD＝8 cm の長方形 ABCD を，頂点Aが辺 BC の中点 M に重なるように折る。折り目を PQ とし，線分 PQ，AM の交点をRとする。

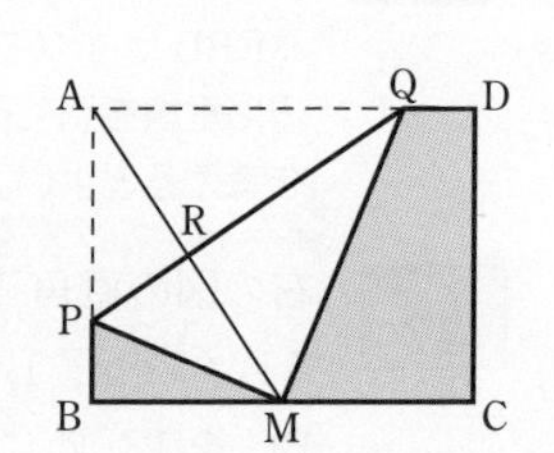

(1) 線分 PM，QM の長さを求めなさい。

(2) 線分 PR の長さを求めなさい。

(3) 四角形 APMQ の面積を求めなさい。

例題 89　三平方の定理を利用した式の証明

長方形 ABCD の内部に 1 点 P をとる。このとき，次の式が成り立つことを証明しなさい。

$$PA^2+PC^2=PB^2+PD^2$$

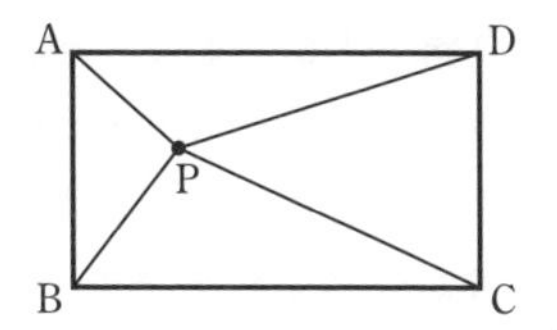

証明する式に **(線分)^2** がある。したがって，(線分)^2 に関する定理である **三平方の定理** の利用を考える。
PA^2 について考えると，PA を辺にもつ直角三角形がない。そこで，**直角三角形を作り出す** ため，P から辺 AB，AD にそれぞれ垂線 PE，PF を引く。
⟶ $PA^2=PE^2+PF^2$ が成り立つ。　PB^2 などについても同様に考える。

解答

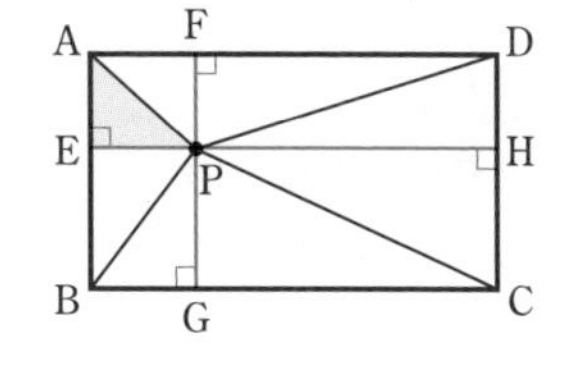

点 P から辺 AB，AD，BC，CD にそれぞれ垂線 PE，PF，PG，PH を引く。直角三角形 AEP において，

三平方の定理により　　$PA^2=PE^2+AE^2$

AE＝PF であるから　　$PA^2=PE^2+PF^2$　…… ①

同じようにして　　$PB^2=PE^2+PG^2$　…… ②

$PC^2=PG^2+PH^2$　…… ③，　$PD^2=PF^2+PH^2$　…… ④

①，③ から　　$PA^2+PC^2=PE^2+PF^2+PG^2+PH^2$

②，④ から　　$PB^2+PD^2=PE^2+PG^2+PF^2+PH^2$　←右辺が等しい。

したがって　　$PA^2+PC^2=PB^2+PD^2$　終

解説

(線分)^2 が出てくる定理や公式には，①　**三平方の定理**，②　**相似な図形の面積比**，③　**方べきの定理**（接線の場合），④　**中線定理**（$p.166$）　がある。
証明する式に **(線分)^2** が含まれているときはこの 4 つを考えるとよい。
三平方の定理を利用する場合には，図の中に直角三角形を作り出すことを考えよう。

CHART

(線分)^2　　直角をつくって三平方の定理

練習 89　AB＝AC の二等辺三角形 ABC の辺 BC 上に点 P を BP<CP となるようにとる。このとき，次の式が成り立つことを証明しなさい。

$$AC^2-AP^2=BP\times CP$$

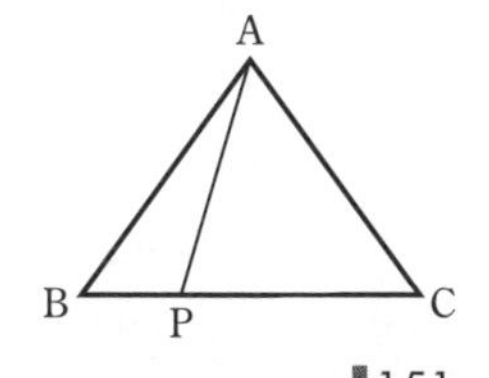

例題 90 軌跡の長さ

直線 ℓ 上において，$\angle A=90°$，$AB=4$ cm の直角二等辺三角形 ABC を，右の図のように，辺 CA が再び直線 ℓ 上にくるまですべることなく転がす。このとき，辺 BC の中点 P の軌跡の長さを求めなさい。

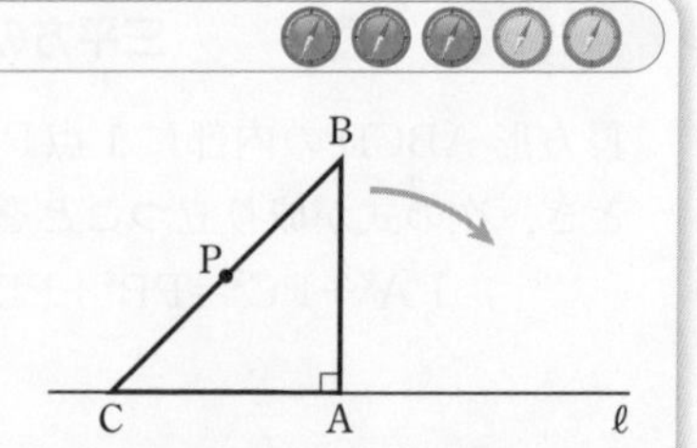

考え方

まず，図の状態から辺 AB が直線 ℓ に重なるまでの回転について考える。
回転で動かない点Aが回転の中心で，点Pは回転の中心Aからの **距離が一定** である。⟶ 軌跡は **弧** になる。
弧の長さを求めるには，半径と中心角が必要。半径は，点Aと点Pの距離。中心角は，線分 AB が回転した角からわかる。
その後の回転についても，動かない点に着目して同じように考える。

解答

点Pの軌跡は，右の図のようになる。

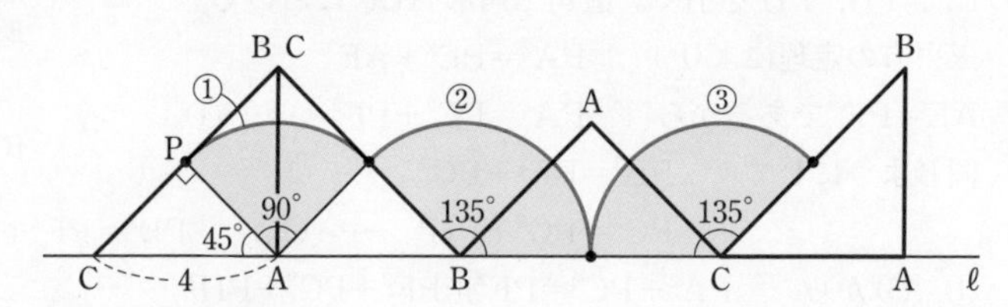

軌跡を，①～③ の 3 つの部分に分けて考える。

① の弧の半径は　$4\times\dfrac{1}{\sqrt{2}}=2\sqrt{2}$ (cm),　　中心角は　90°　◀△APC が 45° の定規の形。

② の弧の半径は　$2\sqrt{2}$ cm,　　中心角は　135°

③ の弧の半径は　$2\sqrt{2}$ cm,　　中心角は　135°

したがって，軌跡の長さは

$$2\pi\times2\sqrt{2}\times\frac{90}{360}+2\pi\times2\sqrt{2}\times\frac{135}{360}+2\pi\times2\sqrt{2}\times\frac{135}{360}$$

$$=4\sqrt{2}\,\pi\times\frac{90+135+135}{360}=\mathbf{4\sqrt{2}\,\pi\,(cm)}$$ 答

練習 90

直線 ℓ 上において，$AB=8$ cm, $BC=14$ cm の長方形 ABCD を，右の図のように，辺 BC が再び直線 ℓ 上にくるまですべることなく転がす。このとき，辺 AD 上に $AP=6$ cm となるようにとった点Pの軌跡の長さを求めなさい。

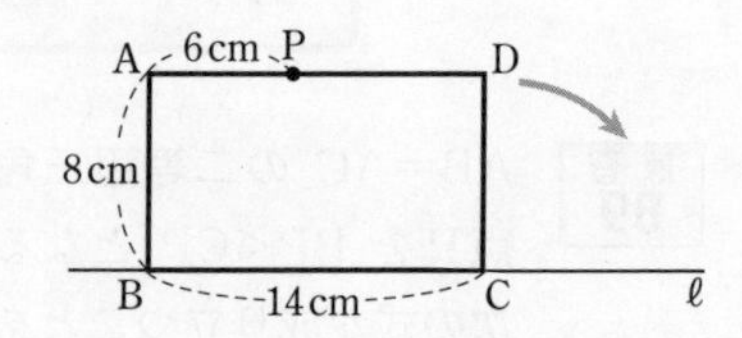

例題 91 図形の移動と面積

半径 6 cm の円Oの外部に点Aがあり，OA＝12 cm である。点Pが円Oの周上を一周するとき，線分 AP が通過する部分の面積を求めなさい。

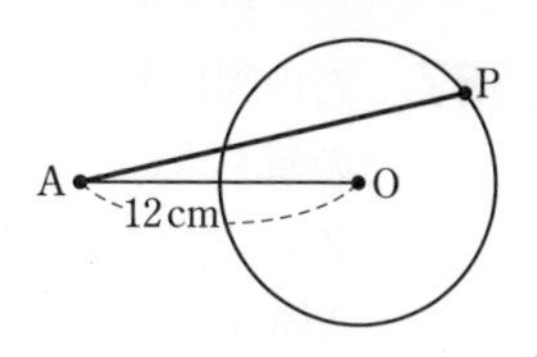

考え方

点Pを円周上に何個かとり，線分 AP をいろいろかいてみて，通過する部分の形をつかむ。
次に，領域の境界線になる場合について考える。
⟶ 線分 AP が境界線になるのは，円Oの接線になるとき。
面積は，扇形と 2 つの三角形に分けて求める。

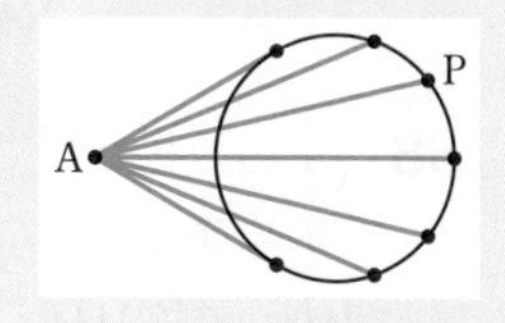

解答

線分 AP が通過するのは，右の図の斜線部分となる。
ただし，B，C は，点Aを通る円Oの接線の接点である。
面積を求める図形を，

△OAB，　△OAC，　扇形 OBC

に分けて考える。

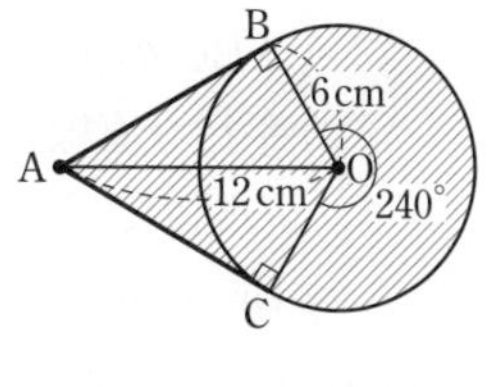

△OAB について　　$AB=6\times\sqrt{3}=6\sqrt{3}$ (cm)　　◀30°，60° の定規の形。

したがって，△OAB の面積は　　$\frac{1}{2}\times6\times6\sqrt{3}=18\sqrt{3}$ (cm²)

また，$\angle BOA=60^\circ$ であるから，扇形 OBC の中心角は

$360^\circ-60^\circ\times2=240^\circ$

よって，扇形 OBC の面積は　　$\pi\times6^2\times\frac{240}{360}=24\pi$ (cm²)

△OAB と △OAC は合同であるから，求める面積は

$18\sqrt{3}\times2+24\pi=\mathbf{36\sqrt{3}+24\pi}$ **(cm²)**　答

練習 91 右の図のように，半径 1 cm の半円O上の点Bを通り，直径 AB に垂直な直線を引き，その直線上に点Cをとる。$BC=\sqrt{3}$ cm であるとき，次の問いに答えなさい。

(1) ∠OCB の大きさを求めなさい。

(2) 点Pが半円Oの周と直径およびその内部すべての点を動くとき，線分 CP が通過する部分の面積を求めなさい。

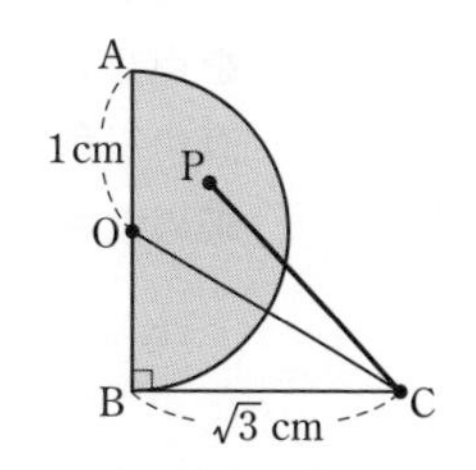

4章 2 三平方の定理と平面図形

演習問題

□**87** 右の図において，x の値を求めなさい。
(2) において，四角形 ABCD は正方形で，△EFC は正三角形である。 ➔ 80

(1)

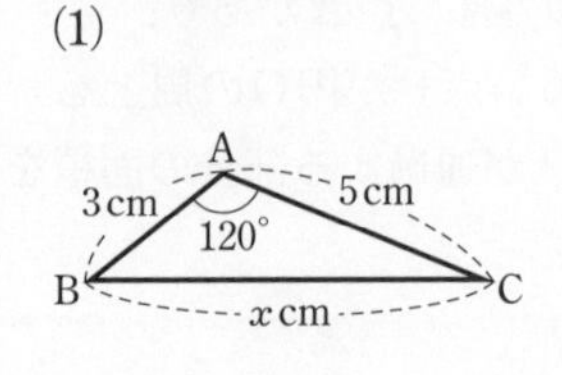

(2)

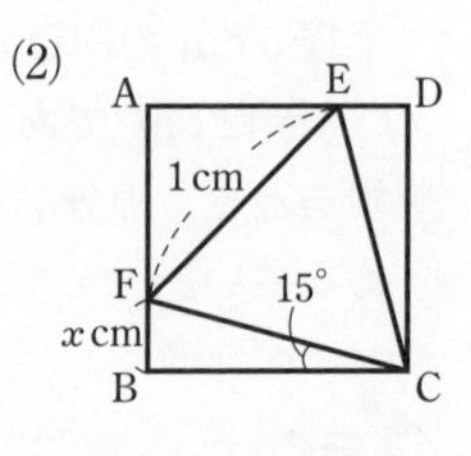

□**88** 1辺の長さが $\sqrt{2}$ cm の正八角形 ABCDEFGH について，次のものを求めなさい。

(1) ∠BAD の大きさ (2) 四角形 ABCD の面積
(3) 正八角形 ABCDEFGH の面積 ➔ 79, 80

□**89** ∠A＝90° の直角二等辺三角形 ABC の頂点 A を通り，辺 BC に平行な直線上に，2点 D，E を右の図のような位置にとる。
BC＝BD＝BE であるとき，∠ABD，∠ABE の大きさを求めなさい。 ➔ 81

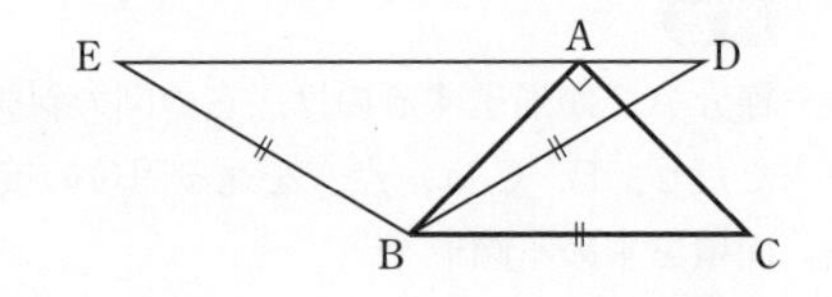

□**90** 右の図において，AB＝AC＝4 で，△BCD は辺 BC を斜辺とする直角二等辺三角形，また，BE⊥AC である。このとき，次のものを求めなさい。 ➔ 81

(1) ∠AED の大きさ
(2) ∠BAC＝45° のとき，線分 DE の長さ

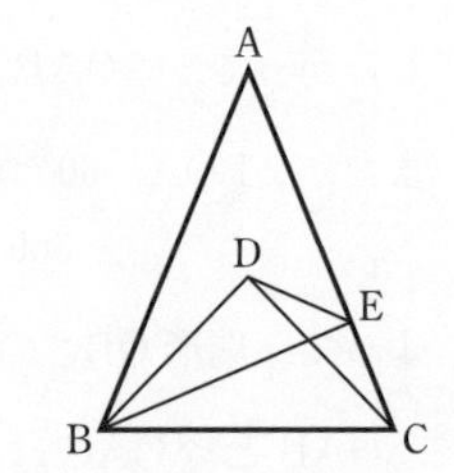

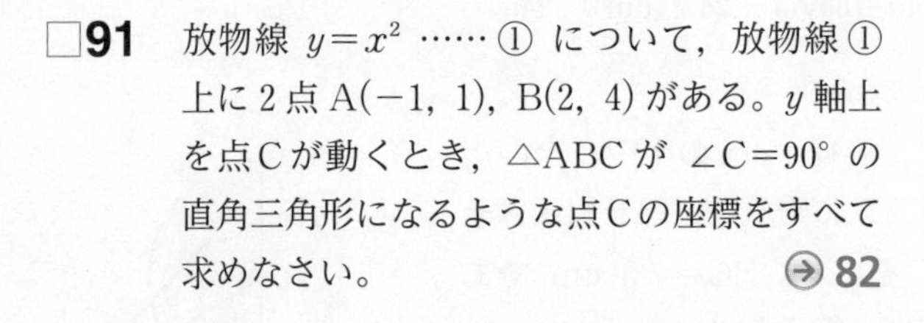

□**91** 放物線 $y=x^2$ ……① について，放物線①上に2点 A(−1, 1)，B(2, 4) がある。y 軸上を点Cが動くとき，△ABC が ∠C＝90° の直角三角形になるような点Cの座標をすべて求めなさい。 ➔ 82

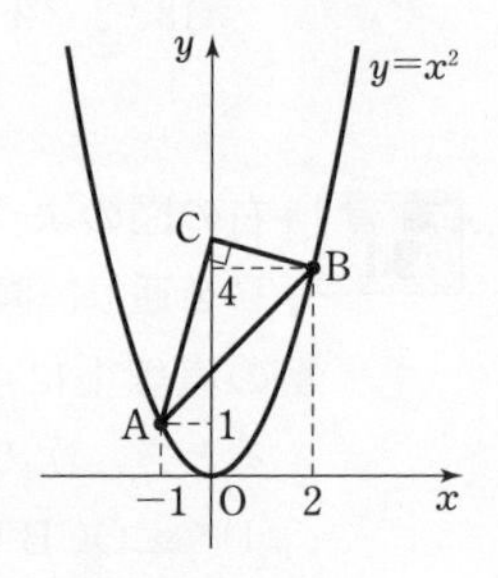

89 点Bから線分 ED に垂線を引く。
90 (1) 4点 B，D，E，C は1つの円周上にある。
(2) △ABE，△DCE に着目する。

□**92** 右の図のように，半径6 cm の半円Aに円Bが内接し，その接点の1つは点Aである。円Cが半円Aに内接し，円Bに外接しているとき，円Cの半径を求めなさい。 ➔ 86

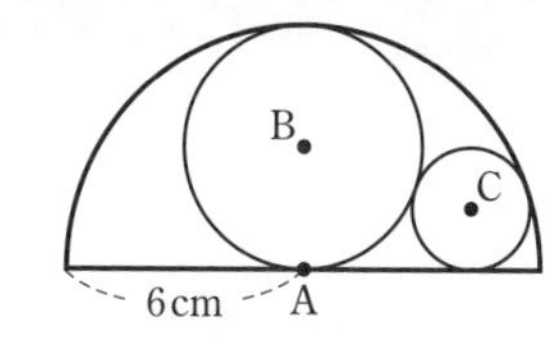

□**93** 右の図において，長方形 ABCD と長方形 EFGD は合同であり，AB=6 cm，AD=8 cm である。点Eは対角線 BD 上にあるとする。

(1) 線分 BE の長さを求めなさい。

(2) 2つの長方形が重なってできる四角形 EKCD の面積を求めなさい。 ➔ 87

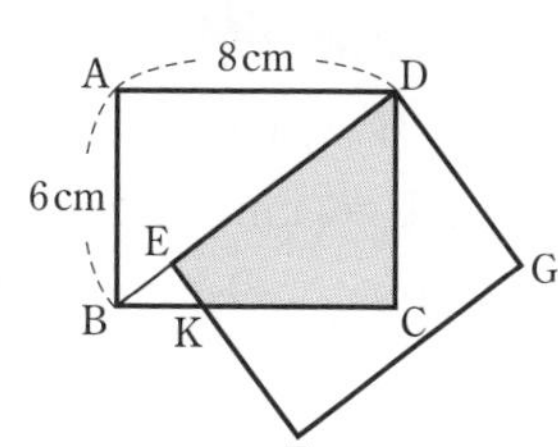

□**94** 1辺の長さが4の正方形 ABCD があり，図のように辺上に2点 E，F をとる。点Pを辺 CD 上にとりCからDまで動かす。このとき，点Qは EP⊥FQ となるように辺 CD 上または辺 DA 上を動く。また，EP と FQ の交点をRとする。

(1) 点Pが動くとき，点Rはある円の周上を動く。この円の直径を求めなさい。

(2) 点PがDにあるとき，FQ の長さを求めなさい。

(3) 点Qが動いてできる線の長さを求めなさい。

A　D　E　Q　R　3　P　B　2　F　C

➔ 87

□**95** 右の図のように，∠A=75° の △ABC を，線分 DE を折り目として，頂点Aが辺 BC 上の点 A′ と重なるように折る。
DA′⊥BC，　AD=6 cm，　BA′=$2\sqrt{3}$ cm
とする。このとき，次のものを求めなさい。

(1) ∠ACB の大きさ　　(2) 辺 BC の長さ

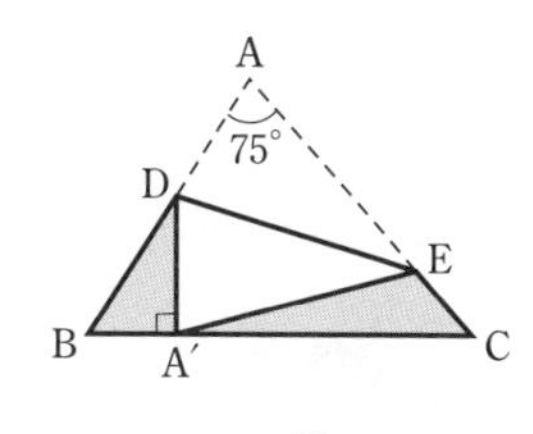

➔ 80, 88

□**96** 円Oに内接する四角形 ABCD において，対角線 AC，BD が垂直に交わっている。直線 AO と円Oとの交点をEとするとき，$AB^2+CD^2=AE^2$ であることを証明しなさい。 ➔ 89

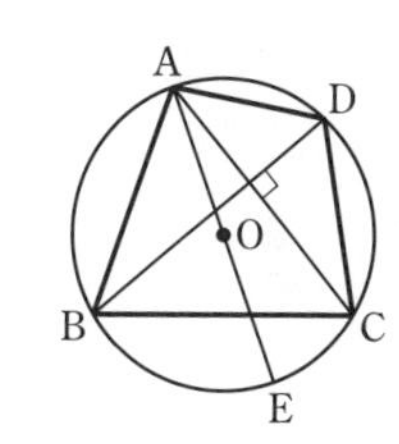

94 (3) 点PがC，Dにあるときの点Qの位置を調べる。
95 (1) △DBA′ の形を調べる。　(2) 点Aから辺 BC に垂線を引く。
96 ∠ABE=90° ⟶ △ABE に三平方の定理を適用し，証明する式と見比べる。

3 三平方の定理と空間図形

例題 92 直方体の対角線の長さ

直方体 ABCDEFGH において，

AE＝3 cm，AD＝4 cm，EF＝5 cm

である。このとき，線分 AG の長さを求めなさい。

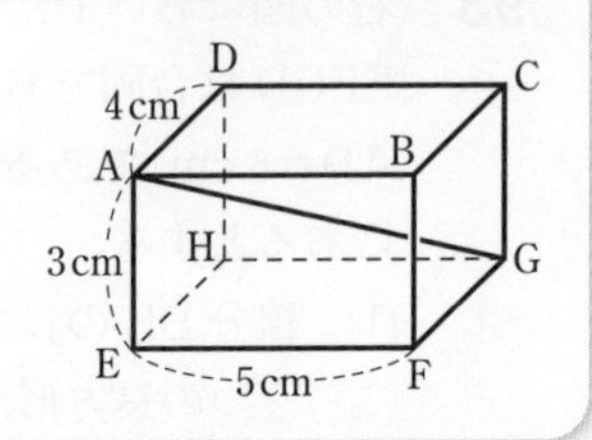

考え方 三平方の定理は，空間図形において線分の長さを求めるときにもよく使われる。その場合，うまく活用するコツは，平面図形を取り出して，**直角三角形を見つけたり，作り出したり** することである。

CHART　**立体の問題　　平面の上で考える**

本問では，求める線分 AG を辺にもつ直角三角形 AEG を取り出す。三平方の定理を使うには線分 EG の長さが必要となるから，直角三角形 EFG も取り出す。

解答

△AEG は直角三角形であるから，三平方の定理により

$AG^2=AE^2+EG^2=3^2+EG^2$ …… ①

△EFG も直角三角形であるから，三平方の定理により

$EG^2=EF^2+GF^2=5^2+4^2$ …… ②

①，② から　　$AG^2=3^2+5^2+4^2=50$

$AG>0$ であるから　　$AG=\sqrt{50}=\mathbf{5\sqrt{2}}$ **(cm)** 答

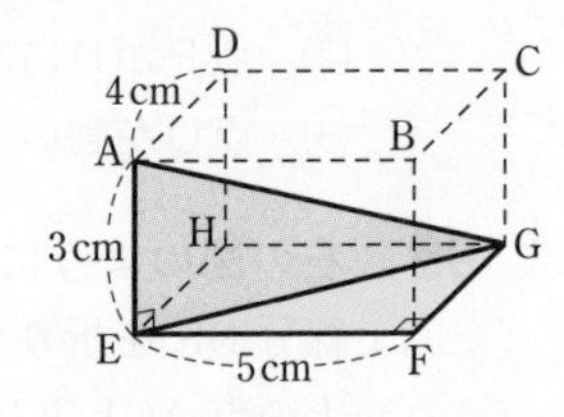

解説

上の例題において，線分 AG をこの直方体の **対角線** という。線分 BH，CE，DF も対角線であり，長さはすべて等しい。

直方体の対角線の長さは，次の式で求められる。

$$(\text{対角線の長さ})=\sqrt{(\text{縦})^2+(\text{横})^2+(\text{高さ})^2}$$

練習 92 直方体 ABCDEFGH において，次のものを求めなさい。

(1) AB＝5 cm，BC＝5 cm，AE＝6 cm のとき，AG の長さ

(2) BF＝4 cm，BC＝12 cm，AG＝13 cm のとき，AB の長さ

例題 93 三角錐の体積

正三角錐 ABCD において，底面 BCD は 1 辺の長さが 6 cm の正三角形であり，辺 AB，AC，AD の長さは 5 cm である。頂点Aから底面 BCD に垂線 AH を引くと，H は △BCD の重心となる。この正三角錐の体積を求めなさい。

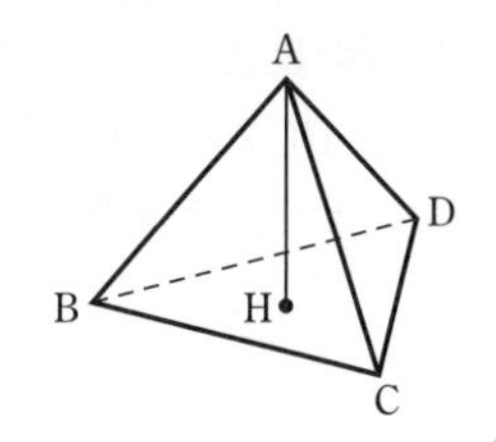

考え方 角錐の体積は，底面積と高さから求められる。底面は 1 辺 6 cm の正三角形。高さは AH である。そこで，線分 AH を含む平面図形を取り出すことを考える。
⟶ AH と中線 DH を含む平面で三角錐を **切断し，切り口を取り出す。**
⟶ 直角三角形 AHD に三平方の定理を使う。DH は，重心が中線を 2：1 に内分することから求める。

解答

△BCD は 1 辺 6 cm の正三角形であるから，辺 BC の中点を M とすると　$DM=6\times\frac{\sqrt{3}}{2}=3\sqrt{3}$ (cm)

よって，△BCD の面積は　$\frac{1}{2}\times6\times3\sqrt{3}=9\sqrt{3}$ (cm^2)

H は △BCD の重心であるから　$DH=\frac{2}{3}DM=2\sqrt{3}$ (cm)

よって，直角三角形 AHD において，三平方の定理により

$AH=\sqrt{5^2-(2\sqrt{3})^2}=\sqrt{13}$ (cm)　◀ $AH^2+(2\sqrt{3})^2=5^2$

したがって，正三角錐の体積は

$\frac{1}{3}\times\triangle BCD\times AH=\frac{1}{3}\times9\sqrt{3}\times\sqrt{13}=\mathbf{3\sqrt{39}}$ **(cm^3)**　答

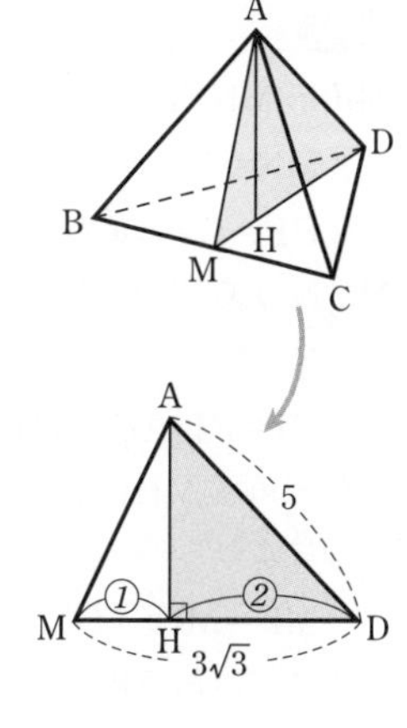

参考 一般に，正三角錐 ABCD の頂点Aから底面 BCD に下ろした垂線の足 H は，正三角形 BCD の重心である。
このことは，次のような考え方で証明できる。
△AHB，△AHC，△AHD はすべて合同であるから
HB＝HC＝HD　　よって，H は △BCD の外心。
正三角形の外心と重心は一致するから，H は重心である。

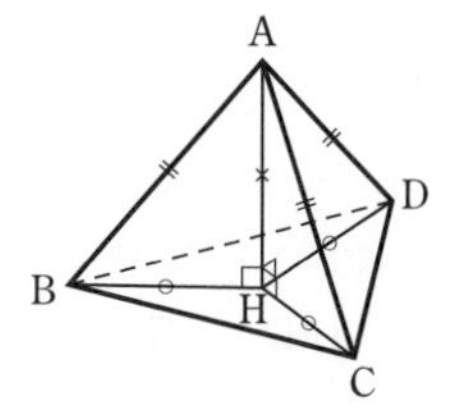

練習 93 次の立体の体積を求めなさい。
(1)　1 辺の長さが a cm の正四面体
(2)　1 辺の長さが 6 cm の正八面体

(1)
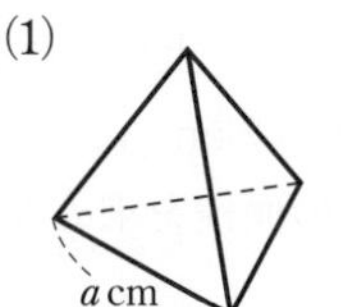

(2)
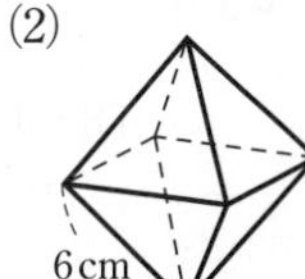

例題 94 空間内の図形の面積

1辺の長さが 4 cm の立方体 ABCDEFGH の辺 CD，BC の中点をそれぞれ M，N とする。
このとき，四角形 MNFH の面積を求めなさい。

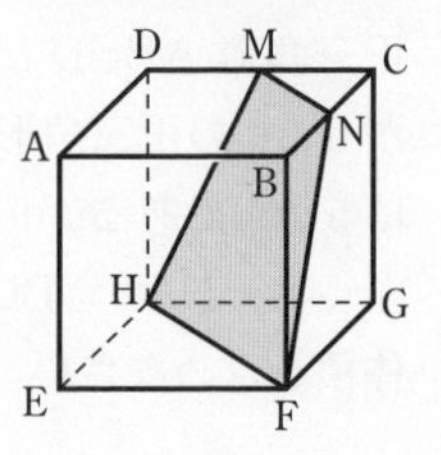

四角形 MNFH を取り出して考える。四角形 MNFH は等脚台形。

面積は　　　　　(MN＋HF)×(高さ)÷2

MN，HF，高さは直角三角形を見つけたり，作り出したりして求める。

⟶ MN は　△CMN，　　HF は　△GHF

　　高さは，頂点 M から辺 FH に垂線 MI を引いて　△MHI　　◀MI が高さ。

MH を求めるには，△DMH を取り出す。

解答

四角形 MNFH は　MH＝NF　であるから，等脚台形である。

$\mathrm{MN}=\mathrm{CN}\times\sqrt{2}=2\sqrt{2}$ (cm)　　◀△CMN が 45° の定規の形。

$\mathrm{HF}=\mathrm{GF}\times\sqrt{2}=4\sqrt{2}$ (cm)　　◀△GHF が 45° の定規の形。

M，N から辺 HF にそれぞれ垂線 MI，NJ を引くと

$\mathrm{IJ}=\mathrm{MN}=2\sqrt{2}$ (cm)　　◀四角形 MIJN は長方形。

$\mathrm{HI}=\mathrm{FJ}=(\mathrm{HF}-\mathrm{IJ})\div 2=\sqrt{2}$　　◀等脚台形であるから △MHI≡△NFJ

直角三角形 MHI において，三平方の定理により

$\mathrm{MI}^2=\mathrm{MH}^2-(\sqrt{2})^2=\mathrm{MH}^2-2$　…… ①

ここで，直角三角形 DHM において，三平方の定理により

$\mathrm{MH}^2=2^2+4^2=20$

① に代入して　　$\mathrm{MI}^2=20-2=18$

MI＞0 であるから　　$\mathrm{MI}=\sqrt{18}=3\sqrt{2}$

よって，台形 MNFH の面積は

$(\mathrm{MN}+\mathrm{HF})\times\mathrm{MI}\div 2=(2\sqrt{2}+4\sqrt{2})\times 3\sqrt{2}\div 2=$ **18 (cm²)**　答

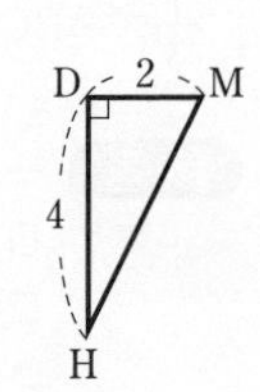

1辺の長さが 6 cm の立方体 ABCDEFGH の辺 AD，CD 上にそれぞれ点 I，J を DI＝DJ＝2 cm になるようにとる。このとき，△IJF の面積を求めなさい。

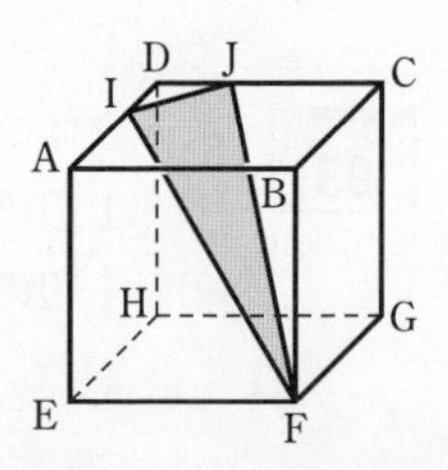

例題 95 三角錐の体積と垂線の長さ

三角錐 ABCD において，$AB=3\sqrt{7}$ cm，$AC=6$ cm，$AD=6$ cm，$\angle BAC=\angle CAD=\angle DAB=90^\circ$ である。このとき，次のものを求めなさい。

(1) 三角錐 ABCD の体積 V

(2) $\triangle BCD$ の面積

(3) 頂点Aから $\triangle BCD$ に引いた垂線 AH の長さ

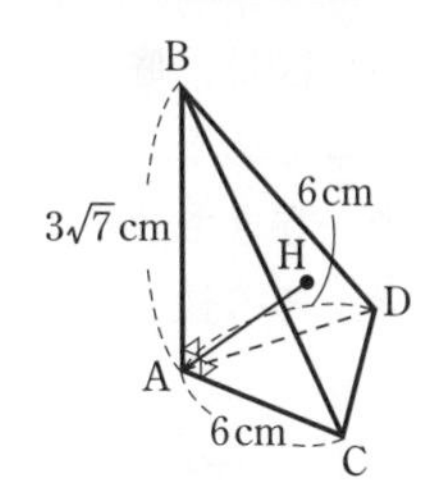

(1) $\triangle ACD$ を底面とみると，高さは　AB

(2) $\triangle BCD$ の 3 辺の長さが必要。直角三角形 ABC，ACD，ADB を取り出して三平方の定理を利用する。⟶ $\triangle BCD$ が二等辺三角形とわかる。

(3) (1) で三角錐の体積，(2) で $\triangle BCD$ の面積を求めたから，AH を **三角錐 ABCD の高さ** とみて求める。　◀三角錐の底面は $\triangle BCD$

解答

(1) $V=\frac{1}{3}\times\left(\frac{1}{2}\times AC\times AD\right)\times AB=\frac{1}{3}\times\left(\frac{1}{2}\times 6\times 6\right)\times 3\sqrt{7}$

$=\mathbf{18\sqrt{7}}$ $(\mathbf{cm^3})$ 答

(2) 直角三角形 ABC，ACD，ADB において，三平方の定理により

$BC=\sqrt{(3\sqrt{7})^2+6^2}=3\sqrt{11}$ (cm)　◀$BC^2=(3\sqrt{7})^2+6^2$

$CD=\sqrt{6^2+6^2}=6\sqrt{2}$ (cm)　◀$CD^2=6^2+6^2$

$BD=\sqrt{6^2+(3\sqrt{7})^2}=3\sqrt{11}$ (cm)　◀$BD^2=6^2+(3\sqrt{7})^2$

よって，$\triangle BCD$ は $BC=BD$ の二等辺三角形である。

頂点Bから辺 CD に垂線 BE を引く。

直角三角形 BCE において，三平方の定理により

$BE=\sqrt{(3\sqrt{11})^2-(3\sqrt{2})^2}=9$ (cm)　◀Eは辺 CD の中点。

よって，$\triangle BCD$ の面積は　$\frac{1}{2}\times 6\sqrt{2}\times 9=\mathbf{27\sqrt{2}}$ $(\mathbf{cm^2})$ 答

(3) 三角錐の体積 V は　$V=\frac{1}{3}\times\triangle BCD\times AH$

(1)，(2) から　$18\sqrt{7}=\frac{1}{3}\times 27\sqrt{2}\times AH$　よって　$AH=\mathbf{\sqrt{14}}$ $(\mathbf{cm})$ 答

練習 95　三角錐 ABCD において，$AB=\sqrt{5}$ cm，$AC=2\sqrt{5}$ cm，$AD=2\sqrt{11}$ cm，$\angle BAC=\angle CAD=\angle DAB=90^\circ$ である。このとき，頂点Aから $\triangle BCD$ に引いた垂線の長さを求めなさい。

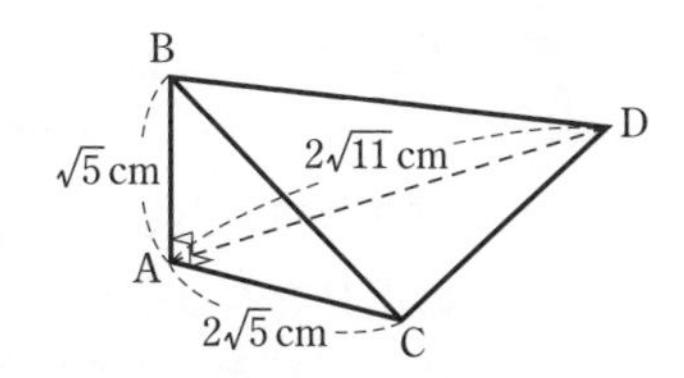

例題 96　立体の表面上の最短距離

右の図は，底面の半径が 6 cm，母線の長さが 18 cm の円錐である。底面の円周上の1点Pから円錐の側面に糸を一巻きさせる。糸の長さが最も短くなるように巻くとき，その長さを求めなさい。

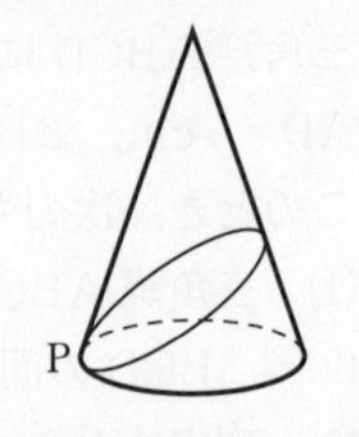

考え方

CHART　立体の問題　平面の上で考える　展開図も活用

平面上で2点間の最短の経路は線分であるから，糸の長さが最も短くなるとき，糸は側面の展開図である扇形の **弦** となる。

⟶ 弦の長さを求めるには，扇形の中心角が必要。扇形の弧の長さと底面の円周の長さが等しいことから求める。

解答

円錐の頂点をAとする。

右の図のように，円錐を母線 AP で開いた展開図を考えると，最も短くなるときの糸の長さは，展開図上の弦 PP′ の長さと等しい。

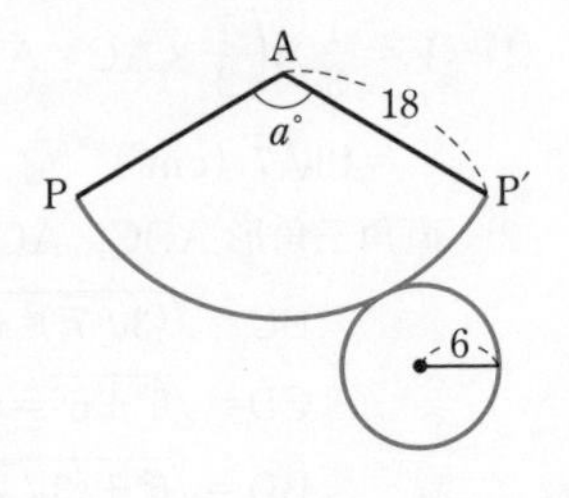

扇形 APP′ の中心角を $a°$ とする。

$\overset{\frown}{PP'}$ の長さと底面の円周の長さが等しいから

$$2\pi\times18\times\frac{a}{360}=2\pi\times6$$

これを解くと　　$a=120$

よって，扇形の中心角は 120° である。

右の図のように，点Aから線分 PP′ に垂線 AH を引くと

$\angle PAH=60°$,　$PH=P'H$

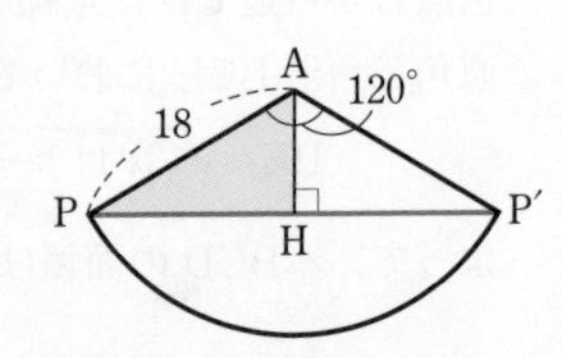

したがって　　$PH=18\times\frac{\sqrt{3}}{2}=9\sqrt{3}$　◀△APH が 30°, 60° の定規の形。

$PH=P'H$ から　　$PP'=18\sqrt{3}$ cm

よって，求める糸の長さは　　**$18\sqrt{3}$ cm**　答

練習 96　右の図は，底面が AB=15 cm，BC=20 cm，∠ABC=90° の直角三角形で，AD=16 cm の三角柱である。頂点EからCへ，辺 DF 上の点Pを通る糸をかける。糸の長さが最も短くなるとき，その長さを求めなさい。

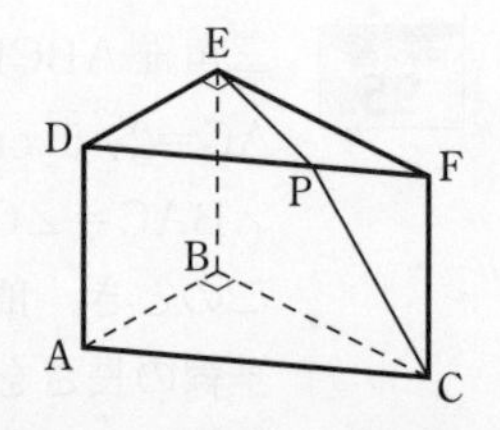

例題 97 球の切断面

半径 9 cm の球を平面で切断する。中心から平面までの距離が 5 cm であるとき，切り口の面積を求めなさい。

球を平面で切断すると，切り口は **円** になる。
⟶ 面積を求めるには半径が必要。切り口の円の半径，球の半径，中心から平面に引いた垂線で直角三角形ができるから，三平方の定理を利用する。
（垂線の足が切り口の円の中心となる。）

解答

切り口の図形は円になる。
球の中心をOとし，Oから平面に垂線 OH を引くと，Hは切り口の円の中心となる。
円 H の円周上の 1 点をPとし，円の半径を r cm とすると，直角三角形 OPH において，三平方の定理により

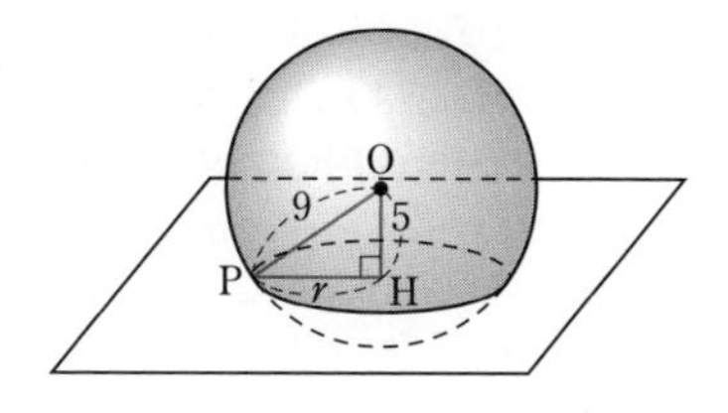

$r^2+5^2=9^2$ 　　よって　 $r^2=56$

したがって，切り口の面積は　 $\pi\times r^2=\mathbf{56\pi}\,(\mathbf{cm^2})$ 答

解説

下の左側の図の円と直線の位置関係については，すでに学習した。
（『チャート式 体系数学 1 幾何編』 $p.11$ を参照。）
この図を，直線 OT を軸として 1 回転させると，下の右側の図のような球と平面の位置関係が得られる。
得られた図において，円Oを回転したものが球Oであり，直線 a，b，c を回転したものがそれぞれ平面 A，B，C になっている。

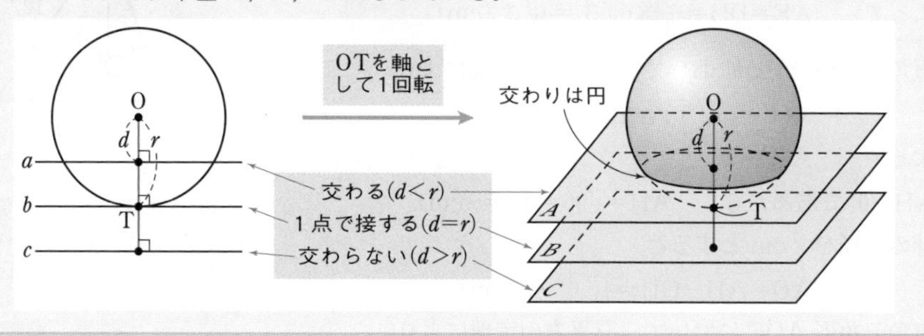

練習 97 半径 3 cm の球を平面で切断したら，切り口の面積が 5π cm^2 となった。このとき，球の中心から平面までの距離を求めなさい。

例題 98 正四面体に内接する球

1辺の長さが 12 cm の正四面体 ABCD のすべての面に接するような球の半径を求めなさい。
ただし，球の中心Oは，四面体の頂点から底面に引いた垂線の上にある。

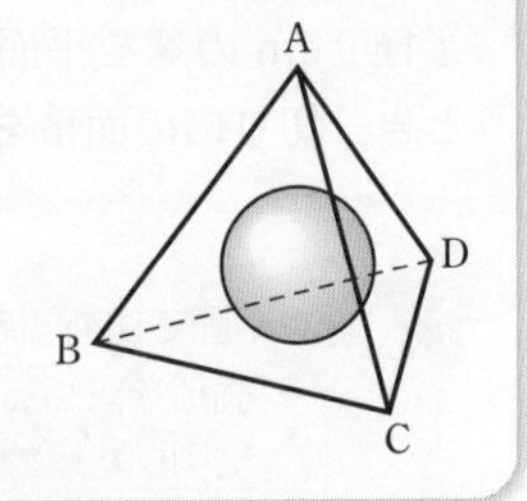

CHART 立体の問題　平面の上で考える

求めるものは球の半径 ⟶ 球の半径を含む平面図形を **取り出したい。**
取り出すには，例題 93 のように，**平面による切り口を考える** のが有効。
本問では，四面体の辺と中心Oを含む平面による切り口を考えるのがよい。
あとは，**円の接線は半径に垂直** に注意して，三平方の定理を活用する。
なお，Aから底面に下ろした垂線の足は △BCD の重心である。
解答編 $p.124$ に証明を記したので，参考にしてほしい。

解答

辺 BC の中点をEとする。
また，点Aから底面 BCD に垂線 AH を引く。
△ABC，△DBC は正三角形であるから

$$AE=DE=12\times\frac{\sqrt{3}}{2}=6\sqrt{3}\ (\mathrm{cm})$$

正四面体の面 ABC と球の接点 F，および H は，それぞれ △ABC，△BCD の重心であるから

$$AF:FE=2:1,\quad DH:HE=2:1$$

よって　$AF=DH=\frac{2}{3}\times 6\sqrt{3}=4\sqrt{3}\ (\mathrm{cm})$

直角三角形 AHD において，三平方の定理により

$$AH^2+(4\sqrt{3})^2=12^2$$

よって　$AH^2=96$

$AH>0$ であるから　$AH=\sqrt{96}=4\sqrt{6}\ (\mathrm{cm})$

球の半径を r cm とすると

$$AO=AH-OH=4\sqrt{6}-r\ (\mathrm{cm})$$

直角三角形 AOF において，三平方の定理により

$$r^2+(4\sqrt{3})^2=(4\sqrt{6}-r)^2$$

よって　$8\sqrt{6}\,r=48$

したがって　$r=\frac{48}{8\sqrt{6}}=\sqrt{6}$ **(cm)**　答

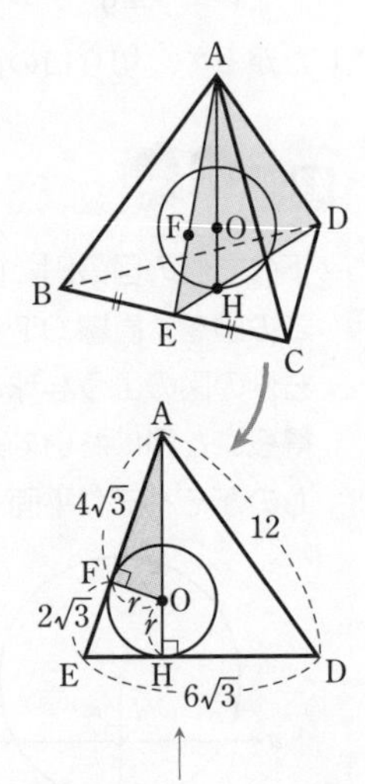

切り口において，円の位置に注意。球は辺 AD とは接していないので，下の図のようにはならない。

参考 直角三角形の相似を利用すると，次のように解くことができる。

別解 1　線分 AH，DE を含む平面を取り出し，$\mathrm{AH}=4\sqrt{6}$ cm を求めるまでは，前ページの解答と同じ。

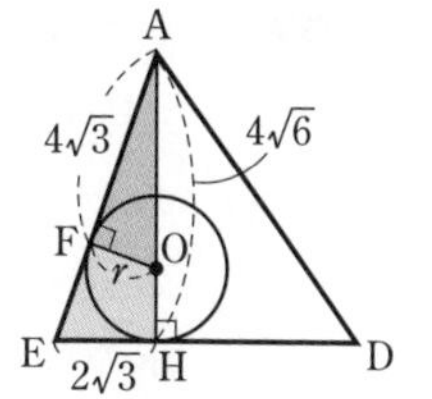

2 つの直角三角形 AOF，AEH について

$\triangle\mathrm{AOF}\backsim\triangle\mathrm{AEH}$　　◀ $\angle\mathrm{AFO}=\angle\mathrm{AHE}$，$\angle\mathrm{FAO}=\angle\mathrm{HAE}$

よって　　$\mathrm{AF}:\mathrm{AH}=\mathrm{OF}:\mathrm{EH}$

$\mathrm{EH}=\dfrac{1}{3}\times\mathrm{DE}=2\sqrt{3}$ (cm) であるから

$4\sqrt{3}:4\sqrt{6}=r:2\sqrt{3}$　　したがって　　$r=\sqrt{6}$ **cm** 答

参考 正四面体の体積に注目すると，次のように解くことができる。

別解 2　$\mathrm{AH}=4\sqrt{6}$ cm を求めるまでは，前ページの解答と同じ。

正四面体 ABCD を 4 つの合同な四面体 OBCD，OCDA，ODAB，OABC に分けて考える。

四面体 OBCD は，△BCD を底面とすると，高さが球の半径 r に等しい。

したがって，正四面体 ABCD の体積は

$$\frac{1}{3}\times\triangle\mathrm{BCD}\times r\times 4 \quad \cdots\cdots ①$$

一方，AH を高さと考えると，正四面体 ABCD の体積は

$$\frac{1}{3}\times\triangle\mathrm{BCD}\times\mathrm{AH} \quad \cdots\cdots ②$$

①，② から　　$\dfrac{1}{3}\triangle\mathrm{BCD}\times r\times 4=\dfrac{1}{3}\triangle\mathrm{BCD}\times\mathrm{AH}$

よって　　$r=\dfrac{1}{4}\mathrm{AH}=\sqrt{6}$ **(cm)** 答

◀球の中心 O は，高さ AH を 3：1 に内分している。

1 辺の長さが 12 cm の正四面体 ABCD のすべての頂点が 1 つの球面の上にある。このとき，その球の半径を求めなさい。

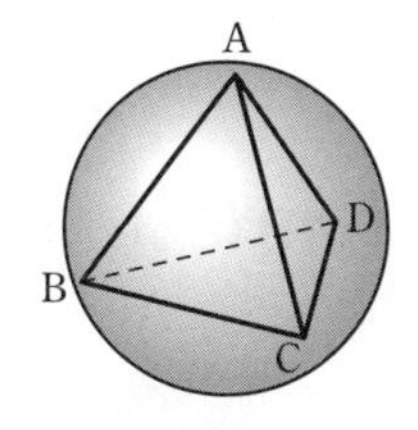

練習 98B 右の図のような，円錐の底面と面を共有している半径 6 cm の半球と，半径 2 cm の球がある。半球と球は互いに外接し，円錐の側面にもそれぞれ接している。このとき，次のものを求めなさい。

(1)　円錐の高さ　　　(2)　円錐の体積

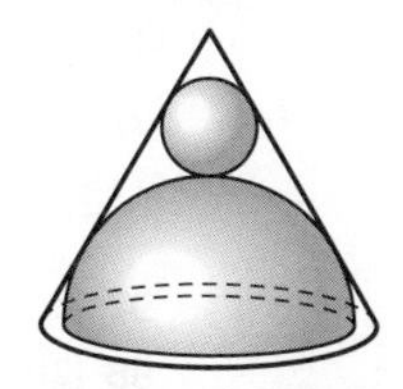

演習問題

□97　直方体 ABCDEFGH において，AE=1 cm，AD=2 cm，DC=3 cm である。頂点Bから線分 DF に垂線 BP を引く。このとき，次の線分の長さを求めなさい。

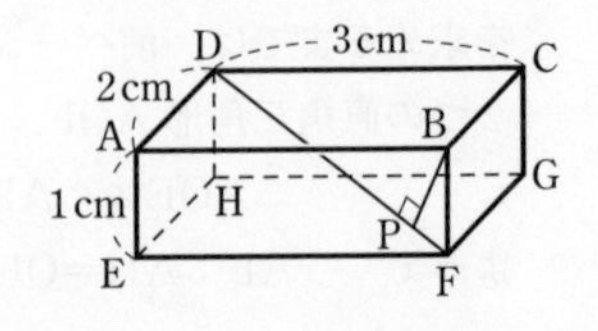

(1)　DF　　(2)　PF　→ 92

□98　辺の長さがすべて 6 cm の正四角錐 ABCDE がある。辺 AB，AD 上にそれぞれ点 F，G を AF=AG=4 cm となるようにとる。3点 C，F，G を通る平面と辺 AE との交点を H とするとき，次のものを求めなさい。

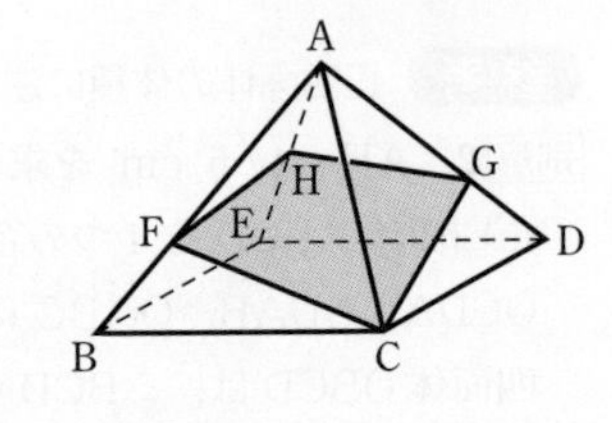

(1)　線分 CH の長さ　　(2)　四角形 CGHF の面積　→ 94

□99　右の図は，円錐台の展開図である。次のものを求めなさい。

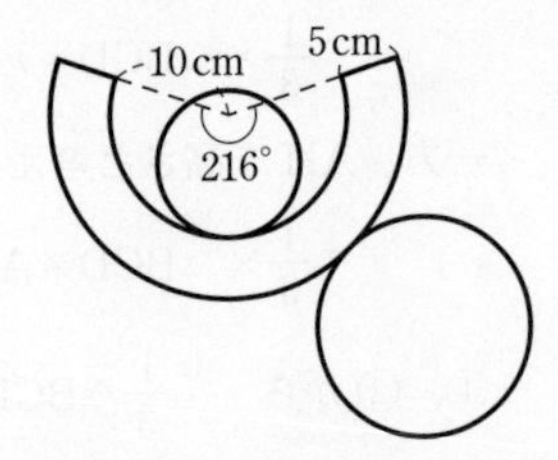

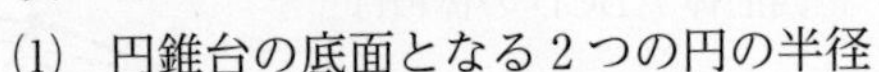

(1)　円錐台の底面となる2つの円の半径

(2)　円錐台の高さ

(3)　円錐台の体積　→ 93

□100　右の図において，△ABC，△APQ は正三角形である。　→ 93

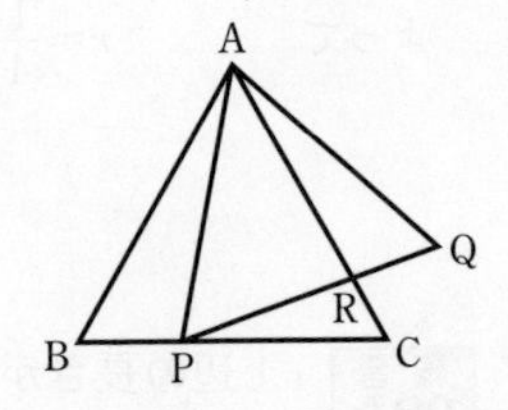

(1)　△ABP∽△AQR を証明しなさい。

(2)　AB=3 cm，BP=1 cm であるとき，△APR を辺 AP を軸として1回転させてできる立体の体積を求めなさい。

□101　直方体 ABCDEFGH において，AE=3 cm，AD=3 cm，DC=4 cm である。右の図のように四面体 DBEG を作る。

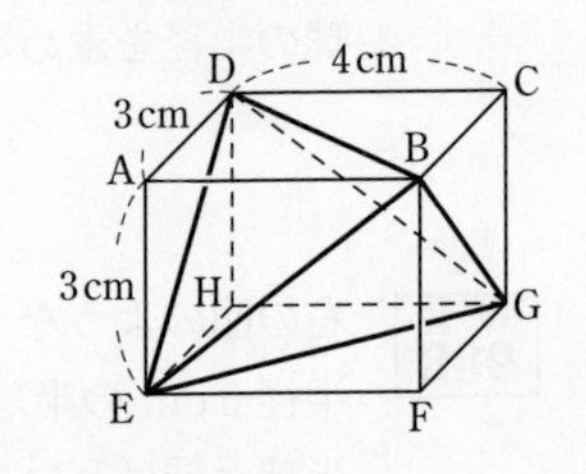

(1)　四面体 DBEG の体積を求めなさい。

(2)　点Gから △BDE に引いた垂線の長さを求めなさい。　→ 95

97 (2)　直角三角形の相似を利用。

98 (2)　四角形 CGHF を取り出して考える。対称性に着目。

□**102** 1辺の長さが8 cmの正四面体ABCDにおいて，辺ADの中点をPとする。点Aから点Pへ，辺BC，CD上の点を通る糸をかける。糸の長さが最も短くなるとき，その長さを求めなさい。 ➔ 96

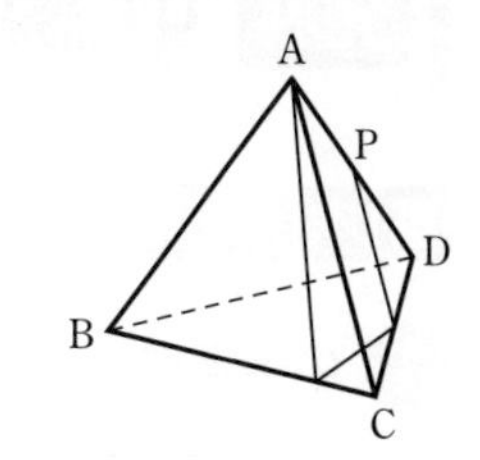

□**103** 右の図のように，1辺の長さが6 cmの立方体ABCDEFGHの辺BFの中点をMとする。立方体のすべての面に接する球が立方体の内部にある。3点A，C，Mを通る平面で球を切断するとき，切り口の図形の面積を求めなさい。 ➔ 97

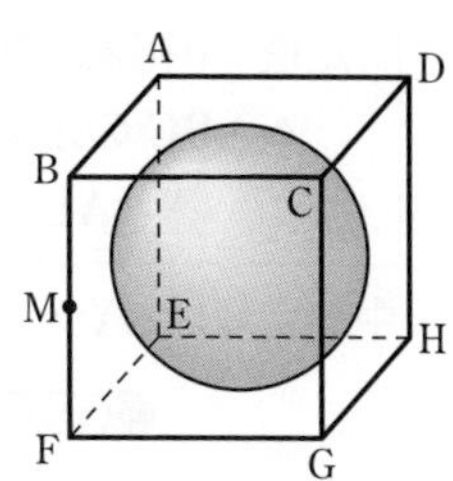

□**104** 右の図のように，1辺の長さが4 cmの立方体ABCDEFGHの内部に2つの球があり，2つの球は互いに外接している。一方の球は3つの面ABFE，BFGC，EFGHに接し，半径が1 cmである。もう一方の球が3つの面ABCD，AEHD，CGHDに接しているとき，この球の半径を求めなさい。 ➔ 98

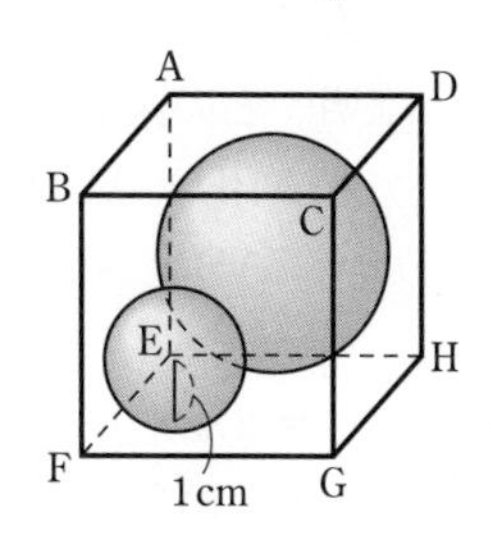

□**105** 右の図のように，2つの三角柱が交わっていて，AD⊥GJである。この三角柱はどちらも底面が1辺2 cmの正三角形で，側面は長方形である。また，長方形ABEDと辺GJ，長方形HILKと辺CFはそれぞれ同じ平面上にある。2つの三角柱の共通部分の体積を求めなさい。

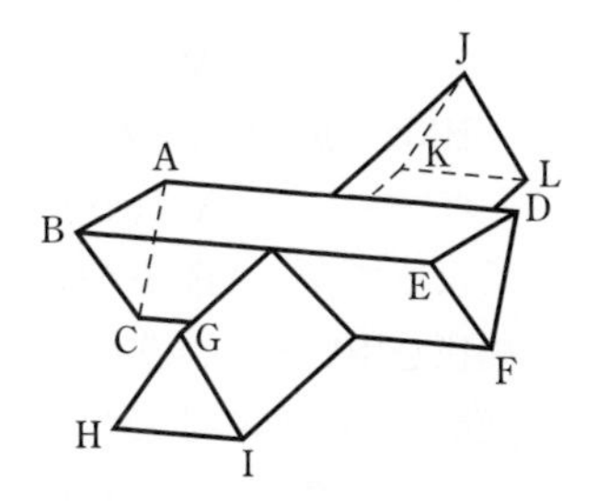

□**106** OA＝OB＝OC＝3，∠AOB＝∠BOC＝∠COA＝90°であるような四面体OABCがあり，辺OA，OB，BCを2：1に内分する点をそれぞれP，Q，Rとする。3点P，Q，Rを通る平面が辺CAと点Sで交わるとき，四角形PQRSの面積を求めなさい。

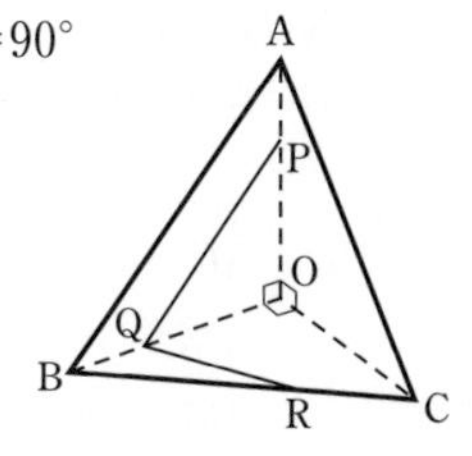

ヒント

104 2つの球の中心を含むように，立体を4点B，F，H，Dを通る平面で切断して，四角形BFHDを取り出す。

106 四角形PQRSは等脚台形である。

発展 中線定理

基本事項

1 中線定理

> **定理** （中線定理）
> △ABC の辺 BC の中点を M とすると
> $$AB^2+AC^2=2(AM^2+BM^2)$$

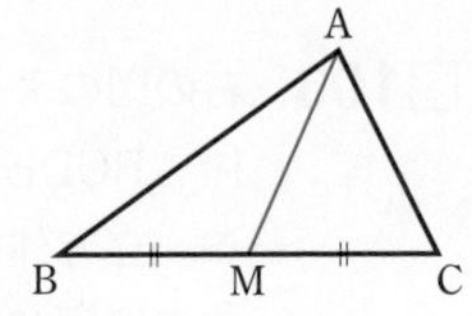

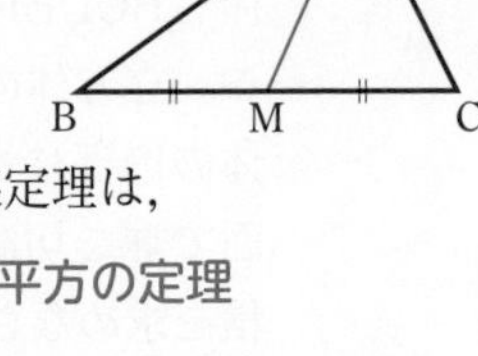

中線定理は **パップスの定理** ともよばれる。また，中線定理は，

CHART （線分）^{2}　直角をつくって三平方の定理

の方針で証明できる。

証明　右の図 [1]，[2] のどちらの場合でも，直角三角形 ABH，ACH において，三平方の定理により

AB^2+AC^2
$=\{h^2+(p+r)^2\}+\{h^2+(p-r)^2\}$
$=2(h^2+p^2+r^2)$

[1] $CH^2=(p-r)^2$
[2] $CH^2=(r-p)^2=(p-r)^2$

[1]

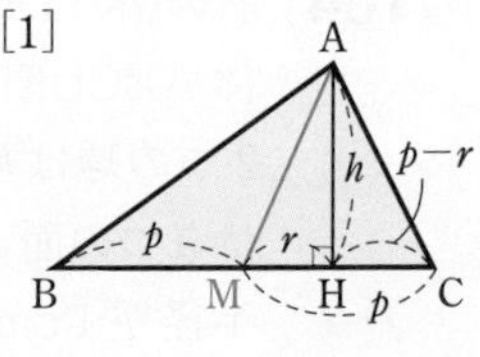

[2]

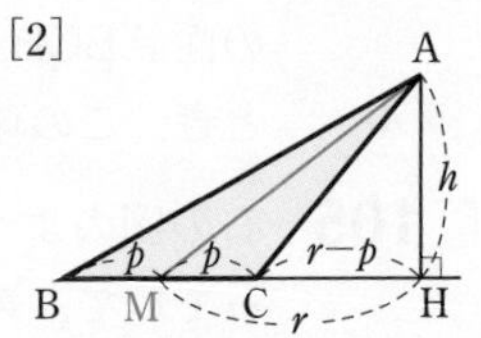

一方，直角三角形 AMH において，三平方の定理により

$$AM^2=h^2+r^2$$

$BM^2=p^2$ であるから

$$AM^2+BM^2=h^2+p^2+r^2$$

よって　$AB^2+AC^2=2(AM^2+BM^2)$ 終

座標を用いると，次のようにも証明できる。

証明　右の図のように，座標平面上に △ABC を，辺 BC の中点 M が原点 O に重なるようにおく。
3 点 A，B，C の座標をそれぞれ A(a，b)，B($-c$，0)，C(c，0) とすると

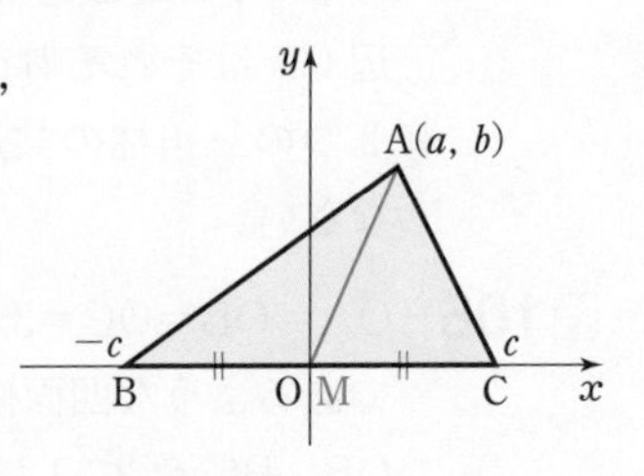

$AB^2=(-c-a)^2+(0-b)^2$
$=c^2+2ca+a^2+b^2$
$AC^2=(c-a)^2+(0-b)^2=c^2-2ca+a^2+b^2$
$AM^2=(0-a)^2+(0-b)^2=a^2+b^2$
$BM^2=c^2$

よって　$AB^2+AC^2=2(a^2+b^2+c^2)$
　　　　$AM^2+BM^2=a^2+b^2+c^2$

したがって　$AB^2+AC^2=2(AM^2+BM^2)$ 終

例題 99 中線の長さ

右の図において，x の値を求めなさい。ただし，M は辺 BC の中点である。

(1)

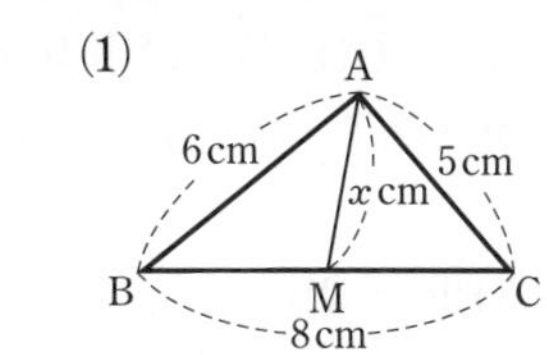

(2)

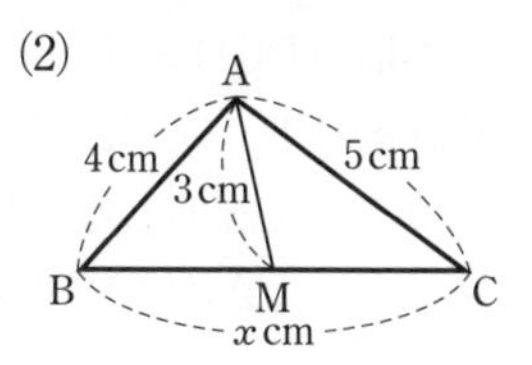

線分 AM は △ABC の **中線** である。中線の長さを求めるには

中線定理　$\mathbf{AB^2+AC^2=2(AM^2+BM^2)}$

を利用する。

解答

(1) △ABC において，中線定理により

$$AB^2+AC^2=2(AM^2+BM^2)$$

すなわち　$6^2+5^2=2\left\{x^2+\left(\frac{8}{2}\right)^2\right\}$　　よって　$x^2=\frac{29}{2}$

$x>0$ であるから　$\boldsymbol{x=\sqrt{\frac{29}{2}}=\frac{\sqrt{58}}{2}}$　答

(2) △ABC において，中線定理により

$$AB^2+AC^2=2(AM^2+BM^2)$$

すなわち　$4^2+5^2=2\left\{3^2+\left(\frac{x}{2}\right)^2\right\}$　　よって　$x^2=46$

$x>0$ であるから　$\boldsymbol{x=\sqrt{46}}$　答

練習 99A 次の図において，x の値を求めなさい。ただし，M は辺 BC の中点である。

(1)

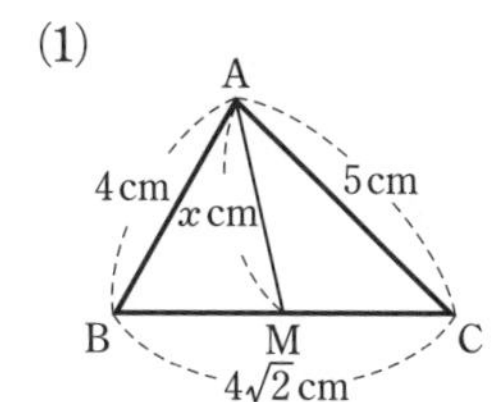

(2)

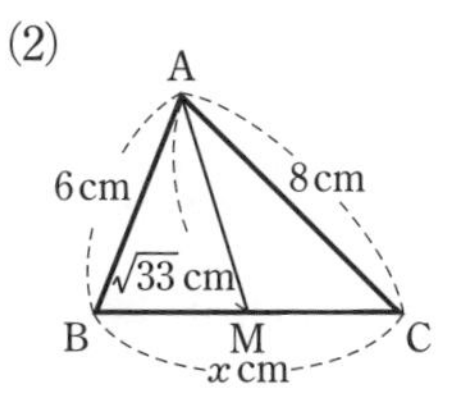

(3)

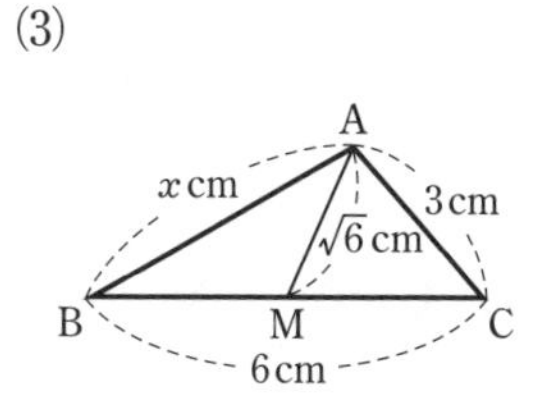

練習 99B ▱ABCD において，AB＝8 cm，AD＝10 cm，AC＝12 cm である。このとき，対角線 BD の長さを求めなさい。

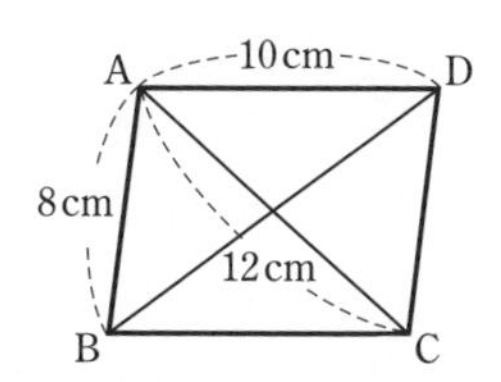

例題 100 中線定理を利用した式の証明

四角形 ABCD の辺 AB，BC，CD，DA の中点をそれぞれ P，Q，R，S とするとき，次の式が成り立つことを証明しなさい。

$$AC^2+BD^2=2(PR^2+QS^2)$$

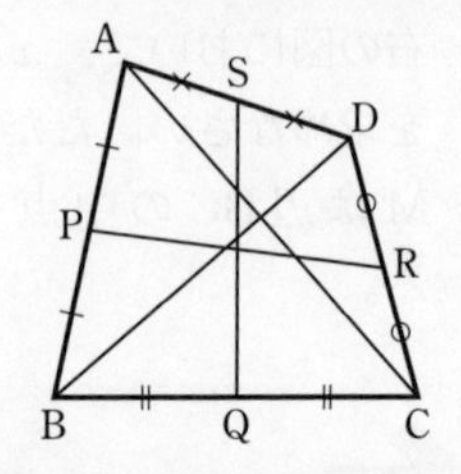

中点連結定理を利用すると，四角形 PQRS は平行四辺形であることがわかる。よって，四角形 PQRS の対角線 PR，SQ の交点を O とすると，O は対角線を 2 等分する。ここで，△SPR に中線定理の利用を考える。

CHART （線分）^{2} 　中線があれば中線定理

△ABC と △ACD において，中点連結定理により

$PQ=\frac{1}{2}AC$，$SR=\frac{1}{2}AC$ 　よって 　$PQ=SR$ ……①

△ABD と △CBD において，中点連結定理により

$PS=\frac{1}{2}BD$，$QR=\frac{1}{2}BD$ 　よって 　$PS=QR$ ……②

①，② より，2 組の対辺がそれぞれ等しいから，四角形 PQRS は平行四辺形である。

よって 　$AC^2+BD^2=(2SR)^2+(2PS)^2$

$=4(SP^2+SR^2)$ ……③

また，四角形 PQRS の対角線 PR，SQ の交点を O とすると，O は PR を 2 等分する。
ゆえに，△SPR において，O は辺 PR の中点である。

よって，中線定理により

$SP^2+SR^2=2(SO^2+PO^2)$

$=2\left\{\left(\frac{1}{2}QS\right)^2+\left(\frac{1}{2}PR\right)^2\right\}=\frac{1}{2}(PR^2+QS^2)$ ……④

③，④ から 　$AC^2+BD^2=2(PR^2+QS^2)$ 終

右の図において，点 D，E，F はそれぞれ辺 BC，CA，AB の中点であり，点 G は △ABC の重心である。このとき，次の式が成り立つことを証明しなさい。

$$AB^2+BC^2+CA^2=3(AG^2+BG^2+CG^2)$$

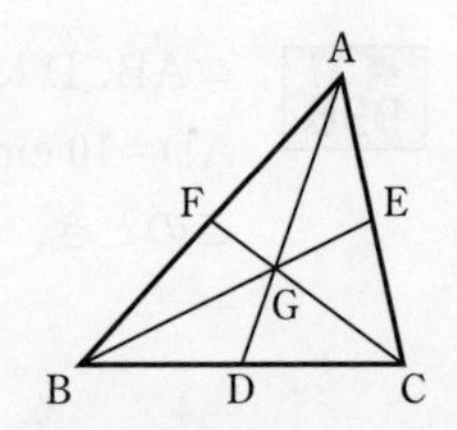

補足 作図

Mathematics

基本事項

1 内分点，外分点の作図

線分 AB を $m:n$ に内分する点の作図

① Aを通り，直線 AB と異なる直線 ℓ を引く。

② ℓ 上に，AC：CD＝$m:n$ となるような点 C，D をとる。ただし，C は線分 AD 上にとる。

③ C を通り，BD に平行な直線を引き，線分 AB との交点を E とする。

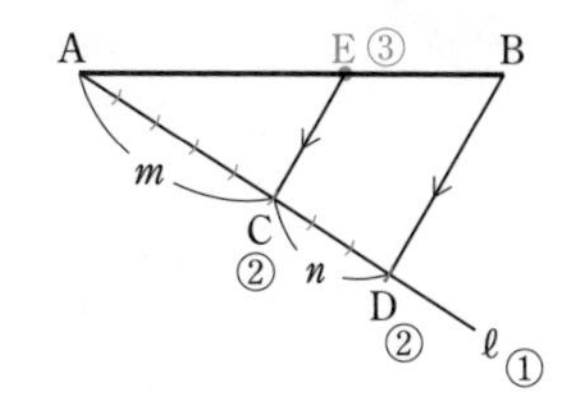

このとき，点 E は線分 AB を $m:n$ に内分する点である。 ◀EC∥BD から AE：EB＝AC：CD＝$m:n$

注意 外分する点の作図も上と同じようにする。 ◀$p.54$ 線分の内分点，外分点参照。

2 いろいろな長さの線分の作図

(1) **長さ 1 の線分 AB と，長さ a，b の 2 つの線分が与えられたとき，長さ ab の線分の作図**

① Aを通り，直線 AB と異なる直線 ℓ を引く。

② ℓ 上に，AC＝a となるような点 C をとり，線分 AB の B を越える延長線上に BD＝b となるような点 D をとる。

③ D を通り，BC に平行な直線を引き，ℓ との交点を E とする。

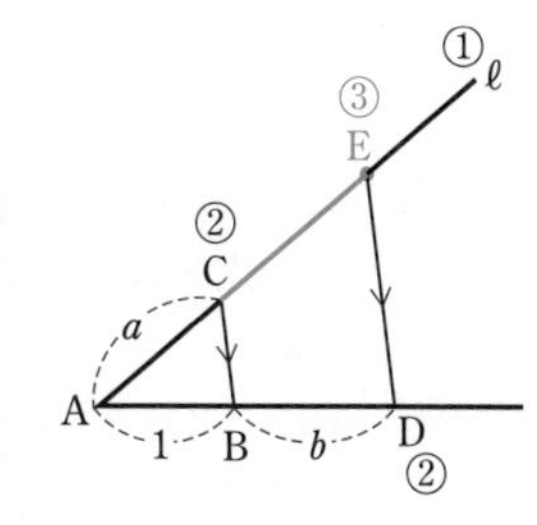

このとき，線分 CE が求める線分である。 ◀CE＝x とすると，BC∥DE であるから $a:x=1:b$ よって $x=ab$

(2) **長さ 1 の線分 AB と長さ a の線分が与えられたとき，長さ $\sqrt{a}$ の線分の作図**

① 線分 AB の B を越える延長線上に，BC＝a となる点 C をとる。

② 線分 AC を直径とする円 O をかく。

③ B を通り，直線 AB に垂直な直線を引き，円 O との交点を D，E とする。

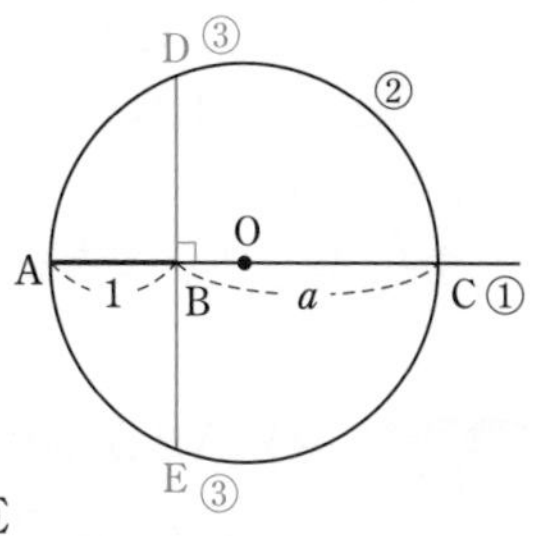

このとき，線分 BD が求める線分である。

考察 方べきの定理により BA×BC＝BD×BE

AB＝1，BC＝a，BD＝BE であるから $BD^2=a$

したがって，線分 BD は長さ $\sqrt{a}$ の線分である。

例題 101 内分点，外分点の作図

線分 AB が与えられたとき，次の点を作図しなさい。

(1) 線分 AB を 3：1 に内分する点E

(2) 線分 AB を 5：1 に外分する点E

(1) $p.169$ 基本事項 ❶ と同じようにして作図する。すなわち

① Aを通り，直線 AB と異なる直線 ℓ を引く。

② ℓ 上に，AC：CD=3：1 となるような点 C，D をとる。ただし，C は線分 AD 上にとる。

③ Cを通り，BD に平行な直線を引くと，線分 AB との交点がEである。

(2) (1)と同様だが，E は外分点である。AB：BE=4：1 であるから，(1)の②で AC：CD=4：1 となるように点 C，D をとればよい。

CHART 線分の比と作図
平行線と線分の比の性質を利用

解答

(1) ① Aを通り，直線 AB と異なる直線 ℓ を引く。

② ℓ 上に，AC：CD=3：1 となるように点 C，D をとる。ただし，C は線分 AD 上にとる。

③ Cを通り，BD に平行な直線を引き，線分 AB との交点をEとする。

このとき，点Eは線分 AB を 3：1 に内分する点である。 終

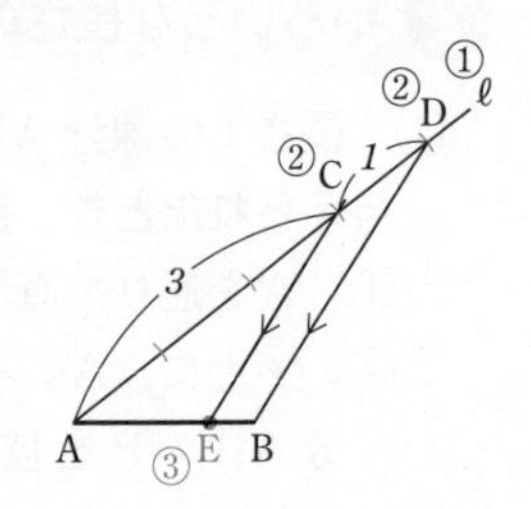

考察 BD∥EC であるから AE：EB=AC：CD=3：1

(2) ① Aを通り，直線 AB と異なる直線 ℓ を引く。

② ℓ 上に，AC：CD=4：1 となるように点 C，D をとる。ただし，C は線分 AD 上にとる。

③ Dを通り，BC に平行な直線を引き，直線 AB との交点をEとする。

このとき，点Eは線分 AB を 5：1 に外分する点である。 終

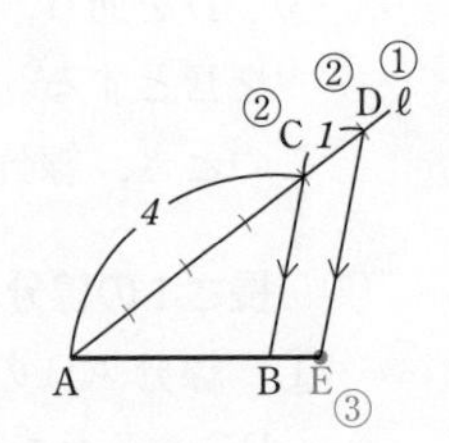

考察 BC∥ED であるから AE：EB=AD：DC=5：1

練習 101 線分 AB が与えられたとき，次の点を作図しなさい。

(1) 線分 AB を 4：3 に内分する点

(2) 線分 AB を 3：2 に外分する点

(3) 線分 AB を 2：3 に外分する点

例題 102 いろいろな長さの線分の作図

長さ a の線分 AB と，長さ b，c の 2 つの線分が与えられたとき，長さ $\frac{ac}{b}$ の線分を作図しなさい。

考え方 長さ a，b，c の 3 つの線分が与えられているから，平行線に関する次の性質を利用できる。

右の図の △PQR において

ST∥QR ならば PS : SQ＝PT : TR

が成り立つ。

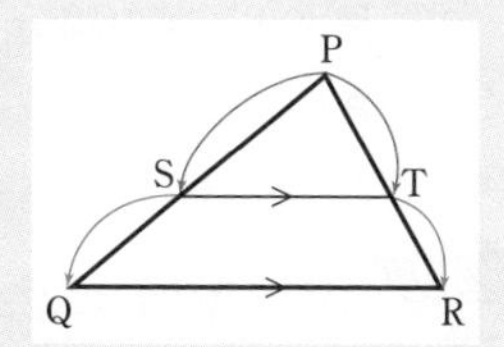

CHART いろいろな長さの線分の作図
平行線と線分の比の性質を利用

解答

① Aを通り，直線 AB と異なる直線 ℓ を引く。

② ℓ 上に，AC＝b，CD＝c となるように点C，D をとる。ただし，Cは線分 AD 上にとる。

③ Dを通り，BC に平行な直線を引き，直線 AB との交点をEとする。

このとき，線分 BE が求める線分である。 終

上の考え方の △PQR で，PS＝a，SQ＝x，PT＝b，TR＝c とすればよい。

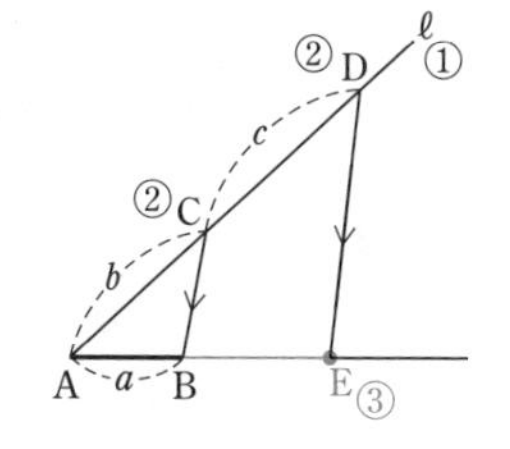

考察 BE＝x とすると，BC∥ED であるから

$$a : x = b : c \qquad \text{すなわち} \qquad x=\frac{ac}{b}$$

したがって，線分 BE は長さ $\frac{ac}{b}$ の線分である。

練習 102 長さ 1 の線分 AB と，長さ a，b の 2 つの線分が与えられたとき，次の線分を作図しなさい。

(1) 長さ $\frac{1}{a}$ の線分

(2) 長さ $2ab$ の線分

例題 103 長さ $\sqrt{a}$ の線分の作図

(1) $\angle C=90°$ の直角三角形 ABC の頂点 C から辺 AB に垂線 CH を引く。AH=1 cm，BH=a cm のとき，線分 CH の長さを求めなさい。ただし，$a>0$ とする。

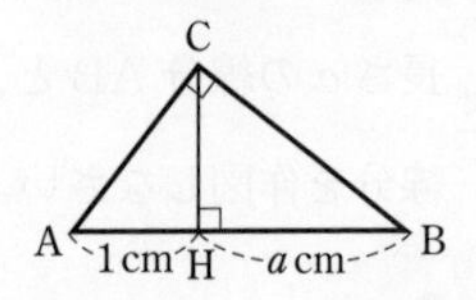

(2) 長さ 1 cm の線分 AB が与えられたとき，長さ $\sqrt{5}$ cm の線分を作図しなさい。

(1) $\triangle ACH \backsim \triangle CBH$ であるから　AH：CH=CH：BH

よって　　1：CH=CH：a　　$CH^2=a$

$a>0$ であるから　CH=$\sqrt{a}$ cm

のように相似の性質を利用して求めることができる。

ここでは　　　**CHART**　直角は　直径

により，△ABC の外接円をかいて，**方べきの定理** の利用を考える。

(2) (1)の結果を利用する。

解答

(1) $\angle C=90°$ であるから，3 点 A，B，C は，AB を直径とする円周上にある。右の図のように，線分 CH の延長と円との交点を D とする。

方べきの定理により　　HA×HB=HC×HD

AH=1 cm，BH=a cm，HC=HD であるから

$HC^2=a$

$a>0$ であるから　　HC=$\sqrt{a}$　すなわち　**CH=$\sqrt{a}$ cm**　答

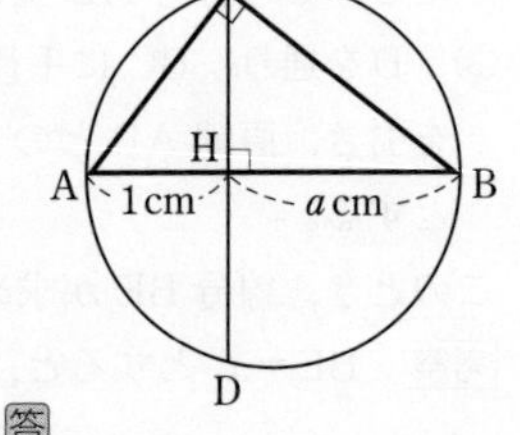

(2) ① 線分 AB の B を越える延長線上に，BC=5 cm となる点 C をとる。

② 線分 AC を直径とする円 O をかく。

③ B を通り，直線 AB に垂直な直線を引き，円 O との交点を D，E とする。

このとき，(1)の結果から，線分 BD は長さ $\sqrt{5}$ cm の線分である。 終　　◀線分 BE でもよい。

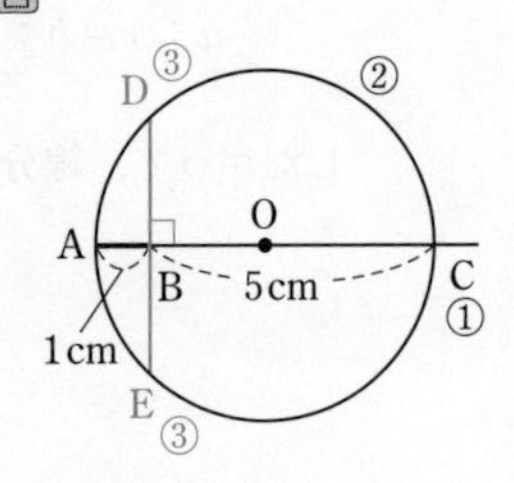

参考 上の ② では，線分 AC の垂直二等分線と線分 AC の交点を O とし，O を中心として，半径 OA の円をかくとよい。

練習 103 長さ 1 cm の線分 AB が与えられたとき，長さ $\sqrt{7}$ cm の線分を作図しなさい。

総合問題 1　思考力・判断力・表現力を身につけよう！

右の図において，2つの円の中心はいずれも点Oである。大きい円の弦 AB は，小さい円に点Pで接している。
AB=6 のとき，斜線部分の面積 S を求めなさい。

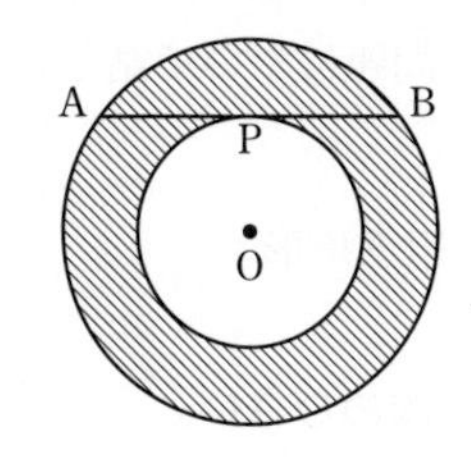

円の接線の性質は
『チャート式 体系数学1幾何編』
の第1章をふり返ろう！
また，円と弦については，
本書の第3章をふり返ろう！

考え方　大きい円と小さい円の半径がわからない。そこで円の接線の性質，円の弦の性質を利用できないか。
⟶ 円の接線は，接点を通る半径に垂直である。
　　また，円の中心から弦に下ろした垂線の足は，弦の中点である。

解答

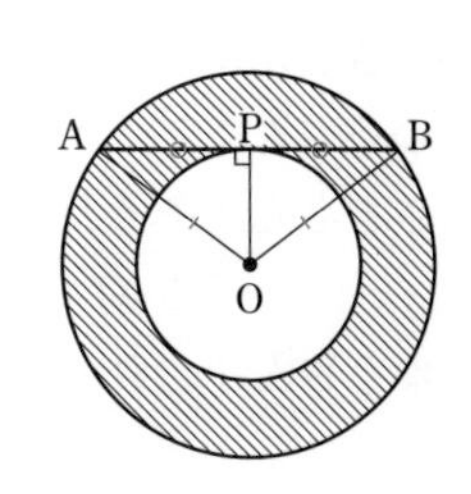

大きい円の半径を a，小さい円の半径を b とおく。
大きい円の面積は　　πa^2
小さい円の面積は　　πb^2
よって　　$S=\pi a^2-\pi b^2=\pi(a^2-b^2)$　…… ①
△OAB は OA=OB の二等辺三角形であり，OP⊥AB であるから，点Pは辺 AB の中点となる。
AB=6 であるから　　AP=3
直角三角形 OAP において，三平方の定理により

$$OP^2+AP^2=OA^2 \quad すなわち \quad b^2+3^2=a^2$$

よって　　$a^2-b^2=3^2$

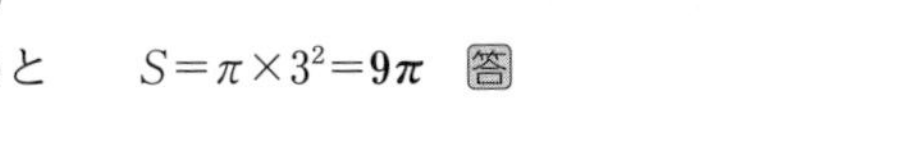

これを ① に代入すると　　$S=\pi\times3^2=\boldsymbol{9\pi}$　答

参考　文字 a，b を使わなくても，次のように解くことができる。

別解　点Pは小さい円の接線の接点であるから　　OP⊥AB
よって，点Pは弦 AB 上の点であり，OP⊥AB であるから

$$AP=BP$$

AB=6 であるから　　AP=BP=3
直角三角形 OAP において，三平方の定理により　　$OP^2+AP^2=OA^2$
(斜線部分の面積)=(大きい円の面積)−(小さい円の面積) であるから

$$S=\pi OA^2-\pi OP^2=\pi(OA^2-OP^2)$$
$$=\pi AP^2=\pi\times3^2=\boldsymbol{9\pi}$$　答

総合問題 2　思考力・判断力・表現力を身につけよう！

さきさんとゆうさんは，次の問題について話し合っている。

右の図のように，∠A＝36°，
AB＝AC，BC＝1 の二等辺三角形
ABC がある。
このとき，辺 AB の長さを求めなさい。

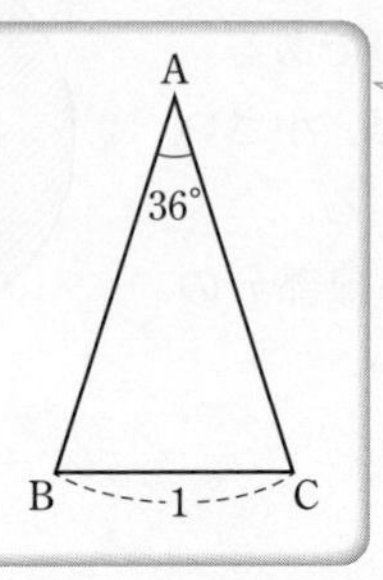

二等辺三角形の定義は『チャート式 体系数学1幾何編』の第4章をふり返ろう！

下の会話文を読み，あとの問いに答えなさい。

さきさん：二等辺三角形の 2 つの底角は等しいから，∠B や ∠C が □° であることはすぐにわかるわね。
ゆうさん：そうだね。
さきさん：ここまではいいとして，あとはどうしたらいいのかしら？
ゆうさん：どこかに補助線を引いたらいいと思うよ。
さきさん：そうね……。あっ，辺 AB 上に点Dをうまくとると △ABC∽△CDB になるわ。
ゆうさん：これで，辺 AB の長さが求められるね。

(1) □ にあてはまる数を答えなさい。
(2) 点Dの位置を答えなさい。また，△ABC∽△CDB であることを証明しなさい。
(3) 線分 AD の長さを求めなさい。
(4) 辺 AB の長さを求めなさい。

三角形の相似条件は 3 つあるが，どれがあてはまるだろうか。

(2) 三角形の 3 つの相似条件
[1] 3 組の辺の比がすべて等しい
[2] 2 組の辺の比とその間の角がそれぞれ等しい
[3] 2 組の角がそれぞれ等しい
と見比べると，(1) で角度を求めているので，[3] が使えそうだと見当がつく。

解答

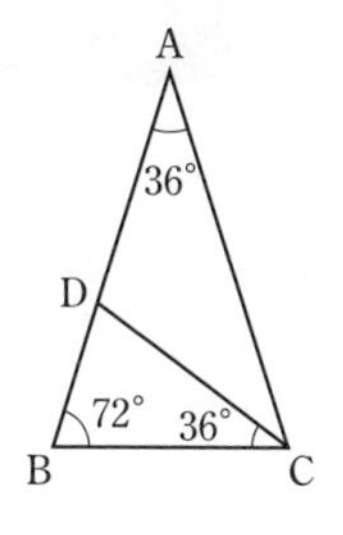

(1) △ABC が AB＝AC の二等辺三角形であるから

$\angle B=\angle C=(180^\circ-36^\circ)\div 2=72^\circ$ 　答 **72**

(2) 右の図のように，**辺 AB 上に点Dを ∠BCD＝∠A となるようにとる。** 答

△ABC と △CDB において

$\angle CAB=\angle BCD=36^\circ$

$\angle ACB=\angle CBD=72^\circ$

2 組の角がそれぞれ等しいから　△ABC∽△CDB 終

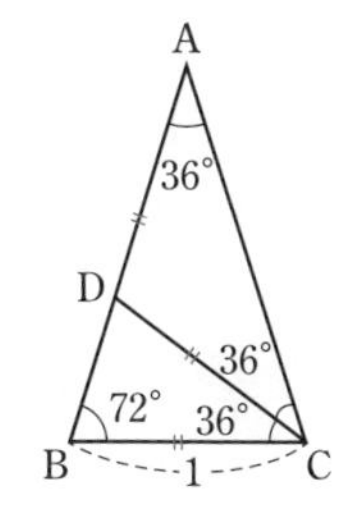

(3) △ABC∽△CDB であるから，△CDB は CD＝CB の二等辺三角形である。

よって　CD＝1

また　$\angle ACD=\angle ACB-\angle BCD$

$=72^\circ-36^\circ=36^\circ$

$\angle DCA=\angle A=36^\circ$ であるから，△DCA は DA＝DC の二等辺三角形である。

よって　**AD＝1** 答

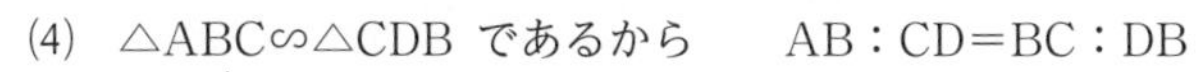

(4) △ABC∽△CDB であるから　AB：CD＝BC：DB

AB＝x とおくと　$x:1=1:(x-1)$

$x(x-1)=1$

$x^2-x-1=0$

これを解いて　$x=\dfrac{1\pm\sqrt{5}}{2}$

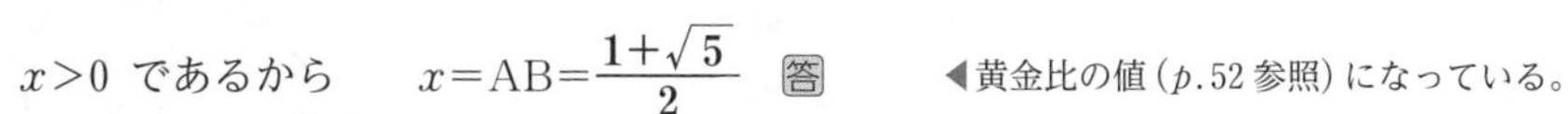

$x>0$ であるから　$x=\mathrm{AB}=\dfrac{\mathbf{1+\sqrt{5}}}{\mathbf{2}}$ 答　◀黄金比の値（p.52 参照）になっている。

別解 (2) 右の図のように，**辺 AB 上に点Dを DC＝BC となるようにとる。** 答

△CDB は，CD＝CB の二等辺三角形であるから

$\angle CDB=\angle CBD=72^\circ$

よって，△ABC と △CDB はともに底角が 72° の二等辺三角形であるから　△ABC∽△CDB 終

別解 (3) △ABC∽△CDB であるから

$\angle DCB=\angle A=36^\circ$

よって，$\angle DCA=72^\circ-36^\circ=36^\circ=\angle A$ となり，△DCA は DC＝DA の二等辺三角形である。

よって　**AD**＝CD＝**1** 答

総合問題 3

思考力・判断力・表現力を身につけよう！

△ABC を底面とする四面体 PABC がある。頂点Pから底面 ABC に引いた垂線と底面の交点をHとする。

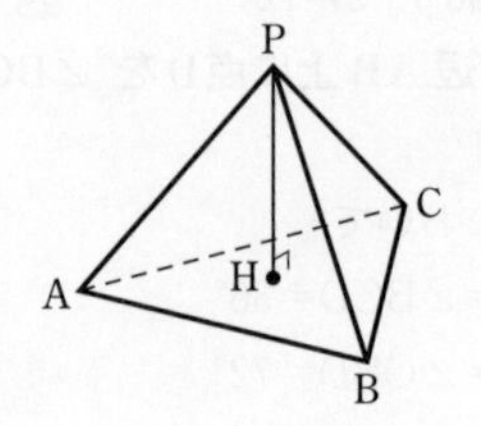

p.157 の参考を参照。正三角錐（正四面体）とは限らないことに注意！

(1) 点Hが △ABC の外心であるとき，辺 PA，PB，PC の長さが満たす関係式を答えなさい。

(2) 点Hが △ABC の外心かつ重心であるとき，辺 AB，BC，CA の長さが満たす関係式を答えなさい。

(1) PH⊥(平面 ABC) であるから，△PHA，△PHB，△PHC は直角三角形。
⟶ 三平方の定理を用いる。

(2) 辺 BC の中点を M とする。点Hは △ABC の外心かつ重心であるから，H は辺 BC の垂直二等分線上かつ線分 AM 上にある。

解答

(1) 点Hは △ABC の外心であるから

$$AH=BH=CH \quad \cdots\cdots ①$$

PH⊥(平面 ABC) であるから

$$\angle PHA=\angle PHB=\angle PHC=90^\circ$$

直角三角形 PHA において，三平方の定理により

$$AH^2+PH^2=PA^2$$

よって　$PA=\sqrt{AH^2+PH^2} \quad \cdots\cdots ②$

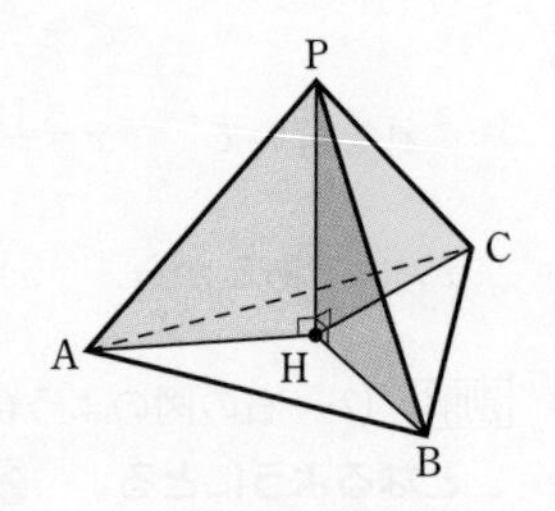

直角三角形 PHB において，三平方の定理により

$$BH^2+PH^2=PB^2$$

よって　$PB=\sqrt{BH^2+PH^2} \quad \cdots\cdots ③$

直角三角形 PHC において，三平方の定理により

$$CH^2+PH^2=PC^2$$

よって　$PC=\sqrt{CH^2+PH^2} \quad \cdots\cdots ④$

①～④ から　**PA=PB=PC**　答

別解 $\triangle$PHA, $\triangle$PHB, $\triangle$PHC において

点Hは $\triangle$ABC の外心であるから

$$AH=BH=CH \quad \cdots\cdots ①$$

PH$\perp$(平面 ABC) であるから

$$\angle PHA=\angle PHB=\angle PHC=90^\circ$$

共通な辺であるから　PH=PH=PH

よって，2 組の辺とその間の角がそれぞれ等しいから

$$\triangle PHA \equiv \triangle PHB \equiv \triangle PHC$$

合同な三角形では，対応する辺の長さは等しいから

PA=PB=PC 答

(2) 辺 BC の中点を M とする。

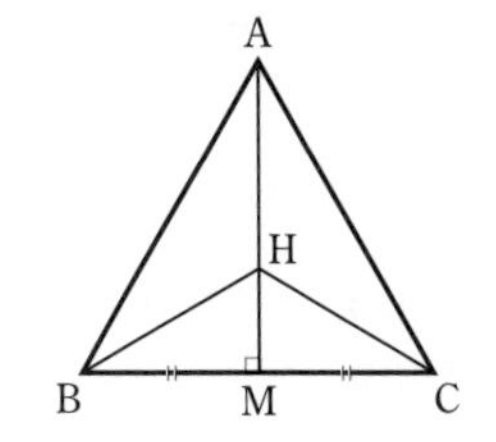

点Hは $\triangle$ABC の重心であるから，線分 AM 上にある。

また，点Hは $\triangle$ABC の外心であるから，辺 BC の垂直二等分線上にある。

よって　$\angle AMB=\angle AMC=90^\circ$

$\triangle$AMB と $\triangle$AMC において

$$BM=CM,\ \angle AMB=\angle AMC=90^\circ$$

共通な辺であるから　AM=AM

2 組の辺とその間の角がそれぞれ等しいから

$$\triangle AMB \equiv \triangle AMC$$

合同な図形では対応する辺の長さは等しいから

$$AB=AC$$

$\triangle$BCA においても同じようにして，BC=BA がいえる。

したがって　**AB=BC=CA** 答

総合問題 4

思考力・判断力・表現力を身につけよう!

次の文章を読んで，以下の問いに答えなさい。

内心は三角形の 3 つの内角の二等分線の交点である。
また，傍心は三角形の 1 つの内角と 2 つの外角の二等分線の交点である。このように，内心も傍心も角の二等分線の交点として定義されているので，同じような性質をもっている。
たとえば，△ABC において，$BC=a$，$CA=b$，$AB=c$ とし，内接円の半径を r，△ABC の面積を S とすると，
$S=\frac{1}{2}(a+b+c)r$ が成り立つが，これと同じような関係が，傍接円についても成り立つ。

内心については $p.105$ 基本事項 ②，傍心については $p.106$ 基本事項 ④ をふり返ろう！

この式の証明は $p.106$ 基本事項 ③ にあるので復習しよう！

(1) △ABC の ∠A の内部にある傍接円*の半径を r_A とするとき，△ABC の面積 S を a，b，c，r_A を用いて表しなさい。
(*…∠A の内部にある傍接円とは，辺 AB，AC の延長と辺 BC に接する円のことを意味する。)

(2) △ABC の内接円の半径を r，∠A の内部にある傍接円の半径を r_A，∠B の内部にある傍接円の半径を r_B，∠C の内部にある傍接円の半径を r_C とするとき，
$\frac{1}{r}=\frac{1}{r_A}+\frac{1}{r_B}+\frac{1}{r_C}$ が成り立つことを示しなさい。

考え方
(1) まずは，図をかいてみる。∠A の内部にある傍接円Oと辺 BC との接点を D，辺 AC の延長との接点を E，辺 AB の延長との接点をFとし，△ABC の面積を，△OBC，△OCA，△OBA の面積を用いて表す。
(2) (1)の結果から，$\frac{1}{r_A}$ は S，a，b，c を用いて表される。$\frac{1}{r_B}$，$\frac{1}{r_C}$ についても同じようにして，S，a，b，c を用いて表す。

解答

(1)　∠A の内部にある傍接円の中心を O とする。傍接円 O と，辺 BC との接点を D，辺 AC の延長との接点を E，辺 AB の延長との接点を F とそれぞれ定めると

$$\mathrm{OD}=\mathrm{OE}=\mathrm{OF}=r_{\mathrm{A}}$$

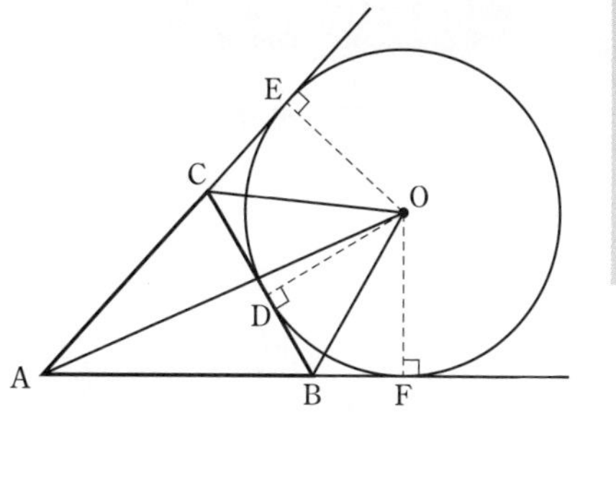

$\mathrm{OD}\perp\mathrm{BC}$，$\mathrm{OE}\perp\mathrm{AC}$，$\mathrm{OF}\perp\mathrm{AB}$ から

$$\triangle\mathrm{OBC}=\frac{1}{2}\times\mathrm{BC}\times\mathrm{OD}=\frac{1}{2}ar_{\mathrm{A}}$$

$$\triangle\mathrm{OCA}=\frac{1}{2}\times\mathrm{CA}\times\mathrm{OE}=\frac{1}{2}br_{\mathrm{A}}$$

$$\triangle\mathrm{OBA}=\frac{1}{2}\times\mathrm{AB}\times\mathrm{OF}=\frac{1}{2}cr_{\mathrm{A}}$$

よって　$S=\triangle\mathrm{OCA}+\triangle\mathrm{OBA}-\triangle\mathrm{OBC}$

$$=\frac{1}{2}br_{\mathrm{A}}+\frac{1}{2}cr_{\mathrm{A}}-\frac{1}{2}ar_{\mathrm{A}}$$

したがって　$\boldsymbol{S=\frac{1}{2}(b+c-a)r_{\mathrm{A}}}$　……①　答

(2)　① を変形すると　$\dfrac{1}{r_{\mathrm{A}}}=\dfrac{1}{2S}(b+c-a)$　……②

同じようにして，次の等式を導くことができる。

$$\frac{1}{r_{\mathrm{B}}}=\frac{1}{2S}(c+a-b)\quad\cdots\cdots③$$

$$\frac{1}{r_{\mathrm{C}}}=\frac{1}{2S}(a+b-c)\quad\cdots\cdots④$$

②，③，④ の辺々を加えると　$\dfrac{1}{r_{\mathrm{A}}}+\dfrac{1}{r_{\mathrm{B}}}+\dfrac{1}{r_{\mathrm{C}}}=\dfrac{1}{2S}(a+b+c)$

この式に $S=\dfrac{1}{2}(a+b+c)r$ を代入して

$$\frac{1}{r_{\mathrm{A}}}+\frac{1}{r_{\mathrm{B}}}+\frac{1}{r_{\mathrm{C}}}=\frac{1}{r}$$　終

総合問題 5　思考力・判断力・表現力を身につけよう！

次の図のように，線分 AB，AD，BC，DE があり，BC と DE の交点をFとする。

> 2つの円（本問では4つの円）については，第3章をふり返ろう！

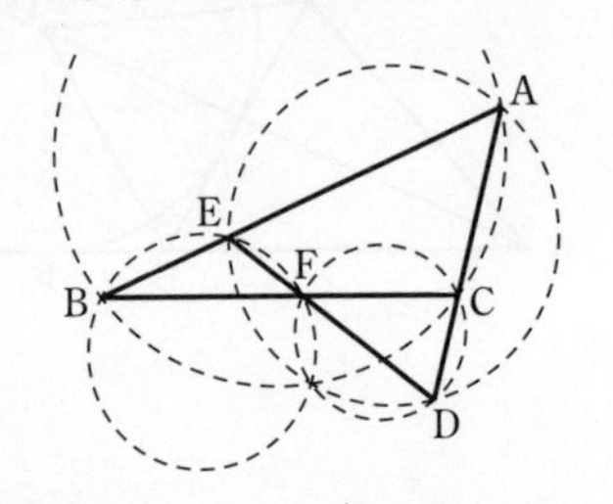

△ABC の外接円，△ADE の外接円，△BEF の外接円，△CDF の外接円の4つの円は，1点で交わることを証明しなさい。

4つの円が1点で交わることの証明

⟶ 2つの円の交点が，残りの2つの円周上にあることを示せばよい。

△BEF の外接円と △CDF の外接円のF以外の交点をPとすると，四角形 BPFE と四角形 FPDC は円に内接している。このことを利用して，四角形 ABPC，AEPD が円に内接することを示す。

そのために，弦 FP を引いて2つの円を結びつける。

●CHART　交わる2円　共通弦を引く

それから，四角形 ABPC，AEPD が円に内接するための条件を見つければよい。

●CHART　4点が1つの円周上にある条件

4点が1つの円周上にある

⟷ 等角2つ か 和が 180°

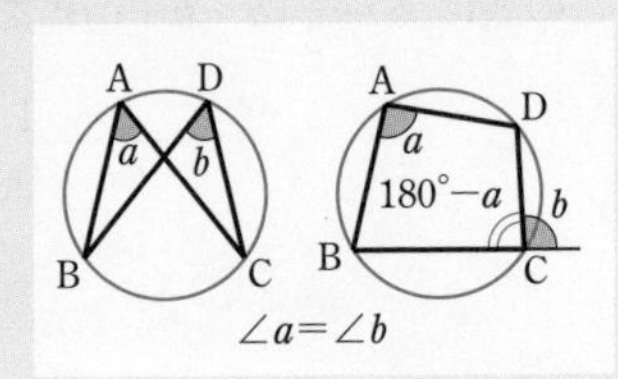

解答

△BEF の外接円と △CDF の外接円の F 以外の交点を P とし，この 2 つの円の共通弦 FP を引く。

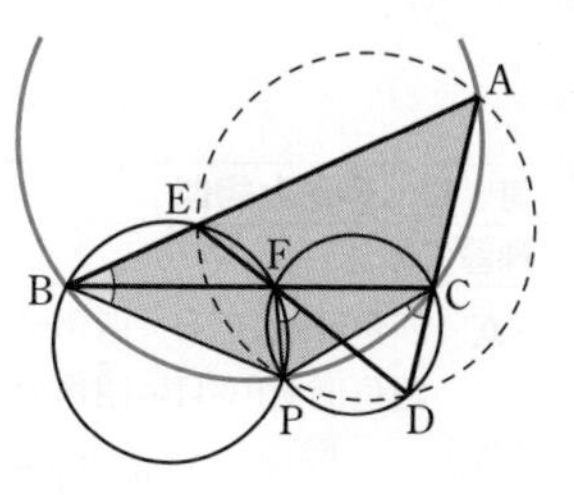

[1]　△ABC の外接円が点 P を通ることを示す。

四角形 EBPF は円に内接するから

$$\angle EBP = \angle PFD$$

$\overset{\frown}{PD}$ に対する円周角より

$$\angle PFD = \angle PCD$$

よって　　$\angle EBP = \angle PCD$

すなわち，$\angle ABP = \angle PCD$ であるから，四角形 ABPC は円に内接する。

したがって，△ABC の外接円は点 P を通る。

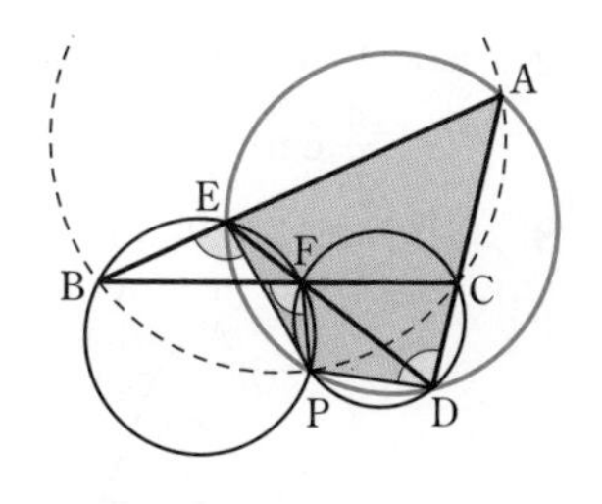

[2]　△ADE の外接円が点 P を通ることを示す。

四角形 CFPD は円に内接するから

$$\angle CDP = \angle BFP$$

$\overset{\frown}{BP}$ に対する円周角より

$$\angle BFP = \angle BEP$$

よって　　$\angle CDP = \angle BEP$

すなわち，$\angle ADP = \angle BEP$ であるから，四角形 AEPD は円に内接する。

したがって，△ADE の外接円は点 P を通る。

以上から，与えられた 4 つの円は 1 点 P で交わる。　終

答と略解

問題の要求している答の数値，図を示した。[　] 内は略解やヒントである。

第1章　図形と相似

練習の解答

1A　四角形 ABCD∽四角形 RQTS
四角形 EFGH∽四角形 ONMP

1B

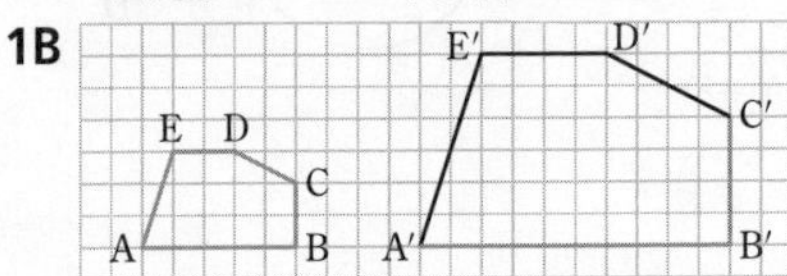

2　(1)　4：3　　(2)　8 cm
(3)　$\frac{9}{2}$ cm

3　(1)　次の2通り。

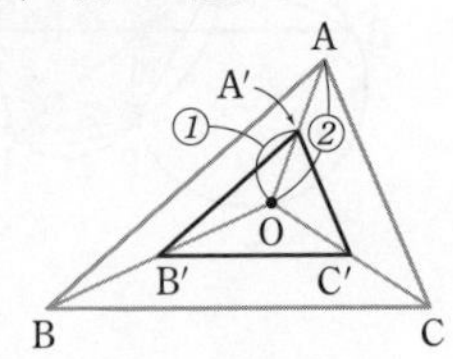

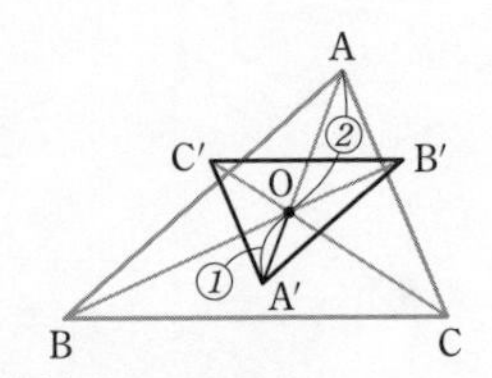

(2)　次の2通り。

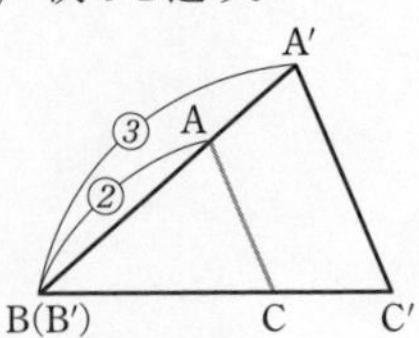

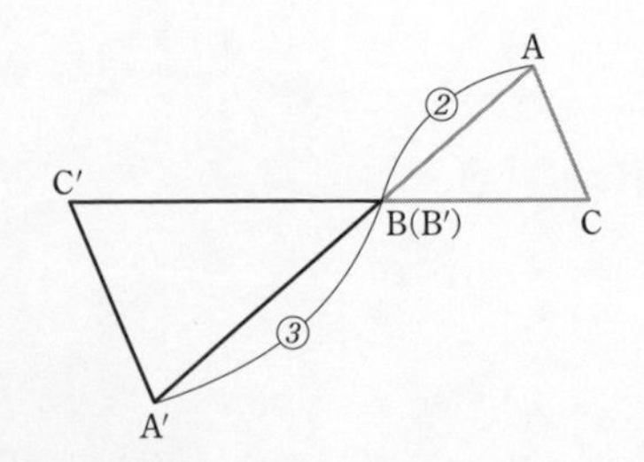

4　(1)　△ABC∽△ADE
(2)　△ABC∽△DAC
[(1)　DE∥BC より，
　　∠ABC＝∠ADE
∠BAC＝∠DAE (共通)
2組の角がそれぞれ等しいから
△ABC∽△ADE
(2)　AB：DA＝BC：AC＝CA：CD
　　＝4：3
3組の辺の比がすべて等しいから
△ABC∽△DAC]

5A　(1)　12 cm　　(2)　60°

5B　$\frac{14}{3}$ cm

6A　[∠ADC＝∠DEB＝90°
AB＝AC より，∠ACD＝∠DBE
よって　△ADC∽△DEB]

6B　[AB：DB＝2：1，BC：BE＝2：1，
∠ABC＝∠DBE (共通)
よって　△ABC∽△DBE]

7A　[∠ABD＝∠AEF (＝45°)，
∠BAD＝∠EAF (＝90°−∠CAD)
よって　△ABD∽△AEF]

7B　[△DAC は DA＝DC の二等辺三角形であるから　∠DAC＝∠DCA
△DAC において，内角と外角の性質を使って ∠DAC＝∠BDE を示す。
また　∠ABC＝∠DBE (共通)
よって　△ABC∽△DBE]

8A　[(1)　∠AEF＝∠ABC (＝90°)，
∠FAE＝∠CAB (＝45°)
よって　△AEF∽△ABC
(2) ∠CAF＝∠BAE (＝45°−∠EAC)，
(1)の結果より　AF：AE＝AC：AB
よって　△AFC∽△AEB]

8B　[2組の角がそれぞれ等しいことから
　　△AEB∽△ADC
これから　AB：AE＝AC：AD
また　∠CAB＝∠DAE (共通)

よって　$\triangle ABC \backsim \triangle AED$]

9　[2組の辺の比とその間の角がそれぞれ等しいから
$\triangle ABE \backsim \triangle CBD$
よって　$\angle AEB=\angle CDB$
また　$\angle AEB=\angle CED$
したがって，$\angle CDB=\angle CED$ であり，$\triangle CDE$ は二等辺三角形]

10　(2)　$24\ cm^2$
[(1)　$\angle BAF+\angle AFB=90°$
$\angle CFE+\angle AFB=90°$
よって　$\angle BAF=\angle CFE$
また　$\angle ABF=\angle FCE=90°$
2組の角がそれぞれ等しいから
$\triangle ABF \backsim \triangle FCE$]

11　(1)　$x=16$，$y=\frac{25}{2}$
(2)　$x=4$，$y=10$
(3)　$x=3$，$y=\frac{15}{2}$

12A 線分 DE と EF

12B 線分 BD

13　(1)　$x=7.5$　　(2)　$x=\frac{9}{2}$，$y=10$

14　2：21

15　(1)　$x=\frac{4}{3}$　　(2)　$x=9$
(3)　$x=10$

16　1：3

17A (1)　$x=3$　　(2)　$x=6$

17B (1)　15：8　　(2)　1：4

18　(2)　$DF=2\ cm$，$EH=3\ cm$，
$BC=6\ cm$
[(1)　$\triangle AEG$ において，中点連結定理により　$DF /\!/ EG$
すなわち　$GH /\!/ FD$
点 G は辺 CF の中点であり，$\triangle CFD$ において，中点連結定理の逆を使う]

19A [中点連結定理により　$DF=\frac{1}{2}BC$
また，仮定から　$BE=EC=\frac{1}{2}BC$
よって　$DF=BE=EC$
同様に　$ED=CF=FA$，
$FE=AD=DB$
したがって，4つの三角形はすべて合同である]

19B [$\triangle ABD$ と $\triangle CDB$ に中点連結定理を使うことにより，四角形 EFGH は平行四辺形である。
また，$AC \perp BD$ であり，$\triangle ABD$ と $\triangle BCA$ に中点連結定理を使うことにより　$EH \perp EF$]

20　[(1)　$\angle A'D'C'+\angle BCD$
$=\angle ADC+\angle BCD=180°$，
$\angle DNM+\angle C'N'M'$
$=\angle D'N'M'+\angle C'N'M'=180°$
(2)　3点 A，D，B′ も一直線上にあるから　$AB' /\!/ BA'$
また，$AB'=BA'$ より，四角形 $ABA'B'$ は平行四辺形である。
よって　$MB /\!/ M'A'$，$MB=M'A'$
(3)　(2)の結果より
$MM' /\!/ BA'$，$MM'=BA'$
よって　$MN /\!/ BC$，
$MN=\frac{1}{2}BA'=\frac{1}{2}(AD+BC)$]

21　(1)　A の周の長さ　$28\ cm$，
B の面積　$\frac{96}{7}\ cm^2$
(2)　9：1

22A (1)　20：24：9　　(2)　6：15：7

22B (1)　$x=\frac{8}{3}$，$y=\frac{28}{3}$
(2)　$x=2$，$y=\frac{3}{2}$

23A $\frac{2}{5}$ 倍

23B (1)　$2\ cm$　　(2)　16：8：5

24A [$\triangle ABH \backsim \triangle CAH$ より
$\triangle ABH : \triangle CAH=AB^2 : AC^2$
また，高さが等しいから
$\triangle ABH : \triangle CAH=BH : CH$
よって　$AB^2 : AC^2=BH : CH$
同様に，$\triangle CAH$ と $\triangle CBA$ において
$AC^2 : BC^2=CH : BC$]

24B [(1)　$AD /\!/ BC$ より
$\triangle ABG=\triangle BDG$
$\triangle FBG$ が共通しているから
$\triangle FAB=\triangle FDG$
(2)　$\triangle FAB \backsim \triangle FED$ と(1)より
$\triangle FDG : \triangle FED=BF^2 : FD^2$

△FDG と △FED は高さが等しいから

△FDG : △FED = FG : FE]

25A A の表面積 $24\pi\text{ cm}^2$,

B の体積 $\dfrac{81}{2}\pi\text{ cm}^3$

25B $14\pi\text{ cm}^3$

26 約 25.5 m

27 S サイズ 480 円，L サイズ 2430 円

28 $\dfrac{13}{54}$ 倍

演習問題の解答

1 ①，③，⑥

2 (1) 82° (2) 7 : 5 (3) 6 cm

3 (1) 11 cm (2) 80°

4 (1)

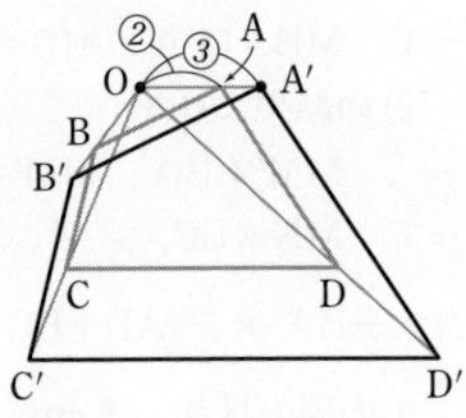

(2) 2 : 3

5 (1) 30 cm (2) $\dfrac{58}{3}$ cm

6 $\dfrac{18}{5}$ cm

7 [(1) $AB^2 = BE \times BC$ から

AB : BC = BE : AB

これと AB = CD，∠ABE = ∠BCD から △ABE∽△BCD を示す。

△ABF において，内角と外角の性質から ∠BFE = ∠ABF + ∠BAF = 90°

(2) △AGF と △DCF において

△ABE∽△BCD から ∠AEB = ∠BOC

AD∥BC から ∠AEB = ∠EAG

よって ∠GAF = ∠CDF

△ABE∽△DFA，AB = DC，

BE = AG から DC : DF = AG : FA

すなわち AF : DF = AG : DC

よって △AGF∽△DCF]

8 [(1) AE = BD，AB = BC，

∠BAE = ∠CBD (= 120°)

よって △ABE≡△BCD

(2) (1) から ∠AEB = ∠PDB

また ∠ABE = ∠PBD (対頂角)

よって △ABE∽△PBD]

9 $\dfrac{5}{3}$ cm

10 [(1) ∠BAC = ∠BDE (= 90°),

∠ABC = ∠DBE (共通)

よって △ABC∽△DBE

(2) ∠BAC = ∠FDC (= 90°),

∠BCA = ∠FCD (共通)

よって △ABC∽△DFC

(3) (1)，(2) から △DBE∽△DFC

よって BD : FD = DE : DC

ゆえに BD×DC = FD×DE]

11 $\dfrac{21}{2}$ cm

12 (1) ∠ABC = 108°，∠BAC = 36°

(4) $\dfrac{1+\sqrt{5}}{2}$ cm

[(2) ∠BCA = ∠MBA (= 36°),

∠BAC = ∠MAB (共通)

よって △BAC∽△MAB

(3) ∠CBM = ∠CBA − ∠ABM = 72°,

∠CMB = ∠ABM + ∠MAB = 72°

よって ∠CBM = ∠CMB

したがって，△CBM は CB = CM の二等辺三角形である]

13 $x=2$，$y=\dfrac{3}{2}$

14 (1) 5 : 8 (2) 1 : 2

15 [(1) OA : OA′ = OB : OB′ より AB∥A′B′ 他も同様。

(2) AB∥A′B′ より

AB : A′B′ = OA : OA′ = a : b]

16 [OE，OF はそれぞれ ∠AOB，∠BOC の二等分線であるから

BE : EA = OB : OA,

BF : FC = OB : OC

また OA = OC より

BE : EA = BF : FC

よって EF∥AC]

17 $\dfrac{12}{5}$ cm

18 10 cm

19 ∠x = 23°

20 (2) 平行四辺形

[(1) 中点連結定理により

$PQ=\frac{1}{2}CD$, $PR=\frac{1}{2}AB$

また，仮定より　AB=CD

よって　PQ=PR]

21　[中点連結定理により

$PQ /\!/ AB$,　$PQ=\frac{1}{2}AB$

$PQ /\!/ AB$ と仮定より　$\angle RAP=\angle ARP$

よって　PA=PR

これと，$AB=\frac{1}{2}AC$，$PQ=\frac{1}{2}AB$

を用いて，$PQ=RQ\left(=\frac{1}{2}AB\right)$を示す。

また　CQ=BQ，$\angle PQC=\angle RQB$

したがって　$\triangle PQC \equiv \triangle RQB$]

22　(1)　3：2　(2)　4：3　(3)　6：7

23　(1)　3：4　(2)　147 cm^2

24　$\triangle$IFE：(四角形 IBCG)=3：43

25　36 cm^2

26　$\frac{21}{32}$ 倍

27　約 68 m

28　400 g

29　(1)　10 cm　(2)　38 杯

30　496 cm^3

第 2 章　線分の比と計量

練習の解答

29

G　A　F　B H

30　$GD=\frac{9}{2}$ cm，BC=18 cm

31A　2：1

31B　2：1

32　3：2

33A　(1)　2：1　(2)　16：5　(3)　8：1

33B　8 cm^2

34　3：4

35　1：3

36　22 cm^2

37　15：8

38　6：31

39A　(1)　2：3　(2)　1：1

39B　(1)　1：5　(2)　1：2

40　(1)　1：6　(2)　1：3　(3)　4：3

41A　$\left[\frac{BP}{PC}\times\frac{CQ}{QA}\times\frac{AR}{RB}=\frac{3}{2}\times\frac{4}{5}\times\frac{5}{6}=1\right]$

41B　$\left[\frac{BD}{DC}\times\frac{CF}{FA}\times\frac{AE}{EB}\right.$

$\left.=\frac{BD}{DC}\times\frac{DC}{DA}\times\frac{DA}{DB}=1\right]$

42　(1)　1：2　(2)　1：4　(3)　1：2

43　(1)　8：9　(2)　1：4　(3)　7：2

44　(1)　4：3　(2)　3：14

45　$\left[\frac{BP}{PC}\times\frac{CQ}{QA}\times\frac{AR}{RB}\right.$

$\left.=\frac{6}{5}\times\frac{1}{4}\times\frac{10}{3}=1\right]$

演習問題の解答

31　外分点，BC：CD=4：19

32　(1)　1：3　(2)　2：3

33　(1)　1：2　(2)　2：3

34　[線分 AC，BD の交点を I とする。

AI=IC であるから

$AI=\frac{1}{2}AC=\frac{1}{2}EG$

$AI /\!/ EG$ であるから

$EP:PI=EG:AI=EG:\frac{1}{2}EG$

=2：1]

35 ［線分 AM と LN の交点を P，線分 BN と LM の交点を Q とする。
中点連結定理を使って，線分 MP，NQ が △LMN の中線であることを示す］

36 40 cm^2

37 (1) $FG=\frac{5}{6}x$ cm　(2) $x=8$
(3) $\frac{27}{8}$ 倍

38 $\frac{1}{6}$ 倍

39 $\frac{156}{7}$ cm^2

40 (1) 3：2　(2) 4：3
(3) 8：9

41 (1) $\triangle ADE=x+2y$ (cm^2)，
$\triangle PBC=4x+3y$ (cm^2)
(2) $x=3$，$y=1$

42 $\left[\frac{PD}{AD}+\frac{PE}{BE}+\frac{PF}{CF}\right.$
$=\frac{\triangle PBC}{\triangle ABC}+\frac{\triangle PCA}{\triangle ABC}+\frac{\triangle PAB}{\triangle ABC}$
$\left.=\frac{\triangle ABC}{\triangle ABC}=1\right]$

43 $y=x-3$

44 $\left[\frac{BM}{MC}\times\frac{CD}{DA}\times\frac{AE}{EB}=1\right.$
$BM=MC$ より　$\frac{AE}{EB}=\frac{AD}{DC}$
よって　$ED /\!/ BC$］

45 (1) AF：FC＝6：1
(2) AP：PD＝10：1
(3) 24：77

46 $\frac{1}{7}$ 倍

47 $\left[(1)\quad \frac{BP}{PC}\times\frac{CQ}{QA}\times\frac{AR}{RB}\right.$
$=\frac{OB}{OC}\times\frac{OC}{OA}\times\frac{OA}{OB}=1$
(2) $\frac{BD}{DC}\times\frac{CE}{EA}\times\frac{AF}{FB}$
$\left.=\frac{AB}{AC}\times\frac{BC}{BA}\times\frac{AC}{BC}=1\right]$

第3章 円

練習の解答

46 ［中心 O から弦 CD に垂線 OH を引くと　PH：HQ＝1：1
よって　PH＝HQ
また，CH＝HD であることから
CP＝DQ］

47 (1) $\angle x=52°$，$\angle y=104°$
(2) $\angle x=24°$，$\angle y=16°$

48 (1) $\angle x=122°$　(2) $\angle x=44°$

49 (1) $\angle x=110°$　(2) $\angle x=78°$
(3) $\angle x=114°$　(4) $\angle x=60°$
(5) $\angle x=64°$　(6) $\angle x=48°$

50 (1) $\angle x=34°$　(2) $\angle x=24°$

51A 54°

51B 32°

52A (2) $\frac{136}{9}$ cm
［(1) $\angle ABE=\angle DBC$，
$\angle BAE=\angle BDC$
よって　$\triangle ABE \backsim \triangle DBC$］

52B 24 cm

53A ［$AB /\!/ CD$ より
$\angle ABC=\angle BCD$
よって　$\overset{\frown}{AC}=\overset{\frown}{BD}$
したがって　$\angle APC=\angle BPD$］

53B $\angle ABC=30°$，$\angle BAC=60°$

54 ［△ABD，△BCA に中点連結定理を使うことにより
$\angle ANL=\angle ADB$，$\angle BML=\angle BCA$
円周角の定理により
$\angle ADB=\angle BCA$
よって　$\angle ANL=\angle BML$
すなわち　$\angle PNQ=\angle PMQ$］

55 (1) $\angle x=37°$　(2) $\angle x=37°$
(3) $\angle x=38°$

56 (1) $\angle x=96°$，$\angle y=110°$
(2) $\angle x=30°$
(3) $\angle x=80°$，$\angle y=87°$
(4) $\angle x=46°$　(5) $\angle x=131°$

57 2 cm

58A ［$\angle ACD=\angle FBE$，
$\angle BCD=\angle BEF$ より
$\angle GCB=\angle FBE+\angle BEF$
△FBE において，内角と外角の性質

から

$\angle FBE+\angle BEF=\angle BFD$

よって　$\angle GCB=\angle BFD$]

58B [(1)　$\angle AED+\angle DFA=180°$

(2)　4点A，E，D，Fを通る円において，円周角の定理により

$\angle AFE=\angle ADE$

一方，

$\angle ABD=\angle ADE$（$=90°-\angle BAD$）であるから　$\angle AFE=\angle ABD$]

59 7

60A (1)　$\angle x=44°$　　(2)　$\angle x=27°$

60B [$\angle OAC=90°$，$\triangle OAB$は正三角形であるから　$\angle BAC=30°$

一方　$\angle BCA=\angle OBA-\angle BAC=30°$

よって　$BA=BC$

これと $OB=AB$ から　$OB=BC$]

61A 8 cm

61B 3 cm

62A (1)　$\angle x=18°$　　(2)　$\angle x=134°$

62B 5：2

63A $S=11r$

63B $\frac{5}{6}$

64 $AP=\frac{a+b+c}{2}$

65A 正三角形

65B [$\triangle ABC$の内心と外心が一致するときの点をIとする。

Iは内心であるから

$\angle IBC=\frac{1}{2}\angle B$，$\angle ICB=\frac{1}{2}\angle C$

Iは外心であるから　$IB=IC$

よって　$\angle IBC=\angle ICB$

ゆえに　$\angle B=\angle C$

同様にして　$\angle A=\angle B$

したがって　$\angle A=\angle B=\angle C$]

66 (1)　$\angle x=82°$　　(2)　$\angle x=26°$

(3)　$\angle x=39°$

67 [$\angle BAC=\angle EAD$，$AC=AD$，$\angle ACB=\angle ADE$ より

$\triangle ABC\equiv\triangle AED$

よって　$BC=ED$]

68 (1)　$x=\frac{21}{2}$　　(2)　$x=4$

(3)　$x=\sqrt{21}$

69 [2つの円について，方べきの定理により　$CB\times CO=CA\times CE$，

$AB^2=BC\times BD$

$BD=BO+OD=BO+OC$ を利用]

70 [$\angle BEC=\angle BFC=90°$であるから，4点B，C，E，Fは1つの円周上にある。

よって，方べきの定理により

$BH\times HE=CH\times HF$

同様に，$\angle AEB=\angle ADB=90°$であるから，$AH\times HD=BH\times HE$]

71 [方べきの定理により

$CA\times CB=CD\times CE$，

$CA\times CB=CP\times CO$

よって　$CD\times CE=CP\times CO$]

72 (1)　$r=13$　　(2)　$5<r<13$

73 [(1)　$PA=PC$，$PB=PD$ より

$PB:PA=PD:PC$

(2)　OP，$O'P$はそれぞれ$\angle APC$，$\angle BPD$の二等分線である

(3)　$OA\parallel O'B$ であるから

$PO':PO=O'B:OA$]

74 (1)　$\angle x=100°$　　(2)　$\angle x=54°$

75A [円周角の定理により

$\angle CEB=\angle CAB$，$\angle DFB=\angle DAB$

これより　$\angle CEB=\angle DFB$]

75B (1)　100°　　(2)　$\frac{5}{2}$

76 $\frac{4}{5}$

演習問題の解答

48 (1)　$\angle x=72°$　　(2)　$\angle x=29°$

(3)　$\angle x=22°$　　(4)　$\angle x=19°$

(5)　$\angle x=126°$　　(6)　$\angle x=102°$

49 4π cm

50 [(1)　$\overset{\frown}{AB}=\overset{\frown}{AC}$ と仮定より

$\overset{\frown}{AD}=\overset{\frown}{DB}=\overset{\frown}{AE}=\overset{\frown}{EC}$

よって　$\angle AED=\angle DAB=\angle ADE$

$=\angle EAC=30°$

$\triangle FAD$，$\triangle GAE$において，内角と外角の性質から

$\angle AFG=\angle AGF$（$=60°$）

したがって　$AF=AG$

(2) △AFG は正三角形で

$AF=AG=FG$

また，△FAD，△GAE が二等辺三角形であることを利用する]

51 [線分 BH の延長と辺 AC の交点をE，線分 BC，AD の交点をFとすると

$\angle BHF=\angle BCE\ (=90^\circ-\angle HBF)$

円周角の定理により

$\angle ACB=\angle ADB$

よって　$\angle BHF=\angle BDF$

したがって　$BH=BD$]

52 3 cm

[$\angle ADF=a$ とすると

$\angle AOF=2a$

よって　$\angle ECA=a$

一方，OA∥DF より

$\angle EAC=\angle ADF=a$

したがって　$\angle ECA=\angle EAC$

よって　$EA=EC$]

53 [△ABD≡△BCE より

$\angle BAF=\angle CBG$

これと $\angle CBG=\angle CAG$ から

$\angle BAF=\angle CAG$

また　$AB=AC$，$\angle ABF=\angle ACG$

よって　△ABF≡△ACG

したがって　$BF=CG$]

54 36°

55 (1) 50°　(2) 30°　(3) 60°

(4) 40°

56 (1) 10°　(2) $\frac{8}{9}\pi a$

57 (1) $\angle x=64^\circ$

(2) $\angle x=112^\circ$　(3) $\angle x=114^\circ$

58 60°

59 [(1) 中点連結定理により

PQ∥AC∥SR，$PQ=\frac{1}{2}AC=SR$

1組の対辺が平行でその長さが等しい。

(2) (1)と $\angle SPQ+\angle SRQ=180^\circ$ より

$\angle SPQ=\angle SRQ=90^\circ$

よって　SR∥AC より　$AC\perp QR$

QR∥BD より　$AC\perp BD$]

60 16 cm

61 $\angle x=33^\circ$

62 [(1) $\angle BPQ=\angle BCA=60^\circ$，

$PB=PQ$ から，△PBQ は正三角形である。このことを使って

△ABQ≡△CBP

よって　$PA=PQ+QA=PB+PC$

(2) 四角形 ABPC は円に内接しているから　$\angle ABP=\angle ACR$

このことを使って　△ABP≡△ACR

よって　$AP=AR$，$\angle BAP=\angle CAR$

また，$\angle PAR=60^\circ$ であるから，

△APR は正三角形であり

$PA=CR+PC=PB+PC$

(3) $AB\times PC+AC\times BP=AP\times BC$，

$AB=AC=BC$ から　$PA=PB+PC$]

63 [△BEG において，内角と外角の性質から　$\angle FGH=\angle GBE+\angle BEG$

△HED において，内角と外角の性質から　$\angle FHG=\angle EDH+\angle DEH$

$\angle GBE=\angle EDH$，$\angle BEG=\angle DEH$

から　$\angle FGH=\angle FHG$]

64 [(1) 線分 CD の中点をFとすると

$FQ:QA=1:2=FP:PB$

よって　AB∥QP

(2) AB∥QP，DA∥PS より

$\angle DAB=\angle SPQ$

BC∥RQ，CD∥SR より

$\angle BCD=\angle QRS$

四角形 ABCD が円に内接しているから

$\angle DAB+\angle BCD=180^\circ$

よって，$\angle SPQ+\angle QRS=180^\circ$ より，

4点P，Q，R，S は1つの円周上にある]

65 [(1) $\angle PDB=\angle PEA$，

$\angle PBD=\angle PAE$

(2) 4点P，B，D，F は BP を直径とする円周上にあるから

$\angle BPD=\angle BFD$

4点P，F，A，E は AP を直径とする円周上にあるから　$\angle AFE=\angle APE$

(1)から　$\angle BPD=\angle APE$

よって　$\angle AFE=\angle BFD$

点Dと点Eは直線 AB について互いに異なる側にあることから，対頂角が等しい。

別解　(1)から　$\angle PBD=\angle PAE$

4点P，F，A，E は AP を直径とする

円周上にあるから　∠PAE＝∠PFE
よって　∠PBD＝∠PFE
4点P, B, D, FはBPを直径とする円周上にあるから
　　∠PBD＋∠PFD＝180°
よって　∠PFE＋∠PFD＝180°]

66 [半円とAB, DE, ACとの接点をそれぞれP, Q, Rとする。
∠B＝b とおくと　∠A＝180°−2b
四角形APORにおいて　∠POR＝2b
DP, DQ, EQ, ERが半円の接線であることから　∠DOE＝b
ここで，△DBOと△OCEにおいて
∠DBO＝∠OCE (＝b),
∠BOD＝∠CEO (＝∠BOE−b)
よって　△DBO∽△OCE]

67 (1) 2 cm　(2) 63：16

68 BC＝8 cm, $r=\frac{24}{7}$ cm

69 (1) 9：4　(2) 1 cm

70 [4点B, D, H, Fは1つの円周上にあり　∠FBH＝∠FDH
同じく，4点C, E, H, Dを通る円について　∠HDE＝∠HCE
4点B, C, E, Fを通る円について
　　∠FBE＝∠FCE
以上から　∠FDH＝∠HDE
よって，HDは∠FDEの二等分線である。同様にして，HEが∠DEFの二等分線であることが示される]

71 (1) ∠x＝40°　(2) ∠x＝77°
(3) ∠x＝32°　(4) ∠x＝51°
(5) ∠x＝48°

72 (1) $\frac{21}{4}$ cm
[(2) ∠CAE＝∠BAC,
∠AEC＝∠ACB
よって　△ACE∽△ABC]

73 [(1) ∠BFC＝∠BAC＝∠AEC
同位角が等しいから DE∥BF
(2) 接弦定理により
　　∠DAB＝∠AFB
(1)から　∠AFB＝∠FAE,
　　∠DAB＝∠ABF
よって　∠DAB＝∠FAE
また，∠BDA＝∠FEA から
　　∠ABD＝∠AFE
よって，∠ABF＝∠AFB より
　　AB＝AF
1組の辺と両端の角がそれぞれ等しいから　△DAB≡△EAF]

74 $\frac{9}{5}$ cm

75 2 cm

76 (1) $R^2-\mathrm{OI}^2$　(4) R^2-2Rr
[(2) ∠AFI＝∠EBD (＝90°),
∠FAI＝∠BED (＝∠BAD) より
　　△AIF∽△EDB
よって　AI：ED＝IF：DB
(3) △ABIにおいて，内角と外角の性質から　∠DIB＝∠IAB＋∠IBA
また　∠DBI＝∠DBC＋∠IBC
　　＝∠DAC＋∠IBA
　　＝∠IAB＋∠IBA
よって　∠DIB＝∠DBI]

77 [(1) AHは円の直径であるから
∠AEH＝90° すなわち ∠HEC＝90°
よって，線分HCは，△EHCの外接円の直径であり，AHはこの外接円の接線である。
したがって　AH^2＝AE×AC
(2) (1)と同様に考えると，直線AHは△DBHの外接円に接するから
　　AH^2＝AD×AB
これと(1)の結果から
　　AE×AC＝AD×AB]

78 [(1) ∠OPS＝∠SPH (共通),
∠PSO＝∠PHS (＝90°)
よって　△POS∽△PSH
(2) (1)から　PH×PO＝PS^2
方べきの定理により　PA×PB＝PS^2
よって　PH×PO＝PA×PB]

79 4 cm

80 [AM＝AM, OM＝O′M,
∠AMO＝∠AMO′ (＝90°) より
　　△AMO≡△AMO′
よって　OA＝O′A]

81 12 cm

82 [小さい方の円と線分AB, ACとの交点をそれぞれE, Fとする。また，点

Aを通る共通接線を引き，共通接線上の，直線ABに関して点Cがない方に点Gをとる。接弦定理を使って

$\angle AFE=\angle ACB\ (=\angle GAE)$

よって，$EF /\!/ BC$ であり

$\angle EFD=\angle CDF$

接弦定理により　$\angle CDF=\angle DAF$

円周角の定理により

$\angle EFD=\angle EAD$

以上から　$\angle DAF=\angle EAD$]

83 [円周角の定理により

$\angle DBC=\angle AFE$

点Aを通る共通接線PQを引く。ただし，PはBCより上側にある。

接弦定理，対頂角などにより

$\angle ACD=\angle DAP=\angle FAQ=\angle FEA$

すなわち　$\angle BCD=\angle FEA$

よって　$\triangle BCD \backsim \triangle FEA$]

第4章　三平方の定理

練習の解答

77A (1) $x=2$　(2) $x=2\sqrt{7}$

77B (1) $x=7$　(2) $x=2\sqrt{10}$

(3) $x=\sqrt{5}$

78 (1) $\sqrt{19}$ cm　(2) $\dfrac{7\sqrt{19}}{2}$ cm^2

79A (1) $3\sqrt{7}$ cm^2　(2) $9\sqrt{3}$ cm^2

79B $17\sqrt{5}$ cm^2

80 (1) $BC=(2\sqrt{6}+2\sqrt{2})$ cm,

$AB=4\sqrt{2}$ cm,

$\triangle ABC=(4\sqrt{3}+4)$ cm^2

(2) $BC=2\sqrt{6}$ cm,

$AB=(3\sqrt{2}-\sqrt{6})$ cm,

$\triangle ABC=(9-3\sqrt{3})$ cm^2

(3) $BC=(2\sqrt{3}+2)$ cm,

$AB=(\sqrt{6}+\sqrt{2})$ cm,

$\triangle ABC=(\sqrt{3}+1)$ cm^2

81 (1) 90°　(2) 4 cm

82 (1) $AB=AC$ の二等辺三角形

(2) $\angle A=90^\circ$ の直角二等辺三角形

83 (1) $x=16$　(2) $x=4\sqrt{2}$

(3) $x=4\sqrt{14}$

84A 2 cm

84B 13 cm，12 cm，5 cm

85 (1) $\dfrac{49\sqrt{10}}{40}$ cm　(2) $\dfrac{81\sqrt{2}}{16}$ cm

86A $AB=2\sqrt{10}$ cm，$CD=2\sqrt{6}$ cm

86B $(6-2\sqrt{6})$ cm

87 $\dfrac{2\sqrt{111}}{5}$ cm

88 (1) $PM=\dfrac{13}{3}$ cm，$QM=\dfrac{13}{2}$ cm

(2) $PR=\dfrac{2\sqrt{13}}{3}$ cm　(3) $\dfrac{169}{6}$ cm^2

89 [点Aから辺BCに垂線AHを引くと

$AC^2=AH^2+CH^2$ ……①

$AP^2=AH^2+PH^2$ ……②

①，②から　$AC^2-AP^2=CH^2-PH^2$

$=(CH+PH)(CH-PH)$

$=CP\times(BH-PH)=BP\times CP$]

90 $(12+4\sqrt{2})\pi$ cm

91 (1) 30°　(2) $\left(\sqrt{3}+\dfrac{\pi}{6}\right)$ cm^2

92 (1) $\sqrt{86}$ cm　(2) 3 cm

93 (1) $\dfrac{\sqrt{2}}{12}a^3$ cm^3

(2) $72\sqrt{2}$ cm^3

94 $2\sqrt{43}$ cm^2

95 $\dfrac{\sqrt{33}}{3}$ cm

96 $4\sqrt{65}$ cm

97 2 cm

98A $3\sqrt{6}$ cm

98B (1) 12 cm　(2) 192π cm^3

99A (1) $x=\dfrac{5\sqrt{2}}{2}$　(2) $x=2\sqrt{17}$

(3) $x=\sqrt{21}$

99B $2\sqrt{46}$ cm

100 [△GBC において，中線定理より

$GB^2+GC^2=2(GD^2+BD^2)$

$=\dfrac{1}{2}(AG^2+BC^2)$

よって　$BC^2=2BG^2+2CG^2-AG^2$

△GCA，△GAB において同様にして

$CA^2=2CG^2+2AG^2-BG^2$

$AB^2=2AG^2+2BG^2-CG^2$

別解　△ABC，△BCA，△CAB に中線定理を使って，上と同様に考える]

101 (1) ①　A を通り，直線 AB と異なる直線 ℓ を引く。

②　ℓ 上に，AC：CD=4：3 となるような点 C，D をとる。ただし，C は線分 AD 上にとる。

③　C を通り，BD に平行な直線を引き，線分 AB との交点を E とする。このとき，点 E が求める点である。

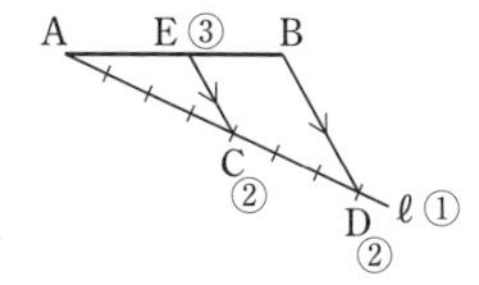

(2) ①　A を通り，直線 AB と異なる直線 ℓ を引く。

②　ℓ 上に，AC：CD=1：2 となるような点 C，D をとる。ただし，C は線分 AD 上にとる。

③　D を通り，BC に平行な直線を引き直線 AB との交点を E とする。このとき，点 E が求める点である。

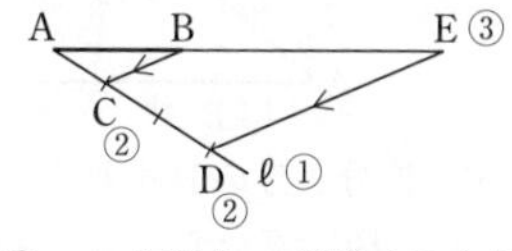

(3) ①　A を通り，直線 AB と異なる直線 ℓ を引く。

②　ℓ 上に，AC：AD=2：1 となるような点 C，D をとる。ただし，A が線分 CD 上にあるようにとる。

③　C を通り，BD に平行な直線を引き，直線 AB との交点を E とする。このとき，点 E が求める点である。

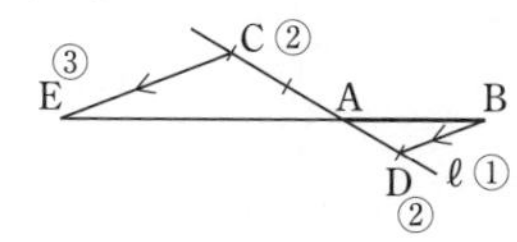

102 (1) ①　A を通り，直線 AB と異なる直線 ℓ を引く。

②　ℓ 上に，AC=a，CD=1 となるような点 C，D をとる。ただし，C は線分 AD 上にとる。

③　D を通り，直線 BC に平行な直線を引き，直線 AB との交点を E とする。このとき，線分 BE が求める線分である。

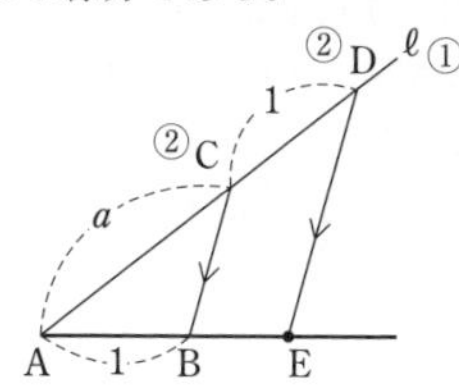

(2) ①　A を通り，直線 AB と異なる直線 ℓ を引く。

②　線分 AB の B を越える延長線上に，BC=b となるような点 C をとり，ℓ 上に，AD=$2a$ となるような点 D をとる。

③　C を通り，直線 BD に平行な直線を引き，ℓ との交点を E とする。このとき，線分 CE が求める線分である。

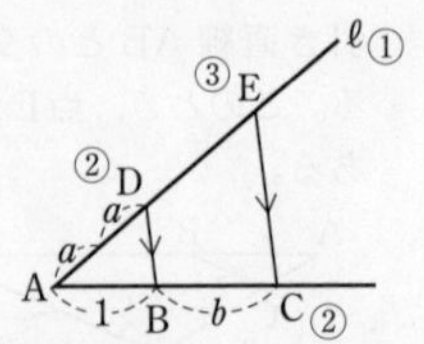

103 ① 線分ABのBを越える延長線上に，BC=7 cm となる点Cをとる。

② 線分ACを直径とする円Oをかく。

③ Bを通り，直線ABに垂直な直線を引き，円Oとの交点をD，Eとする。このとき，線分BDが求める線分である。

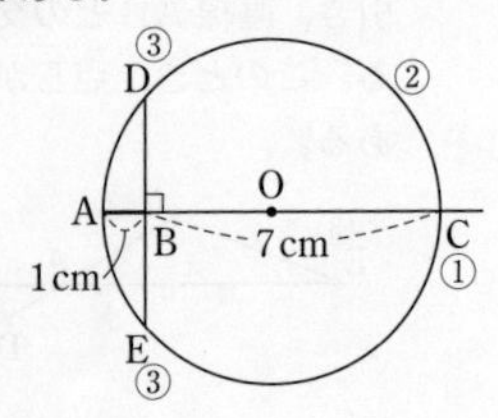

演習問題の解答

84 6 cm，8 cm，10 cm

85 $2\sqrt{6}$ cm

86 ②，④

87 (1) $x=7$　(2) $x=\dfrac{\sqrt{6}-\sqrt{2}}{4}$

88 (1) 45°　(2) $(1+\sqrt{2})$ cm²

(3) $(4+4\sqrt{2})$ cm²

89 ∠ABD=15°，∠ABE=105°

90 (1) 45°　(2) $4-2\sqrt{2}$

91 $\left(0,\ \dfrac{5+\sqrt{17}}{2}\right)$，$\left(0,\ \dfrac{5-\sqrt{17}}{2}\right)$

92 $\dfrac{3}{2}$ cm

93 (1) 2 cm　(2) $\dfrac{45}{2}$ cm²

94 (1) $\sqrt{13}$　(2) $\sqrt{17}$　(3) $\dfrac{13}{3}$

95 (1) 45°　(2) $(9+5\sqrt{3})$ cm

96 [△ABEは直角三角形であるから

$AB^2+BE^2=AE^2$ ……①

対角線ACとBDが垂直であることと，∠ACE=90° から　BD∥EC

よって　∠CBD=∠BCE（錯角）

=∠BDE（円周角）

∠CBD=∠BDE より　$\overset{\frown}{CD}=\overset{\frown}{BE}$

したがって　CD=BE

これと①から　$AB^2+CD^2=AE^2$]

97 (1) $\sqrt{14}$ cm　(2) $\dfrac{\sqrt{14}}{14}$ cm

98 (1) $3\sqrt{5}$ cm　(2) $6\sqrt{10}$ cm²

99 (1) 6 cm，9 cm

(2) 4 cm　(3) 228π cm³

100 (2) $\dfrac{7\sqrt{7}}{9}\pi$ cm³

[(1) △ABPと△AQRにおいて

∠ABP=∠AQR,

∠BAP=∠QAR（=60°−∠PAC）

より，2組の角がそれぞれ等しい]

101 (1) 12 cm³　(2) $\dfrac{24\sqrt{41}}{41}$ cm

102 $4\sqrt{13}$ cm

103 3π cm²

104 $(5-2\sqrt{3})$ cm

105 $\dfrac{2\sqrt{3}}{3}$ cm³

106 $\dfrac{9}{2}$

さくいん

●編著者

岡部 恒治　　埼玉大学名誉教授

チャート研究所

●表紙デザイン

有限会社アーク・ビジュアル・ワークス

●本文デザイン

デザイン・プラス・プロフ株式会社

●イラスト

たなかきなこ

初 版
第1刷　2006年5月1日　発行
三訂版対応
第1刷　2010年9月1日　発行
四訂版対応
第1刷　2015年11月1日　発行
新課程
第1刷　2021年2月1日　発行
第2刷　2022年2月1日　発行
第3刷　2023年2月1日　発行
第4刷　2024年2月1日　発行
第5刷　2024年7月1日　発行

編集・制作　チャート研究所
発行者　　　　　星野 泰也

ISBN978-4-410-10984-3

※解答・解説は数研出版株式会社が作成したものです。

中高一貫教育をサポートする
新課程　チャート式® 体系数学2　幾何編
[中学2，3年生用]

発行所
数研出版株式会社

〒101-0052 東京都千代田区神田小川町2丁目3番地3
〔振替〕00140-4-118431
〒604-0861 京都市中京区烏丸通竹屋町上る大倉町205番地
〔電話〕代表 (075)231-0161
ホームページ　https://www.chart.co.jp
印刷　寿印刷株式会社

乱丁本・落丁本はお取り替えします。　240605

円

1 垂 心

三角形の 3 つの頂点から，対辺またはその延長に引いた垂線は 1 点で交わる。この交点を垂心という。

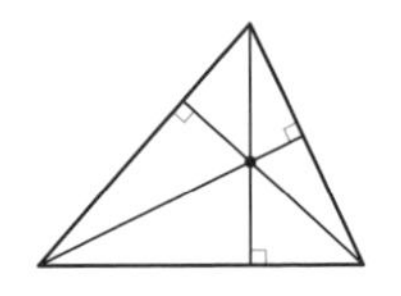

2 円の中心角・弧・弦

①

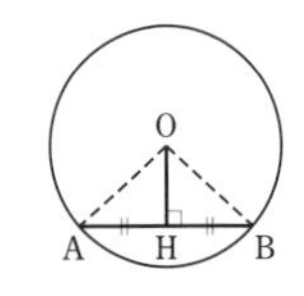

OH⊥AB
⟷ AH＝BH

②

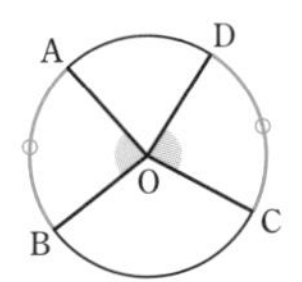

∠AOB＝∠COD
⟷ $\overset{\frown}{AB}=\overset{\frown}{CD}$

③

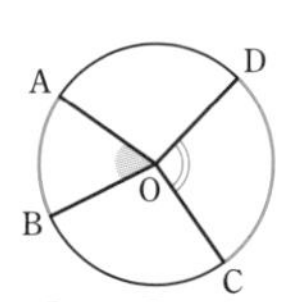

$\overset{\frown}{AB}:\overset{\frown}{CD}$
＝∠AOB：∠COD

④

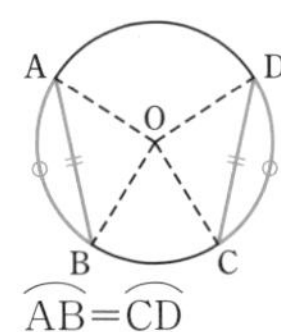

$\overset{\frown}{AB}=\overset{\frown}{CD}$
⟶ AB＝CD

3 円周角と中心角

① 円周角の定理

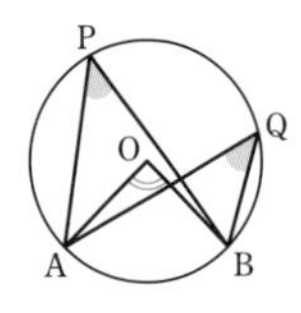

∠APB＝∠AQB
$=\frac{1}{2}$∠AOB

② 半円の弧に対する円周角

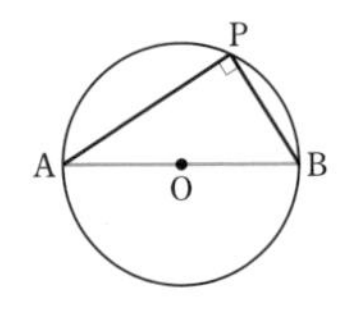

直径 ⟷ 直角

③ 円周角と弧の長さ

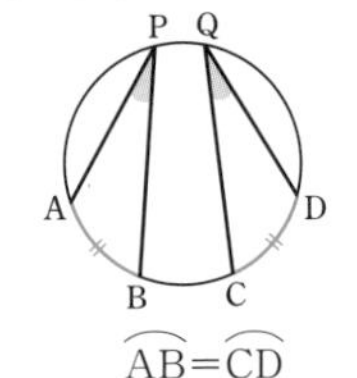

$\overset{\frown}{AB}=\overset{\frown}{CD}$
⟷ ∠APB＝∠CQD

4 円周角の定理の逆

2 点 C，P が直線 AB について同じ側にあるとき，
∠APB＝∠ACB
ならば，4 点 A，B，C，P は 1 つの円周上にある。

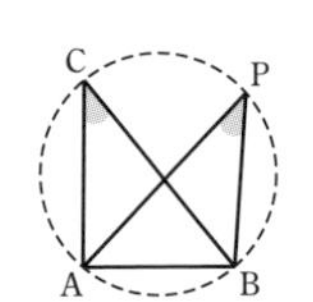

5 円に内接する四角形

四角形が円に内接するとき，次の ①，② が成り立つ。
① 対角の和は 180° である。
② 内角は，その対角の外角に等しい。
逆に，① または ② が成り立つ四角形は，円に内接する。

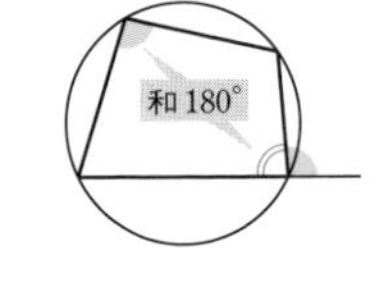

6 円の接線

① 半径と接線

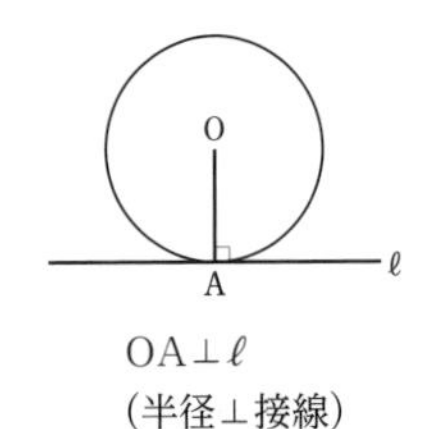

OA⊥ℓ
(半径⊥接線)

② 接線の長さ

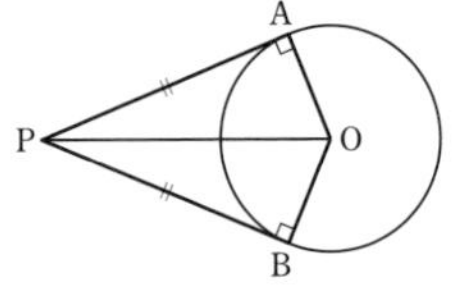

PA，PB は円 O の接線
⟶ PA＝PB

③ 接線と弦のつくる角

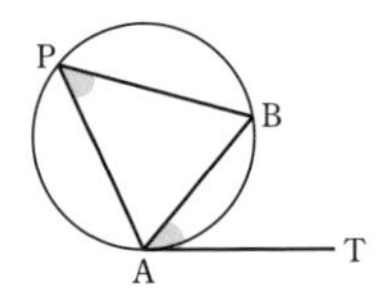

直線 AT が円の接線
⟶ ∠APB＝∠BAT

中高一貫教育をサポートする

チャート式®

新課程

体系数学2

幾何編

<解答編>

問題文+解答

中学 2,3 年生用

数研出版

https://www.chart.co.jp

練習，演習問題の解答

・練習と演習問題の全問題について，問題文と解答例を掲載した。
また，答えの数値などを太字で示した。解説 として，補足事項や注意事項を示したところもある。
・必要に応じて，副文に HINT として，問題の解法の手がかりや方針を示した。

練習 1A 次の図において，相似な四角形を見つけ出し，記号∽を使って表しなさい。

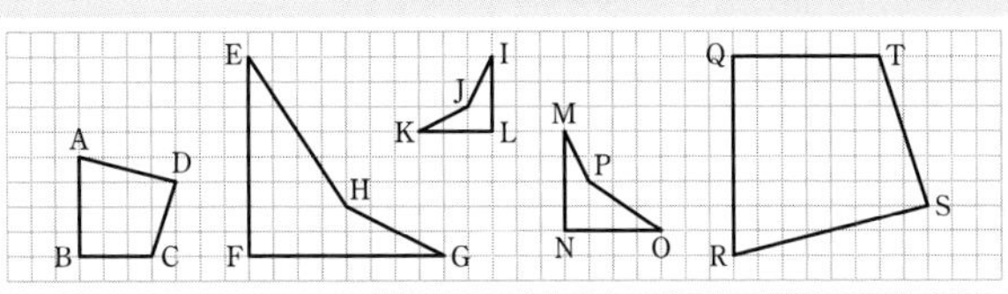

四角形 ABCD∽四角形 RQTS
四角形 EFGH∽四角形 ONMP

HINT まず，等しい角をさがし，相似になりそうな図形の見当をつける。

参考 四角形 IJKL は辺の長さの比が違う。

練習 1B 右の図において，五角形 ABCDE と相似である五角形 A′B′C′D′E′ をかきなさい。

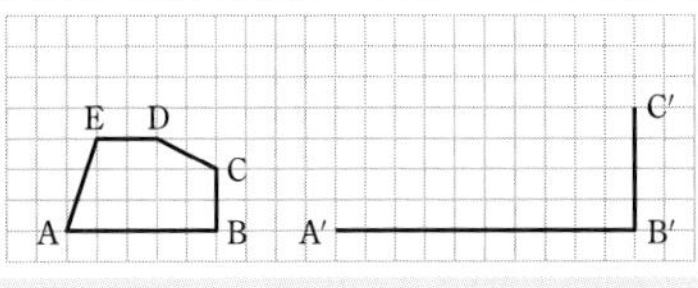

AB：A′B′＝5：10
　　　＝1：2
よって，相似比は 1：2 であるから，五角形 A′B′C′D′E′ は **右の図** のようになる。

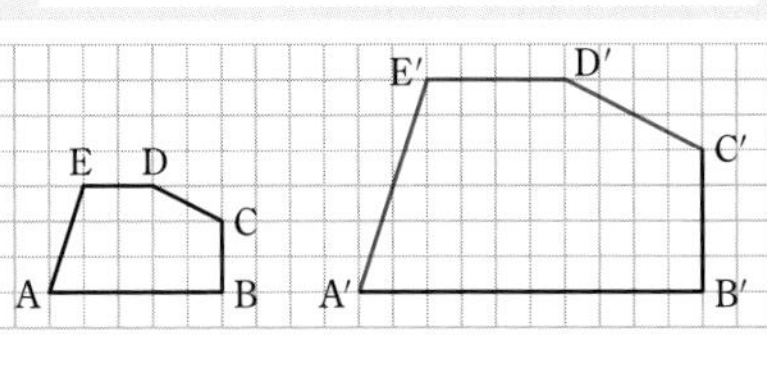

練習 2 右の図において，四角形 ABCD∽四角形 EFGH であるとき，次のものを求めなさい。
(1) 四角形 ABCD と四角形 EFGH の相似比
(2) 辺 DC の長さ
(3) 辺 HE の長さ

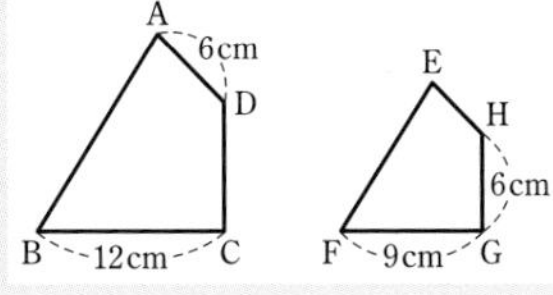

HINT 相似比は対応する線分の長さの比。

(1) 対応する辺の長さの比は　　BC：FG＝12：9＝4：3
よって，相似比は　　**4：3**

(2) 相似比は 4：3 であるから　　DC：HG＝4：3
　　　　DC：6＝4：3
これを解くと　　DC＝**8 (cm)**

➡辺 DC と辺 HG が対応する。
➡3DC＝6×4

(3) 相似比は 4：3 であるから　　DA：HE＝4：3

　　　　　　　　　　　　　　　　6：HE＝4：3

これを解くと　　$\mathrm{HE}=\dfrac{9}{2}$ **(cm)**

◯辺 DA と辺 HE が対応する。
◯4HE＝6×3

練習 3　右の図の △ABC について

(1) 点Oを相似の中心として，$\dfrac{1}{2}$ 倍に縮小した三角形をすべてかきなさい。

(2) 点Bを相似の中心として，$\dfrac{3}{2}$ 倍に拡大した三角形をすべてかきなさい。

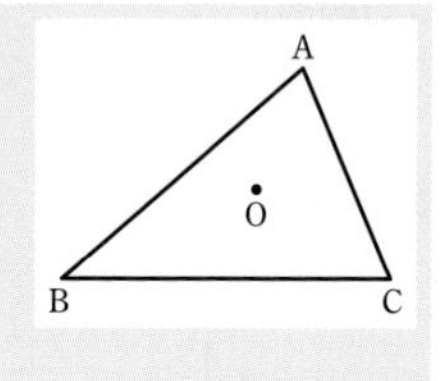

点 A，B，C に対応する点をそれぞれ A′，B′，C′ とする。

(1) 対応する点 A，A′ について，$\mathrm{OA}:\mathrm{OA'}=1:\dfrac{1}{2}=2:1$ となるように点 A′ の位置を決める。

B′，C′ についても同じように位置を決め，線分で結ぶ。

求める三角形は，次の **図 [1]，[2]**

◯A′ のとり方で，2 通りの答えがある。

[1]

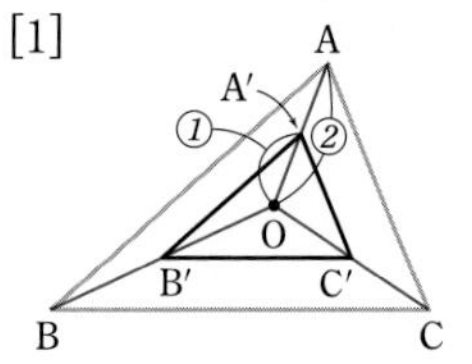

[2]

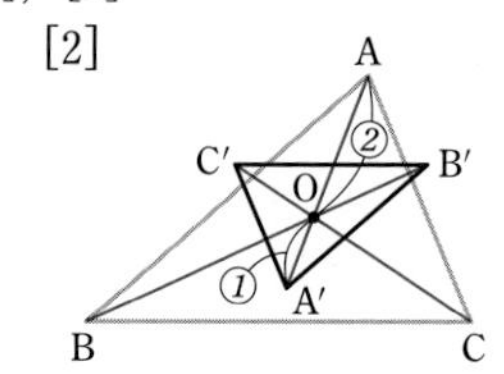

(2) 対応する点 A，A′ について，$\mathrm{BA}:\mathrm{BA'}=1:\dfrac{3}{2}=2:3$ となるように点 A′ の位置を決める。

C′ についても同じように位置を決め，線分で結ぶ。

求める三角形は，次の **図 [1]，[2]**

◯ 2 通りの答えがある。
◯Bは相似の中心であるから，B と B′ は一致する。

[1]

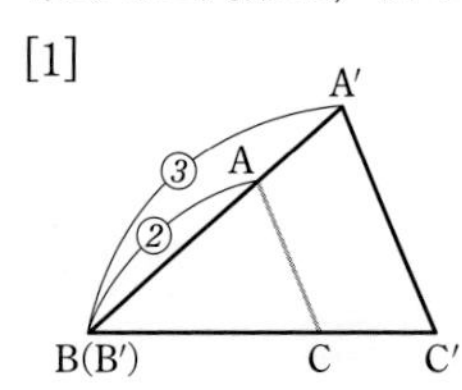

[2]

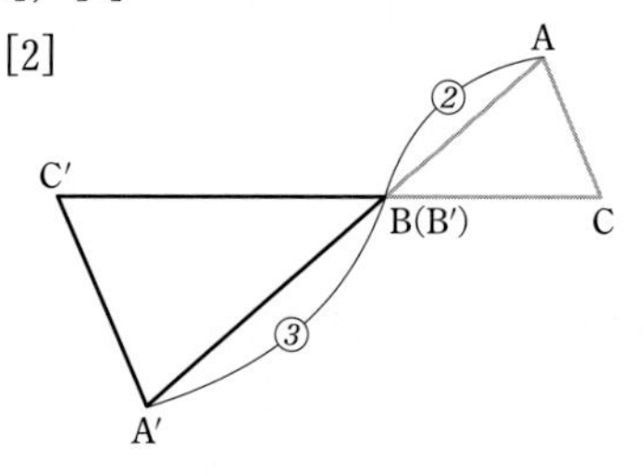

練習 4　次の図において，相似な三角形を見つけ出し，記号∽を使って表し，相似であることを証明しなさい。

(1)

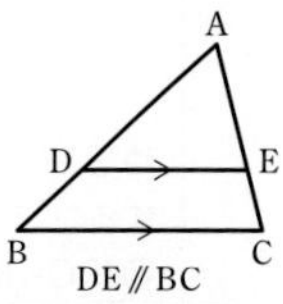

A
D　E
B　C
DE // BC

(2)

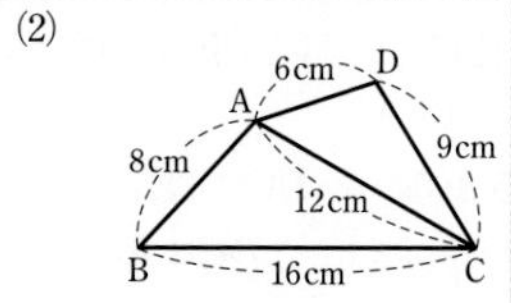

(1) **△ABC∽△ADE**

△ABC と △ADE において

DE∥BC より，同位角は等しいから　∠ABC＝∠ADE

共通な角であるから　∠BAC＝∠DAE

2 組の角がそれぞれ等しいから　△ABC∽△ADE

(2) **△ABC∽△DAC**

△ABC と △DAC において

仮定から　AB：DA＝BC：AC＝CA：CD＝4：3

3 組の辺の比がすべて等しいから　△ABC∽△DAC

◯DE∥BC より，同位角は等しいから
∠ACB＝∠AED
としてもよい。

練習 5A △ABC において，AB＝21 cm，BC＝49 cm，CA＝35 cm である。辺 BC 上に点D を BD＝29 cm となるようにとり，辺 AC 上に点E を AE＝7 cm となるようにとる。

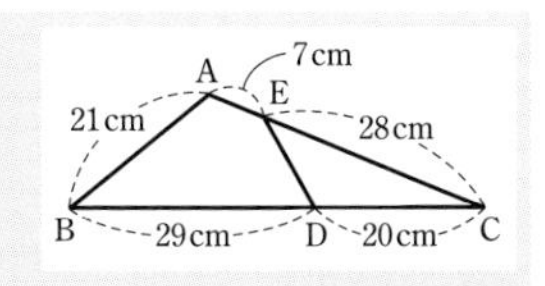

(1) 線分 DE の長さを求めなさい。
(2) ∠BAC＝120° のとき，∠EDB の大きさを求めなさい。

HINT 相似な三角形を見つける。

(1) △ABC と △DEC において

BC：EC＝49：28＝7：4，　AC：DC＝35：20＝7：4

共通な角であるから　∠ACB＝∠DCE

したがって，2 組の辺の比とその間の角がそれぞれ等しいから

△ABC∽△DEC

よって　AB：DE＝BC：EC

21：DE＝7：4

これを解くと　DE＝**12**（**cm**）

◯7DE＝21×4

(2) △ABC∽△DEC であるから

∠EDC＝∠BAC

∠BAC＝120° であるから

∠EDC＝120°

よって　∠EDB＝180°－120°＝**60°**

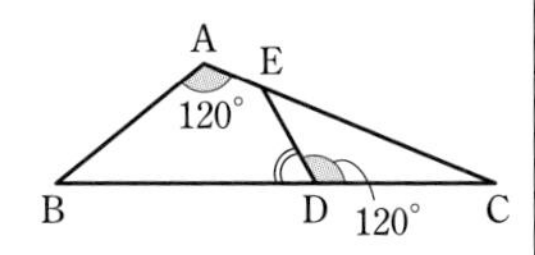

◯対応する角が等しい。

練習 5B △ABC において，AB＝6 cm，AC＝8 cm である。∠B の二等分線と辺 AC の交点を D とすると，∠DBC＝∠C となった。このとき，辺 BC の長さを求めなさい。

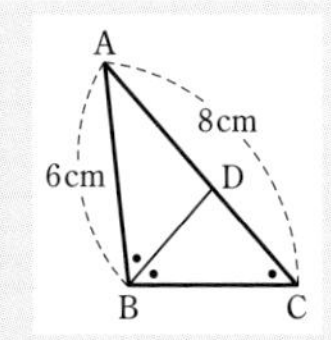

HINT 相似な三角形を見つけ出し，まず AD の長さを求める。

△ABC と △ADB において

仮定から　∠DBC＝∠ACB，　∠DBC＝∠ABD

よって　∠ACB＝∠ABD

共通な角であるから　∠BAC＝∠DAB

2 組の角がそれぞれ等しいから　△ABC∽△ADB

したがって　AB：AD＝AC：AB

6：AD＝8：6

◯8AD＝6×6

これを解くと　$AD=\frac{9}{2}$

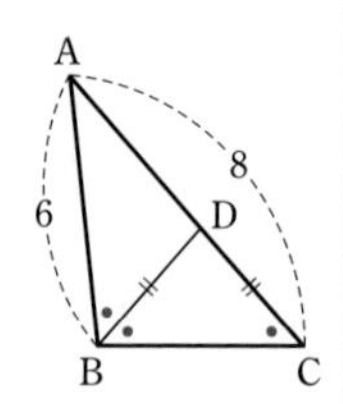

したがって　$CD=8-\frac{9}{2}=\frac{7}{2}$ (cm)

⊂CD＝AC－AD

∠DBC＝∠DCB であるから　BD＝CD

⊂等角 ⟶ 等辺

よって　$BD=\frac{7}{2}$ cm

△ABC∽△ADB であるから

BC：DB＝AC：AB

BC：$\frac{7}{2}$＝8：6

⊂$6BC=\frac{7}{2}\times 8$

これを解くと　**$BC=\frac{14}{3}$ (cm)**

練習 6A AB＝AC である二等辺三角形 ABC の頂点Aから辺 BC へ垂線 AD を引き，点Dから辺 AB へ垂線 DE を引く。このとき，△ADC∽△DEB であることを証明しなさい。

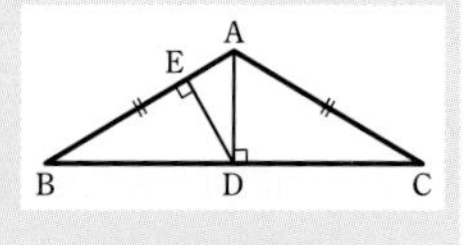

CHART
二等辺三角形
等辺 ⟷ 等角
を利用する

△ADC と △DEB において
仮定から　∠ADC＝∠DEB＝90°
△ABC は AB＝AC の二等辺三角形であるから
∠ACD＝∠DBE

⊂等辺 ⟶ 等角

2 組の角がそれぞれ等しいから
△ADC∽△DEB

練習 6B 右の図において，△ABC と △DBE は相似であることを証明しなさい。

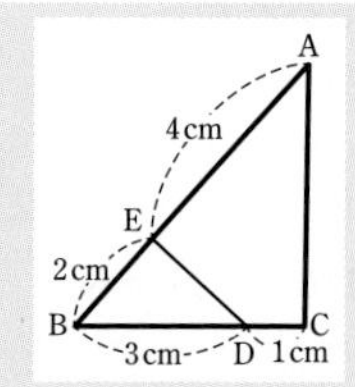

△ABC と △DBE において
AB：DB＝(4＋2)：3＝2：1
BC：BE＝(3＋1)：2＝2：1
共通な角であるから　∠ABC＝∠DBE
よって，2 組の辺の比とその間の角がそれぞれ等しいから
△ABC∽△DBE

練習 7A AB＝AC である直角二等辺三角形 ABC の辺 BC 上に点Dをとり，AD＝AE である直角二等辺三角形 ADE を，直線 AD に関して点Bと反対側につくる。AC と DE の交点をFとするとき，△ABD∽△AEF であることを証明しなさい。

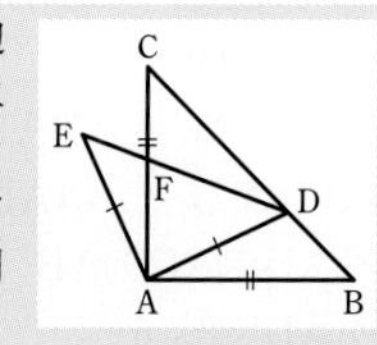

△ABD と △AEF において
△ABC と △ADE は直角二等辺三角形であるから

$\angle ABD=\angle AEF=45°$ ……①

また　$\angle BAD=90°-\angle CAD$
　　　$\angle EAF=90°-\angle CAD$

よって　$\angle BAD=\angle EAF$ ……②

①，② より，2 組の角がそれぞれ等しいから
　　△ABD∽△AEF

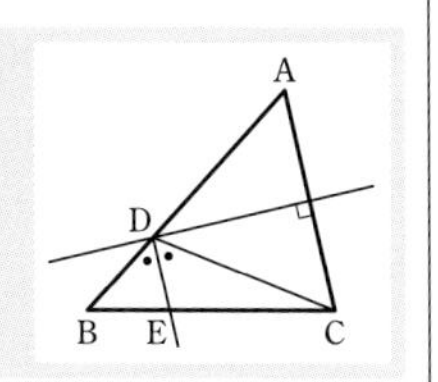

⇦$\angle CAB=90°$
⇦$\angle EAD=90°$

練習 7B △ABC の辺 AC の垂直二等分線と辺 AB が交わるとき，その交点を D とする。
∠BDC の二等分線と辺 BC の交点を E とするとき，△ABC と △DBE は相似であることを証明しなさい。

垂直二等分線上の点から線分の 2 つの端点までの距離は等しいから，
△DAC は DA=DC の二等辺三角形である。

よって　$\angle DAC=\angle DCA$

したがって，△DAC において，内角と外角の性質から　$\angle BDC=2\angle DAC$

仮定から　$\angle BDC=2\angle BDE$

よって　$\angle DAC=\angle BDE$　すなわち　$\angle BAC=\angle BDE$

共通な角であるから　$\angle ABC=\angle DBE$

したがって，△ABC と △DBE において，2 組の角がそれぞれ等しいから　△ABC∽△DBE

⇦等辺 ⟶ 等角

練習 8A 右の図において，四角形 ABCD，AEFG は正方形である。
(1) △AEF∽△ABC であることを証明しなさい。
(2) △AFC∽△AEB であることを証明しなさい。

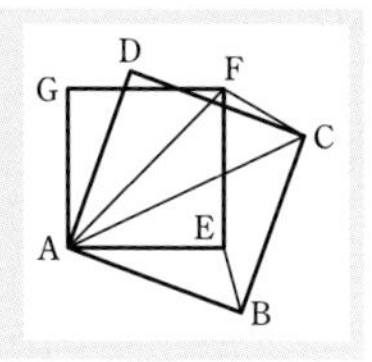

HINT (1) で証明した相似な三角形を利用して，(2) を証明する。

(1) △AEF と △ABC において
　　$\angle AEF=\angle ABC=90°$，　$\angle FAE=\angle CAB=45°$
　2 組の角がそれぞれ等しいから
　　△AEF∽△ABC

⇦△AEF，△ABC は，直角二等辺三角形。

(2) △AFC と △AEB において
　　$\angle CAF=45°-\angle EAC$
　　$\angle BAE=45°-\angle EAC$

よって　$\angle CAF=\angle BAE$ ……①

また，(1) より，△AEF∽△ABC であるから　$AF:AC=AE:AB$

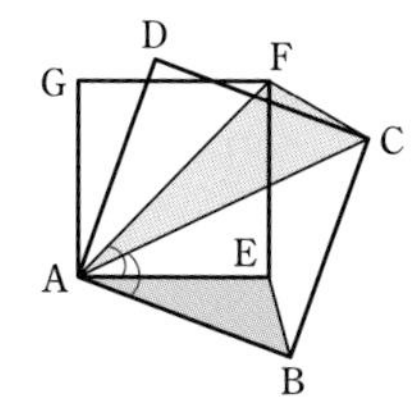

⇦(1) を利用。

よって　　AF：AE＝AC：AB　……②
①，② より，2 組の辺の比とその間の角がそれぞれ等しいから
　　　　△AFC∽△AEB

◯比の内項を入れかえる。

練習 8B 線分 AB，AC 上に，それぞれ点 D，E を ∠AEB＝∠ADC となるようにとる。このとき，△ABC∽△AED であることを証明しなさい。

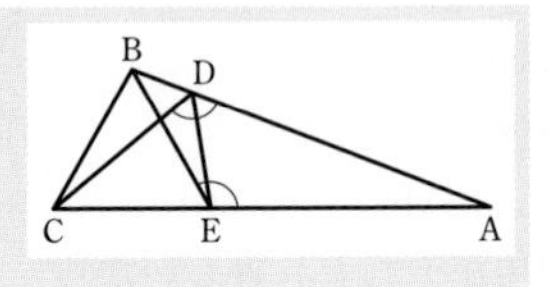

HINT まず，△AEB∽△ADC を示し，辺の比を利用する。

△AEB と △ADC において
仮定から　　　　　　∠AEB＝∠ADC
共通な角であるから　∠EAB＝∠DAC
2 組の角がそれぞれ等しいから
　　　　△AEB∽△ADC　……①
△ABC と △AED において
① から　　AB：AC＝AE：AD
よって　　AB：AE＝AC：AD
共通な角であるから　∠CAB＝∠DAE
2 組の辺の比とその間の角がそれぞれ等しいから
　　　　△ABC∽△AED

◯比の内項を入れかえる。

練習 9 BC＝2AB である四角形 ABCD がある。対角線の交点 E が対角線 BD の中点であり，∠ABD＝∠DBC であるとき，CD＝CE であることを証明しなさい。

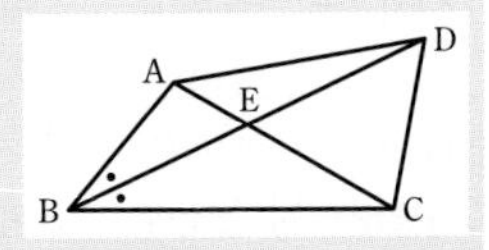

HINT 結論から考える。
CD＝CE
⟶ ∠CDE＝∠CED
⟶ ∠CDE＝∠AEB
⟶ △CBD∽△ABE
まず，△CBD∽△ABE を示す。

△ABE と △CBD において
仮定から　　AB：CB＝1：2
　　　　　　BE：BD＝1：2
　　　　　　∠ABE＝∠CBD
2 組の辺の比とその間の角がそれぞれ等しいから　△ABE∽△CBD
ゆえに　　　　　　　∠AEB＝∠CDB
対頂角は等しいから　∠AEB＝∠CED
よって　　　　　　　∠CDB＝∠CED
したがって，△CDE は二等辺三角形であるから
　　　　　　　　　　CD＝CE

◯等角 ⟶ 等辺

練習 10 右の図のように，長方形 ABCD を，頂点 D が辺 BC 上の点 F と重なるように線分 AE を折り目として折った。AD＝10 cm，DE＝5 cm のとき，次の問いに答えなさい。
(1)　△ABF∽△FCE であることを証明しなさい。
(2)　△ABF の面積を求めなさい。

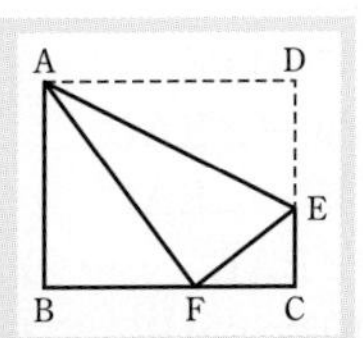

HINT
(2)　AB＝x cm とおいて，FC，CE，BF を x で表す。BC＝BF＋FC より x の方程式を導く。

(1)　△ABF と △FCE において

　　∠ABF＝∠FCE＝90°　……①

　△ABF において

　　∠BAF＋∠AFB＝90°　……②

　∠AFE＝90° であるから

　　∠CFE＋∠AFB＝90°　……③

　②，③ より　　∠BAF＝∠CFE　……④

　①，④ より，2 組の角がそれぞれ等しいから

　　　△ABF∽△FCE

◯∠AFE＝∠ADE

(2)　AF＝AD＝10 cm,

　FE＝DE＝5 cm であるから，

　△ABF と △FCE の相似比は

　　AF：FE＝10：5＝2：1

　よって　　AB：FC＝2：1

　AB＝x cm とすると

　　　x：FC＝2：1

◯2FC＝x

　よって　　FC＝$\frac{1}{2}x$

　また，BF：CE＝2：1 であり，CE＝(x−5) cm であるから

　　　BF＝2(x−5) cm

◯CE＝DC−DE
　＝AB−DE
　＝x−5

　BC＝10 cm であるから

　　　BF＋FC＝10

$$2(x-5)+\frac{1}{2}x=10$$

　これを解いて　　x＝8

　よって　　AB＝8 cm

　　　BF＝2×(8−5)＝6 (cm)

　したがって　　△ABF＝$\frac{1}{2}$×8×6＝**24 (cm²)**

◯△ABF＝$\frac{1}{2}$×AB×BF

練習 11　次の図において，DE∥BC のとき，x，y の値を求めなさい。

(1)

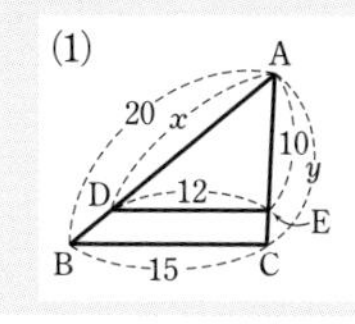

(2)

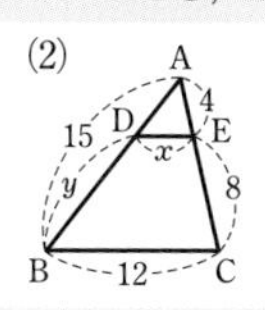

(3)

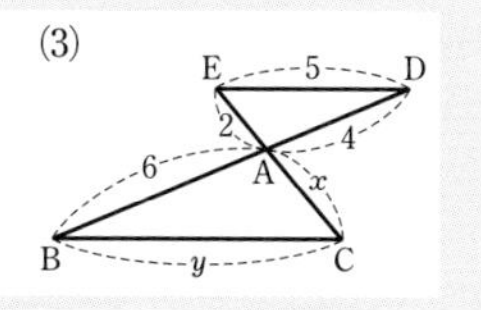

(1)　DE∥BC であるから　　AD：AB＝DE：BC

　よって　　x：20＝12：15　　これを解くと　　$\boldsymbol{x=16}$

　また，DE∥BC であるから　　AE：AC＝DE：BC

　よって　　10：y＝12：15　　これを解くと　　$\boldsymbol{y=\frac{25}{2}}$

(2)　DE∥BC であるから　　AE：AC＝DE：BC

　よって　　4：(4＋8)＝x：12　　これを解くと　　$\boldsymbol{x=4}$

◯AE：EC＝DE：BC
としないように！

また，DE∥BC であるから　　AD：DB＝AE：EC

よって　　$(15-y):y=4:8$　　これを解くと　　$\boldsymbol{y=10}$

(3)　DE∥BC であるから　　AD：AB＝AE：AC

よって　　$4:6=2:x$　　これを解くと　　$\boldsymbol{x=3}$

また，DE∥BC であるから　　AD：AB＝DE：BC

よって　　$4:6=5:y$　　これを解くと　　$\boldsymbol{y=\frac{15}{2}}$

練習 12A　右の図の線分 DE，EF，FD の中から，△ABC の辺に平行である線分を選びなさい。

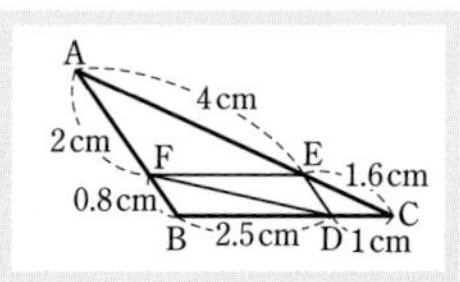

[1]　AF：FB＝2：0.8＝5：2

AE：EC＝4：1.6＝5：2

よって，線分 FE と BC は平行である。

[2]　BD：DC＝2.5：1＝5：2

BF：FA＝0.8：2＝2：5

よって，線分 DF と CA は平行でない。

[3]　CE：EA＝1.6：4＝2：5

CD：DB＝1：2.5＝2：5

よって，線分 ED と AB は平行である。

[1]～[3] から，△ABC の辺に平行である線分は

線分 DE と EF

◯AF：FB＝AE：EC

◯BD：DC≒BF：FA

◯CE：EA＝CD：DB

練習 12B　右の図の △AEG において，線分 BC，CD，BD のうち，線分 EG と平行なものはどれか答えなさい。

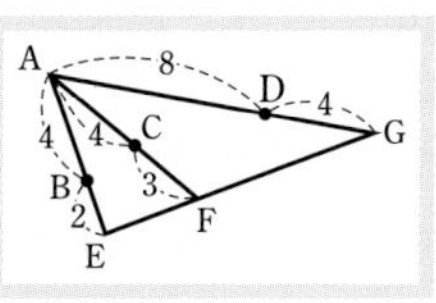

図から　　AB：BE＝4：2＝2：1

AC：CF＝4：3

AD：DG＝8：4＝2：1

AB：BE＝AD：DG であるから，線分 EG と平行なものは

線分 BD

HINT AB と BE，AC と CF，AD と DG の比を求めて，比の等しい組を探す。

練習 13　次の図において，$\ell /\!/ m /\!/ n$ であるとき，x，y の値を求めなさい。

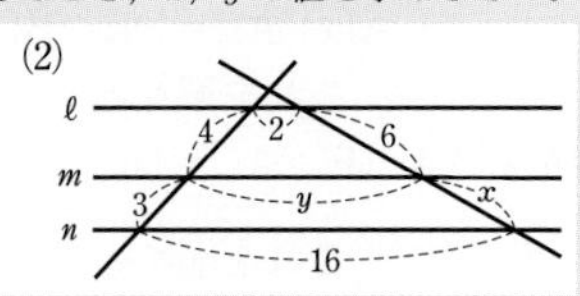

(1)　$\ell /\!/ m /\!/ n$ であるから　　$4.8:3.2=(x-3):3$

これを解くと　　$\boldsymbol{x=7.5}$

(2) $\ell /\!/ m /\!/ n$ であるから　$4:3=6:x$

これを解くと　$\boldsymbol{x=\frac{9}{2}}$

また，右の図のように直線を平行移動して考えると，

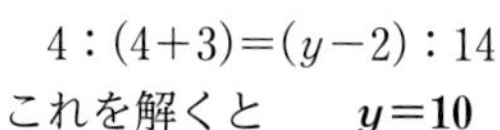

$m /\!/ n$ であるから

$4:(4+3)=(y-2):14$

これを解くと　$\boldsymbol{y=10}$

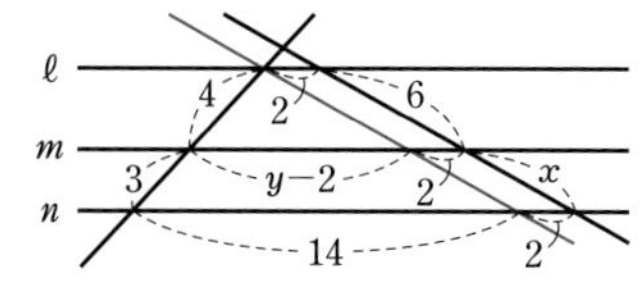

CHART
離れたものは　近づける

練習 14　右の図の △ABC において，BC∥EF∥GH，AE：EB=4：3，AH：HC=2：1 である。このとき，FG：AD を求めなさい。

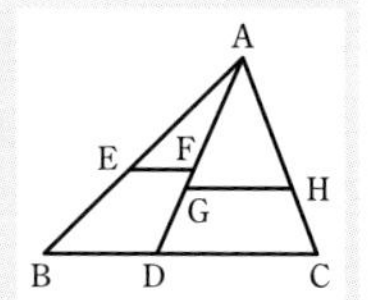

HINT AF，AG を AD で表す。

BC∥EF∥GH から

$AF:FD=AE:EB=4:3$　すなわち　$AF=\frac{4}{7}AD$

⬅$AF=\frac{4}{4+3}AD$

$AG:GD=AH:HC=2:1$　すなわち　$AG=\frac{2}{3}AD$

⬅$AG=\frac{2}{2+1}AD$

よって　$FG=AG-AF=\frac{2}{3}AD-\frac{4}{7}AD=\frac{2}{21}AD$

したがって　$FG:AD=\frac{2}{21}AD:AD=\boldsymbol{2:21}$

別解　BC∥EF∥GH から

$AF:FD=AE:EB=4:3$

$AG:GD=AH:HC=2:1$

AD=21 と考えると　AF=12，　AG=14

⬅4+3=7，2+1=3
7 と 3 の最小公倍数は 21
⟶ AD=21 と考える。

よって　$FG=AG-AF=14-12=2$

したがって　$FG:AD=\boldsymbol{2:21}$

練習 15　次の図において，(1) は AD∥BE∥CF，(2) は DE∥BC，(3) は AC∥ED，AD∥EF である。このとき，x の値を求めなさい。

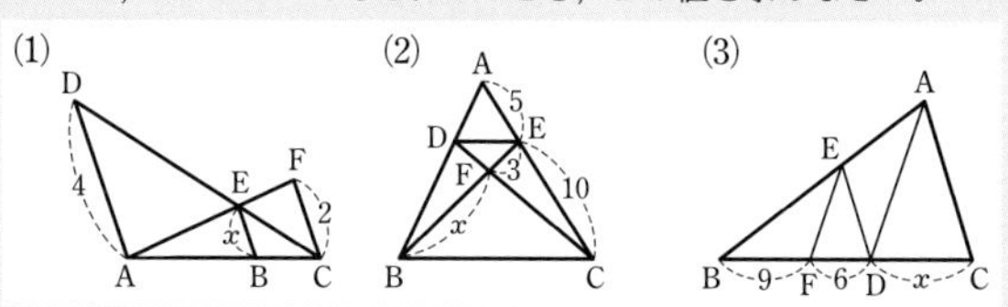

CHART
平行線と線分の比
基本図形を見つけ出す

(1) BE∥CF であるから　$BE:CF=AE:AF$

よって　$x:2=AE:AF$　…… ①

⬅△ACF と線分 BE が基本図形 ①。

AD∥CF であるから　$AE:EF=AD:FC$

よって　$AE:EF=4:2=2:1$　…… ②

⬅△EDA と △ECF が基本図形 ②。

①，② から　$x:2=2:(2+1)$

これを解くと　$\boldsymbol{x=\frac{4}{3}}$

(2)　DE∥BC であるから

$$EF : BF = DE : BC$$

よって　$3 : x = DE : BC$　…… ①

DE∥BC であるから

$$DE : BC = AE : AC$$
$$= 5 : (5+10) = 1 : 3 \quad \cdots\cdots ②$$

①, ② から　$3 : x = 1 : 3$

これを解くと　$\boldsymbol{x=9}$

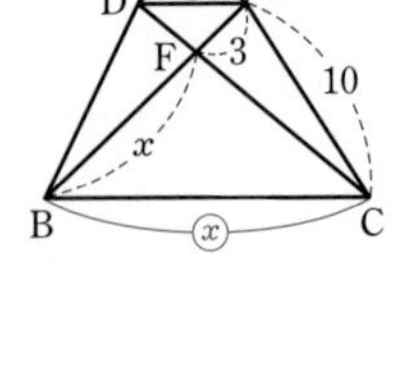

◯△FED と △FBC が基本図形 ②。

◯△ABC と線分 DE が基本図形 ①。

(3)　AC∥ED であるから

$$BD : DC = BE : EA$$

よって　$(9+6) : x = BE : EA$　…… ①

AD∥EF であるから

$$BE : EA = BF : FD$$

よって　$BE : EA = 9 : 6 = 3 : 2$　…… ②

①, ② から　$15 : x = 3 : 2$

これを解くと　$\boldsymbol{x=10}$

◯△BAC と線分 ED が基本図形 ①。

◯△BAD と線分 EF が基本図形 ①。

練習 16　右の図において，四角形 ABCD は平行四辺形であり，AE : ED＝3 : 2，DF : FC＝2 : 1 である。
このとき，DG : GB を求めなさい。

HINT 補助線を引いて，基本図形を作り出す。

線分 EF，BC を延長して，その交点をHとする。

ED∥CH であるから

$$ED : CH = DF : FC = 2 : 1$$

よって　$CH = \frac{1}{2}ED$　…… ①

仮定から　$AE : ED = 3 : 2$

よって　$ED = \frac{2}{5}AD = \frac{2}{5}BC$　…… ②

①, ② から　$BH = BC + CH = BC + \frac{1}{2} \times \frac{2}{5}BC = \frac{6}{5}BC$

ED∥BH であるから

$$DG : GB = ED : BH = \frac{2}{5}BC : \frac{6}{5}BC = \mathbf{1 : 3}$$

◯△FDE と △FCH が基本図形 ②。

◯△GDE と △GBH が基本図形 ②。

別解　点Fを通り，AD，BC に平行な線分を引き，対角線 BD との交点を I とする。

IF∥BC であるから

$$DI : IB = DF : FC = 2 : 1$$

すなわち　$DI = \frac{2}{3}BD$　…… ③

また　$IF : BC = DF : DC = 2 : (2+1) = 2 : 3$

すなわち　$IF = \frac{2}{3}BC = \frac{2}{3}AD$

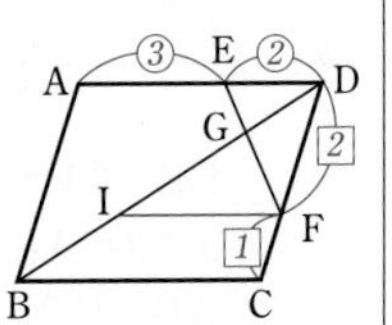

◯△DBC と線分 IF が基本図形 ①。

また，ED∥IF であるから

$$\mathrm{GD}:\mathrm{GI}=\mathrm{DE}:\mathrm{IF}=\frac{2}{5}\mathrm{AD}:\frac{2}{3}\mathrm{AD}=3:5$$

◀△GDE と △GIF が基本図形 ②。

すなわち　$\mathrm{GD}=\frac{3}{8}\mathrm{DI}$

これと ③ から　$\mathrm{GD}=\frac{3}{8}\times\frac{2}{3}\mathrm{BD}=\frac{1}{4}\mathrm{BD}$

よって　$\mathrm{GB}=\mathrm{BD}-\mathrm{GD}=\mathrm{BD}-\frac{1}{4}\mathrm{BD}=\frac{3}{4}\mathrm{BD}$

したがって　$\mathrm{DG}:\mathrm{GB}=\frac{1}{4}\mathrm{BD}:\frac{3}{4}\mathrm{BD}=\mathbf{1:3}$

練習 17A　右の図において，x の値を求めなさい。ただし，(1) では $\angle\mathrm{BAD}=\angle\mathrm{CAD}$ であり，(2) では $\angle\mathrm{ECD}=\angle\mathrm{ACD}$ である。

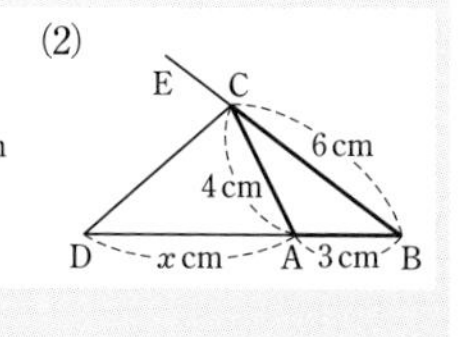

(1)　AD は ∠BAC の二等分線であるから

$$\mathrm{BD}:\mathrm{DC}=\mathrm{AB}:\mathrm{AC}$$

よって　$x:(5.5-x)=6:5$　　これを解くと　$\boldsymbol{x=3}$

◀$x\times5=(5.5-x)\times6$

(2)　CD は ∠ACB の外角の二等分線であるから

$$\mathrm{BD}:\mathrm{DA}=\mathrm{CB}:\mathrm{CA}$$

よって　$(3+x):x=6:4$　　これを解くと　$\boldsymbol{x=6}$

◀$(3+x)\times4=x\times6$

練習 17B　(1)　図 [1] において，AD が ∠A の二等分線，BI が ∠B の二等分線であるとき，AI : ID を求めなさい。
(2)　図 [2] において，AD が ∠A の二等分線，AE が ∠A の外角の二等分線であるとき，BD : DE を求めなさい。

HINT 角の二等分線と線分の比の性質を利用。

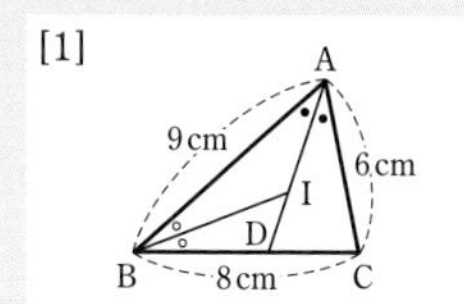

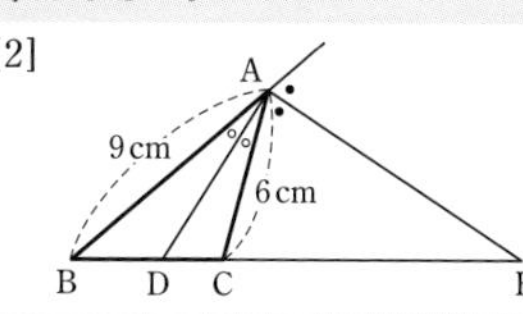

(1)　AD は ∠BAC の二等分線であるから

$$\mathrm{BD}:\mathrm{DC}=\mathrm{AB}:\mathrm{AC}$$

よって　$\mathrm{BD}:\mathrm{DC}=9:6=3:2$

したがって　$\mathrm{BD}=\frac{3}{5}\mathrm{BC}=\frac{3}{5}\times8=\frac{24}{5}$

BI は ∠ABD の二等分線であるから

$$\mathrm{AI}:\mathrm{ID}=\mathrm{BA}:\mathrm{BD}$$

よって　$\mathrm{AI}:\mathrm{ID}=9:\frac{24}{5}=\mathbf{15:8}$

(2) AD は ∠BAC の二等分線であるから

$BD : DC = AB : AC$

よって

$BD : DC = 9 : 6 = 3 : 2$

したがって

$$BD = \frac{3}{5}BC, \quad DC = \frac{2}{5}BC \quad \cdots\cdots ①$$

AE は ∠BAC の外角の二等分線であるから

$BE : EC = AB : AC$

よって　$BE : EC = 3 : 2$

すなわち　$BC : CE = (3-2) : 2 = 1 : 2$

したがって　$CE = 2BC$　……②

①, ② から　$DE = DC + CE = \frac{2}{5}BC + 2BC = \frac{12}{5}BC$

DE を BC で表す。

よって　$BD : DE = \frac{3}{5}BC : \frac{12}{5}BC = \mathbf{1 : 4}$

練習 18 右の図において，点 D，E は辺 AB を 3 等分した点であり，点 F，G は辺 AC を 3 等分した点である。線分 DC，EG の交点を H とすると，HG=1 cm である。
(1) 点 H は線分 DC の中点であることを証明しなさい。
(2) 線分 DF，EH，BC の長さをそれぞれ求めなさい。

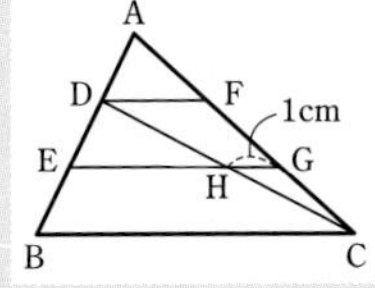

CHART 中点連結定理
中点 2 つ　平行で半分

(1) △AEG において，点 D，F はそれぞれ辺 AE，AG の中点であるから，中点連結定理により

$$DF /\!/ EG \quad \cdots\cdots ①, \qquad DF = \frac{1}{2}EG \quad \cdots\cdots ②$$

△CFD と線分 GH について，① から　$GH /\!/ FD$

また，点 G は辺 CF の中点である。

よって，中点連結定理の逆により，点 H は線分 DC の中点である。

(2) △CFD において，点 G，H はそれぞれ辺 CF，CD の中点であるから，中点連結定理により

$$GH = \frac{1}{2}DF$$

すなわち　$DF = 2GH$

GH=1 cm

よって　**DF=2 cm**

② から　$EG = 2DF = 4$

よって　**EH**$=EG - HG = 4 - 1 =$ **3 (cm)**

△DBC において，点 E，H はそれぞれ辺 DB，DC の中点であるから，中点連結定理により　$EH = \frac{1}{2}BC$

すなわち　BC＝2EH

よって　**BC＝6 cm**

◯EH＝3 cm

練習 19A △ABC の辺 AB，BC，CA の中点をそれぞれ D，E，F とする。このとき，△ADF，△DBE，△FEC，△EFD はすべて合同であることを証明しなさい。

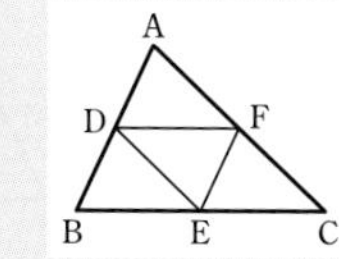

CHART　中点連結定理
中点 2 つ　平行で半分

△ABC において，点 D，F はそれぞれ辺 AB，AC の中点であるから，中点連結定理により　$DF=\frac{1}{2}BC$

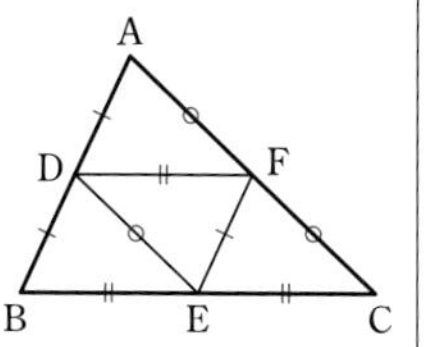

同様にして

$ED=\frac{1}{2}CA,\ FE=\frac{1}{2}AB$

また，仮定から

$BE=EC=\frac{1}{2}BC,\ CF=FA=\frac{1}{2}CA,\ AD=DB=\frac{1}{2}AB$

よって

DF＝BE＝EC，　ED＝CF＝FA，　FE＝AD＝DB

したがって，△ADF，△DBE，△FEC，△EFD はすべて 3 組の辺の長さがそれぞれ等しいから，すべて合同である。

練習 19B ひし形 ABCD の辺 AB，BC，CD，DA の中点をそれぞれ E，F，G，H とする。このとき，四角形 EFGH は長方形であることを証明しなさい。

HINT　ひし形の対角線は垂直に交わる。

△ABD において，点 E，H はそれぞれ辺 AB，AD の中点であるから，中点連結定理により

EH∥BD，　$EH=\frac{1}{2}BD$　……①

同様にして

FE∥CA，　$FE=\frac{1}{2}CA$　……②

GF∥DB，　$GF=\frac{1}{2}DB$　……③

◯△BCA，△CDB に中点連結定理を使う。

四角形 EFGH において，①，③ から　EH∥FG，EH＝FG

よって，1 組の対辺が平行でその長さが等しいから，四角形 EFGH は平行四辺形である。

また，線分 AC，BD はひし形の対角線であるから垂直である。

このことと ①，② から，辺 EH と EF は垂直である。

したがって，四角形 EFGH は，∠FEH が直角の平行四辺形，すなわち長方形である。

参考　一般に，四角形の 4 つの辺の中点を結ぶと平行四辺形になる。

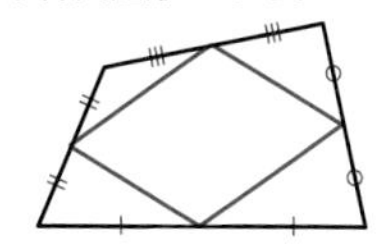

練習 20 AD∥BC である台形 ABCD の辺 AB，DC の中点をそれぞれ M，N とする。MN∥BC，$MN=\frac{1}{2}(AD+BC)$ であることを，次の手順で証明しなさい。

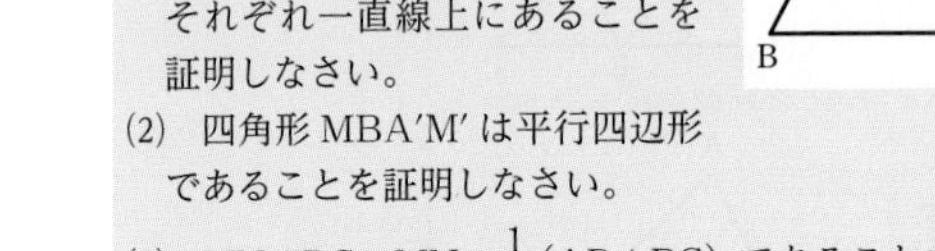

台形 ABCD に合同な台形 A′B′C′D′ を右の図のような位置に作る。

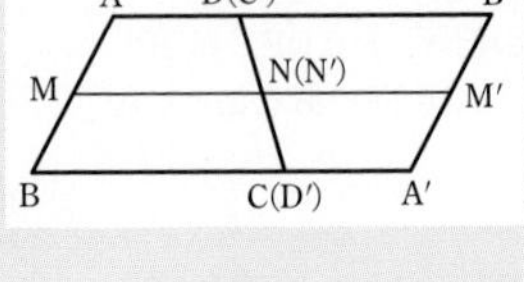

(1) 3 点 B，C，A′ と M，N，M′ はそれぞれ一直線上にあることを証明しなさい。

(2) 四角形 MBA′M′ は平行四辺形であることを証明しなさい。

(3) MN∥BC，$MN=\frac{1}{2}(AD+BC)$ であることを証明しなさい。

(1) AD∥BC であるから

$\angle ADC+\angle BCD=180°$

◯平行線の同側内角の和は 180°

台形 ABCD，A′B′C′D′は合同であるから

$\angle ADC=\angle A'D'C'$

したがって，$\angle A'D'C'+\angle BCD=180°$ であるから，3 点 B，C(D′)，A′ は一直線上にある。

◯

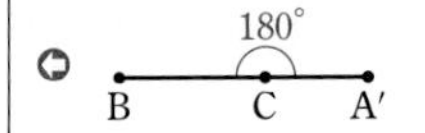

また $\angle D'N'M'+\angle C'N'M'=180°$

四角形 AMND，A′M′N′D′ は合同であるから

$\angle D'N'M'=\angle DNM$

したがって，$\angle DNM+\angle C'N'M'=180°$ であるから，3 点 M，N(N′)，M′ は一直線上にある。

(2) (1) と同様に

$\angle ADC+\angle B'C'D'=\angle ADC+\angle BCD=180°$

◯$\angle B'C'D'=\angle BCD$

よって，3 点 A，D(C′)，B′ は一直線上にある。

したがって　AB′∥BA′　…… ①

また　$AB'=AD+C'B'$，　$BA'=A'D'+CB$

よって　$AB'=BA'$　…… ②

◯$AD=A'D'$，$C'B'=CB$

①，② より，四角形 ABA′B′ は，1 組の対辺が平行でその長さが等しいから，平行四辺形である。

よって　MB∥M′A′

また，$AB=A'B'$ であるから　$MB=M'A'$

◯$MB=\frac{1}{2}AB$，$M'A'=\frac{1}{2}A'B'$

したがって，四角形 MBA′M′ は，1 組の対辺が平行でその長さが等しいから，平行四辺形である。

(3) (2) より，四角形 MBA′M′ が平行四辺形であるから

MM′∥BA′，　$MM'=BA'$

よって　MN∥BC

$MN=\frac{1}{2}BA'=\frac{1}{2}(AD+BC)$

◯$MN=M'N'$

練習 21 (1) 相似な2つの五角形 A, B があり，その相似比は $7:4$ である。B の周の長さが 16 cm のとき，A の周の長さを求めなさい。
また，A の面積が 42 cm^2 のとき，B の面積を求めなさい。
(2) 右の図において，DE∥BC である。このとき，面積比 △ABC：△AED を求めなさい。

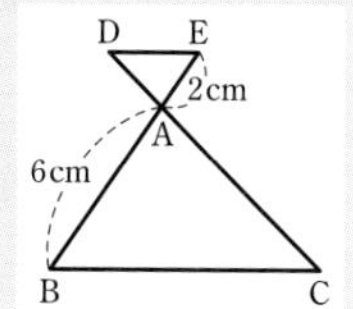

CHART 相似形
面積比は 2乗の比

(1) $A \backsim B$ で，相似比は $7:4$ である。
よって　(A の周の長さ)：(B の周の長さ)$=7:4$
(A の面積)：(B の面積)$=7^2:4^2=49:16$

◁周の長さの比は，相似比に等しい。

B の周の長さが 16 cm のとき
(A の周の長さ)$=\dfrac{7}{4}\times$(B の周の長さ)$=\dfrac{7}{4}\times16=\mathbf{28}$ **(cm)**

A の面積が 42 cm^2 のとき
(B の面積)$=\dfrac{16}{49}\times$(A の面積)$=\dfrac{16}{49}\times42=\mathbf{\dfrac{96}{7}}$ **(cm^2)**

(2) DE∥BC であるから　△ABC∽△AED
相似比は　AB：AE$=6:2=3:1$
よって　△ABC：△AED$=3^2:1^2=\mathbf{9:1}$

◁∠ABC＝∠AED
∠ACB＝∠ADE

練習 22A 次の場合について，$a:b:c$ を最も簡単な整数の比で表しなさい。
(1) $a:b=5:6$, $b:c=8:3$　(2) $a:b=2:5$, $a:c=6:7$

(1) $a:b=5:6$ から　$a:b=\dfrac{5}{6}:1$

◁b の値を1にそろえる。

$b:c=8:3$ から　$b:c=1:\dfrac{3}{8}$

したがって　$a:b:c=\dfrac{5}{6}:1:\dfrac{3}{8}$
$=\mathbf{20:24:9}$

別解　$a:b=5:6$ から　$a:b=20:24$
$b:c=8:3$ から　$b:c=24:9$
したがって　$a:b:c=\mathbf{20:24:9}$

◁b の値を24にそろえる。24は6と8の最小公倍数。

(2) $a:b=2:5$ から　$a:b=1:\dfrac{5}{2}$

◁a の値を1にそろえる。

$a:c=6:7$ から　$a:c=1:\dfrac{7}{6}$

したがって　$a:b:c=1:\dfrac{5}{2}:\dfrac{7}{6}$
$=\mathbf{6:15:7}$

別解　$a:b=2:5$ から　$a:b=6:15$
これと $a:c=6:7$ から　$a:b:c=\mathbf{6:15:7}$

◁a の値を6にそろえる。6は2と6の最小公倍数。

練習 22B 次の式を満たす x, y の値を求めなさい。
(1) $3:2:7=4:x:y$　(2) $x:4:1=3:6:y$

HINT 2つずつの比を取り出す。

(1)　$3:2:7=4:x:y$ から　　$3:2=4:x$

よって　　$3\times x=2\times 4$　　これを解いて　　$\boldsymbol{x=\dfrac{8}{3}}$

また，$3:2:7=4:x:y$ から　$3:7=4:y$

よって　　$3\times y=7\times 4$　　これを解いて　　$\boldsymbol{y=\dfrac{28}{3}}$

(2)　$x:4:1=3:6:y$ から　　$x:4=3:6$

よって　　$x\times 6=4\times 3$　　これを解いて　　$\boldsymbol{x=2}$

また，$x:4:1=3:6:y$ から　$4:1=6:y$

よって　　$4\times y=1\times 6$　　これを解いて　　$\boldsymbol{y=\dfrac{3}{2}}$

練習 23A　右の図において，∠ACB=∠ADE であり，F は線分 AD の中点である。BC：DE=3：2 のとき，△AFE の面積は四角形 DBCE の面積の何倍か答えなさい。

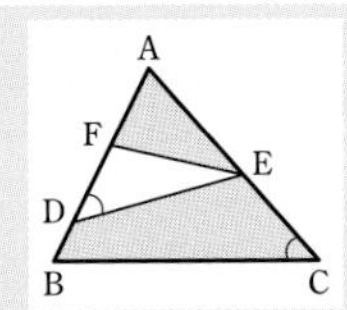

△ABC の面積を S とする。

△ABC∽△AED であり，相似比は

　BC：ED=3：2

よって，面積比は

　$\triangle ABC:\triangle AED=3^2:2^2=9:4$

したがって　　$\triangle AED=\dfrac{4}{9}S$

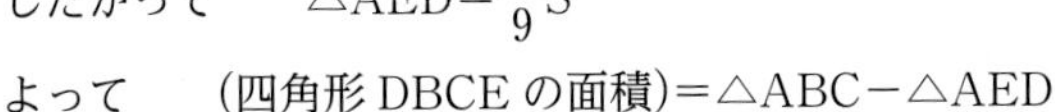

よって　　(四角形 DBCE の面積)$=\triangle ABC-\triangle AED$

$=S-\dfrac{4}{9}S=\dfrac{5}{9}S$

また　　$\triangle AFE:\triangle AED=AF:AD$

$=1:(1+1)=1:2$

ゆえに　　$\triangle AFE=\dfrac{1}{2}\triangle AED=\dfrac{1}{2}\times\dfrac{4}{9}S=\dfrac{2}{9}S$

したがって　　$\dfrac{2}{9}S\div\dfrac{5}{9}S=\dfrac{2}{9}\times\dfrac{9}{5}=\dfrac{2}{5}$　　答　$\boldsymbol{\dfrac{2}{5}}$ **倍**

◯ S を基準とする。

◯ ∠ACB=∠ADE

共通な角であるから

∠BAC=∠EAD

練習 23B　右の図において，△ABC∽△DEF であり，相似比は 2：1 である。また，HG∥BF であり，BE=4 cm，CF=1 cm である。

(1)　線分 CE の長さを求めなさい。

(2)　△AHG：△GBE：(四角形 DGCF の面積) を求めなさい。

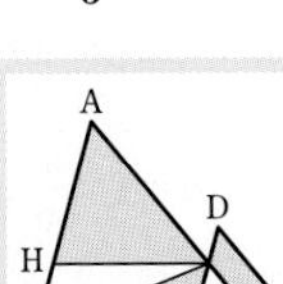

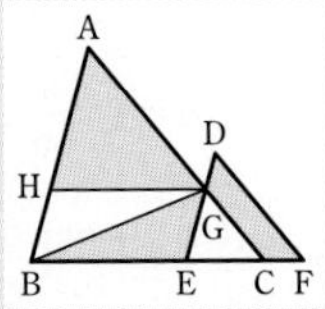

(1)　CE=x cm とすると　　BC$=4+x$，　EF$=x+1$

△ABC と △DEF の相似比が 2：1 であるから

　BC：EF=2：1

よって　　$(4+x):(x+1)=2:1$　　これを解いて　　$x=2$

したがって　　CE=**2 cm**

◯相似比は対応する辺の長さの比に等しい。

(2) $\triangle$ABC の面積を S とする。

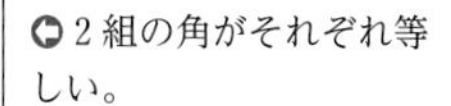

◯ S を基準とする。

$\triangle$ABC と $\triangle$GEC において，

$\triangle$ABC∽$\triangle$DEF から

$\angle$ABC$=\angle$GEC

また　$\angle$ACB$=\angle$GCE

よって　$\triangle$ABC∽$\triangle$GEC

◯ 2 組の角がそれぞれ等しい。

相似比は　BC：EC$=(4+2)$：$2=3$：1

ゆえに，面積比は　$\triangle$ABC：$\triangle$GEC$=3^2$：$1^2=9$：1

したがって　$\triangle \mathrm{GEC}=\dfrac{1}{9}S$

HG∥BC であるから　$\triangle$AHG∽$\triangle$ABC

相似比は　AG：AC$=($AC$-$GC$)$：AC$=(3-1)$：$3=2$：3

◯$\triangle$ABC と $\triangle$GEC の相似比は 3：1 であるから AC：GC$=3$：1

よって，面積比は　$\triangle$AHG：$\triangle$ABC$=2^2$：$3^2=4$：9

したがって　$\triangle \mathrm{AHG}=\dfrac{4}{9}S$

ここで，$\triangle$BGC：$\triangle$ABC$=$CG：CA$=1$：3，BC：BE$=3$：2

であるから　$\triangle \mathrm{GBE}=\dfrac{2}{3}\triangle \mathrm{BGC}=\dfrac{2}{3}\times\dfrac{1}{3}S=\dfrac{2}{9}S$

さらに　$\triangle$ABC：$\triangle$DEF$=2^2$：$1^2=4$：1

◯相似比は 2：1

したがって　$\triangle \mathrm{DEF}=\dfrac{1}{4}S$

よって　(四角形 DGCF の面積)$=\triangle$DEF$-\triangle$GEC

$=\dfrac{1}{4}S-\dfrac{1}{9}S=\dfrac{5}{36}S$

以上より　$\triangle$AHG：$\triangle$GBE：(四角形 DGCF の面積)

$=\dfrac{4}{9}S$：$\dfrac{2}{9}S$：$\dfrac{5}{36}S=$**16：8：5**

練習 24A　$\angle$A$=90^\circ$ の直角三角形 ABC の頂点Aから辺 BC に垂線 AH を引く。このとき

$\mathrm{AB}^2:\mathrm{AC}^2:\mathrm{BC}^2=\mathrm{BH}:\mathrm{CH}:\mathrm{BC}$

であることを証明しなさい。

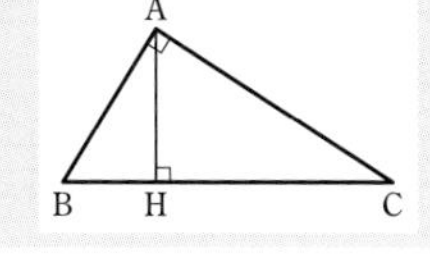

HINT 線分の 2 乗の比を，相似な図形の面積比とみる。

$\triangle$ABH∽$\triangle$CAH で，相似比は AB：AC に等しいから

$\triangle$ABH：$\triangle$CAH

$=\mathrm{AB}^2$：AC^2　……①

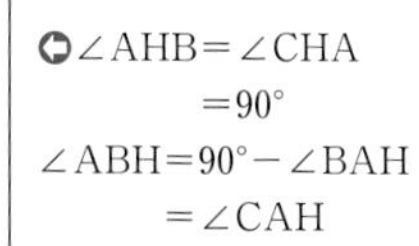

◯$\angle$AHB$=\angle$CHA$=90^\circ$
$\angle$ABH$=90^\circ-\angle$BAH$=\angle$CAH

$\triangle$ABH と $\triangle$CAH は高さが等しいから

$\triangle$ABH：$\triangle$CAH$=$BH：CH　……②

◯等高なら底辺の比。

①，② から　AB^2：$\mathrm{AC}^2=$BH：CH　……③

また，$\triangle$CAH∽$\triangle$CBA で，相似比は AC：BC に等しいから

$\triangle$CAH：$\triangle$CBA$=\mathrm{AC}^2$：BC^2　……④

◯$\angle$CHA$=\angle$CAB$=90^\circ$
共通な角であるから
$\angle$ACH$=\angle$BCA

$\triangle$CAH と $\triangle$CBA は高さが等しいから

$\triangle$CAH：$\triangle$CBA$=$CH：BC　……⑤

④，⑤ から　　$AC^2 : BC^2 = CH : BC$　　…… ⑥

③，⑥ から　　$AB^2 : AC^2 : BC^2 = BH : CH : BC$

練習 24B　右の図の四角形 ABCD は平行四辺形である。次のことを証明しなさい。

(1)　$\triangle FAB = \triangle FDG$

(2)　$BF^2 : FD^2 = FG : FE$

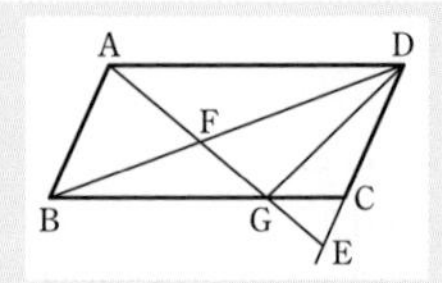

HINT (1)は(2)のヒント。

(1)　$\triangle ABG$ と $\triangle BDG$ において

AD∥BC であるから

$\triangle ABG = \triangle BDG$

また　　$\triangle FAB = \triangle ABG - \triangle FBG$

$\triangle FDG = \triangle BDG - \triangle FBG$

よって　$\triangle FAB = \triangle FDG$

CHART　平行線と面積
平行線で　形を変える

(2)　AB∥DE であるから

$\triangle FAB \backsim \triangle FED$

相似比は BF : FD に等しいから

$\triangle FAB : \triangle FED = BF^2 : FD^2$

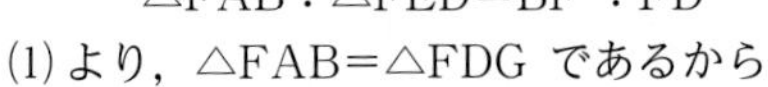

(1) より，$\triangle FAB = \triangle FDG$ であるから

$\triangle FDG : \triangle FED = BF^2 : FD^2$　…… ①

$\triangle FDG$ と $\triangle FED$ は高さが等しいから

$\triangle FDG : \triangle FED = FG : FE$　…… ②

①，② から　　$BF^2 : FD^2 = FG : FE$

◀ $\angle FAB = \angle FED$
$\angle FBA = \angle FDE$

練習 25A　相似な 2 つの円錐 A，B があり，その相似比は 2 : 3 である。B の表面積が 54π cm² のとき，A の表面積を求めなさい。また，A の体積が 12π cm³ のとき，B の体積を求めなさい。

CHART　相似形
面積比は　2 乗の比
体積比は　3 乗の比

$A \backsim B$ で，相似比は 2 : 3 であるから

(Aの表面積) : (Bの表面積) $= 2^2 : 3^2 = 4 : 9$

(Aの体積) : (Bの体積) $= 2^3 : 3^3 = 8 : 27$

Bの表面積が 54π cm² のとき

$$(A\text{の表面積}) = \frac{4}{9} \times (B\text{の表面積}) = \frac{4}{9} \times 54\pi = \mathbf{24\pi\ (cm^2)}$$

Aの体積が 12π cm³ のとき

$$(B\text{の体積}) = \frac{27}{8} \times (A\text{の体積}) = \frac{27}{8} \times 12\pi = \mathbf{\frac{81}{2}\pi\ (cm^3)}$$

練習 25B　体積が 54π cm³ の円錐を，底面に平行な平面で，高さが 3 等分されるように 3 つの立体に分けた。このとき，真ん中の立体の体積を求めなさい。

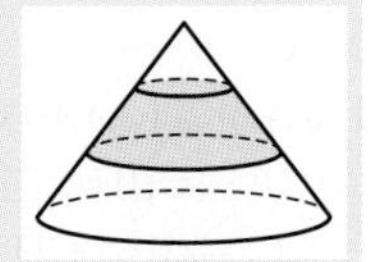

HINT 円錐を底面に平行な平面で切断したとき，頂点を含む方の立体は，もとの立体と相似である。

3 等分された立体を，上から順にA，B，C とする。
また，AとBを合わせた円錐をD，もとの円錐をEとする。

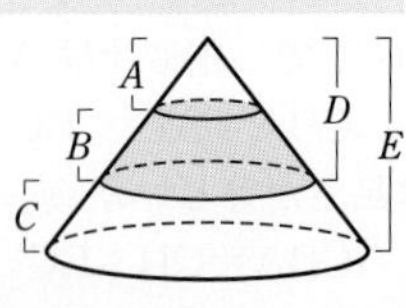

$A \backsim D$ で，相似比は 1：2 であるから

$(A\text{の体積}):(D\text{の体積})=1^3:2^3=1:8$ …… ①

$A \backsim E$ で，相似比は 1：3 であるから

$(A\text{の体積}):(E\text{の体積})=1^3:3^3=1:27$

E の体積が $54\pi\ \text{cm}^3$ であるから

$$(A\text{の体積})=\frac{1}{27}\times(E\text{の体積})=\frac{1}{27}\times54\pi=2\pi\ (\text{cm}^3)$$

よって，① から

$(D\text{の体積})=8\times(A\text{の体積})=8\times2\pi=16\pi\ (\text{cm}^3)$

したがって　$(B\text{の体積})=(D\text{の体積})-(A\text{の体積})$

$=16\pi-2\pi=\mathbf{14\pi\ (cm^3)}$

練習 26 公園のケヤキの高さを測るため，根元から 15 m 離れた場所に立ち，ケヤキの先端を見上げると，水平面から 58° の角度になった。目の高さを 1.5 m として，ケヤキの高さを求めなさい。

HINT 縮図をかいて，長さを求める。

右の図のように，ケヤキの高さを AB，高さを測るために立った位置を P，目の位置を Q，Q から線分 AB に垂線 QR を引くと，∠BQR＝58° である。

直角三角形 BQR の縮図 △B′Q′R′ をかく。

Q′R′＝5 cm とすると，相似比は

QR：Q′R′＝1500 cm：5 cm

＝300：1

目の高さより上の部分 BR について，右の図のような 300 分の 1 の縮図をかいて B′R′ の長さを測ると約 8 cm である。

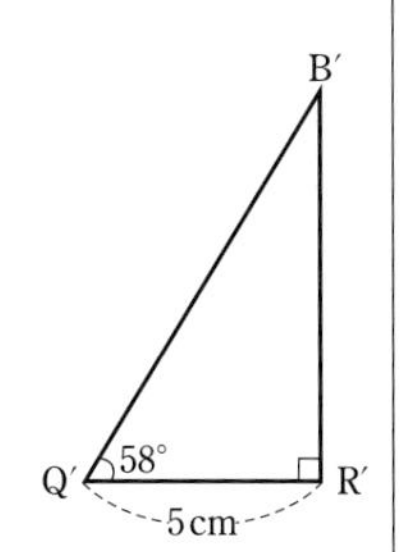

よって　BR＝8×300＝2400 (cm)

したがって，求める高さは

1.5＋24＝25.5 (m)

←目の高さを加える。

答　約 25.5 m

練習 27 あるピザ店のメニューには，S サイズと M サイズと L サイズの円形のピザがあり，S サイズのピザの直径は 16 cm，M サイズのピザの直径は 24 cm，L サイズのピザの直径は 36 cm である。
また，ピザの値段は円の面積に比例して決められている。
M サイズのピザの値段が 1080 円であるとき，S サイズ，L サイズのピザの値段をそれぞれ求めなさい。

HINT 相似比から面積比を求め，それに比例する金額を求める。

円はすべて相似であり，3 つの円の相似比は

16：24：36＝4：6：9

であるから，面積比は

$4^2:6^2:9^2=16:36:81$

Sサイズ のピザの値段を x 円とすると

$$16:36=x:1080$$

これを解くと　$x=\frac{16\times1080}{36}=\mathbf{480}$ **(円)**

Lサイズ のピザの値段を y 円とすると

$$36:81=1080:y$$

これを解くと　$y=\frac{81\times1080}{36}=\mathbf{2430}$ **(円)**

練習 28　立方体 ABCDEFGH の辺 AD を 1：2 に内分する点をPとし，3 点 P，H，F を通る平面で立方体を切って 2 つの立体に分ける。頂点Aを含む方の立体の体積は，もとの立方体の体積の何倍か答えなさい。

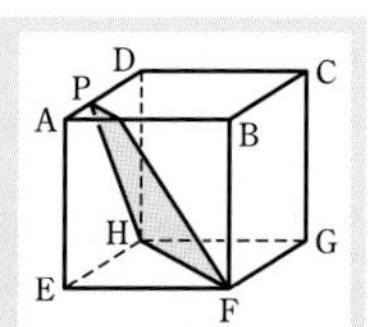

HINT EA，HP を延長して考える。

3 点 P，H，F を通る平面と辺 AB の交点をQとし，EA，FQ，HP の延長の交点をOとする。

三角錐 OEFH と三角錐 OAQP は相似で，相似比は

$$\mathrm{EH:AP=AD:AP=3:1}$$

よって，体積比は　$3^3:1^3=27:1$

立方体を切ってできる，頂点Aを含む方の立体は，三角錐 OEFH から三角錐 OAQP を除いたものである。

よって，その体積を V，三角錐 OAQP の体積を V' とすると

$$V:V'=(27-1):1=26:1 \quad \cdots\cdots ①$$

ここで，AP∥EH であるから　OA：OE＝AP：EH

（△OEH を取り出す。）

立方体の 1 辺の長さを a とすると

$$\mathrm{OA}:(\mathrm{OA}+a)=1:3$$

よって　$\mathrm{OA}=\frac{1}{2}a$

三角錐 OAQP の体積は

$$V'=\frac{1}{3}\times\left(\frac{1}{2}\times\frac{1}{3}a\times\frac{1}{3}a\right)\times\frac{1}{2}a=\frac{1}{108}a^3$$

（$\frac{1}{3}\times$(底面積)$\times$(高さ)）

① から　$V=26\times V'=\frac{13}{54}a^3$

立方体の体積は a^3 であるから

$$\frac{13}{54}a^3\div a^3=\frac{13}{54}$$

答　$\mathbf{\frac{13}{54}}$ **倍**

演習 1 次の図形のうち，つねに相似であるものをすべて選びなさい。

① 2つの正三角形　② 2つの長方形
③ 2つの直角二等辺三角形　④ 2つのひし形
⑤ 2つの二等辺三角形　⑥ 2つの円

HINT 図形をいくつかかいてみる。

①，③，⑥

参考 ②，④，⑤は，次のような場合があるから，つねに相似であるとはいえない。

②

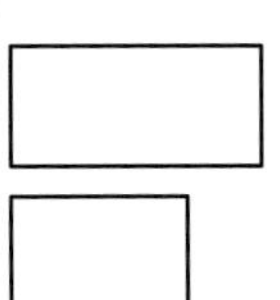

④

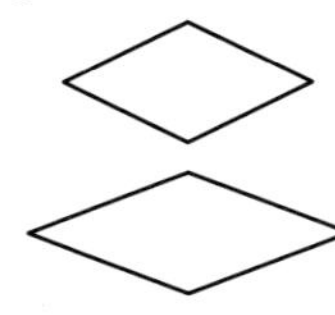

⑤

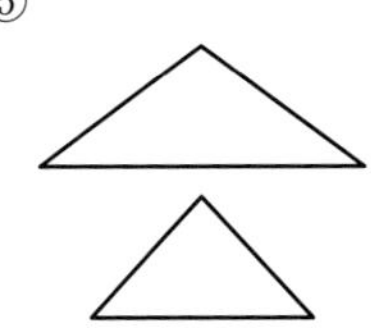

演習 2 右の図において，四角形ABCD∽四角形EFGHであるとき，次のものを求めなさい。

(1) ∠Gの大きさ
(2) 四角形ABCDと四角形EFGHの相似比
(3) 辺GFの長さ

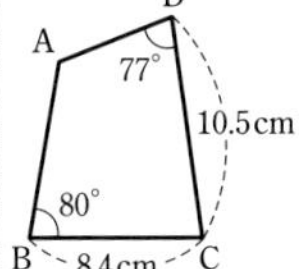

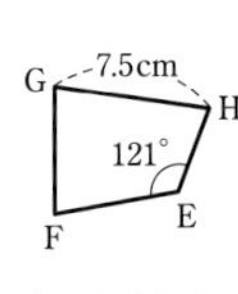

HINT 四角形を回転したり，裏返したりして向きをそろえるとわかりやすい。

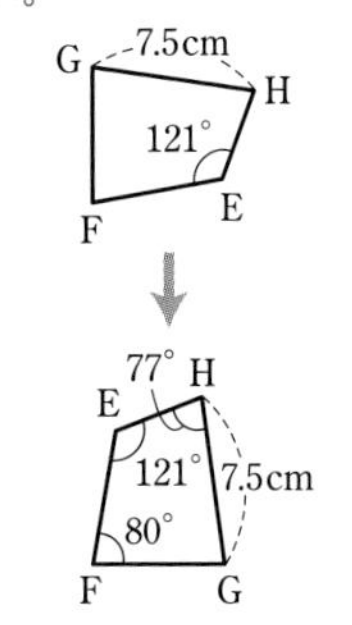

(1) 四角形EFGHにおいて

$\angle E=121^\circ$，$\angle F=\angle B=80^\circ$，$\angle H=\angle D=77^\circ$

よって　$\angle G=360^\circ-(121^\circ+80^\circ+77^\circ)=$**$82^\circ$**

(2) 対応する辺の長さの比は

CD：GH＝10.5：7.5＝105：75＝7：5

よって，相似比は　**7：5**

(3) 相似比は7：5であるから　CB：GF＝7：5

8.4：GF＝7：5

これを解くと　GF＝**6（cm）**

⇐7GF＝8.4×5

演習 3 右の図において，△ABC∽△AEDであるとき，次のものを求めなさい。

(1) 線分BDの長さ
(2) ∠BACの大きさ

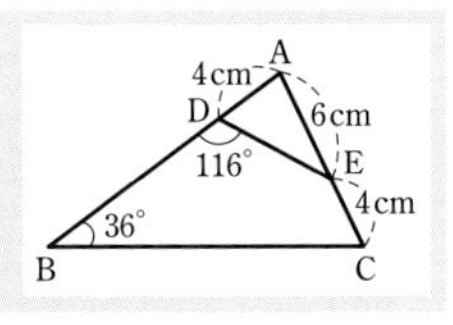

(1) △ABCと△AEDにおいて，対応する辺の長さの比は

AC：AD＝(6＋4)：4＝5：2

よって，相似比は　5：2

したがって　AB：AE＝5：2

AB：6＝5：2

これを解くと　AB＝15（cm）

⇐2AB＝6×5

したがって　BD＝AB－AD＝15－4＝**11（cm）**

(2) △ABC∽△AED であるから

$\angle ACB = \angle ADE$

$\angle ADE = 180^\circ - 116^\circ = 64^\circ$ であるから

$\angle ACB = 64^\circ$

△ABC において

$\angle BAC = 180^\circ - (36^\circ + 64^\circ) = \mathbf{80^\circ}$

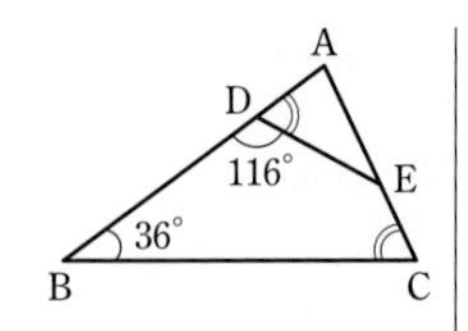

◯平角は 180°

◯$180^\circ - (\angle ABC + \angle ACB)$

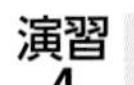

演習 4

右の図は，点Oを相似の中心として，四角形 ABCD と相似な四角形 A′B′C′D′ の1つをかく途中の図である。
OA=2 cm，AA′=1 cm とする。
(1) この図を完成させなさい。
(2) 完成した図において，四角形 ABCD と四角形 A′B′C′D′ の相似比を求めなさい。

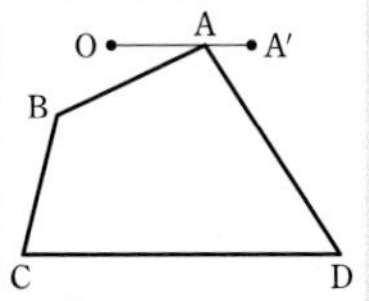

HINT まず，相似の中心から対応する点までの距離の比を求める。

(1) 対応する点 A，A′ について

OA：OA′=2：(2+1)=2：3

B′，C′，D′ について，Oからの距離の比が 2：3 になるように位置を決め，線分で結ぶ。

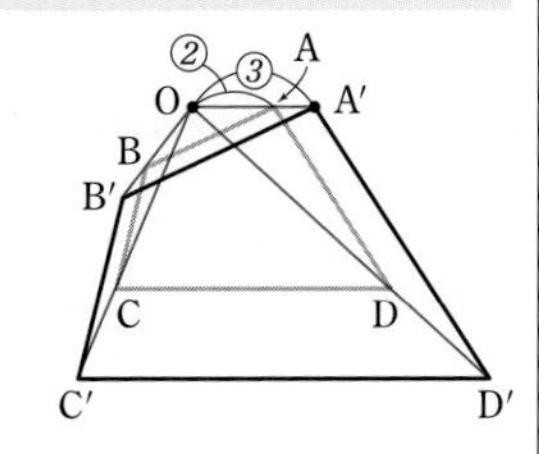

(2) 相似の中心Oから対応する点 A，A′ までの距離の比が，四角形 ABCD と四角形 A′B′C′D′ の相似比に等しい。
したがって，相似比は　**2：3**

演習 5

右の図において，△ABC∽△DCE であり，2つの三角形は，点Oを相似の中心として相似の位置にある。このとき，次のものを求めなさい。
(1) 辺 CE の長さ
(2) 線分 OA の長さ

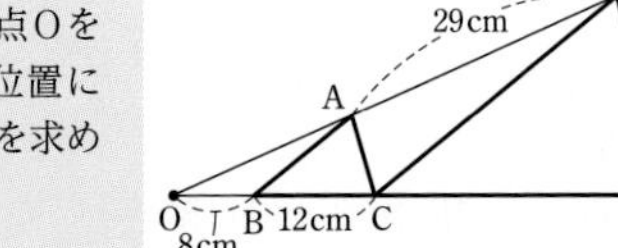

HINT 相似の中心から対応する点までの距離の比は，相似比に等しい。

(1) 相似の中心Oから対応する点 B，C までの距離の比 OB：OC が，△ABC と △DCE の相似比に等しい。
よって，相似比は

OB：OC=8：(8+12)=2：5

したがって　BC：CE=2：5

12：CE=2：5

これを解くと　CE=**30 (cm)**

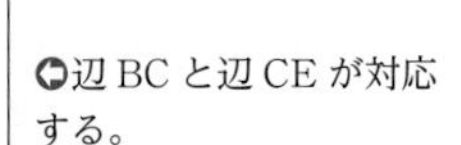

◯辺 BC と辺 CE が対応する。

(2) 同じように考えると　OA：OD=2：5

OA=x cm とすると　$x : (x+29) = 2 : 5$

よって　$x \times 5 = (x+29) \times 2$

これを解くと　$x = \dfrac{58}{3}$

したがって　OA=$\mathbf{\dfrac{58}{3}}$ **(cm)**

◯A，D が対応する点。

◯$5x = 2x + 58$

演習 6　$\angle ABC=90^\circ$ である右の図のような $\triangle ABC$ において，頂点Bから辺 AC に引いた垂線の足をDとする。
このとき，線分 AD の長さを求めなさい。

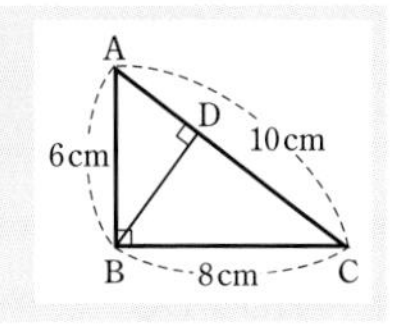

$\triangle ABD$ と $\triangle ACB$ において

$$\angle ADB=\angle ABC=90^\circ$$

共通な角であるから　$\angle BAD=\angle CAB$

2 組の角がそれぞれ等しいから

$$\triangle ABD \backsim \triangle ACB$$

相似な三角形の対応する辺の長さの比は等しいから

$$AD:AB=AB:AC$$

$$AD:6=6:10$$

これを解いて　$AD=\mathbf{\dfrac{18}{5}}$ **(cm)**

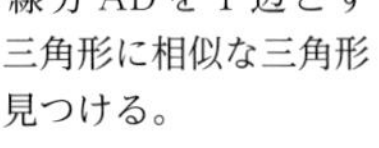
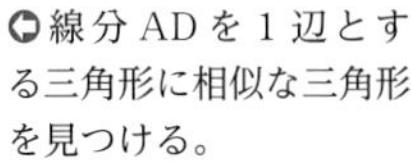

◯ 線分 AD を 1 辺とする三角形に相似な三角形を見つける。

◯ $10AD=6\times6$

◯ 3.6 cm でもよい。

演習 7　長方形 ABCD があり，辺 AB より辺 AD の方が長いとする。辺 BC 上に点Eを，$AB^2=BE\times BC$ が成り立つようにとる。AE と BD の交点をFとする。
(1)　$\angle BFE=90^\circ$ を証明しなさい。
(2)　点Eから辺 AD に垂線 EG を引くとき，$\triangle AGF \backsim \triangle DCF$ を証明しなさい。

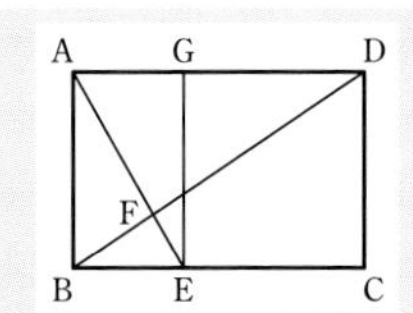

HINT
(1)　$AB^2=BE\times BC$ を比の形で表し，直角三角形の相似の利用を考える。
(2)　(1)の結果を利用する。

(1)　$\triangle ABE$ と $\triangle BCD$ において

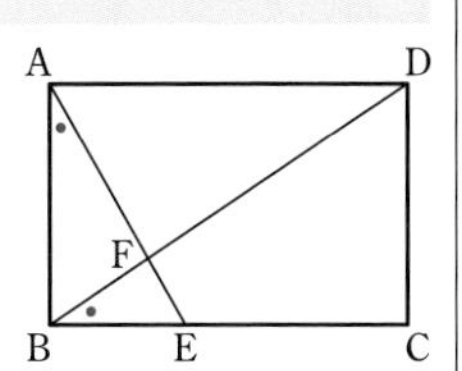

$AB^2=BE\times BC$ であるから

$$AB:BC=BE:AB$$

$AB=CD$ であるから

$$AB:BC=BE:CD$$

また　$\angle ABE=\angle BCD\ (=90^\circ)$

よって，2 組の辺の比とその間の角がそれぞれ等しいから

$$\triangle ABE \backsim \triangle BCD$$

したがって　$\angle BAF=\angle EBF$

また，$\angle ABF+\angle EBF=90^\circ$ であるから

$$\angle ABF+\angle BAF=90^\circ$$

よって，$\triangle ABF$ において，内角と外角の性質から

$$\angle BFE=90^\circ$$

◯ $\angle BFE=\angle ABF+\angle BAF$

(2)　$\triangle AGF$ と $\triangle DCF$ において

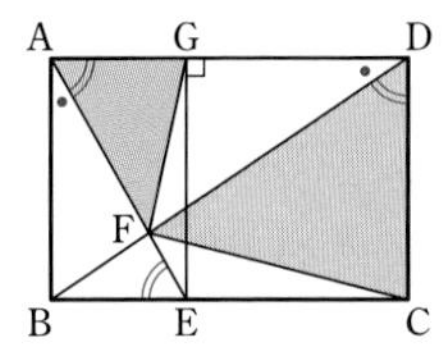

$\triangle ABE \backsim \triangle BCD$ であるから

$$\angle AEB=\angle BDC$$

また，$AD /\!/ BC$ より錯角が等しいから

$$\angle AEB=\angle EAG$$

よって　$\angle GAF=\angle CDF$　…… ①

次に，△ABE∽△DFA であるから

AB：DF＝BE：FA

AB＝DC，BE＝AG より

DC：DF＝AG：FA

すなわち　AF：DF＝AG：DC　……②

①，② より，2 組の辺の比とその間の角がそれぞれ等しいから

△AGF∽△DCF

◯△ABE と △DFA において
∠BAE＝∠FDA，
∠ABE＝∠DFA

◯a：b＝c：d ならば
d：b＝c：a

演習 8　正三角形 ABC の辺 AB と辺 CA の延長上に，BD＝AE となるように点 D，E をとり，直線 EB と線分 DC の交点を P とする。
(1)　△ABE≡△BCD を証明しなさい。
(2)　△ABE∽△PBD を証明しなさい。

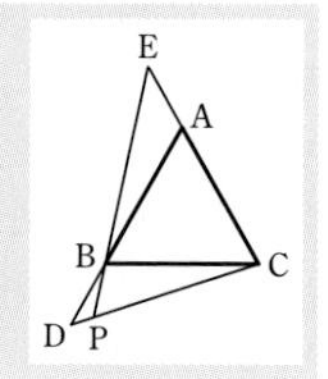

HINT (1) は (2) のヒント。

(1)　△ABE と △BCD において

AE＝BD　……①

△ABC は正三角形であるから

AB＝BC　……②

また　∠BAE＝180°－60°＝120°

∠CBD＝180°－60°＝120°

よって　∠BAE＝∠CBD　……③

①～③ より，2 組の辺とその間の角がそれぞれ等しいから

△ABE≡△BCD

(2)　△ABE と △PBD において

(1) より，△ABE≡△BCD であるから

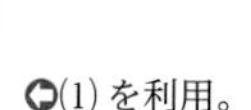

◯(1) を利用。

∠AEB＝∠BDC　　すなわち　　∠AEB＝∠PDB

対頂角は等しいから　　∠ABE＝∠PBD

2 組の角がそれぞれ等しいから

△ABE∽△PBD

演習 9　AB＝4 cm，BC＝5 cm，CA＝3 cm である △ABC の ∠B の二等分線と辺 AC の交点を D とし，二等分線 BD 上に，AE＝AD となるような点 E をとる。このとき，線分 CD の長さを求めなさい。

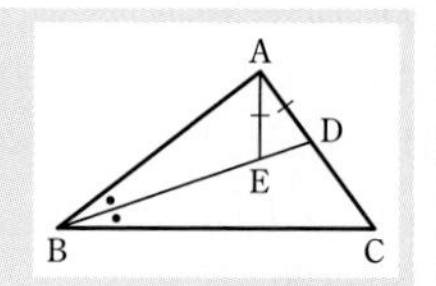

HINT 相似な三角形を見つけて，対応する辺の長さの比から求める。

△ABE と △CBD において

∠AEB＝180°－∠AED　……①

∠CDB＝180°－∠ADE　……②

ここで，AE＝AD であるから

∠AED＝∠ADE　……③

①～③ から　　∠AEB＝∠CDB

仮定から　　∠ABE＝∠CBD

2 組の角がそれぞれ等しいから　　△ABE∽△CBD

したがって　　AE：CD＝AB：CB

◯まず，
△ABE∽△CBD を示す。

AE＝AD＝x (cm) とすると　　$x：(3-x)=4：5$

これを解くと　　$x=\frac{4}{3}$

したがって　　CD＝$3-\frac{4}{3}=\mathbf{\frac{5}{3}}$ **(cm)**

◎$5x=4(3-x)$

演習 10　図のように，直角三角形 ABC の斜辺 BC 上に点Dをとり，Dにおいて，BC に垂直な直線と，辺 AB との交点をE，辺 AC の延長との交点をFとする。
(1)　△ABC∽△DBE を証明しなさい。
(2)　△ABC∽△DFC を証明しなさい。
(3)　BD×DC＝FD×DE を証明しなさい。

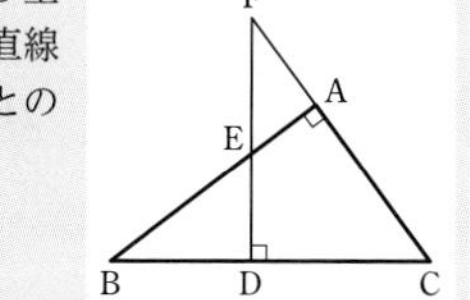

HINT △ABC∽△DBE，△ABC∽△DFC が成り立つとき，△DBE∽△DFC が成り立つ。

(1)　△ABC と △DBE において
仮定から　　∠BAC＝∠BDE＝90°
共通な角であるから　　∠ABC＝∠DBE
2 組の角がそれぞれ等しいから
　　△ABC∽△DBE

(2)　△ABC と △DFC において
仮定から　　∠BAC＝∠FDC＝90°
共通な角であるから　　∠BCA＝∠FCD
2 組の角がそれぞれ等しいから
　　△ABC∽△DFC

(3)　△ABC∽△DBE，△ABC∽△DFC であるから
　　△DBE∽△DFC
よって　　BD：FD＝DE：DC
したがって　　BD×DC＝FD×DE

演習 11　右の図は，正三角形 ABC を，頂点Aが辺 BC 上の点Fに重なるように，線分 DE を折り目として折ったものである。BF＝3 cm，FD＝7 cm，DB＝8 cm であるとき，線分 AE の長さを求めなさい。

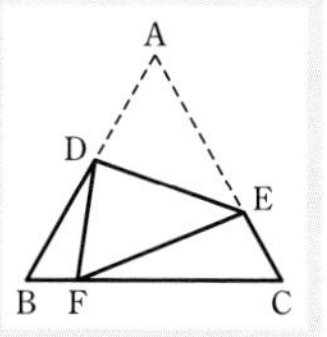

HINT 折った図形は，もとの図形と合同。

△DBF と △FCE において
仮定から
　∠DBF＝∠FCE　……①
△DBF において，内角と外角の性質から
　∠DBF＋∠FDB＝∠DFC
よって
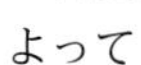
　∠DBF＋∠FDB＝∠DFE＋∠EFC
∠DBF＝∠DFE であるから
　　∠FDB＝∠EFC　……②
①，② より，2 組の角がそれぞれ等しいから
　　△DBF∽△FCE

◎△ABC は正三角形。

◎∠DFE＝∠DAE（＝60°）

1章　演習［図形と相似］

よって　　　　$BF:CE=BD:CF$　……③

ここで，$DA=DF$ であるから

$$BC=AB=DA+DB=DF+DB$$

$$=7+8=15\ (\text{cm})$$

◯△ABC は正三角形。

③から　　　　$3:CE=8:(15-3)$

◯$8CE=3\times(15-3)$

これを解くと　$CE=\dfrac{9}{2}$

したがって　　$AE=AC-CE=15-\dfrac{9}{2}=\boldsymbol{\dfrac{21}{2}}$ **(cm)**

◯$AC=AB=15\ (\text{cm})$

演習 12　正五角形 ABCDE の対角線 AC，BE の交点を M とすると，AM＝1 cm であった。

(1)　∠ABC，∠BAC の大きさを求めなさい。

(2)　△BAC∽△MAB を証明しなさい。

(3)　△CBM は二等辺三角形であることを証明しなさい。

(4)　正五角形 ABCDE の 1 辺の長さを求めなさい。

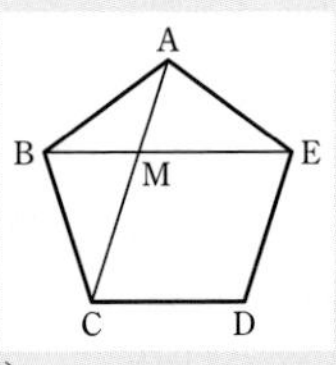

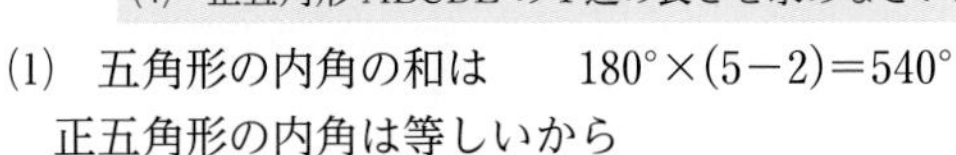

(1)　五角形の内角の和は　　$180°\times(5-2)=540°$

正五角形の内角は等しいから

$$\angle \mathbf{ABC}=\frac{540°}{5}=\mathbf{108°}$$

参考　正 n 角形の 1 つの内角の大きさは $\dfrac{180°\times(n-2)}{n}$

また，△BAC は $BA=BC$ の二等辺三角形であるから

$$\angle \mathbf{BAC}=\frac{180°-\angle ABC}{2}=\frac{180°-108°}{2}=\mathbf{36°}$$

◯$\angle BAC=\angle BCA$

(2)　△BAC と △MAB において

$$\angle BCA=\angle BAC=36°$$

同様にして　　$\angle ABE=36°$

よって　　　　　　　　$\angle BCA=\angle MBA$

共通な角であるから　　$\angle BAC=\angle MAB$

2 組の角がそれぞれ等しいから

$$\triangle BAC \backsim \triangle MAB$$

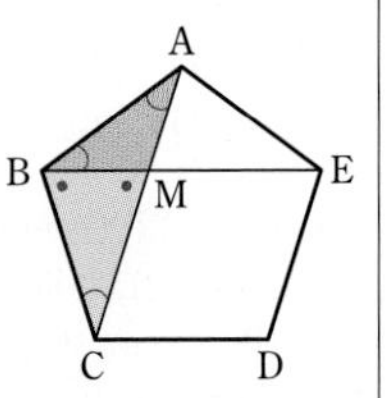

(3)　$\angle CBM=\angle CBA-\angle ABM=108°-36°=72°$

△MAB において，内角と外角の性質から

$$\angle CMB=\angle ABM+\angle MAB=36°+36°=72°$$

よって，$\angle CBM=\angle CMB$ であるから，△CBM は $CB=CM$ の二等辺三角形である。

◯等角 ⟶ 等辺

(4)　△BAC∽△MAB であるから

◯(2) を利用。

$$AB:AM=AC:AB$$

正五角形 ABCDE の 1 辺を x cm とすると，$CM=CB=x$ であるから

◯(3) を利用。

$$x:1=(1+x):x$$

よって　　$x\times x=1\times(1+x)$

すなわち　　$x^2-x-1=0$

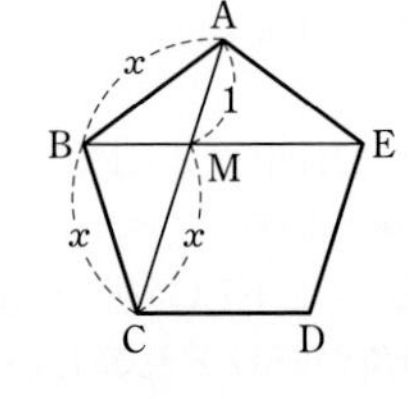

これを解くと　　$x=\dfrac{1\pm\sqrt{5}}{2}$

$x>0$ であるから，正五角形の 1 辺の長さは　　$\boldsymbol{\dfrac{1+\sqrt{5}}{2}}$ **cm**

参考　AM：MC＝AM：AB＝1：$\dfrac{1+\sqrt{5}}{2}$ は黄金比である。

黄金比の求め方については本冊 $p.52$ ステップアップ参照。

◯ 2 次方程式
$ax^2+bx+c=0$ の解は
$x=\dfrac{-b\pm\sqrt{b^2-4ac}}{2a}$

演習 13　右の図において，AB∥EF∥CD である。このとき，x，y の値を求めなさい。

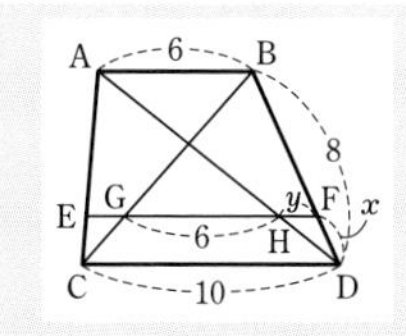

HINT 基本図形を見つけて，比について成り立つ関係式を 2 つつくる。

CHART
平行線と線分の比
基本図形を見つけ出す

HF∥AB であるから　　DF：DB＝FH：BA

すなわち　　$x：8＝y：6$

よって　　$x\times6＝8\times y$

したがって　　$y=\dfrac{3}{4}x$　……①

◯△DAB と線分 HF が基本図形 ①。

GF∥CD であるから　　BF：BD＝GF：CD

すなわち　　$(8-x)：8＝(6+y)：10$

よって　　$(8-x)\times10＝8\times(6+y)$

したがって　　$5x+4y=16$　……②

◯△BCD と線分 GF が基本図形 ①。

①，② を解くと　　$\boldsymbol{x=2,\ y=\dfrac{3}{2}}$

◯① を ② に代入して，$5x+3x=16$ から $x=2$
これを ① に代入する。

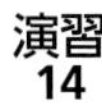

演習 14
(1)　図(1)において，
AP：PB＝1：4，
BC：CR＝3：2 であるとき，
AQ：QC を求めなさい。

(2)　図(2)において，AB＝2BC とし，辺 AB の中点 M を通り直線 CM に垂直な直線が辺 AC と交わる点を N とするとき，AN：NC を求めなさい。

(1)　A　P　Q　B　C　R
(2)　A　N　M　B　C

HINT (1) 補助線を引いて，線分 AB 上に比を移し，さらに，線分 AC 上に比を移す。
(2)も補助線を引いて，線分 AC 上に比を移す。

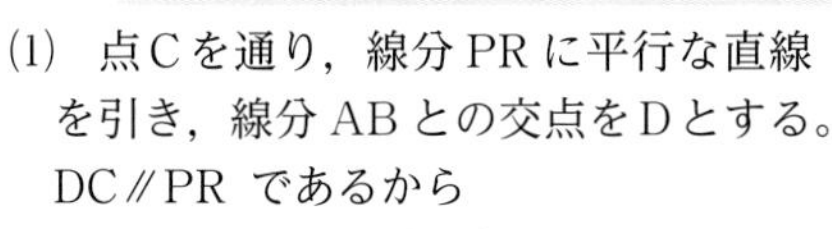

(1)　点 C を通り，線分 PR に平行な直線を引き，線分 AB との交点を D とする。

DC∥PR であるから

BD：DP＝BC：CR＝3：2

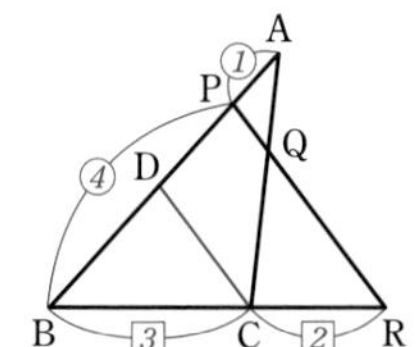

◯線分 AB 上に比を移す。

よって　　$\text{DP}=\dfrac{2}{5}\text{BP}$

BP＝4AP であるから　　$\text{DP}=\dfrac{2}{5}\times4\text{AP}=\dfrac{8}{5}\text{AP}$

PQ∥DC であるから　　AQ：QC＝AP：PD

◯線分 AC 上に比を移す。

したがって　　AQ：QC＝AP：$\dfrac{8}{5}$AP＝**5：8**

(2)　点Bを通り線分 CM に垂直な直線が線分 CM, CA と交わる点をそれぞれ P, Q とする。

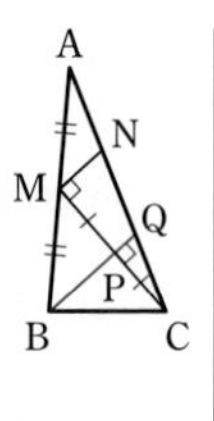

△BCP と △BMP において

∠BPC＝∠BPM＝90°

AB＝2BC, AB＝2BM であるから

BC＝BM

共通な辺であるから　　BP＝BP

直角三角形の斜辺と他の 1 辺がそれぞれ等しいから

△BCP≡△BMP

よって　　CP＝MP

MN∥BQ であるから

AN：NQ＝AM：MB＝1：1

⊃線分 AC 上に比を移す。

CQ：QN＝CP：PM＝1：1

⊃線分 AC 上に比を移す。

したがって, AN＝NQ＝QC が成り立つから

AN：NC＝**1：2**

演習 15　右の図において, △ABC∽△A′B′C′ であり, 2 つの三角形は, 点Oを相似の中心として, 相似の位置にある。OA：OA′＝a：b であるとき, 次のことを証明しなさい。

(1)　AB∥A′B′, BC∥B′C′, CA∥C′A′

(2)　△ABC と △A′B′C′ の相似比は a：b である。

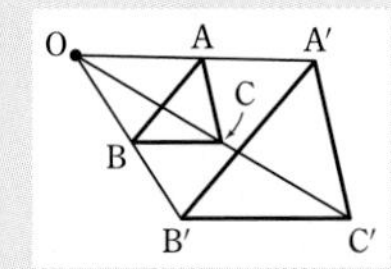

(1)　相似の中心Oから対応する点までの距離の比は等しいから

OA：OA′＝OB：OB′　　よって　　AB∥A′B′

⊃三角形と線分の比 (2)（本冊 p.25 参照）

OB：OB′＝OC：OC′　　よって　　BC∥B′C′

OA：OA′＝OC：OC′　　よって　　CA∥C′A′

(2)　AB∥A′B′ であるから　　AB：A′B′＝OA：OA′

よって, AB：A′B′＝a：b であるから, △ABC と △A′B′C′ の相似比は a：b である。

演習 16　右の図のように, ▱ABCD の対角線の交点をOとし, ∠AOB の二等分線と辺 AB の交点を E, ∠BOC の二等分線と辺 BC の交点をFとする。このとき, EF∥AC であることを証明しなさい。

HINT　角の二等分線の性質と平行四辺形の性質を利用。
BE：EA＝BF：FC
であることを証明する。

OE は ∠AOB の二等分線であるから

BE：EA＝OB：OA　……①

OF は ∠BOC の二等分線であるから　BF：FC＝OB：OC　……②

Oは, 平行四辺形の対角線の交点であるから

⊃平行四辺形の対角線は, それぞれの中点で交わる。

OA＝OC　　……③

①～③ から　　BE：EA＝BF：FC

⊃三角形と線分の比 (2)

したがって　　EF∥AC

演習 17 右の図のような直方体の箱 ABCDEFGH があり，AB=8 cm，AD=3 cm，AE=7 cm である。図のように，2 点 C，E を辺 AB 上の点 P を通るように糸で結ぶ。糸の長さが最も短くなるとき，BP の長さを求めなさい。

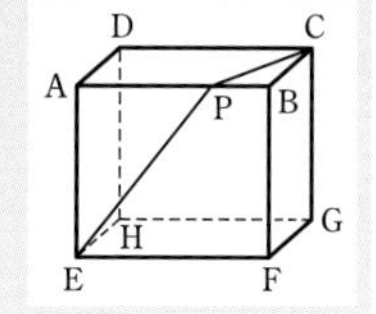

CHART 立体の問題
平面の上で考える
展開図も活用

面 ABCD と面 AEFB を含む展開図は右の図のようになる。

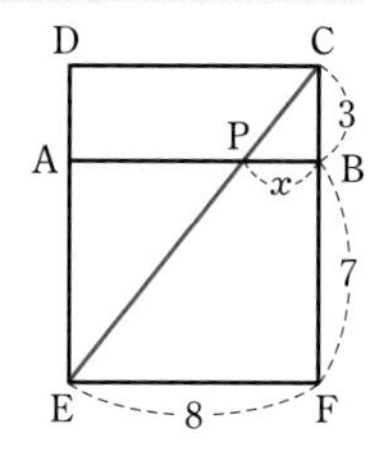

糸の長さが最も短くなるのは，3 点 E，P，C が一直線上にあるときである。

← 2 点 C，E を結ぶ最短の経路は線分 CE である。

このとき，PB∥EF であるから

PB：EF=CB：CF

よって　　BP：8=3：(3+7)

← (3+7)BP=8×3

これを解くと　　BP=$\mathbf{\frac{12}{5}}$ **cm**

演習 18 右の図のように，四角形 ABCD の辺 AB，辺 CD，対角線 AC，対角線 BD の中点をそれぞれ E，F，G，H とする。
AD+BC=10 (cm) であるとき，四角形 EGFH の周の長さを求めなさい。

CHART 中点連結定理
中点 2 つ　平行で半分

△BAD において，点 E，H はそれぞれ辺 BA，BD の中点であるから，中点連結定理により　　$EH=\frac{1}{2}AD$

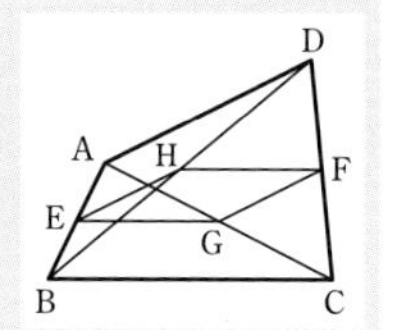

同様にして　　$EG=\frac{1}{2}BC$

$GF=\frac{1}{2}AD$

$FH=\frac{1}{2}BC$

← △ABC，△CAD，△DCB に中点連結定理を使う。

よって，四角形 EGFH の周の長さは

$$EG+GF+FH+HE=\frac{1}{2}BC+\frac{1}{2}AD+\frac{1}{2}BC+\frac{1}{2}AD$$

$$=AD+BC=\mathbf{10\ (cm)}$$

参考　四角形 EGFH は平行四辺形である。

演習 19 右の図において，点 D，E，F はそれぞれ △ABC の辺 AB，BC，CA の中点である。このとき，∠x の大きさを求めなさい。

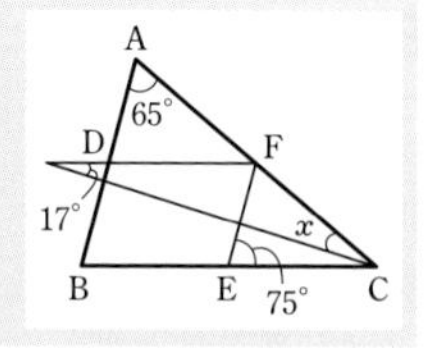

CHART 中点連結定理
中点 2 つ　平行で半分

△CBA において，点 E，F はそれぞれ辺 CB，CA の中点であるから，中点連結定理により　　EF∥BA

よって　　∠ABC=∠FEC=75°　……①

← 同位角は等しい。

△ABC において，点 D，F はそれぞれ辺 AB，AC の中点であるから，中点連結定理により

DF$/\!/$BC

よって，右の図のように点Gをとると

$\angle$BCG$=\angle$FGC$=17^\circ$ …… ②

①，② から，△ABC において

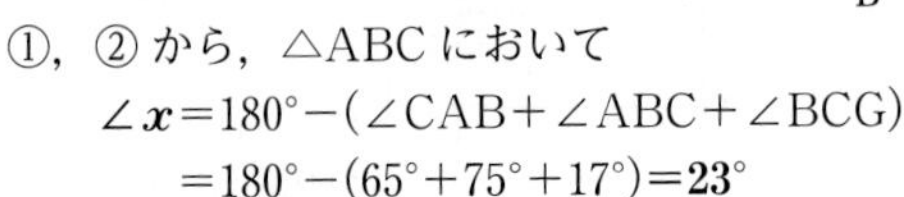

$\angle \boldsymbol{x}=180^\circ-(\angle \mathrm{CAB}+\angle \mathrm{ABC}+\angle \mathrm{BCG})$

$=180^\circ-(65^\circ+75^\circ+17^\circ)=\mathbf{23^\circ}$

◯錯角は等しい。

演習 20 AB=CD である四角形 ABCD の対角線 AC の中点を P，辺 AD，BC の中点をそれぞれ Q，R とする。

(1) 右の図のように △PQR ができるとき，$\angle$PQR$=\angle$PRQ であることを証明しなさい。

(2) 3 点 P，Q，R が一直線上に並ぶのは，四角形 ABCD がどのような四角形であるときか答えなさい。

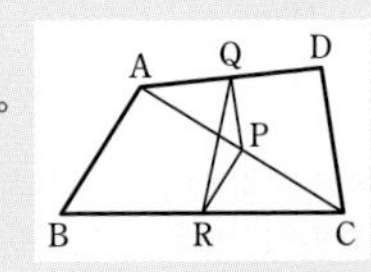

CHART 中点連結定理
中点 2 つ　平行で半分

(1) △ACD において，点 P，Q はそれぞれ辺 AC，AD の中点であるから，中点連結定理により

PQ$/\!/$CD …… ①

PQ$=\dfrac{1}{2}$CD …… ②

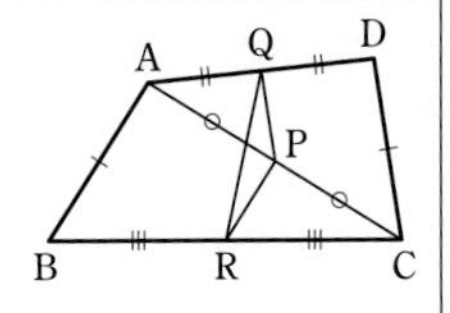

同様にして　PR$/\!/$AB …… ③，　PR$=\dfrac{1}{2}$AB …… ④

◯△CAB に中点連結定理を使う。

また，仮定から　AB=CD …… ⑤

②，④，⑤ から　PQ=PR

よって，△PQR は PQ=PR の二等辺三角形であるから

$\angle$PQR$=\angle$PRQ

(2) 3 点 P，Q，R が一直線上に並ぶとき　PQ$/\!/$PR

これと，①，③ から　AB$/\!/$CD …… ⑥

⑤，⑥ より，1 組の対辺が平行でその長さが等しいから，四角形 ABCD は平行四辺形である。

したがって，3 点 P，Q，R が一直線上に並ぶのは，四角形 ABCD が **平行四辺形** のときである。

演習 21 右の図のように，AC=2AB である △ABC の辺 AC，BC の中点をそれぞれ P，Q とする。$\angle$A の二等分線と直線 PQ の交点を R とするとき，△PQC≡△RQB であることを証明しなさい。

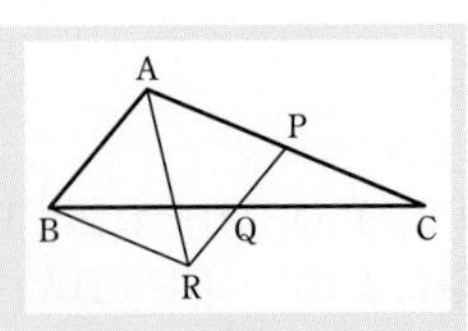

CHART 中点連結定理
中点 2 つ　平行で半分

△CAB において，点 P，Q はそれぞれ辺 CA，CB の中点であるから，中点連結定理により

$PQ /\!/ AB$ …… ①

$PQ=\frac{1}{2}AB$ …… ②

① から　　$\angle ARP=\angle RAB$

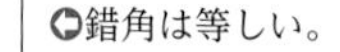

◯錯角は等しい。

$\angle RAB=\angle RAP$ であるから　　$\angle RAP=\angle ARP$

よって，△PAR は $PA=PR$ …… ③ の二等辺三角形である。

仮定から　　$AB=\frac{1}{2}AC=PA$ …… ④

③，④ から　　$PR=AB$

よって，② から　　$RQ=PR-PQ=AB-\frac{1}{2}AB=\frac{1}{2}AB$

したがって　　$PQ=RQ$

仮定から　　$CQ=BQ$

対頂角は等しいから　　$\angle PQC=\angle RQB$

よって，△PQC と △RQB において，2 組の辺とその間の角がそれぞれ等しいから　　$\triangle PQC\equiv\triangle RQB$

演習 22

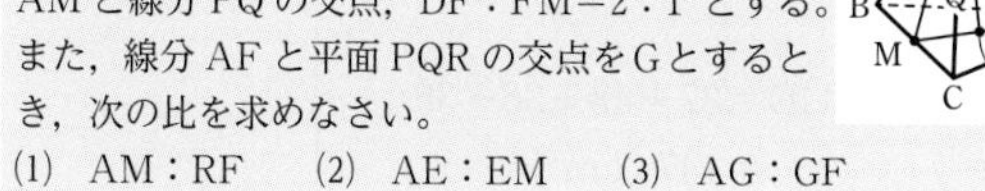

右の図の三角錐 ABCD において，
$AP:PB=2:1$，$AQ:QC=1:1$，
$AR:RD=1:2$，M は辺 BC の中点，E は線分 AM と線分 PQ の交点，$DF:FM=2:1$ とする。
また，線分 AF と平面 PQR の交点を G とするとき，次の比を求めなさい。

(1) $AM:RF$　(2) $AE:EM$　(3) $AG:GF$

HINT
(1) 三角形と線分の比(2)を利用すると $RF /\!/ AM$。
(2)
CHART 中点連結定理
中点 2 つ　平行で半分
(3) △AMD に着目する。

(1) △DAM において，条件より

$DR:RA=DF:FM=2:1$

であるから，$RF /\!/ AM$ である。

よって　　$AM:RF=DM:DF=\mathbf{3:2}$

(2) △ABC において，点 M，Q はそれぞれ辺 BC，CA の中点であるから，中点連結定理により

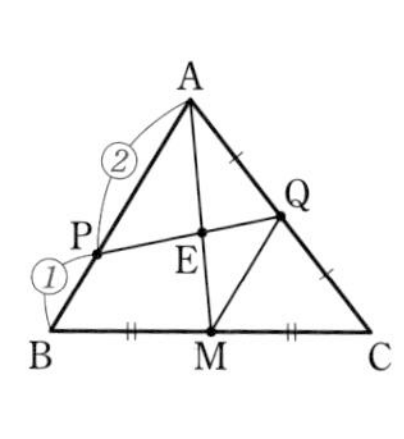

$QM /\!/ AB$，$QM=\frac{1}{2}AB$

$AP /\!/ QM$ であるから

$AE:EM=AP:QM=\frac{2}{3}AB:\frac{1}{2}AB$

$=\mathbf{4:3}$

(3) △AMD で考えると，右の図のように線分 ER 上に点 G がある。

(1)より，$AE /\!/ RF$ であるから

$AG:GF=AE:RF$

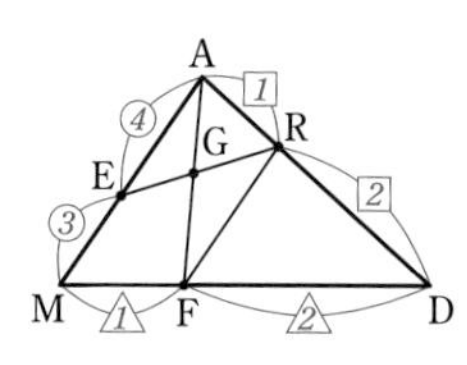

(2) より　$AE=\frac{4}{7}AM$，(1) より　$RF=\frac{2}{3}AM$　であるから

$$AG:GF=\frac{4}{7}AM:\frac{2}{3}AM=\mathbf{6:7}$$

演習 23

AD∥BC である台形 ABCD の対角線の交点を O とし，△OAD，△OCB の面積がそれぞれ 27 cm²，48 cm² であるとする。

(1)　AD：BC を求めなさい。

(2)　台形 ABCD の面積を求めなさい。

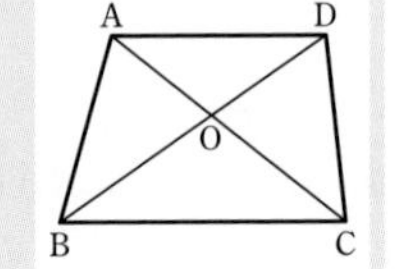

HINT　面積比から線分の長さの比を求める。

(1)　AD∥BC　であるから

△OAD∽△OCB

面積比は

△OAD：△OCB＝27：48

＝9：16

$=3^2:4^2$

よって，相似比は　　3：4

したがって　　AD：BC＝**3：4**

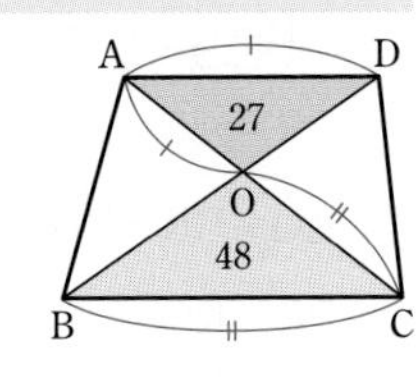

◯ AD：BC は，△OAD と △OCB の対応する辺の長さの比である。

(2)　OA：OC＝AD：BC＝3：4　であるから

$$\triangle OAB=\frac{3}{4}\triangle OCB=\frac{3}{4}\times 48=36$$

$$\triangle OCD=\frac{4}{3}\triangle OAD=\frac{4}{3}\times 27=36$$

したがって，台形 ABCD の面積は

△OAD＋△OCB＋△OAB＋△OCD＝27＋48＋36＋36

$=\mathbf{147\ (cm^2)}$

演習 24

右の図の正方形 ABCD において，2 点 E，F は辺 AD を 3 等分する点であり，2 点 G，H は辺 CD を 3 等分する点である。また，線分 BF と線分 GE の交点を I とする。△IFE と四角形 IBCG の面積の比を求めなさい。

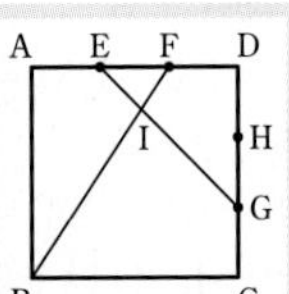

HINT　EG と BC を延長して考える。これらの交点を J とすると，△IFE と △IBJ は相似。

EG，BC の延長の交点を J とし，

$AE=EF=FD=DH=HG=GC=a$

とする。

ED∥JC　であるから

ED：JC＝DG：CG

すなわち　　$2a:JC=2a:a$

よって　　　$JC=a$

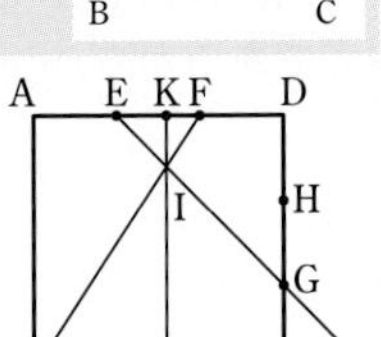

EF∥BJ　であるから　△IFE∽△IBJ

相似比は　$a:4a=1:4$　であるから，面積比は

$1^2:4^2=1:16$　……①

◯ 2 組の角がそれぞれ等しい。

I から EF と BJ に垂線 IK，IL を引くと

$IK : IL = EF : JB = 1 : 4$

よって　$IK = \frac{1}{5}AB = \frac{3}{5}a$

⊃AB＝3*a*

したがって　$\triangle IFE = \frac{1}{2} \times a \times \frac{3}{5}a = \frac{3}{10}a^2$

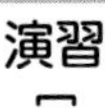

① から　$\triangle IBJ = \frac{3}{10}a^2 \times 16 = \frac{48}{10}a^2$

⊃△IFE：△IBJ＝1：16

また　$\triangle GCJ = \frac{1}{2} \times a \times a = \frac{1}{2}a^2$

よって　四角形 IBCG＝△IBJ－△GCJ

$$= \frac{48}{10}a^2 - \frac{1}{2}a^2 = \frac{43}{10}a^2$$

したがって　△IFE：(四角形 IBCG)$= \frac{3}{10}a^2 : \frac{43}{10}a^2 =$ **3：43**

演習 25　△ABC の辺 BC を 2：1 に内分する点を D，線分 AD を 3：2 に内分する点を P とする。点 P を通り，△ABC の各辺に平行な直線を引く。△ABC の面積が 100 cm^2 であるとき，右の図の斜線部分の面積の和を求めなさい。

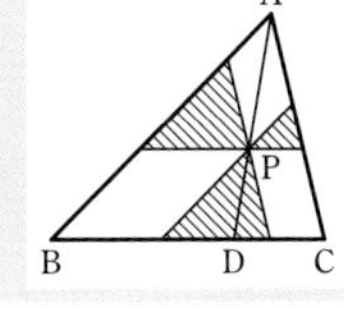

HINT　3 つの三角形は △ABC と相似。対応する辺の長さの比がわかれば，面積比がわかる。

点 P を通り，△ABC の各辺に平行な直線と各辺の交点 E，F，G，H，I，J を右の図のようにとる。

GH∥BC，EF∥AC，IJ∥BA であるから，△EGP，△PIF，△JPH はすべて △ABC と相似である。

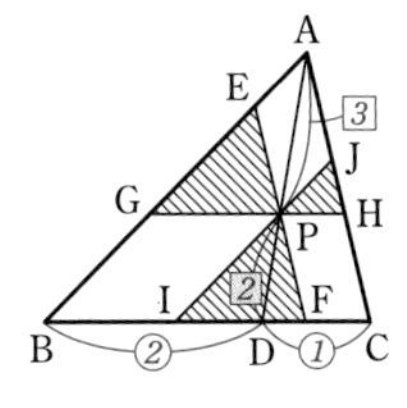

⊃EF∥AC から ∠GEP＝∠BAC
GH∥BC から ∠EGP＝∠ABC
よって △EGP∽△ABC
△PIF，△JPH も同様。

[1]　△ABC と △PIF の相似比は

$AD : PD = (3+2) : 2 = 5 : 2$

したがって，面積比は　$5^2 : 2^2 = 25 : 4$

よって　$\triangle PIF = \frac{4}{25}\triangle ABC = \frac{4}{25} \times 100 = 16$

[2]　GP∥BD であるから　$GP : BD = AP : AD = 3 : 5$

よって　$GP = \frac{3}{5}BD = \frac{3}{5} \times \frac{2}{3}BC = \frac{2}{5}BC$

⊃BD：DC＝2：1 より $BD = \frac{2}{3}BC$

ゆえに，△ABC と △EGP の相似比は　$BC : GP = 5 : 2$

したがって，面積比は　$5^2 : 2^2 = 25 : 4$

よって　$\triangle EGP = \frac{4}{25}\triangle ABC = \frac{4}{25} \times 100 = 16$

[3]　PH∥DC であるから　$PH : DC = AP : AD = 3 : 5$

よって　$PH = \frac{3}{5}DC = \frac{3}{5} \times \frac{1}{3}BC = \frac{1}{5}BC$

ゆえに，△ABC と △JPH の相似比は　$BC : PH = 5 : 1$

したがって，面積比は　$5^2 : 1^2 = 25 : 1$

よって　　$\triangle \mathrm{JPH}=\dfrac{1}{25}\triangle \mathrm{ABC}=\dfrac{1}{25}\times 100=4$

[1]〜[3] から，求める面積の和は　　$16+16+4=$**36 (cm²)**

演習 26　三角錐 ABCD の辺 AC を 1：3 に内分する点を E とし，三角錐 EBCD を，辺 CD の中点 F を通り面 EBC に平行な平面で 2 つに分ける。
このとき，頂点 C を含む方の立体の体積は，もとの三角錐 ABCD の体積の何倍か答えなさい。

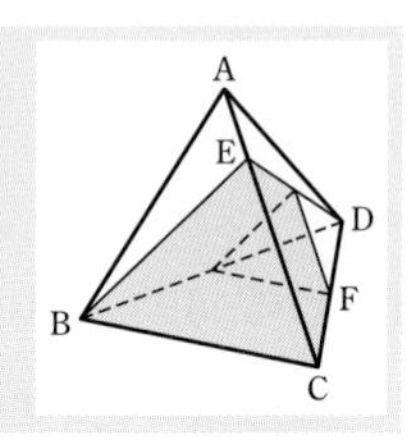

三角錐 ABCD の体積を V，三角錐 EBCD の体積を V' とすると

$V : V' = \triangle \mathrm{ABC} : \triangle \mathrm{EBC}$
$= \mathrm{AC} : \mathrm{EC}$
$= (1+3) : 3 = 4 : 3$

よって　　$V'=\dfrac{3}{4}V$

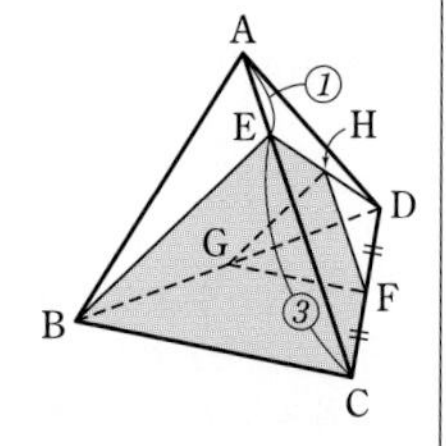

◯△ABC，△EBC をそれぞれ底面と考えると，2 つの三角錐は高さが等しい。
⟶体積比は底面積の比。

辺 CD の中点 F を通り，面 EBC に平行な面と線分 DB，DE の交点をそれぞれ G，H とする。
三角錐 HGFD と三角錐 EBCD は相似である。
相似比は　　DF：DC＝1：2
したがって，体積比は　　$1^3 : 2^3 = 1 : 8$
頂点 C を含む方の立体は，三角錐 EBCD から三角錐 HGFD を除いたものである。
よって，その体積を V'' とすると

$V' : V'' = 8 : (8-1) = 8 : 7$

したがって　　$V''=\dfrac{7}{8}V'=\dfrac{7}{8}\times\dfrac{3}{4}V=\dfrac{21}{32}V$　　答　$\dfrac{21}{32}$ **倍**

演習 27　右の図のように，3 つの地点 A，B，P があり，2 地点 A，B の間に川がある。2 地点 A，P 間の距離と ∠BAP，∠BPA の大きさを測ったところ，AP＝60 m，∠BAP＝70°，∠BPA＝60° であった。縮図をかいて，距離 AB を求めなさい。ただし，単位は m で整数値で答えなさい。

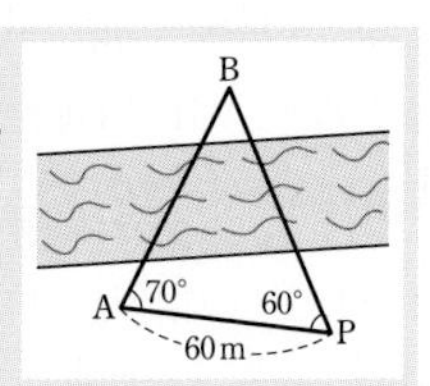

HINT 縮小した △B′A′P′ をかいて長さを測る。

右の図のように，△BAP の 1000 分の 1 の縮図 △B′A′P′ をかいて，辺 A′B′ の長さを測ると約 6.8 cm である。
よって　　AB＝6.8×1000
＝6800 (cm)
したがって　　**約 68 m**

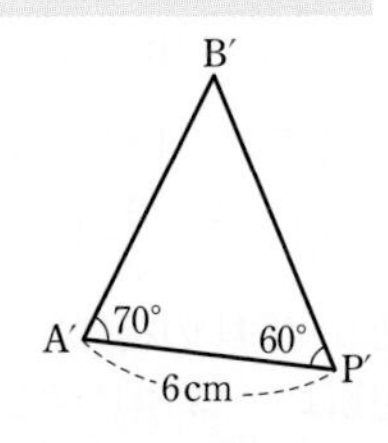

演習 28 厚さの均一な金属の円板があり，その半径を 4 等分した点を通る中心が等しい円でこの円板を右のように 4 つの部分に分ける。
このうち，一番大きい部分の重さが 175 g であるとき，もとの金属の円板の重さを求めなさい。

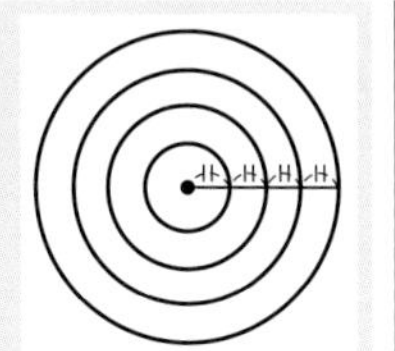

HINT 厚さが均一 ⟶ 金属の重さは円の面積に比例する。

4 つの部分を内側から順に A，B，C，D とする。
また，A と B を合わせた部分を E，A と B と C を合わせた部分を F，もとの金属の円板を G とする。

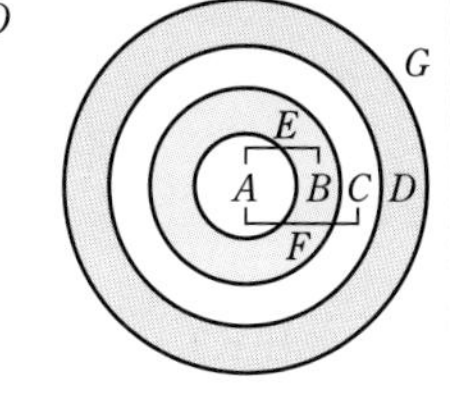

4 つの円 A，E，F，G の相似比は

$$1:2:3:4$$

であるから，面積比は

$$1^2:2^2:3^2:4^2=1:4:9:16$$

よって　(Dの面積)：(Gの面積)＝(16－9)：16＝7：16

厚さの均一な金属の重さは円の面積に比例するから，もとの金属の円板の重さを x g とすると

$$175:x=7:16$$

これを解くと　$x=\mathbf{400}$ **(g)**

◯円はすべて相似である。

◯$7x=175\times16$

演習 29 高さが 15 cm である図のような正四角錐の容器の中にコップ 16 杯の水を入れたところ，水面の正方形の面積は容器の底面の正方形の面積の $\frac{4}{9}$ 倍になった。
このとき，次の問いに答えなさい。
(1) 水面の高さを求めなさい。
(2) この容器を水でいっぱいにするには，あとコップ何杯の水を入れたらよいか答えなさい。

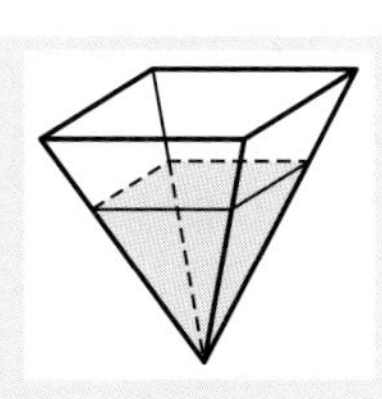

HINT 容器と水が入っている部分の 2 つの四角錐は相似で，底面の面積比は $1:\frac{4}{9}=9:4=3^2:2^2$ である。これより相似比，体積比を求める。

(1) 容器の正四角錐を A，水が入っている部分の四角錐を B とすると 2 つの四角錐は相似で，底面の面積比は

$$1:\frac{4}{9}=9:4=3^2:2^2$$

よって，相似比は　3：2

水面の高さを x cm とすると

$$3:2=15:x$$

これを解いて　$x=\mathbf{10}$ **(cm)**

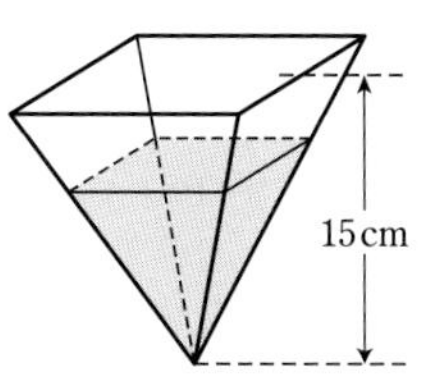

◯底面積の比。

◯$3x=2\times15$

(2) A，B の体積比は　$3^3:2^3=27:8$

よって，A がコップ y 杯でいっぱいになるとすると

$$27:8=y:16$$

これを解いて　$y=54$

したがって，あと 54－16＝**38 (杯)** でいっぱいになる。

◯$8y=27\times16$

◯54 杯を答えにしないように。

1章 演習【図形と相似】

演習 30 右の図は，1辺が 12 cm の立方体 ABCDEFGH の容器に水がいっぱいに入っていたものを，傾けて水面が五角形 CILKJ になるところまで水を流し出したものである。HI=FJ=3 cm であるとき，容器に残っている水の体積を求めなさい。

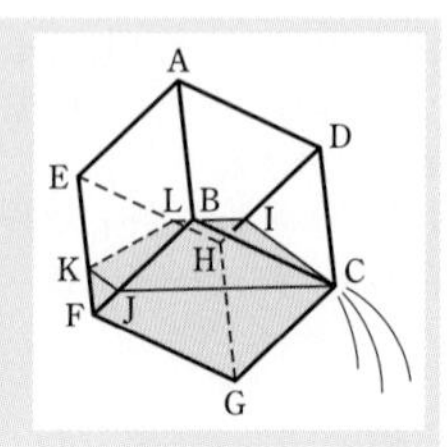

CHART 体積の計算
大きく作って
余分をけずる

CJ, GF, KL を延長し，その交点を M とする。
また，CI, GH, KL を延長し，その交点をNとする。
さらに，三角錐 MGNC，MFKJ，NHLI の体積をそれぞれ V，V'，V'' とする。

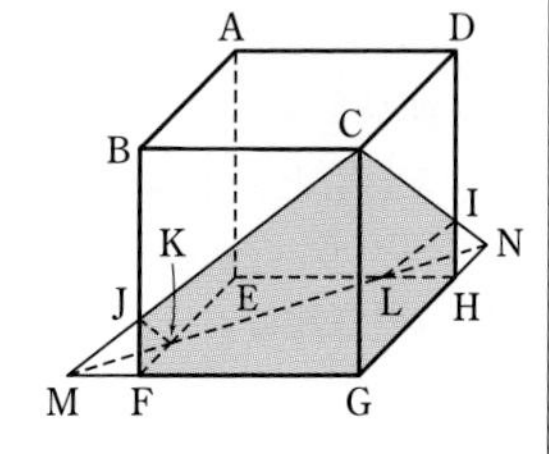

◎立方体を真っすぐに立てて考えるとわかりやすい。

三角錐 MGNC と三角錐 MFKJ は相似で，相似比は

$$\mathrm{GC} : \mathrm{FJ} = 12 : 3 = 4 : 1$$

よって，体積比は

$$V : V' = 4^3 : 1^3 = 64 : 1$$

また，三角錐 NGMC と三角錐 NHLI は相似で，相似比は

$$\mathrm{GC} : \mathrm{HI} = 12 : 3 = 4 : 1$$

よって，体積比は

$$V : V'' = 4^3 : 1^3 = 64 : 1$$

参考 三角錐 MFKJ と三角錐 NHLI は合同である。

したがって，容器に残っている水の体積は

$$V - V' - V'' = V - \frac{1}{64}V - \frac{1}{64}V = \frac{31}{32}V \quad \cdots\cdots ①$$

ここで，JF // CG であるから

$$\mathrm{MF} : \mathrm{MG} = \mathrm{JF} : \mathrm{CG}$$

よって　　$\mathrm{MF} : (\mathrm{MF} + 12) = 3 : 12$

したがって　　$\mathrm{MF} = 4$

同じように考えて　　$\mathrm{NH} = 4$

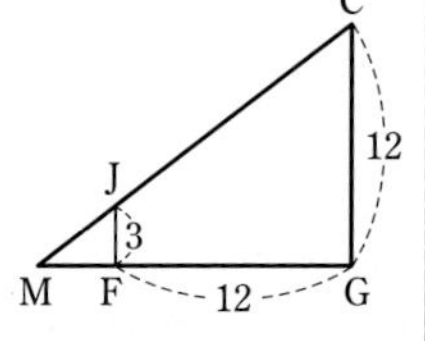

◎△MGC を取り出す。

よって，三角錐 MGNC の体積 V は

$$V = \frac{1}{3} \times \triangle \mathrm{MGN} \times \mathrm{CG}$$

$$= \frac{1}{3} \times \left\{ \frac{1}{2} \times (12+4) \times (12+4) \right\} \times 12 = 512$$

① から，求める体積は　$\frac{31}{32}V = \frac{31}{32} \times 512 = \mathbf{496}$ **(cm³)**

練習 29 下の図の線分 AB について，2：1 に内分する点F，2：5 に外分する点G，7：1 に外分する点Hを，それぞれ図にかき入れなさい。

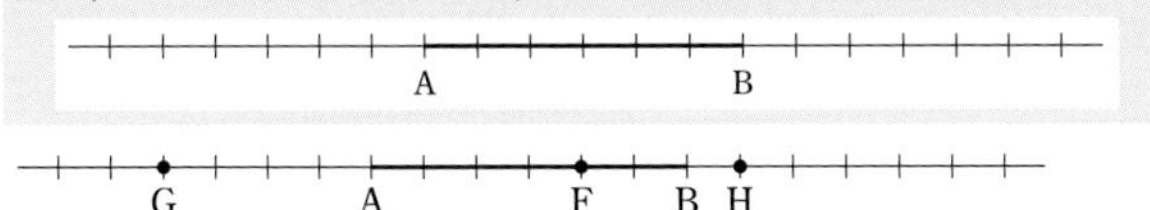

HINT 内分点Fは線分 AB 上，外分点G，Hは線分 AB の延長上にある。

練習 30 右の図において，点Gは△ABC の重心であり，EF∥BC である。このとき，線分 GD, BC の長さをそれぞれ求めなさい。

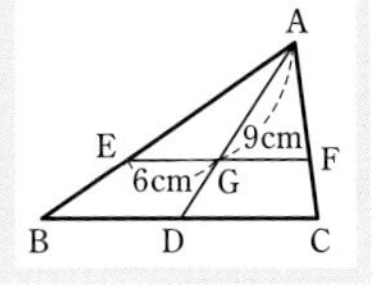

HINT **重心の性質**
① 3つの中線の交点
② 中線を 2：1 に内分する

Gは△ABC の重心であるから　AG：GD＝2：1，BD＝DC

よって　9：GD＝2：1　これを解いて　$\mathbf{GD=\frac{9}{2}}$ **cm**

EF∥BC であるから　EG：BD＝AG：AD
＝2：(2＋1)＝2：3

よって　6：BD＝2：3　これを解いて　BD＝9 cm

BD＝DC であるから　**BC**＝BD＋DC＝9＋9**＝18 (cm)**

練習 31A △ABC の辺 BC を3等分する点をBに近い方からD，Eとし，辺 AB の中点をFとする。AD と EF の交点をPとするとき，AP：PD を求めなさい。

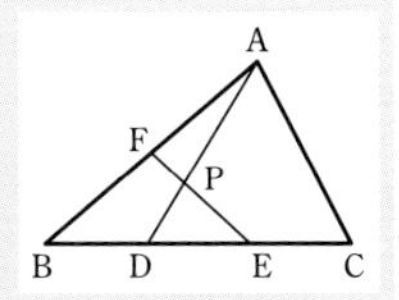

CHART 中線2本　まず重心

2点A，Eを結ぶ。
AD，EF は△ABE の中線であるから，
その交点Pは△ABE の重心である。
したがって　AP：PD＝**2：1**

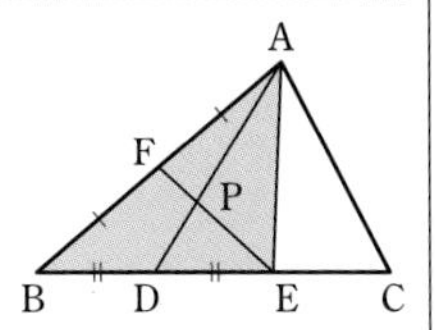

練習 31B △ABC の中線 AD，BE の交点をGとし，線分 BD，AG の中点をそれぞれF，Hとする。BE と HF の交点をIとするとき，HI：IF を求めなさい。

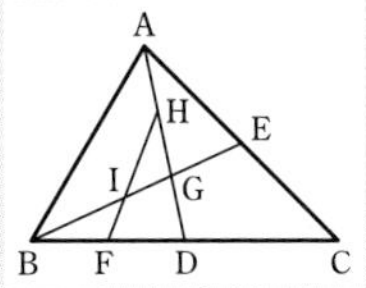

CHART 中線2本　まず重心

AD，BE は△ABC の中線であるから，
その交点Gは△ABC の重心である。
よって　AG：GD＝2：1
仮定より，AG：HG＝2：1 であるから
HG：GD＝1：1
したがって，HF，BG は△HBD の中線
であるから，その交点Iは△HBD の重心である。
よって　HI：IF＝**2：1**

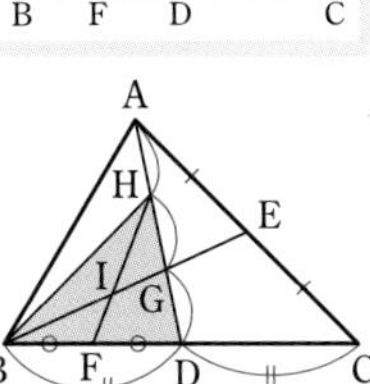

2章 練習【線分の比と計量】

練習 32 正四面体 ABCD について，△BCD の重心を G とする。辺 AC，AD の中点をそれぞれ P，Q とし，△BPQ と線分 AG の交点を H とするとき，AH：HG を求めなさい。

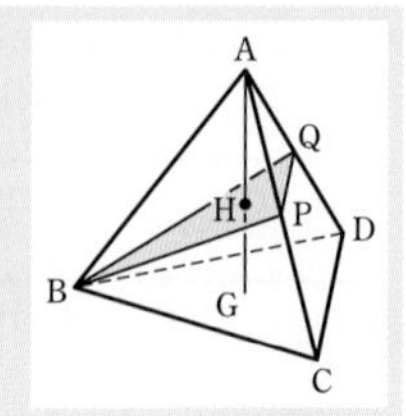

HINT 線分 AG，BG を含む平面の上で考える。

直線 BG と辺 CD の交点を F とし，線分 AF と PQ の交点を I とする。

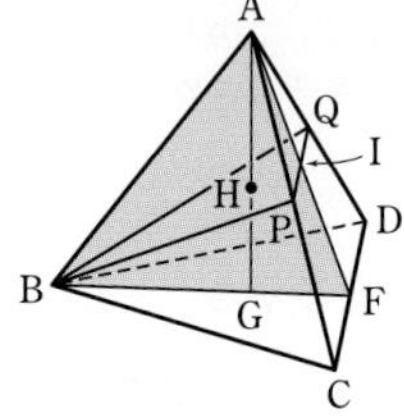

△ACD において，点 P，Q はそれぞれ辺 AC，AD の中点であるから，中点連結定理により　　PQ∥CD

よって，中点連結定理の逆により

$$AI:IF=1:1 \quad \cdots\cdots ①$$

線分 AG，BF を含む平面の上で考える。

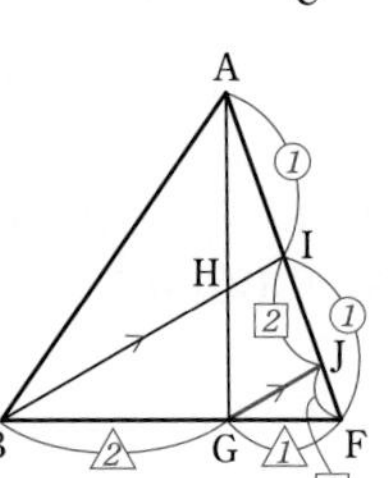

点 G は △BCD の重心であるから

$$BG:GF=2:1$$

◀BF は △BCD の中線。

ここで，BI∥GJ となるように辺 AF 上に点 J をとる。

BI∥GJ であるから

$$IJ:JF=BG:GF=2:1$$

◀線分 AF 上に比を移す。

よって，① から　　$IJ=\frac{2}{3}\times IF=\frac{2}{3}\times\frac{1}{2}AF=\frac{1}{3}AF$

HI∥GJ であるから

$$AH:HG=AI:IJ$$

$$=\frac{1}{2}AF:\frac{1}{3}AF=\mathbf{3:2}$$

◀線分 AG 上に比を移す。

練習 33A △ABC の辺 BC の中点を D，辺 AB を 2：3 に内分する点を E，線分 AD を 5：3 に内分する点を F とする。このとき，次の面積比を求めなさい。

(1)　△ABC：△ABD

(2)　△ABC：△ABF

(3)　△ABC：△AEF

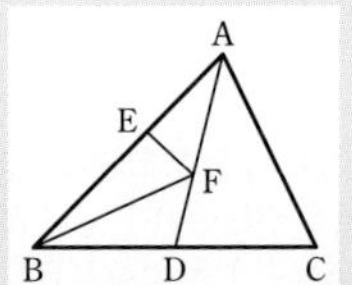
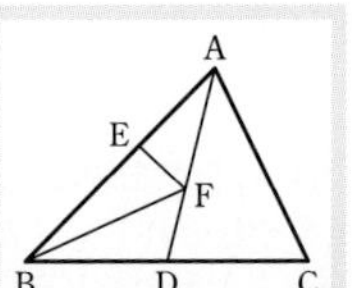

CHART
三角形の面積比
等高なら底辺の比

(1)　△ABC：△ABD＝BC：BD

$$=(1+1):1$$

$$=\mathbf{2:1}$$

(2)　(1) から　　△ABC＝2△ABD

◀△ABD が橋渡し。

また　　△ABD：△ABF＝AD：AF

$$=(5+3):5$$

$$=8:5$$

よって　　$\triangle ABF=\frac{5}{8}\triangle ABD$

したがって　　$\triangle ABC : \triangle ABF = 2\triangle ABD : \frac{5}{8}\triangle ABD$

$= \mathbf{16 : 5}$

(3)　$\triangle ABF : \triangle AEF = AB : AE = (2+3) : 2 = 5 : 2$

よって　　$\triangle AEF = \frac{2}{5}\triangle ABF = \frac{2}{5} \times \frac{5}{8}\triangle ABD = \frac{1}{4}\triangle ABD$

したがって　　$\triangle ABC : \triangle AEF = 2\triangle ABD : \frac{1}{4}\triangle ABD$

$= \mathbf{8 : 1}$

練習 33B　$\triangle$ABC の辺 AB を 1：2 に内分する点をD，辺 AC を 2：1 に内分する点を E とする。$\triangle$ABC の面積が 36 cm^2 であるとき，$\triangle$ADE の面積を求めなさい。

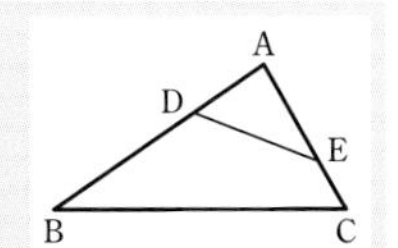

2 点 B，E を結ぶ。

$\triangle ABC : \triangle ABE = AC : AE$

$= (2+1) : 2$

$= 3 : 2$

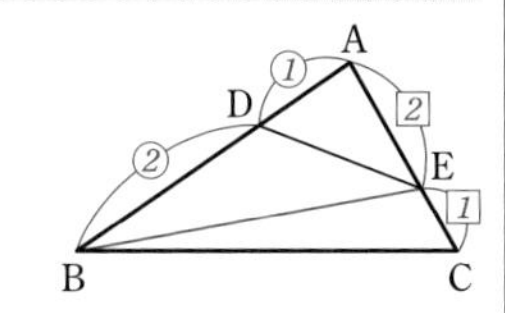

よって　　$\triangle ABE = \frac{2}{3}\triangle ABC$

$= \frac{2}{3} \times 36 = 24$

また　　$\triangle ABE : \triangle ADE = AB : AD = (1+2) : 1 = 3 : 1$

よって　　$\triangle ADE = \frac{1}{3}\triangle ABE = \frac{1}{3} \times 24 = \mathbf{8\ (cm^2)}$

◯$\triangle$ABE が橋渡し。(補助線 CD を引いて，$\triangle$ACD を橋渡しにしてもよい)

練習 34　右の図において，AE：EC＝1：2，DE：EF＝3：2 である。このとき，面積比 $\triangle$EAD：$\triangle$EFC を求めなさい。

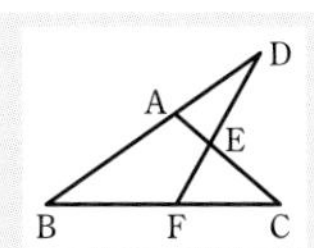

HINT　橋渡しにする三角形をさがす。

$\triangle EAD : \triangle EAF = DE : EF = 3 : 2$

$\triangle EFC : \triangle EAF = CE : EA = 2 : 1$

すなわち　　$\triangle EAD = \frac{3}{2}\triangle EAF$

$\triangle EFC = 2\triangle EAF$

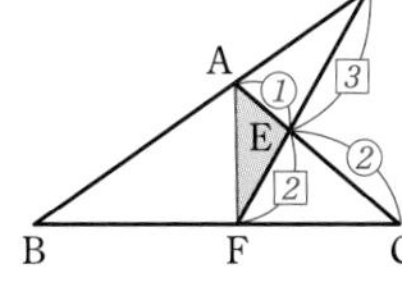

◯$\triangle$EAF が橋渡し。

よって　　$\triangle EAD : \triangle EFC = \frac{3}{2}\triangle EAF : 2\triangle EAF = \mathbf{3 : 4}$

練習 35　右の図において，AE＝3 cm，EC＝9 cm である。このとき，面積比 $\triangle$ABD：$\triangle$CBD を求めなさい。

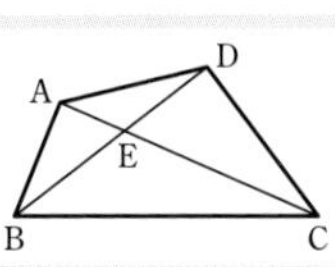

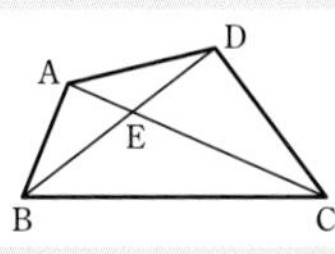

$\triangle ABD : \triangle CBD = EA : EC = 3 : 9 = \mathbf{1 : 3}$

◯底辺 BD を共有。

練習 36 △ABC の辺 AB を 3：2 に内分する点を D，辺 BC を 3：2 に内分する点を E，辺 CA を 2：1 に内分する点を F とする。△ABC の面積が 75 cm² のとき，△DEF の面積を求めなさい。

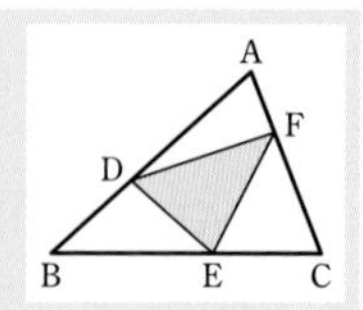

HINT △DEF ＝△ABC－△ADF －△BED－△CFE

$$\triangle ADF=\frac{AD}{AB}\times\frac{AF}{AC}\times\triangle ABC$$
$$=\frac{3}{3+2}\times\frac{1}{1+2}\times 75=15$$
$$\triangle BED=\frac{BE}{BC}\times\frac{BD}{BA}\times\triangle ABC$$
$$=\frac{3}{3+2}\times\frac{2}{2+3}\times 75=18$$
$$\triangle CFE=\frac{CF}{CA}\times\frac{CE}{CB}\times\triangle ABC=\frac{2}{2+1}\times\frac{2}{2+3}\times 75=20$$

◀本冊 $p.63$ 参考 の式を使う。

したがって　$\triangle DEF=\triangle ABC-\triangle ADF-\triangle BED-\triangle CFE$
$=75-15-18-20=$ **22 (cm²)**

練習 37 右の図において，AD：DB＝2：1，AE：EC＝3：2，BF：FC＝3：1，CG＝GD である。このとき，面積比 △DBF：△EGC を求めなさい。

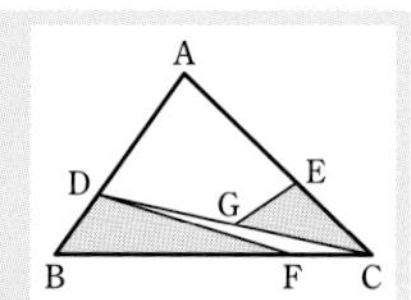

HINT △ABC の面積を基準にする。

△ABC の面積を S とする。

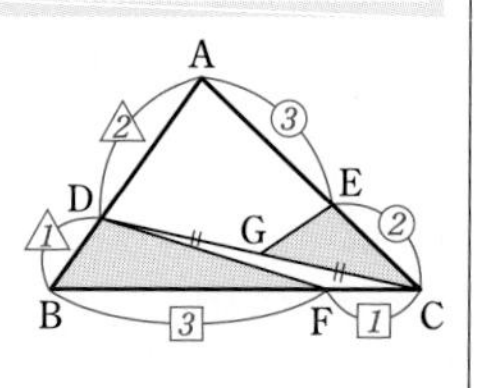

$$\triangle DBF=\frac{BF}{BC}\times\frac{BD}{BA}\times\triangle ABC$$
$$=\frac{3}{3+1}\times\frac{1}{1+2}\times S$$
$$=\frac{1}{4}S$$

また　△CAD：△ABC＝AD：AB＝2：3

◀△CAD が橋渡し。

よって　$\triangle CEG=\frac{CE}{CA}\times\frac{CG}{CD}\times\triangle CAD$
$$=\frac{2}{2+3}\times\frac{1}{1+1}\times\frac{2}{3}\triangle ABC=\frac{2}{15}S$$

したがって　**△DBF：△EGC**$=\frac{1}{4}S:\frac{2}{15}S=$**15：8**

練習 38 右の図において，四角形 ABCD は平行四辺形で，AE：EB＝2：3 である。このとき，△AEF と四角形 DFGC の面積比を求めなさい。

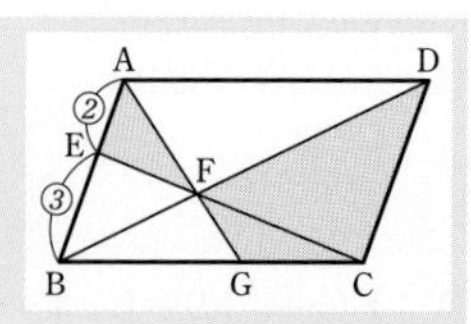

HINT 面積比を求めるのに必要な線分の比を求める。

▱ABCD の面積を S とする。

△ABD≡△CDB であるから

$$\triangle ABD=\frac{1}{2}S$$

EB∥DC であるから

BF：FD＝EB：DC＝3：5

よって　△ABD：△ABF＝BD：BF

＝(3＋5)：3＝8：3

また　△ABF：△AEF＝AB：AE

＝(2＋3)：2＝5：2

したがって　$\triangle AEF=\frac{2}{5}\triangle ABF=\frac{2}{5}\times\left(\frac{3}{8}\triangle ABD\right)$

$=\frac{3}{20}\times\frac{1}{2}S=\frac{3}{40}S$

AD∥BG であるから

BG：AD＝BF：FD＝3：5

よって　BG：BC＝3：5

ゆえに　$\triangle BGF=\frac{BG}{BC}\times\frac{BF}{BD}\times\triangle BCD$

$=\frac{3}{5}\times\frac{3}{8}\times\frac{1}{2}S=\frac{9}{80}S$

よって　(四角形 DFGC の面積)＝△BCD－△BGF

$=\frac{1}{2}S-\frac{9}{80}S=\frac{31}{80}S$

したがって

(△AEF の面積)：(四角形 DFGC の面積)$=\frac{3}{40}S:\frac{31}{80}S$

＝6：31

◆ S を基準にする。

◆DC＝AB であるから

EB：DC＝$\frac{3}{5}$AB：AB

＝3：5

◆△ABF，△ABD が橋渡し。

◆AD＝BC

練習 39A 四角形 ABCD の対角線の交点をOとする。△ACD＝30 cm²，△BCD＝36 cm²，△ABD＝24 cm² であるとき，次の線分の比を求めなさい。

(1)　AO：OC　　(2)　BO：OD

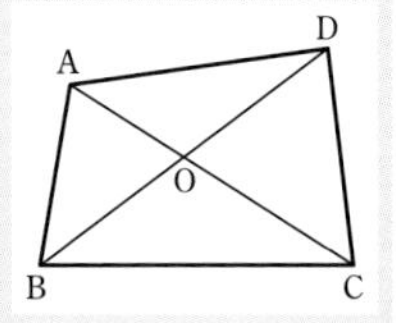

CHART

三角形の面積比

等高なら底辺の比

等底なら高さの比

(1)　AO：OC＝△ABD：△BCD＝24：36＝**2：3**

◆底辺 BD を共有。

(2)　△AOD：△COD＝AO：OC＝2：3

よって　$\triangle AOD=\frac{2}{2+3}\triangle ACD=\frac{2}{5}\times 30=12$

また　△AOB＝△ABD－△AOD

＝24－12＝12

したがって　BO：OD＝△AOB：△AOD

＝12：12＝**1：1**

練習 39B △ABCにおいて，辺ABの中点をD，辺BCを2：3に内分する点をE，辺CAを1：2に内分する点をFとする。
線分AE，DFの交点をPとするとき，次の比を求めなさい。
(1) △ADE：△ABC (2) DP：PF

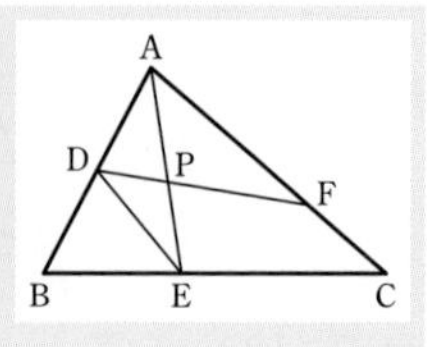

HINT DP：PFを，底辺を共有する三角形の面積比と考える。

(1) △ADE：△ABE＝AD：AB＝1：2

また　　△ABE：△ABC＝BE：BC＝2：5

よって　　$\triangle \mathrm{ADE}=\frac{1}{2}\triangle \mathrm{ABE}=\frac{1}{2}\times\left(\frac{2}{5}\triangle \mathrm{ABC}\right)=\frac{1}{5}\triangle \mathrm{ABC}$

←△ABEが橋渡し。

したがって　　△ADE：△ABC＝**1：5**

(2) △AEF：△AEC＝AF：AC＝2：3

また　△AEC：△ABC＝CE：CB
＝3：5

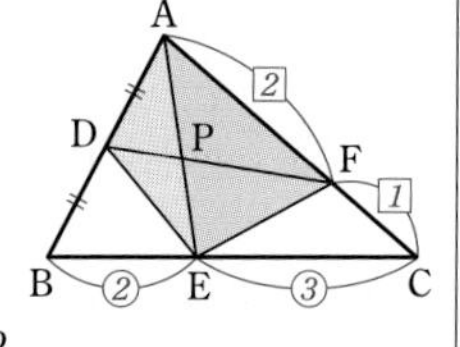

←DP：PF
＝△ADE：△AEF
と考える。

よって　　$\triangle \mathrm{AEF}=\frac{2}{3}\triangle \mathrm{AEC}$

$=\frac{2}{3}\times\left(\frac{3}{5}\triangle \mathrm{ABC}\right)=\frac{2}{5}\triangle \mathrm{ABC}$

したがって　　DP：PF＝△ADE：△AEF

$=\frac{1}{5}\triangle \mathrm{ABC}:\frac{2}{5}\triangle \mathrm{ABC}=$**1：2**

練習 40 下の図において，次の比を求めなさい。
(1) AQ：QC (2) BD：DC (3) AQ：QC

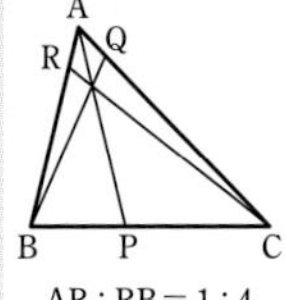

AR：RB＝1：4
BP：PC＝2：3

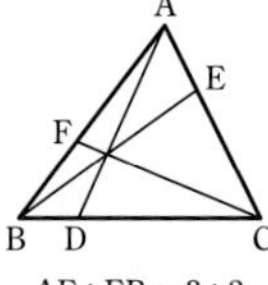

AF：FB＝3：2
AE：EC＝1：2

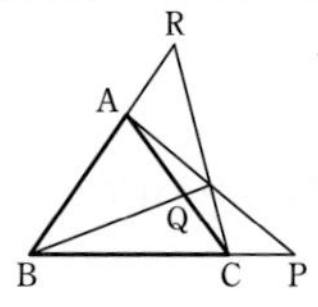

BC：CP＝3：1
BA：AR＝2：1

(1) △ABCにチェバの定理を用いると

$$\frac{\mathrm{BP}}{\mathrm{PC}}\times\frac{\mathrm{CQ}}{\mathrm{QA}}\times\frac{\mathrm{AR}}{\mathrm{RB}}=1$$

AR：RB＝1：4，BP：PC＝2：3であるから　　$\frac{2}{3}\times\frac{\mathrm{CQ}}{\mathrm{QA}}\times\frac{1}{4}=1$

よって　　$\frac{\mathrm{CQ}}{\mathrm{QA}}=6$

したがって　　AQ：QC＝**1：6**

(2) △ABCにチェバの定理を用いると

$$\frac{\mathrm{BD}}{\mathrm{DC}}\times\frac{\mathrm{CE}}{\mathrm{EA}}\times\frac{\mathrm{AF}}{\mathrm{FB}}=1$$

AF：FB＝3：2，AE：EC＝1：2であるから　　$\frac{\mathrm{BD}}{\mathrm{DC}}\times\frac{2}{1}\times\frac{3}{2}=1$

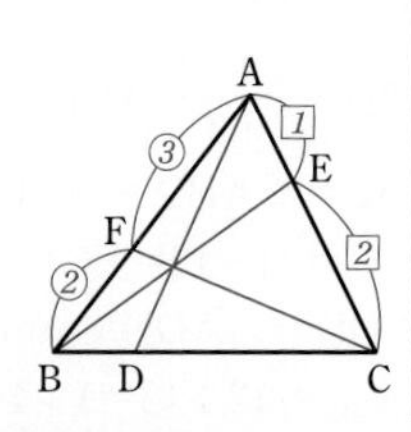

よって　$\dfrac{BD}{DC}=\dfrac{1}{3}$

したがって　BD：DC＝**1：3**

(3)　△ABC にチェバの定理を用いると

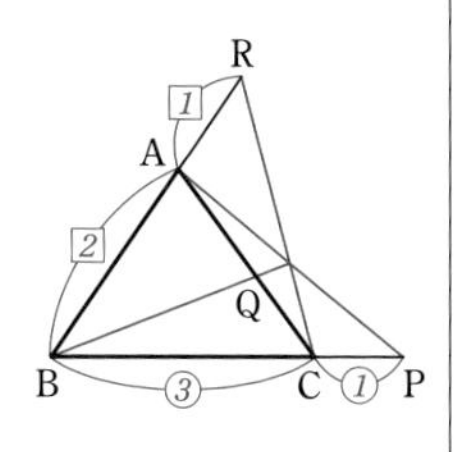

$$\frac{BP}{PC}\times\frac{CQ}{QA}\times\frac{AR}{RB}=1$$

BP：PC＝(3＋1)：1＝4：1,

AR：RB＝1：(1＋2)＝1：3 であるから

$$\frac{4}{1}\times\frac{CQ}{QA}\times\frac{1}{3}=1$$

よって　$\dfrac{CQ}{QA}=\dfrac{3}{4}$

したがって　AQ：QC＝**4：3**

練習 41A　右の図の △ABC において，点Pは辺 BC を 3：2 に内分し，点Qは辺 CA を 4：5 に内分し，点Rは辺 AB を 5：6 に内分している。このとき，3 直線 AP，BQ，CR は 1 点で交わることを証明しなさい。

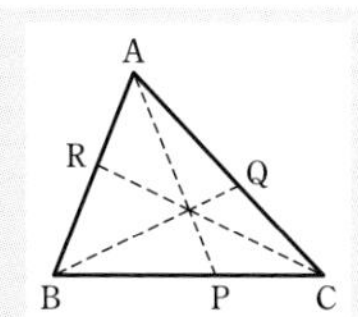

$\dfrac{BP}{PC}\times\dfrac{CQ}{QA}\times\dfrac{AR}{RB}=1$ を示す。

BP：PC＝3：2，CQ：QA＝4：5,

AR：RB＝5：6

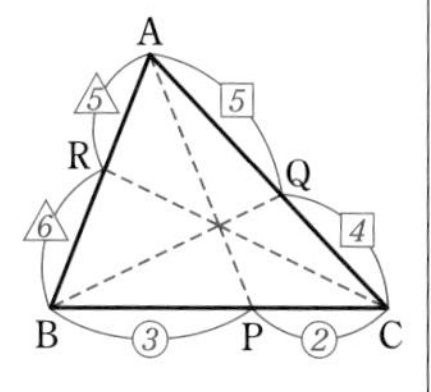

よって　$\dfrac{BP}{PC}\times\dfrac{CQ}{QA}\times\dfrac{AR}{RB}$

$$=\frac{3}{2}\times\frac{4}{5}\times\frac{5}{6}=1$$

したがって，チェバの定理の逆により，

3 直線 AP，BQ，CR は 1 点で交わる。

練習 41B　△ABC の辺 BC 上に点Dをとり，∠ADB の二等分線と辺 AB の交点をE，∠ADC の二等分線と辺 AC の交点をFとする。このとき，3 直線 AD，BF，CE は 1 点で交わることを証明しなさい。

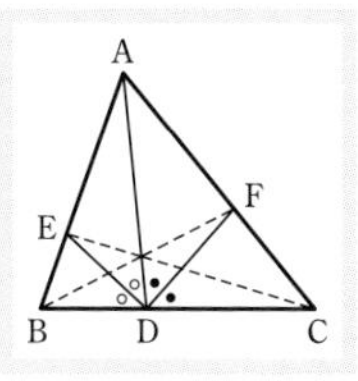

HINT　1 点で交わることの証明 ⟶ チェバの定理の逆を利用。

DE は ∠ADB の二等分線であるから

AE：EB＝DA：DB

よって　$\dfrac{AE}{EB}=\dfrac{DA}{DB}$

DF は ∠ADC の二等分線であるから

CF：FA＝DC：DA

よって　$\dfrac{CF}{FA}=\dfrac{DC}{DA}$

したがって　$\dfrac{BD}{DC}\times\dfrac{CF}{FA}\times\dfrac{AE}{EB}=\dfrac{BD}{DC}\times\dfrac{DC}{DA}\times\dfrac{DA}{DB}=1$

◀角の二等分線と比の定理を利用。

よって，チェバの定理の逆により，3 直線 AD，BF，CE は 1 点で交わる。

練習 42 下の図において，次の比を求めなさい。

(1) BP：PC　　(2) RA：AB　　(3) EF：FB

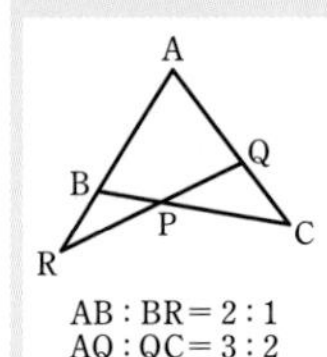

AB : BR = 2 : 1
AQ : QC = 3 : 2

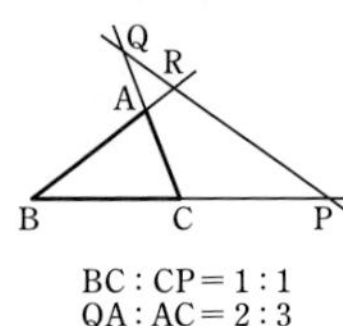

BC : CP = 1 : 1
QA : AC = 2 : 3

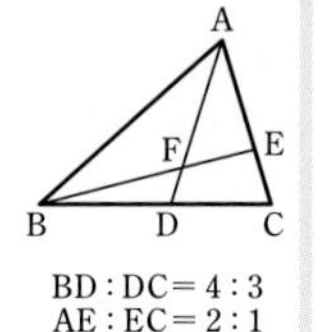

BD : DC = 4 : 3
AE : EC = 2 : 1

HINT　メネラウスの定理を適用する三角形と直線を見つけ出す。

(1)　△ABC と直線 QR にメネラウスの定理を用いると

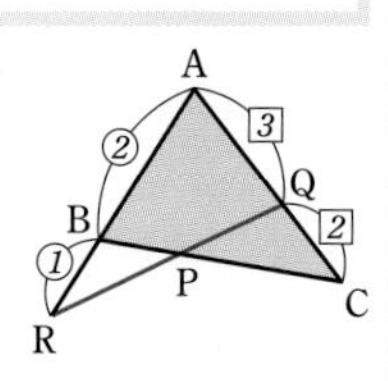

$$\frac{BP}{PC}\times\frac{CQ}{QA}\times\frac{AR}{RB}=1$$

CQ：QA＝2：3,

AR：RB＝(2＋1)：1＝3：1 であるから

$$\frac{BP}{PC}\times\frac{2}{3}\times\frac{3}{1}=1 \qquad よって \qquad \frac{BP}{PC}=\frac{1}{2}$$

したがって　BP：PC＝**1：2**

(2)　△ABC と直線 PQ にメネラウスの定理を用いると

$$\frac{BP}{PC}\times\frac{CQ}{QA}\times\frac{AR}{RB}=1$$

BP：PC＝(1＋1)：1＝2：1,

CQ：QA＝(3＋2)：2＝5：2 であるから

$$\frac{2}{1}\times\frac{5}{2}\times\frac{AR}{RB}=1 \qquad よって \qquad \frac{AR}{RB}=\frac{1}{5}$$

ゆえに　AR：RB＝1：5

したがって　RA：AB＝1：(5−1)＝**1：4**

(3)　△BCE と直線 AD にメネラウスの定理を用いると

$$\frac{BD}{DC}\times\frac{CA}{AE}\times\frac{EF}{FB}=1$$

BD：DC＝4：3,

CA：AE＝(1＋2)：2＝3：2 であるから

$$\frac{4}{3}\times\frac{3}{2}\times\frac{EF}{FB}=1 \qquad よって \qquad \frac{EF}{FB}=\frac{1}{2}$$

したがって　EF：FB＝**1：2**

練習 43 下の図において，次の比を求めなさい。

(1) AE : EC　　(2) AE : EC　　(3) BG : GE

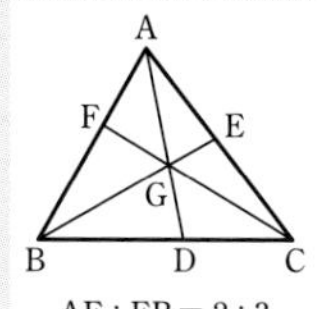
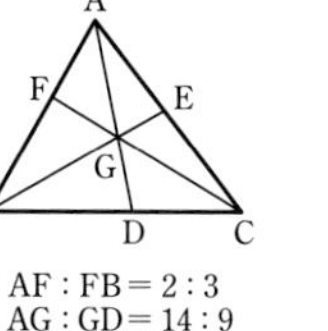

AF : FB = 2 : 3
AG : GD = 14 : 9

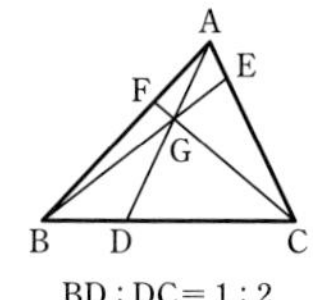

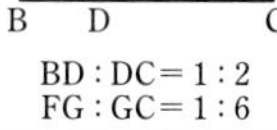

BD : DC = 1 : 2
FG : GC = 1 : 6

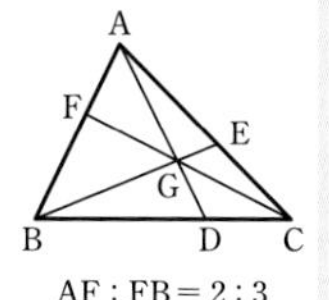

AF : FB = 2 : 3
BD : DC = 2 : 1

HINT どの図形にチェバの定理，メネラウスの定理を用いるか見きわめる。

(1) △ABD と直線 FC にメネラウスの定理を用いると

$$\frac{BC}{CD}\times\frac{DG}{GA}\times\frac{AF}{FB}=1$$

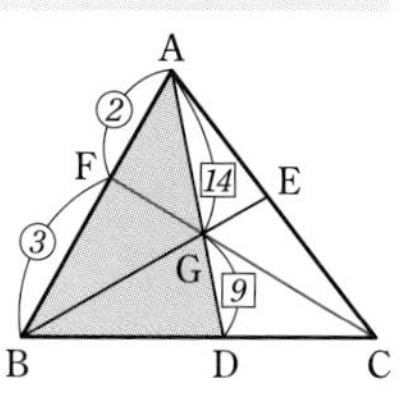

DG : GA＝9 : 14，AF : FB＝2 : 3

であるから　$\frac{BC}{CD}\times\frac{9}{14}\times\frac{2}{3}=1$

よって　$\frac{BC}{CD}=\frac{7}{3}$

したがって　BC : CD＝7 : 3

△ABC にチェバの定理を用いると

$$\frac{BD}{DC}\times\frac{CE}{EA}\times\frac{AF}{FB}=1$$

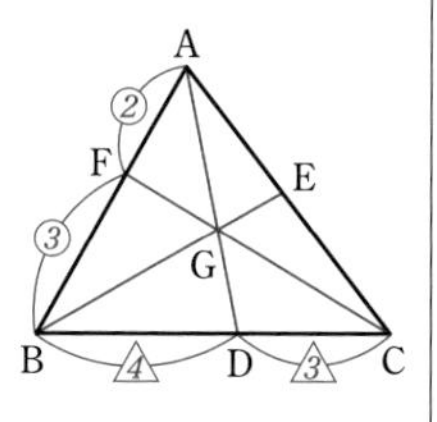

BD : DC＝(7−3) : 3＝4 : 3,

AF : FB＝2 : 3 であるから

$$\frac{4}{3}\times\frac{CE}{EA}\times\frac{2}{3}=1$$

よって　$\frac{CE}{EA}=\frac{9}{8}$

したがって　AE : EC＝**8 : 9**

(2) △CBF と直線 DA にメネラウスの定理を用いると

$$\frac{BD}{DC}\times\frac{CG}{GF}\times\frac{FA}{AB}=1$$

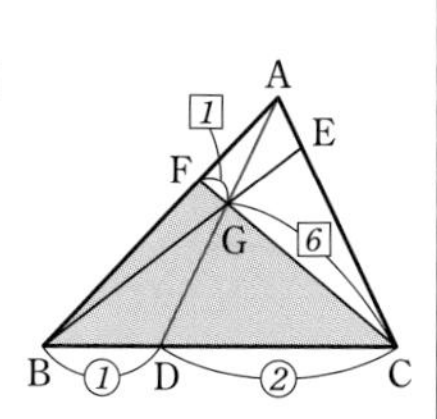

BD : DC＝1 : 2，CG : GF＝6 : 1

であるから　$\frac{1}{2}\times\frac{6}{1}\times\frac{FA}{AB}=1$

よって　$\frac{FA}{AB}=\frac{1}{3}$

したがって　FA : AB＝1 : 3

△ABC にチェバの定理を用いると

$$\frac{BD}{DC}\times\frac{CE}{EA}\times\frac{AF}{FB}=1$$

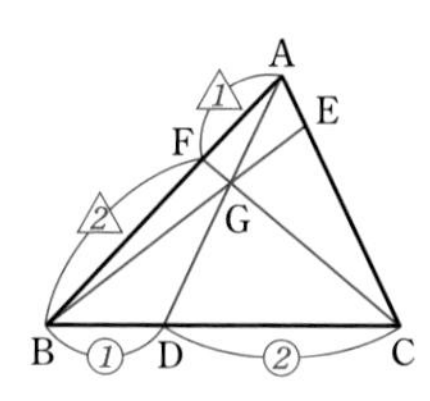

BD : DC＝1 : 2,

AF : FB＝1 : (3−1)＝1 : 2 であるから

$$\frac{1}{2}\times\frac{\mathrm{CE}}{\mathrm{EA}}\times\frac{1}{2}=1$$

よって　$\dfrac{\mathrm{CE}}{\mathrm{EA}}=4$

したがって　AE：EC=**1：4**

(3)　△ABC にチェバの定理を用いると

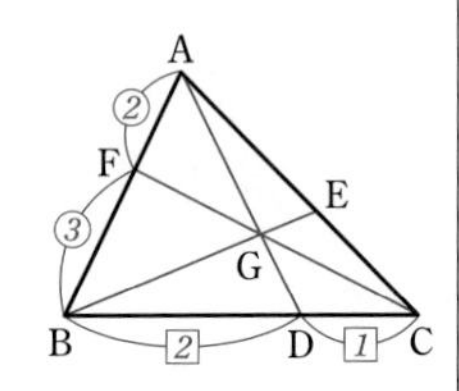

$$\frac{\mathrm{BD}}{\mathrm{DC}}\times\frac{\mathrm{CE}}{\mathrm{EA}}\times\frac{\mathrm{AF}}{\mathrm{FB}}=1$$

BD：DC=2：1，AF：FB=2：3 であるから　$\dfrac{2}{1}\times\dfrac{\mathrm{CE}}{\mathrm{EA}}\times\dfrac{2}{3}=1$

よって　$\dfrac{\mathrm{CE}}{\mathrm{EA}}=\dfrac{3}{4}$

したがって　CE：EA=3：4

△BCE と直線 AD にメネラウスの定理を用いると

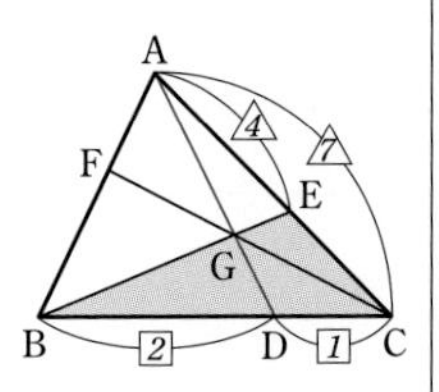

$$\frac{\mathrm{BD}}{\mathrm{DC}}\times\frac{\mathrm{CA}}{\mathrm{AE}}\times\frac{\mathrm{EG}}{\mathrm{GB}}=1$$

BD：DC=2：1，

CA：AE=(3+4)：4=7：4 であるから

$$\frac{2}{1}\times\frac{7}{4}\times\frac{\mathrm{EG}}{\mathrm{GB}}=1$$

よって　$\dfrac{\mathrm{EG}}{\mathrm{GB}}=\dfrac{2}{7}$

したがって　BG：GE=**7：2**

練習 44　△ABC の辺 AC の中点を M，辺 BC を 2：3 に内分する点を D，AD と BM の交点を E とする。このとき，次の比を求めなさい。

(1)　BE：EM　　(2)　△AEM：△ABC

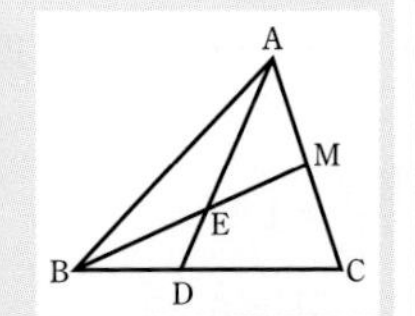

HINT　どの図形にメネラウスの定理を用いるか見きわめる。

(1)　△MBC と直線 AD にメネラウスの定理を用いると

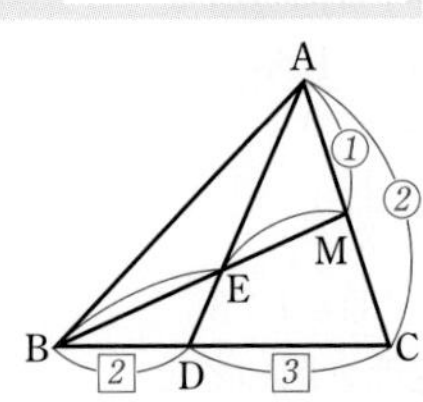

$$\frac{\mathrm{BD}}{\mathrm{DC}}\times\frac{\mathrm{CA}}{\mathrm{AM}}\times\frac{\mathrm{ME}}{\mathrm{EB}}=1$$

BD：DC=2：3，CA：AM=2：1 であるから

$$\frac{2}{3}\times\frac{2}{1}\times\frac{\mathrm{ME}}{\mathrm{EB}}=1$$

よって　$\dfrac{\mathrm{ME}}{\mathrm{EB}}=\dfrac{3}{4}$

したがって　BE：EM=**4：3**

(2) (1) より，BE：EM＝4：3 であるから

$$\triangle AEM=\frac{3}{7}\triangle ABM \quad \cdots\cdots ①$$

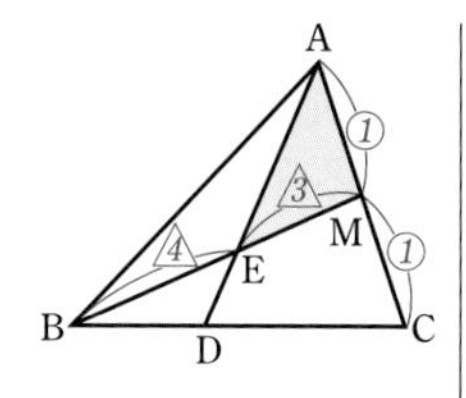

AM：MC＝1：1 であるから

$$\triangle ABM=\frac{1}{2}\triangle ABC \quad \cdots\cdots ②$$

② を ① に代入して

$$\triangle AEM=\frac{3}{7}\times\frac{1}{2}\triangle ABC=\frac{3}{14}\triangle ABC$$

よって　　△AEM：△ABC＝**3：14**

CHART
三角形の面積比
等高なら底辺の比

練習 45 右の図の △ABC において，点 P は辺 BC を 6：5 に内分，点 Q は辺 AC を 4：1 に外分，点 R は辺 AB を 10：3 に内分している。このとき，3 点 P，Q，R は一直線上にあることを証明しなさい。

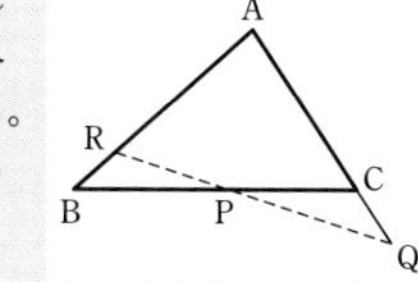

BP：PC＝6：5,
CQ：QA＝1：4，AR：RB＝10：3

よって　　$\dfrac{BP}{PC}\times\dfrac{CQ}{QA}\times\dfrac{AR}{RB}$

$$=\frac{6}{5}\times\frac{1}{4}\times\frac{10}{3}=1$$

したがって，メネラウスの定理の逆により，3 点 P，Q，R は一直線上にある。

HINT
$\dfrac{BP}{PC}\times\dfrac{CQ}{QA}\times\dfrac{AR}{RB}=1$
を示す。

演習 31 線分 AB を 3 : 2 に内分する点をC，線分 AB を 5 : 3 に外分する点をDとする。このとき，点Cは線分 BD の内分点，外分点のどちらであるか答えなさい。また，BC : CD を求めなさい。

HINT 図をかいて考える。

点 A，B，C，D は下の図のようになる。

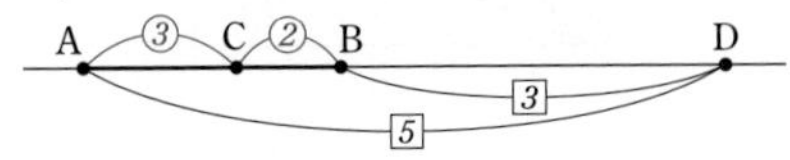

よって，点Cは線分 BD の **外分点** である。

◎点 C は線分 BD の延長上にある。

AC : CB=3 : 2 であるから　$BC=\frac{2}{5}AB$

AD : DB=5 : 3 であるから　AB : BD=(5−3) : 3=2 : 3

よって　$BD=\frac{3}{2}AB$

したがって　**BC : CD**=BC : (BC+BD)

$=\frac{2}{5}AB : \left(\frac{2}{5}AB+\frac{3}{2}AB\right)$

$=\frac{2}{5}AB : \frac{19}{10}AB=$**4 : 19**

演習 32 ▱ABCD において，△ABC の重心をGとする。線分 AG の中点をPとし，直線 BP と線分 AC，AD との交点をそれぞれ Q，R とする。このとき，次の線分の比を求めなさい。

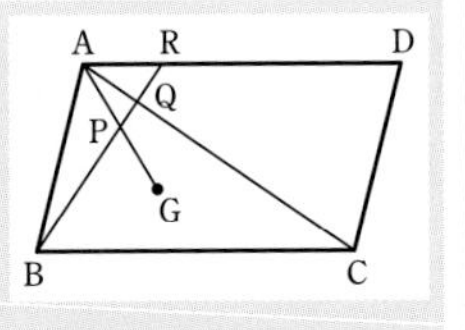

(1) AR : RD　　(2) PQ : QR

HINT 重心は中線の交点 ⟶ 中線を引く。

(1) 直線 AG と辺 BC の交点を S とする。

点Gは △ABC の重心であるから

AG : GS=2 : 1

仮定より，AP=PG であるから

AP : PS=AP : (PG+GS)=1 : (1+1)=1 : 2

◎P，G は線分 AS を 3 等分する点。

AR∥BS であるから　AR : BS=AP : PS=1 : 2　……①

ここで，S は辺 BC の中点であるから，① より

$AR : \frac{1}{2}BC=1 : 2$

よって　$AR=\frac{1}{4}BC=\frac{1}{4}AD$　……②

また　$RD=AD-AR=AD-\frac{1}{4}AD=\frac{3}{4}AD$

したがって　$AR : RD=\frac{1}{4}AD : \frac{3}{4}AD=$**1 : 3**

(2) 線分 AC 上に点Tを，PT∥BC となるようにとる。

PT∥SC であるから　PT : SC=AP : AS=1 : 3

よって　$PT=\frac{1}{3}SC=\frac{1}{3}\times\frac{1}{2}BC=\frac{1}{6}AD$

◎PT，AR を AD で表す。

②から　$AR=\frac{1}{4}AD$

$AR /\!/ PT$ であるから

$$PQ : QR = PT : AR = \frac{1}{6}AD : \frac{1}{4}AD = \mathbf{2 : 3}$$

演習 33　▱ABCD の対角線の交点をOとし，辺 BC を 3 等分する点をBに近い方から E，F とする。線分 AF，OE の交点をPとし，直線 CP と辺 AB の交点をQとする。CP∥ER となる点 R を辺 AB 上にとるとき，次の線分の比を求めなさい。

(1)　BR：RQ　　　(2)　AQ：QB

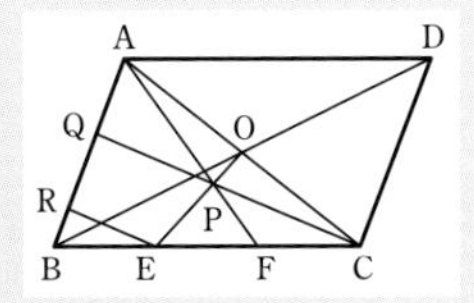

HINT 比を線分 AB 上に移す。

(1)　$ER /\!/ CQ$ であるから　　$BR : RQ = BE : EC = \mathbf{1 : 2}$

(2)　△AEC において，AF，EO は中線であるから，その交点Pは△AEC の重心である。
よって，直線 CP と辺 AE の交点をSとすると，Sは辺 AE の中点である。

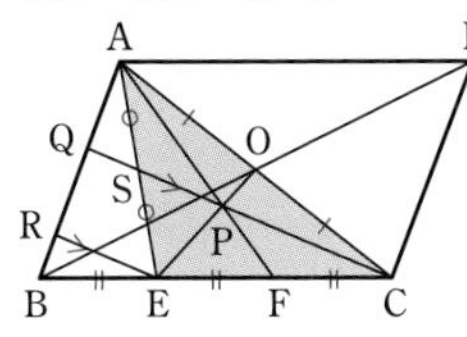

◯平行四辺形の対角線はそれぞれの中点で交わるから　OA=OC

また，$QS /\!/ RE$ であるから，中点連結定理の逆により，点Qは線分 AR の中点である。

よって　　$RQ=QA$

(1)より，$BR=\frac{1}{2}RQ$ であるから

$$AQ : QB = RQ : \left(RQ+\frac{1}{2}RQ\right) = RQ : \frac{3}{2}RQ = \mathbf{2 : 3}$$

演習 34　直方体 ABCDEFGH において，線分 AG と△BDE の交点をPとする。このとき，Pは△BDE の重心であることを証明しなさい。

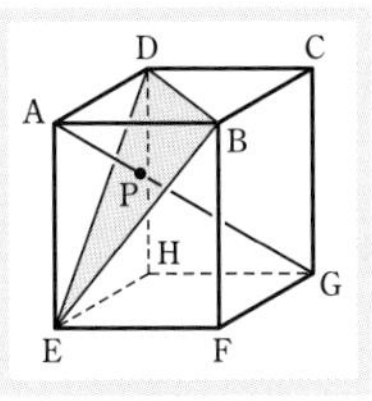

HINT 点Pが△BDE の1つの中線を 2：1 に内分することを示す。

長方形 AEGC を取り出して考える。
線分 AC，BD の交点をＩとすると，平面 AEGC 上の 3 点 E，P，Ｉは，平面 EBD 上にもあるから，一直線に並ぶ。

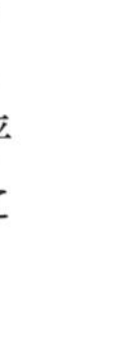

◯3 点 E，P，Ｉは平面 AEGC と EBD の交線上にある。

$AI=IC$ であるから

$$AI=\frac{1}{2}AC=\frac{1}{2}EG$$

◯四角形 AEGC は長方形であるから　AC=EG

$AI /\!/ EG$ であるから

$$EP : PI = EG : AI = EG : \frac{1}{2}EG = 2 : 1$$

IB＝DI であるから，EI は △BDE の中線であり，点Pはその中線を 2：1 に内分する。
1つの中線を 2：1 に内分する点が重心であるから，点Pは △BDE の重心である。

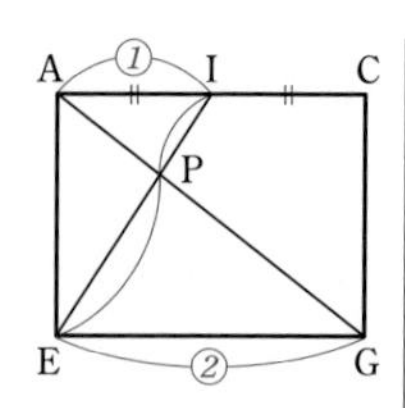

演習 35 △ABC の辺 AB, BC, CA の中点をそれぞれ L, M, N とする。このとき，△ABC の重心と △LMN の重心は一致することを証明しなさい。

HINT △ABC の中線と △LMN の中線が一致することを示す。

△ABC の重心をGとする。
△ABC において，点 L，N はそれぞれ辺 AB，AC の中点であるから，中点連結定理により　　LN∥BC
よって，線分 AM と LN の交点をPとすると，△ABM において，中点連結定理の逆により，点Pは線分 AM の中点である。

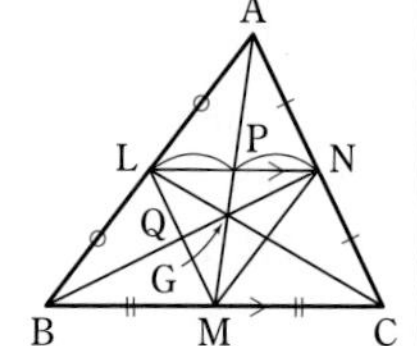

CHART　中点連結定理
中点2つ　平行で半分

よって，中点連結定理により　　$LP=\frac{1}{2}BM$，$NP=\frac{1}{2}CM$

BM＝CM であるから　　LP＝NP
よって，点Pは線分 LN の中点であるから，線分 MP は △LMN の中線である。
また，線分 BN と LM の交点をQとすると，同様にして，線分 NQ は △LMN の中線である。
△LMN の中線 MP，NQ の交点はGであるから，△LMN の重心は点Gである。
よって，△ABC の重心と △LMN の重心は一致する。

⇦四角形 ALMN が平行四辺形になることを利用してもよい。

演習 36 右の図の四角形 ABCD において，AE：ED＝CF：FB＝2：3 である。四角形 ABCD の面積が 100 cm² であるとき，△ABE と △CDF の面積の和を求めなさい。

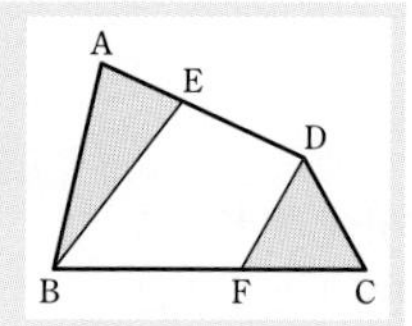

△ABE：△ABD＝AE：AD＝2：5
△CDF：△CDB＝CF：CB＝2：5
よって　　△ABE＋△CDF

$=\frac{2}{5}\triangle ABD+\frac{2}{5}\triangle CDB$

$=\frac{2}{5}(\triangle ABD+\triangle CDB)$

$=\frac{2}{5}\times 100=$ **40 (cm²)**

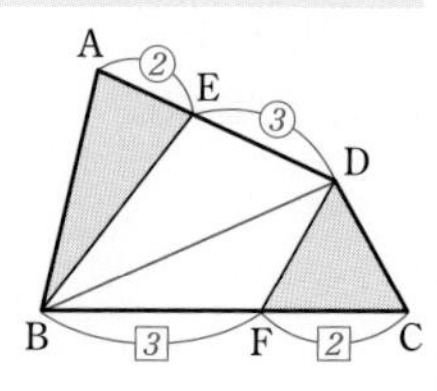

⇦△ABD＋△CDB＝(四角形 ABCD)

演習 37 右の図のような AD∥BC の台形 ABCD がある。辺 AB 上の点Eから BC と平行な直線を引き，BD, CD との交点をそれぞれ F, G とする。また，AB=12cm, BC=10cm, AD=5cm とする。AE=$x$cm とするとき，次の問いに答えなさい。

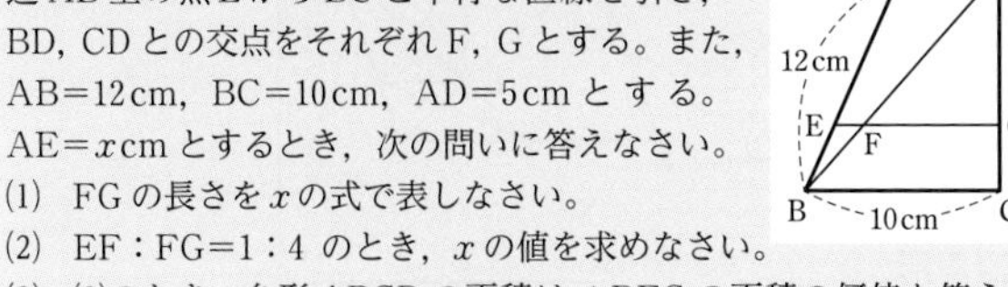

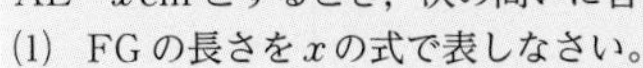

(1) FG の長さを x の式で表しなさい。
(2) EF：FG=1：4 のとき，x の値を求めなさい。
(3) (2)のとき，台形 ABCD の面積は △DFG の面積の何倍か答えなさい。

HINT (3) △DFG の面積を基準にして，△DBC の面積を表し，さらに △DBC の面積を基準にして △ABD の面積を表す。

(1) AD∥EG∥BC であるから

DG：DC=AE：AB=x：12

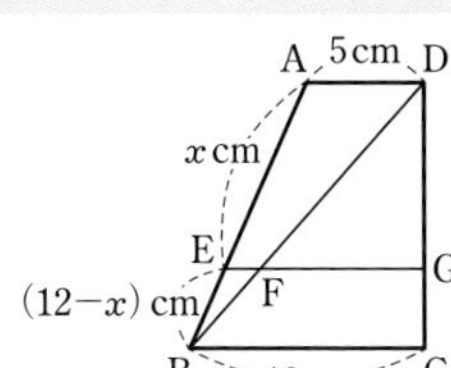

△DBC において

FG：BC=DG：DC

すなわち　FG：10=x：12

よって　　**FG=$\frac{5}{6}x$ cm**

(2) △ABD において，EF∥AD であるから

EF：AD=BE：BA

すなわち　EF：5=(12−x)：12

よって　　EF=$\frac{5}{12}(12-x)$

EF：FG=1：4 であるから

$$\frac{5}{12}(12-x):\frac{5}{6}x=1:4$$

よって　　$\frac{5}{6}x=4\times\frac{5}{12}(12-x)$

これを解くと　　**$x=8$**

(3) △DFG=S とする。

◀△DFG の面積を基準と考え，S とする。

FG∥BC であるから　　△DFG∽△DBC

DF：DB=AE：AB より，

DF：DB=8：12=2：3

であるから，面積比は

△DFG：△DBC=2^2：3^2=4：9

よって　　△DBC=$\frac{9}{4}S$

また，△ABD：△DBC=AD：BC=1：2 であるから

△ABD=$\frac{1}{2}$△DBC=$\frac{1}{2}\times\frac{9}{4}S=\frac{9}{8}S$

CHART
三角形の面積比
等高なら底辺の比

よって，台形 ABCD の面積は

△ABD+△DBC=$\frac{9}{8}S+\frac{9}{4}S=\frac{27}{8}S$

◀台形 ABCD の面積を S で表す。

であるから，台形 ABCD の面積は △DFG の **$\frac{27}{8}$ 倍** である。

演習 38 ▱ABCD の辺 AD，BC の中点をそれぞれ E，F とする。線分 AC，DF の交点を G とし，GH∥AD となるように辺 DC 上に点 H をとる。このとき，四角形 EGFH の面積は，▱ABCD の面積の何倍か答えなさい。

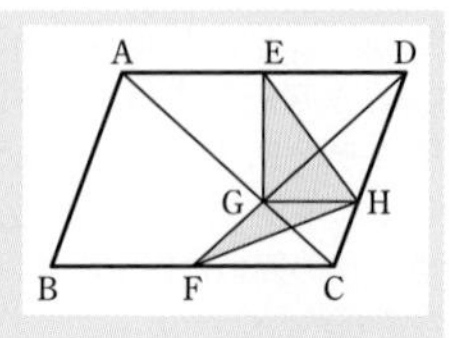

HINT 面積を求めやすい図形に等積変形する。

▱ABCD の面積を S，四角形 EGFH の面積を T とする。

GH∥ED であるから

$\triangle GEH = \triangle GDH$

GH∥FC であるから

$\triangle GFH = \triangle GCH$

よって　$T = \triangle GEH + \triangle GFH = \triangle GDH + \triangle GCH$

$= \triangle CGD$

AD∥FC であるから　AG：GC＝AD：FC＝2：1

ゆえに　$\triangle CGD : \triangle CAD = CG : CA$

$= 1 : (1+2) = 1 : 3$

また，△CAD≡△ACB であるから　$\triangle CAD = \frac{1}{2}S$

よって　$T = \triangle CGD = \frac{1}{3}\triangle CAD$

$= \frac{1}{3} \times \frac{1}{2}S = \frac{1}{6}S$

したがって，四角形 EGFH の面積は，▱ABCD の面積の

$\frac{1}{6}$ **倍** である。

CHART 平行線と面積
平行線で形を変える

⊃$FC = \frac{1}{2}BC = \frac{1}{2}AD$

演習 39 右の図の正方形 ABCD について，AD＝6 cm，BE＝2 cm，BF＝3 cm である。このとき，四角形 AEGD の面積を求めなさい。

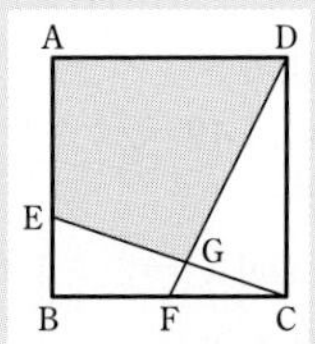

HINT 補助線を引いて，必要な線分の比を求める。

正方形 ABCD の面積は　6×6＝36

また　$\triangle EBC = \frac{1}{2} \times 2 \times 6 = 6\ (cm^2)$

辺 AB の延長と線分 DF の延長の交点を H とする。

BH∥DC であるから

BH：DC＝FB：FC＝3：3＝1：1

よって　BH＝DC＝6 (cm)

EH∥DC であるから

EG：GC＝EH：DC＝(2＋6)：6＝4：3

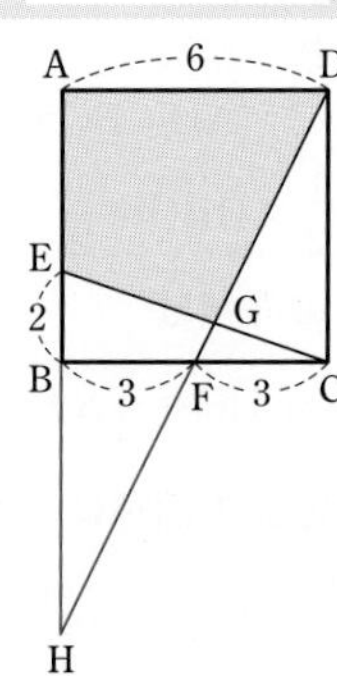

よって　　$\triangle DGC:\triangle DEC=CG:CE$

$$=3:(3+4)=3:7$$

$\triangle DEC=\frac{1}{2}\times 6\times 6=18$ であるから

$$\triangle DGC=\frac{3}{7}\triangle DEC=\frac{3}{7}\times 18=\frac{54}{7}\ (\text{cm}^2)$$

よって　　(四角形 AEGD の面積)$=36-6-\frac{54}{7}$

$$=\mathbf{\frac{156}{7}\ (cm^2)}$$

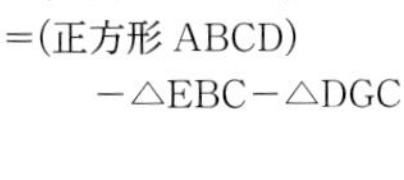

➡(四角形 AEGD)
=(正方形 ABCD)
　−△EBC−△DGC

別解　(EG : GC=4 : 3 を求める部分)

点Fを通り，AB に平行な直線と線分 EC の交点を I とする。

IF // EB であるから

$CI:IE=CF:FB$

$=3:3=1:1$　…… ①

$IF:EB=CF:CB=3:6=1:2$

よって　　$IF=\frac{1}{2}EB=1\ (\text{cm})$

IF // DC であるから　　$IG:GC=IF:DC=1:6$　…… ②

①，② から　　$IG=\frac{1}{14}EC$，　$GC=\frac{3}{7}EC$

➡$IG=\frac{1}{7}CI=\frac{1}{7}\times\frac{1}{2}EC$

$GC=\frac{6}{7}CI$

$=\frac{6}{7}\times\frac{1}{2}EC$

よって　　$EG:GC=(EI+IG):GC$

$$=\left(\frac{1}{2}EC+\frac{1}{14}EC\right):\frac{3}{7}EC$$

$$=\frac{4}{7}EC:\frac{3}{7}EC=4:3$$

演習 40　右の図において，AD : DB=3 : 2，AE : EC=4 : 3 である。線分 BE，CD の交点をO，直線 AO と辺 BC の交点をFとする。このとき，次の比を求めなさい。

(1)　△OAC : △OBC

(2)　△OBA : △OBC

(3)　BF : FC

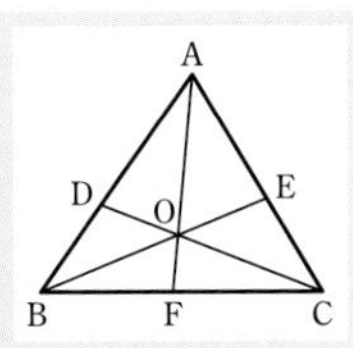

(1)　$\triangle OAC:\triangle OBC=DA:DB=\mathbf{3:2}$

(2)　$\triangle OBA:\triangle OBC=EA:EC=\mathbf{4:3}$

(3)　$BF:FC=\triangle OBA:\triangle OAC$

ここで，(1) から　　$\triangle OAC=\frac{3}{2}\triangle OBC$

(2) から　　$\triangle OBA=\frac{4}{3}\triangle OBC$

よって　　$BF:FC=\frac{4}{3}\triangle OBC:\frac{3}{2}\triangle OBC=\mathbf{8:9}$

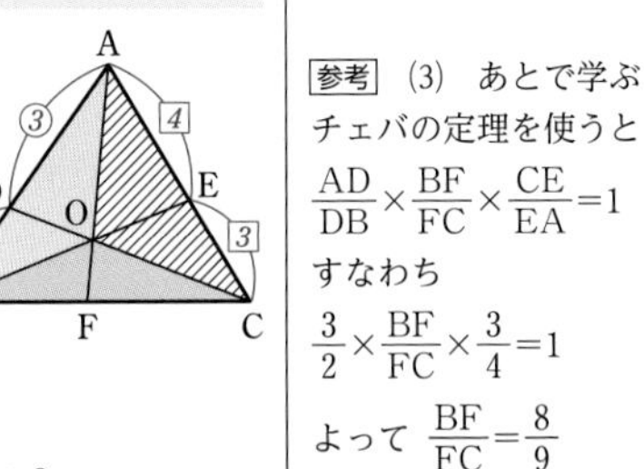

参考　(3)　あとで学ぶチェバの定理を使うと

$\frac{AD}{DB}\times\frac{BF}{FC}\times\frac{CE}{EA}=1$

すなわち

$\frac{3}{2}\times\frac{BF}{FC}\times\frac{3}{4}=1$

よって　$\frac{BF}{FC}=\frac{8}{9}$

$BF:FC=8:9$

演習 41 △ABC の辺 AB を 1：3 に内分する点を D，辺 AC を 2：1 に内分する点を E とする。線分 DE 上に，$\triangle PBC=\frac{1}{2}\triangle ABC$ となるように点 P をとる。△APD の面積を x cm²，△EPC の面積を y cm² とするとき，次の問いに答えなさい。

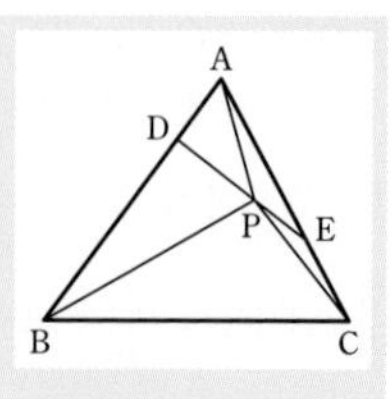

(1) △ADE，△PBC の面積を，x，y を用いて表しなさい。
(2) △ABC の面積が 30 cm² であるとき，x，y の値を求めなさい。

(1) $\triangle APE:\triangle EPC=AE:EC=2:1$

よって　$\triangle APE=2\triangle EPC=2y$

したがって

$\boldsymbol{\triangle ADE}=\triangle APD+\triangle APE$

$=\boldsymbol{x+2y\,(cm^2)}$

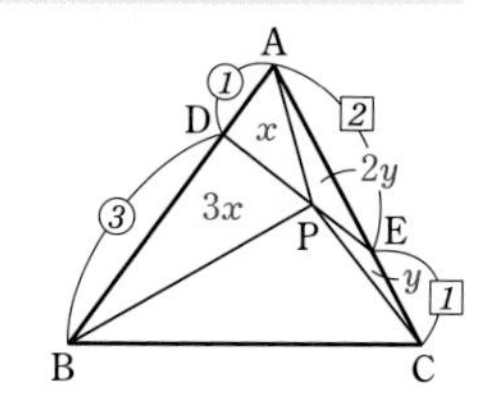

$\triangle BPD:\triangle APD=BD:DA=3:1$

よって　$\triangle BPD=3\triangle APD=3x$

$\triangle PBC=\frac{1}{2}\triangle ABC$ であるから

$\boldsymbol{\triangle PBC}=\triangle BPD+\triangle APD+\triangle APE+\triangle EPC$

$=3x+x+2y+y$

$=\boldsymbol{4x+3y\,(cm^2)}$

◀△ABC から △PBC を取り除いた部分の面積は △PBC の面積に等しい。

(2) $\triangle ADE=\frac{AD}{AB}\times\frac{AE}{AC}\times\triangle ABC=\frac{1}{4}\times\frac{2}{3}\times30=5$

よって，(1) から　$x+2y=5$　…… ①

また　$\triangle PBC=\frac{1}{2}\triangle ABC=15$

よって，(1) から　$4x+3y=15$　…… ②

①，② を解くと　$\boldsymbol{x=3,\ y=1}$

◀①×4−② から $5y=5$
よって　$y=1$
① に代入して　$x=3$

演習 42 △ABC の内部に点 P をとり，直線 AP と辺 BC の交点を D，直線 BP と辺 CA の交点を E，直線 CP と辺 AB の交点を F とする。このとき，次の等式が成り立つことを証明しなさい。

$$\frac{PD}{AD}+\frac{PE}{BE}+\frac{PF}{CF}=1$$

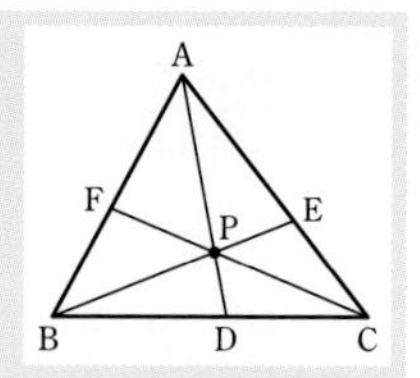

HINT 線分の比を，底辺が等しい三角形の面積比と考える。

$\triangle ABC:\triangle PBC=AD:PD$ であるから

$$\frac{PD}{AD}=\frac{\triangle PBC}{\triangle ABC}$$

同様にして　$$\frac{PE}{BE}=\frac{\triangle PCA}{\triangle ABC}$$

$$\frac{PF}{CF}=\frac{\triangle PAB}{\triangle ABC}$$

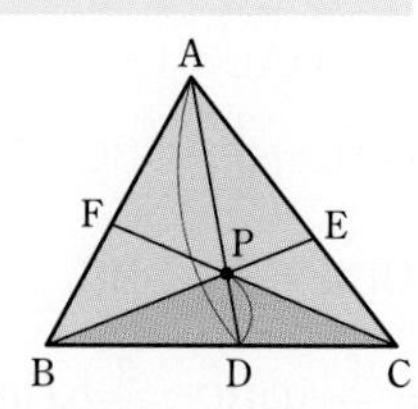

したがって

$$\frac{PD}{AD}+\frac{PE}{BE}+\frac{PF}{CF}=\frac{\triangle PBC}{\triangle ABC}+\frac{\triangle PCA}{\triangle ABC}+\frac{\triangle PAB}{\triangle ABC}$$
$$=\frac{\triangle PBC+\triangle PCA+\triangle PAB}{\triangle ABC}$$
$$=\frac{\triangle ABC}{\triangle ABC}$$
$$=1$$

演習 43

右の図において，点 A, B, C の座標はそれぞれ $(-2,\ 4)$, $(6,\ 0)$, $(8,\ 5)$ である。
$\triangle$ABC の辺 AB 上に $\triangle CDB=\frac{1}{4}\triangle ABC$ となるように点 D をとる。このとき，直線 CD の式を求めなさい。

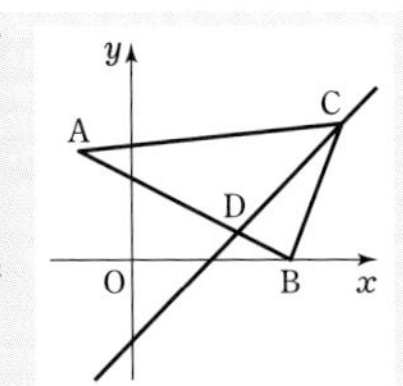

HINT まず，点Dの座標を求める。

$\triangle CDB=\frac{1}{4}\triangle ABC$ であるから

$\triangle ABC:\triangle CDB=4:1$

よって

$AD:DB=(4-1):1=3:1$

点Aから x 軸に垂線 AE を引き，
点Dから，x 軸，線分 AE にそれぞれ垂線 DF，DG を引く。
点Dの座標を $(x,\ y)$ とする。

DF∥AE であるから　　BF：FE＝BD：DA　　（◯ x 座標を考える。）

すなわち　　$(6-x):\{x-(-2)\}=1:3$

よって　　$x=4$

GD∥EB であるから　　AG：GE＝AD：DB　　（◯ y 座標を考える。）

すなわち　　$(4-y):y=3:1$

よって　　$y=1$

したがって，点Dの座標は　　$(4,\ 1)$

求める直線の式を $y=ax+b$ とおく。

$x=4$ のとき $y=1$ であるから　　$1=4a+b$　……①　（◯点Dを通る。）

$x=8$ のとき $y=5$ であるから　　$5=8a+b$　……②　（◯点Cを通る。）

①，② を解くと　　$a=1,\ b=-3$

（◯②−①から　$4=4a$　よって　$a=1$　① に代入して　$b=-3$）

したがって　　$\boldsymbol{y=x-3}$

演習 44

$\triangle$ABC の辺 BC の中点を M とする。線分 AM 上に A, M と異なる点Pをとり，直線 BP と辺 AC，直線 CP と辺 AB の交点をそれぞれ D，E とすると，ED∥BC であることを証明しなさい。

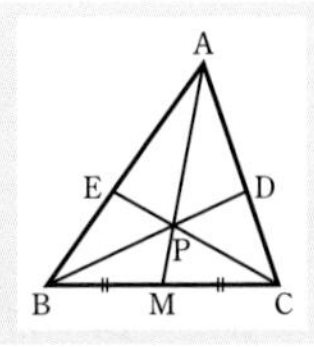

△ABC にチェバの定理を用いると

$$\frac{\mathrm{BM}}{\mathrm{MC}}\times\frac{\mathrm{CD}}{\mathrm{DA}}\times\frac{\mathrm{AE}}{\mathrm{EB}}=1$$

BM＝MC であるから

$$\frac{\mathrm{CD}}{\mathrm{DA}}\times\frac{\mathrm{AE}}{\mathrm{EB}}=1$$

よって　$\dfrac{\mathrm{AE}}{\mathrm{EB}}=\dfrac{\mathrm{AD}}{\mathrm{DC}}$

したがって　ED // BC

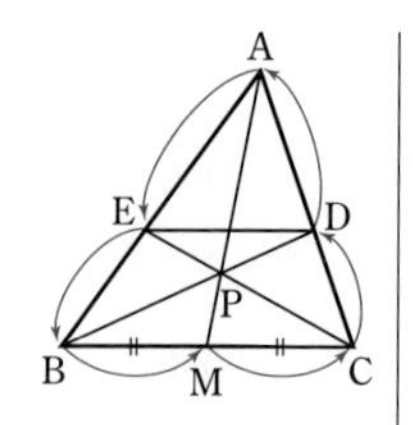

CHART
三角形と1点ならチェバ

⬅AE：EB＝AD：DC

演習 45　△ABC の辺 BC を 3：2 に内分する点を D, 辺 AB を 4：1 に内分する点を E とする。線分 AD と CE の交点を P, 直線 BP と辺 CA との交点を F とする。このとき, 次の比を求めなさい。

(1)　AF：FC　　(2)　AP：PD

(3)　△APF：△ABC

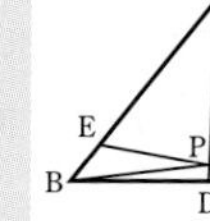

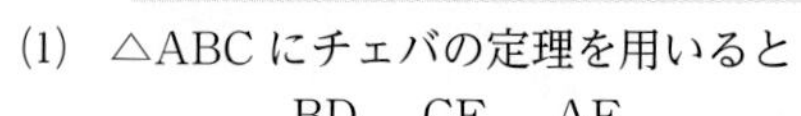

(1)　△ABC にチェバの定理を用いると

$$\frac{\mathrm{BD}}{\mathrm{DC}}\times\frac{\mathrm{CF}}{\mathrm{FA}}\times\frac{\mathrm{AE}}{\mathrm{EB}}=1$$

BD：DC＝3：2, AE：EB＝4：1 であるから

$$\frac{3}{2}\times\frac{\mathrm{CF}}{\mathrm{FA}}\times\frac{4}{1}=1$$

よって　$\dfrac{\mathrm{AF}}{\mathrm{FC}}=6$

したがって　AF：FC＝**6：1**

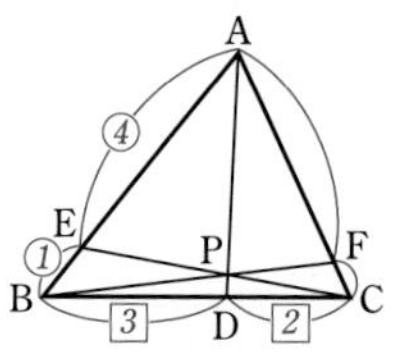
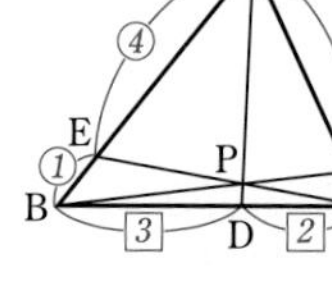

CHART
三角形と1点ならチェバ

(2)　△ABD と直線 EC にメネラウスの定理を用いると

$$\frac{\mathrm{BC}}{\mathrm{CD}}\times\frac{\mathrm{DP}}{\mathrm{PA}}\times\frac{\mathrm{AE}}{\mathrm{EB}}=1$$

BC：CD＝(3＋2)：2＝5：2,
AE：EB＝4：1 であるから

$$\frac{5}{2}\times\frac{\mathrm{DP}}{\mathrm{PA}}\times\frac{4}{1}=1$$

よって　$\dfrac{\mathrm{AP}}{\mathrm{PD}}=10$

したがって　AP：PD＝**10：1**

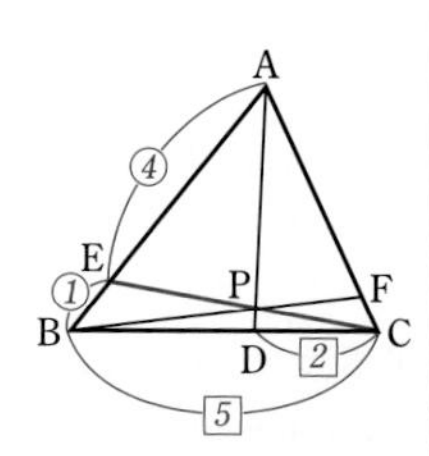

CHART
三角形と1直線ならメネラウス

(3)　$\triangle\mathrm{APF}=\dfrac{6}{7}\triangle\mathrm{APC}=\dfrac{6}{7}\times\dfrac{10}{11}\triangle\mathrm{ADC}$

$$=\frac{6}{7}\times\frac{10}{11}\times\frac{2}{5}\triangle\mathrm{ABC}$$

$$=\frac{24}{77}\triangle\mathrm{ABC}$$

よって　△APF：△ABC＝**24：77**

⬅△APF：△APC
＝AF：AC＝6：7
△APC：△ADC
＝AP：AD＝10：11
△ADC：△ABC
＝DC：BC＝2：5

演習 46 △ABC の辺 BC を 1:2 に内分する点を D，辺 CA を 1:2 に内分する点を E，辺 AB を 1:2 に内分する点を F とし，BE と CF の交点を P，CF と AD の交点を Q，AD と BE の交点を R とする。このとき，△PQR の面積は △ABC の面積の何倍であるか答えなさい。

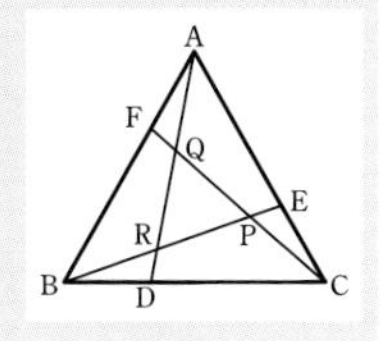

△ABD と直線 CF にメネラウスの定理を用いると

$$\frac{AF}{FB}\times\frac{BC}{CD}\times\frac{DQ}{QA}=1$$

AF：FB＝1：2,
BC：CD＝(1＋2)：2＝3：2 であるから

$$\frac{1}{2}\times\frac{3}{2}\times\frac{DQ}{QA}=1$$

よって　$\frac{DQ}{QA}=\frac{4}{3}$

したがって　DQ：QA＝4：3　……①

△ADC と直線 BE にメネラウスの定理を用いると

$$\frac{AR}{RD}\times\frac{DB}{BC}\times\frac{CE}{EA}=1$$

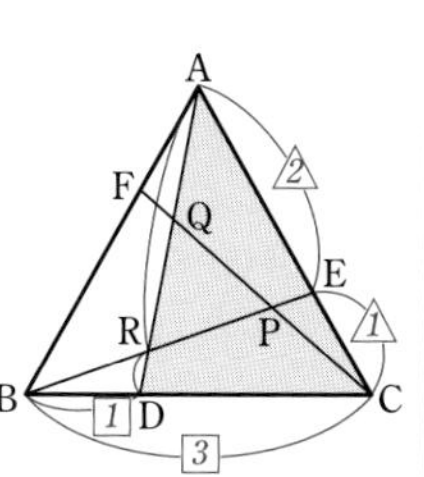

DB：BC＝1：(1＋2)＝1：3,
CE：EA＝1：2 であるから

$$\frac{AR}{RD}\times\frac{1}{3}\times\frac{1}{2}=1$$

よって　$\frac{AR}{RD}=6$

したがって　AR：RD＝6：1　……②

①，② から　AQ：QR：RD＝3：3：1

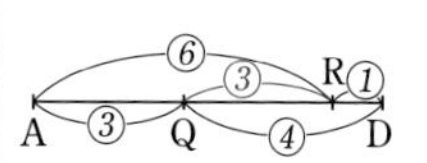

◯上の図のように考えるとよい。

同じようにして

CP：PQ：QF＝3：3：1

よって

$$\triangle PQR=\frac{1}{2}\triangle CQR$$
$$=\frac{1}{2}\times\frac{3}{7}\triangle CAD$$
$$=\frac{1}{2}\times\frac{3}{7}\times\frac{2}{3}\triangle ABC$$
$$=\frac{1}{7}\triangle ABC$$

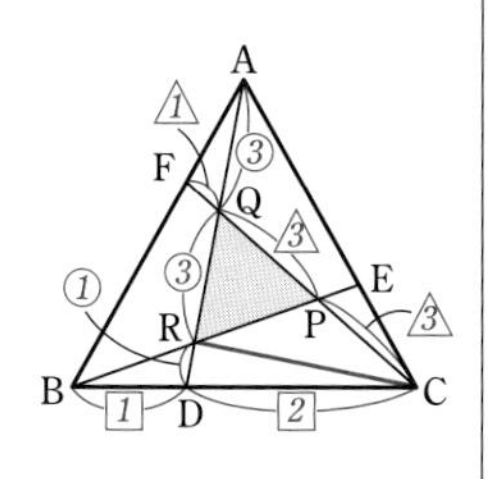

◯PQ：CQ＝3：(3＋3)＝1：2 から
△PQR：△CQR＝1：2
QR：AD＝3：(3＋3＋1)＝3：7 から
△CQR：△CAD＝3：7

したがって　$\mathbf{\frac{1}{7}}$ **倍**

別解 （① を導くまでは同じ）

① から　　$\triangle AQC=\frac{3}{7}\triangle ADC=\frac{3}{7}\times\frac{2}{3}\triangle ABC=\frac{2}{7}\triangle ABC$

同じようにして

$$\triangle BRA=\frac{3}{7}\triangle BEA=\frac{3}{7}\times\frac{2}{3}\triangle BCA=\frac{2}{7}\triangle ABC$$

$$\triangle CPB=\frac{3}{7}\triangle CFB=\frac{3}{7}\times\frac{2}{3}\triangle CAB=\frac{2}{7}\triangle ABC$$

よって　　$\triangle PQR=\triangle ABC-(\triangle AQC+\triangle BRA+\triangle CPB)$

$$=\triangle ABC-3\times\frac{2}{7}\triangle ABC$$

$$=\frac{1}{7}\triangle ABC$$

したがって　　$\mathbf{\frac{1}{7}}$ **倍**

演習 47

(1)　△ABC の内部の点をOとし，∠BOC，∠COA，∠AOB の二等分線と辺 BC，CA，AB との交点をそれぞれ P，Q，R とすると，AP，BQ，CR は 1 点で交わることを証明しなさい。

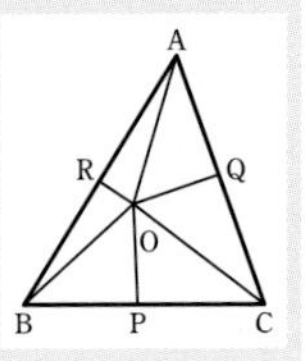

(2)　△ABC の ∠A の外角の二等分線が線分 BC の延長と交わるとき，その交点をDとする。∠B，∠C の二等分線と辺 AC，AB の交点をそれぞれ E，F とすると，3 点 D，E，F は 1 つの直線上にあることを示しなさい。

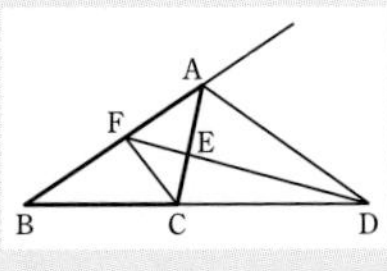

HINT 角の二等分線と線分の比の性質を利用。

(1)　△OBC において，OP は ∠BOC の二等分線であるから

$$\frac{BP}{PC}=\frac{OB}{OC}\quad\cdots\cdots①$$

◯内角の二等分線の定理。
BP：PC＝OB：OC

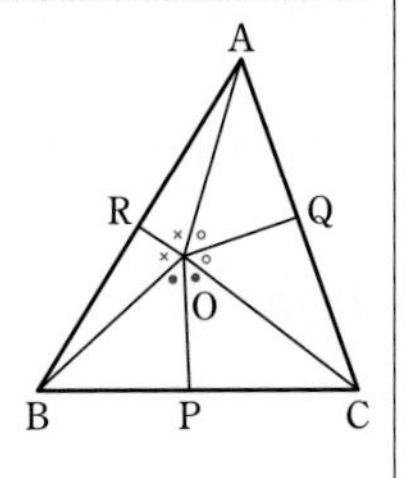

△OCA において，OQ は ∠COA の二等分線であるから

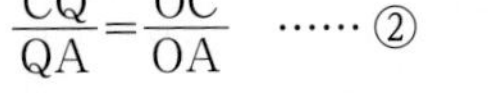

$$\frac{CQ}{QA}=\frac{OC}{OA}\quad\cdots\cdots②$$

△OAB において，OR は ∠AOB の二等分線であるから

$$\frac{AR}{RB}=\frac{OA}{OB}\quad\cdots\cdots③$$

①，②，③ から

$$\frac{BP}{PC}\times\frac{CQ}{QA}\times\frac{AR}{RB}=\frac{OB}{OC}\times\frac{OC}{OA}\times\frac{OA}{OB}=1$$

よって，チェバの定理の逆により，AP，BQ，CR は 1 点で交わる。

(2)　3点D，E，Fのうち，点Dは△ABCの辺BCの延長上，2点E，Fはそれぞれ辺AC，AB上にあり

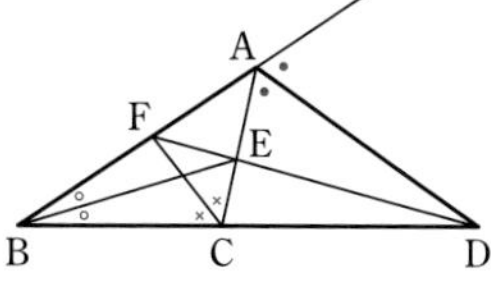
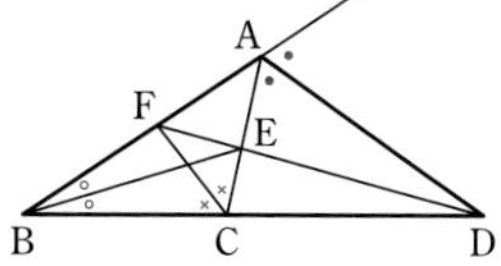

$$\frac{BD}{DC}=\frac{AB}{AC}\quad\cdots\cdots ①,$$

$$\frac{CE}{EA}=\frac{BC}{BA}\quad\cdots\cdots ②,\quad \frac{AF}{FB}=\frac{AC}{BC}\quad\cdots\cdots ③$$

①，②，③から

$$\frac{BD}{DC}\times\frac{CE}{EA}\times\frac{AF}{FB}=\frac{AB}{AC}\times\frac{BC}{BA}\times\frac{AC}{BC}=1$$

よって，メネラウスの定理の逆により，3点D，E，Fは1つの直線上にある。

◯① は外角の二等分線の定理。
②，③ は内角の二等分線の定理。

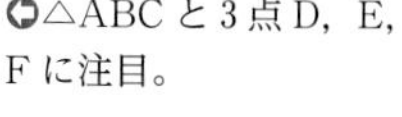

◯△ABC と3点D，E，F に注目。

練習 46 線分 AB を直径とする円Oの弦で，AB と交わらないものを CD とする。点 A，B から直線 CD にそれぞれ垂線 AP，BQ を引くとき，CP＝DQ であることを証明しなさい。

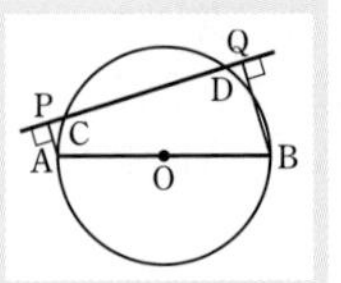

CHART 円の中心と弦 弦には 中心から垂線を引く

中心Oから弦 CD に垂線 OH を引くと，
OH は線分 AP，BQ に平行である。

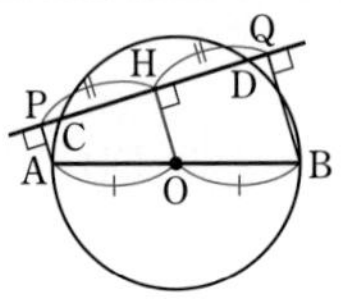

よって　　PH：HQ＝AO：OB＝1：1

⇦平行線と線分の比。

したがって　　PH＝HQ　……①
H は弦 CD の中点であるから
　　CH＝HD　……②
CP＝PH－CH，DQ＝HQ－HD であるから，①，② より
　　CP＝DQ

練習 47 右の図において，点Oは△ABC の外心である。$\angle x$，$\angle y$ の大きさを求めなさい。

(1)

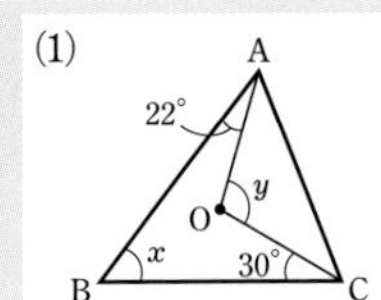

(2)

A
50°
y
O
x
132°
B
C

HINT 外心は外接円の中心。

(1)　2 点 O，B を結ぶ。

⇦OA，OB，OC は外接円の半径。

△OAB において，OA＝OB であるから
　　$\angle \text{OBA}=\angle \text{OAB}=22^\circ$
△OBC において，OB＝OC であるから
　　$\angle \text{OBC}=\angle \text{OCB}=30^\circ$
よって　　$\angle \boldsymbol{x}=\angle \text{OBA}+\angle \text{OBC}$
　　$=22^\circ+30^\circ=\mathbf{52^\circ}$

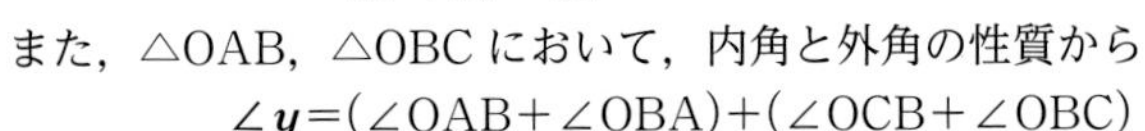

また，△OAB，△OBC において，内角と外角の性質から
　　$\angle \boldsymbol{y}=(\angle \text{OAB}+\angle \text{OBA})+(\angle \text{OCB}+\angle \text{OBC})$
　　$=(22^\circ+22^\circ)+(30^\circ+30^\circ)=\mathbf{104^\circ}$

(2)　△OBC において，OB＝OC であるから　　$\angle \text{OCB}=\angle \text{OBC}=\angle x$
よって　　$2\angle x=180^\circ-\angle \text{BOC}$
　　$=180^\circ-132^\circ=48^\circ$
したがって　　$\angle \boldsymbol{x}=\mathbf{24^\circ}$
△OAC において，OA＝OC であるから
　　$\angle \text{OCA}=\angle \text{OAC}=50^\circ$
△ABC において
　　$2\angle y=180^\circ-(\angle \text{OBC}+\angle \text{BCA}+\angle \text{OAC})$
　　$=180^\circ-(24^\circ+24^\circ+50^\circ+50^\circ)$
　　$=32^\circ$
したがって　　$\angle \boldsymbol{y}=\mathbf{16^\circ}$

⇦OA＝OB から $\angle \text{OAB}=\angle \text{OBA}=\angle y$

練習 48 右の図において，点Hは△ABC の垂心である。∠xの大きさを求めなさい。

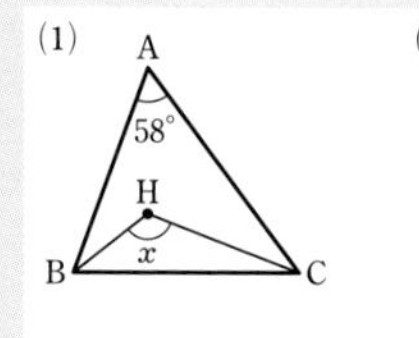

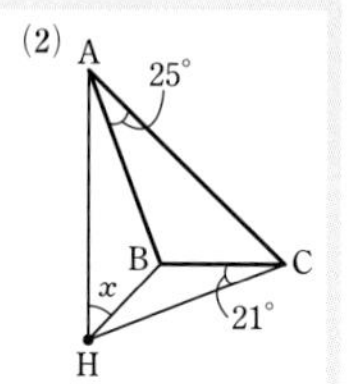

HINT 垂心は三角形の頂点を通る 3 本の垂線の交点。図に垂線をかき入れていく。

(1) 直線 BH と辺 AC の交点を D，直線 CH と辺 AB の交点を E とすると，H は△ABC の垂心であるから

$\angle \mathrm{ADB}=90°$，$\angle \mathrm{AEC}=90°$

よって

$\angle \boldsymbol{x}=\angle \mathrm{EHD}$

$=360°-(\angle \mathrm{EAD}+\angle \mathrm{HDA}+\angle \mathrm{HEA})$

$=360°-(58°+90°+90°)=\mathbf{122°}$

←対頂角は等しい。

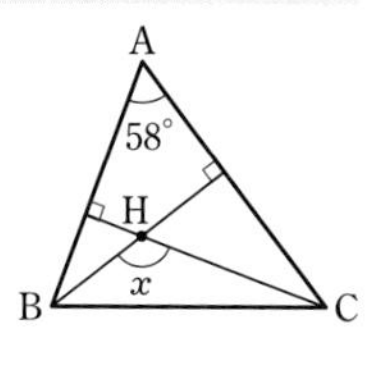

(2) 直線 CH と辺 AB の延長の交点を D，直線 AH と辺 BC の延長の交点を E，直線 BH と辺 AC の交点を F とすると，H は△ABC の垂心であるから

$\angle \mathrm{ADC}=\angle \mathrm{AEC}=\angle \mathrm{AFB}=90°$

よって　$\angle \mathrm{EHC}=90°-\angle \mathrm{ECH}$

$=90°-21°=69°$

$\angle \mathrm{HAD}=90°-\angle \mathrm{AHD}$

$=90°-69°=21°$

したがって　$\angle \boldsymbol{x}=\angle \mathrm{AHF}=90°-\angle \mathrm{HAF}$

$=90°-(21°+25°)=\mathbf{44°}$

←CH は点Cから直線 AB に下ろした垂線。よって　$\angle \mathrm{ADC}=90°$

3章

練習［円］

練習 49 次の図において，∠xの大きさを求めなさい。ただし，O は円の中心である。

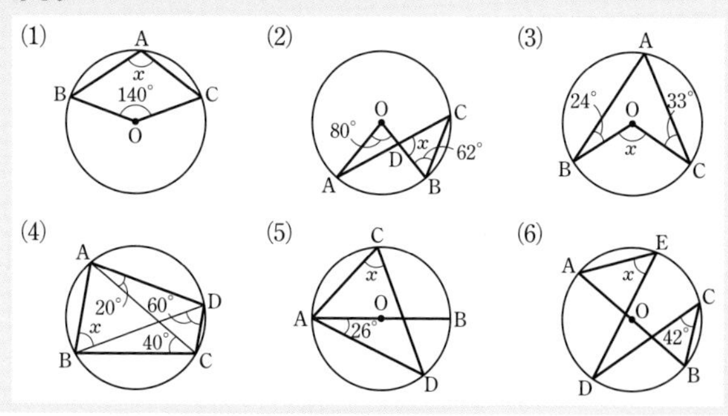

HINT **円周角の定理**

① 円周角は中心角の半分

② 円周角は等しい

(1) 点A を含まない $\overset{\frown}{\mathrm{BC}}$ に対する中心角は

$\angle \mathrm{BOC}=360°-140°=220°$

円周角の定理により

$\angle \boldsymbol{x}=\dfrac{1}{2}\times 220°=\mathbf{110°}$

←円周角は中心角の半分。

(2) 円周角の定理により

$$\angle \mathrm{ACB}=\frac{1}{2}\angle \mathrm{AOB}=\frac{1}{2}\times 80^\circ$$
$$=40^\circ$$

◯円周角は中心角の半分。

△DBC において

$$\angle \boldsymbol{x}=180^\circ-(\angle \mathrm{DBC}+\angle \mathrm{DCB})$$
$$=180^\circ-(62^\circ+40^\circ)=\mathbf{78^\circ}$$

(3) 2 点 A，O を結ぶ。

$$\angle \mathrm{BAC}=\angle \mathrm{OAB}+\angle \mathrm{OAC}$$
$$=\angle \mathrm{OBA}+\angle \mathrm{OCA}$$
$$=24^\circ+33^\circ=57^\circ$$

◯△OAB，△OCA は二等辺三角形。したがって，等辺 ⟶ 等角

円周角の定理により

$$\angle \boldsymbol{x}=2\angle \mathrm{BAC}=2\times 57^\circ=\mathbf{114^\circ}$$

◯中心角は円周角の 2 倍。

(4) 円周角の定理により

$$\angle \mathrm{BAC}=\angle \mathrm{BDC}=60^\circ$$
$$\angle \mathrm{ADB}=\angle \mathrm{ACB}=40^\circ$$

◯$\overset{\frown}{\mathrm{BC}}$ に対する円周角。
◯$\overset{\frown}{\mathrm{AB}}$ に対する円周角。

よって，△ABD において

$$\angle \boldsymbol{x}=180^\circ-(\angle \mathrm{BAC}+\angle \mathrm{DAC}+\angle \mathrm{ADB})$$
$$=180^\circ-(60^\circ+20^\circ+40^\circ)=\mathbf{60^\circ}$$

(5) 2 点 B，D を結ぶ。

∠ADB は半円の弧に対する円周角であるから

$$\angle \mathrm{ADB}=90^\circ$$

△ABD において

$$\angle \mathrm{ABD}=180^\circ-(\angle \mathrm{BAD}+\angle \mathrm{ADB})$$
$$=180^\circ-(26^\circ+90^\circ)=64^\circ$$

円周角の定理により

$$\angle \boldsymbol{x}=\angle \mathrm{ABD}=\mathbf{64^\circ}$$

◯$\overset{\frown}{\mathrm{AD}}$ に対する円周角。

(6) 2 点 A，C を結ぶ。

∠ACB は半円の弧に対する円周角であるから

$$\angle \mathrm{ACB}=90^\circ$$

よって　　$\angle \mathrm{ACD}=90^\circ-42^\circ=48^\circ$

円周角の定理により

$$\angle \boldsymbol{x}=\angle \mathrm{ACD}=\mathbf{48^\circ}$$

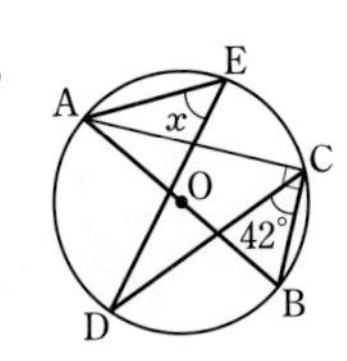

◯$\overset{\frown}{\mathrm{AD}}$ に対する円周角。

練習 50　右の図において，$\angle x$ の大きさを求めなさい。ただし，O は円の中心である。また，(2) において，$\overset{\frown}{\mathrm{AC}}=\overset{\frown}{\mathrm{DE}}$ である。

(1)

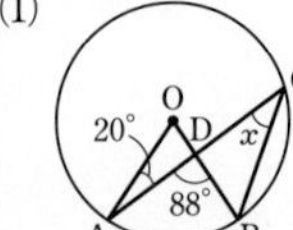
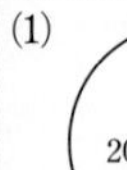

(2)

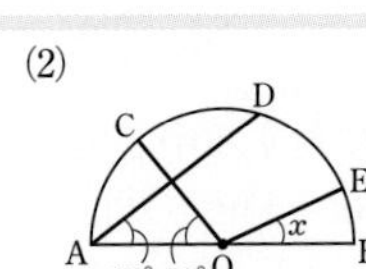

(1)　円周角の定理により

$\angle AOB = 2\angle ACB = 2\angle x$

△OAD において，内角と外角の性質から

$88° = 2\angle x + 20°$

よって　　$\angle \boldsymbol{x} = \mathbf{34°}$

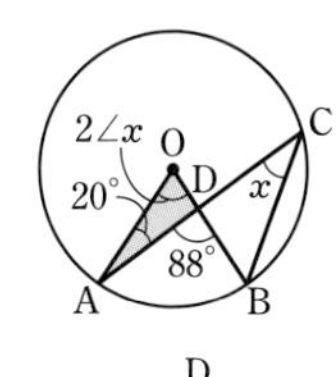

⬅$2\angle x = 68°$

(2)　2 点 O，D を結ぶ。

$\overset{\frown}{DE} = \overset{\frown}{AC}$ であるから

$\angle DOE = \angle AOC = 50°$

∠BOD は $\overset{\frown}{BD}$ に対する中心角であるから　　$\angle x + 50° = 2\angle BAD$

$= 2 \times 37° = 74°$

よって　　$\angle \boldsymbol{x} = \mathbf{24°}$

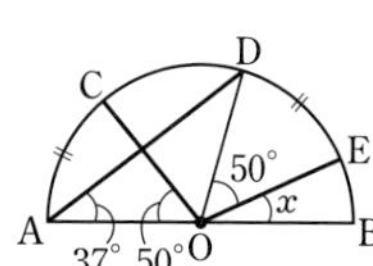

⬅等しい弧に対する中心角は等しい。

練習 51A　右の図において，A，B，……，J は円周を 10 等分する点である。弦 AG，BI の交点を P とするとき，∠GPI の大きさを求めなさい。

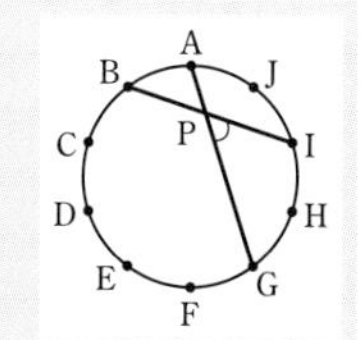

HINT　2 点 B，G を結び，△PBG に着目する。

CHART
円周角は　弧をみる

練習
[円]

2 点 B，G を結ぶ。円周角の定理により

$\angle AGB = 180° \times \dfrac{1}{10} = 18°$

$\angle GBI = 180° \times \dfrac{2}{10} = 36°$

△PBG において，内角と外角の性質から

$\angle GPI = 18° + 36° = \mathbf{54°}$

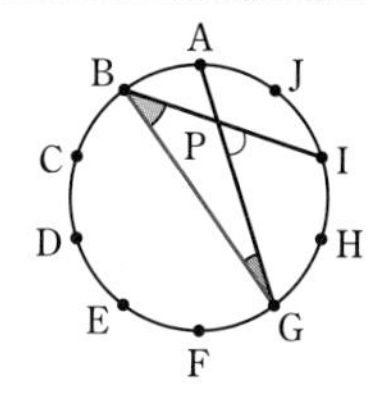

⬅$\overset{\frown}{AB}$ は全円周の $\dfrac{1}{10}$

⬅$\overset{\frown}{GI}$ は全円周の $\dfrac{2}{10}$

練習 51B　右の図において，円の半径は 15 cm である。$\overset{\frown}{AB}$，$\overset{\frown}{CD}$ の長さがそれぞれ $\dfrac{25}{3}\pi$ cm，3π cm であるとき，∠AEB の大きさを求めなさい。

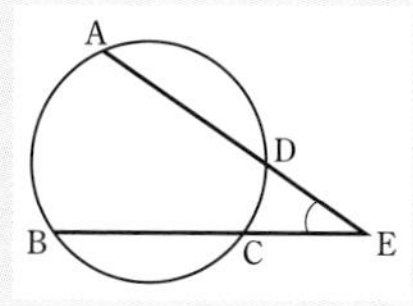

HINT　∠AEB は，$\overset{\frown}{AB}$，$\overset{\frown}{CD}$ に対する円周角の差になる。

CHART
円周角は　弧をみる

2 点 B，D を結ぶ。

円周の長さは　　$2\pi \times 15 = 30\pi$

$\dfrac{25}{3}\pi \div 30\pi = \dfrac{5}{18}$ であるから，$\overset{\frown}{AB}$ は全円周の $\dfrac{5}{18}$ である。

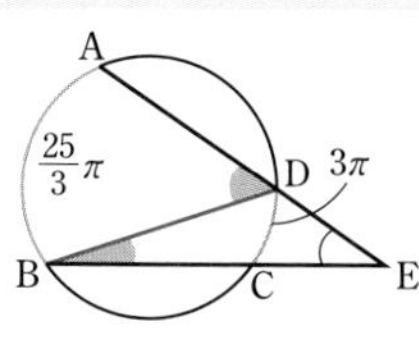

円周角の定理により　　$\angle ADB = 180° \times \dfrac{5}{18} = 50°$

⬅円周角の大きさは弧の長さに比例。

また，$3\pi \div 30\pi = \dfrac{1}{10}$ であるから，$\overset{\frown}{CD}$ は全円周の $\dfrac{1}{10}$ である。

円周角の定理により　　$\angle DBC = 180° \times \dfrac{1}{10} = 18°$

⬅円周角の大きさは弧の長さに比例。

△DBE において，内角と外角の性質から

$$\angle \mathrm{AEB}=50^\circ-18^\circ=\mathbf{32^\circ}$$

練習 52A 右の図において，∠ABD＝∠CBD である。

(1) △ABE∽△DBC であることを証明しなさい。

(2) AB＝17 cm，BC＝16 cm，BD＝18 cm のとき，線分 BE の長さを求めなさい。

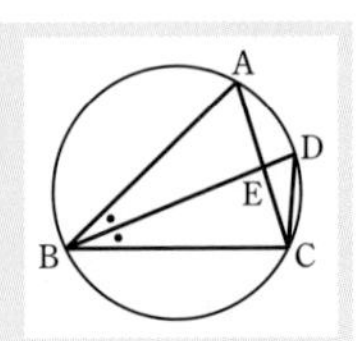

(1) △ABE と △DBC において

仮定から　　∠ABE＝∠DBC

円周角の定理により

∠BAC＝∠BDC

すなわち　　∠BAE＝∠BDC

2 組の角がそれぞれ等しいから

△ABE∽△DBC

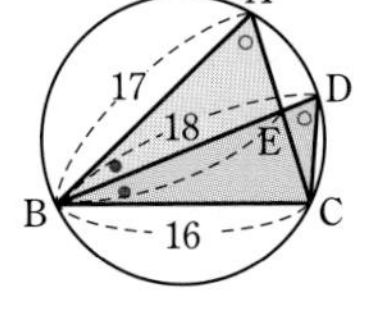

(2) △ABE∽△DBC であるから

AB：DB＝BE：BC

すなわち　　17：18＝BE：16

これを解いて　　BE＝$\mathbf{\dfrac{136}{9}}$ **cm**

➡17×16＝18×BE

練習 52B 右の図において，AB＝32 cm，CD＝20 cm，CE＝15 cm である。
このとき，線分 BE の長さを求めなさい。

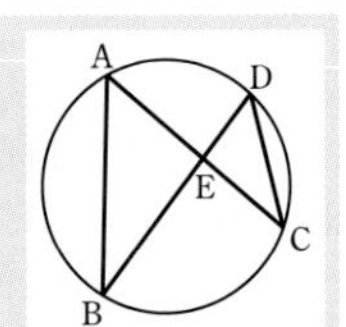

HINT 相似な三角形をさがす。

△ABE と △DCE において

円周角の定理により

∠BAE＝∠CDE

∠ABE＝∠DCE

2 組の角がそれぞれ等しいから

△ABE∽△DCE

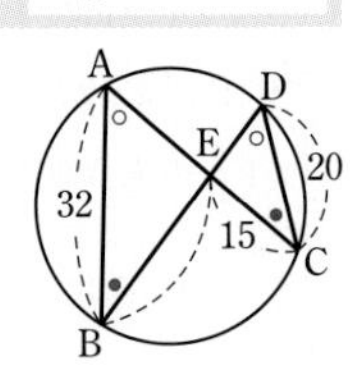

よって　　AB：DC＝BE：CE

すなわち　　32：20＝BE：15

これを解いて　　BE＝**24 cm**

➡32×15＝20×BE

練習 53A 右の図において，AB∥CD である。
このとき，∠APC＝∠BPD であることを証明しなさい。

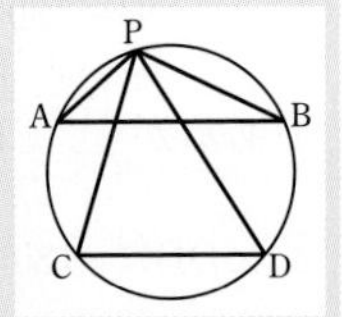

HINT 平行な弦
⟶ 等しい弧

AB∥CD であるから

$\angle ABC = \angle BCD$

等しい円周角に対する弧の長さは等しいから　$\overset{\frown}{AC} = \overset{\frown}{BD}$

長さの等しい弧に対する円周角は等しいから　$\angle APC = \angle BPD$

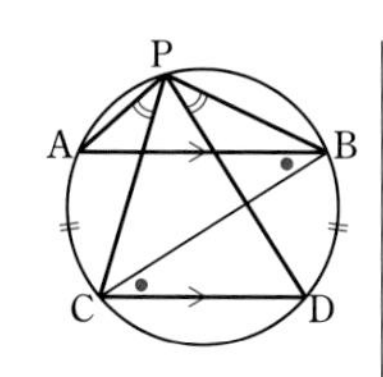

◯錯角は等しい。

練習 53B　右の図の半円において，CD∥AB である。点Dで $\overset{\frown}{BC}$ が 2 等分されるとき，∠ABC, ∠BAC の大きさを求めなさい。

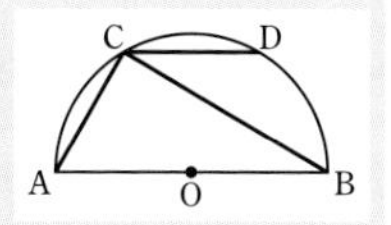

HINT 平行な弦 ⟶ 等しい弧

CD∥AB であるから

$\angle ABC = \angle BCD$

等しい円周角に対する弧の長さは等しいから　$\overset{\frown}{AC} = \overset{\frown}{BD}$　…… ①

点Dで $\overset{\frown}{BC}$ が 2 等分されるから

$\overset{\frown}{CD} = \overset{\frown}{BD}$　…… ②

①，② から，点 C，D は $\overset{\frown}{AB}$ を 3 等分する点である。

よって　$\angle AOC = 180^\circ \div 3 = 60^\circ$

円周角の定理により

$$\angle \mathbf{ABC} = \frac{1}{2}\angle AOC = \frac{1}{2} \times 60^\circ = \mathbf{30^\circ}$$

△OAC において　$2\angle BAC = 180^\circ - 60^\circ$

よって　$\angle \mathbf{BAC} = \mathbf{60^\circ}$

◯錯角は等しい。

◯円周角は中心角の半分。

◯△OAC は OC＝OA の二等辺三角形。

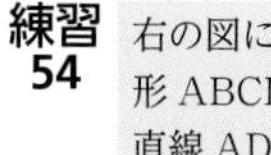

練習 54　右の図において，L，M，N はそれぞれ四角形 ABCD の辺 AB，BC，AD の中点であり，直線 AD，LM の交点を P，直線 BC，LN の交点を Q とする。

このとき，4 点 M，N，P，Q は 1 つの円周上にあることを証明しなさい。

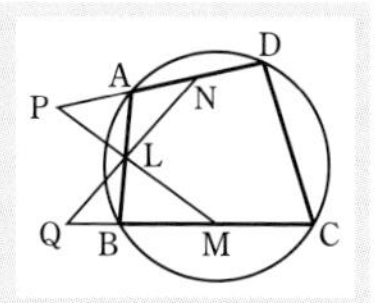

HINT 円周角の定理の逆を利用。等しい角をさがす。

△ABD において，点 L，N はそれぞれ辺 AB，AD の中点であるから，中点連結定理により　LN∥BD

よって　$\angle ANL = \angle ADB$　…… ①

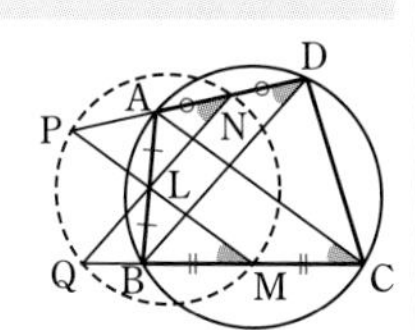

また，△BCA において，点 M，L はそれぞれ辺 BC，BA の中点であるから，中点連結定理により　ML∥CA

よって　$\angle BML = \angle BCA$　…… ②

また，円周角の定理により

$\angle ADB = \angle BCA$　…… ③

①～③ から　$\angle ANL = \angle BML$

したがって，2 点 N，M は直線 PQ の同じ側にあり，$\angle PNQ = \angle PMQ$ である。

◯同位角は等しい。

◯同位角は等しい。

よって，円周角の定理の逆により，4 点 M，N，P，Q は 1 つの円周上にある。

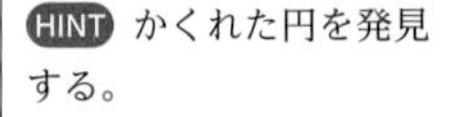

練習 55 次の図において，$\angle x$ の大きさを求めなさい。

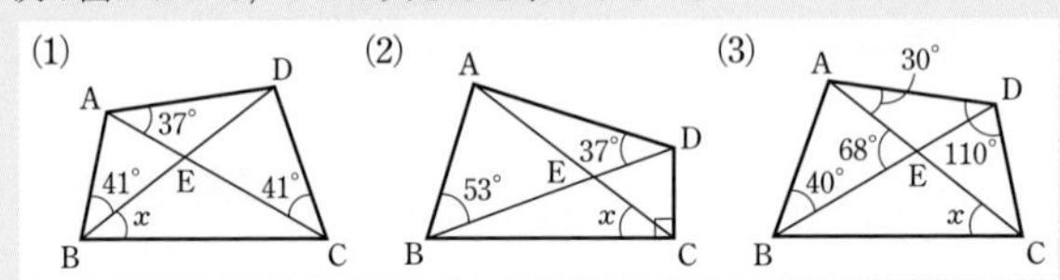

HINT かくれた円を発見する。

(1) 2 点 B，C は直線 AD の同じ側にあり，$\angle ABD = \angle ACD$ であるから，円周角の定理の逆により，4 点 A，B，C，D は 1 つの円周上にある。

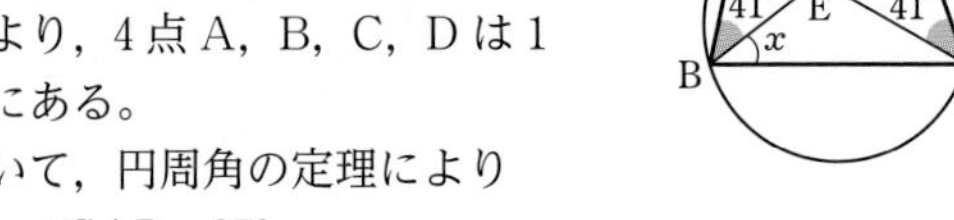

その円において，円周角の定理により

$\angle \boldsymbol{x} = \angle CAD = \mathbf{37^\circ}$

(2) $\angle BCD = 90^\circ$ であるから，3 点 B，C，D は BD を直径とする円周上にある。

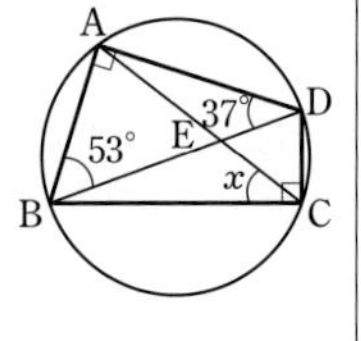

また，△ABD において

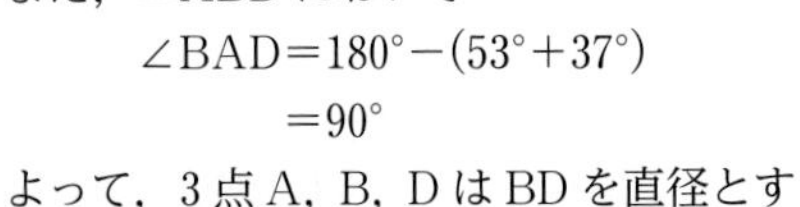

$\angle BAD = 180^\circ - (53^\circ + 37^\circ)$

$= 90^\circ$

よって，3 点 A，B，D は BD を直径とする円周上にある。

したがって，4 点 A，B，C，D は BD を直径とする円周上にある。

CHART 直角 2 つで　円くなる

その円において，円周角の定理により

$\angle \boldsymbol{x} = \angle ADB = \mathbf{37^\circ}$

(3) △ACD において

$\angle ACD = 180^\circ - (30^\circ + 110^\circ)$

$= 40^\circ$

よって，2 点 B，C は直線 AD の同じ側にあり，$\angle ABD = \angle ACD$ であるから，円周角の定理の逆により，4 点 A，B，C，D は 1 つの円周上にある。

その円において，円周角の定理により

$\angle x = \angle ADB$

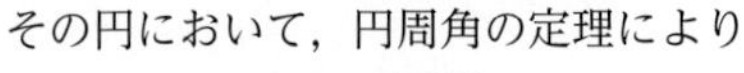

ここで，△ADE において，内角と外角の性質により

$\angle ADB = 68^\circ - 30^\circ = 38^\circ$

よって　　$\angle \boldsymbol{x} = \mathbf{38^\circ}$

練習 56 次の図において，$\angle x$，$\angle y$ の大きさを求めなさい。

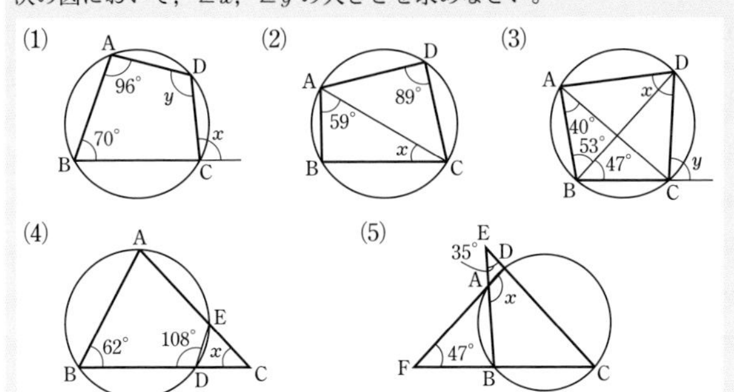

HINT 円に内接する四角形の性質
① 対角の和が 180°
② 内角はその対角の外角に等しい

(1) 四角形 ABCD は円に内接しているから

$\angle \boldsymbol{x}=\angle \mathrm{BAD}=\mathbf{96^\circ}$

また　$\angle y+70^\circ=180^\circ$　よって　$\angle \boldsymbol{y}=\mathbf{110^\circ}$

(2) 四角形 ABCD は円に内接しているから

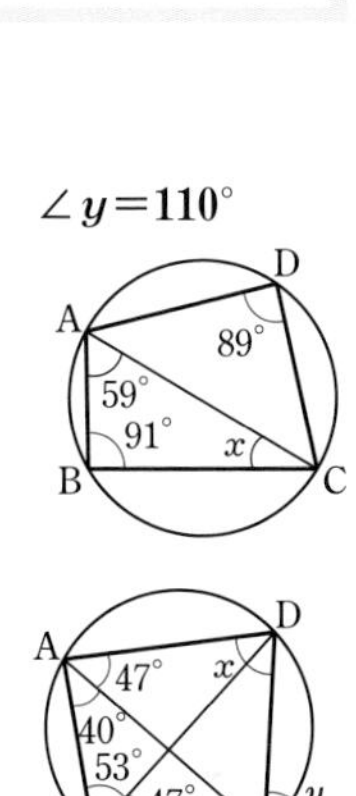

$\angle \mathrm{ABC}+89^\circ=180^\circ$

よって　$\angle \mathrm{ABC}=91^\circ$

△ABC において

$\angle \boldsymbol{x}=180^\circ-(59^\circ+91^\circ)=\mathbf{30^\circ}$

(3) 四角形 ABCD は円に内接しているから

$\angle \mathrm{ABC}+\angle x=180^\circ$

よって　$\angle \boldsymbol{x}=180^\circ-(53^\circ+47^\circ)=\mathbf{80^\circ}$

円周角の定理により

$\angle \mathrm{DAC}=\angle \mathrm{DBC}=47^\circ$

四角形 ABCD は円に内接しているから

$\angle \boldsymbol{y}=\angle \mathrm{DAB}=47^\circ+40^\circ=\mathbf{87^\circ}$

(4) 四角形 ABDE は円に内接しているから

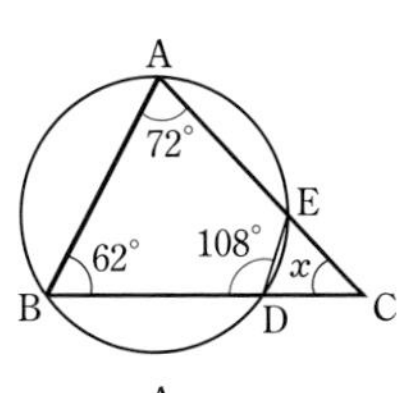

$\angle \mathrm{EAB}+108^\circ=180^\circ$

よって　$\angle \mathrm{EAB}=72^\circ$

△ABC において

$\angle \boldsymbol{x}=180^\circ-(72^\circ+62^\circ)=\mathbf{46^\circ}$

別解　$\angle \mathrm{EDC}=180^\circ-108^\circ=72^\circ$

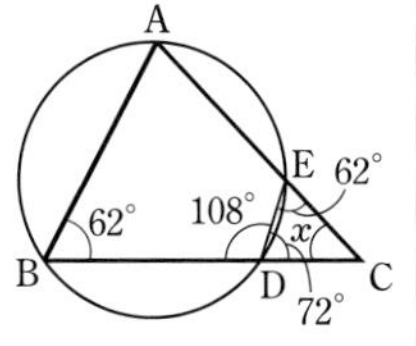

四角形 ABDE は円に内接しているから

$\angle \mathrm{CED}=\angle \mathrm{ABD}=62^\circ$

△CDE において

$\angle \boldsymbol{x}=180^\circ-(72^\circ+62^\circ)=\mathbf{46^\circ}$

(5) 四角形 ABCD は円に内接しているから

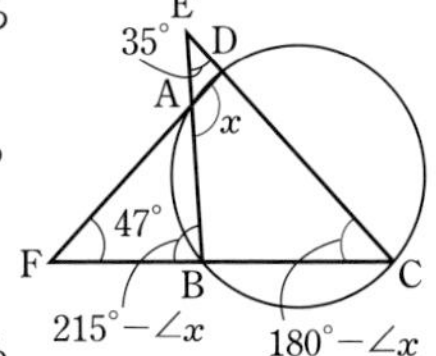

$\angle \mathrm{BCD}=180^\circ-\angle x$

△EBC において，内角と外角の性質から

$\angle \mathrm{EBF}=35^\circ+(180^\circ-\angle x)$

$=215^\circ-\angle x$

△AFB において，内角と外角の性質から

$\angle x=47^\circ+(215^\circ-\angle x)$

これを解いて　　$\boldsymbol{\angle x=131^\circ}$

$2\angle x=262^\circ$

練習 57

右の図において，$AB=4$ cm，$BC=8$ cm，$CF=3$ cm，$FA=3$ cm，$EF=4$ cm である。
このとき，線分 FG の長さを求めなさい。

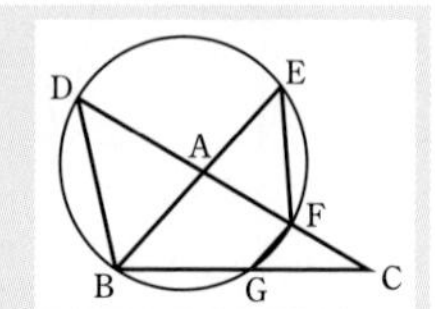

CHART 交わる 2 弦
三角形の相似にもちこむ
DF と BE，DF と BG が交わる 2 弦である。

△ADB と △AEF において
対頂角は等しいから
$\angle DAB=\angle EAF$
円周角の定理により
$\angle BDA=\angle FEA$
2 組の角がそれぞれ等しいから
$\triangle ADB \backsim \triangle AEF$
よって　　$AB:AF=DB:EF$
すなわち　　$4:3=DB:4$　　　したがって　　$DB=\frac{16}{3}$

$4\times4=3\times DB$

また，△CBD と △CFG において
共通な角であるから　　$\angle BCD=\angle FCG$
四角形 DBGF は円に内接しているから
$\angle BDC=\angle FGC$
2 組の角がそれぞれ等しいから　　$\triangle CBD \backsim \triangle CFG$
よって　　$BC:FC=BD:FG$
すなわち　　$8:3=\frac{16}{3}:FG$　　　したがって　　$FG=\mathbf{2}$ **cm**

$8\times FG=3\times\frac{16}{3}$

練習 58A

△ABC の外接円の弧 AB，AC 上に，それぞれ 2 点 D，E を $\overset{\frown}{AD}=\overset{\frown}{AE}$ となるようにとる。弦 DE と △ABC の辺 AB，AC との交点をそれぞれ F，G とするとき，四角形 FBCG は円に内接することを証明しなさい。

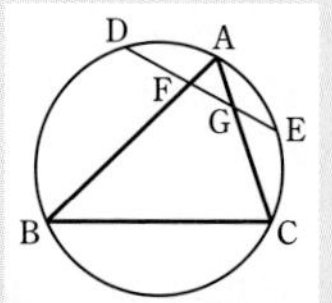

HINT 等しい 2 つの角をさがす。

線分 BE，CD を引く。
$\overset{\frown}{AD}=\overset{\frown}{AE}$ であるから
$\angle ACD=\angle FBE$
円周角の定理により
$\angle BCD=\angle BEF$
よって　　$\angle GCB=\angle ACD+\angle BCD$
$=\angle FBE+\angle BEF$
△FBE において，内角と外角の性質から
$\angle FBE+\angle BEF=\angle BFD$
したがって　　$\angle GCB=\angle BFD$
よって，四角形 FBCG は円に内接する。

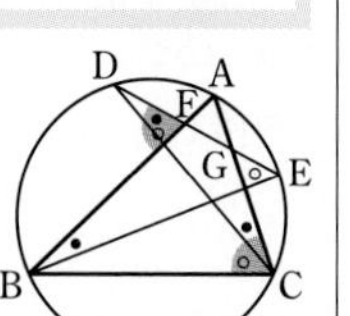

長さの等しい弧に対する円周角は等しい。

三角形について，外角は内対角の和。

練習 58B 鋭角三角形 ABC の頂点Aから辺 BC へ垂線 AD を引き，点Dから辺 AB，AC へそれぞれ垂線 DE, DF を引く。このとき，次のことを証明しなさい。
(1) 4点 A，E，D，F は1つの円周上にある。
(2) 4点 B，C，F，E は1つの円周上にある。

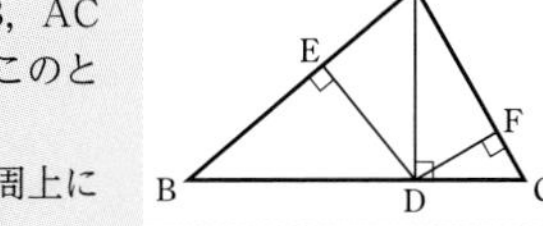

HINT (1)は(2)のヒント。(2)では，(1)の円をかいて考える。

(1) $\angle \mathrm{AED}=90^\circ$，$\angle \mathrm{DFA}=90^\circ$ であるから

$$\angle \mathrm{AED}+\angle \mathrm{DFA}=90^\circ+90^\circ=180^\circ$$

よって，4点 A，E，D，F は1つの円周上にある。

CHART
直角2つで　円くなる

(2) (1)から，右の図のような4点 A，E，D，F を通る円がかける。
その円において，円周角の定理により

$\angle \mathrm{AFE}=\angle \mathrm{ADE}$ ……①

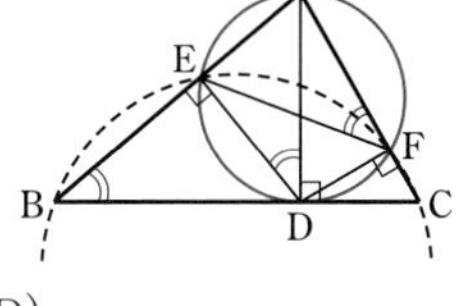

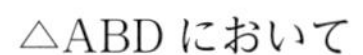

△ABD において

$$\angle \mathrm{ABD}=180^\circ-(90^\circ+\angle \mathrm{BAD})$$
$$=90^\circ-\angle \mathrm{BAD}$$

◯$\angle \mathrm{ADB}=90^\circ$

△ADE において

$$\angle \mathrm{ADE}=180^\circ-(90^\circ+\angle \mathrm{EAD})$$
$$=90^\circ-\angle \mathrm{BAD}$$

◯$\angle \mathrm{AED}=90^\circ$

よって　$\angle \mathrm{ABD}=\angle \mathrm{ADE}$ ……②

①，② から　$\angle \mathrm{AFE}=\angle \mathrm{ABD}$

したがって，4点 B，C，F，E は1つの円周上にある。

◯1つの内角が，その対角の外角に等しい。

練習 59 円に内接する四角形 ABCD において，AB=BC=7，CD=5，DA=3，BD=8 であるとき，トレミーの定理

$$\mathrm{AB}\times\mathrm{CD}+\mathrm{AD}\times\mathrm{BC}=\mathrm{AC}\times\mathrm{BD}$$

を用いて，対角線 AC の長さを求めなさい。

円に内接する四角形 ABCD について，トレミーの定理により

$7\times5+3\times7=\mathrm{AC}\times8$　　これを解いて　$\mathrm{AC}=\mathbf{7}$

練習 60A 右の図において，$\angle x$ の大きさを求めなさい。(1) では，AB，AC は円の接線であり，(2) では，AB は円の接線で，O は円の中心である。

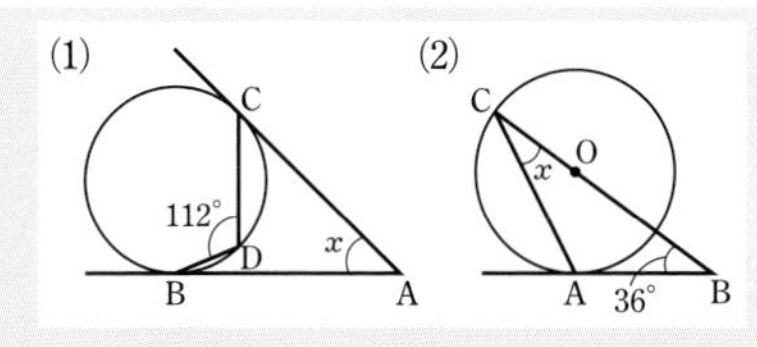

HINT 円の接線には，中心から半径を引く。
⟶ 接線は半径に垂直。

(1) 円の中心をOとし，半径 OB，OC を引く。
AB，AC は円の接線であるから

$$\angle \mathrm{OBA}=\angle \mathrm{OCA}=90^\circ$$

ここで，$\angle \mathrm{CDB}$ は，D を含まない $\overset{\frown}{\mathrm{CB}}$ に対する円周角であるから，その弧に対する中心角は　$2\times\angle \mathrm{CDB}=2\times112^\circ=224^\circ$

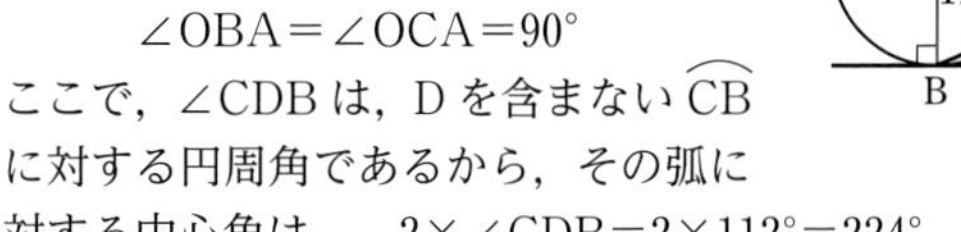

よって，四角形 OBAC において

$$\angle \boldsymbol{x}=360^\circ-(\angle \mathrm{BOC}+90^\circ+90^\circ)$$
$$=360^\circ-\{(360^\circ-224^\circ)+90^\circ+90^\circ\}=\mathbf{44^\circ}$$

(2) 半径 OA を引く。

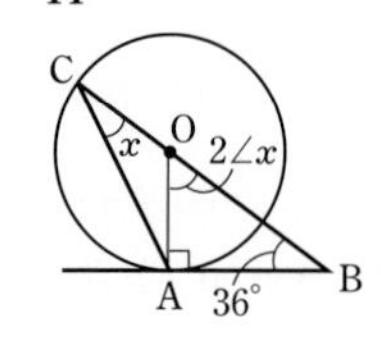

AB は円の接線であるから

$\angle \mathrm{OAB}=90^\circ$

円周角の定理により

$\angle \mathrm{AOB}=2\times\angle \mathrm{ACB}=2\angle x$

よって，△OAB において　$2\angle x+90^\circ+36^\circ=180^\circ$

これを解いて　$\angle \boldsymbol{x}=\mathbf{27^\circ}$

◯$2\angle x=54^\circ$

練習 60B　円Oの半径と同じ長さの弦 AB について，点Aにおける円の接線と直線 OB の交点をCとする。このとき，点Bは線分 OC の中点であることを証明しなさい。

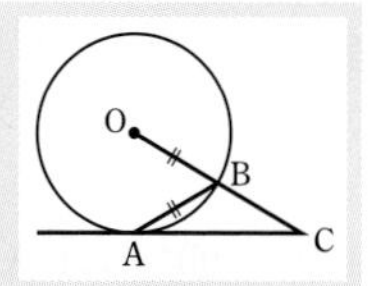

HINT 接線には，中心から半径を引く。

半径 OA を引く。AC は円の接線であるから　$\angle \mathrm{OAC}=90^\circ$

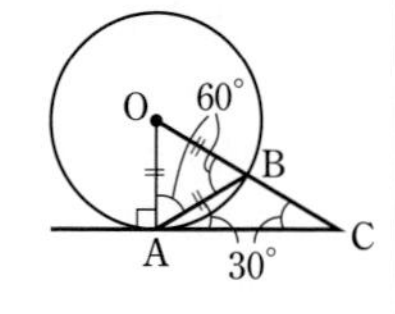

また，OA=OB であり，仮定より OB=AB であるから，△OAB は正三角形である。

よって　$\angle \mathrm{OAB}=\angle \mathrm{OBA}=60^\circ$

したがって　$\angle \mathrm{BAC}=\angle \mathrm{OAC}-\angle \mathrm{OAB}=90^\circ-60^\circ=30^\circ$

よって，△BAC において，内角と外角の性質から

$\angle \mathrm{BCA}=60^\circ-30^\circ=30^\circ$

◯$\angle \mathrm{OBA}-\angle \mathrm{BAC}$

したがって，$\angle \mathrm{BAC}=\angle \mathrm{BCA}$ となるから，△BAC は BA=BC の二等辺三角形である。

◯等角 ⟶ 等辺

これと OB=AB から　OB=BC

したがって，点Bは線分 OC の中点である。

練習 61A　△ABC において，AB=12 cm，BC=14 cm，CA=10 cm である。△ABC の内接円が辺 AB，BC，CA と接する点をそれぞれ P，Q，R とするとき，線分 BQ の長さを求めなさい。

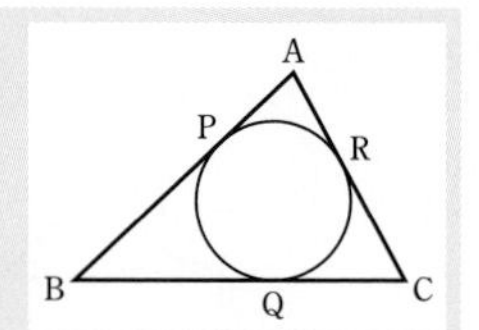

HINT 円の外部の点から引いた 2 本の接線の長さは等しい。

BQ=x cm とおく。

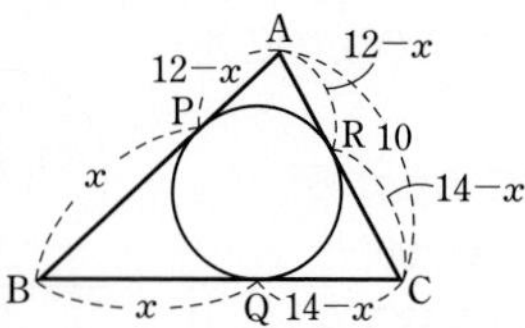

点Bから引いた接線の長さは等しいから　$\mathrm{BP}=\mathrm{BQ}=x$

よって　$\mathrm{CQ}=14-x$

$\mathrm{AP}=12-x$

点Cから引いた接線の長さは等しいから

$\mathrm{CR}=\mathrm{CQ}=14-x$

点Aから引いた接線の長さは等しいから

$$AR=AP=12-x$$

したがって，辺CA の長さについて

$$(14-x)+(12-x)=10$$

これを解くと　$x=8$　　よって　**BQ=8 cm**

参考　一般に，右の図のように，
BC=a，CA=b，AB=c である
△ABC の内接円とその接点 P，Q，
R について，次のことが成り立つ。

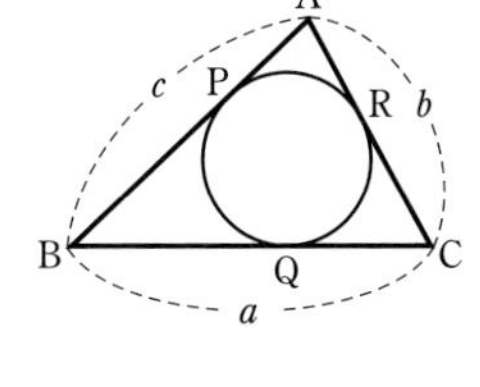

$$AR=AP=\frac{1}{2}(b+c-a)$$

$$BP=BQ=\frac{1}{2}(c+a-b)$$

$$CQ=CR=\frac{1}{2}(a+b-c)$$

（参考の証明）　AR=AC−CR，AP=AB−BP である。
AR=AP，CR=CQ，BP=BQ であるから

$$AR=b-CQ \quad \cdots\cdots ①, \qquad AR=c-BQ \quad \cdots\cdots ②$$

①+② から　$2AR=b+c-(CQ+BQ)$

◯CQ+BQ=BC

すなわち　$2AR=b+c-a$

したがって　$AR=AP=\frac{1}{2}(b+c-a)$

同じように考えて

$$BP=BQ=\frac{1}{2}(c+a-b)$$

$$CQ=CR=\frac{1}{2}(a+b-c) \quad 終$$

このことを用いると，練習 61A は次のように解ける。

$$BQ=\frac{1}{2}(12+14-10)=8\ (cm)$$

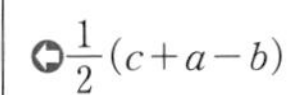
◯$\frac{1}{2}(c+a-b)$

練習 61B　∠C=90° の直角三角形 ABC において，AB=17 cm，BC=15 cm，CA=8 cm である。
この三角形の内接円の半径を求めなさい。

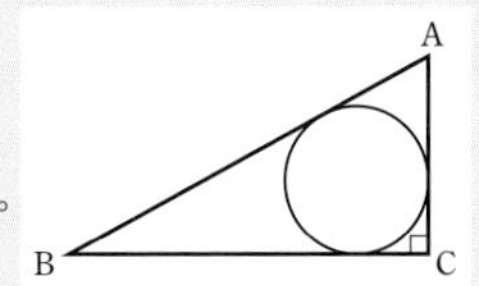

HINT 内接円の半径は，点Cから引いた接線の長さに等しい。

内接円の中心を O，半径を r cm とする。
また，内接円と 3 辺 AB，BC，CA との接点を，それぞれ P，Q，R とする。

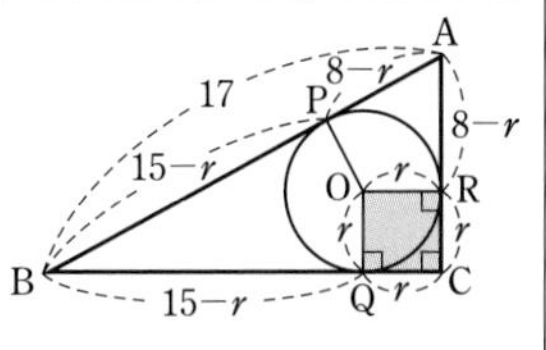

OQ⊥CQ，OR⊥CR，QC⊥CR
であり，OQ=OR=r であるから，四角形 OQCR は 1 辺の長さが r cm の正方形である。

◯ 4 つの内角がすべて 90° で，隣り合う辺の長さが等しい。

3章 練習［円］

よって　　　$CR=CQ=r$

したがって　　$BQ=15-r$,　　$AR=8-r$

点Aから引いた接線の長さは等しいから

$$AP=AR=8-r$$

点Bから引いた接線の長さは等しいから

$$BP=BQ=15-r$$

よって，辺 AB の長さについて　　$(15-r)+(8-r)=17$

これを解くと　　$r=3$

したがって，内接円の半径は　　**3 cm**

別解 **1**　練習 61A 参考 の式を使うと

$$r=CQ=\frac{1}{2}(15+8-17)=\mathbf{3\,(cm)}$$

◯$\frac{1}{2}(a+b-c)$

別解 **2**　本冊 $p.106$ 基本事項 ❸ を使うと

$$\frac{1}{2}\times15\times8=\frac{1}{2}(15+8+17)\times r$$

◯$S=\frac{1}{2}(a+b+c)r$

これを解くと　　$r=\mathbf{3\,(cm)}$

練習 62A　右の図において，点 I は △ABC の内心である。$\angle x$ の大きさを求めなさい。

(1)

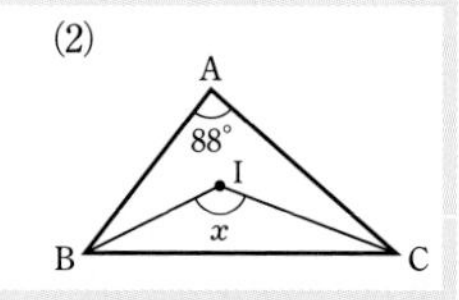

(2)

HINT 内心は内角の二等分線の交点。

(1)　点 I は △ABC の内心であるから

$$\angle ABC=2\angle ABI=2\angle x$$

$$\angle BCA=2\angle BCI=2\times22^\circ=44^\circ$$

$$\angle CAB=2\angle CAI=2\times50^\circ=100^\circ$$

よって，△ABC において　　$2\angle x+44^\circ+100^\circ=180^\circ$

◯$2\angle x=36^\circ$

これを解いて　　$\boldsymbol{\angle x=18^\circ}$

(2)　点 I は △ABC の内心であるから

$$\angle ABC=2\angle CBI$$

$$\angle BCA=2\angle BCI$$

△ABC において

$$2\angle CBI+2\angle BCI+88^\circ=180^\circ$$

$$2(\angle CBI+\angle BCI)=92^\circ$$

◯∘∘＋××＝92°

$$\angle CBI+\angle BCI=46^\circ$$

◯両辺を 2 で割る。

また，△IBC において

$$\angle CBI+\angle BCI+\angle x=180^\circ$$

$46^\circ+\angle x=180^\circ$　　　よって　　$\boldsymbol{\angle x=134^\circ}$

練習 62B △ABC の内心を I とし，直線 BI と辺 AC の交点をDとする。AB=11，BC=14，CA=10 であるとき，BI：ID を求めよ。

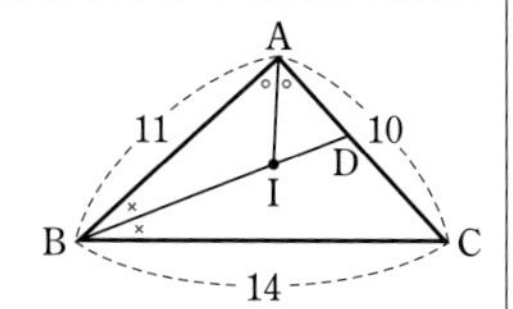

△ABC において，直線 BD は ∠B の二等分線であるから

AD：DC=BA：BC

=11：14

よって

$$AD=\frac{11}{11+14}AC=\frac{11}{25}\times 10=\frac{22}{5}$$

△ABD において，直線 AI は ∠A の二等分線であるから

BI：ID=AB：AD

$=11：\frac{22}{5}=$**5：2**

内心は内角の二等分線の交点。

練習 63A 右の図のような AB=6，BC=7，CA=9 である △ABC に，円 I が内接している。内接円の半径を r とするとき，△ABC の面積 S を r を用いて表しなさい。

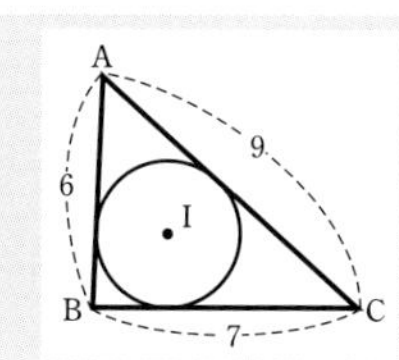

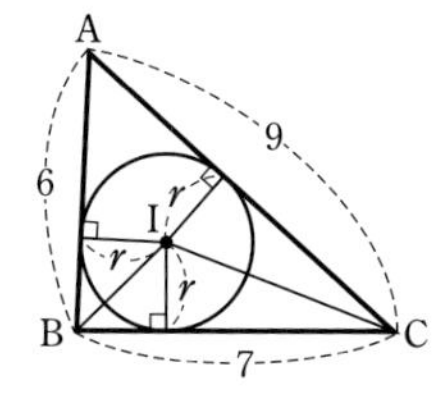

S=△IAB+△IBC+△ICA

$=\frac{1}{2}\times 6\times r+\frac{1}{2}\times 7\times r+\frac{1}{2}\times 9\times r$

$=\frac{1}{2}\times(6+7+9)\times r$

$\boldsymbol{=11r}$

$S=\frac{1}{2}(a+b+c)r$

練習 63B △ABC の周の長さが 12，面積が 5 であるとき，△ABC の内接円の半径を求めなさい。

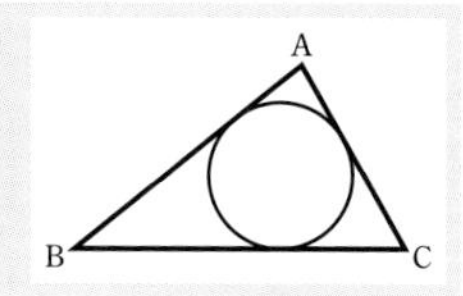

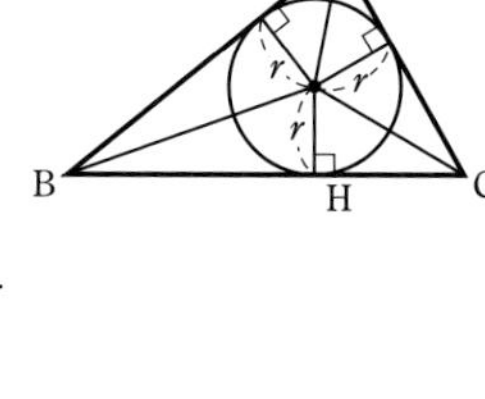

△ABC の内接円の半径を r，内心を I とすると

△ABC=△IAB+△IBC+△ICA

$=\frac{1}{2}\times AB\times r$

$+\frac{1}{2}\times BC\times r+\frac{1}{2}\times CA\times r$

$=\frac{1}{2}\times(AB+BC+CA)\times r$

$S=\frac{1}{2}(a+b+c)r$

△ABC の周の長さが 12，△ABC の面積が 5 であるから

$5=\frac{1}{2}\times 12\times r$　　これを解いて　$r=\boldsymbol{\frac{5}{6}}$

練習 64 右の図のように，円Oが，△ABCの辺またはその延長と接している。辺 AB，AC の延長と円Oとの接点をそれぞれ P，Q とし，AB=c，BC=a，CA=b とするとき，線分 AP の長さを a，b，c を用いて表しなさい。

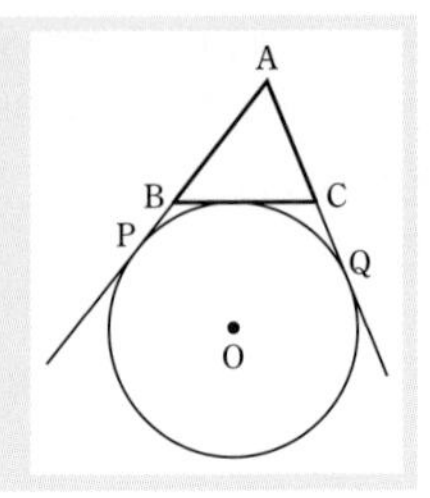

HINT 円の外部の1点からその円に引いた2本の接線について，2つの接線の長さは等しい。

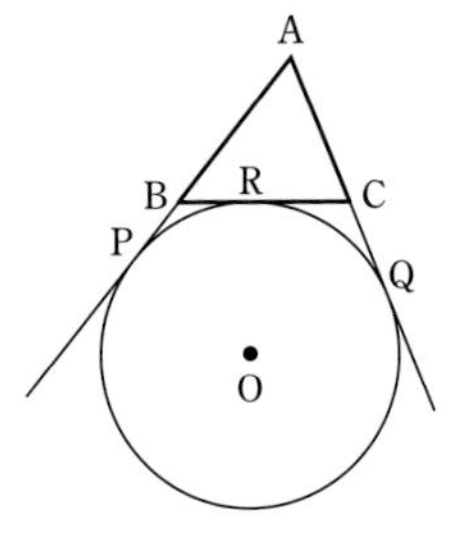

辺 BC と円Oとの接点をRとすると

$$BP=BR,\ CQ=CR$$

であるから

$$AP=AB+BP=AB+BR$$
$$AQ=AC+CQ=AC+CR$$

よって

$$\begin{aligned}AP+AQ&=(AB+BR)+(AC+CR)\\&=AB+(BR+CR)+AC\\&=AB+BC+CA\\&=a+b+c\quad\cdots\cdots ①\end{aligned}$$

◯まず AP+AQ を a，b，c を用いて表す。

2点 P，Q は，辺 AB，AC の延長と円Oとの接点であるから

$$AP=AQ\quad\cdots\cdots ②$$

①，② から　$2AP=a+b+c$

したがって　$\boldsymbol{AP=\dfrac{a+b+c}{2}}$

● 本冊 *p*.113 五心の相互関係 ④ の証明 ●

△ABC の重心を G，外心を O，垂心を H とする。
△ABC の外接円と直線 BO との交点を D とし，辺 BC の中点を M とする。
△BCD において，M，O はそれぞれ辺 BC，BD の中点であるから，中点連結定理により

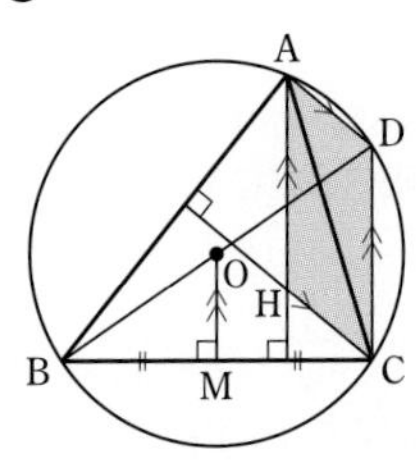

$$OM=\frac{1}{2}DC,\ OM/\!/DC$$

すなわち　$DC=2OM\quad\cdots\cdots ①$

線分 BD は外接円の直径であるから　$AD\perp AB$

◯直径 ⟶ 直角

これと $HC\perp AB$ から　$AD/\!/HC$

また　$DC\perp BC$

◯直径 ⟶ 直角

これと $AH\perp BC$ から　$DC/\!/AH$

よって，四角形 AHCD は平行四辺形である。

◯ 2組の対辺がそれぞれ平行。

したがって　$AH=DC\quad\cdots\cdots ②$

①，② から　$AH=2OM$

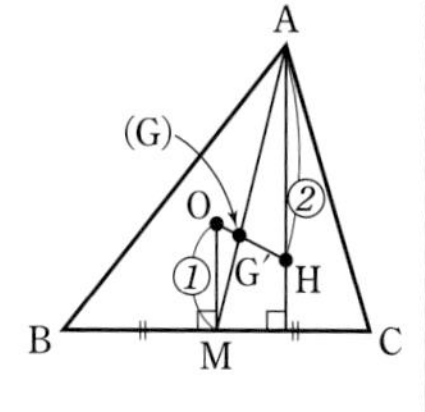

右の図において，直線 OH と中線 AM との交点を G′ とする。
OM∥DC，DC∥AH であるから
$$AH /\!/ OM$$
よって　$AG' : G'M = AH : OM$
$= 2OM : OM$
$= 2 : 1$

AM は中線であるから，G′ は △ABC の重心 G と一致する。
よって，外心 O，垂心 H，重心 G は一直線上にあり
$$HG : OG = AG : GM = 2 : 1$$
すなわち　$OG : GH = 1 : 2$

◯中線を 2：1 に内分する点は重心である。

練習 65A △ABC の辺 AB，BC，CA の中点をそれぞれ P，Q，R とする。△ABC の重心と △PQR の垂心が一致するとき，△ABC はどのような三角形であるか答えなさい。

HINT △ABC の重心であり，△PQR の垂心である点を G として，G を通る線分 AQ の性質に着目する。
G が △PQR の垂心
⟶ AQ⊥PR

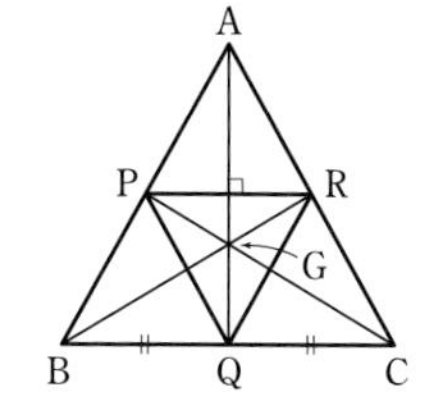

△ABC の重心であり，△PQR の垂心でもある点を G とすると，G は線分 AQ，BR，CP の交点である。
△ABC において，点 P，R はそれぞれ辺 AB，AC の中点であるから，中点連結定理により
$$PR /\!/ BC \quad \cdots\cdots ①$$
ここで，G は △PQR の垂心であるから
$$AQ \perp PR \quad \cdots\cdots ②$$
①，② から　$AQ \perp BC$
これと BQ=QC から，AQ は辺 BC の垂直二等分線である。
垂直二等分線上の点から線分の 2 つの端点までの距離は等しいから　$AB = AC$
同じように考えると，BR が辺 CA の垂直二等分線となるから
$$BA = BC$$
したがって，AB=AC=BC となり，3 つの辺が等しいから，△ABC は**正三角形**である。

練習 65B 内心と外心が一致する三角形は正三角形であることを証明しなさい。

HINT △ABC の内心と外心が一致するとして，その点を I とする。
I が内心 ⟶ IB，IC がそれぞれ ∠B，∠C の二等分線。
I が外心 ⟶ IB=IC

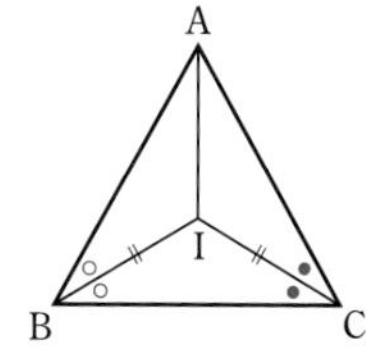

△ABC の内心と外心が一致するとき，その点を I とする。
I は内心であるから，IB，IC はそれぞれ ∠B，∠C の二等分線である。

よって　$\angle IBC = \dfrac{1}{2}\angle B \quad \cdots\cdots ①$

$\angle ICB = \dfrac{1}{2}\angle C \quad \cdots\cdots ②$

3章 練習［円］

また，Iは外心であるから　IB=IC

よって，△IBC は二等辺三角形であり　∠IBC=∠ICB

①，② を代入して　$\frac{1}{2}\angle B=\frac{1}{2}\angle C$

よって　∠B=∠C

同様にして　∠A=∠B

したがって，∠A=∠B=∠C となるから，△ABC は正三角形である。

◯IB，IC は外接円の半径。

練習 66 次の図において，$\angle x$ の大きさを求めなさい。ただし，ℓ は点Aにおける円の接線であり，(3) において，BA=BC である。

(1)

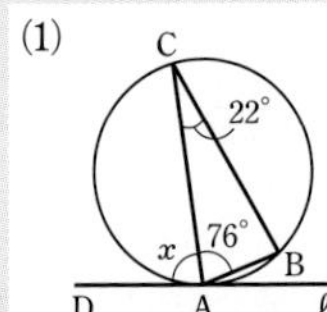

(2)

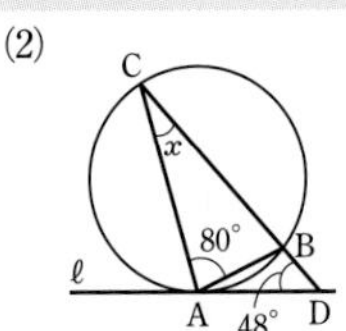

(3)

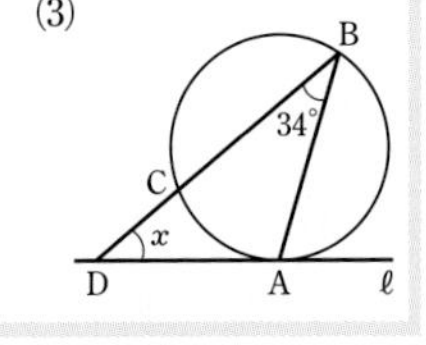

HINT 接線と弦のつくる角の問題 ⟶ 接弦定理を利用。

(1)　接弦定理により　∠ABC=∠CAD=$\angle x$

　△ABC において　$\angle \boldsymbol{x}$=180°−(76°+22°)=**82°**

(2)　接弦定理により　∠BAD=∠ACB=$\angle x$

　△ADC において　(80°+$\angle x$)+48°+$\angle x$=180°

　よって　$\angle \boldsymbol{x}$=**26°**

◯2$\angle x$=52°

(3)　2点 A，C を結ぶ。

　△ABC において，BC=BA であるから，∠BAC=∠BCA であり

$$\angle BAC=\frac{180°-34°}{2}=73°$$

　接弦定理により

$$\angle CAD=\angle ABC=34°$$

　よって，△ABD において

$$\angle \boldsymbol{x}=180°-\{(73°+34°)+34°\}=\mathbf{39°}$$

◯等辺 ⟶ 等角

練習 67 右の図において，ST は点Aにおける円の接線であり，AC=AD，ED∥ST である。このとき，BC=ED を証明しなさい。

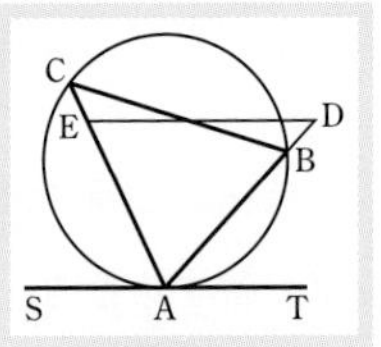

HINT 結論が BC=ED ⟶ BC，ED を含む三角形の合同を利用して示す。

△ABC と △AED において

共通な角であるから

　∠BAC=∠EAD　……①

仮定から　AC=AD　……②

接弦定理により

　∠ACB=∠TAB

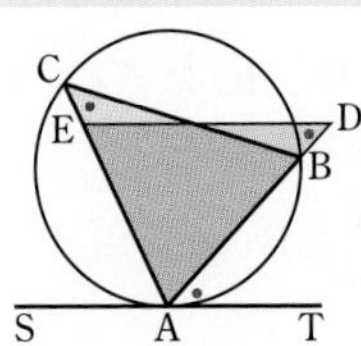

ED∥ST から

$\angle TAB = \angle ADE$

よって　$\angle ACB = \angle ADE$ ……③

①～③ より，1 組の辺とその両端の角がそれぞれ等しいから

$\triangle ABC \equiv \triangle AED$

したがって　$BC = ED$

◀錯角が等しい。

練習 68　次の図において，x の値を求めなさい。ただし，(3) において，直線 PT は T における円の接線である。

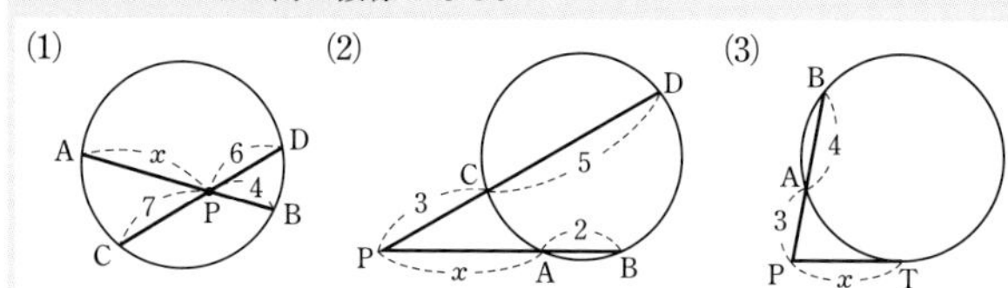

(1)　方べきの定理により　$PA \times PB = PC \times PD$

すなわち　$x \times 4 = 7 \times 6$　　よって　$\boldsymbol{x = \frac{21}{2}}$

(2)　方べきの定理により　$PA \times PB = PC \times PD$

すなわち　$x \times (x+2) = 3 \times (3+5)$

よって　$x^2 + 2x - 24 = 0$

したがって　$(x+6)(x-4) = 0$

$x > 0$ であるから　$\boldsymbol{x = 4}$

(3)　方べきの定理により　$PA \times PB = PT^2$

すなわち　$3 \times (3+4) = x^2$　　よって　$x^2 = 21$

$x > 0$ であるから　$\boldsymbol{x = \sqrt{21}}$

練習 69　右の図において，O は右側の円の中心であり，直線 AB は 2 円の交点 A における円 O の接線である。このとき，

$AB^2 = BC \times BO + CA \times CE$

であることを証明しなさい。

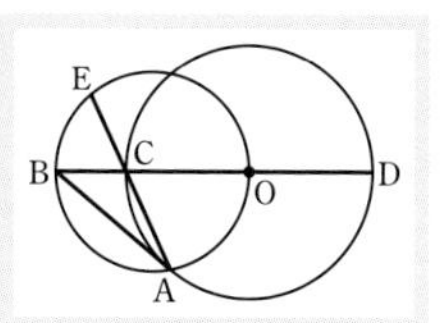

HINT　2 つの円それぞれに方べきの定理を使う。

左側の円について，方べきの定理により

$CB \times CO = CA \times CE$ ……①

右側の円について，方べきの定理により　$AB^2 = BC \times BD$

$BD = BO + OD = BO + OC$ であるから

$AB^2 = BC \times (BO + OC) = BC \times BO + CB \times CO$

① を代入して

$AB^2 = BC \times BO + CA \times CE$

◀① が使えるように，CO が出てくるよう BD を変形する。OD=OC である (円の半径)。

練習 70

右の図のように，鋭角三角形 ABC の 3 つの頂点から対辺に，それぞれ垂線 AD，BE，CF を引き，それらの交点（垂心）をHとする。このとき，AH×HD=BH×HE=CH×HF が成り立つことを証明しなさい。

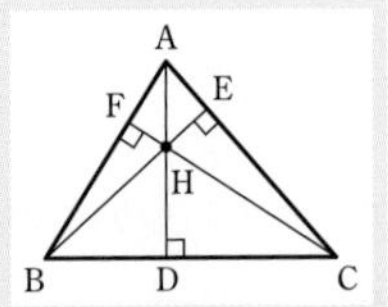

HINT
円を発見して方べき。

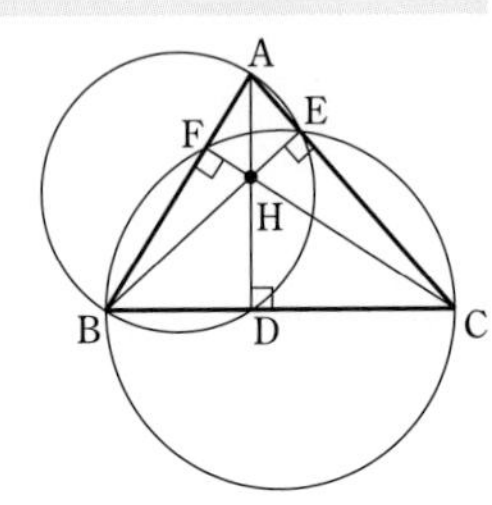

∠BEC=∠BFC=90° であるから，
4 点 B，C，E，F は 1 つの円周上にある。
よって，方べきの定理により
　BH×HE=CH×HF　…… ①
∠AEB=∠ADB=90° であるから，
4 点 A，B，D，E は 1 つの円周上にある。
よって，方べきの定理により
　AH×HD=BH×HE　…… ②
①，② から　　AH×HD=BH×HE=CH×HF

練習 71

右の図において，PA，PB は点Oを中心とする円の接線である。また，弦 AB と直線 PO の交点をCとし，Cを通る円の弦を DE とする。4 点 P，O，D，E が一直線上にないとき，この 4 点は 1 つの円周上にあることを証明しなさい。

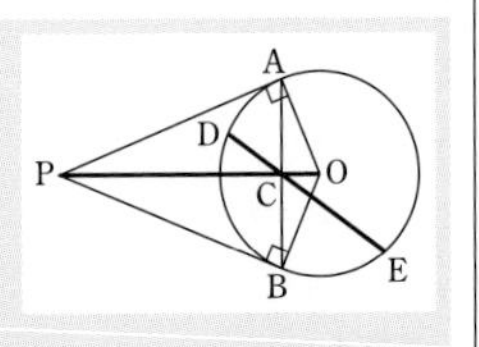

CHART　接線と割線
ペアを見つけて　方べき
方べきの定理の逆を用いる。

4 点 A，D，B，E は 1 つの円周上にあるから，方べきの定理により　　CA×CB=CD×CE　…… ①
PA，PB は円の接線であるから
　　∠OAP=90°，∠OBP=90°
よって，四角形 APBO は円に内接するから，方べきの定理により　　CA×CB=CP×CO　…… ②
①，② から　　CD×CE=CP×CO
したがって，方べきの定理の逆により，4 点 P，O，D，E は 1 つの円周上にある。

練習 72

半径 4 cm の円Oと半径 r cm ($r>4$) の円 O′ があり，OO′=9 cm である。
(1)　円Oが円 O′ に内接するとき，r の値を求めなさい。
(2)　2 つの円が異なる 2 点で交わるとき，r の値の範囲を求めなさい。

HINT
2 つの円の位置関係
①　内接するとき
(中心間の距離)
=(半径の差)
②　異なる 2 点で交わるとき
(半径の差)
<(中心間の距離)
<(半径の和)

(1)　円Oが円 O′ に内接するとき
　　$r-4=9$　　　よって　　$\boldsymbol{r=13}$
(2)　2 つの円が異なる 2 点で交わるのは
　　$r-4<9<r+4$
のときである。

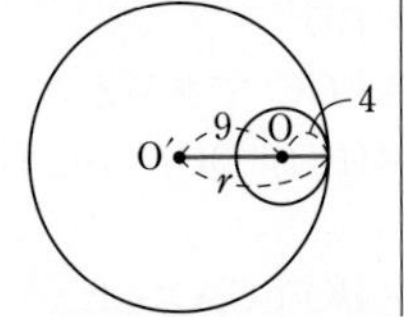

$r-4<9$ を解くと　　$r<13$
$9<r+4$ を解くと　　$r>5$
よって　　$\mathbf{5<r<13}$

練習 73 右の図のように，互いに離れた2つの円O，O′に共通外接線AB，CDを引き，その交点をPとする。このとき，次のことを証明しなさい。
(1) AC∥BD
(2) 3点O，O′，Pは一直線上にある。
(3) OA×O′P＝O′B×OP

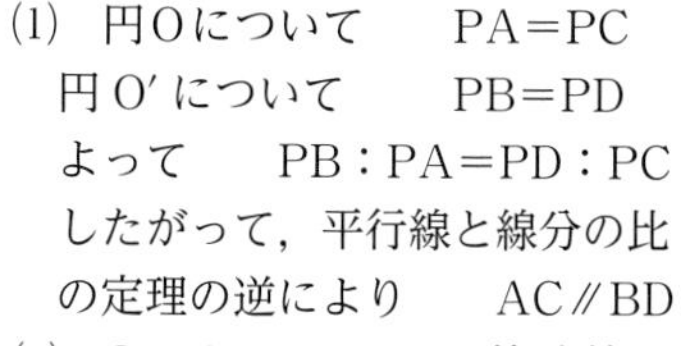

(1) 円Oについて　　PA＝PC
円O′について　　PB＝PD
よって　　PB：PA＝PD：PC
したがって，平行線と線分の比の定理の逆により　　AC∥BD

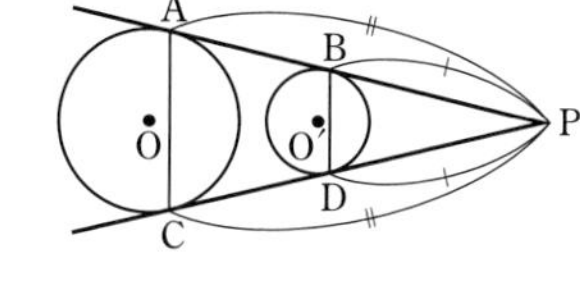

CHART　接線2本で二等辺三角形

(2) OPは∠APCの二等分線である。
また，O′Pは∠BPDの二等分線である。
よって，OP，O′Pは同じ角の二等分線であるから重なる。
したがって，3点O，O′，Pは一直線上にある。

◯角の二等分線は1つしかない。

(3) OA⊥PA，O′B⊥PA
であるから　　OA∥O′B
よって
　　PO′：PO＝O′B：OA
したがって
　　OA×O′P＝O′B×OP

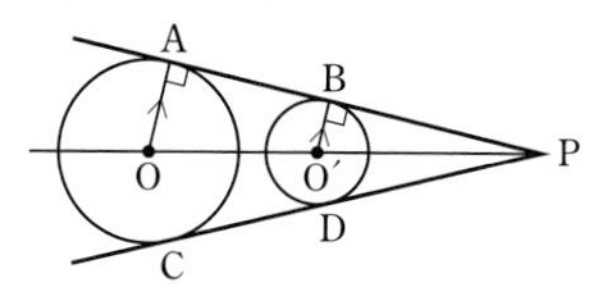

練習 74 右の図において，2つの円は，(1)では点Pで外接し，(2)では点Pで内接している。このとき，∠xの大きさを求めなさい。

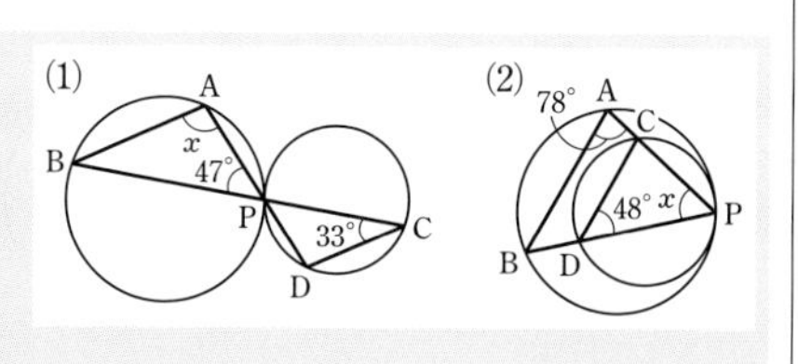

(1) 点Pを通る共通接線QRを引く。
接弦定理により
　　∠DCP＝∠DPR
対頂角は等しいから
　　∠DPR＝∠APQ
接弦定理により　　∠APQ＝∠ABP

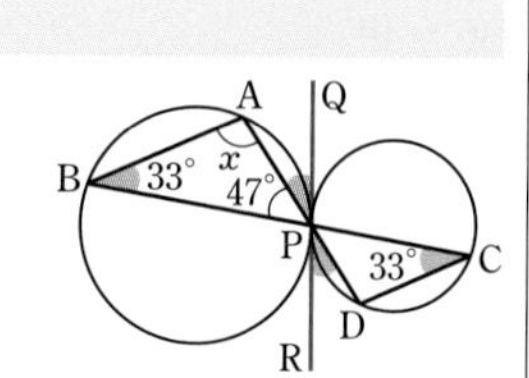

◯右側の円。
◯左側の円。

3章
練習[円]

よって　　　　　　　$\angle ABP=\angle DCP=33^\circ$

$\triangle ABP$ において　　$\angle \boldsymbol{x}=180^\circ-(33^\circ+47^\circ)=\mathbf{100^\circ}$

(2)　点Pを通る共通接線 QR を引く。

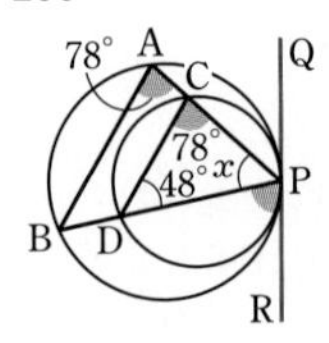

大きい方の円において，接弦定理により

$\angle BPR=\angle BAP$

小さい方の円において，接弦定理により

$\angle DPR=\angle DCP$

よって　　$\angle DCP=\angle BAP=78^\circ$

$\triangle PCD$ において　　$\angle \boldsymbol{x}=180^\circ-(78^\circ+48^\circ)=\mathbf{54^\circ}$

練習 75A　右の図において，2点 A，B は2つの円の交点である。EC∥FD であることを証明しなさい。

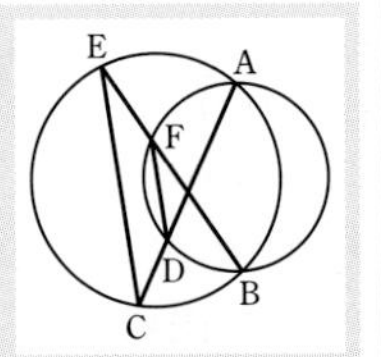

CHART　交わる2円
共通弦を引く

2つの円の共通弦 AB を引く。

円周角の定理により

$\angle CEB=\angle CAB$　　　◯左側の円。

$\angle DFB=\angle DAB$　　　◯右側の円。

すなわち　　$\angle DFB=\angle CAB$

よって　　$\angle CEB=\angle DFB$

同位角が等しいから　　EC∥FD

練習 75B　右の図のように，半径が等しい2つの円 O，O′ が，2点 A，B で交わっている。点Bにおける円Oの接線と円 O′ との交点を C，直線 CA と円Oとの交点をDとする。

(1)　$\angle ACB=40^\circ$ であるとき，$\angle BAC$ を求めなさい。

(2)　$AB=2$，$BC=3$ であるとき，線分 AD の長さを求めなさい。

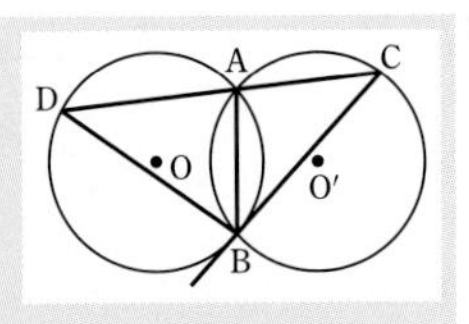

HINT　接弦定理と2つの円の半径が等しいことを利用する。

(1)　円Oと円 O′ の半径は等しいから

$\angle ADB=\angle ACB=40^\circ$　……①

◯円Oの $\overset{\frown}{AB}$ に対する円周角と円 O′ の $\overset{\frown}{AB}$ に対する円周角が等しい。

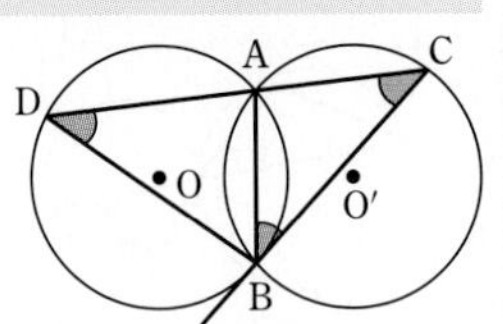

直線 BC は円Oの接線であるから，

接弦定理により

$\angle ABC=\angle ADB$　　　……②

①，② から　　$\angle ABC=40^\circ$

よって　　$\angle BAC=180^\circ-(\angle ABC+\angle ACB)$

$=180^\circ-(40^\circ+40^\circ)=\mathbf{100^\circ}$

(2)　$\triangle ABC$ と $\triangle BDC$ において

共通な角であるから　　$\angle ACB=\angle BCD$

接弦定理により　　$\angle ABC=\angle BDC$

2組の角がそれぞれ等しいから　　$\triangle ABC \backsim \triangle BDC$

よって　　AB：BD＝BC：DC

DC＝AD＋AC であるから，AD＝x とおくと

$$2:3=3:(x+2)$$

これを解いて　　$2(x+2)=9$

よって　　$x=\dfrac{5}{2}$　　すなわち　　AD＝$\boldsymbol{\dfrac{5}{2}}$

◯① から BD＝BC＝3
①, ② から AC＝AB＝2

練習 76　右の図のように，半径 2 の円 O_1 と半径 5 の円 O_2 が外接し，2 円の共通接線 ℓ，m がある。このとき，ℓ，m と接し，かつ円 O_1 に外接する円Oの半径 r $(r<2)$ を求めなさい。

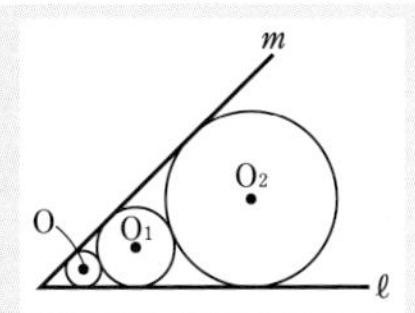

ℓ と m の交点をPとすると，P，O，O_1，O_2 は，1つの直線上にある。
右の図のように，H_1，H_2 を定めると，
$\triangle OO_1H_1$ と $\triangle O_1O_2H_2$ において

$\angle OH_1O_1=\angle O_1H_2O_2$
$=90°$　…… ①

$O_1H_1 /\!/ O_2H_2$ であるから

$\angle OO_1H_1=\angle O_1O_2H_2$　…… ②

◯同位角が等しい。

①，② より，2 組の角がそれぞれ等しいから

$$\triangle OO_1H_1 \backsim \triangle O_1O_2H_2$$

よって　　$OO_1:O_1O_2=O_1H_1:O_2H_2$

$$(2+r):(5+2)=(2-r):(5-2)$$
$$3(2+r)=7(2-r)$$

したがって　　$\boldsymbol{r=\dfrac{4}{5}}$

◯$r<2$ を満たす。

演習 48 次の図において，$\angle x$ の大きさを求めなさい。ただし，O は円の中心である。

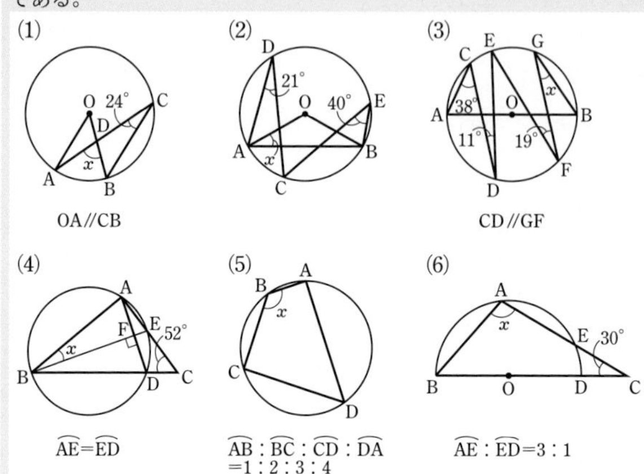

(1)　OA // CB であるから

$\angle OAC=\angle ACB=24°$

◀錯角は等しい。

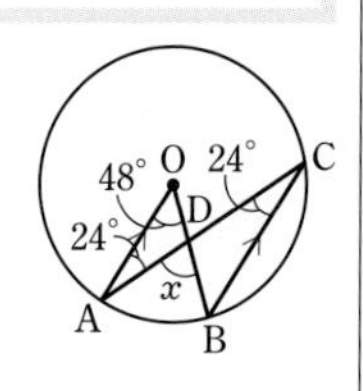

円周角の定理により

$\angle AOB=2\angle ACB=2\times 24°=48°$

△OAD において，内角と外角の性質により

$\angle \boldsymbol{x}=\angle OAD+\angle AOD$

$=24°+48°=\mathbf{72°}$

(2)　2 点 O，C を結ぶ。

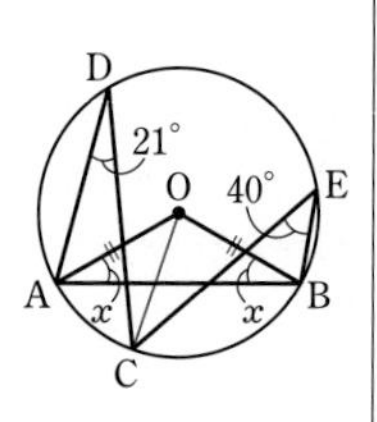

円周角の定理により

$\angle AOC=2\angle ADC=2\times 21°=42°$

$\angle BOC=2\angle BEC=2\times 40°=80°$

△OAB において

$2\angle x=180°-\angle AOB$

$=180°-(42°+80°)=58°$

◀△OAB は OA=OB の二等辺三角形であるから
$\angle OAB=\angle OBA=\angle x$

よって　　$\angle \boldsymbol{x}=\mathbf{29°}$

(3)　円周上に点Hを，CD // EH となるようにとる。

CD // EH であるから，錯角は等しい。

よって　　$\angle DEH=\angle CDE=11°$

GF // EH であるから，錯角は等しい。

よって　　$\angle FEH=\angle GFE=19°$

したがって　　$\angle DEF=11°+19°=30°$

◀$\angle DEH+\angle FEH$

また，$\overset{\frown}{AB}$ は半円の弧であるから　　$\angle AEB=90°$

よって　　$\angle ACD+\angle DEF+\angle FGB=90°$

すなわち　　$38°+30°+\angle x=90°$

したがって　　$\angle \boldsymbol{x}=\mathbf{22°}$

CHART
離れたものは　近づける
$\angle AEB$ に角を集める。

(4)　$\overset{\frown}{\mathrm{AE}}=\overset{\frown}{\mathrm{ED}}$ であるから

$$\angle \mathrm{CBE}=\angle \mathrm{ABE}=\angle x$$

よって，△FBD において，内角と外角の性質から　　$\angle \mathrm{ADC}=\angle x+90^\circ$

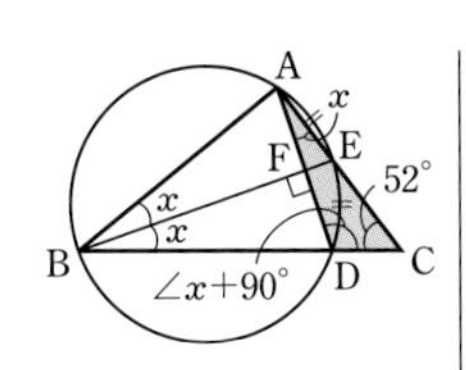

ここで，円周角の定理により

$$\angle \mathrm{EAD}=\angle \mathrm{EBD}=\angle x$$

よって，△ADC において

$$\angle x+(\angle x+90^\circ)+52^\circ=180^\circ$$

これを解いて　　$\angle \boldsymbol{x}=\mathbf{19^\circ}$

(5)　円周角の定理により

$$\angle \boldsymbol{x}=180^\circ\times\frac{3+4}{1+2+3+4}$$

$$=180^\circ\times\frac{7}{10}$$

$$=\mathbf{126^\circ}$$

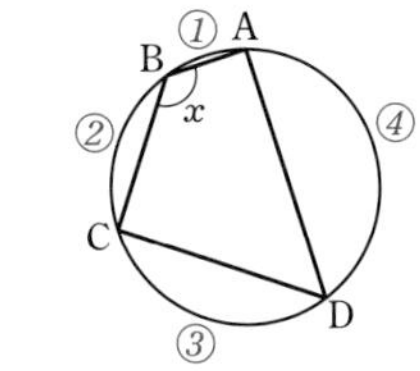

◯$\overset{\frown}{\mathrm{ADC}}$ は全円周の $\frac{7}{10}$

(6)　線分 AD，BE を引く。

$\overset{\frown}{\mathrm{AE}}:\overset{\frown}{\mathrm{ED}}=3:1$ であるから

$$\angle \mathrm{ABE}=3\angle \mathrm{EBD}$$

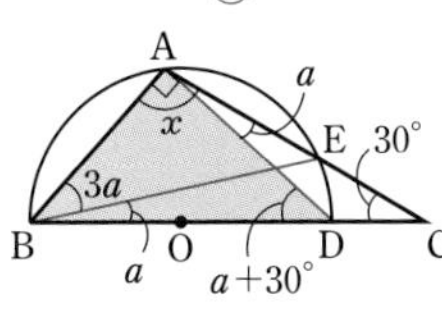

CHART　弧は　円周角をみる

よって，$\angle \mathrm{EBD}=a$ とおくと

$$\angle \mathrm{ABE}=3a$$

円周角の定理により　　$\angle \mathrm{EAD}=\angle \mathrm{EBD}=a$

△ADC において，内角と外角の性質から

$$\angle \mathrm{ADB}=a+30^\circ$$

また，$\angle \mathrm{BAD}=90^\circ$ であるから，△ABD において

$$(3a+a)+(a+30^\circ)+90^\circ=180^\circ$$

CHART　直径は　直角

これを解いて　　$a=12^\circ$

したがって　　$\angle \boldsymbol{x}=90^\circ+12^\circ=\mathbf{102^\circ}$

別解　半径 OA，OE を引く。

$\overset{\frown}{\mathrm{AE}}:\overset{\frown}{\mathrm{ED}}=3:1$ であるから

$$\angle \mathrm{AOE}=3\angle \mathrm{EOD}$$

よって，$\angle \mathrm{EOD}=a$ とおくと

$$\angle \mathrm{AOE}=3a$$

△OCE において，内角と外角の性質から

$$\angle \mathrm{OEA}=a+30^\circ$$

△OAE は OA＝OE の二等辺三角形であるから

$$\angle \mathrm{OAE}=\angle \mathrm{OEA}=a+30^\circ$$

よって，△OEA において

$$3a+(a+30^\circ)+(a+30^\circ)=180^\circ$$

これを解いて　　$a=24^\circ$

$\angle \mathrm{AOD}=4a=96^\circ$ であるから，円周角の定理により

$$\angle \mathrm{ABC}=\frac{1}{2}\angle \mathrm{AOD}=\frac{1}{2}\times96^\circ=48^\circ$$

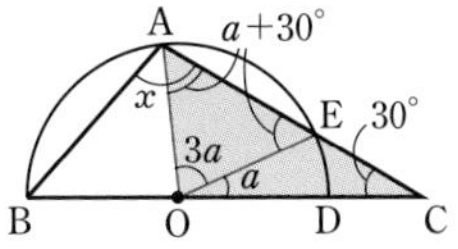

◯$\angle \mathrm{ABC}$ は $\overset{\frown}{\mathrm{AD}}$ に対する円周角。

したがって，△ABC において

$$\angle \boldsymbol{x}=180^\circ-(30^\circ+48^\circ)=\mathbf{102^\circ}$$

演習 49 右の図において，円の半径が 5 cm で，$\angle\text{CED}=72^\circ$ のとき，弧の長さの和 $\overset{\frown}{\text{AB}}+\overset{\frown}{\text{CD}}$ を求めなさい。ただし，$\overset{\frown}{\text{AB}}$ は点Cを含まない方の弧とし，$\overset{\frown}{\text{CD}}$ は点Aを含まない方の弧とする。

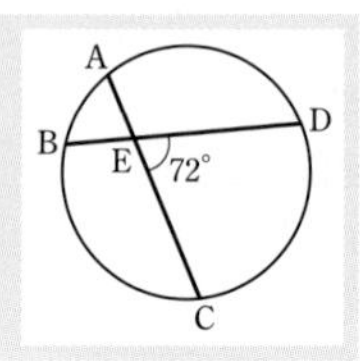

HINT $\angle\text{CED}$ は，$\overset{\frown}{\text{AB}}$，$\overset{\frown}{\text{CD}}$ に対する円周角の和になる。

CHART
円周角は　弧をみる

$\overset{\frown}{\text{AB}}$ に対する円周角 $\angle\text{ACB}$ を a°，$\overset{\frown}{\text{CD}}$ に対する円周角 $\angle\text{CBD}$ を b° とする。
△EBC において，内角と外角の性質から

$$a^\circ+b^\circ=72^\circ$$

すなわち　　$a+b=72$　…… ①

ここで，全円周の長さは　　$2\pi\times5=10\pi$

よって　　$\overset{\frown}{\text{AB}}=10\pi\times\dfrac{a}{180}=\dfrac{\pi}{18}a$

$\overset{\frown}{\text{CD}}=10\pi\times\dfrac{b}{180}=\dfrac{\pi}{18}b$

したがって　　$\overset{\frown}{\text{AB}}+\overset{\frown}{\text{CD}}=\dfrac{\pi}{18}a+\dfrac{\pi}{18}b=\dfrac{\pi}{18}(a+b)$

① を代入して　　$\overset{\frown}{\text{AB}}+\overset{\frown}{\text{CD}}=\dfrac{\pi}{18}\times72=\boldsymbol{4\pi}$ **(cm)**

別解　円周上に点Fを，AF // BD となるようにとると　　$\angle\text{AFB}=\angle\text{FBD}$

よって　　$\overset{\frown}{\text{AB}}=\overset{\frown}{\text{FD}}$

また，AF // BD より，$\angle\text{FAC}=\angle\text{DEC}$

であるから　　$\angle\text{FAC}=72^\circ$

したがって　　$\overset{\frown}{\text{AB}}+\overset{\frown}{\text{CD}}=\overset{\frown}{\text{FD}}+\overset{\frown}{\text{CD}}=\overset{\frown}{\text{FC}}$

$$=2\pi\times5\times\frac{72}{180}=\boldsymbol{4\pi}\ \textbf{(cm)}$$

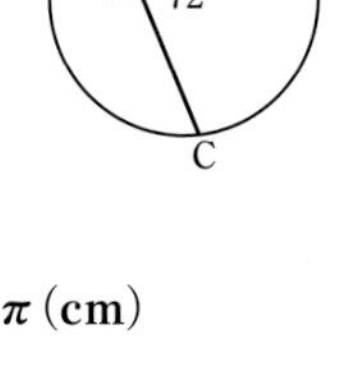

CHART
離れたものは　近づける

⬅同位角は等しい。

右の図において，△ABC は正三角形である。$\overset{\frown}{\text{AD}}=\overset{\frown}{\text{DB}}$，$\overset{\frown}{\text{AE}}=\overset{\frown}{\text{EC}}$ であるとき，次のことを証明しなさい。

(1)　AF＝AG

(2)　DF＝FG＝GE

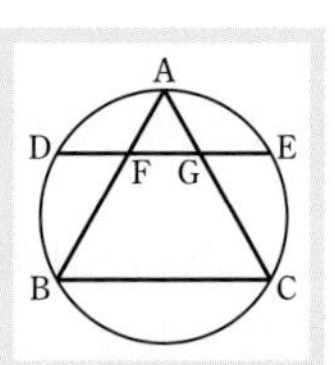

(1)　$\angle\text{ABC}=\angle\text{ACB}=60^\circ$ で，等しい円周角に対する弧の長さは等しいから

$$\overset{\frown}{\text{AB}}=\overset{\frown}{\text{AC}}$$

これと $\overset{\frown}{\text{AD}}=\overset{\frown}{\text{DB}}$，$\overset{\frown}{\text{AE}}=\overset{\frown}{\text{EC}}$ から，4つの弧 $\overset{\frown}{\text{AD}}$，$\overset{\frown}{\text{DB}}$，$\overset{\frown}{\text{AE}}$，$\overset{\frown}{\text{EC}}$ の長さはすべて等しい。

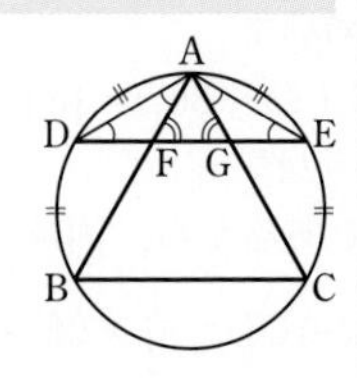

よって

$$\angle AED=\angle DAB=\angle ADE=\angle EAC=\frac{1}{2}\times 60^\circ=30^\circ$$

△FAD，△GAE において，内角と外角の性質から

$$\angle AFG=\angle DAF+\angle ADF=30^\circ+30^\circ=60^\circ$$
$$\angle AGF=\angle EAG+\angle AEG=30^\circ+30^\circ=60^\circ$$

よって，△AFG において，∠AFG＝∠AGF であるから

$$AF=AG$$

◀等角 ⟶ 等辺

(2) (1) より，△AFG は正三角形であるから

AF＝AG＝FG ……①

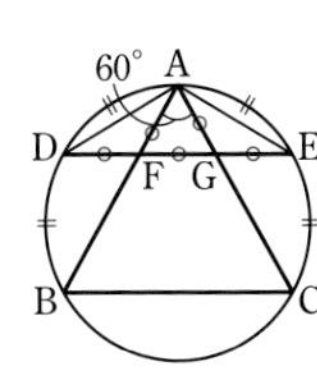

◀頂角が 60° の二等辺三角形は正三角形。

また，△FAD，△GAE において，

∠FAD＝∠FDA＝30°,

∠GAE＝∠GEA＝30° であるから

AF＝DF，AG＝EG ……②

◀等角 ⟶ 等辺

①，② から　DF＝FG＝GE

演習 51 △ABC の垂心をHとする。直線 AH と △ABC の外接円の交点をDとするとき，BH＝BD であることを証明しなさい。

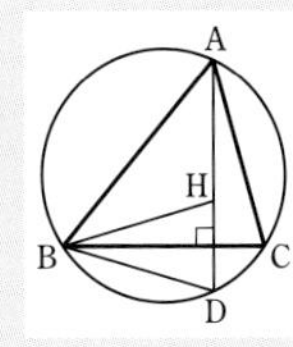

HINT △BHD が二等辺三角形であることを示す。

線分 BH の延長と辺 AC の交点をEとし，線分 BC，AD の交点をFとする。

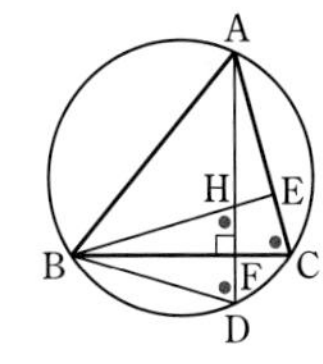

△BFH において

$$\angle BHF=180^\circ-(90^\circ+\angle HBF)$$
$$=90^\circ-\angle HBF$$

△BEC において

$$\angle BCE=180^\circ-(90^\circ+\angle CBE)=90^\circ-\angle HBF$$

よって　∠BHF＝∠BCE ……①

円周角の定理により　∠ACB＝∠ADB ……②

①，② より，△BHD において，∠BHF＝∠BDF であるから

$$BH=BD$$

◀等角 ⟶ 等辺

演習 52 右の図において，2 つの円の中心はともにO で，半径はそれぞれ 2 cm，5 cm である。OA∥DF であるとき，線分 EC の長さを求めなさい。

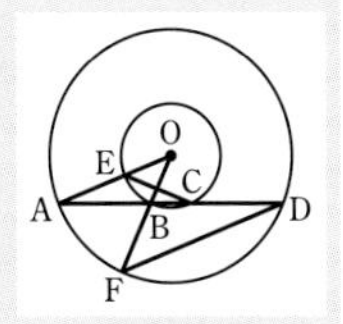

HINT どちらの円に円周角の定理を使うかはっきりさせる。

∠ADF＝a とすると，$\overset{\frown}{AF}$ に対する中心角が ∠AOF であるから

$$\angle AOF=2a$$

◀大きい円。

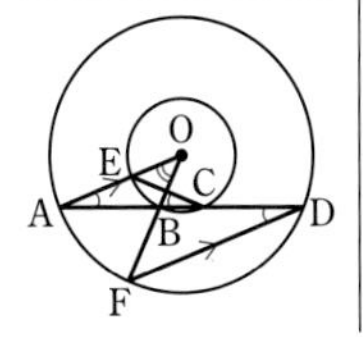

よって，$\overset{\frown}{EB}$ に対する中心角が $2a$ であるから　∠ECA＝a

◀小さい円。

OA∥DF であるから

$$\angle EAC=\angle ADF=a$$

したがって，△EAC において，∠ECA＝∠EAC であるから

$$EC=EA=OA-OE=5-2=\mathbf{3\,(cm)}$$

◯錯角は等しい。

◯等角 ⟶ 等辺

演習 53 右の図のように，円周上の 3 点 A，B，C を頂点とする正三角形 ABC がある。辺 BC 上に 2 点 B，C と異なる点 D をとり，辺 AC 上に BD＝CE となる点 E をとる。線分 BE と線分 AD との交点を F，線分 BE の延長と円との交点を G とするとき，BF＝CG となることを証明しなさい。

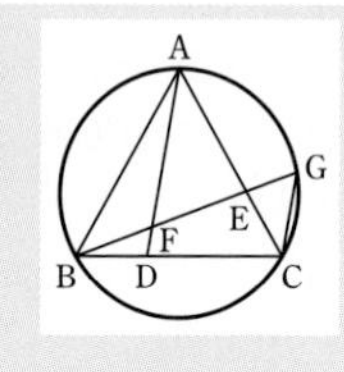

HINT まず，△ABD≡△BCE を示す。それから，BF と CG を辺にもつ三角形の合同を示すことを考える。

△ABD と △BCE において

仮定から　AB＝BC　……①

BD＝CE　……②

∠ABD＝∠BCE　……③

①～③ より，2 組の辺とその間の角がそれぞれ等しいから

△ABD≡△BCE　……④

2 点 A，G を結ぶ。

△ABF と △ACG において

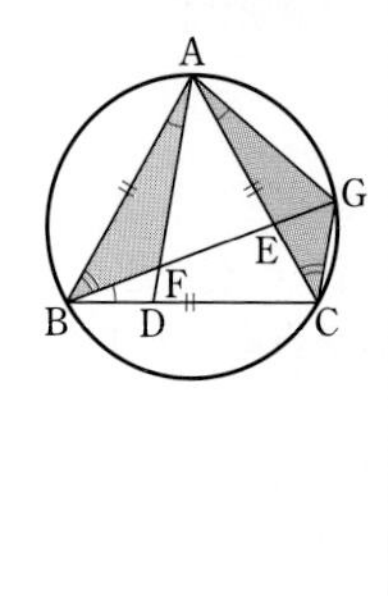

仮定から　AB＝AC　……⑤

④ から　∠BAF＝∠CBG

円周角の定理により

∠CBG＝∠CAG

よって　∠BAF＝∠CAG ……⑥

円周角の定理により

∠ABF＝∠ACG ……⑦

⑤～⑦ より，1 組の辺とその両端の角がそれぞれ等しいから

△ABF≡△ACG

したがって　BF＝CG

演習 54 △ABC の頂点 B，C から辺 AC，AB にそれぞれ垂線 BD，CE を引く。また，辺 BC の中点を M とする。∠A＝72° のとき，∠EMD の大きさを求めなさい。

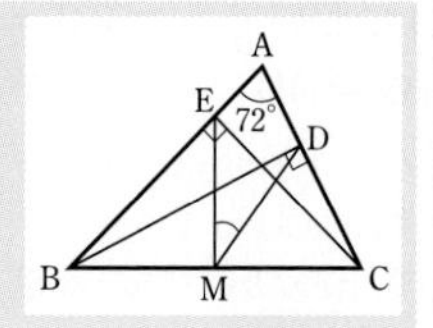

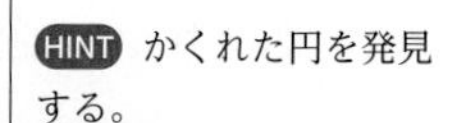

HINT かくれた円を発見する。

CHART
直角 2 つで　円くなる

∠BDC＝90° であるから，3 点 B，D，C は BC を直径とする円周上にある。

また，∠BEC＝90° であるから，3 点 B，E，C は BC を直径とする円周上にある。

よって，4 点 B，C，D，E は BC を直径とする円周上にある。

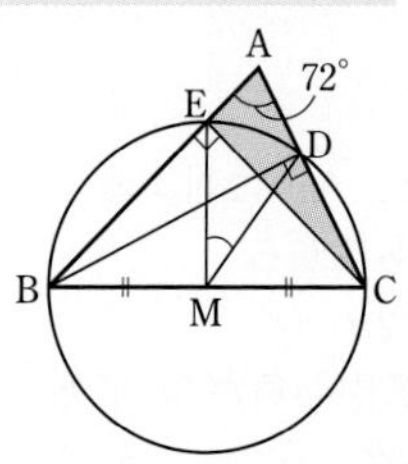

その円において，円周角の定理により

$\angle EMD = 2\angle ECA$ …… ①

> ⬅BM＝CM より，M はこの円の中心である。

ここで，△ACE において

$\angle ECA = 180^\circ - (90^\circ + 72^\circ) = 18^\circ$

① に代入して　$\angle EMD = 2\times 18^\circ = \mathbf{36^\circ}$

演習 55　右の図において，点Oは四角形 ABCD の対角線 AC 上にあり，3点 B，C，D を通る円の中心である。また，対角線 AC と BD の交点をEとする。このとき，次の角の大きさを求めなさい。

(1)　∠BOC　　(2)　∠ABO　　(3)　∠AED　　(4)　∠EAD

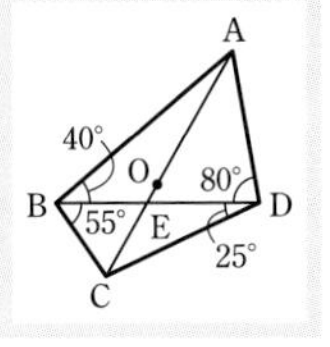

(1)　円周角の定理により

$\angle BOC = 2\angle BDC = 2\times 25^\circ = \mathbf{50^\circ}$

> ⬅中心角は円周角の 2 倍。

(2)　円周角の定理により

$\angle COD = 2\angle CBD = 2\times 55^\circ = 110^\circ$

> ⬅中心角は円周角の 2 倍。

△OBD は OB＝OD の二等辺三角形であるから

$\angle BOD = \angle BOC + \angle COD = 50^\circ + 110^\circ = 160^\circ$

よって　$\angle OBD = \dfrac{180^\circ - 160^\circ}{2} = 10^\circ$

したがって　$\angle ABO = 40^\circ - 10^\circ = \mathbf{30^\circ}$

> ⬅$\angle ABO = \angle ABD - \angle OBD$

(3)　△OED において，(2) から

$\angle EOD = 110^\circ$，$\angle ODE = 10^\circ$

よって　$\angle AED = 180^\circ - (110^\circ + 10^\circ) = \mathbf{60^\circ}$

> ⬅三角形の内角の和は 180°

(4)　△AED において，(3) から

$\angle EAD = 180^\circ - (\angle AED + \angle ADE)$

$= 180^\circ - (60^\circ + 80^\circ) = \mathbf{40^\circ}$

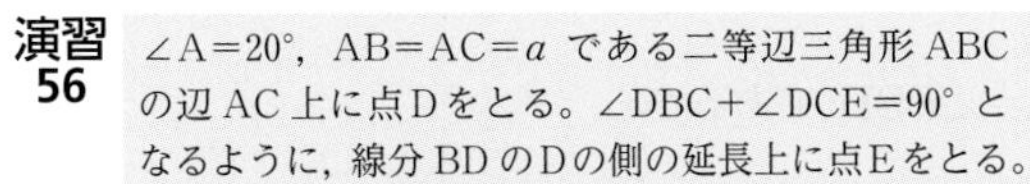

演習 56　∠A＝20°，AB＝AC＝a である二等辺三角形 ABC の辺 AC 上に点Dをとる。∠DBC＋∠DCE＝90° となるように，線分 BD のDの側の延長上に点Eをとる。

(1)　∠BEC の大きさを求めなさい。

(2)　点Dが辺 AC 上をAからCまで動くとき，点Eが移動する距離を求めなさい。ただし，点Dが点Cにあるとき，点Eは点Cにあるものとする。

> HINT (1) は (2) のヒント。

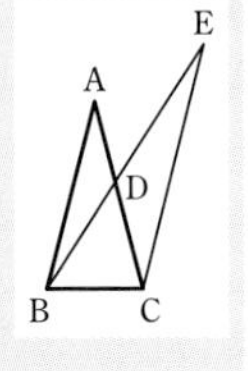

(1)　∠DBC＝x°，∠DCE＝y° とおくと

仮定から　$x^\circ + y^\circ = 90^\circ$

△ABC は，AB＝AC の二等辺三角形であるから

$\angle ABC = \angle ACB = \dfrac{180^\circ - 20^\circ}{2} = 80^\circ$

よって，△EBC において

$\angle BEC = 180^\circ - (x^\circ + 80^\circ + y^\circ) = \mathbf{10^\circ}$

> ⬅三角形の内角の和は 180°

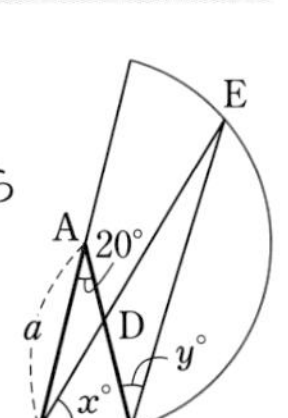

(2)　$\angle A=20^\circ$ であるから，(1)の結果より

$$\angle BEC=\frac{1}{2}\angle BAC\ (一定)$$

よって，点EはAを中心とする半径 a の円周上を移動し，その距離は，半径が a，中心角が $180^\circ-20^\circ=160^\circ$ の扇形の弧の長さに等しい。

したがって，求める距離は　　$2\pi a\times\frac{160}{360}=\boldsymbol{\frac{8}{9}\pi a}$

⬅$\angle E$ を弦BCに対する円周角，$\angle A$ を弦BCに対する中心角と考える。

● 本冊 *p*.97 ステップアップ問題の答 ●

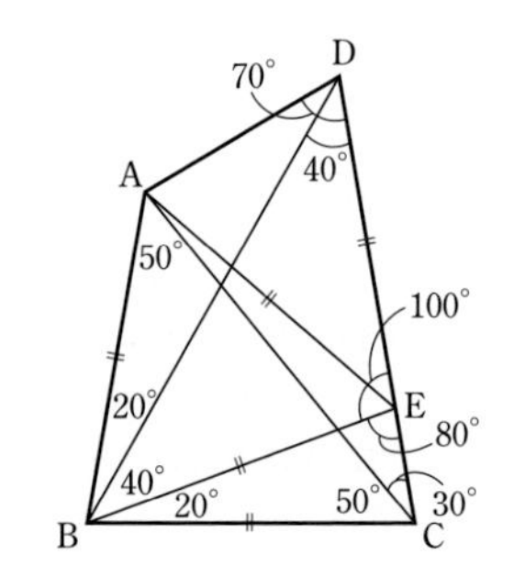

(1)　線分CD上に点Eを，BC＝BE ……① となるようにとる。

△BCE は BC＝BE の二等辺三角形であるから

$$\angle BEC=\angle BCE=50^\circ+30^\circ=80^\circ$$
$$\angle CBE=180^\circ-2\times80^\circ=20^\circ$$

よって　　$\angle DBE=60^\circ-20^\circ=40^\circ$

ここで，△ABC において

$$\angle BAC=180^\circ-\{(20^\circ+60^\circ)+50^\circ\}$$
$$=50^\circ$$

よって，△ABC において $\angle BAC=\angle BCA$ であるから

BA＝BC　……②

⬅等角 ⟶ 等辺

①，② より，BA＝BE となるから，△BAE は二等辺三角形である。

また，$\angle ABE=20^\circ+40^\circ=60^\circ$ であるから，△BAE は正三角形である。

⬅頂角が 60° の二等辺三角形は正三角形。

よって　　EA＝EB　……③

ここで，△CBD において

$$\angle BDC=180^\circ-\{60^\circ+(50^\circ+30^\circ)\}$$
$$=40^\circ$$

よって，△EBD において $\angle EDB=\angle EBD$ であるから

ED＝EB　……④

③，④ より，ED＝EA であるから，△EDA は二等辺三角形である。

よって　　$2\angle ADE=180^\circ-\angle AED$　……⑤

ここで　　$\angle BED=180^\circ-80^\circ=100^\circ$

また，△BAE は正三角形であるから

$$\angle AEB=60^\circ$$

よって　　$\angle AED=100^\circ-60^\circ=40^\circ$

したがって，⑤ から

$$\angle ADE=\frac{180^\circ-40^\circ}{2}=70^\circ$$

よって　　$\angle \boldsymbol{x}=\angle ADE-\angle BDC=70^\circ-40^\circ=\boldsymbol{30^\circ}$

(2) 線分 BD 上に点Oを，$BO=CO$ となるようにとり，点Oを中心，OB を半径とする円Oをかく。

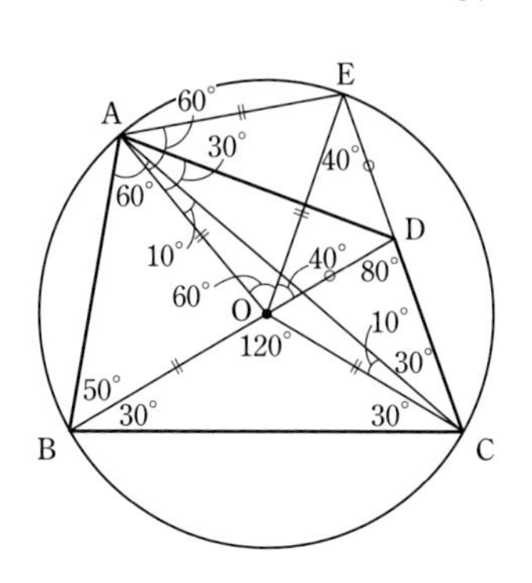

△OBC は $OB=OC$ の二等辺三角形であるから　$\angle OCB=\angle OBC=30°$

$\angle BOC=180°-2\times30°$
$=120°$ …… ①

ここで，△ABC において

$\angle BAC=180°-\{(50°+30°)+40°\}$
$=60°$ …… ②

①，② より，$\angle BAC=\dfrac{1}{2}\angle BOC$ であるから，

$\angle BAC$ は円Oの $\overset{\frown}{BC}$ に対する円周角に等しい。

よって，点Aは円O上の点である。

ここで，線分 CD の延長と円Oの交点をEとすると

$OA=OE$

また，円周角の定理により

$\angle AOE=2\angle ACE=2\times30°=60°$

よって，△OAE は正三角形であるから

$AE=AO$ …… ③

また，△OCE は $OC=OE$ の二等辺三角形であるから

$\angle OED=\angle OCD=\angle OCA+\angle DCA$
$=(40°-30°)+30°=40°$ …… ④

△DBC において

$\angle BDC=180°-\{30°+(30°+40°)\}=80°$

また，△DEO において，内角と外角の性質から

$\angle DOE=80°-40°=40°$ …… ⑤

④，⑤ より，△DEO において $\angle OED=\angle DOE$ であるから

$DE=DO$ …… ⑥

また，共通な辺であるから

$AD=AD$ …… ⑦

③，⑥，⑦ から，△AED と △AOD において，3 組の辺がそれぞれ等しいから　△AED≡△AOD

よって　$\angle EAD=\angle OAD=\dfrac{1}{2}\angle OAE$

$=\dfrac{1}{2}\times60°=30°$

また，△OAC において $OA=OC$ であるから

$\angle OAC=\angle OCA=10°$

したがって　$\angle \boldsymbol{x}=\angle OAD-\angle OAC$
$=30°-10°=\mathbf{20°}$

◯円Oの半径。

◯中心角は円周角の 2 倍。

◯頂角が 60° の二等辺三角形は正三角形。

◯等角 ⟶ 等辺

◯等辺 ⟶ 等角

演習 57 次の図において，$\angle x$ の大きさを求めなさい。O は円の中心とする。

(1)

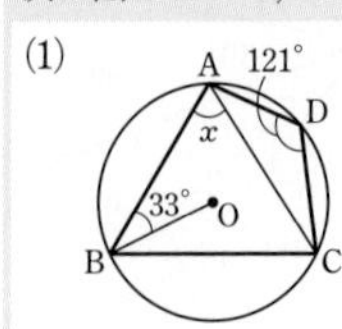

(2)

BA=CD

(3)

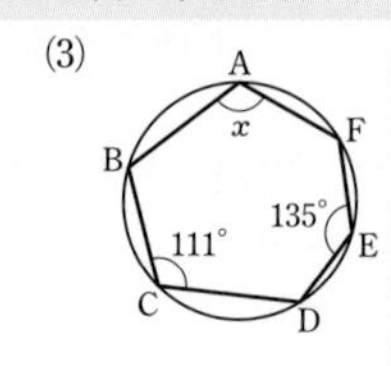

HINT 円に内接する四角形を見つけ出したり，作り出したりする。

(1) 四角形 ABCD は円に内接しているから

$\angle ABC = 180° - 121° = 59°$

よって　$\angle OBC = 59° - 33° = 26°$

$\triangle OBC$ において，OB=OC であるから

$\angle OCB = \angle OBC = 26°$

よって　$\angle BOC = 180° - 2 \times 26° = 128°$

円周角の定理により

$$\angle \boldsymbol{x} = \frac{1}{2}\angle BOC = \frac{1}{2} \times 128° = \mathbf{64°}$$

⊃OB，OC は円 O の半径。

⊃円周角は中心角の半分。

(2) 2 点 C，E を結ぶ。

BA=CD より，$\overset{\frown}{BA} = \overset{\frown}{CD}$ であるから

$\angle CED = \angle ACB = 36°$

$\triangle ABC$ において

$\angle ABC = 180° - (40° + 36°)$

$= 104°$

四角形 ABCE は円に内接しているから

$\angle AEC = 180° - 104° = 76°$

よって　$\angle \boldsymbol{x} = 76° + 36° = \mathbf{112°}$

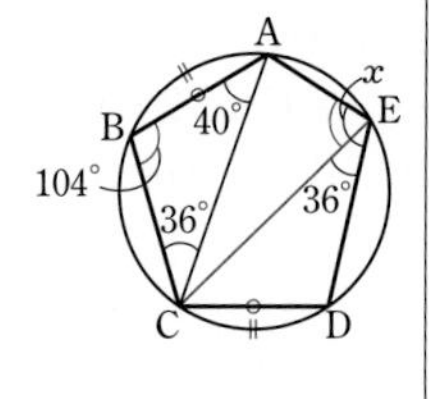

⊃等しい弦
⟶ 等しい弧
⟶ 等しい円周角

(3) 対角線 AD を引く。

四角形 ABCD は円に内接しているから

$\angle BAD = 180° - \angle BCD$

$= 180° - 111°$

$= 69°$

四角形 ADEF は円に内接しているから

$\angle DAF = 180° - \angle DEF$

$= 180° - 135°$

$= 45°$

よって　$\angle \boldsymbol{x} = 69° + 45° = \mathbf{114°}$

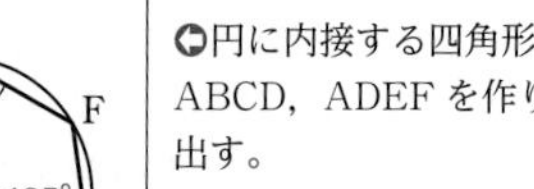

⊃円に内接する四角形 ABCD，ADEF を作り出す。

⊃$\angle BAD + \angle DAF$

演習 58 $\triangle ABC$ において，辺 AB 上に点 D を，辺 AC 上に点 E をとり，線分 BE と線分 CD の交点を F とする。点 A，D，E，F が 1 つの円周上にあり，$\angle AEB = 2\angle ABE = 4\angle ACD$ であるとき，$\angle BAC$ の大きさを求めなさい。

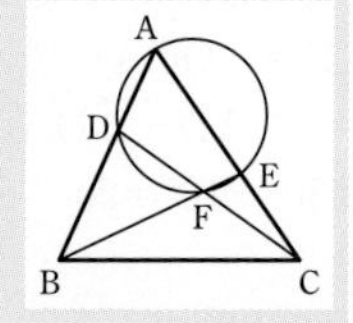

HINT 円に内接する四角形の対角の和は 180° であることと，三角形の内角の和は 180° であることから，角についての関係式を 2 通りに表す。

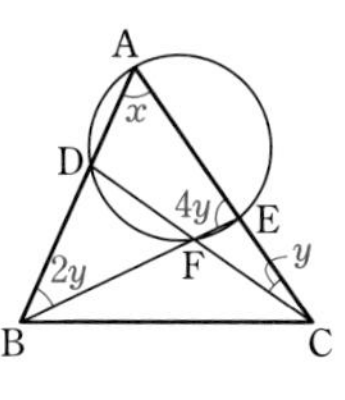

$\angle BAC = x$, $\angle ACD = y$ とおくと，仮定から

$$\angle ABE = 2\angle ACD = 2y$$

$$\angle AEB = 4\angle ACD = 4y$$

点 A，D，E，F は 1 つの円周上にあるから

$$\angle ADC + \angle AEB = 180°$$

すなわち　$\angle ADC + 4y = 180°$

よって　$\angle ADC = 180° - 4y$

△ABE の内角の和が 180° であるから

$$x + 2y + 4y = 180°$$

すなわち　$x + 6y = 180°$　…… ①

△ADC の内角の和が 180° であるから

$$x + y + (180° - 4y) = 180°$$

すなわち　$x - 3y = 0°$　…… ②

①，② を解くと　$x = 60°$，$y = 20°$

したがって　$\angle BAC =$ **60°**

演習 59　四角形 ABCD の辺 AB，BC，CD，DA の中点をそれぞれ P，Q，R，S とする。このとき，次のことを証明しなさい。

(1)　四角形 PQRS は平行四辺形である。

(2)　四角形 PQRS が円に内接するならば，四角形 ABCD の対角線 AC と BD は直交する。

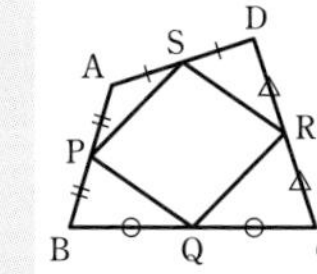

CHART　中点連結定理
中点 2 つ　平行で半分

(1)　△ABC において，中点連結定理により

$$PQ /\!/ AC \quad \cdots\cdots ①,\quad PQ = \frac{1}{2}AC \quad \cdots\cdots ②$$

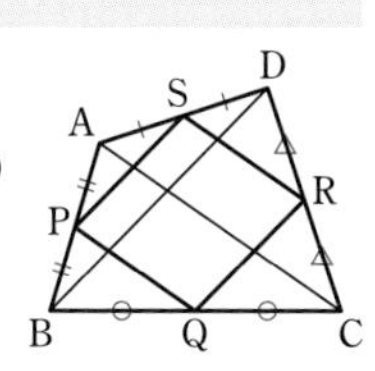

△ACD において，中点連結定理により

$$SR /\!/ AC \quad \cdots\cdots ③,\quad SR = \frac{1}{2}AC \quad \cdots\cdots ④$$

①，③ から　$PQ /\!/ SR$

②，④ から　$PQ = SR$

よって，1 組の対辺が平行でその長さが等しいから，四角形 PQRS は平行四辺形である。

(2)　四角形 PQRS が円に内接するから

$$\angle SPQ + \angle SRQ = 180° \quad \cdots\cdots ⑤$$

◀対角の和が 180°

(1) より，四角形 PQRS は平行四辺形であるから

$$\angle SPQ = \angle SRQ \quad \cdots\cdots ⑥$$

◀対角が等しい。

⑤，⑥ から　$\angle SPQ = \angle SRQ = 90°$

このことと ③ から　$AC \perp QR$　…… ⑦

また，△BCD において，中点連結定理により

$$QR /\!/ BD \quad \cdots\cdots ⑧$$

⑦，⑧ から　$AC \perp BD$

したがって，四角形 ABCD の対角線 AC と BD は直交する。

3章　演習 [円]

演習 60

円に内接する四角形 ABCD の辺 AB の延長上に，DB∥CE となるように点Eをとる。AD=21 cm，DC=12 cm，BC=28 cm のとき，線分 BE の長さを求めなさい。

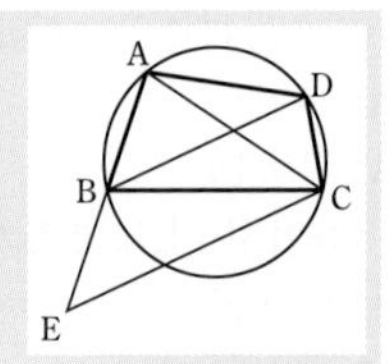

HINT 相似な三角形を見つけ出す。

△DAC と △BCE において

四角形 ABCD は円に内接しているから

　　∠ADC=∠CBE　…… ①

円周角の定理により

　　∠DAC=∠DBC

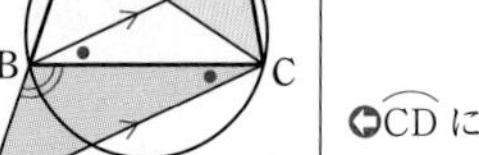

◯$\overset{\frown}{CD}$ に対する円周角。

また，DB∥CE から

　　∠DBC=∠BCE

◯錯角は等しい。

よって　∠DAC=∠BCE　…… ②

①，② より，2 組の角がそれぞれ等しいから

　　△DAC∽△BCE

よって　AD：CB=DC：BE

すなわち　21：28=12：BE

◯21×BE=28×12

したがって　BE=**16 cm**

演習 61

右の図において，∠x の大きさを求めなさい。

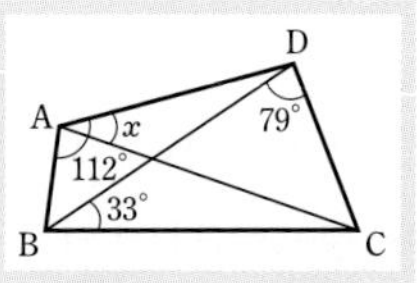

HINT かくれた円を発見する。

△BCD において

　　∠BCD=180°−(33°+79°)=68°

したがって

　　∠BAD+∠BCD=112°+68°

　　　　　　　　=180°

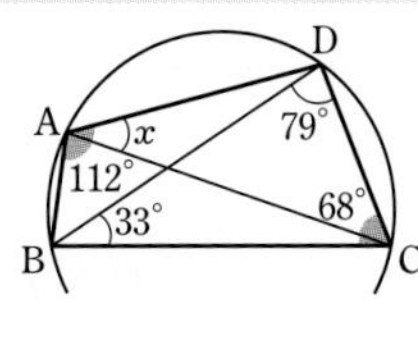

よって，四角形 ABCD は円に内接する。

円周角の定理により　∠$\boldsymbol{x}$=∠DBC=**33°**

◯$\overset{\frown}{CD}$ に対する円周角。

演習 62

正三角形 ABC の外接円において，点Aを含まない $\overset{\frown}{BC}$ 上に点Pをとる。

このとき，PA=PB+PC であることを次の 3 通りの方法で証明しなさい。

(1)　PB=PQ となる点Qを線分 AP 上にとる。

(2)　BP=CR となる点Rを線分 PC の C 側の延長上にとる。

(3)　トレミーの定理 AB×PC+AC×BP=AP×BC を利用する。

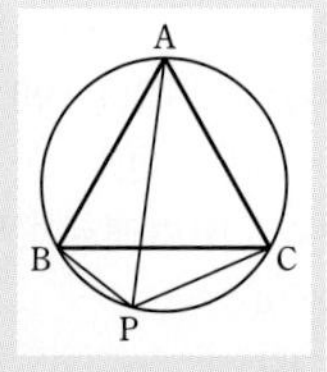

HINT (1)，(2) PB+PC を図の中に作ることを考える。

(1)　QA=PC がいえればよい。

(2)　PA=PR がいえればよい。

(1)　PB＝PQ となる点Qを線分 AP 上にとり，2 点 B，Q を結ぶ。

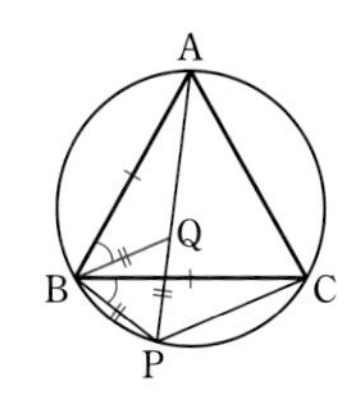

△ABQ と △CBP において

△ABC は正三角形であるから

AB＝CB　…… ①

円周角の定理により

∠BPQ＝∠BCA＝60°

◎$\overset{\frown}{AB}$ に対する円周角。

これと条件 PB＝PQ から，△PBQ は正三角形である。

◎頂角が 60° の二等辺三角形は正三角形。

よって　BQ＝BP　…… ②

また　∠ABQ＝60°−∠QBC

＝∠CBP　…… ③

①～③ より，2 組の辺とその間の角がそれぞれ等しいから

△ABQ≡△CBP

参考　△CBP は，△ABQ を，点 B を中心として 60° 回転移動させたものである。

よって　QA＝PC

したがって　PA＝PQ＋QA＝PB＋PC

(2)　BP＝CR となる点Rを線分 PC の C 側の延長上にとり，2 点 A，R を結ぶ。

△ABP と △ACR において

条件から　BP＝CR　…… ①

△ABC は正三角形であるから

AB＝AC　…… ②

四角形 ABPC は円に内接しているから

∠ABP＝∠ACR　…… ③

①～③ より，2 組の辺とその間の角がそれぞれ等しいから

△ABP≡△ACR

参考　△ACR は，△ABP を，点 A を中心として 60° 回転移動させたものである。

よって　AP＝AR，∠BAP＝∠CAR

また　∠PAR＝∠PAC＋∠CAR

＝∠PAC＋∠BAP＝∠BAC＝60°

したがって，△APR は正三角形であるから　PA＝PR

◎頂角が 60° の二等辺三角形は正三角形。

よって　PA＝CR＋PC＝PB＋PC

(3)　AB×PC＋AC×BP＝AP×BC　…… ①

△ABC は正三角形であるから　AB＝AC＝BC

よって，① から　PC＋BP＝AP

すなわち　PA＝PB＋PC

演習 63　円に内接する四角形 ABCD において，辺 AD，BC の延長が点Eで交わり，辺 BA，CD の延長が点Fで交わるとする。∠E の二等分線が辺 AB，CD とそれぞれ点 G，H で交わるとき，∠FGH＝∠FHG であることを証明しなさい。

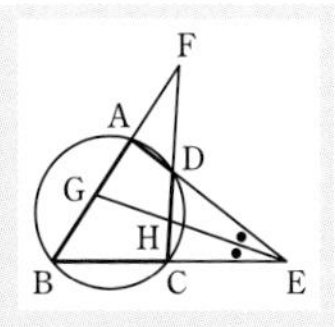

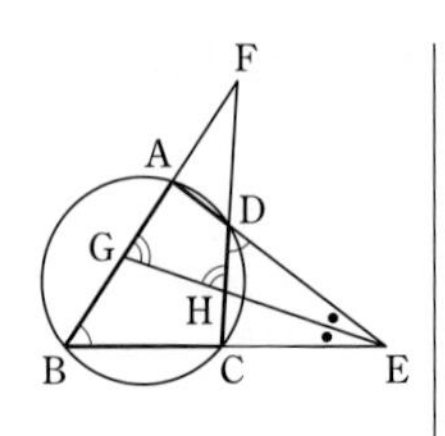

△BEG において，内角と外角の性質から

$\angle FGH = \angle GBE + \angle BEG$

△HED において，内角と外角の性質から

$\angle FHG = \angle EDH + \angle DEH$

四角形 ABCD は円に内接するから

$\angle GBE = \angle EDH$

また，GE は ∠E の二等分線であるから

$\angle BEG = \angle DEH$

したがって　　$\angle FGH = \angle FHG$

◯内角は，その対角の外角に等しい。

演習 64　右の図のような四角形 ABCD において，点 P，Q，R，S は，それぞれ △BCD，△CDA，△DAB，△ABC の重心である。ただし，点 P と点 R は対角線 AC 上になく，点 Q と点 S は対角線 BD 上にないものとする。

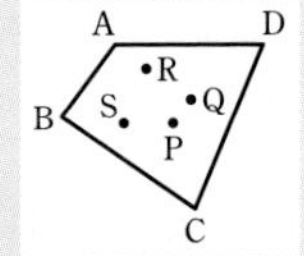

(1)　AB∥QP を証明しなさい。

(2)　四角形 ABCD が円に内接するとき，4 点 P，Q，R，S は 1 つの円周上にあることを証明しなさい。

HINT 重心の性質

①　3 つの中線の交点

②　中線を 2：1 に内分する

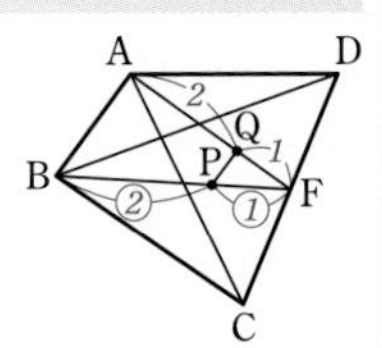

(1)　点 Q は △CDA の重心であるから，

線分 CD の中点を F とすると

$FQ : QA = 1 : 2$

また，点 P は △BCD の重心であるから

$FP : PB = 1 : 2$

よって　　$FQ : QA = FP : PB$

したがって　　AB∥QP

◯三角形と線分の比 (2)

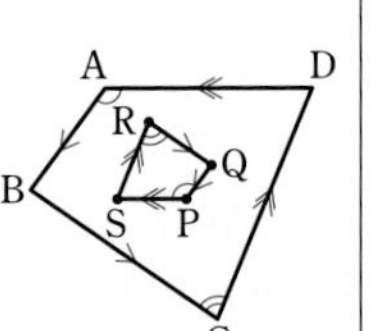

(2)　(1) と同じようにして，BC∥RQ，CD∥SR，DA∥PS が成り立つ。

よって，AB∥QP，DA∥PS であるから

$\angle DAB = \angle SPQ$　…… ①

また，BC∥RQ，CD∥SR であるから

$\angle BCD = \angle QRS$　…… ②

四角形 ABCD が円に内接しているから

$\angle DAB + \angle BCD = 180°$

①，② から　　$\angle SPQ + \angle QRS = 180°$

したがって，4 点 P，Q，R，S は 1 つの円周上にある。

◯直線 AB と直線 PS の交点を B′，直線 AD と直線 PQ の交点を D′ とすると，四角形 AB′PD′ は平行四辺形。よって，① が成り立つ。② も同様。

演習 65　右の図のように，△ABC の外接円上の点 P から辺 BC，CA，AB またはその延長に，それぞれ垂線 PD，PE，PF を引く。このとき，次のことを証明しなさい。

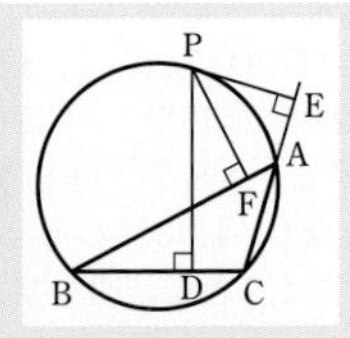

(1)　△PBD∽△PAE

(2)　3 点 D，E，F は一直線上にある。

(1)　2点PとA，PとBをそれぞれ結ぶ。

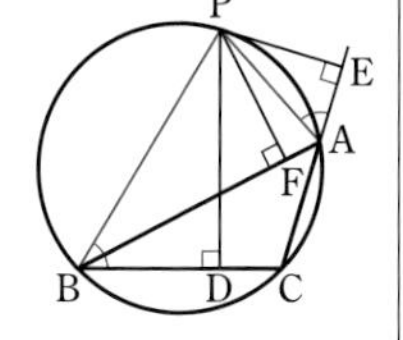

△PBD と △PAE において

条件より　∠PDB＝∠PEA

四角形 PBCA は円に内接するから

∠PBC＝∠PAE

すなわち　∠PBD＝∠PAE

2組の角がそれぞれ等しいから

△PBD∽△PAE

(2)　条件より ∠PDB＝∠PFB＝90° であるから，4点P，B，D，F は BP を直径とする円周上にある。

CHART　直角と円
直角2つで　円くなる

よって，円周角の定理により

∠BPD＝∠BFD　……①

◀$\overset{\frown}{\mathrm{BD}}$ に対する円周角。

また，∠PFA＝∠PEA＝90° であるから，4点P，F，A，E は AP を直径とする円周上にある。

よって，円周角の定理により

∠AFE＝∠APE　……②

ここで，(1)の結果から　　∠BPD＝∠APE　……③

①〜③ から　　∠AFE＝∠BFD

◀A，F，B は一直線上にあるから，対頂角が等しい。

したがって，点Dと点Eは直線 AB について互いに異なる側にあるから，3点D，E，F は一直線上にある。

別解　(1)の結果から

∠PBD＝∠PAE　……①

CHART　直角と円
直角2つで　円くなる

条件より ∠PFA＝∠PEA＝90° であるから，4点P，F，A，E は AP を直径とする円周上にある。

よって，円周角の定理により

∠PAE＝∠PFE　……②

◀$\overset{\frown}{\mathrm{PE}}$ に対する円周角。

①，② から　　∠PBD＝∠PFE　……③

ここで，∠PDB＝∠PFB＝90° であるから，4点P，B，D，F は BP を直径とする円周上にある。

よって　　∠PBD＋∠PFD＝180°

③ から　　∠PFE＋∠PFD＝180°

◀∠DFE＝180°

したがって，3点D，E，F は一直線上にある。

演習 66　AB＝AC の二等辺三角形 ABC の辺 AB，AC に，点Oを中心とする半円が図のように接している。点D，E をそれぞれ辺 AB，AC 上にとり，直線 DE が半円に接するようにする。このとき，△DBO と △OCE は相似であることを証明しなさい。

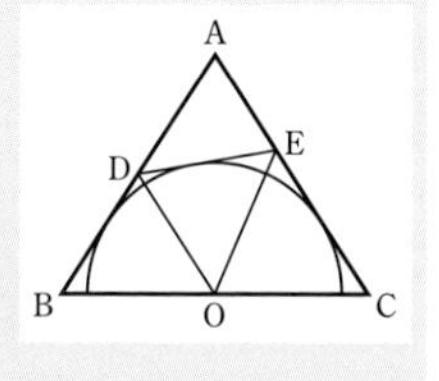

HINT　接線に中心から半径を引く。

3章
演習
[円]

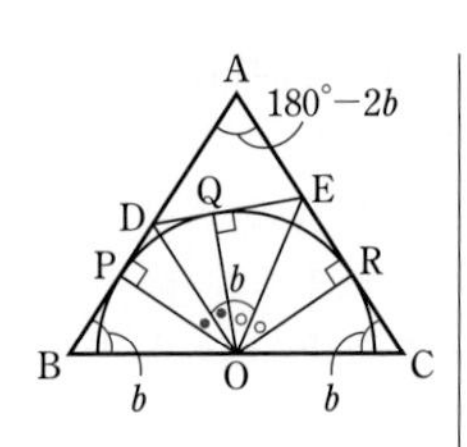

右の図のように，半円と AB, DE，AC との接点をそれぞれ P, Q，R とする。

$\angle B=b$ とおくと，$\angle C=b$ であり

$\angle A=180^\circ-2b$

$\angle OPA=\angle ORA=90^\circ$ であるから，

◯接線は半径に垂直。

四角形 APOR において

$$\angle POR=360^\circ-\{(180^\circ-2b)+90^\circ+90^\circ\}$$
$$=2b$$

DP，DQ，EQ，ER は半円の接線であるから

$\angle DOP=\angle DOQ,\quad \angle EOQ=\angle EOR$

◯点 O は △ADE の傍心である。

したがって

$$\angle DOE=\angle DOQ+\angle EOQ=\frac{1}{2}\angle POQ+\frac{1}{2}\angle ROQ$$
$$=\frac{1}{2}(\angle POQ+\angle ROQ)=\frac{1}{2}\times 2b=b$$

◯$\angle POR=2b$

△DBO と △OCE において

$\angle DBO=\angle OCE\ (=b)$ …… ①

△OCE において，内角と外角の性質から

$\angle CEO=\angle BOE-b$

一方　$\angle BOD=\angle BOE-\angle DOE$

$=\angle BOE-b$

よって　$\angle BOD=\angle CEO$ …… ②

①，② より，2 組の角がそれぞれ等しいから

△DBO∽△OCE

演習 67

△ABC において，AB=6 cm, BC=7 cm，CA=3 cm である。△ABC の ∠B 内の傍接円が直線 AB，BC，CA と接する点をそれぞれ P，Q，R とする。

(1) 線分 AR の長さを求めなさい。

(2) △ABC と △PQR の面積比を求めなさい。

接線 2 本で二等辺三角形

(1) AR=x cm とおくと

$CR=3-x$

A から傍接円に引いた接線の長さは等しいから

$AP=AR=x$

C から傍接円に引いた接線の長さは等しいから

$CQ=CR=3-x$

B から傍接円に引いた接線の長さは等しいから

$BP=BQ$　すなわち　$6+x=7+(3-x)$

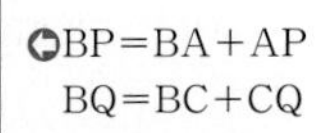
◯$BP=BA+AP$
$BQ=BC+CQ$

これを解くと　$x=2$　したがって　AR=**2 cm**

(2) $\triangle$PBQ の面積を S cm² とする。

BC：CQ=7：1 であるから

$$\triangle PBC=\frac{7}{8}S$$

BA：AP=6：2=3：1 である

から　$\triangle ABC=\dfrac{3}{4}\triangle PBC$

$$=\frac{3}{4}\times\frac{7}{8}S=\frac{21}{32}S$$

$$\triangle PAC=\frac{1}{3}\triangle ABC=\frac{1}{3}\times\frac{21}{32}S=\frac{7}{32}S$$

AR：RC=2：1 であるから

$$\triangle PAR=\frac{2}{3}\triangle PAC=\frac{2}{3}\times\frac{7}{32}S=\frac{7}{48}S$$

また，BC：CQ=7：1，AR：RC=2：1 であるから

$$\triangle ACQ=\frac{1}{7}\triangle ABC=\frac{1}{7}\times\frac{21}{32}S=\frac{3}{32}S$$

$$\triangle RCQ=\frac{1}{3}\triangle ACQ=\frac{1}{3}\times\frac{3}{32}S=\frac{1}{32}S$$

よって　$\triangle PQR=\triangle PBQ-(\triangle ABC+\triangle PAR+\triangle RCQ)$

$$=S-\left(\frac{21}{32}S+\frac{7}{48}S+\frac{1}{32}S\right)$$

$$=S-\frac{5}{6}S=\frac{1}{6}S$$

したがって　$\triangle ABC：\triangle PQR=\dfrac{21}{32}S：\dfrac{1}{6}S=$ **63：16**

⊂ S を基準として面積比を求める。

CHART
三角形の面積比
等高なら　底辺の比

演習 68 四角形 ABCD において，AB=6 cm，CD=8 cm，∠B=90° であり，辺 AB，BC，CD，DA はともに円Oに接している。対角線 AC が円Oの中心を通るとき，辺 BC の長さと円Oの半径 r を求めなさい。

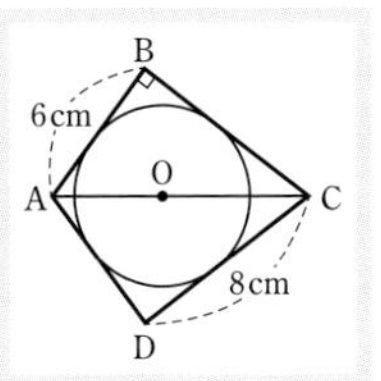

CHART　接線 2 本で二等辺三角形

円Oと辺 AB，BC，CD，DA の接点をそれぞれ E，F，G，H とする。
$\triangle$AEO と $\triangle$AHO において
共通な辺であるから　　AO=AO
円の半径であるから　　OE=OH
2 つの接線の長さは等しいから
AE=AH
よって，3 組の辺がそれぞれ等しいから
$\triangle AEO\equiv\triangle AHO$
ゆえに　　∠EAO=∠HAO
すなわち　　∠BAC=∠DAC　…… ①

また，同様にして，$\triangle CFO \equiv \triangle CGO$ より

$\angle FCO = \angle GCO$

すなわち　$\angle BCA = \angle DCA$　……②

共通な辺であるから　$AC = AC$　……③

①～③ より，1 組の辺とその両端の角がそれぞれ等しいから

$\triangle ABC \equiv \triangle ADC$

したがって　**BC**$=$DC$=$**8 (cm)**

次に　$\triangle ABC = \frac{1}{2} \times 6 \times 8 = 24$

また　$\triangle ABC = \triangle OAB + \triangle OCB$

$= \frac{1}{2} \times 6 \times r + \frac{1}{2} \times 8 \times r = 7r$

◯△ABC の面積を 2 通りに表す。

よって　$24 = 7r$　　したがって　$\boldsymbol{r = \frac{24}{7}}$ **cm**

別解　(BC＝8 cm までは同じ)

四角形 BEOF は正方形であるから

$BF = OF = r$，$CF = 8 - r$

$\angle CFO = \angle CBA = 90^\circ$ により同位角が等しいから　$AB /\!/ OF$

よって　$CF : CB = OF : AB$

$(8 - r) : 8 = r : 6$

これを解いて　$6(8 - r) = 8r$　　したがって　$\boldsymbol{r = \frac{24}{7}}$ **cm**

演習 69　△ABC の頂点 A，内心 I から辺 BC へそれぞれ垂線 AH，ID を引く。BC＝32 cm，CA＝24 cm，AB＝16 cm のとき，BH＝11 cm となる。

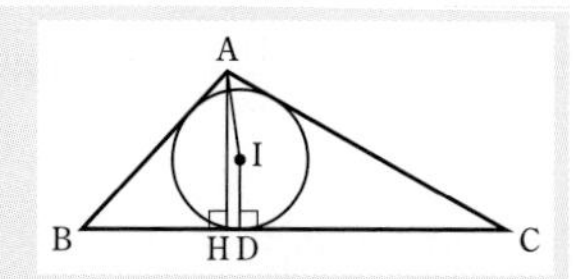

(1)　AH：ID を求めなさい。

(2)　線分 HD の長さを求めなさい。

(1)　ID は内接円の半径であるから，△ABC の面積は

$\frac{1}{2}(32 + 24 + 16) \times ID = 36ID$

◯$\frac{1}{2}(a+b+c)r$

また，辺 BC を底辺とみると，△ABC の面積は

$\frac{1}{2} \times 32 \times AH = 16AH$

◯AH が高さ。

よって　$36ID = 16AH$　　すなわち　$ID = \frac{4}{9}AH$

したがって　$AH : ID = AH : \frac{4}{9}AH = \boldsymbol{9 : 4}$

(2)　直線 AI と辺 BC の交点を E とする。AE は ∠BAC の二等分線であるから

$BE : EC = AB : AC$

$= 16 : 24 = 2 : 3$

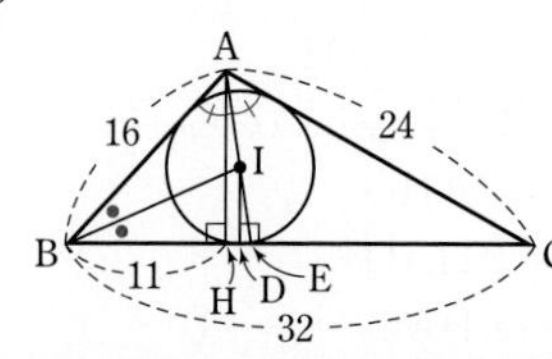

よって　　$BE=\frac{2}{2+3}BC=\frac{2}{5}\times 32=\frac{64}{5}$

したがって　　$EH=BE-BH=\frac{64}{5}-11=\frac{9}{5}$

ここで，$ID\perp BC$，$AH\perp BC$ より，$ID /\!/ AH$ であるから

$AH:ID=EH:ED$

すなわち　　$9:4=\frac{9}{5}:ED$　　　よって　　$ED=\frac{4}{5}$

したがって　　$HD=EH-ED=\frac{9}{5}-\frac{4}{5}=\mathbf{1}$ **(cm)**

別解 (1)　直線 AI と辺 BC の交点を E，△ABC の内接円が辺 AB，CA と接する点をそれぞれ F，G とし，BD$=x$ cm とおく。

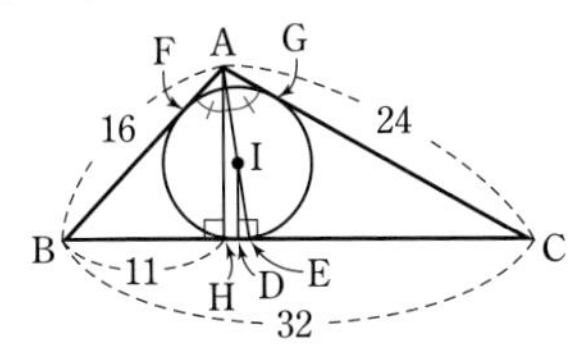

点Bから引いた接線の長さは等しいから

$BF=BD=x$

よって　　$CD=32-x$，　$AF=16-x$

点Cから引いた接線の長さは等しいから

$CG=CD=32-x$

点Aから引いた接線の長さは等しいから

$AG=AF=16-x$

したがって，辺 CA の長さについて

$(32-x)+(16-x)=24$

⇦$CG+AG=AC$

これを解くと　　$x=12$　　　よって　　BD$=12$ cm

また，AE は ∠BAC の二等分線であるから

$BE:EC=AB:AC$

よって　　$BE:EC=16:24=2:3$

ゆえに　　$BE=\frac{2}{2+3}BC=\frac{2}{5}\times 32=\frac{64}{5}$ (cm)

したがって，$AH /\!/ ID$ より

$$AH:ID=HE:DE=\left(\frac{64}{5}-11\right):\left(\frac{64}{5}-12\right)$$

$$=\frac{9}{5}:\frac{4}{5}=\mathbf{9:4}$$

⇦$HE=BE-BH$
$DE=BE-BD$

(2)　$HD=BD-BH=12-11=\mathbf{1}$ **(cm)**

演習 70　鋭角三角形 ABC の各頂点から対辺に垂線 AD，BE，CF を引く。△ABC の垂心Hは，△DEF の内心であることを証明しなさい。(△DEF を △ABC の**垂足三角形**という)

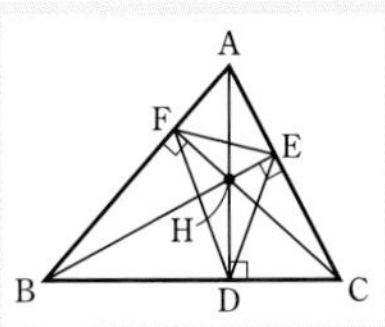

HINT 内心は角の二等分線の交点。よって，∠FDH＝∠HDE を示す。

H は △ABC の垂心であるから

$\angle BFH=\angle BDH=90°$ …… ①

$\angle CEH=\angle CDH=90°$ …… ②

① から，4 点 B，D，H，F は BH を直径とする円周上にある。

円周角の定理により

$\angle FBH=\angle FDH$ …… ③

同様に，② より，4 点 C，E，H，D は CH を直径とする円周上にあるから　$\angle HDE=\angle HCE$ …… ④

また，$\angle BFC=\angle BEC=90°$ であるから，4 点 B，C，E，F は BC を直径とする円周上にある。

円周角の定理により　$\angle FBE=\angle FCE$

すなわち　$\angle FBH=\angle HCE$ …… ⑤

③～⑤ から　$\angle FDH=\angle HDE$

よって，HD は $\angle FDE$ の二等分線である。

同様にして，HE が $\angle DEF$ の二等分線であることが示される。

したがって，△ABC の垂心Hは △DEF の内心である。

CHART
直角 2 つで　円くなる

⇨ $\overset{\frown}{FH}$ に対する円周角。

⇨ $\overset{\frown}{HE}$ に対する円周角。

⇨ $\overset{\frown}{FE}$ に対する円周角。

演習 71 次の図において，$\angle x$ の大きさを求めなさい。(1)～(3) において，直線 ST は点Aにおける円の接線である。

(1)

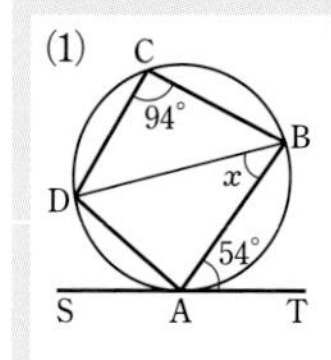

(2)

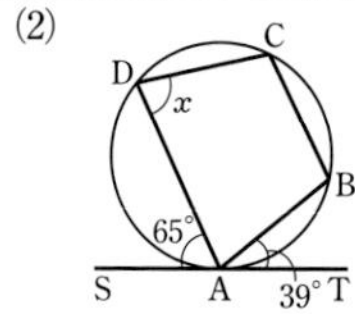

$\overset{\frown}{CD}=\overset{\frown}{CB}$

(3)

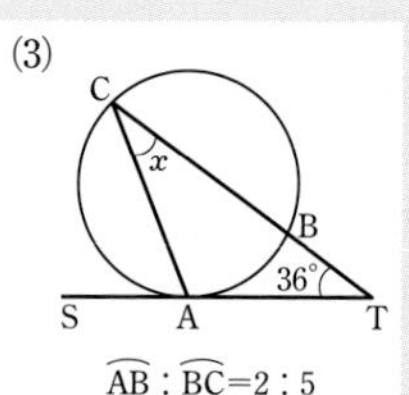

$\overset{\frown}{AB}:\overset{\frown}{BC}=2:5$

(4)

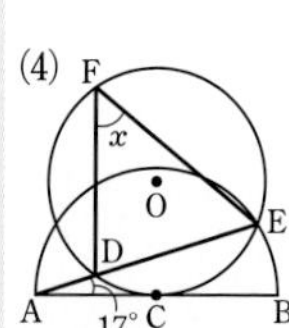

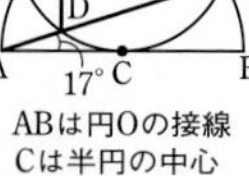
ABは円Oの接線
Cは半円の中心

(5)

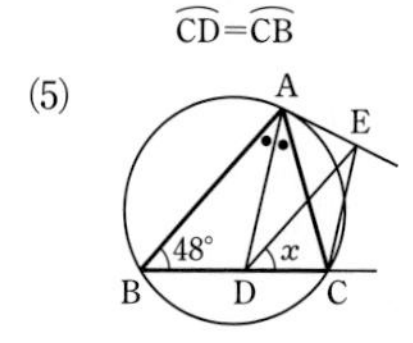

$\angle A=58°$，AD は $\angle A$ の二等分線，
AE は円の接線，AD//EC

(1)　接弦定理により

$\angle ADB=\angle BAT=54°$

四角形 ABCD は円に内接するから

$\angle DAB=180°-94°=86°$

△ABD において

$\angle \boldsymbol{x}=180°-(86°+54°)=\mathbf{40°}$

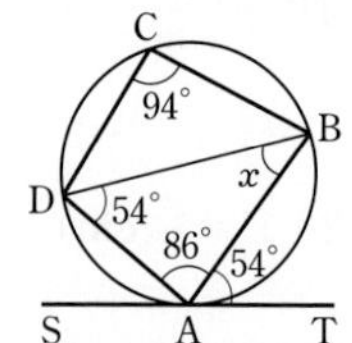

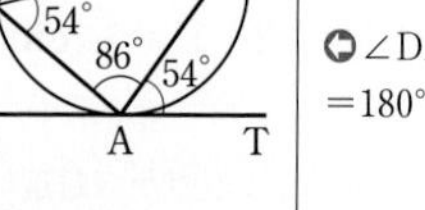

⇨ $\angle DAB$
$=180°-\angle DCB$

(2)　2 点 A，C を結ぶ。

接弦定理により

$\angle ACD=\angle DAS=65°$

$\angle ACB=\angle BAT=39°$

よって　$\angle DAB=180°-(65°+39°)=76°$

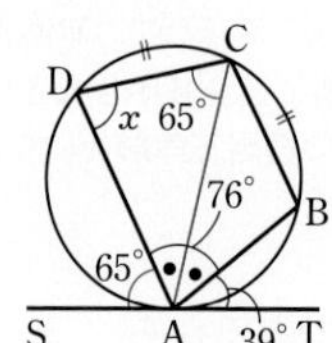

$\overset{\frown}{\mathrm{CD}}=\overset{\frown}{\mathrm{CB}}$ から　　$\angle\mathrm{DAC}=\angle\mathrm{CAB}$

よって　　$\angle\mathrm{DAC}=\dfrac{1}{2}\angle\mathrm{DAB}=38^\circ$

△ACD において　　$\angle \boldsymbol{x}=180^\circ-(38^\circ+65^\circ)=\mathbf{77^\circ}$

（等しい弧 ⟶ 等しい円周角）

(3)　2 点 A，B を結ぶ。

$\overset{\frown}{\mathrm{AB}}:\overset{\frown}{\mathrm{BC}}=2:5$ から

$$\angle\mathrm{CAB}=\frac{5}{2}\angle\mathrm{ACB}=\frac{5}{2}\angle x$$

（円周角は弧の長さに比例。$\angle\mathrm{ACB}:\angle\mathrm{CAB}=\overset{\frown}{\mathrm{AB}}:\overset{\frown}{\mathrm{BC}}=2:5$）

接弦定理により

$$\angle\mathrm{BAT}=\angle\mathrm{ACB}=\angle x$$

△ATC において　　$\left(\dfrac{5}{2}\angle x+\angle x\right)+36^\circ+\angle x=180^\circ$

（$\dfrac{9}{2}\angle x=144^\circ$）

これを解いて　　　$\angle \boldsymbol{x}=\mathbf{32^\circ}$

(4)　2 点 E と C，F と C をそれぞれ結ぶ。

円周角の定理により

$$\angle\mathrm{ECB}=2\angle\mathrm{EAB}=2\times17^\circ=34^\circ$$

よって，接弦定理により

$$\angle\mathrm{CFE}=\angle\mathrm{ECB}=34^\circ$$

また，△CEA において，CE＝CA

であるから　　$\angle\mathrm{CEA}=\angle\mathrm{CAE}=17^\circ$

（CE，CA は半円の半径。）

円周角の定理により　　$\angle\mathrm{DFC}=\angle\mathrm{DEC}=17^\circ$

（$\overset{\frown}{\mathrm{CD}}$ に対する円周角。）

よって　　$\angle \boldsymbol{x}=17^\circ+34^\circ=\mathbf{51^\circ}$

（$\angle x=\angle\mathrm{DFC}+\angle\mathrm{CFE}$）

(5)　AD は ∠A の二等分線であるから

$$\angle\mathrm{BAD}=\angle\mathrm{CAD}=\frac{1}{2}\angle\mathrm{A}=29^\circ$$

接弦定理により　$\angle\mathrm{CAE}=\angle\mathrm{B}=48^\circ$

よって　　$\angle\mathrm{DAE}=29^\circ+48^\circ=77^\circ$

また，△ABD において，内角と外角の

性質から　$\angle\mathrm{ADC}=\angle\mathrm{ABD}+\angle\mathrm{BAD}=48^\circ+29^\circ=77^\circ$

よって　　$\angle\mathrm{ADC}=\angle\mathrm{DAE}$　…… ①

図のように点 F をとると，AD∥EC であるから

$$\angle\mathrm{ADC}=\angle\mathrm{ECF}\quad\cdots\cdots ②$$

（同位角）

①，② から　　$\angle\mathrm{DAE}=\angle\mathrm{ECF}$

よって，四角形 ADCE は円に内接するから，円周角の定理により　　$\angle \boldsymbol{x}=\angle\mathrm{CDE}=\angle\mathrm{CAE}=\mathbf{48^\circ}$

（$\overset{\frown}{\mathrm{CE}}$ に対する円周角。）

演習 72　AB＝8 cm，BC＝6 cm，CA＝7 cm の △ABC の辺 BC に点 C で接し，A を通る円と辺 AB の交点を D とする。また，円周上に点 E を ∠BAC＝∠CAE となるようにとる。

(1)　線分 DC の長さを求めなさい。

(2)　△ACE∽△ABC を証明しなさい。

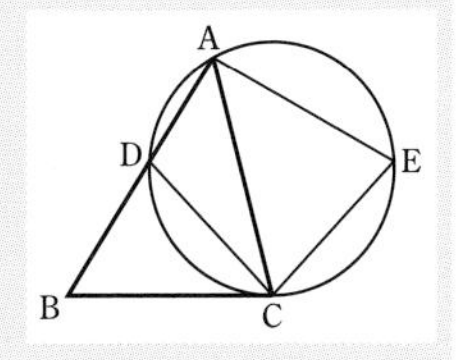

HINT 相似な三角形をさがす。

3章 演習［円］

(1)　△ABC と △CBD において

共通な角であるから

$\angle ABC=\angle CBD$

接弦定理により

$\angle BAC=\angle BCD$

2 組の角がそれぞれ等しいから

$\triangle ABC \backsim \triangle CBD$

よって　　$AB : CB=CA : DC$

すなわち　　$8 : 6=7 : DC$

これを解いて　　$DC=\dfrac{21}{4}$ **cm**

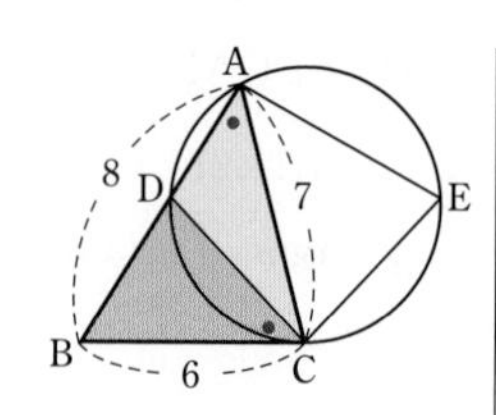

◯8×DC＝6×7

(2)　△ACE と △ABC において

仮定から　　$\angle CAE=\angle BAC$

接弦定理により　$\angle AEC=\angle ACB$

2 組の角がそれぞれ等しいから

$\triangle ACE \backsim \triangle ABC$

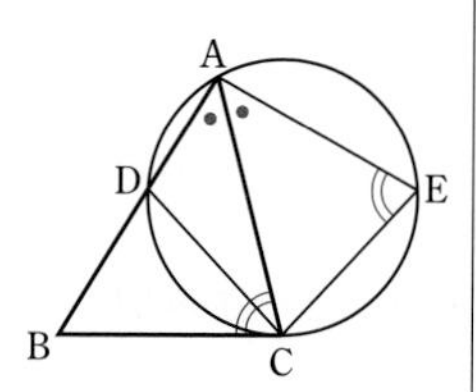

演習 73　右の図のように，△ABC の外接円の点Aにおける接線上に $\angle BDA=\angle BAC=\angle CEA$ となるような点 D，E をとり，線分 CE と円との交点をFとするとき，次のことを証明しなさい。

(1)　DE∥BF

(2)　DA＝AE

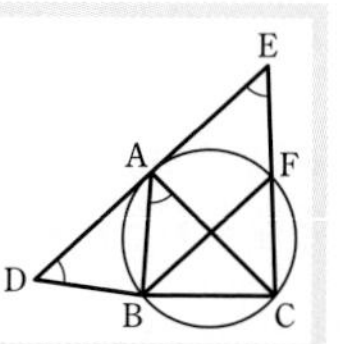
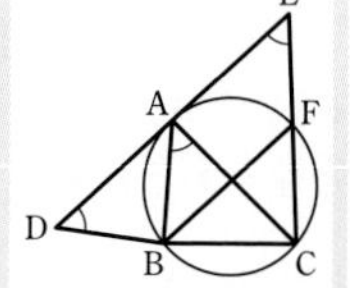

HINT　(1) は (2) のヒント。
(2) △DAB≡△EAF を示すために，$\angle BDA=\angle FEA$ と (1) の結果を利用して $\angle DAB=\angle FAE$ と $\angle ABD=\angle AFE$，AB＝AF を示すことを考える。

(1)　円周角の定理により　　$\angle BFC=\angle BAC$

条件から　　$\angle BAC=\angle CEA$

よって　　$\angle BFC=\angle AEC$

したがって，同位角が等しいから　　DE∥BF

(2)　2 点 A，F を結ぶ。

△DAB と △EAF において

条件から　　$\angle BDA=\angle FEA$　……①

接弦定理により

$\angle DAB=\angle AFB$　……②

(1) より，DE∥BF であるから

$\angle AFB=\angle FAE$　……③　◯錯角

$\angle DAB=\angle ABF$　……④　◯錯角

②，③ から　　$\angle DAB=\angle FAE$　……⑤

①，⑤ から　　$\angle ABD=180^\circ-(\angle BDA+\angle DAB)$

$=180^\circ-(\angle FEA+\angle FAE)$

$=\angle AFE$　……⑥

③～⑤ から　　$\angle ABF=\angle AFB$

よって　　AB＝AF　……⑦　◯等角 ⟶ 等辺

⑤～⑦ より，1組の辺と両端の角がそれぞれ等しいから

$\triangle DAB \equiv \triangle EAF$

したがって　　$DA=AE$

演習 74　右の図において，$AB /\!/ FD$ である。$BD=6$ cm，$AE=3$ cm，$EC=5$ cm のとき，線分 EF の長さを求めなさい。

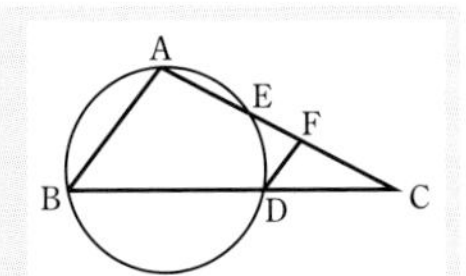

HINT　まず，CD を求める。

$CD=x$ cm とする。

方べきの定理により

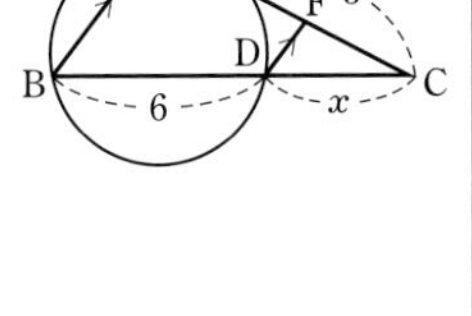

$CD\times CB=CE\times CA$

すなわち　$x\times(x+6)=5\times(5+3)$

よって　$x^2+6x-40=0$

すなわち　$(x+10)(x-4)=0$

$x>0$ であるから　$x=4$

したがって　$CD=4$ cm

$AB /\!/ FD$ であるから　$CF:CA=CD:CB$

すなわち　$CF:(5+3)=4:(4+6)$

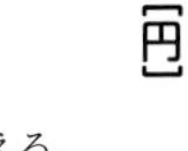

3章

←$CF\times 10=8\times 4$

よって　$CF=\dfrac{16}{5}$ cm

したがって　$EF=CE-CF=5-\dfrac{16}{5}=\boldsymbol{\dfrac{9}{5}}$ **(cm)**

演習 [円]

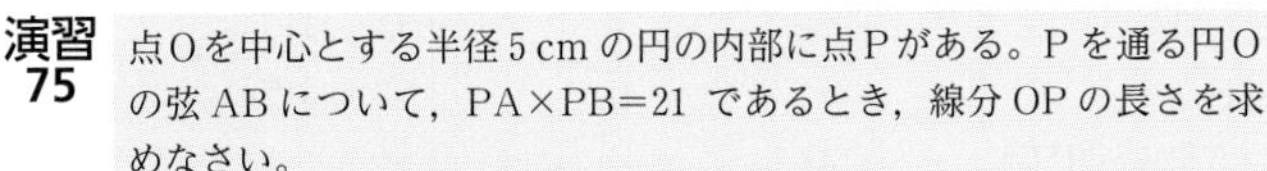

演習 75　点Oを中心とする半径 5 cm の円の内部に点Pがある。P を通る円Oの弦 AB について，$PA\times PB=21$ であるとき，線分 OP の長さを求めなさい。

HINT　図をかいて考える。

点Pを通る円Oの直径の両端を，それぞれ C，D とすると，方べきの定理により

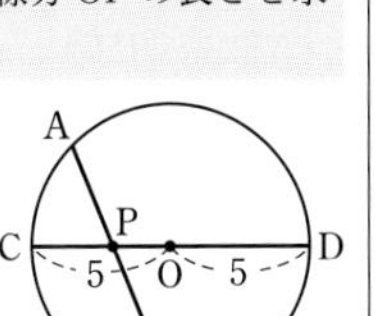

$PC\times PD=PA\times PB$

すなわち　$(5-OP)\times(5+OP)=21$

よって　$25-OP^2=21$

したがって　$OP^2=4$

$OP>0$ であるから　$OP=$**2 cm**

演習 76　$\triangle ABC$ の外心を O，内心を I とし，O と I は一致しないとする。直線 AI と外接円の交点を D とし，直線 DO と外接円の交点を E とする。また，I から辺 AC に垂線 IF を引く。$\triangle ABC$ の外接円の半径を R，内接円の半径を r とする。

(1)　$IA\times ID$ を OI と R で表しなさい。

(2)　$AI\times BD=ED\times IF$ を証明しなさい。

(3)　$BD=DI$ を証明しなさい。

(4)　OI^2 を R と r で表しなさい。

(1)　△ABC の外接円で，点 I を通る直径の両端を，それぞれ G，H とすると，方べきの定理により

$$\mathrm{IA}\times\mathrm{ID}=\mathrm{IG}\times\mathrm{IH}$$

よって　$\mathbf{IA}\times\mathbf{ID}=(R+\mathrm{OI})\times(R-\mathrm{OI})$

$$=\boldsymbol{R}^2-\mathbf{OI}^2$$

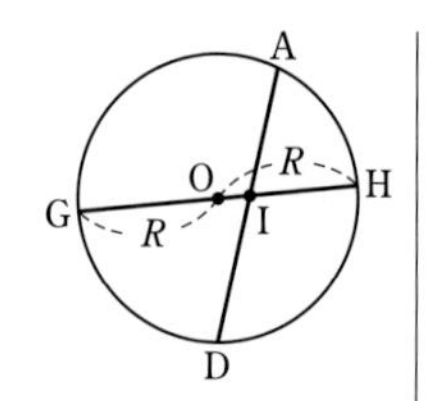

(2)　△AIF と △EDB において

仮定から　$\angle\mathrm{AFI}=90^\circ$

DE は △ABC の外接円の直径であるから

$$\angle\mathrm{EBD}=90^\circ$$

よって　$\angle\mathrm{AFI}=\angle\mathrm{EBD}$　…… ①

AI は ∠BAC の二等分線であるから

$$\angle\mathrm{BAD}=\angle\mathrm{FAI}$$

円周角の定理により　$\angle\mathrm{BAD}=\angle\mathrm{BED}$

よって　$\angle\mathrm{FAI}=\angle\mathrm{BED}$　…… ②

①，② より，2 組の角がそれぞれ等しいから

$$\triangle\mathrm{AIF}\backsim\triangle\mathrm{EDB}$$

よって　$\mathrm{AI}:\mathrm{ED}=\mathrm{IF}:\mathrm{DB}$

したがって　$\mathrm{AI}\times\mathrm{BD}=\mathrm{ED}\times\mathrm{IF}$

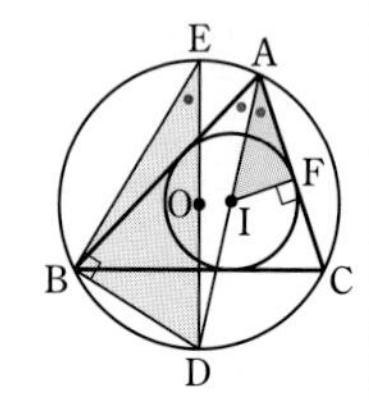

◯結論
$\mathrm{AI}\times\mathrm{BD}=\mathrm{ED}\times\mathrm{IF}$
⟶ $\mathrm{AI}:\mathrm{ED}=\mathrm{IF}:\mathrm{BD}$
⟶ 三角形の相似を利用して示す。

◯内心は内角の二等分線の交点。

◯$\overset{\frown}{\mathrm{BD}}$ に対する円周角。

(3)　△ABI において，内角と外角の性質から

$$\angle\mathrm{DIB}=\angle\mathrm{IAB}+\angle\mathrm{IBA}\quad\cdots\cdots ③$$

また　$\angle\mathrm{DBI}=\angle\mathrm{DBC}+\angle\mathrm{IBC}$

ここで　$\angle\mathrm{DBC}=\angle\mathrm{DAC}$

$$=\angle\mathrm{IAB}$$

また　$\angle\mathrm{IBC}=\angle\mathrm{IBA}$

よって　$\angle\mathrm{DBI}=\angle\mathrm{IAB}+\angle\mathrm{IBA}$　…… ④

③，④ から　$\angle\mathrm{DIB}=\angle\mathrm{DBI}$

したがって，△DBI は二等辺三角形であり

$$\mathrm{BD}=\mathrm{DI}$$

◯結論 BD＝DI
⟶ ∠DIB＝∠DBI を示す。

◯$\overset{\frown}{\mathrm{DC}}$ に対する円周角。

◯ I は内心。

◯ I は内心。

◯等角 ⟶ 等辺

(4)　(1) から　$R^2-\mathrm{OI}^2=\mathrm{IA}\times\mathrm{ID}$

これと (3) から　$R^2-\mathrm{OI}^2=\mathrm{IA}\times\mathrm{BD}$

これと (2) から　$R^2-\mathrm{OI}^2=\mathrm{ED}\times\mathrm{IF}$

$\mathrm{ED}=2R$，$\mathrm{IF}=r$ であるから　$R^2-\mathrm{OI}^2=2R\times r$

したがって　$\mathbf{OI}^2=\boldsymbol{R}^2-2\boldsymbol{Rr}$

◯ID＝BD

◯IA×BD＝ED×IF

◯ED は外接円の直径，IF は内接円の半径。

演習 77　△ABC の頂点 A から辺 BC に垂線 AH を引く。辺 BC に点 H で接し，A を通る円と辺 AB，AC との交点をそれぞれ D，E とする。このとき，次のことを証明しなさい。

(1)　$\mathrm{AH}^2=\mathrm{AE}\times\mathrm{AC}$

(2)　4 点 D，B，C，E は 1 つの円周上にある。

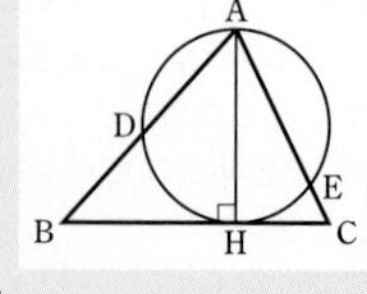

HINT　かくれた円を発見する。

(1)　$AH \perp BC$ であるから，AH は円の直径である。

よって　　$\angle AEH = 90°$

すなわち　$\angle HEC = 90°$

よって，線分 HC は，△EHC の外接円の直径である。

$AH \perp CH$ であるから，AH は △EHC の外接円の接線である。

したがって，この外接円において，方べきの定理により

$$AH^2 = AE \times AC$$

(2)　(1)と同様に考えると，直線 AH は △DBH の外接円に接するから　　$AH^2 = AD \times AB$

これと(1)から　　$AE \times AC = AD \times AB$

よって，方べきの定理の逆により，4点 D，B，C，E は1つの円周上にある。

◯直径 ⟶ 直角

◯直角 ⟶ 直径

◯AH は円の直径に垂直 ⟶ 半径に垂直 ⟶ 接線

演習 78

円Oに点Pから2本の接線を引き，その接点をS，Tとし，OP と ST の交点をHとする。また，点Pを通る直線が円Oと2点A，B で交わるとする。次のことを証明しなさい。

(1)　$\triangle POS \backsim \triangle PSH$

(2)　4点 A，B，H，O は1つの円周上にある。

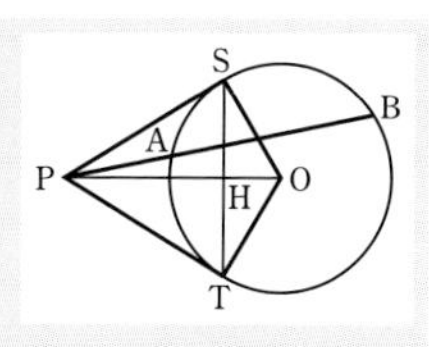

HINT　(1)は(2)のヒント。

(1)　△POS と △PSH において

共通な角であるから

$\angle OPS = \angle SPH$　…… ①

PS は円Oの接線であるから

$\angle PSO = 90°$

また　　$\angle PHS = 90°$

よって　$\angle PSO = \angle PHS$　…… ②

①，② より，2組の角がそれぞれ等しいから

$\triangle POS \backsim \triangle PSH$

(2)　(1)から　　$PO : PS = PS : PH$

よって　　$PH \times PO = PS^2$

また，方べきの定理により　　$PA \times PB = PS^2$

したがって　　$PH \times PO = PA \times PB$

よって，方べきの定理の逆により，4点 A，B，H，O は1つの円周上にある。

◯△PST は二等辺三角形であるから　$PH \perp ST$

CHART　接線と割線　ペアを見つけて　方べき

演習 79

右の図のように，3つの円 A，B，C が3点 P，Q，R で互いに外接している。

円Aの半径が 3 cm，AC=9 cm，BC=10 cm であるとき，円Bの半径を求めなさい。

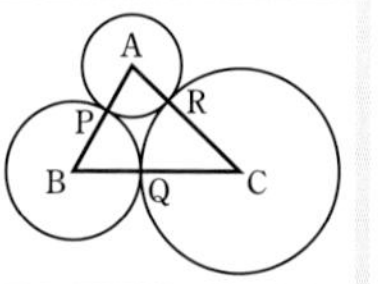
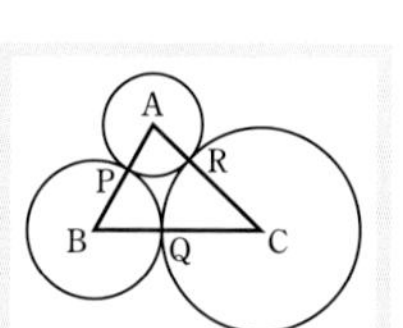

HINT　2つの円が外接するとき
(中心間の距離)
=(半径の和)

3章 演習［円］

円Bの半径を x cm，円Cの半径を y cm とする。

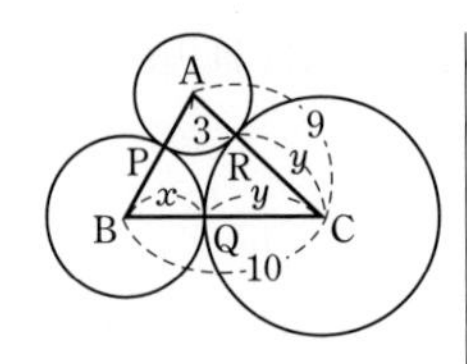

円Aと円Cが外接しているから

$3+y=\mathrm{AC}$

すなわち　$3+y=9$

よって　$y=6$

円Bと円Cが外接しているから

$x+y=\mathrm{BC}$

すなわち　$x+6=10$

よって　$x=4$　　　答　**4 cm**

演習 80　2点A，Bで交わる2つの円O，O′について，中心線OO′とABの交点をMとする。Mが線分OO′の中点であるとき，2つの円の半径は等しいことを証明しなさい。

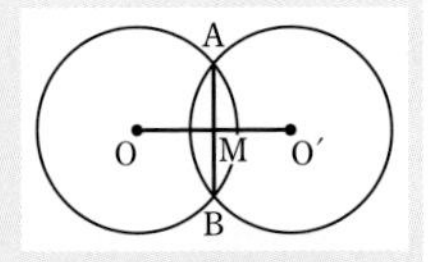

HINT 結論 OA＝O′A ⟶ OA，O′A を含む三角形の合同を使って示す。

△AMO と △AMO′ において

共通な辺であるから　　AM＝AM

M は線分 OO′ の中点であるから

OM＝O′M

中心線 OO′ は共通弦 AB の垂直二等分線であるから

∠AMO＝∠AMO′＝90°

2辺とその間の角がそれぞれ等しいから

△AMO≡△AMO′

よって　　OA＝O′A

したがって，2つの円の半径は等しい。

演習 81　互いに外接する2つの円O，O′上の点A，Bにおける共通外接線と直線OO′の交点をPとする。円Oの半径が5 cm，円O′の半径が3 cmであるとき，線分PO′の長さを求めなさい。

HINT 2つの円が外接するとき
（中心間の距離）＝（半径の和）

円Oと円O′が外接しているから　　OO′＝5＋3＝8

OA⊥PA，O′B⊥PA であるから　　OA∥O′B

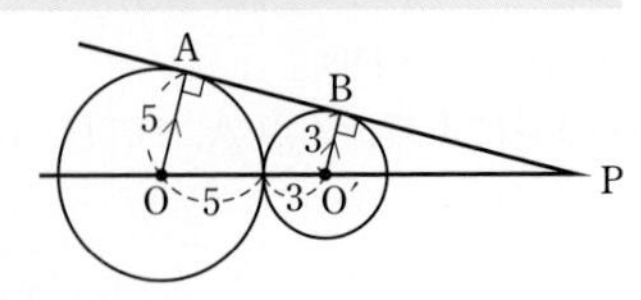

よって

PO′：PO＝O′B：OA

すなわち　　PO′：(PO′＋8)＝3：5

よって　　5PO′＝3(PO′＋8)

したがって　PO′＝**12 cm**

演習 82 2つの円が右の図のように点Aで内接している。内側の円に点Dで接する直線を引き，外側の円との交点をB，Cとする。このとき，ADは∠BACの二等分線であることを証明しなさい。

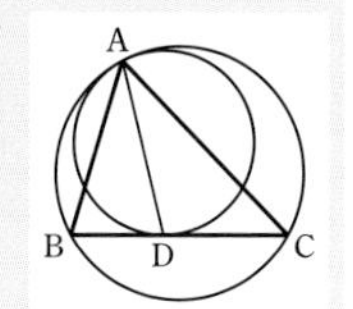

CHART 接する2円 共通接線を引く

小さい方の円と線分AB，ACとの交点をそれぞれE，Fとする。また，点Aを通る共通接線を引き，共通接線上の右の図のような位置に点Gをとる。

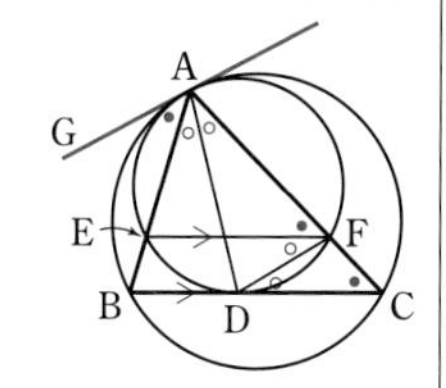

小さい方の円において，接弦定理により

∠GAE＝∠AFE

大きい方の円において，接弦定理により　∠GAE＝∠ACB

よって　∠AFE＝∠ACB

同位角が等しいから　EF∥BC

よって　∠EFD＝∠CDF　……①

◀錯角が等しい。

また，小さい方の円において，接弦定理により

∠CDF＝∠DAF　……②

円周角の定理により　∠EFD＝∠EAD　……③

◀$\overset{\frown}{\mathrm{DE}}$ に対する円周角。

①～③ から　∠DAF＝∠EAD

すなわち，∠BAD＝∠CAD であるから，ADは∠BACの二等分線である。

演習 83 右の図において，2つの円は点Aで外接し，直線BDは，右側の円の点Dにおける接線である。このとき，△BCD∽△FEA を証明しなさい。

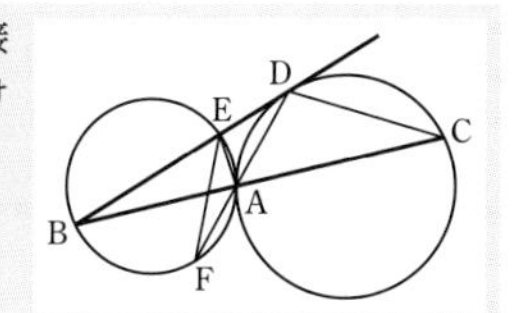

CHART 接する2円 共通接線を引く

△BCDと△FEAにおいて，
円周角の定理により

∠ABE＝∠AFE

◀$\overset{\frown}{\mathrm{AE}}$ に対する円周角。

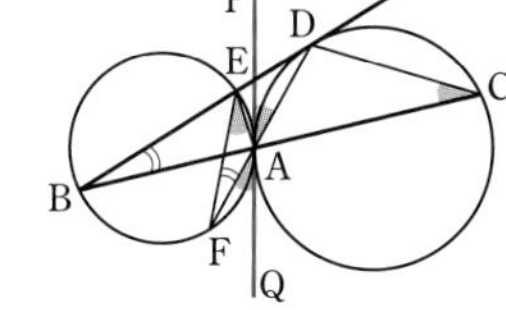

すなわち

∠DBC＝∠AFE　……①

点Aを通る共通接線PQを図のように引く。

右側の円において，接弦定理により　∠ACD＝∠DAP

すなわち　∠BCD＝∠DAP　……②

対頂角は等しいから　∠DAP＝∠FAQ　……③

左側の円において，接弦定理により

∠FAQ＝∠FEA　……④

②～④ から　∠BCD＝∠FEA　……⑤

①，⑤ より，2組の角がそれぞれ等しいから

△BCD∽△FEA

練習 77A 右の図において，x の値を求めなさい。

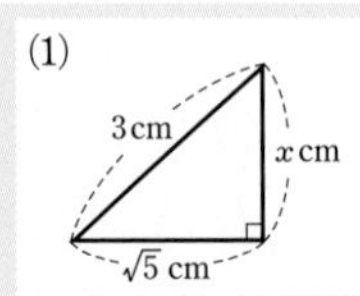

(2) $2\sqrt{3}$ cm, 4 cm, x cm

(1) 三平方の定理により　$(\sqrt{5})^2+x^2=3^2$

よって　$x^2=4$　$x>0$ であるから　$\boldsymbol{x=2}$

(2) 三平方の定理により　$(2\sqrt{3})^2+4^2=x^2$

よって　$x^2=28$　$x>0$ であるから　$\boldsymbol{x=\sqrt{28}=2\sqrt{7}}$

練習 77B 次の図において，x の値を求めなさい。

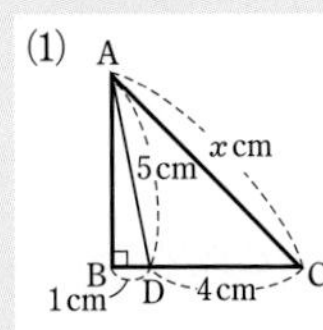

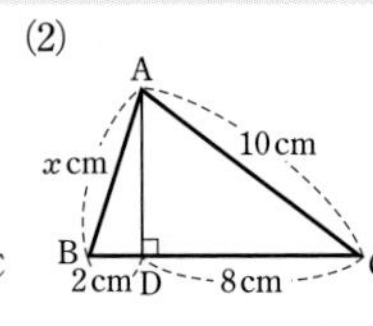

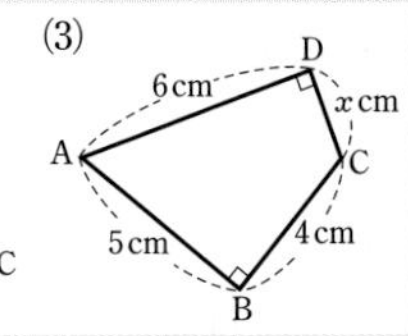

(1) 直角三角形 ABD において，三平方の定理により

$1^2+AB^2=5^2$　よって　$AB^2=24$　…… ①

直角三角形 ABC において，三平方の定理により

$(1+4)^2+AB^2=x^2$

これと ① から　$25+24=x^2$　よって　$x^2=49$

$x>0$ であるから　$\boldsymbol{x=7}$

(2) 直角三角形 ACD において，三平方の定理により

$AD^2+8^2=10^2$　よって　$AD^2=36$　…… ①

直角三角形 ABD において，三平方の定理により

$AD^2+2^2=x^2$

これと ① から　$36+4=x^2$　よって　$x^2=40$

$x>0$ であるから　$\boldsymbol{x=\sqrt{40}=2\sqrt{10}}$

(3) 2 点 A，C を結ぶ。

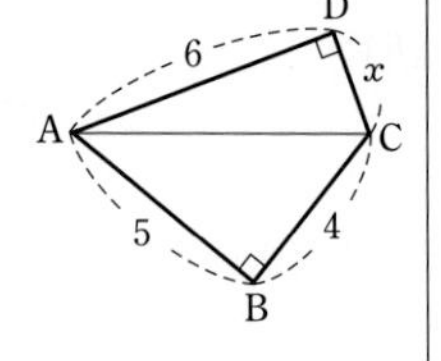

直角三角形 ABC において，三平方の定理により　$5^2+4^2=AC^2$

よって　$AC^2=41$　…… ①

直角三角形 ADC において，三平方の定理により　$6^2+x^2=AC^2$

これと ① から　$36+x^2=41$

よって　$x^2=5$　$x>0$ であるから　$\boldsymbol{x=\sqrt{5}}$

◀直角三角形 ABC，ADC を作り出す。

練習 78 AB＝10 cm，BC＝7 cm，CA＝$\sqrt{23}$ cm である △ABC において，点Aから直線 BC に引いた垂線の足をHとする。

(1) 線分 AH の長さを求めなさい。

(2) △ABC の面積を求めなさい。

HINT　AH^2 を 2 通りに表す。

(1) $CH = x$ cm とすると，
$BH = (7+x)$ cm である。
直角三角形 ACH において，三平方の定理により

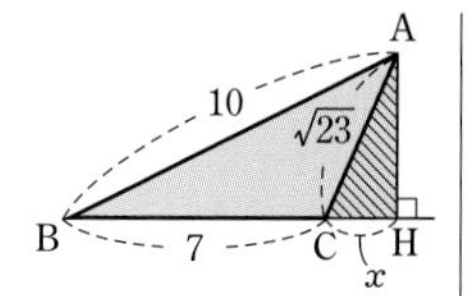

$$x^2 + AH^2 = (\sqrt{23})^2$$

よって　$AH^2 = 23 - x^2$　…… ①

直角三角形 ABH において，三平方の定理により

$$(7+x)^2 + AH^2 = 10^2$$

よって　$AH^2 = 100 - (7+x)^2$　…… ②

①，② から　$23 - x^2 = 100 - (7+x)^2$

➡ $23 - x^2$
$= 100 - 49 - 14x - x^2$

よって　$14x = 28$

したがって　$x = 2$

① に代入して　$AH^2 = 23 - 2^2 = 19$

$AH > 0$ であるから　$AH = \sqrt{19}$ **cm**

(2) $\triangle ABC = \dfrac{1}{2} \times BC \times AH$

$$= \frac{1}{2} \times 7 \times \sqrt{19} = \mathbf{\frac{7\sqrt{19}}{2}}\ (\mathbf{cm^2})$$

練習 79A　3 辺の長さが次のような三角形の面積を求めなさい。
(1)　4 cm，4 cm，6 cm　　(2)　6 cm，6 cm，6 cm

まず，高さを求める。

(1) 三角形の頂点を，右の図のように A，B，C とし，点Aから辺 BC に垂線 AH を引く。
△ABC は二等辺三角形であるから

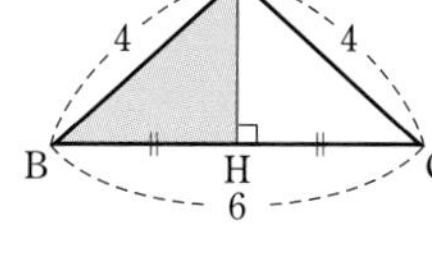

$$BH = 3 \text{ cm}$$

➡ H は辺 BC の中点。

直角三角形 ABH において，三平方の定理により

$$AH^2 + 3^2 = 4^2 \qquad \text{よって} \qquad AH^2 = 7$$

$AH > 0$ であるから　$AH = \sqrt{7}$ cm

よって，三角形の面積は　$\dfrac{1}{2} \times 6 \times AH = \mathbf{3\sqrt{7}}\ (\mathbf{cm^2})$

(2) 三角形の頂点を，右の図のように A，B，C とし，点Aから辺 BC に垂線 AH を引く。
△ABC は正三角形であるから

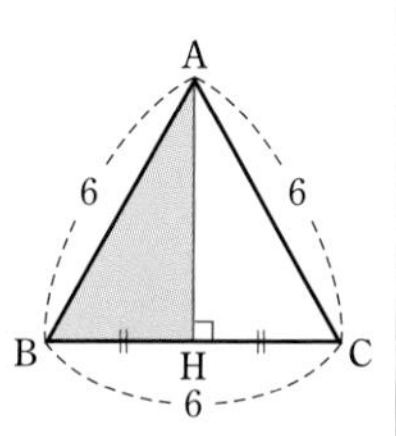

$$BH = 3 \text{ cm}$$

➡ H は辺 BC の中点。

直角三角形 ABH において，三平方の定理により　$AH^2 + 3^2 = 6^2$

よって　$AH^2 = 27$

$AH > 0$ であるから　$AH = \sqrt{27} = 3\sqrt{3}$ (cm)

よって，三角形の面積は　$\dfrac{1}{2} \times 6 \times AH = \mathbf{9\sqrt{3}}\ (\mathbf{cm^2})$

別解　1 辺 a の正三角形の面積は $\dfrac{\sqrt{3}}{4}a^2$ であるから

$$\frac{\sqrt{3}}{4} \times 6^2 = 9\sqrt{3}\ (\text{cm}^2)$$

練習 79B AD∥BC の台形 ABCD において，AB=6 cm，BC=12 cm，CD=$\sqrt{29}$ cm，DA=5 cm であるとき，この台形 ABCD の面積を求めなさい。

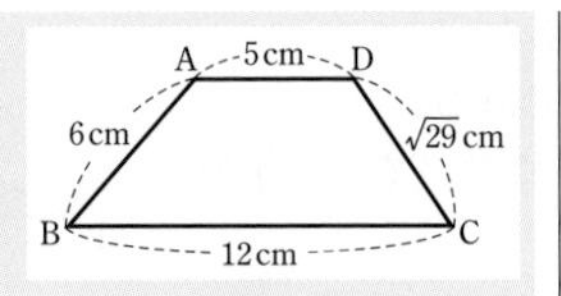

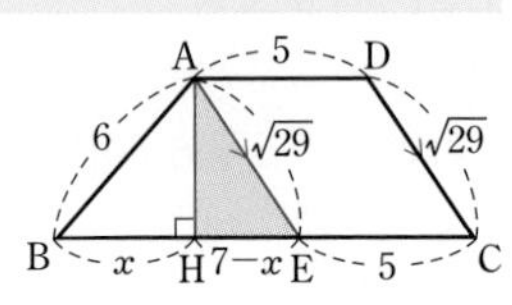

点 A から辺 BC に垂線 AH を引く。また，頂点 A を通り，辺 DC に平行な直線と辺 BC の交点を E とすると，四角形 AECD は平行四辺形である。

よって　$BE=12-5=7$ (cm)

$BH=x$ cm とおくと　$HE=BE-BH=7-x$ (cm)

直角三角形 ABH において，三平方の定理により

$x^2+AH^2=6^2$

よって　$AH^2=36-x^2$　…… ①

◯AH^2 を 2 通りに表す。

直角三角形 AEH において，三平方の定理により

$(7-x)^2+AH^2=(\sqrt{29})^2$

◯四角形 AECD は平行四辺形であるから　$AE=DC=\sqrt{29}$

よって　$AH^2=29-(7-x)^2$　…… ②

①，② から　$36-x^2=29-(7-x)^2$

よって　$14x=56$　したがって　$x=4$

① に代入して　$AH^2=36-4^2=20$

$AH>0$ であるから　$AH=\sqrt{20}=2\sqrt{5}$ (cm)

よって，台形 ABCD の面積は

$$\frac{1}{2}\times(5+12)\times AH=\frac{1}{2}\times17\times2\sqrt{5}=\mathbf{17\sqrt{5}\ (cm^2)}$$

◯(上底＋下底)×高さ÷2

練習 80 次の図において，辺 BC，AB の長さと △ABC の面積を求めなさい。

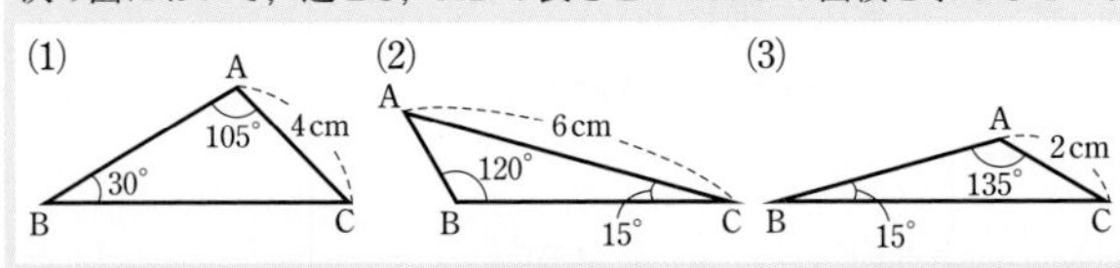

CHART
三角定規を思い出そう

(1)　$\angle C=180°-(30°+105°)=45°$

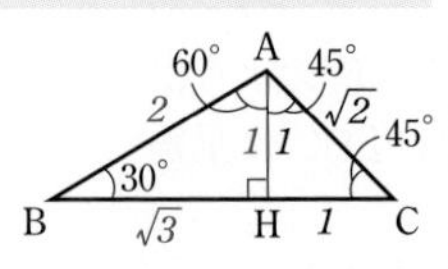

点 A から辺 BC に垂線 AH を引くと

$\angle BAH=60°$，$\angle CAH=45°$

直角三角形 CHA において，

$AH:CH:AC=1:1:\sqrt{2}$ であるから

◯45° の定規の形。

$$AH=CH=4\times\frac{1}{\sqrt{2}}=2\sqrt{2}\ (cm)$$

◯$AH=CH=\frac{1}{\sqrt{2}}AC$

直角三角形 ABH において，$AH:AB:BH=1:2:\sqrt{3}$ であるから　$\mathbf{AB}=2AH=2\times2\sqrt{2}=\mathbf{4\sqrt{2}\ (cm)}$

◯30°，60° の定規の形。

$BH=\sqrt{3}AH=\sqrt{3}\times2\sqrt{2}=2\sqrt{6}$ (cm)

よって　$\mathbf{BC}=BH+CH=\mathbf{2\sqrt{6}+2\sqrt{2}\ (cm)}$

また　　$\triangle \mathbf{ABC}=\dfrac{1}{2}\times \mathrm{BC}\times \mathrm{AH}=\dfrac{1}{2}\times(2\sqrt{6}+2\sqrt{2})\times 2\sqrt{2}$

$\qquad\qquad=\mathbf{4\sqrt{3}+4\ (cm^2)}$

(2)　$\angle \mathrm{A}=180^\circ-(15^\circ+120^\circ)=45^\circ$

点Cから線分 AB の延長に垂線 CH を引くと

$\angle \mathrm{CBH}=60^\circ$，$\angle \mathrm{ACH}=45^\circ$

直角三角形 ACH において，

$\mathrm{AH}:\mathrm{CH}:\mathrm{AC}=1:1:\sqrt{2}$ であるから

$\mathrm{AH}=\mathrm{CH}=6\times\dfrac{1}{\sqrt{2}}=3\sqrt{2}\ (\mathrm{cm})$

直角三角形 BCH において，$\mathrm{BH}:\mathrm{BC}:\mathrm{CH}=1:2:\sqrt{3}$ であるから　　$\mathbf{BC}=\dfrac{2}{\sqrt{3}}\mathrm{CH}=\dfrac{2}{\sqrt{3}}\times 3\sqrt{2}=\mathbf{2\sqrt{6}\ (cm)}$

$\mathrm{BH}=\dfrac{1}{\sqrt{3}}\mathrm{CH}=\dfrac{1}{\sqrt{3}}\times 3\sqrt{2}=\sqrt{6}\ (\mathrm{cm})$

よって　　$\mathbf{AB}=\mathrm{AH}-\mathrm{BH}=\mathbf{3\sqrt{2}-\sqrt{6}\ (cm)}$

また　　$\triangle \mathbf{ABC}=\dfrac{1}{2}\times \mathrm{AB}\times \mathrm{CH}=\dfrac{1}{2}\times(3\sqrt{2}-\sqrt{6})\times 3\sqrt{2}$

$\qquad\qquad=\mathbf{9-3\sqrt{3}\ (cm^2)}$

(3)　$\angle \mathrm{C}=180^\circ-(15^\circ+135^\circ)=30^\circ$

点Bから線分 CA の延長に垂線 BH を引くと

$\angle \mathrm{CBH}=60^\circ$，　$\angle \mathrm{ABH}=45^\circ$

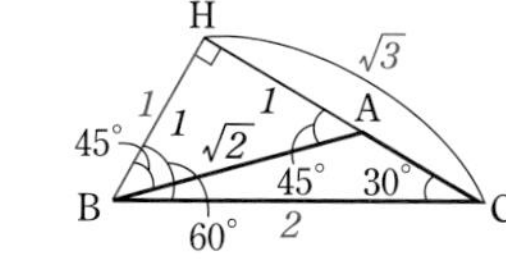

直角三角形 HBA において，

$\mathrm{HB}:\mathrm{HA}:\mathrm{AB}=1:1:\sqrt{2}$ であるから

$\mathrm{AB}=\sqrt{2}\,\mathrm{HB}$　……①

また，HB=HA であるから，この長さを x cm とする。

直角三角形 HBC において，$\mathrm{BH}:\mathrm{BC}:\mathrm{CH}=1:2:\sqrt{3}$ であるから　　$\mathrm{BC}=2\mathrm{BH}$　……②

また　　$\mathrm{BH}:\mathrm{CH}=1:\sqrt{3}$

すなわち　$x:(x+2)=1:\sqrt{3}$　　よって　$\sqrt{3}\,x=x+2$

したがって　　$(\sqrt{3}-1)x=2$

よって　　$x=\dfrac{2}{\sqrt{3}-1}=\dfrac{2(\sqrt{3}+1)}{(\sqrt{3}-1)(\sqrt{3}+1)}$

$\qquad=\dfrac{2(\sqrt{3}+1)}{2}=\sqrt{3}+1$

② から　　$\mathbf{BC}=2(\sqrt{3}+1)=\mathbf{2\sqrt{3}+2\ (cm)}$

① から　　$\mathbf{AB}=\sqrt{2}(\sqrt{3}+1)=\mathbf{\sqrt{6}+\sqrt{2}\ (cm)}$

したがって　　$\triangle \mathbf{ABC}=\dfrac{1}{2}\times \mathrm{AC}\times \mathrm{BH}=\dfrac{1}{2}\times 2\times(\sqrt{3}+1)$

$\qquad\qquad=\mathbf{\sqrt{3}+1\ (cm^2)}$

◯45° の定規の形。

◯$\mathrm{AH}=\mathrm{CH}=\dfrac{1}{\sqrt{2}}\mathrm{AC}$

◯30°，60° の定規の形。

◯45° の定規の形。

◯30°，60° の定規の形。

◯$\mathrm{CH}=\mathrm{AH}+\mathrm{AC}$
$\qquad=x+2$

◯分母と分子に $\sqrt{3}+1$ をかけて，分母を有理化する。

練習 81

$\angle B=90^\circ$ である直角二等辺三角形 ABC において，AC=8 cm とする。辺 AC を 1：3 に内分する点をD，辺 AB の中点をEとし，直線 DE と辺 BC の延長の交点をFとする。このとき，次のものを求めなさい。

(1) $\angle$ADE の大きさ　(2) 線分 EF の長さ

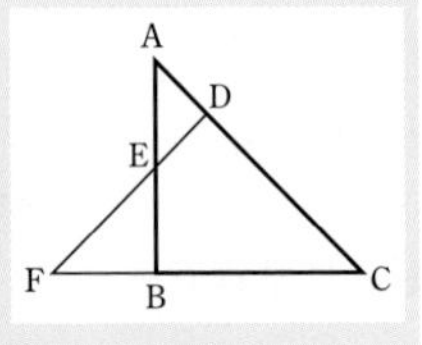

CHART
三角定規を思い出そう

(1) 直角二等辺三角形 ABC において，

AB：BC：AC$=1:1:\sqrt{2}$ であるから

$$AB=BC=\frac{1}{\sqrt{2}}AC=\frac{1}{\sqrt{2}}\times 8$$
$$=4\sqrt{2}\ (cm)$$

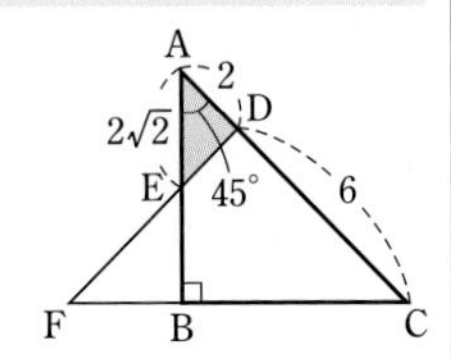

◀45° の定規の形。

AD：DC＝1：3 であるから

$$AD=\frac{1}{4}AC=\frac{1}{4}\times 8=2\ (cm)$$

Eは辺 AB の中点であるから

$$AE=\frac{1}{2}AB=\frac{1}{2}\times 4\sqrt{2}=2\sqrt{2}\ (cm)$$

△ADE において

$$AD:AE=2:2\sqrt{2}=1:\sqrt{2},\quad \angle EAD=45^\circ$$

よって，△ADE は AD＝ED の直角二等辺三角形である。

したがって　$\angle$ADE＝**90°**

◀AD>2 のとき，$\angle$ADE は 90° より小さくなり，AD<2 のとき $\angle$ADE は 90° より大きくなる。

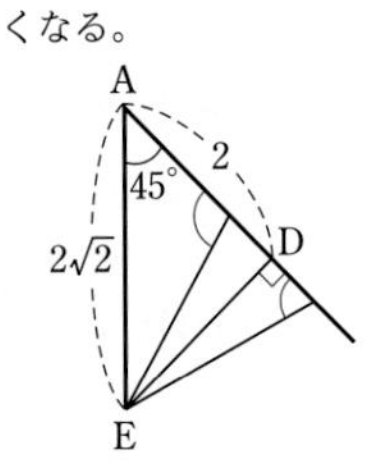

(2) (1) より，△ADE は直角二等辺三角形であるから

$$\angle AED=45^\circ$$

対頂角は等しいから　$\angle FEB=45^\circ$

ゆえに，直角三角形 EFB は直角二等辺三角形であるから

$$EB:FB:EF=1:1:\sqrt{2}$$

したがって　$EF=\sqrt{2}\,FB=\sqrt{2}\,AE$

$$=\sqrt{2}\times 2\sqrt{2}=\mathbf{4\ (cm)}$$

練習 82

座標平面上で，次の 3 点 A，B，C を頂点とする △ABC はどのような三角形であるか答えなさい。

(1) A(4, 3)，B(−3, 2)，C(−1, −2)

(2) A(1, −1)，B(4, 1)，C(−1, 2)

HINT
等しい長さはあるか？
辺の長さの 2 乗の関係はどうなっているか？

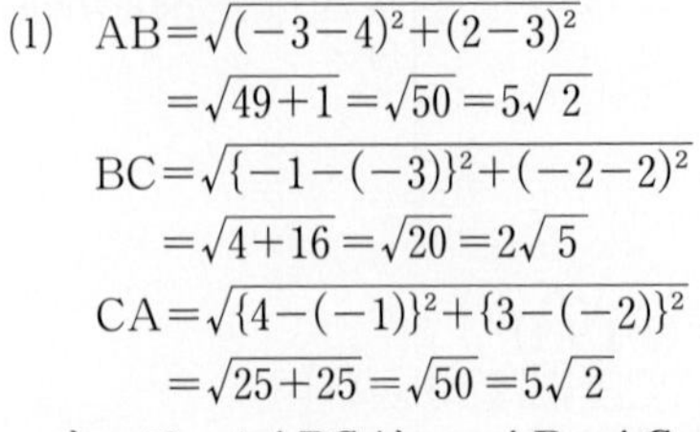

(1) $AB=\sqrt{(-3-4)^2+(2-3)^2}$
$=\sqrt{49+1}=\sqrt{50}=5\sqrt{2}$
$BC=\sqrt{\{-1-(-3)\}^2+(-2-2)^2}$
$=\sqrt{4+16}=\sqrt{20}=2\sqrt{5}$
$CA=\sqrt{\{4-(-1)\}^2+\{3-(-2)\}^2}$
$=\sqrt{25+25}=\sqrt{50}=5\sqrt{2}$

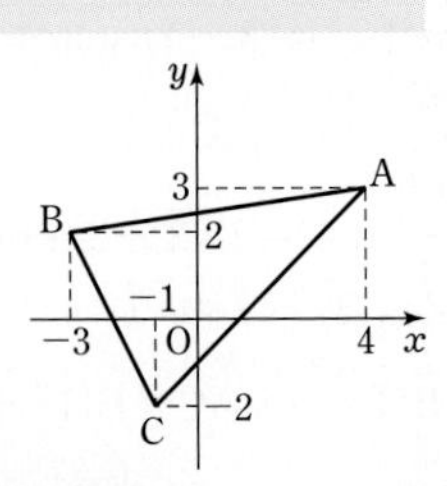

よって，△ABC は　**AB＝AC の二等辺三角形**

(2)　$AB=\sqrt{(4-1)^2+\{1-(-1)\}^2}$
$=\sqrt{9+4}=\sqrt{13}$
$BC=\sqrt{(-1-4)^2+(2-1)^2}$
$=\sqrt{25+1}=\sqrt{26}$
$CA=\sqrt{\{1-(-1)\}^2+(-1-2)^2}$
$=\sqrt{4+9}=\sqrt{13}$

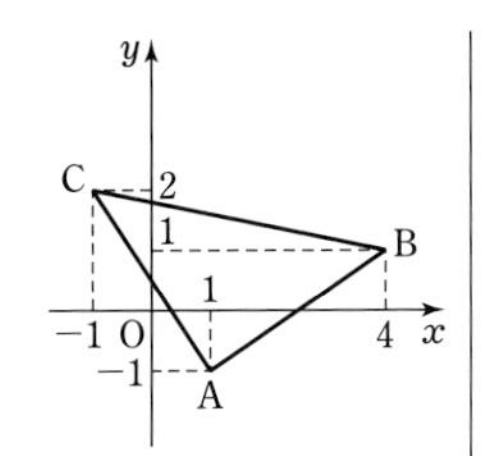

よって　　$AB=CA$

$AB^2=13$，$BC^2=26$，$CA^2=13$ であるから

$$AB^2+CA^2=BC^2$$

◯三平方の定理の逆。

よって　　$\angle A=90^\circ$

したがって，△ABC は　　**$\angle A=90^\circ$ の直角二等辺三角形**

練習 83　次の図において，円Oの半径が 9 cm のとき，x の値を求めなさい。ただし，(3) において，AB は円Oの直径である。

CHART　弦には中心から垂線を引く

(1)

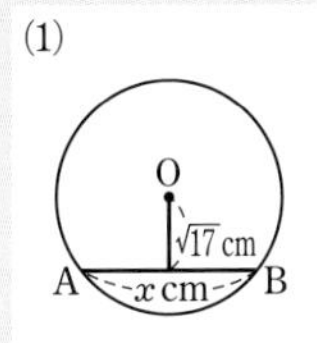

(2)

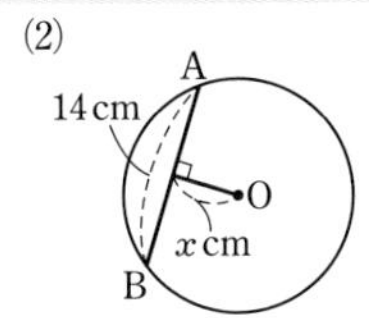

(3)

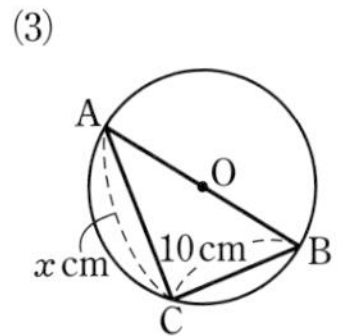

(1)　中心Oから，弦 AB に下ろした垂線の足をHとする。直角三角形 OAH において，三平方の定理により

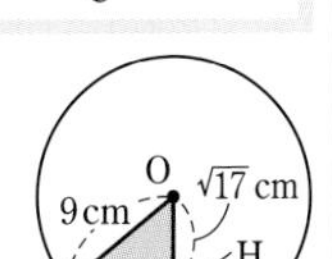

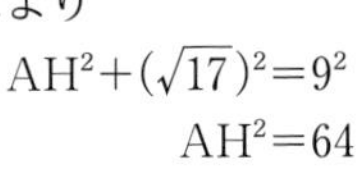

$$AH^2+(\sqrt{17})^2=9^2$$
$$AH^2=64$$

$AH>0$ であるから　　$AH=8$ cm

よって　　$\boldsymbol{x=2\times 8=16}$

(2)　中心Oから，弦 AB に下ろした垂線の足をHとすると

$$AH=14\times\frac{1}{2}=7\ (\text{cm})$$

直角三角形 OAH において，三平方の定理により

$$x^2+7^2=9^2$$
$$x^2=32$$

$x>0$ であるから　　$\boldsymbol{x=\sqrt{32}=4\sqrt{2}}$

(3)　円の直径に対する円周角は 90° であるから，△ABC は $\angle C=90^\circ$ の直角三角形である。

CHART　直径は直角

$$AB=9\times 2=18$$

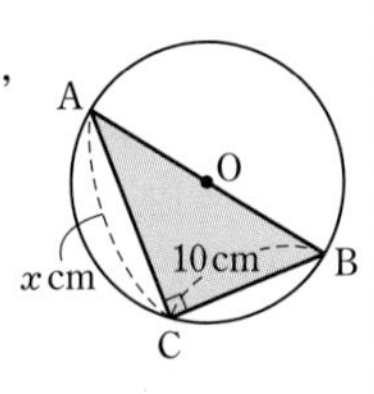

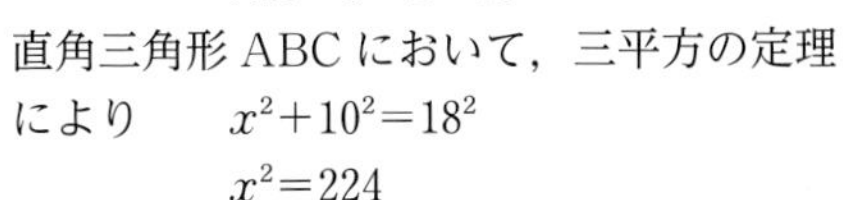

直角三角形 ABC において，三平方の定理により　　$x^2+10^2=18^2$

$$x^2=224$$

$x>0$ であるから　　$\boldsymbol{x=\sqrt{224}=4\sqrt{14}}$

練習 84A

右の図のように，$\angle B=90°$ の直角三角形 ABC の内接円と辺 AC との接点をPとする。AP=4 cm，CP=6 cm のとき，内接円の半径を求めなさい。

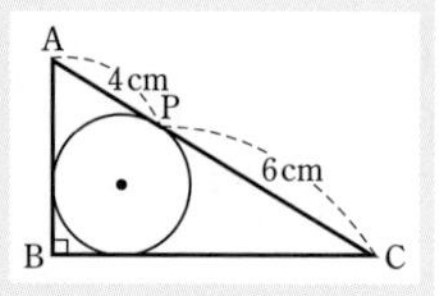

CHART　接線 2 本で二等辺三角形

内接円と辺 AB，BC との接点をそれぞれ Q，R とし，内接円の半径を r cm とすると

$$BQ=BR=r \text{ cm}$$

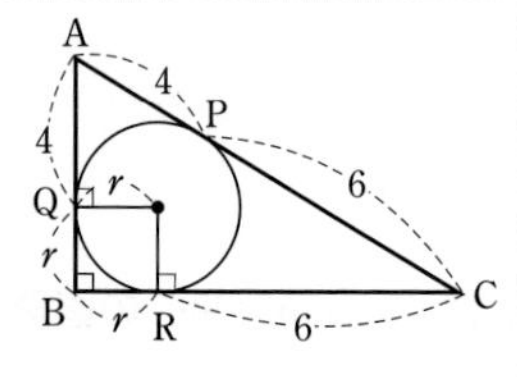

また　　AQ=4 cm，　CR=6 cm

◯AQ=AP=4 cm，CR=CP=6 cm

よって，$AB=r+4$ (cm)，

$BC=r+6$ (cm) であるから，直角三角形 ABC において，三平方の定理により　　$(r+4)^2+(r+6)^2=(4+6)^2$

よって　　$r^2+10r-24=0$

すなわち　　$(r+12)(r-2)=0$

$r>0$ であるから　　$r=2$　　　答　**2 cm**

練習 84B

右の図のような直角三角形において，3 辺の長さの和が 30 cm で，内接円の半径が 2 cm である。このとき，3 辺の長さをすべて求めなさい。

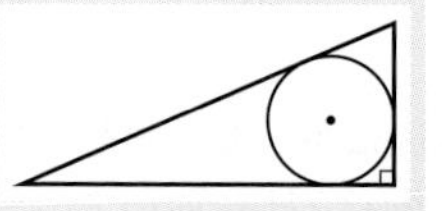

右の図のように，直角三角形の頂点を A，B，C とし，内接円と辺 AB，BC，CA との接点をそれぞれ P，Q，R とすると　　CQ=CR=2 cm

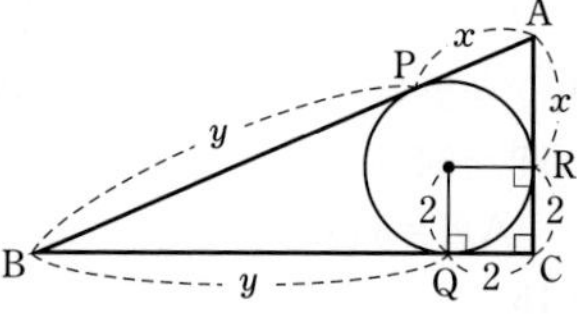

◯内接円の半径に等しい。

また，AP=x cm，BP=y cm とすると

$$AR=x \text{ cm},\ BQ=y \text{ cm}$$

条件から　　$(x+y)+(y+2)+(x+2)=30$

すなわち　　$2x+2y=26$　　　よって　　$y=13-x$

直角三角形 ABC において，三平方の定理により

$$(x+2)^2+\{(13-x)+2\}^2=\{(13-x)+x\}^2$$

◯$y=13-x$ を代入。

すなわち　　$(x^2+4x+4)+(225-30x+x^2)=169$

よって　　$x^2-13x+30=0$

ゆえに　　$(x-3)(x-10)=0$

したがって　　$x=3,\ 10$

$x=3$ のとき，$y=10$ であるから

◯$y=13-x$ に代入。

$$AB=13,\quad BC=12,\quad CA=5$$

$x=10$ のとき，$y=3$ であるから

$$AB=13,\quad BC=5,\quad CA=12$$

したがって，3 辺の長さは　　**13 cm，12 cm，5 cm**

練習 85 右の図のような二等辺三角形 ABC について，外接円の半径を求めなさい。

(1)

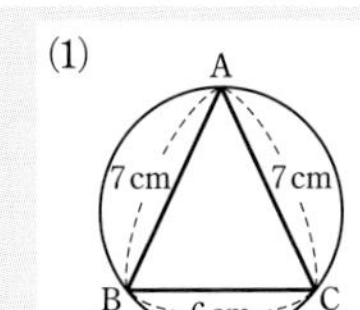

(2)
9cm A 9cm
B —14cm— C

HINT 直角三角形を作り出して三平方の定理を利用。

(1) 外接円の中心をOとし，半径を r cm とする。辺 BC の垂直二等分線は，2点 O，A を通る。
辺 BC の中点をDとすると，直角三角形 ABD において，三平方の定理により

$$AD=\sqrt{7^2-3^2}=\sqrt{40}=2\sqrt{10}\ (\mathrm{cm})$$

◯$BD=\frac{1}{2}BC=3$

OA＝OB＝r であるから，直角三角形 OBD において，三平方の定理により

$$3^2+(2\sqrt{10}-r)^2=r^2 \qquad \text{よって} \qquad 4\sqrt{10}\,r=49$$

◯$OD=AD-OA$
$=2\sqrt{10}-r$

したがって　$r=\dfrac{49}{4\sqrt{10}}=\dfrac{49\sqrt{10}}{40}$　 **$\dfrac{49\sqrt{10}}{40}$ cm**

(2) 外接円の中心をOとし，半径を r cm とする。辺 BC の垂直二等分線は，2点 O，A を通る。
辺 BC の中点をDとすると，直角三角形 ABD において，三平方の定理により

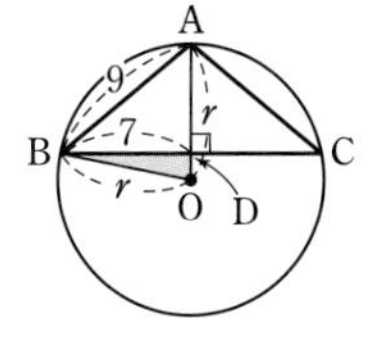

$$AD=\sqrt{9^2-7^2}=\sqrt{32}=4\sqrt{2}\ (\mathrm{cm})$$

◯$BD=\frac{1}{2}BC=7$

OA＝OB＝r であるから，直角三角形 OBD において，三平方の定理により

$$7^2+(r-4\sqrt{2})^2=r^2 \qquad \text{よって} \qquad 8\sqrt{2}\,r=81$$

◯$OD=OA-AD$
$=r-4\sqrt{2}$

したがって　$r=\dfrac{81}{8\sqrt{2}}=\dfrac{81\sqrt{2}}{16}$　答 **$\dfrac{81\sqrt{2}}{16}$ cm**

練習 86A 右の図において，A，B，C，D は，2つの円 O，O′ の共通接線の接点である。円 O，O′ の半径がそれぞれ 1 cm，4 cm，中心間の距離が 7 cm であるとき，線分 AB と CD の長さをそれぞれ求めなさい。

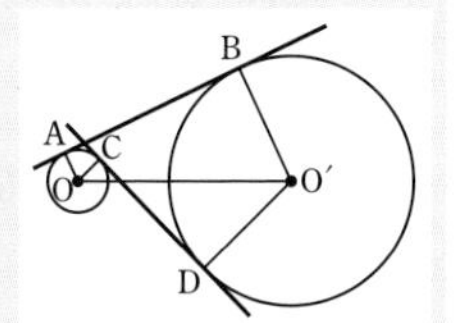

HINT 円の接線は半径に垂直。

Oから線分 O′B に垂線 OH を引くと，四角形 AOHB は長方形であるから　AO＝BH　……①
AB＝OH　……②

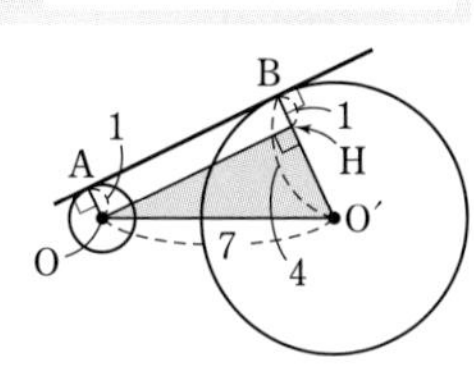

◯ 4つの角がすべて 90°

① から

$$O'H=BO'-BH=4-1=3\ (\mathrm{cm})$$

直角三角形 OO′H において，三平方の定理により

$$3^2+OH^2=7^2 \qquad \text{よって} \qquad OH^2=40$$

OH>0 であるから　　$\mathrm{OH}=\sqrt{40}=2\sqrt{10}$ (cm)

② から　　**AB=OH=$2\sqrt{10}$ (cm)**

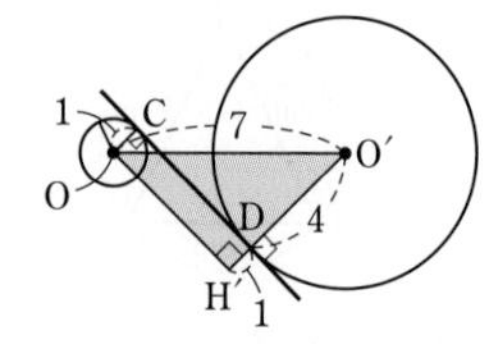

Oから線分O′Dの延長に垂線OH′を引くと，四角形OH′DCは長方形であるから　　CO=DH′　……③

CD=OH′　……④

③ から　　O′H′=O′D+DH′=4+1=5 (cm)

直角三角形OO′H′において，三平方の定理により

$5^2+\mathrm{OH'}^2=7^2$　　　よって　　$\mathrm{OH'}^2=24$

OH′>0 であるから　　$\mathrm{OH'}=\sqrt{24}=2\sqrt{6}$ (cm)

④ から　　**CD=OH′=$2\sqrt{6}$ (cm)**

◯ 4つの角がすべて 90°

練習 86B　右の図のように，長方形ABCDの2辺AB，ADに接する半径1 cmの円Oがある。
AB=3 cm，AD=4 cmとする。2辺BC，CDと円Oに接する円O′の半径を求めなさい。

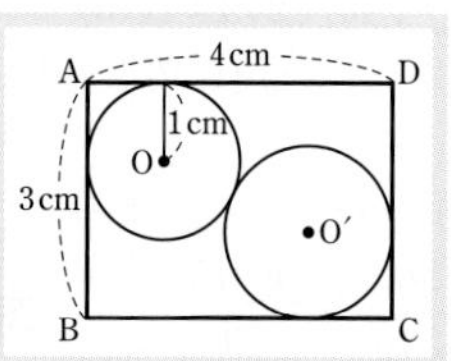

HINT 直角三角形を作り出す。

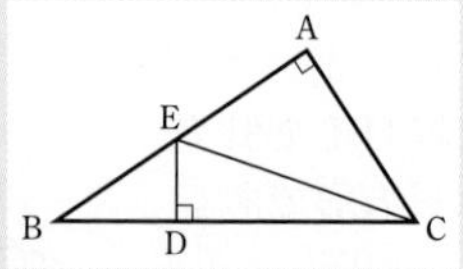

円O′の半径を r cmとする。

また，Oを通り辺ABに平行な直線と，O′を通り辺BCに平行な直線の交点をEとする。

2つの円O，O′は外接しているから

$\mathrm{OO'}=r+1$ (cm)

また，図から　　$\mathrm{OE}=3-1-r=2-r$ (cm)　……①

$\mathrm{O'E}=4-1-r=3-r$ (cm)　……②

直角三角形OEO′において，三平方の定理により

$$(2-r)^2+(3-r)^2=(r+1)^2$$

すなわち　　$r^2-12r+12=0$

これを解くと　　$r=\dfrac{12\pm\sqrt{96}}{2}=6\pm2\sqrt{6}$

①，② から　　$r<2$

したがって　　$r=6-2\sqrt{6}$　　　**答**　**$(6-2\sqrt{6})$ cm**

◯ 2つの円が外接するとき，(中心間の距離)
=(半径の和)

◯ $\dfrac{-b\pm\sqrt{b^2-4ac}}{2a}$

◯ $2-r>0$ かつ $3-r>0$ から　$r<2$

練習 87　右の図の直角三角形ABCについて，AB=5 cm，BC=6 cmである。Dが辺BCを1：2に内分するとき，線分ECの長さを求めなさい。

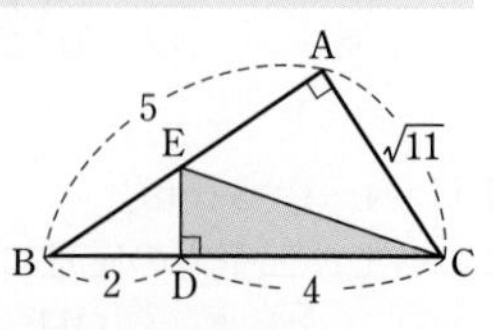

HINT 直角三角形の斜辺に垂線 ⟶ 相似の利用。

直角三角形ABCにおいて，三平方の定理により　　$\mathrm{AC}^2+5^2=6^2$

よって　　$\mathrm{AC}^2=11$

AC>0 であるから　　$\mathrm{AC}=\sqrt{11}$ cm

BD：DC=1：2 であるから

$$BD=\frac{1}{3}BC=2\,(cm),\ \ DC=\frac{2}{3}BC=4\,(cm)$$

△ABC∽△DBE であるから　　AB：DB＝AC：DE

◯∠BAC＝∠BDE
∠ABC＝∠DBE

すなわち　$5:2=\sqrt{11}:DE$　　　よって　$DE=\frac{2\sqrt{11}}{5}$ cm

直角三角形 EDC において，三平方の定理により

$$EC^2=\left(\frac{2\sqrt{11}}{5}\right)^2+4^2=\frac{444}{25}$$

EC＞0 であるから　　$EC=\sqrt{\frac{444}{25}}=\mathbf{\frac{2\sqrt{111}}{5}}$ **(cm)**

練習 88　右の図のように，AB＝6 cm，AD＝8 cm の長方形 ABCD を，頂点Aが辺 BC の中点Mに重なるように折る。折り目を PQ とし，線分 PQ，AM の交点をRとする。
(1)　線分 PM，QM の長さを求めなさい。
(2)　線分 PR の長さを求めなさい。
(3)　四角形 APMQ の面積を求めなさい。

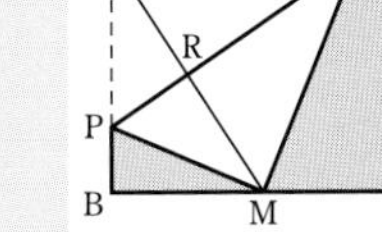

HINT 折り返した図形は，もとの図形と線対称
⟶対応する線分の長さは等しい。

(1)　PM＝x cm とおくと，
AP＝x cm であるから
$$BP=6-x\,(cm)$$
直角三角形 PBM において，三平方の定理により

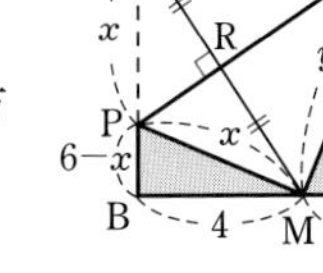

◯PM と AP は対応する辺。

$$(6-x)^2+\left(\frac{8}{2}\right)^2=x^2$$

◯M は辺 BC の中点。

これを解いて　　$x=\frac{13}{3}$　　　したがって　　$\mathbf{PM=\frac{13}{3}}$ **cm**

QM＝y cm とおくと，AQ＝y cm であるから
$$DQ=8-y\,(cm)$$

◯QM と AQ は対応する辺。

点Qから辺 CM に垂線 QH を引くと，四角形 QHCD は長方形であるから

QD＝HC　……①，　QH＝DC　……②

① から　　$MH=MC-HC=\frac{8}{2}-(8-y)=y-4\,(cm)$

② から　　QH＝DC＝6 (cm)

よって，直角三角形 QMH において　　$(y-4)^2+6^2=y^2$

これを解いて　　$y=\frac{13}{2}$　　　したがって　　$\mathbf{QM=\frac{13}{2}}$ **cm**

(2)　折り目 PQ は線分 AM の垂直二等分線である。
よって　　RA＝RM　……③
また，直角三角形 ABM において，三平方の定理により
$$AM=\sqrt{6^2+4^2}=2\sqrt{13}$$
③ から　　$RM=AM\div 2=\sqrt{13}$ (cm)

4章　練習［三平方の定理］

直角三角形 PMR において，三平方の定理により

$$\mathbf{PR}=\sqrt{\left(\frac{13}{3}\right)^2-(\sqrt{13})^2}=\mathbf{\frac{2\sqrt{13}}{3}}\ \mathbf{(cm)}$$

⇦$PR=\sqrt{PM^2-RM^2}$

(3) $\triangle APQ \equiv \triangle MPQ$ であるから四角形 APMQ の面積は

$$\triangle APQ+\triangle MPQ=2\times\triangle MPQ$$

$$=2\times\frac{1}{2}\times\frac{13}{3}\times\frac{13}{2}=\mathbf{\frac{169}{6}}\ \mathbf{(cm^2)}$$

練習 89 AB=AC の二等辺三角形 ABC の辺 BC 上に点Pを BP<CP となるようにとる。このとき，次の式が成り立つことを証明しなさい。

$$AC^2-AP^2=BP\times CP$$

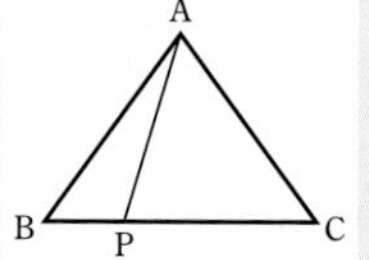

CHART （線分)^2 直角をつくって 三平方の定理

点Aから辺 BC に垂線 AH を引く。

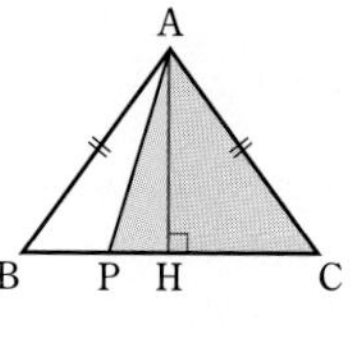

直角三角形 ACH において，三平方の定理により

$$AC^2=AH^2+CH^2 \quad \cdots\cdots ①$$

直角三角形 APH において，三平方の定理により

$$AP^2=AH^2+PH^2 \quad \cdots\cdots ②$$

①，② から

$$AC^2-AP^2=CH^2-PH^2=(CH+PH)(CH-PH)$$

$$=CP\times(BH-PH)=BP\times CP$$

⇦$a^2-b^2=(a+b)(a-b)$

⇦CH=BH

練習 90 直線 ℓ 上において，AB=8 cm，BC=14 cm の長方形 ABCD を，右の図のように，辺 BC が再び直線 ℓ 上にくるまですべることなく転がす。このとき，辺 AD 上に AP=6 cm となるようにとった点Pの軌跡の長さを求めなさい。

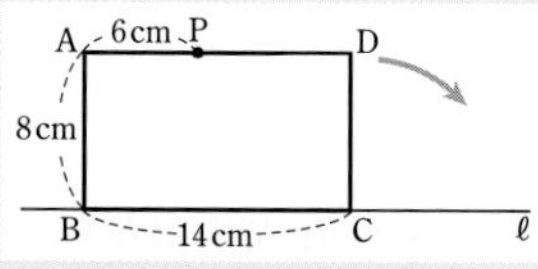

点Pの軌跡は，下の図のようになる。

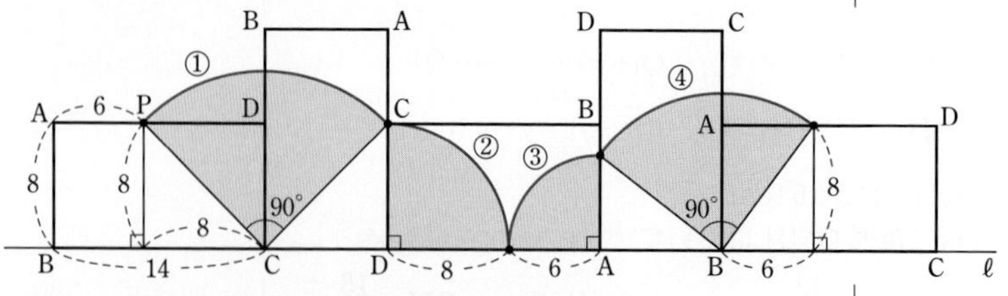

軌跡を，①～④ の 4 つの部分に分けて考える。

① の弧の半径は　$CP=\sqrt{8^2+(14-6)^2}=8\sqrt{2}$ (cm)，　中心角は　90°

⇦$CP=\sqrt{DC^2+DP^2}$

② の弧の半径は　DC=8 cm，　中心角は　90°

③ の弧の半径は　AP=6 cm，　中心角は　90°

④ の弧の半径は　$BP=\sqrt{8^2+6^2}=10$ (cm)，　中心角は　90°

⇦$BP=\sqrt{AB^2+AP^2}$

したがって，軌跡の長さは

$$2\pi\times8\sqrt{2}\times\frac{90}{360}+2\pi\times8\times\frac{90}{360}+2\pi\times6\times\frac{90}{360}+2\pi\times10\times\frac{90}{360}$$

$$=2\pi\times(8\sqrt{2}+8+6+10)\times\frac{90}{360}=\boldsymbol{(12+4\sqrt{2})\pi\ (\mathrm{cm})}$$

練習 91 右の図のように，半径 1 cm の半円O上の点Bを通り，直径 AB に垂直な直線を引き，その直線上に点Cをとる。BC$=\sqrt{3}$ cm であるとき，次の問いに答えなさい。

(1) ∠OCB の大きさを求めなさい。

(2) 点Pが半円Oの周と直径およびその内部すべての点を動くとき，線分 CP が通過する部分の面積を求めなさい。

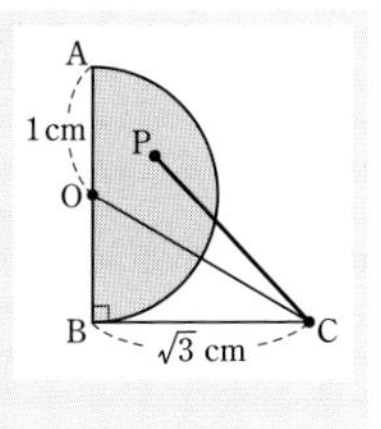

HINT CP が半円の接線になるとき，境界線となる。

(1) ∠OBC$=90^\circ$ で，OB：BC$=1:\sqrt{3}$ であるから，△OBC は，30°，60° の三角定規の形である。

よって　∠OCB$=\mathbf{30^\circ}$

(2) 線分 CP が通過するのは，右の図の斜線部分となる。

ただし，Dは，点Cから半円Oに引いた接線の接点である。

面積を求める図形を，△OBC，△ODC，扇形 OAD に分けて考える。

△OBC と △ODC は合同である。

これらは直角三角形で，斜辺と他の1辺がそれぞれ等しい (OC が共通で，OB=OD)。

△OBC の面積は　$\frac{1}{2}\times1\times\sqrt{3}=\frac{\sqrt{3}}{2}\ (\mathrm{cm}^2)$

また，∠BOC$=60^\circ$ であるから，扇形 OAD の中心角は

$$180^\circ-60^\circ\times2=60^\circ$$

よって，扇形 OAD の面積は　$\pi\times1^2\times\frac{60}{360}=\frac{\pi}{6}\ (\mathrm{cm}^2)$

したがって，求める面積は　$\frac{\sqrt{3}}{2}\times2+\frac{\pi}{6}=\boldsymbol{\sqrt{3}+\frac{\pi}{6}\ (\mathrm{cm}^2)}$

練習 92

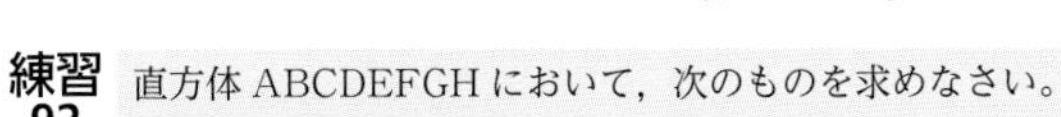
直方体 ABCDEFGH において，次のものを求めなさい。

(1) AB=5 cm，BC=5 cm，AE=6 cm のとき，AG の長さ

(2) BF=4 cm，BC=12 cm，AG=13 cm のとき，AB の長さ

(1) △ACG は直角三角形であるから，三平方の定理により

$$AG^2=AC^2+CG^2$$
$$=AC^2+6^2 \quad \cdots\cdots ①$$

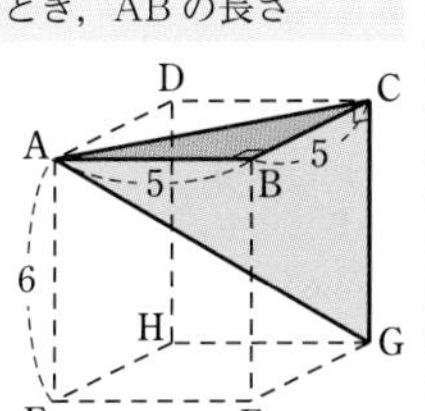

△ABC も直角三角形であるから，三平方の定理により

$$AC^2=AB^2+BC^2$$
$$=5^2+5^2 \quad \cdots\cdots ②$$

①，② から　$AG^2=5^2+5^2+6^2=86$

AG>0 であるから　　$AG=\sqrt{86}$ **cm**

(2)　△ABG は直角三角形であるから，三平方の定理により

$$AB^2=AG^2-BG^2$$
$$=13^2-BG^2 \quad \cdots\cdots ③$$

△BFG も直角三角形であるから，三平方の定理により

$$BG^2=BF^2+FG^2=4^2+12^2=160 \quad \cdots\cdots ④$$

③，④ から　　$AB^2=13^2-160=9$

AB>0 であるから　　$AB=$**3 cm**

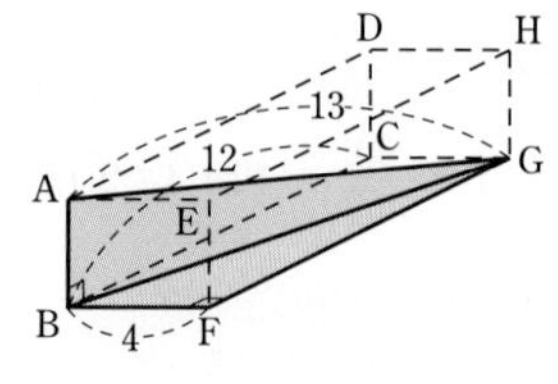

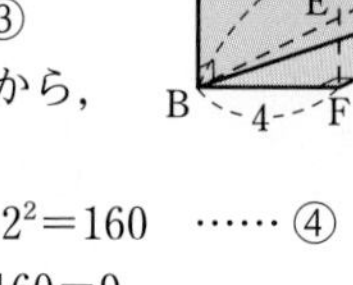

◯(対角線の長さ)
$=\sqrt{(縦)^2+(横)^2+(高さ)^2}$
(本冊 p.156) を利用すると　$AG=\sqrt{5^2+5^2+6^2}$
$=\sqrt{86}$ (cm)

練習 93　次の立体の体積を求めなさい。
(1)　1 辺の長さが a cm の正四面体
(2)　1 辺の長さが 6 cm の正八面体

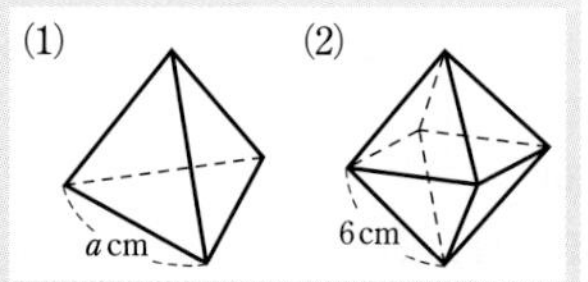

HINT 高さを含む平面で立体を切断して考える。

(1)　図のように，正四面体の頂点を A，B，C，D とする。

△BCD は 1 辺 a cm の正三角形であるから，辺 BC の中点を M とすると

$$DM=a\times\frac{\sqrt{3}}{2}=\frac{\sqrt{3}}{2}a\ (\text{cm})$$

よって，△BCD の面積は

$$\frac{1}{2}\times a\times\frac{\sqrt{3}}{2}a=\frac{\sqrt{3}}{4}a^2\ (\text{cm}^2)$$

点A から底面 BCD に垂線 AH を引くと，H は △BCD の重心であるから

$$DH=\frac{2}{3}DM=\frac{\sqrt{3}}{3}a\ (\text{cm})$$

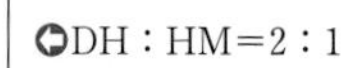

◯DH：HM＝2：1

よって，直角三角形 AHD において，三平方の定理により

$$AH=\sqrt{a^2-\left(\frac{\sqrt{3}}{3}a\right)^2}=\sqrt{\frac{2}{3}a^2}=\frac{\sqrt{6}}{3}a\ (\text{cm})$$

◯AD＝a

したがって，正四面体の体積は

$$\frac{1}{3}\times\triangle BCD\times AH=\frac{1}{3}\times\frac{\sqrt{3}}{4}a^2\times\frac{\sqrt{6}}{3}a=\boldsymbol{\frac{\sqrt{2}}{12}a^3}\ (\textbf{cm}^3)$$

(2)　図のように，正八面体の頂点を A，B，C，D，E，F とする。

正四角錐 ABCDE において，点A から底面 BCDE に垂線 AH を引くと，H は線分 EC，BD の交点である。

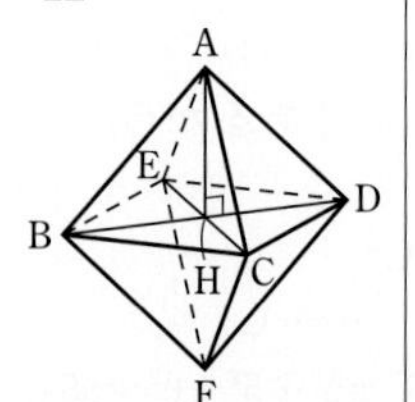

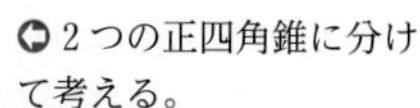

◯ 2 つの正四角錐に分けて考える。

よって，直角三角形 ABH において，
三平方の定理により

$$AH^2 = AB^2 - BH^2$$
$$= 6^2 - BH^2 \quad \cdots\cdots ①$$

ここで，直角三角形 BHC において，
BH：CH：BC＝1：1：$\sqrt{2}$ であるから

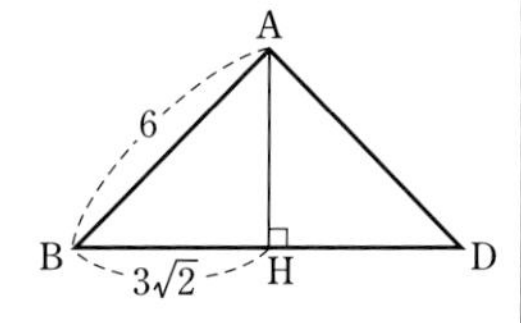

◯45° の定規の形。

$$BH = BC \times \frac{1}{\sqrt{2}} = 6 \times \frac{1}{\sqrt{2}} = 3\sqrt{2}\ (\text{cm})$$

これと ① から　　$AH^2 = 36 - (3\sqrt{2})^2 = 18$

AH＞0 であるから　　$AH = \sqrt{18} = 3\sqrt{2}\ (\text{cm})$

よって，正四角錐 ABCDE の体積は

$$\frac{1}{3} \times 6^2 \times 3\sqrt{2} = 36\sqrt{2}\ (\text{cm}^3)$$

したがって，正八面体の体積は　　$2 \times 36\sqrt{2} = \mathbf{72\sqrt{2}\ (cm^3)}$

練習 94　1辺の長さが 6 cm の立方体 ABCDEFGH の辺 AD，CD 上にそれぞれ点 I，J を DI＝DJ＝2 cm になるようにとる。
このとき，△IJF の面積を求めなさい。

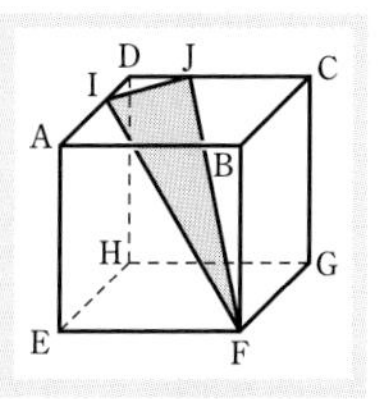

△FIJ は FI＝FJ の二等辺三角形である。

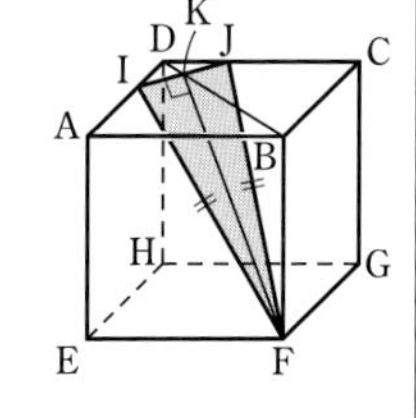

また，直角三角形 DIJ において，
DI：DJ：IJ＝1：1：$\sqrt{2}$ であるから

$$IJ = DI \times \sqrt{2} = 2\sqrt{2}\ (\text{cm}) \quad \cdots\cdots ①$$

◯△DIJ が 45° の定規の形。

F から辺 IJ に垂線 FK を引くと，K は線分 BD，IJ の交点である。
直角三角形 BFK において，三平方の定理により

$$FK^2 = BF^2 + BK^2 = 6^2 + BK^2 \quad \cdots\cdots ②$$

ここで　　$BK = BD - DK$

$$= AD \times \sqrt{2} - DI \times \frac{1}{\sqrt{2}}$$
$$= 6\sqrt{2} - \sqrt{2}$$
$$= 5\sqrt{2}\ (\text{cm})$$

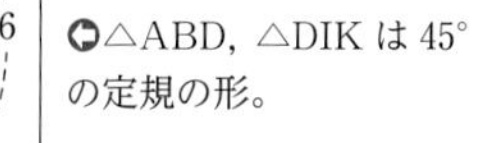

◯△ABD，△DIK は 45° の定規の形。

①，② から　　$FK^2 = 36 + (5\sqrt{2})^2 = 86$

FK＞0 であるから　　$FK = \sqrt{86}$ cm

よって，△IJF の面積は

$$\frac{1}{2} \times IJ \times FK = \frac{1}{2} \times 2\sqrt{2} \times \sqrt{86}$$
$$= \mathbf{2\sqrt{43}\ (cm^2)}$$

◯
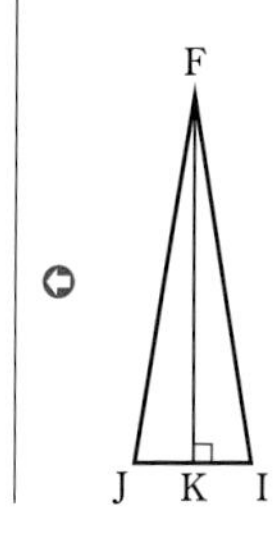

練習 95

三角錐 ABCD において，
AB$=\sqrt{5}$ cm，AC$=2\sqrt{5}$ cm，
AD$=2\sqrt{11}$ cm，
$\angle$BAC$=\angle$CAD$=\angle$DAB$=90^\circ$ である。このとき，頂点Aから△BCD に引いた垂線の長さを求めなさい。

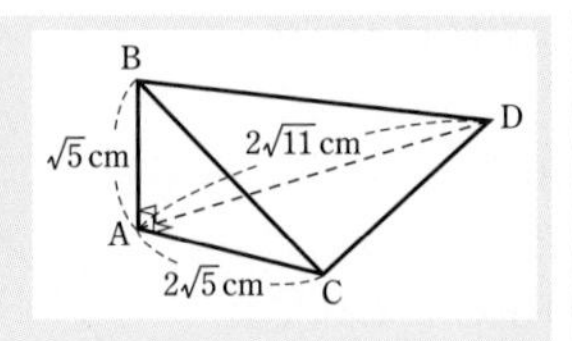

HINT 三角錐の体積を 2 通りに表す。

三角錐 ABCD の体積は

$$\frac{1}{3}\times\left(\frac{1}{2}\times\text{AB}\times\text{AC}\right)\times\text{AD}=\frac{1}{3}\times\left(\frac{1}{2}\times\sqrt{5}\times2\sqrt{5}\right)\times2\sqrt{11}$$

$$=\frac{10\sqrt{11}}{3}\ (\text{cm}^3)\quad\cdots\cdots ①$$

◯△ABC が底面。

直角三角形 ABC，ACD，ADB において，三平方の定理により

$$\text{BC}=\sqrt{(\sqrt{5})^2+(2\sqrt{5})^2}=5\ (\text{cm})$$

$$\text{CD}=\sqrt{(2\sqrt{5})^2+(2\sqrt{11})^2}=8\ (\text{cm})$$

$$\text{BD}=\sqrt{(2\sqrt{11})^2+(\sqrt{5})^2}=7\ (\text{cm})$$

◯$\text{BC}^2=(\sqrt{5})^2+(2\sqrt{5})^2$
◯$\text{CD}^2=(2\sqrt{5})^2+(2\sqrt{11})^2$
◯$\text{BD}^2=(2\sqrt{11})^2+(\sqrt{5})^2$

△BCD において，点Bから辺 CD に垂線 BE を引く。CE$=x$ cm とおくと，直角三角形 BCE，BDE において，三平方の定理により

$$\text{BE}^2=\text{BC}^2-\text{CE}^2=5^2-x^2$$

$$\text{BE}^2=\text{BD}^2-\text{DE}^2=7^2-(8-x)^2$$

よって　$5^2-x^2=7^2-(8-x)^2$　すなわち　$x=\frac{5}{2}$

したがって　$\text{BE}^2=5^2-\left(\frac{5}{2}\right)^2=\frac{75}{4}$

BE>0 であるから　$\text{BE}=\sqrt{\frac{75}{4}}=\frac{5\sqrt{3}}{2}$ (cm)

よって，△BCD の面積は

$$\frac{1}{2}\times8\times\frac{5\sqrt{3}}{2}=10\sqrt{3}\ (\text{cm}^2)\quad\cdots\cdots ②$$

点Aから△BCD に引いた垂線を AH とすると，三角錐の体積は

$$\frac{1}{3}\times\triangle\text{BCD}\times\text{AH}$$

◯△BCD が底面。

①，② から　$\frac{10\sqrt{11}}{3}=\frac{1}{3}\times10\sqrt{3}\times\text{AH}$

したがって　AH$=\boldsymbol{\frac{\sqrt{33}}{3}}$ **cm**

練習 96

右の図は，底面が AB$=15$ cm，BC$=20$ cm，$\angle$ABC$=90^\circ$ の直角三角形で，AD$=16$ cm の三角柱である。頂点Eから C へ，辺 DF 上の点Pを通る糸をかける。糸の長さが最も短くなるとき，その長さを求めなさい。

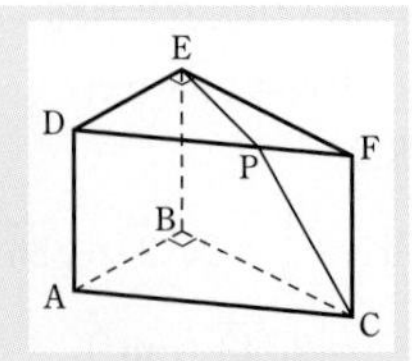

CHART 立体の問題
平面の上で考える
展開図も活用

右の図のように，面 EDF，DACF を含む展開図を考えると，最も短くなるときの糸の長さは，線分 EC の長さと等しい。

直角三角形 EDF において，三平方の定理により

$DF^2 = 15^2 + 20^2$

$= (5\times3)^2 + (5\times4)^2 = 5^2\times25$

DF＞0 であるから

$DF = \sqrt{5^2\times25} = 5\sqrt{25} = 25$ (cm)

点 E から線分 DF に垂線 EH を引くと，△EDF∽△HEF であるから　　EF：HF＝DF：EF

すなわち　　20：HF＝25：20

よって　　HF＝16 cm

また　　DE：EH＝DF：EF

すなわち　　15：EH＝25：20

よって　　EH＝12 cm

線分 EH の延長と辺 AC の交点を K とすると，△EKC は直角三角形であるから，三平方の定理により

$EC^2 = EK^2 + KC^2 = (EH+FC)^2 + FH^2$

$= (12+16)^2 + 16^2 = (4\times7)^2 + (4\times4)^2$

$= 4^2\times65$

EC＞0 であるから　　$EC = \sqrt{4^2\times65} = 4\sqrt{65}$ (cm)

よって，求める糸の長さは　　**$4\sqrt{65}$ cm**

◯ 5 だけ別に 2 乗して計算する。

◯ ∠DEF＝∠EHF
∠DFE＝∠EFH

◯ EK＝EH＋HK
＝EH＋FC

練習 97 半径 3 cm の球を平面で切断したら，切り口の面積が 5π cm² となった。このとき，球の中心から平面までの距離を求めなさい。

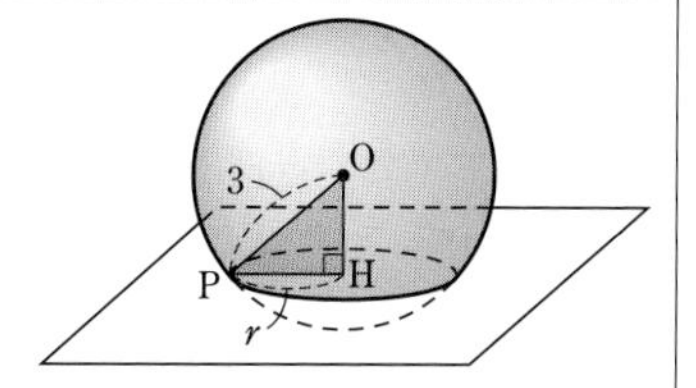

切り口の図形は円になる。
球の中心を O とし，O から平面に垂線 OH を引くと，H は切り口の円の中心となる。円の半径を r cm とすると，面積が 5π cm² であるから　　$\pi r^2 = 5\pi$

よって　　$r^2 = 5$

ここで，円 H の円周上の 1 点を P とすると，直角三角形 OPH において，三平方の定理により

$OH^2 = 3^2 - r^2 = 3^2 - 5 = 4$

OH＞0 であるから　　OH＝2 cm

したがって，球の中心から平面までの距離は　　**2 cm**

● 本冊 p.162 例題 98 正四面体 ABCD の点Aから底面 BCD に下ろした垂線の足Hが △BCD の重心であることの証明 ●

△ABH と △ACH と △ADH において

仮定により　　AB＝AC＝AD

共通な辺であるから　　AH＝AH＝AH

AH は平面 BCD 上の直線に垂直であるから

$$\angle \mathrm{AHB}=\angle \mathrm{AHC}=\angle \mathrm{AHD}=90^\circ$$

よって，直角三角形の斜辺と他の 1 辺がそれぞれ等しいから

△ABH≡△ACH，△ACH≡△ADH，△ADH≡△ABH

合同な図形では，対応する辺の長さは等しいから

$$\mathrm{BH}=\mathrm{CH}=\mathrm{DH}$$

したがって，H は △BCD の外心である。

正三角形では，外心と重心が一致するから，H は △BCD の重心である。

練習 98A　1 辺の長さが 12 cm の正四面体 ABCD のすべての頂点が 1 つの球面の上にある。このとき，その球の半径を求めなさい。

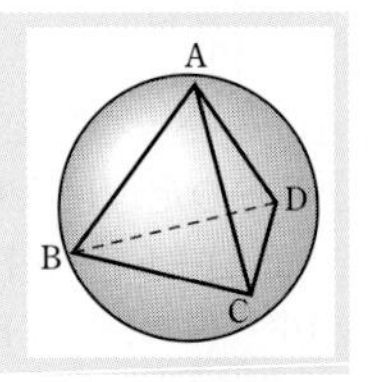

HINT 立体を切断して考える。

辺 BC の中点をEとする。また，点Aから底面 BCD に垂線 AH を引く。

△ABC，△BCD は正三角形であるから

$$\mathrm{AE}=\mathrm{DE}=12\times\frac{\sqrt{3}}{2}=6\sqrt{3}\ (\mathrm{cm})$$

Hは △BCD の重心であるから

$$\mathrm{EH}=\frac{1}{3}\times 6\sqrt{3}=2\sqrt{3}\ (\mathrm{cm})$$

$$\mathrm{DH}=\frac{2}{3}\times 6\sqrt{3}=4\sqrt{3}\ (\mathrm{cm})$$

◯DH：HE＝2：1

直角三角形 AEH において，三平方の定理により

$$\mathrm{AH}^2=(6\sqrt{3})^2-(2\sqrt{3})^2=96$$

AH＞0 であるから　　$\mathrm{AH}=4\sqrt{6}$

球の中心をOとし，球の半径を r cm とすると，直角三角形 ODH において，三平方の定理により

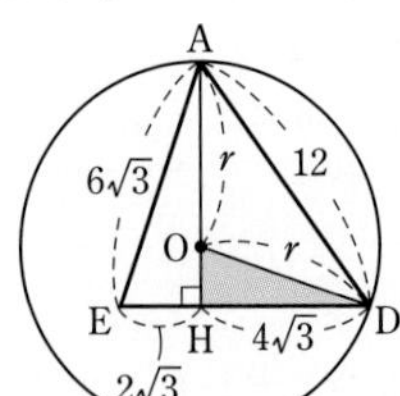

◯3 点 A，H，D を通る平面で立体を切断する。点Eは，球を切断した円の円周上にはないことに注意。

$$\mathrm{OH}^2+\mathrm{HD}^2=\mathrm{OD}^2$$

すなわち　$(4\sqrt{6}-r)^2+(4\sqrt{3})^2=r^2$

◯$\mathrm{OH}=\mathrm{AH}-\mathrm{OA}=4\sqrt{6}-r$

よって　$8\sqrt{6}\,r=144$

したがって　$r=\dfrac{144}{8\sqrt{6}}=\boldsymbol{3\sqrt{6}\ (\mathrm{cm})}$

参考　球の中心Oは，高さ AH を 3：1 に内分している。
これは，本冊 p.162 例題 98 の，正四面体の内部にある球の中心と一致している。

練習 98B　右の図のような，円錐の底面と面を共有している半径 6 cm の半球と，半径 2 cm の球がある。
半球と球は互いに外接し，円錐の側面にもそれぞれ接している。このとき，次のものを求めなさい。
(1)　円錐の高さ　　(2)　円錐の体積

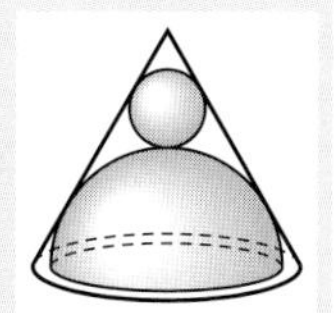

HINT　立体を切断して考える。

(1)　円錐の頂点を A，球の中心を B，半球の中心を C，球と半球の接点を D とする。
A，B，C，D を通る平面で円錐を切断し，右の図のように，接点を P，Q とする。

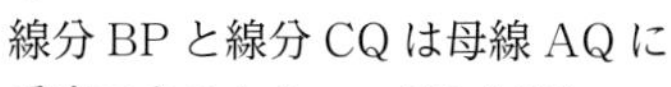

線分 BP と線分 CQ は母線 AQ に垂直であるから　　BP∥CQ
よって　　AB：AC＝BP：CQ
AB＝x cm とすると
$x：(x+2+6)=2：6$
よって　　$x=4$
したがって，円錐の高さは　　4＋2＋6＝**12 (cm)**

(2)　直角三角形 ACQ において，三平方の定理により

$$AQ^2=12^2-6^2$$
$$=(6\times2)^2-(6\times1)^2=6^2\times3$$

AQ＞0 であるから　　$AQ=\sqrt{6^2\times3}=6\sqrt{3}$ (cm)
円錐の底面の円周上の点で AP の延長上にある点を R とすると　　△ACQ∽△ARC

←∠AQC＝∠ACR
∠CAQ＝∠RAC

よって　　AQ：AC＝CQ：RC
すなわち　　$6\sqrt{3}：12=6：\mathrm{RC}$
これを解くと　　$\mathrm{RC}=4\sqrt{3}$ cm
したがって，円錐の体積は

$$\frac{1}{3}\times\{\pi\times(4\sqrt{3})^2\}\times12=\mathbf{192\pi\ (cm^3)}$$

←$\frac{1}{3}$×(底面積)×(高さ)

練習 99A　次の図において，x の値を求めなさい。ただし，M は辺 BC の中点である。

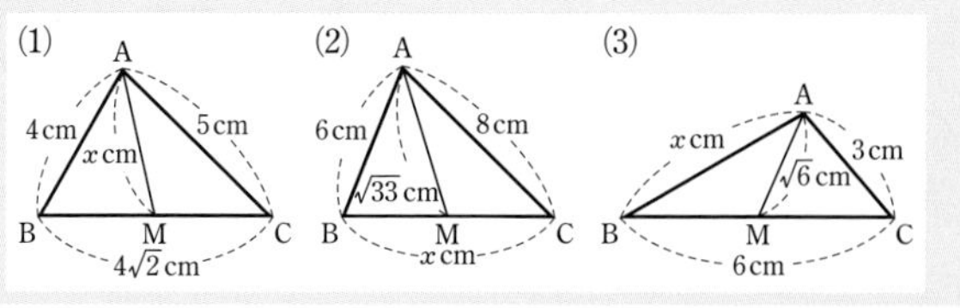

HINT　中線定理
△ABC の辺 BC の中点を M とすると
AB^2+AC^2
$=2(AM^2+BM^2)$

4章
練習【三平方の定理】

(1) △ABC において，中線定理により

$$AB^2+AC^2=2(AM^2+BM^2)$$

すなわち　$4^2+5^2=2\left\{x^2+\left(\frac{4\sqrt{2}}{2}\right)^2\right\}$

よって　$x^2=\frac{25}{2}$

$x>0$ であるから　$\boldsymbol{x=\sqrt{\frac{25}{2}}=\frac{5\sqrt{2}}{2}}$

(2) △ABC において，中線定理により

$$AB^2+AC^2=2(AM^2+BM^2)$$

すなわち　$6^2+8^2=2\left\{(\sqrt{33})^2+\left(\frac{x}{2}\right)^2\right\}$

よって　$x^2=68$

$x>0$ であるから　$\boldsymbol{x=\sqrt{68}=2\sqrt{17}}$

(3) △ABC において，中線定理により

$$AB^2+AC^2=2(AM^2+BM^2)$$

すなわち　$x^2+3^2=2\left\{(\sqrt{6})^2+\left(\frac{6}{2}\right)^2\right\}$

よって　$x^2=21$

$x>0$ であるから　$\boldsymbol{x=\sqrt{21}}$

練習 99B　▱ABCD において，AB=8 cm，AD=10 cm，AC=12 cm である。このとき，対角線 BD の長さを求めなさい。

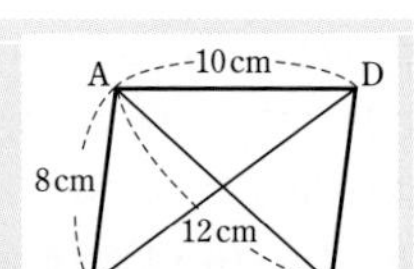

HINT 平行四辺形の対角線はそれぞれの中点で交わる。

▱ABCD の対角線の交点を O とする。
平行四辺形の対角線は，それぞれの中点で交わるから

$$AO=12\div2=6,\quad BD=2BO$$

△ABD において，中線定理により

$$AB^2+AD^2=2(AO^2+BO^2)$$

すなわち　$8^2+10^2=2(6^2+BO^2)$

よって　$BO^2=46$

$BO>0$ であるから　$BO=\sqrt{46}$ cm

したがって　$BD=2BO=\boldsymbol{2\sqrt{46}}$ **(cm)**

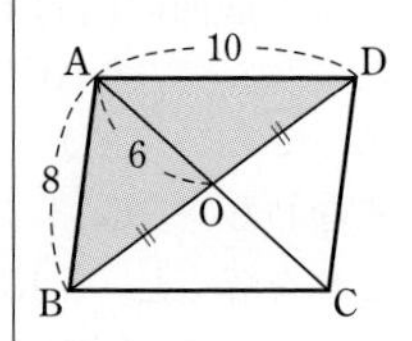

練習 100　右の図において，点 D，E，F はそれぞれ辺 BC，CA，AB の中点であり，点 G は △ABC の重心である。このとき，次の式が成り立つことを証明しなさい。

$$AB^2+BC^2+CA^2=3(AG^2+BG^2+CG^2)$$

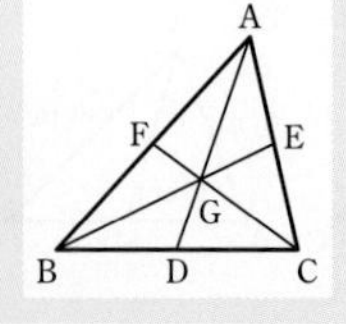

HINT △GBC，△GCA，△GAB それぞれにおいて，中線定理を利用する。

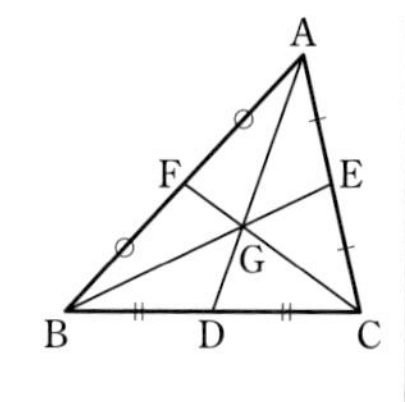

△GBC において，点Dは辺BCの中点であるから，中線定理により

$$GB^2+GC^2=2(GD^2+BD^2)$$
$$=2\left\{\left(\frac{1}{2}AG\right)^2+\left(\frac{1}{2}BC\right)^2\right\}$$
$$=\frac{1}{2}(AG^2+BC^2)$$

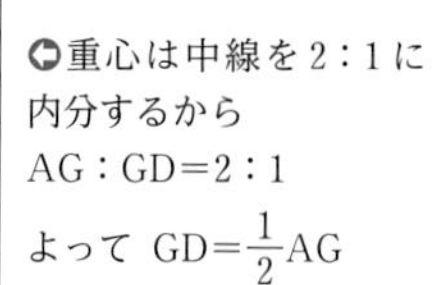
⊃重心は中線を2：1に内分するから
AG：GD＝2：1
よって $GD=\frac{1}{2}AG$

よって　　$BC^2=2BG^2+2CG^2-AG^2$　…… ①

△GCA において，同様にして

$$CA^2=2CG^2+2AG^2-BG^2 \quad \cdots\cdots ②$$

△GAB において，同様にして

$$AB^2=2AG^2+2BG^2-CG^2 \quad \cdots\cdots ③$$

①～③ の両辺をそれぞれ加えて整理すると

$$AB^2+BC^2+CA^2=3(AG^2+BG^2+CG^2)$$

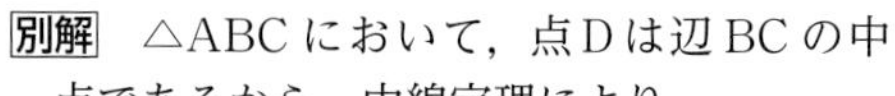
別解　△ABC において，点Dは辺BCの中点であるから，中線定理により

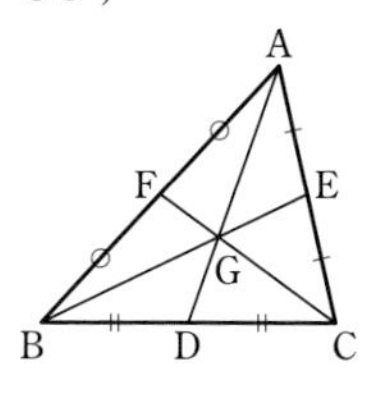

$$AB^2+AC^2=2(AD^2+BD^2)$$
$$=2\left\{\left(\frac{3}{2}AG\right)^2+\left(\frac{1}{2}BC\right)^2\right\}$$
$$=\frac{1}{2}(9AG^2+BC^2)$$

⊃AG：AD＝2：3 であるから
$AD=\frac{3}{2}AG$

よって　　$2AB^2+2AC^2-BC^2=9AG^2$　…… ①

△BCA において，同様にして

$$2BC^2+2BA^2-CA^2=9BG^2 \quad \cdots\cdots ②$$

△CAB において，同様にして

$$2CA^2+2CB^2-AB^2=9CG^2 \quad \cdots\cdots ③$$

①～③ の両辺をそれぞれ加えて整理すると

$$AB^2+BC^2+CA^2=3(AG^2+BG^2+CG^2)$$

練習 101　線分ABが与えられたとき，次の点を作図しなさい。
(1) 線分ABを4：3に内分する点
(2) 線分ABを3：2に外分する点
(3) 線分ABを2：3に外分する点

HINT (2)，(3) 外分する点の作図も，内分する点の作図と同じように考える。

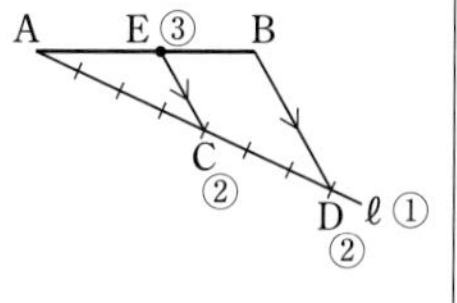

(1) ① Aを通り，直線ABと異なる直線ℓを引く。
② ℓ上に，AC：CD＝4：3 となるような点C，Dをとる。ただし，Cは線分AD上にとる。
③ Cを通り，BDに平行な直線を引き，線分ABとの交点をEとする。

このとき，点Eは線分ABを4：3に内分する点である。

考察　EC∥BD であるから　　AE：EB＝4：3

(2) ① Aを通り，直線 AB と異なる直線 ℓ を引く。

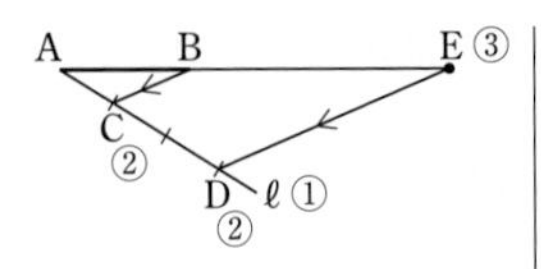

② ℓ 上に，AC : CD=1 : 2 となるような点C，Dをとる。ただし，Cは線分 AD 上にとる。

③ Dを通り，BC に平行な直線を引き，直線 AB との交点をEとする。

このとき，点Eは線分 AB を 3 : 2 に外分する点である。

考察 ED∥BC であるから　AE : EB=3 : 2

(3) ① Aを通り，直線 AB と異なる直線 ℓ を引く。

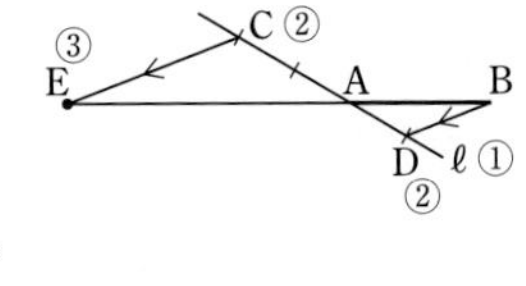

② ℓ 上に，AC : AD=2 : 1 となるような点C，Dをとる。ただし，Aが線分 CD 上にあるようにとる。

③ Cを通り，BD に平行な直線を引き，直線 AB との交点をEとする。

このとき，点Eは線分 AB を 2 : 3 に外分する点である。

考察 EC∥DB であるから　AE : EB=2 : 3

練習 102 長さ1の線分 AB と，長さ a，b の 2 つの線分が与えられたとき，次の線分を作図しなさい。

(1) 長さ $\dfrac{1}{a}$ の線分　　(2) 長さ $2ab$ の線分

HINT 平行線と線分の比を利用できるような図を作る。

(1) ① A を通り，直線 AB と異なる直線 ℓ を引く。

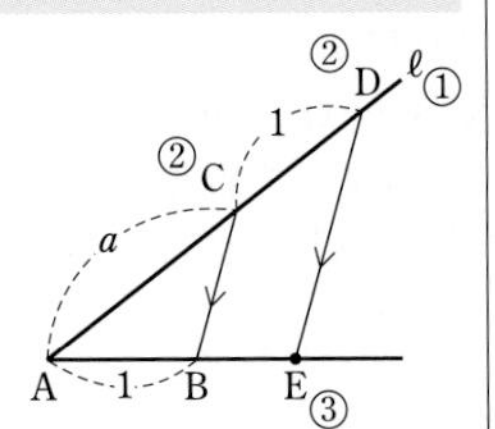

② ℓ 上に，AC=a，CD=1 となるように点C，D をとる。ただし，C は線分 AD 上にとる。

③ D を通り，BC に平行な直線を引き，直線 AB との交点を E とする。

このとき，線分 BE が求める線分である。

考察 BE=x とすると，BC∥ED であるから

$$1 : x=a : 1 \qquad \text{すなわち} \qquad x=\frac{1}{a}$$

したがって，線分 BE は長さ $\dfrac{1}{a}$ の線分である。

(2) ① Aを通り，直線 AB と異なる直線 ℓ を引く。

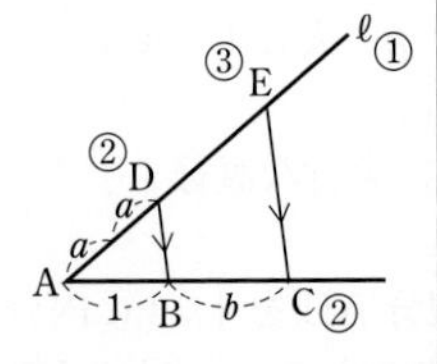

② 線分 AB のBを越える延長線上に，BC=b となるような点Cをとり，ℓ 上に，AD=$2a$ となるような点D をとる。

別解 BC=$2a$，AD=b としてもよい。

③　Cを通り，BD に平行な直線を引き，ℓ との交点をEとする。
このとき，線分 DE が求める線分である。

考察　DE$=x$ とすると，BD$\parallel$CE であるから

$1 : b = 2a : x$　　すなわち　　$x = 2ab$

したがって，線分 DE は長さ $2ab$ の線分である。

練習 103　長さ 1 cm の線分 AB が与えられたとき，長さ $\sqrt{7}$ cm の線分を作図しなさい。

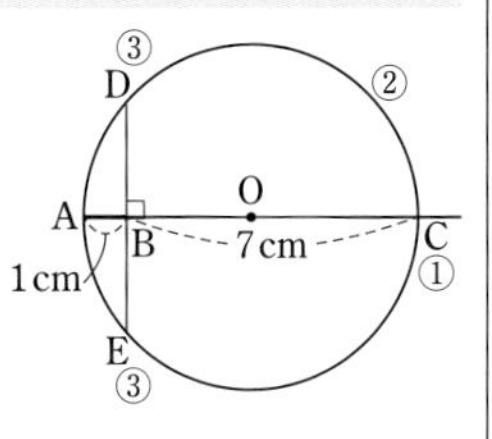

①　線分 AB のBを越える延長線上に，BC$=7$ cm となる点Cをとる。
②　線分 AC を直径とする円Oをかく。
③　Bを通り，直線 AB に垂直な直線を引き，円Oとの交点を D，E とする。

このとき，線分 BD が求める線分である。

◯線分 BE でもよい。

考察　方べきの定理により　　BA×BC$=$BD×BE

AB$=1$ cm，BC$=7$ cm，BD$=$BE であるから

$\mathrm{BD}^2=7$

したがって，線分 BD は長さ $\sqrt{7}$ cm の線分である。

演習 84 直角三角形の斜辺の長さが 10 cm，3 辺の長さの和が 24 cm である。このとき，3 辺の長さを求めなさい。

直角をはさむ 2 辺のうち，1 辺の長さを x cm とする。
条件から，もう 1 辺の長さは

$24-(10+x)=14-x$ (cm)

◯ 3 辺の長さの和が 24

三平方の定理により

$x^2+(14-x)^2=10^2$　　よって　　$x^2-14x+48=0$

◯ $x^2+196-28x+x^2=100$

したがって　　$(x-6)(x-8)=0$

これを解くと　　$x=6, 8$

$x=6$ のとき　　$14-x=14-6=8$

$x=8$ のとき　　$14-x=14-8=6$

よって，直角三角形の 3 辺の長さは　　**6 cm，8 cm，10 cm**

◯ $x=6$ のときも $x=8$ のときも，直角をはさむ 2 辺の長さは，6 cm と 8 cm となる。

演習 85 $\angle C=90^\circ$ である直角三角形 ABC の $\angle A$ の二等分線と辺 BC の交点を D とすると，BD=3 cm，CD=2 cm となった。このとき，線分 AD の長さを求めなさい。

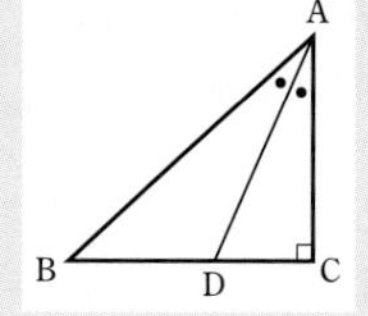

HINT 角の二等分線と比の関係を利用する。

線分 AD は，$\angle A$ の二等分線であるから

AB：AC＝BD：DC＝3：2

よって，AC＝x cm とおくと，

AB＝$\dfrac{3}{2}x$ cm である。

直角三角形 ABC において，三平方の定理により

$$x^2+(3+2)^2=\left(\frac{3}{2}x\right)^2 \quad \text{よって} \quad x^2=20$$

◯ $\dfrac{5}{4}x^2=25$ から $x^2=20$

$x>0$ であるから　　$x=\sqrt{20}=2\sqrt{5}$

直角三角形 ADC において，三平方の定理により

$(2\sqrt{5})^2+2^2=\mathrm{AD}^2$　　よって　　$\mathrm{AD}^2=24$

AD＞0 であるから　　$\mathrm{AD}=\sqrt{24}=$ $\mathbf{2\sqrt{6}}$ **(cm)**

演習 86 3 辺の長さが次のような三角形がある。この中から，直角三角形をすべて選びなさい。

① 9 cm，12 cm，17 cm　　② 20 cm，21 cm，29 cm
③ 5 cm，6 cm，$2\sqrt{15}$ cm　　④ $2\sqrt{7}$ cm，$\sqrt{10}$ cm，$3\sqrt{2}$ cm

HINT 三平方の定理の逆を利用。

① $9^2+12^2=225$，　$17^2=289$

② $20^2+21^2=841$，　$29^2=841$

　すなわち　　$20^2+21^2=29^2$

③ $5^2+6^2=61$，　$(2\sqrt{15})^2=60$

④ $(\sqrt{10})^2+(3\sqrt{2})^2=10+18=28$，　$(2\sqrt{7})^2=28$

◯ $a^2+b^2=c^2$ が成り立つとき，c が最も長い辺である。よって，(最も長い辺の 2 乗)＝(他の辺の 2 乗の和) が成り立つかを調べる。

すなわち　$(\sqrt{10})^2+(3\sqrt{2})^2=(2\sqrt{7})^2$

よって，直角三角形であるものは　②，④

演習 87　右の図において，x の値を求めなさい。(2)において，四角形ABCDは正方形で，△EFCは正三角形である。

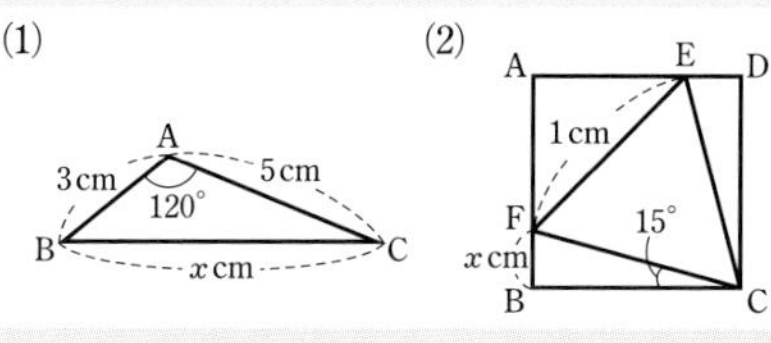

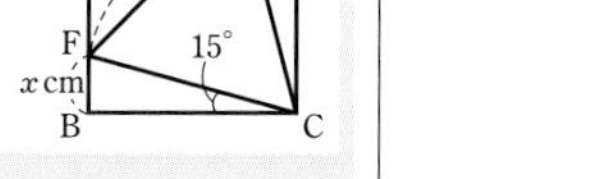

HINT　三角定規の形を作り出す。

(1)　点Cから線分BAの延長に垂線CHを引くと

$\angle CAH=180^\circ-120^\circ=60^\circ$

よって，直角三角形CAHにおいて，

AH：AC：CH＝1：2：$\sqrt{3}$　であるから

$$AH=\frac{1}{2}\times 5=\frac{5}{2}\ (cm),\ CH=\frac{\sqrt{3}}{2}\times 5=\frac{5\sqrt{3}}{2}\ (cm)$$

←30°，60° の定規の形。

直角三角形BCHにおいて，三平方の定理により

$$x^2=\left(3+\frac{5}{2}\right)^2+\left(\frac{5\sqrt{3}}{2}\right)^2=\frac{196}{4}=49$$

←$BH=BA+AH=3+\frac{5}{2}$

$x>0$ であるから　$\boldsymbol{x=7}$

(2)　正方形の対角線ACを引き，線分EFとの交点をGとする。

$\angle AFG=180^\circ-(\angle BFC+\angle CFE)$
$=180^\circ-(75^\circ+60^\circ)=45^\circ$

←$\angle BFC=180^\circ-(90^\circ+15^\circ)=75^\circ$

$\angle FAG=\angle BAC=45^\circ$

よって，△AFGは直角二等辺三角形であるから　AG：GF：AF＝1：1：$\sqrt{2}$

したがって　GF＝AG　……①，　AF＝$\sqrt{2}$GF　……②

ここで，△AFEも直角二等辺三角形であるから

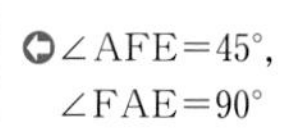

←$\angle AFE=45^\circ$，$\angle FAE=90^\circ$

$$GF=\frac{1}{2}EF=\frac{1}{2}\ (cm)$$

これと①から　$AG=\frac{1}{2}$ cm

②から　$AF=\sqrt{2}\times\frac{1}{2}=\frac{\sqrt{2}}{2}$ (cm)

また，直角三角形CFGにおいて，GF：FC：GC＝1：2：$\sqrt{3}$ であるから　$GC=\sqrt{3}GF=\sqrt{3}\times\frac{1}{2}=\frac{\sqrt{3}}{2}$ (cm)

←30°，60° の定規の形。

直角三角形ABCにおいて，AB：BC：AC＝1：1：$\sqrt{2}$ であるから　AB：AC＝1：$\sqrt{2}$

すなわち　$\left(\frac{\sqrt{2}}{2}+x\right):\left(\frac{1}{2}+\frac{\sqrt{3}}{2}\right)=1:\sqrt{2}$

よって　$1+\sqrt{2}\,x=\frac{1+\sqrt{3}}{2}$

したがって　$\boldsymbol{x}=\frac{\sqrt{3}-1}{2}\times\frac{1}{\sqrt{2}}$

$=\boldsymbol{\frac{\sqrt{6}-\sqrt{2}}{4}}$

◯$AB=AF+FB$
$=\frac{\sqrt{2}}{2}+x$
$AC=AG+GC$
$=\frac{1}{2}+\frac{\sqrt{3}}{2}$

演習 88　1辺の長さが $\sqrt{2}$ cm の正八角形 ABCDEFGH について，次のものを求めなさい。
(1)　∠BAD の大きさ　　(2)　四角形 ABCD の面積
(3)　正八角形 ABCDEFGH の面積

(1)　正八角形に外接する円をかいて考える。
∠BAD は $\overset{\frown}{BD}$ に対する円周角であるから

$\angle BAD=180°\times\frac{2}{8}=\boldsymbol{45°}$

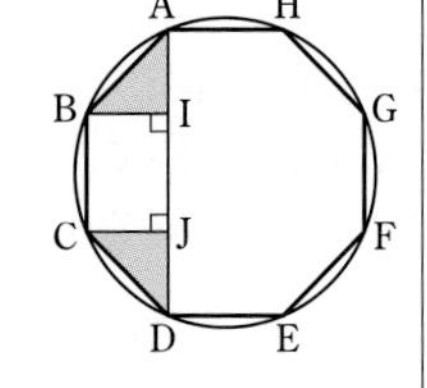

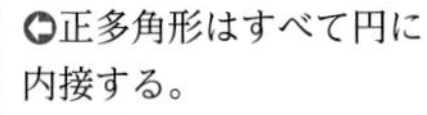
◯正多角形はすべて円に内接する。

◯$\overset{\frown}{BD}$ は全円周の $\frac{2}{8}$

(2)　(1) と同様にして　　$\angle CDA=45°$
頂点 B，C から線分 AD に垂線 BI，CJ を引く。
直角三角形 ABI，CDJ について

$AI:BI:AB=1:1:\sqrt{2}$
$CJ:DJ:CD=1:1:\sqrt{2}$

◯45° の定規の形。

よって　$AI=BI=\sqrt{2}\times\frac{1}{\sqrt{2}}=1$ (cm)

$CJ=DJ=\sqrt{2}\times\frac{1}{\sqrt{2}}=1$ (cm)

◯$AB=\sqrt{2}$ cm

◯$CD=\sqrt{2}$ cm

ここで，四角形 BCJI は長方形であるから

$IJ=BC=\sqrt{2}$ (cm)

◯正八角形の 1 つの内角は 135° であるから
$\angle IBC=\angle JCB$
$=135°-45°=90°$

したがって，台形 ABCD の面積は

$\frac{1}{2}\times(BC+AD)\times BI=\frac{1}{2}\times\{\sqrt{2}+(1+\sqrt{2}+1)\}\times1$

$=\frac{1}{2}\times(2+2\sqrt{2})$

$=\boldsymbol{1+\sqrt{2}}$ $(\mathbf{cm^2})$

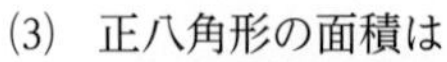
(3)　正八角形の面積は
(台形 ABCD の面積)
+(台形 GFEH の面積)
+(長方形 ADEH の面積)
台形 ABCD と台形 GFEH は合同であるから，求める面積は，(1)より

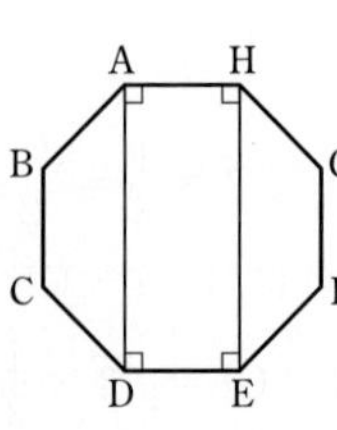

$(1+\sqrt{2})\times2+AH\times AD=2+2\sqrt{2}+\sqrt{2}\times(2+\sqrt{2})$

$=\boldsymbol{4+4\sqrt{2}}$ $(\mathbf{cm^2})$

別解　右の図のように辺を延長すると，四角形 PQRS は正方形となる。

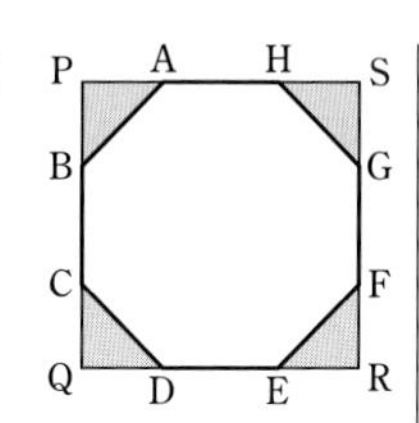

直角三角形 PAB において，

$PA : PB : AB = 1 : 1 : \sqrt{2}$ であるから

$$PA = PB = \sqrt{2} \times \frac{1}{\sqrt{2}} = 1\ (\text{cm})$$

◯45° の定規の形。

同様に考えると，正方形 PQRS の面積は

$$(1+\sqrt{2}+1)^2 = (2+\sqrt{2})^2 = 4+4\sqrt{2}+2 = 6+4\sqrt{2}\ (\text{cm}^2)$$

◯$(PB+BC+CQ)^2$

したがって，正八角形の面積は

$$6+4\sqrt{2}-4\triangle PAB = 6+4\sqrt{2}-4\times\left(\frac{1}{2}\times1\times1\right)$$

$$= \mathbf{4+4\sqrt{2}\ (cm^2)}$$

演習 89

$\angle A = 90°$ の直角二等辺三角形 ABC の頂点Aを通り，辺 BC に平行な直線上に，2点 D，E を右の図のような位置にとる。
BC=BD=BE であるとき，
∠ABD，∠ABE の大きさを求めなさい。

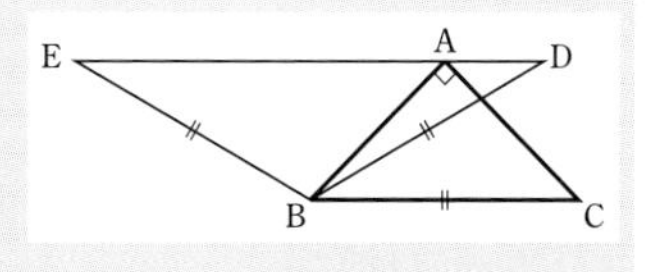

HINT 三角定規の形を作り出す。

点Bから線分 ED に垂線 BH を引く。

AE∥BC であるから

$\angle BAE = \angle ABC = 45°$

◯錯角は等しい。

よって，△HAB は

$\angle AHB = 90°$ の直角二等辺三角形であるから

$AH : BH : AB = 1 : 1 : \sqrt{2}$

よって　　$AB = \sqrt{2}\,BH$

したがって　　$BC = \sqrt{2}\,AB = \sqrt{2}\times\sqrt{2}\,BH = 2BH$

BD=BC であるから　　BD=2BH

直角三角形 HBD において，$BH : BD = BH : 2BH = 1 : 2$ であるから　　$\angle HBD = 60°$

◯30°，60° の定規の形。

したがって　　$\angle \mathbf{ABD} = \angle HBD - \angle HBA$

$= 60° - 45° = \mathbf{15°}$

また，BD=BE であるから　　$\angle BED = \angle BDH = 30°$

よって，△ABE において

$\angle \mathbf{ABE} = 180° - (\angle BAH + \angle BEH)$

$= 180° - (45° + 30°) = \mathbf{105°}$

演習 90

右の図において，AB=AC=4 で，△BCD は辺 BC を斜辺とする直角二等辺三角形，また，BE⊥AC である。このとき，次のものを求めなさい。

(1)　∠AED の大きさ

(2)　∠BAC=45° のとき，線分 DE の長さ

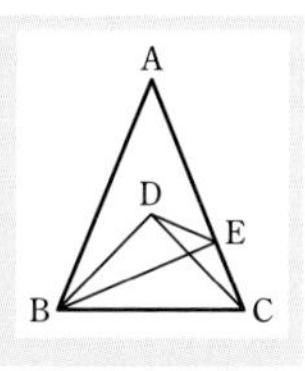

(1)　$\angle BDC = \angle BEC = 90°$ であるから，4点 B，D，E，C は1つの円周上にある。
よって，円周角の定理により

$$\angle BED = \angle BCD = 45°$$

$\angle BEA = 90°$ であるから

$$\angle AED = \angle BEA - \angle BED$$
$$= 90° - 45° = \mathbf{45°}$$

CHART
直線2つで　円くなる

⊃$\overset{\frown}{BD}$ に対する円周角。

(2)　$\angle BAC = 45°$ のとき，△ABE は，辺 AB を斜辺とする直角二等辺三角形である。

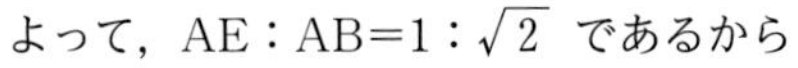

よって，$AE : AB = 1 : \sqrt{2}$ であるから

$$AE = \frac{AB}{\sqrt{2}} = \frac{4}{\sqrt{2}} = 2\sqrt{2}$$

ゆえに　　$EC = 4 - 2\sqrt{2}$　……①

ここで，△DCE において
△ABC は $AB = AC$ の二等辺三角形であるから

$$\angle ECB = \frac{1}{2}(180° - \angle BAC)$$
$$= \frac{1}{2}(180° - 45°) = 67.5°$$

よって　　$\angle EBC = 180° - (\angle BEC + \angle ECB)$
$$= 180° - (90° + 67.5°) = 22.5°$$

また　　$\angle DBE = \angle DBC - \angle EBC$
$$= 45° - 22.5° = 22.5°$$

ゆえに，$\angle EBC = \angle DBE$ であるから　　$\overset{\frown}{CE} = \overset{\frown}{DE}$

よって　　$CE = DE$

したがって，①より　　$DE = \mathbf{4 - 2\sqrt{2}}$

CHART
三角定規を思い出そう

演習 91　放物線 $y = x^2$ ……① について，放物線①上に2点 A$(-1,\ 1)$，B$(2,\ 4)$ がある。y 軸上を点Cが動くとき，△ABC が $\angle C = 90°$ の直角三角形になるような点Cの座標をすべて求めなさい。

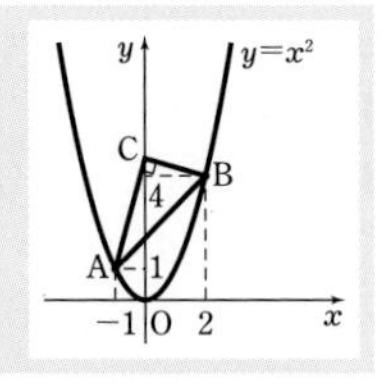

HINT　C$(0,\ t)$ とおいて，AC^2，BC^2 を t で表す。

点Cの y 座標を t とおくと，C の座標は $(0,\ t)$ と表される。

$$AB^2 = \{2 - (-1)\}^2 + (4 - 1)^2 = 18$$
$$BC^2 = (0 - 2)^2 + (t - 4)^2 = t^2 - 8t + 20$$
$$AC^2 = \{0 - (-1)\}^2 + (t - 1)^2$$
$$= t^2 - 2t + 2$$

$\angle C = 90°$ のとき，直角三角形 ABC において，三平方の定理により

$$BC^2 + AC^2 = AB^2$$

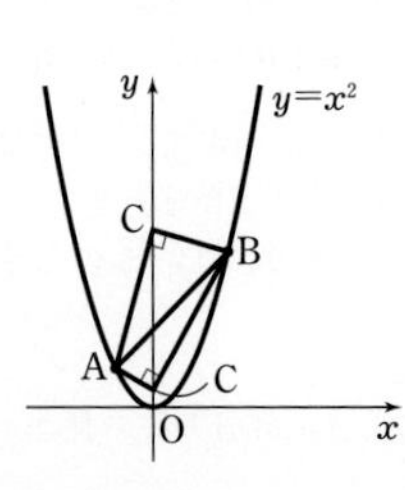

よって　　$(t^2-8t+20)+(t^2-2t+2)=18$

したがって　　$t^2-5t+2=0$

これを解くと　　$t=\dfrac{5\pm\sqrt{17}}{2}$

よって，求める点Cの座標は

$$\left(0,\ \mathbf{\frac{5+\sqrt{17}}{2}}\right),\quad \left(0,\ \mathbf{\frac{5-\sqrt{17}}{2}}\right)$$

別解　点Cの y 座標を t とおくと，Cの座標は $(0,\ t)$ と表される。

直線ACの傾きは　$\dfrac{t-1}{0-(-1)}=t-1$

直線BCの傾きは　$\dfrac{t-4}{0-2}=\dfrac{4-t}{2}$

$\angle C=90°$ のとき，直線ACの傾きと直線BCの傾きの積は -1 であるから

$$(t-1)\times\frac{(4-t)}{2}=-1$$

したがって　　$t^2-5t+2=0$

これを解くと　　$t=\dfrac{5\pm\sqrt{17}}{2}$

よって，求める点Cの座標は

$$\left(0,\ \mathbf{\frac{5+\sqrt{17}}{2}}\right),\quad \left(0,\ \mathbf{\frac{5-\sqrt{17}}{2}}\right)$$

演習 92　右の図のように，半径6 cmの半円Aに円Bが内接し，その接点の1つは点Aである。円Cが半円Aに内接し，円Bに外接しているとき，円Cの半径を求めなさい。

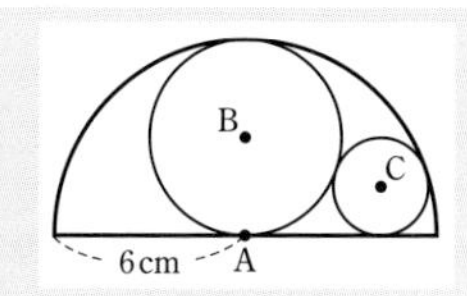

HINT　中心線を引いて考える。

円Bの半径は3 cmである。

点Cから線分ABに垂線CHを引く。円Cの半径を r cmとすると円B，Cは外接しているから

　　$BC=3+r$ (cm)

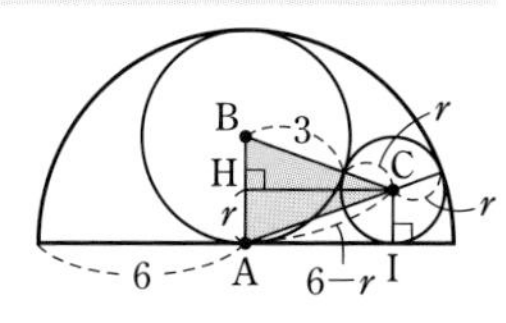

円Cは半円Aに内接しているから　　$AC=6-r$ (cm)

また，点Cから半円Aの半径に垂線CIを引くと

　　$BH=AB-HA=3-CI=3-r$ (cm)

直角三角形BHCにおいて，三平方の定理により

　　$CH^2=(3+r)^2-(3-r)^2=12r$

よって，直角三角形HACにおいて，三平方の定理により

　　$r^2+12r=(6-r)^2$　　　よって　　$24r=36$

したがって　　$r=\dfrac{3}{2}$　　　　答　$\mathbf{\dfrac{3}{2}}$ **cm**

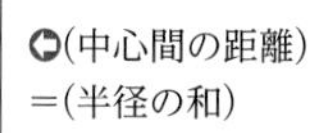

○(中心間の距離)＝(半径の和)

○(中心間の距離)＝(半径の差)

○四角形HAICは長方形であるから　HA＝CI

演習 93

右の図において，長方形 ABCD と長方形 EFGD は合同であり，AB＝6 cm，AD＝8 cm である。点 E は対角線 BD 上にあるとする。
(1) 線分 BE の長さを求めなさい。
(2) 2 つの長方形が重なってできる四角形 EKCD の面積を求めなさい。

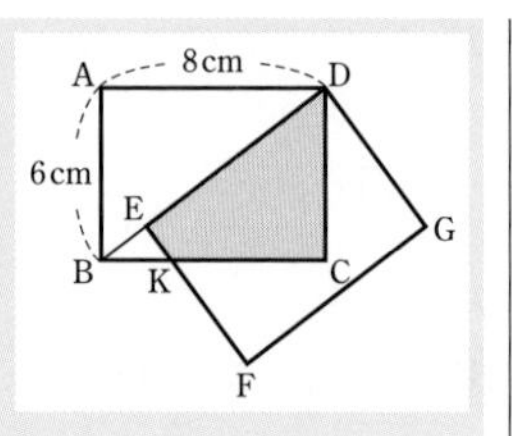

(1) 直角三角形 ABD において，三平方の定理により

$$BD=\sqrt{6^2+8^2}=\sqrt{100}=10$$

長方形 ABCD と長方形 EFGD は合同であるから

$$ED=AD=8$$

したがって　　$BE=10-8=\mathbf{2}$ **(cm)**

(2) $\triangle EBK \backsim \triangle CBD$ であり，相似比は　$BE:BC=2:8=1:4$

よって，面積比は

$$\triangle EBK:\triangle CBD=1^2:4^2=1:16$$

すなわち　　$\triangle EBK=\frac{1}{16}\triangle CBD$

したがって

$$(\text{四角形 EKCD の面積})=\triangle CBD-\triangle EBK=\frac{15}{16}\triangle CBD$$

$$=\frac{15}{16}\times\frac{1}{2}\times6\times8=\frac{\mathbf{45}}{\mathbf{2}}\ (\mathbf{cm^2})$$

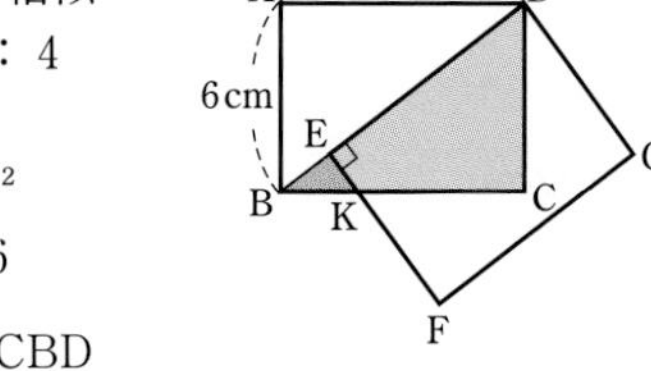

⊃ $\angle BEK=\angle BCD$
$\angle EBK=\angle CBD$

CHART　相似形
面積比は 2 乗の比

演習 94

1 辺の長さが 4 の正方形 ABCD があり，図のように辺上に 2 点 E，F をとる。点 P を辺 CD 上にとり C から D まで動かす。このとき，点 Q は EP⊥FQ となるように辺 CD 上または辺 DA 上を動く。また，EP と FQ の交点を R とする。
(1) 点 P が動くとき，点 R はある円の周上を動く。この円の直径を求めなさい。
(2) 点 P が D にあるとき，FQ の長さを求めなさい。
(3) 点 Q が動いてできる線の長さを求めなさい。

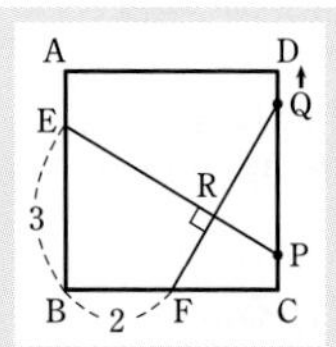

HINT (1) $\angle ERF=90^\circ$ であることに着目。
CHART　直角は直径
(2) $\triangle FQH\equiv\triangle PEA$ を示す。そのために，まず $\triangle PQR \backsim \triangle PEA$ を示す。
(3) 点 P が C から D まで動くときの点 Q の動きをみる。(2)の結果が使える。

(1) $\angle ERF=90^\circ$ であるから，点 R は EF を直径とする円の周上にある。この円の直径は，$\triangle EBF$ において，三平方の定理より

$$EF=\sqrt{3^2+2^2}=\sqrt{\mathbf{13}}$$

(2) F から辺 AD に垂線 FH を引く。

$\triangle PQR$ と $\triangle PEA$ において

共通な角であるから

$\angle QPR=\angle EPA$　　……①

条件から　$\angle PRQ=\angle PAE=90^\circ$　……②

①，② より，2 組の角がそれぞれ等しいから

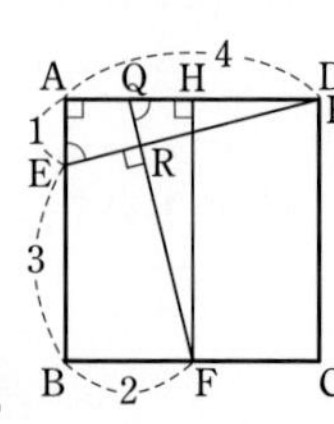

$\triangle PQR \backsim \triangle PEA$

よって　$\angle PQR = \angle PEA$　…… ③

$\triangle FQH$ と $\triangle PEA$ において

$\angle FHQ = \angle PAE = 90^\circ$　…… ④

$FH = PA = 4$　…… ⑤

③，④ より　$\angle QFH = \angle EPA$　…… ⑥

④，⑤，⑥ より，1 組の辺とその両端の角がそれぞれ等しいから　$\triangle FQH \equiv \triangle PEA$

したがって　$FQ = PE = \sqrt{4^2+1^2} = \boldsymbol{\sqrt{17}}$

⊂条件から。

⊂三角形の 2 組の角がそれぞれ等しいから，残りの角も等しい。

(3)　点 P が C，D にあるときの点 Q を，それぞれ Q_1，Q_2 とする。

$\triangle BCE$ と $\triangle CQ_1F$ において

$\angle EBC = \angle FCQ_1 = 90^\circ$　…… ①

平行線の錯角は等しいから

$\angle BEC = \angle Q_1CE$　…… ②

$\angle BCE = 90^\circ - \angle BEC$　…… ③

$\angle CQ_1F = 90^\circ - \angle Q_1CE$　…… ④

②～④ より　$\angle BCE = \angle CQ_1F$　…… ⑤

①，⑤ より，2 組の角がそれぞれ等しいから

$\triangle BCE \backsim \triangle CQ_1F$

よって　$BC : CQ_1 = BE : CF$

$4 : CQ_1 = 3 : 2$

$CQ_1 = \dfrac{8}{3}$

Q_2 は (2) における Q の位置であるから

$DQ_2 = DH + HQ = 2 + 1 = 3$

よって，求める長さは

$Q_1D + DQ_2 = \left(4 - \dfrac{8}{3}\right) + 3 = \boldsymbol{\dfrac{13}{3}}$

⊂$\triangle BCE$ は $\angle B = 90^\circ$ の直角三角形であるから $\angle BCE + \angle BEC = 90^\circ$

演習 95　右の図のように，$\angle A = 75^\circ$ の $\triangle ABC$ を，線分 DE を折り目として，頂点 A が辺 BC 上の点 A′ と重なるように折る。$DA' \perp BC$，$AD = 6$ cm，$BA' = 2\sqrt{3}$ cm とする。このとき，次のものを求めなさい。

(1)　$\angle ACB$ の大きさ　　(2)　辺 BC の長さ

HINT 折り返した図形はもとの図形と線対称。

CHART 三角定規を思い出そう

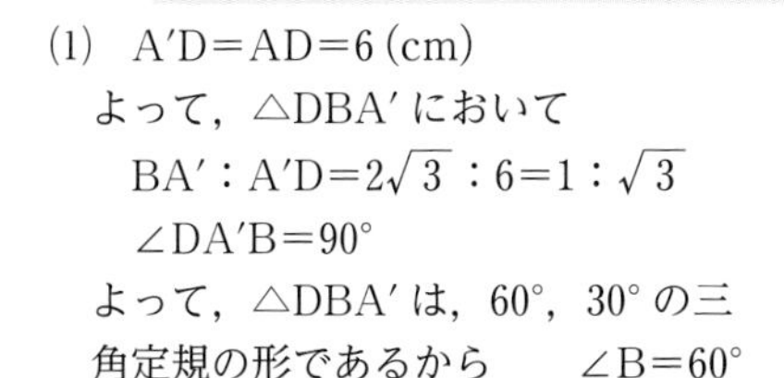

(1)　$A'D = AD = 6$ (cm)

よって，$\triangle DBA'$ において

$BA' : A'D = 2\sqrt{3} : 6 = 1 : \sqrt{3}$

$\angle DA'B = 90^\circ$

よって，$\triangle DBA'$ は，60°，30° の三角定規の形であるから　$\angle B = 60^\circ$

⊂$2\sqrt{3} : 6 = \dfrac{2\sqrt{3}}{2\sqrt{3}} : \dfrac{6}{2\sqrt{3}} = 1 : \sqrt{3}$

4章 演習［三平方の定理］

したがって，△ABC において

$$\angle ACB=180^\circ-(75^\circ+60^\circ)=\mathbf{45^\circ}$$

(2) 点 A から辺 BC に垂線 AH を引くと，直角三角形 ABH において，三平方の定理により

$$\angle ABH=60^\circ$$

よって，

$$BH:AB:AH=1:2:\sqrt{3}$$

であるから

$$BH=\frac{1}{2}AB \quad \cdots\cdots ①, \qquad AH=\frac{\sqrt{3}}{2}AB \quad \cdots\cdots ②$$

ここで，$DB=2BA'=4\sqrt{3}$ (cm) であるから

$$AB=4\sqrt{3}+6 \text{ (cm)}$$

これと ①，② から　$BH=\frac{1}{2}(4\sqrt{3}+6)=2\sqrt{3}+3$ (cm)

$$AH=\frac{\sqrt{3}}{2}(4\sqrt{3}+6)=6+3\sqrt{3} \text{ (cm)}$$

また，直角三角形 ACH において　$\angle ACH=45^\circ$

よって，$AH:HC:AC=1:1:\sqrt{2}$ であるから

$$HC=AH=6+3\sqrt{3} \text{ (cm)}$$

したがって　$BC=BH+HC=(2\sqrt{3}+3)+(6+3\sqrt{3})$

$$=\mathbf{9+5\sqrt{3}} \textbf{ (cm)}$$

◎三角定規の形を作り出す。

◎$AB=DB+AD$

演習 96 円Oに内接する四角形 ABCD において，対角線 AC，BD が垂直に交わっている。直線 AO と円Oとの交点をEとするとき，$AB^2+CD^2=AE^2$ であることを証明しなさい。

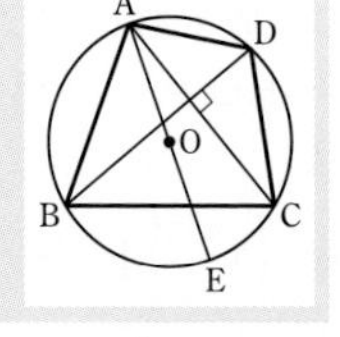

AE は円Oの直径であるから

$$\angle ABE=90^\circ,\ \angle ACE=90^\circ$$

△ABE は直角三角形であるから，三平方の定理により

$$AB^2+BE^2=AE^2 \quad \cdots\cdots ①$$

対角線 AC と BD が垂直であることと，

$\angle ACE=90^\circ$ から　$BD \parallel EC$

錯角が等しいから　$\angle BCE=\angle CBD \quad \cdots\cdots ②$

また，円周角の定理により　$\angle BCE=\angle BDE \quad \cdots\cdots ③$

②，③ から　$\angle CBD=\angle BDE$

よって　$\overset{\frown}{CD}=\overset{\frown}{BE}$

したがって　$CD=BE \quad \cdots\cdots ④$

①，④ から　$AB^2+CD^2=AE^2$

CHART (線分)^2
直角をつくって
三平方の定理

◎直径 ⟶ 直角

◎三平方の定理

CHART
平行な弦 ⟶ 等しい弧
⟶ 等しい弦

演習 97 直方体 ABCDEFGH において，$AE=1\,\text{cm}$，$AD=2\,\text{cm}$，$DC=3\,\text{cm}$ である。頂点 B から線分 DF に垂線 BP を引く。このとき，次の線分の長さを求めなさい。

(1) DF　　(2) PF

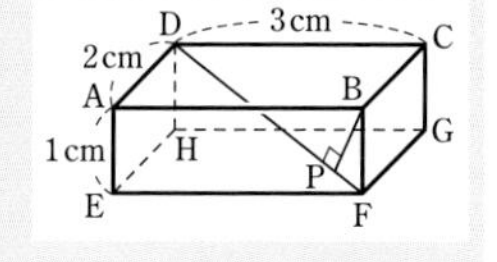

HINT 直角三角形の斜辺に垂線 ⟶ 相似の利用。

(1) 直角三角形 BDF において，三平方の定理により

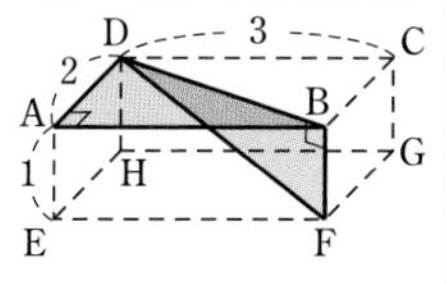

$$DF^2=BD^2+BF^2$$
$$=BD^2+1^2 \quad \cdots\cdots ①$$

直角三角形 ABD において，三平方の定理により

$$BD^2=AB^2+AD^2=3^2+2^2 \quad \cdots\cdots ②$$

①，② から　$DF^2=(3^2+2^2)+1^2=14$

$DF>0$ であるから　$DF=\sqrt{14}$ **cm**

(2) $\triangle BDF \backsim \triangle PBF$ であるから

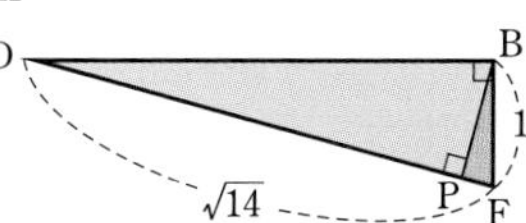

$$BF:PF=DF:BF$$

すなわち　$1:PF=\sqrt{14}:1$

これを解くと　$PF=\dfrac{\sqrt{14}}{14}$ **cm**

⊃$\angle DBF=\angle BPF$
$\angle BFD=\angle PFB$

演習 98 辺の長さがすべて 6 cm の正四角錐 ABCDE がある。辺 AB，AD 上にそれぞれ点 F，G を $AF=AG=4\,\text{cm}$ となるようにとる。3 点 C，F，G を通る平面と辺 AE との交点を H とするとき，次のものを求めなさい。

(1) 線分 CH の長さ
(2) 四角形 CGHF の面積

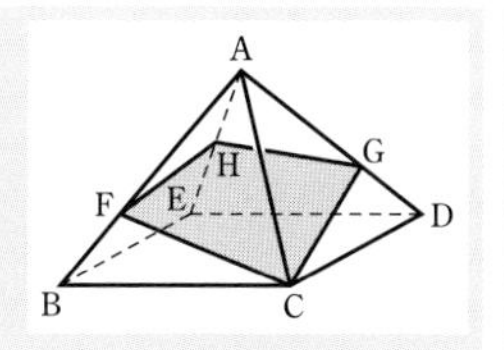

(1) 線分 CH と線分 FG の交点を I とし，底面の対角線 BD と CE の交点を J とする。

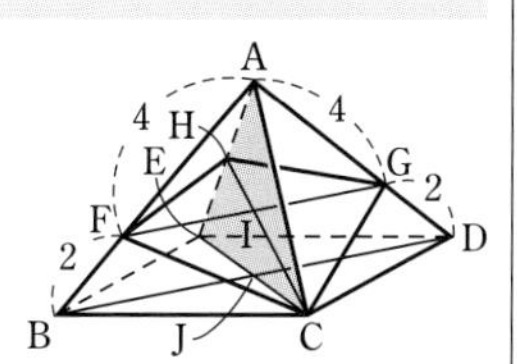

ここで

$$AF:FB=4:(6-4)=2:1$$
$$AG:GD=4:(6-4)=2:1$$

よって　$FG \parallel BD$

したがって　$AI:IJ=2:1 \quad \cdots\cdots ①$

$$FG=\frac{2}{3}BD \quad \cdots\cdots ②$$

⊃$FG:BD=AF:AB$
$=2:3$

J は線分 EC の中点であるから，① より，I は △ACE の重心となる。H は直線 CI と辺 AE の交点であるから，辺 AE の中点である。

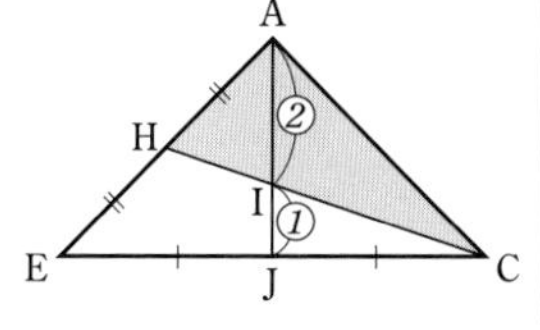

⊃中線を 2：1 に内分する点は重心。

4章　演習［三平方の定理］

ここで　　$EC=\sqrt{2}\times BC=6\sqrt{2}$ (cm)

$AE=AC=6$

よって　　$AE:AC:EC=6:6:6\sqrt{2}$

$=1:1:\sqrt{2}$

したがって　　$\angle CAE=90°$

直角三角形CAHにおいて，三平方の定理により

$$CH^2=AC^2+AH^2=6^2+\left(\frac{6}{2}\right)^2=45$$

$CH>0$ であるから　　$CH=\sqrt{45}=\mathbf{3\sqrt{5}}$ **(cm)**

(2)　対角線CHとFGは垂直である。

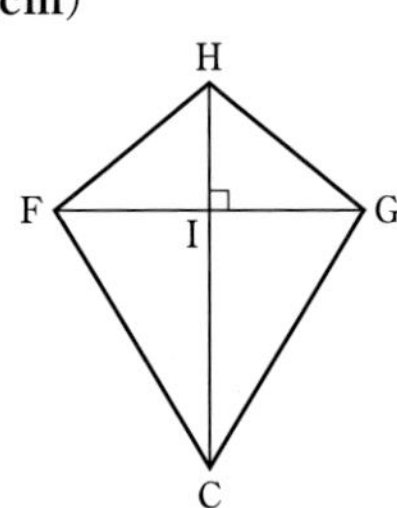

また，② から

$$FG=\frac{2}{3}\times6\sqrt{2}=4\sqrt{2}\ (\text{cm})$$

よって，四角形CGHFの面積は

$\triangle HCF+\triangle HCG$

$=\frac{1}{2}\times CH\times FI+\frac{1}{2}\times CH\times GI$

$=\frac{1}{2}\times CH\times(FI+GI)$

$=\frac{1}{2}\times3\sqrt{5}\times4\sqrt{2}=\mathbf{6\sqrt{10}}$ **(cm²)**

◯FI+GI=FG

演習 99　右の図は，円錐台の展開図である。
次のものを求めなさい。
(1)　円錐台の底面となる2つの円の半径
(2)　円錐台の高さ
(3)　円錐台の体積

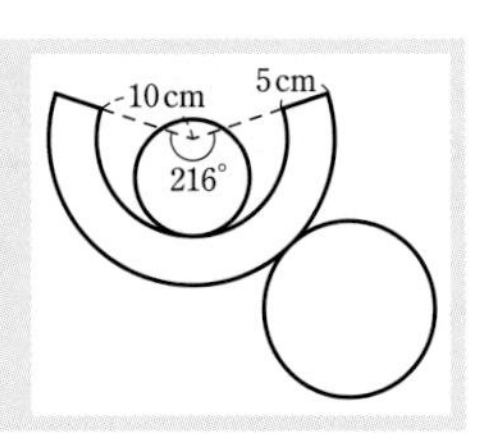

(1)　小さい方の円の中心をP，大きい方の円の中心をQとする。

円Pの半径を r cm とすると

$$2\pi r=2\pi\times10\times\frac{216}{360}\qquad よって\qquad r=6$$

円Qの半径を R cm とすると

$$2\pi R=2\pi\times(10+5)\times\frac{216}{360}\qquad よって\qquad R=9$$

したがって，2つの円の半径は　　**6 cm，9 cm**

◯底面の円周の長さは，側面の扇形の弧の長さに等しい。

(2)　円錐台は右の図のようになる。

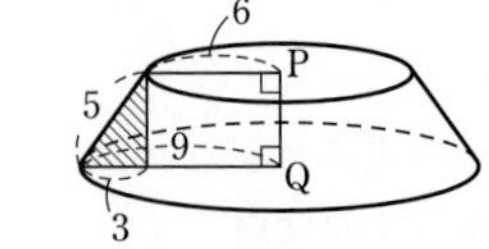

よって，円錐台の高さを h cm とすると，斜線部分の直角三角形において，三平方の定理により

$$h^2=5^2-(9-6)^2=16$$

$h>0$ であるから　　$h=\mathbf{4}$ **(cm)**

(3)　右の図のように，円錐台に小さい円錐を加えた円錐を考え，その頂点をAとする。
また，右の図のような位置に点B，Cをとる。
BP∥CQ であるから，AP＝x cm とすると　　　$x:(x+4)=6:9$
これを解いて　　$x=8$
したがって，円錐台の体積は

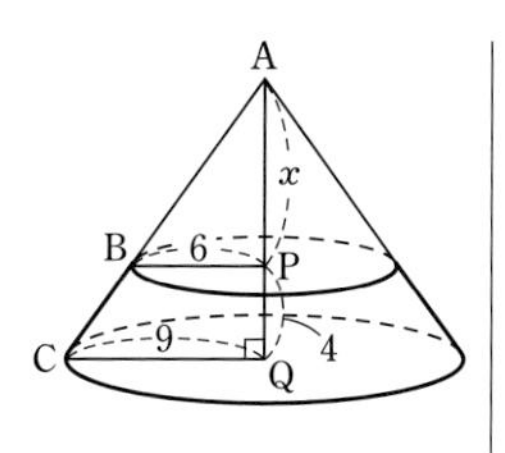

$$\frac{1}{3}\times\pi\times9^2\times(8+4)-\frac{1}{3}\times\pi\times6^2\times8=\mathbf{228\pi\ (cm^3)}$$

⇨ $x\times9=(x+4)\times6$

⇨(大きい円錐)
−(小さい円錐)

演習 100　右の図において，△ABC，△APQ は正三角形である。
(1)　△ABP∽△AQR を証明しなさい。
(2)　AB＝3 cm，BP＝1 cm であるとき，△APR を辺 AP を軸として1回転させてできる立体の体積を求めなさい。

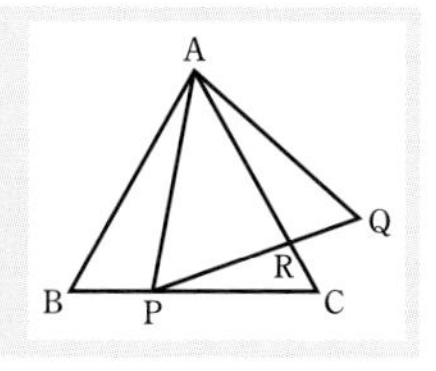

(1)　△ABP と △AQR において
∠ABP＝∠AQR
∠BAP＝60°−∠PAC＝∠QAR
2組の角がそれぞれ等しいから
△ABP∽△AQR

(2)　正三角形 ABC において，点Aから辺 BC に垂線 AH を引くと

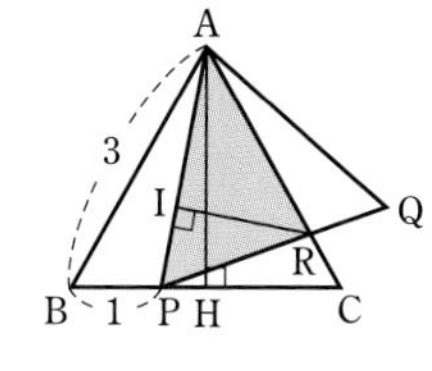

$$AH=\frac{\sqrt{3}}{2}\times3=\frac{3\sqrt{3}}{2}\ (cm)$$

$$PH=\frac{3}{2}-1=\frac{1}{2}\ (cm)$$

⇨△ABH は 30°，60° の定規の形。

直角三角形 APH において，三平方の定理により

$$AP^2=\left(\frac{3\sqrt{3}}{2}\right)^2+\left(\frac{1}{2}\right)^2=7$$

AP＞0 であるから　　$AP=\sqrt{7}$ cm
よって　　$AQ=PQ=\sqrt{7}$ (cm)
△ABP∽△AQR であるから　　AB：AQ＝BP：QR
すなわち　$3:\sqrt{7}=1:QR$　　　よって　　$QR=\frac{\sqrt{7}}{3}$ cm

したがって　　$PR=\sqrt{7}-\frac{\sqrt{7}}{3}=\frac{2\sqrt{7}}{3}$ (cm)

⇨PR＝PQ−QR

点Rから線分 AP に垂線 RI を引くと，
$PI:PR:RI=1:2:\sqrt{3}$ であるから

$$RI=\frac{\sqrt{3}}{2}PR=\frac{\sqrt{3}}{2}\times\frac{2\sqrt{7}}{3}=\frac{\sqrt{21}}{3}\ (cm)$$

⇨∠RPI＝∠QPA＝60°

したがって，求める回転体の体積は

$$\frac{1}{3}\times(\pi\times \mathrm{RI}^2)\times \mathrm{AI}+\frac{1}{3}\times(\pi\times \mathrm{RI}^2)\times \mathrm{PI}$$

$$=\frac{1}{3}\times\pi\times\left(\frac{\sqrt{21}}{3}\right)^2\times(\mathrm{AI}+\mathrm{PI})$$

$$=\frac{\pi}{3}\times\frac{7}{3}\times\sqrt{7}$$

$$=\boldsymbol{\frac{7\sqrt{7}}{9}\pi}\ (\mathbf{cm^3})$$

◯回転体は下の図のようになる。

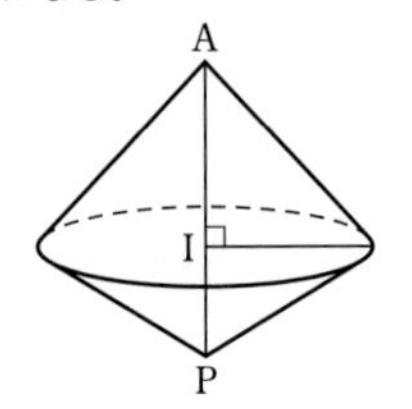

演習 101 直方体 ABCDEFGH において，AE=3 cm，AD=3 cm，DC=4 cm である。右の図のように四面体 DBEG を作る。
(1) 四面体 DBEG の体積を求めなさい。
(2) 点Gから △BDE に引いた垂線の長さを求めなさい。

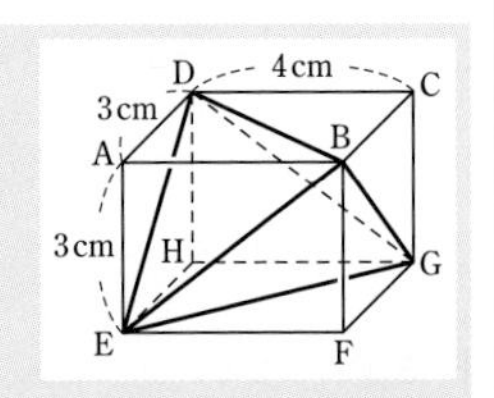

CHART 体積の計算
大きく作って
余分をけずる

(1) 四面体 DBEG は直方体 ABCDEFGH から 4 つの四面体 ABDE，BCDG，BEFG，DEGH を取り除いたものである。
直方体の体積は　　$3\times3\times4=36$ (cm^3)
4 つの四面体の体積はすべて　　$\frac{1}{3}\times\left(\frac{1}{2}\times3\times3\right)\times4=6$ (cm^3)
したがって，四面体 DBEG の体積は　　$36-4\times6=\mathbf{12}$ (**cm^3**)

(2) 直角三角形 ABD，ABE，ADE において，三平方の定理により　　$\mathrm{BD}=\sqrt{3^2+4^2}=5$ (cm)，　$\mathrm{BE}=\sqrt{3^2+4^2}=5$ (cm)
$\mathrm{DE}=\sqrt{3^2+3^2}=3\sqrt{2}$ (cm)

よって，△BDE は BD=BE の二等辺三角形である。
点Bから辺 DE に垂線 BI を引く。
直角三角形 BDI において，三平方の定理により

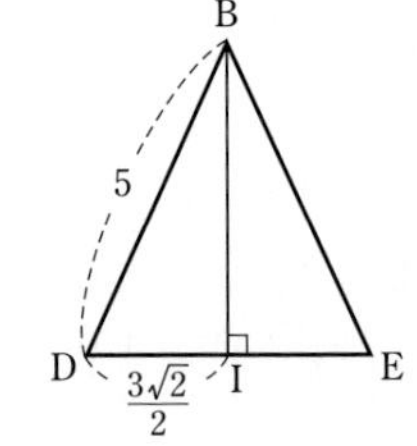

$$\mathrm{BI}=\sqrt{5^2-\left(\frac{3\sqrt{2}}{2}\right)^2}=\frac{\sqrt{82}}{2}\ (\mathrm{cm})$$

よって，△BDE の面積は

$$\frac{1}{2}\times3\sqrt{2}\times\frac{\sqrt{82}}{2}=\frac{3\sqrt{41}}{2}\ (\mathrm{cm}^2)$$

◯$\frac{1}{2}\times\mathrm{DE}\times\mathrm{BI}$

点Gから △BDE に引いた垂線を GJ とすると，四面体 DBEG の体積は

$$\frac{1}{3}\times\triangle\mathrm{BDE}\times\mathrm{GJ}=\frac{1}{3}\times\frac{3\sqrt{41}}{2}\times\mathrm{GJ}=\frac{\sqrt{41}}{2}\mathrm{GJ}$$

これと(1)から　　$12=\frac{\sqrt{41}}{2}\mathrm{GJ}$

◯四面体の体積を 2 通りに表す。

よって　　$\mathrm{GJ}=\frac{24\sqrt{41}}{41}$　　答 $\boldsymbol{\frac{24\sqrt{41}}{41}}$ **cm**

演習 102　1 辺の長さが 8 cm の正四面体 ABCD において，辺 AD の中点を P とする。点 A から点 P へ，辺 BC，CD 上の点を通る糸をかける。糸の長さが最も短くなるとき，その長さを求めなさい。

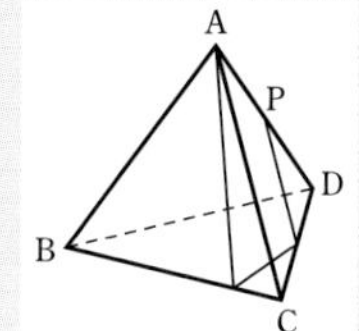

CHART 立体の問題
平面の上で考える
展開図も活用

右の図のように，正四面体の展開図を考えると，最も短くなるときの糸の長さは，展開図上の線分 A′P の長さに等しい。
△AA′A″ は，1 辺の長さが 16 cm の正三角形であるから

$$A'D=\frac{\sqrt{3}}{2}\times16=8\sqrt{3}$$

P は辺 A″D の中点であるから　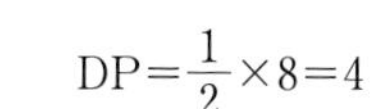 $DP=\frac{1}{2}\times8=4$

◀ $DP=\frac{1}{2}DA''$

直角三角形 A′DP において，三平方の定理により

$$A'P^2=(8\sqrt{3})^2+4^2=208$$

◀ △AA′A″ は正三角形であるから　$A'D\perp AA''$

A′P>0 であるから　$A'P=\sqrt{208}=4\sqrt{13}$　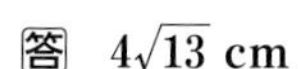 答 $\mathbf{4\sqrt{13}}$ **cm**

演習 103　右の図のように，1 辺の長さが 6 cm の立方体 ABCDEFGH の辺 BF の中点を M とする。立方体のすべての面に接する球が立方体の内部にある。3 点 A，C，M を通る平面で球を切断するとき，切り口の図形の面積を求めなさい。

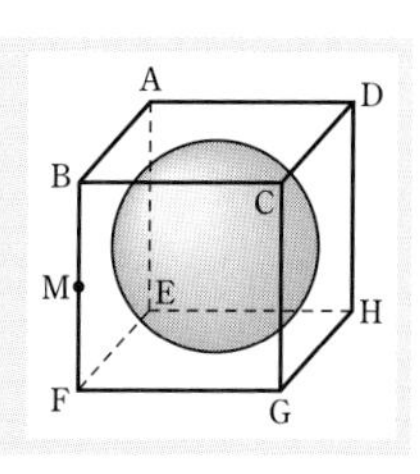

球の中心を O，球と面 ABCD の接点を I とする。
切り口の図形は円であり，その中心を K とする。
切り口の円は点 I を通るから，IK はその半径である。
与えられた立体を面 BFHD で切断した断面図は，右の図のようになる。

$$OI=\frac{6}{2}=3\ (\text{cm})$$

$$OM=\frac{1}{2}BD=\frac{1}{2}\times6\sqrt{2}=3\sqrt{2}\ (\text{cm})$$

よって，直角三角形 IMO において，三平方の定理により

$$MI^2=3^2+(3\sqrt{2})^2=27$$

MI>0 であるから　$MI=\sqrt{27}=3\sqrt{3}$ (cm)

OK⊥IM であるから　△IMO∽△IOK

◀ ∠MOI＝∠OKI
∠MIO＝∠OIK

よって　IM：IO＝IO：IK

4章
演習【三平方の定理】

すなわち　　$3\sqrt{3}:3=3:\text{IK}$

これを解いて　　$\text{IK}=\sqrt{3}$ cm

したがって，切り口の図形の面積は　　$\pi\times(\sqrt{3})^2=\mathbf{3\pi\,(cm^2)}$

◯$3\sqrt{3}\times\text{IK}=3\times3$

演習 104　右の図のように，1辺の長さが 4 cm の立方体 ABCDEFGH の内部に 2 つの球があり，2 つの球は互いに外接している。一方の球は 3 つの面 ABFE，BFGC，EFGH に接し，半径が 1 cm である。もう一方の球が 3 つの面 ABCD，AEHD，CGHD に接しているとき，この球の半径を求めなさい。

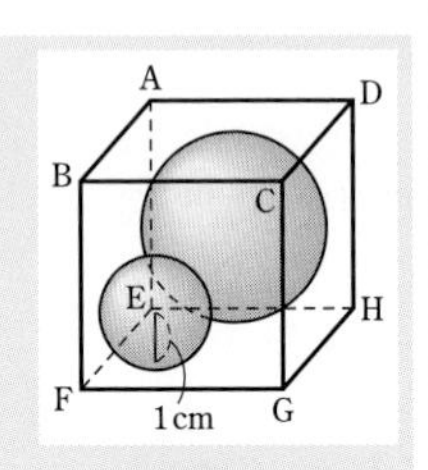

HINT　立体を，4 点 B，F，H，D を通る平面で切断して，切り口を取り出す。切り口において，円がどの辺に接するかに注意。

半径 1 cm の球の中心を O とし，もう一方の球の中心を O′，半径を r cm とする。
与えられた立体を，4 点 B，F，H，D を通る平面で切断すると，右の図のようになる。

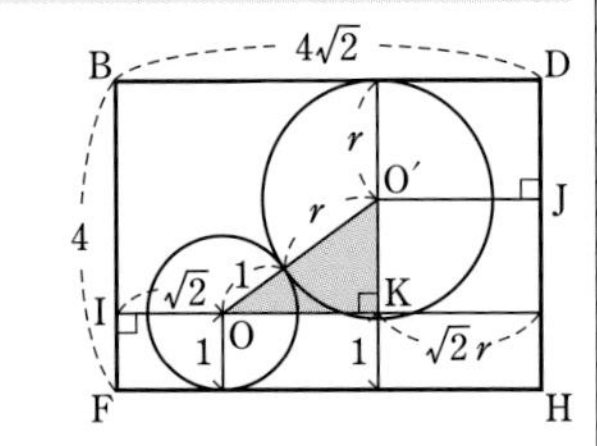

◯球 O，O′ は，それぞれ辺 BF，DH には接していないことに注意。

2 つの球は外接しているから

$$\text{OO}'=r+1\ (\text{cm})$$

O から線分 BF に垂線 OI を引き，O′ から線分 DH に垂線 O′J を引く。
また，O を通り線分 BD に平行な直線と，O′ を通り線分 BF に平行な直線の交点を K とする。
$\text{OI}=\sqrt{2}$ cm，$\text{O}'\text{J}=\sqrt{2}\,r$ cm であるから，図より

$$\text{OK}=4\sqrt{2}-\sqrt{2}-\sqrt{2}\,r$$
$$=3\sqrt{2}-\sqrt{2}\,r\ (\text{cm})$$
$$\text{O}'\text{K}=4-1-r=3-r\ (\text{cm})$$

◯立体を真上から見た位置関係は，下の図のようになっている。

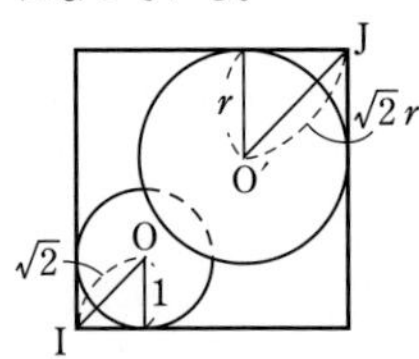

よって，直角三角形 OO′K において，三平方の定理により

$$(1+r)^2=(3\sqrt{2}-\sqrt{2}\,r)^2+(3-r)^2$$

したがって　　$r^2-10r+13=0$

これを解くと　　$r=\dfrac{10\pm\sqrt{48}}{2}=5\pm2\sqrt{3}$

$r<4$ であるから　　$r=5-2\sqrt{3}$

答　$\mathbf{(5-2\sqrt{3})\ cm}$

◯球の半径は立方体の 1 辺の長さより小さいから　$r<4$

演習 105　右の図のように，2 つの三角柱が交わっていて，AD⊥GJ である。この三角柱はどちらも底面が 1 辺 2 cm の正三角形で，側面は長方形である。また，長方形 ABED と辺 GJ，長方形 HILK と辺 CF はそれぞれ同じ平面上にある。2 つの三角柱の共通部分の体積を求めなさい。

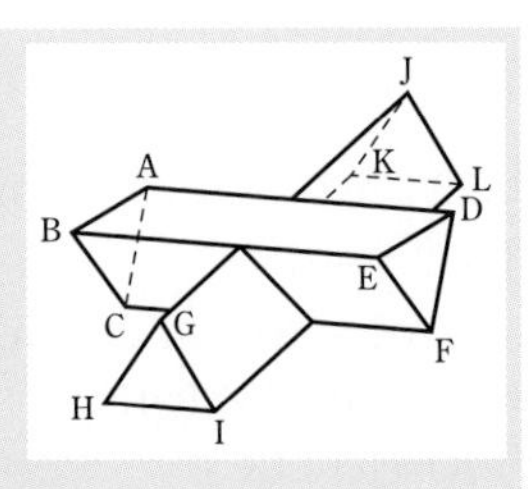

HINT　共通部分は四面体になる。その四面体を △GHI に平行な平面で 2 つに分けて考える。

三角柱 ABCDEF の共通部分以外の部分を取り除くと，右の図 1 のようになる。
したがって，共通部分は右の図 2 のような四面体 PQRS である。
辺 PQ の中点を M とし，M を通り △GHI に平行な平面でこの四面体を 2 つに分けると，△MSR は辺 PQ に垂直である。
よって， 2 つの立体は，底面が △MSR で，高さが PM, QM の四面体である。
ここで，△MSR は △GHI と合同であるから，その面積は

$$\frac{\sqrt{3}}{4}\times 2^2=\sqrt{3}\ (\text{cm}^2)$$

したがって， 2 つの三角柱の共通部分の体積は

$$\frac{1}{3}\times\triangle\text{MSR}\times\text{PM}+\frac{1}{3}\times\triangle\text{MSR}\times\text{QM}$$
$$=\frac{1}{3}\times\triangle\text{MSR}\times(\text{PM}+\text{QM})$$
$$=\frac{1}{3}\times\sqrt{3}\times 2=\mathbf{\frac{2\sqrt{3}}{3}\ (cm^3)}$$

図 1
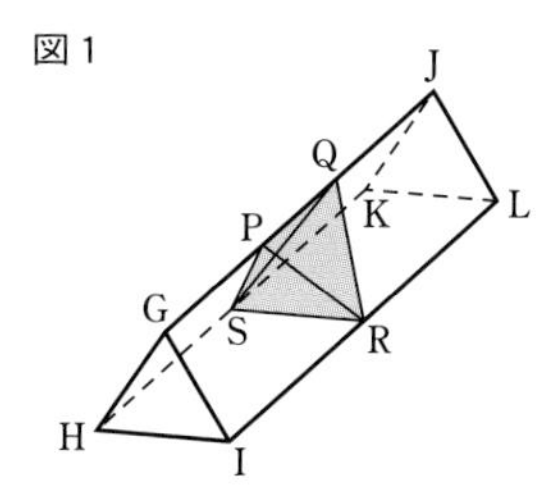

図 2
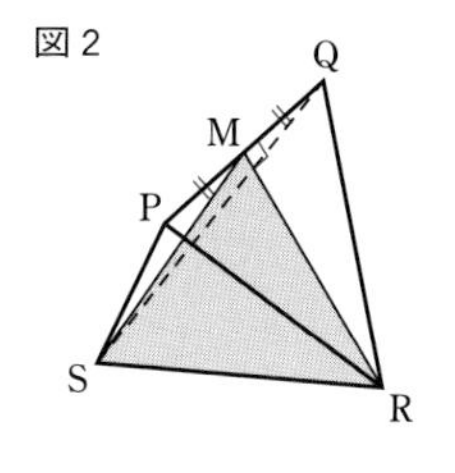

◯△DEF を正面にして立体を見ると，下の図のようになる。

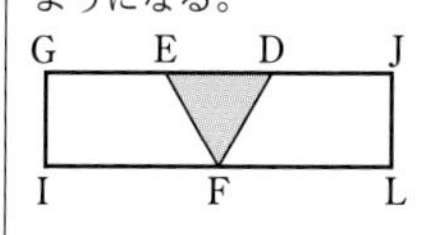

◯ 1 辺の長さが a である正三角形の面積は $\frac{\sqrt{3}}{4}a^2$

◯$\text{PM}+\text{QM}=\text{PQ}=\text{AB}$

演習 106 OA＝OB＝OC＝3, ∠AOB＝∠BOC＝∠COA＝90° であるような四面体 OABC があり，辺 OA，OB，BC を 2：1 に内分する点をそれぞれ P，Q，R とする。3 点 P，Q，R を通る平面が辺 CA と点 S で交わるとき，四角形 PQRS の面積を求めなさい。

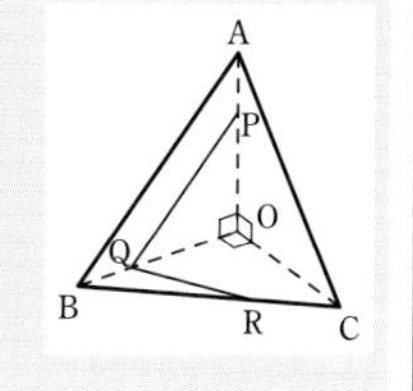

線分 QR の延長と辺 OC の延長の交点を T とすると，点 T は平面 AOC 上にあり，線分 PT と辺 AC との交点が S である。
S から辺 OC に垂線 SH を引く。
△OAB，△OBC，△OAC は，直角をはさむ 2 辺が 3 の直角二等辺三角形で，
OP：PA＝OQ：QB＝2：1 であるから

$$\text{OP}=\text{OQ}=2,\ \text{PQ}=2\sqrt{2}$$

よって，線分 PQ の中点を M とすると

$$\text{OM}=\text{PM}=\text{QM}=\sqrt{2}$$

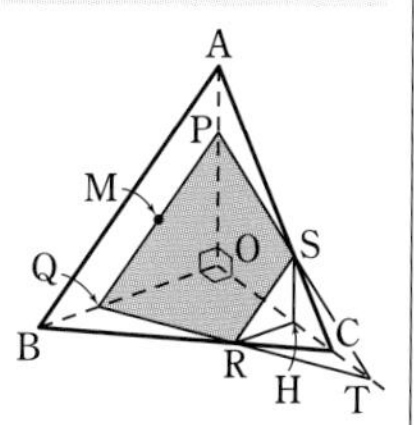

◯OP：OQ：PQ ＝1：1：$\sqrt{2}$

HR∥OB，BR：RC＝2：1 であるから

$$HR=\frac{1}{3}OB=1$$

よって　TH：TO＝HR：OQ＝1：2

ここで　CH：HO＝CR：RB＝1：2

であるから　HO＝2　したがって　TO＝4

直角三角形 TOM において，三平方の定理により

$$TM=\sqrt{TO^2+OM^2}$$
$$=\sqrt{4^2+(\sqrt{2})^2}=3\sqrt{2}$$

三角錐 TOPQ は，平面 TOM に関して対称であるから，四角形 PQRS は等脚台形で，高さは　$\frac{1}{2}TM=\frac{3\sqrt{2}}{2}$

また，$SR=\frac{1}{2}PQ=\sqrt{2}$ であるから，求める面積は

$$\frac{1}{2}\times(\sqrt{2}+2\sqrt{2})\times\frac{3\sqrt{2}}{2}=\boldsymbol{\frac{9}{2}}$$

◯PQ∥SR，OP∥HS から OQ∥HR

◯点 H は線分 TO の中点。

◯TO＝2HO

◯TR：RQ＝TS：SP＝1：1 より。

※解答・解説は数研出版株式会社が作成したものです。

発行所
数研出版株式会社

〒101-0052 東京都千代田区神田小川町２丁目３番地３
〔振替〕00140-4-118431
〒604-0861 京都市中京区烏丸通竹屋町上る大倉町205番地
〔電話〕代表（075)231-0161
ホームページ　https://www.chart.co.jp
印刷　寿印刷株式会社
乱丁本・落丁本はお取り替えします。　240605